终点效应学

（第二版）

王树山　著

本书得到爆炸科学与技术
国家重点实验室（北京理工大学）资助

科学出版社

北　京

内 容 简 介

本书以常规武器/弹药终点毁伤理论与应用为主题,以战斗部作用原理与毁伤效应为主线,较为系统地介绍了终点效应学的基本理论和知识,归纳总结了相关的计算模型、试验数据以及工程应用方法等。全书共八章,依次为绪论、目标易损性与毁伤机理、穿甲效应、杀伤效应、聚能效应、爆炸效应、非致命武器毁伤效应和武器/弹药终点毁伤效能评估。本书对终点效应学的经典内容有所充实和深化,对终点效应学的知识体系和架构有所补充和完善,并引入了新的研究进展。

本书适用于武器/弹药、防护工程、安全工程等领域从事教学、研发、应用以及需求论证等方面工作的各种专业技术人员,并可作为高等学校相关学科专业的教师、研究生和本科生的教学参考书。

图书在版编目(CIP)数据

终点效应学/王树山著. —2 版. —北京:科学出版社,2019.5
ISBN 978-7-03-060988-5

Ⅰ.①终… Ⅱ.①王… Ⅲ.①弹药-武器效应 Ⅳ.①TJ41

中国版本图书馆 CIP 数据核字(2019)第 066319 号

责任编辑:刘凤娟 陈艳峰 / 责任校对:彭珍珍
责任印制:赵 博 / 封面设计:无 极

科学出版社 出版
北京东黄城根北街 16 号
邮政编码:100717
http://www.sciencep.com
天津市新科印刷有限公司印刷
科学出版社发行 各地新华书店经销

*

2019 年 5 月第 二 版 开本:720×1000 1/16
2022 年 1 月第三次印刷 印张:31 插页:2
字数:620 000
定价:99.00 元
(如有印装质量问题,我社负责调换)

序

王树山教授请我为他的新书写个序,我欣然接受。

王树山是我的博士生,1995年初就通过了学位论文答辩获得博士学位。之后他留在北京理工大学,一边教书育人,一边进行科学研究。现在,他要出书了,我很高兴。他是一位从教多年的专业教师(博士生导师),是学术圈中最有资格出书的人之一。我常常对学生说,你们已经有了经验和积累,你们可以为历史、为专业留下系统的文字。王树山的新著就是这样的一本书,我为此感到高兴。

该书的题名《终点效应学》,讲的是有关武器弹药的理论。弹药是种类最多、用量最大和适用范围最广的军事装备或器械,是武器系统中最积极、最活跃的因素。弹药的作战效能、综合性能和技术水平主要体现在射程、精度和威力三个方面,其中与弹药威力最直接、最紧密相关的基础理论之一就是终点效应学。终点效应学是兵器科学或武器科学的组成部分,属于实验科学和技术科学的范畴。从这门学说的出现来看,它历史悠久;从这门学说的内涵来看,它又是与时俱进的。从王树山教授的书中,可以看到这一点。

终点效应学研究弹药/战斗部终点作用原理及对目标的毁伤效应,这方面的理论和实践也是武器弹药创新发展的源动力之一。在热兵器发展的早期,高能炸药尚未出现的时候,黑火药等这种威力并不大的含能材料被用作弹药装填物。现在,高能炸药及其瞬时释放化学能并产生强动载荷的性质被应用,使常规弹药威力发生了革命性的变化,并为常规战斗部类型的多样化及实现对各种类型目标的针对性高效毁伤提供了物质基础。核裂变、核聚变原理的应用导致了热核武器的出现,使武器弹药的威力达到了前所未有的程度,并对国际关系、国家安全、政治外交乃至伦理道德均产生了深远的影响。20世纪末,新材料、新机理和新方法的应用,产生了以碳纤维弹、微波弹为代表的新概念、非致命武器并应用于实战,为武器弹药的体系化发展、战术应用方法以及作战理念变革等开拓了新思路。因此,终点效应学自诞生之日起,一直处于不断地充实、完善和创新发展的过程中,始终充满着生机和活力。

以美、俄为代表的军事发达国家在终点效应学的研究上一直领先于中国。经过几代人的不懈努力,现在这种差距已明显缩小。就这方面的著作而言,我国学者撰写的不多,且基本上参考苏联(俄)或美国的经典文献等,在主题思想、知识体系以及内容编排等方面均存在某些不足,尤其是知识更新、前沿热点以及自主研究成果等更是难得一见。有鉴于此,该书在武器弹药"终点毁伤"这一核心主题下,将终点效应学的经典理论、扩充内容和新的研究进展等进行了认真梳理和有机整合，同时也引入了一些作者自己的研究成果，特别值得肯定的是作者对终点效应学的独立思考以及有深度的心得认识。

　　王树山教授属于与中国的改革开放一起成长的科研人员，可以说，他们是为了中国人民的"中国梦"在专业技术领域夯下坚实基础的一代人，这本书属于这个时代。该书集中反映了作者在该领域长年的教学和科研实践，具有明显的继承性和扩展性，十分注重理论对工程实践的指导性和实用性，值得业内人士和同行们关注，我很高兴向读者们推荐这本书。

冯セ根

2019 年 4 月 25 日

前　　言

　　终点效应学还远不是一门科学,更多的是以实验为主并结合基础理论的半理论半经验公式,以及不太可靠的实战数据和研究经验的综合。终点效应学属于兵器科学与技术的学科范畴,是一种多学科交叉的工程应用学科,主要研究弹药/战斗部等各种毁伤装置的终点作用原理及对目标的毁伤效应,研究成果主要用于弹药/战斗部威力设计与分析、目标防护设计与生存能力分析、武器终点毁伤效能评估以及武器系统的作战效能研究等。本书以常规武器/弹药终点毁伤理论与应用为主题,以战斗部作用原理与毁伤效应为主线,较为系统地介绍了终点效应学的基本理论和知识,归纳总结了相关的计算模型、试验数据以及工程应用方法等。

　　终点效应学从萌芽、诞生、演变直至发展到今天,已有近 300 年的历史,其发展的动力来源于人们不太情愿的战争需求和科学技术持续进步的推动。终点效应学的早期研究和成长摇篮在欧洲,以英国、法国和德国等为突出代表。关于终点效应学研究的历史地位,仍然首推美国和苏联(俄),这是因为终点效应学的快速集中与跨越式的发展主要由美国和苏联(俄)的研究成果所体现,美国和俄罗斯至今仍处于国际领先地位。然而根据研究现状和发展趋势可以预期,中国有望成为未来世界上新的终点效应学研究中心。对终点效应学的发展有重大影响的历史事件主要有:火炸药的发明并成为武器/弹药的动力推进和终点毁伤的能源;第一次和第二次世界大战;热核武器的出现并用于实战;水到渠成、自然而然的武器/弹药信息化与智能化。

　　终点效应学研究主要体现为弹药/战斗部和目标对立统一的两个方面,通过毁伤这一核心主题相衔接,一方面是弹药/战斗部的终点作用原理和毁伤因素的形成,另一方面是目标的毁伤响应及其结果。因此,本书从讨论终点效应学的科学技术内涵和追溯终点效应学发展历史开始,较为系统地归纳总结了目标易损性与毁伤机理、穿甲效应、杀伤效应、聚能效应、爆炸效应、非致命武器毁伤效应以及武器/弹药终点毁伤效能评估等方面的经典研究成果,其中不乏作者的深度思考、深化理解以及深入研究后的心得和认识。本书十分关注经典理论与工程实践的结合性、模型算法的适用性以及工程应用的操作性等实际问题,同时也特别考虑了军事需求和技术发展的动态变化,这在内容梳理、结构编排和文字表述等方面有所体现。相较于本书的第一版(国防工业出版社,2000)以及国内已有的其他相关著作,本书的显著特色主要有:从学科的角度对终点效应学进行了综合论述;增加了相对系统完整的"非致命武器毁伤效应"和"武器/弹药终点毁伤效能评估"两方面的内容;对终点效应学的传统内容进行了补充和完善,如毁伤及其关联概念体系、混凝土侵彻工程模型、密闭空间爆炸效应、水中爆炸威力场结构等。除此之外,书中还引入了一些作者的研究成果,相对于经典研究成果的千锤百炼,这些内容是稚嫩和单薄的,甚至有可能经不起时间和实践的检验,在此予以特别声明。

作者从事终点效应学以及以此为核心理论基础的武器/弹药、毁伤理论等方面的教学和科研工作 20 余年,时常有写一本好书的冲动,希望它能体系完整、内容丰富、深度适中和工程实用。然而在实际工作中,仍然为一些经典问题而困惑,为一些新出现的问题而茫然,这既说明作者的能力和水平确实有限,也昭示终点效应学的纷繁复杂和不断发展变化。因此,本书难免存在不足,在此提前请读者原谅。由于尽善尽美无论主观和客观上都是难以做到的,于是怀着忐忑不安的心情静候读者的批评指正,尽管如此,仍然希望本书能对同仁们的教学和科研工作有所帮助或提供有益的参考。

在书稿完成之际,特别感谢我攻读硕士和博士学位的导师——冯长根教授,他是我科学研究的引路人;同时感谢 隋树元 教授,是她带领我走进了该研究领域,她也是该书第一版的共同作者。另外,由衷感谢中央军委装备发展部与中央军委科学技术委员会(原中国人民解放军总装备部)、国家国防科技工业局以及中国兵器科学研究院等,为我从事这方面研究提供了科研经费支持,书中已经包含了相关科研项目所取得的研究成果。还要感谢北京理工大学为我创造了优越的工作环境,爆炸科学与技术国家重点实验室(北京理工大学)为本书的出版提供了经费资助。在本书写作过程中,我的同事韩峰教授、马峰副教授、魏继锋副教授和徐豫新副教授等,或审阅了部分书稿并提出了中肯的修改意见,或进行了有益的探讨和交流,在此表示衷心感谢。除此之外,李婧伟老师协助完成了书稿文字录入和编辑,我的学生王新颖、梁振刚、赵书超、王传昊、蒋海燕、卢熹、贾曦雨、高源、郭勋成和刘东奇等都为此书的完成提供了帮助,在此一并表示感谢。

王树山

2018 年 12 月 15 日

目　　录

彩图

第1章 绪 论

1.1 终点效应学的科学技术内涵

终点效应学(terminal effects)起源于终点弹道学(terminal ballistics),是在经典终点弹道学基础上随着研究范围和研究内容的不断拓展而逐渐形成的内涵更加丰富的工程应用学科。终点弹道学一直以弹道学分支的形式存在,而弹道学是研究各种弹丸或抛射体从发射起点到终点的运动规律及伴随发生的有关现象的学科[1]。对于经典弹道学,主要从身管发射武器的角度出发,由内弹道学、外弹道学和终点弹道学三个分支构成。在现代弹道学的学科体系中,又衍生出了中间弹道学、创伤弹道学等分支。另外,随着航天和航海科技的发展,还形成了大气层外的太空弹道学(也称为地球弹道学)和水弹道学等,这些也属于现代弹道学的体系范畴。在高能炸药广泛应用之前,弹丸主要作为动能侵彻体或利用其中装填的火药燃爆效应对目标起破坏作用。早期的终点弹道学研究更多的是针对弹体到达终点时所发生的侵彻、穿甲以及高速碰撞效应等方面的研究,也因此产生了力学学科的一个分支——穿甲力学。现代的终点弹道学,已经扩充了目标易损性、战斗部原理等研究内容,按《中国大百科全书》的定义,终点弹道学是一门研究"弹丸或战斗部在目标区域的运动规律、对目标的作用机理及威力效应"的学科[1]。

随着兵器科学与技术的不断创新和发展,军事对抗学说与武器运用方法的不断更新与完善,以及基础理论学科与工程应用学科的不断交叉与融合,使目标易损性、战斗部原理以及毁伤评估理论等方面的研究与应用得以不断深化和扩展,并使以此为核心的毁伤理论开始形成体系。这样,从兵器科学与技术的学科体系出发,在终点弹道学的基础上,以毁伤理论与技术为研究主题的发展型学科开始呼之欲出,本书正是基于此来定位终点效应学并与经典终点弹道学进行区分。按国际弹道委员会(International Ballistics Committee,IBC)关于弹道学的专题分类方法,终点弹道更多的是指穿甲效应方面的研究,并与战斗部原理及目标易损性并列起来。目前,国内相关学者并不对终点效应学和终点弹道学刻意加以区分,通常认为具有相同的概念内涵。事实上,从弹道学分支的角度,按弹道学的学科体系和经典终点弹道学的概念范畴,已不能全面、准确地诠释相关科学技术领域不断拓展的研究内容。因此,重新审视终点弹道学的发展历程,从学科发展的角度赋予终点效应学更科学的内涵,是必要的和适宜的。

　　广义的终点效应可扩展到各类武器系统的各种终端效应,甚至可以扩展到体育运动的球类、射击、射箭等项目中各种运动体的末端结果以及生产、生活中各种物理和化学过程的最终结果。狭义终点效应的载体是弹药/战斗部,本书采用狭义终点效应的概念。弹药一般指有壳体,装有火药、炸药或其他装填物,能对目标起毁伤作用或完成其他任务的军械装备[2];战斗部指弹药完成对目标毁伤或使目标失能的核心部分[2]。狭义的终点效应学主要研究弹药/战斗部等各种毁伤装置的终点作用原理及其对目标的毁伤理论,更突出"毁伤"这一核心概念,强调弹药对目标的作用及其结果。

　　终点效应学属于工程应用学科,涉及连续介质力学、爆炸力学、穿甲力学、含能材料学、目标易损性理论、引战配合理论和毁伤评估理论等多学科领域,研究成果主要用于弹药威力设计与分析、目标防护设计与生存能力分析、引战配合研究、武器终端毁伤效能评估研究以及武器系统的作战效能研究等。

1.2　终点效应学的研究内容

　　终点效应学的研究内容主要包括三个方面:目标易损性与毁伤机理、弹药/战斗部的终点作用原理以及终点毁伤效能评估。对于经典终点弹道学来说,则更侧重于各种类型弹药或战斗部的终点作用原理研究。

　　弹药或战斗部是武器系统唯一的战斗载荷,是武器系统的核心和最重要的分系统之一,是武器系统完成最终作战使命和任务的执行机构。现代武器是建立在信息化和机械化基础上的复杂系统,早已不是由单一的火力系统所构成,涉及侦察与探测、定位与跟踪、运载与发射、导航与控制、命中与毁伤以及毁伤评估等各个方面,其综合性、体系化日益增强,功能越来越强大。终点效应学主要与武器系统全使命周期的两个重要环节——命中与毁伤以及毁伤评估——紧密相关,终点效应学所涉及的方方面面直接关系到武器系统的作战效能和实战有效性。

　　战场目标纷繁多样,主要包括有生力量、技术装备、军事设施、工业设施以及政治、经济目标等。广义上说,对战争进程和达成战役战术目的有影响的人和物均构成军事目标。目标毁伤是指目标战术功能的丧失或降低,既可以通过造成目标结构彻底毁坏或某种损伤来实现,也可以利用特殊的技术手段在不使目标发生损伤的情况下实现对目标的毁伤。在终点效应学的概念体系中,目标毁伤具有特定的含义,与目标损伤不可等同,在这里毁伤主要反映的是结果,而损伤则体现为过程和原因。

　　根据弹药/战斗部作用原理、毁伤元素类型和毁伤能量来源的不同,毁伤技术途径主要分为四类:核毁伤、生化毁伤、常规毁伤和非致命(软)毁伤。核毁伤利用原子核的裂变或聚变反应,瞬间释放出巨大能量,从而产生超大规模的杀伤和破坏作用,其毁伤能量来源于原子间能量。生化毁伤通过释放生物战剂或化学毒剂使作战人员致病或受到毒害,其作用目标主要是有生力量。常规毁伤主要以火炸药为起始能源,由火炸药分子快速化学反应瞬时释放出的高密度化学能转换成冲击波、破片以及聚能射流等毁伤元素的能量,对目标结构产生致命性破坏作用,其毁伤能量来源于分子间能量。非致命(软)毁伤一般利用特殊的物理、化学和功能材料效应,造成目标功能失效或降低,使装备和人员等暂时丧失战斗能力,而附带的永久性破坏较小甚至没有。本书以常规毁伤效应为主,兼顾非致命(软)毁伤效应,不涉及核和生化毁伤效应。

军事作战需求是武器装备和弹药技术发展的源动力,总是在攻与防、矛与盾的对立统一中不断牵引技术进步和催生新型装备。军事作战思想的不断发展,作战样式的不断丰富以及战场目标的多样性且不断扩展,使弹药技术成为武器装备体系中最积极、最活跃的因素。由于目标的毁伤效果对毁伤方式具有选择性,所以弹药、战斗部的类型及其终点作用原理呈现针对性和多样性,终点效应学的研究领域非常广泛。

本书从目标易损性和毁伤机理开始,重点介绍常规毁伤的穿甲效应、杀伤效应、聚能效应和爆炸效应以及一些非致命(软)毁伤效应等方面的知识,同时给出武器/弹药终点毁伤效能评估的基本原理和方法。

1.3　终点效应学发展简史

1.3.1　20世纪以前

终点效应学的发展与演变首先要从终点弹道学的诞生与发展开始。人类有文献记载的关于终点弹道学的研究大致可追溯到 18 世纪 20 年代。18 世纪中叶,英国数学家 Robins[3,4](1707~1751)发表了世界上最早的涉及终点弹道学研究的著作:*New Principles of Gunnery* 和 *Mathematical Tracts of Late Benjamin Robins*。与此同一时期,出生在瑞士的数学家 Euler[5](1707~1783)也涉足这一研究领域,并出版了相关著作:*Neue Grundsätze der Artilleri*。

早在 18 世纪晚期,在弹丸中装填破片并作为毁伤元素的杀伤型弹药就已出现。1784 年,英国的 Shrapnel 发明了一种通过旧式火炮发射的内部装填有爆炸物和钢弹子的球形弹丸[6],类似于现在的榴霰弹。需要说明的是,那时雷管和高能炸药尚未发明,相关基础和工程应用学科多未诞生,针对杀伤效应的系统科学研究无从谈起。适用于现代武器发射环境与使用条件的杀伤型弹药,最基本的特点是金属壳体既作为强度件也用于形成破片,其终点作用存在着爆轰驱动、壳体大变形和破碎等非常复杂的瞬态非线性力学过程,因此现代意义上的杀伤效应的系统和深入研究基本上是 20 世纪以后的事。另外，与成型装药和聚能效应相关的研究也可追溯到 18 世纪末期，1792 年(一说是 1799 年)，德国的 Baader 最先发现和公布了与钢板接触爆炸条件下，装药切口或表面一定形状对作用效果的影响。由于钢板上会形成对应的印迹而称为爆炸刻蚀现象[7-9]，据推测 Baader 的实验使用的可能是黑火药一类的物质。

　　19 世纪的终点弹道学研究主要活跃在欧洲，并主要集中于穿甲效应研究。最初主要利用身管火炮发射实心动能弹丸对地面防护装甲板、土木工事以及水上舰船模拟结构等进行高速冲击试验，以检验毁伤与防护效果。1829 年法国人 Poncelet[10](1788~1867)发表的关于弹体侵彻土石方面的研究结果，标志着定量研究终点弹道学的开始，其中著名的 Poncelet 公式成为最早的穿甲力学模型。19 世纪上半叶，由于理论基础薄弱、测试技术和手段落后，基本的研究方法是通过实弹射击实验[11-15]，然后在牛顿力学的理论基础上获得预测冲击侵彻结果的经验公式，供弹丸设计或解决防护问题参考。进入 19 世纪 40 年代后，相关研究成果逐步汇集于 Helié[16] 的 *Traité de Balistique Expérimentale*、Didion[17] 的 *Traité de Balistiqu* 等著作中，包括许多有关穿甲实验的数据和各种经验公式等。19 世纪下半叶很长的一段历史时期内，穿甲效应的主要研究内容和研究方法没有发生实质性的变化。这期间，1873 年英国人 Bahsforth[18] 出版的 *Motion of Projectiles* 和 1883 年德国人 Krupp[19] 出版的 *Über das Durchschlagen von Panzerplatten*，被认为是关于终点弹道学和穿甲力学的经典著作之一，集成了这期间的主要研究成果。

　　19 世纪后半叶对终点弹道学或终点效应学的发展具有特殊的历史意义，穿甲效应以外的其他许多方面的研究正是在这期间开始的。1863 年 Wilbrand[20] 发明了 TNT 炸药，1865 年 Nobel[21] 发明了雷管，高能炸药的军事应用为终点弹道学或终点效应学研究提供了非常广阔的空间。这期间，爆轰现象被发现，爆轰概念被确立。1881 年、1882 年，Berthelot 和 Vieille[22,23] 以及 Mallard 和 Chatelier[24] 分别在研究管道内气体燃烧和火焰传播时，各自独立地发现了化学反应波的超音速自持传播现象，将其定义为爆轰。1899 年，Chapman[25] 率先提出了建立在流体力学和热力学基础上的爆轰理论模型。1870 年、1887 年、1889 年，Rankine[26,27] 和 Hugoniot[28,29] 各自开创性地研究了爆炸空气冲击波的性质，给出了速度、密度和内能之间的关系式，形成了著名的 Rankine-Hugoniot 方程组。1883 年，von Foerster[30,31] 最先提出了采用高能炸药的成型装药，并被认为是成型装药的最早发现者。1886 年，Bloem[32] 发明了第一个带有半球形罩的成型装药。1888 年，Munroe[33-35] 对无罩的成型装药进行了较为深入的研究，并在之后不久提出了一个有药型罩的成型装药，在当时 Munroe 的研究非常具有影响力，因此成型装药效应也被称为"Munroe(门罗)效应"。

1.3.2　20 世纪

从 19 世纪末期开始,弹塑性力学特别是塑性动力学、流体力学、爆轰学以及爆炸动力学的发展,为终点弹道学的深入研究提供了重要的理论基础以及理论研究的方法和手段。值得一提的是,第一次和第二次世界大战对武器装备发展的需求牵引,以及以 TNT、RDX 为代表的高能炸药的发明与军事应用,极大地促进了终点弹道学的研究与发展。由于战场目标类型的日益增多和目标防护能力的不断增强,对以高能炸药为毁伤能源的多类型弹药及分别提高其毁伤威力提出了迫切需求,从而使终点弹道学的研究范围不断拓展,研究深度不断增加,并使其逐渐发展成为一个独立的工程应用学科。

进入 20 世纪以后,终点弹道学研究开始由欧洲向美国延伸,美国开始逐步成为新的研究中心之一。美国于 1929 年正式成立了海军武器研究所,于 1937 年成立了陆军弹道研究所,在此期间较为广泛地开展了终点弹道学特别是穿甲效应方面的研究[36-42],而在此之前,这两个研究机构已以其他名义在该领域开展了多年的研究工作[43]。经初步考证[44,45],终点弹道学(terminal ballistics)作为主题词和专业术语,最早出现于二战时期的 1941 年,由美国人 Robertson[46] 提出,某种意义上说,这是终点弹道学开始成为一个独立的学科或一个专门的科学技术研究领域的标志。

终点弹道学历史上的一个重要发展是目标易损性和毁伤机理研究成为该学科重点研究内容之一,这也是终点弹道学发展成今天的终点效应学过程中十分关键的一步,而其中的起因正是第一次世界大战。在此期间,军用飞机首次出现在战场上,战争初期主要承担侦察、运输和校正火炮等辅助任务。1915 年,法国人在飞机上装了一挺机枪并在螺旋桨上安装一种叫做偏转片的装置,这是第一架真正意义上的战斗机并用于实战[47]。空对空作战的实践,促使人们对飞机目标的易损性和战场生存能力产生极大兴趣并着意加以研究。与此同时,化学武器开始出现并用于实战[48,49],德国人第一次在战场上使用了氯气,时间也是 1915 年。这激起了人们对化学物质和其他手段作为人体失能剂的研究兴趣,也推动了相关毁伤机理和人员战场防护问题的研究。大口径重型火炮的出现,以及空中轰炸能力的具备,使人们认识到把一切军事目标都构筑到坚不可摧是难以办到的,于是,关于爆炸效应对建筑物等目标的毁伤机理研究也紧接着开展了起来。

目标易损性和毁伤机理研究的高潮出现于第二次世界大战末期及其以后的一段时间,主要是围绕原子武器和热核武器的研发与应用展开的[50-52]。期间,关于爆炸冲击波、热辐射和核辐射的毁伤机理成为新的研究热点。除此之外,战争的需求以及技术的进步,使得大量高技术新型装备研制成功并投入使用,正是由于军事作战和武器对抗的迫切需要,进一步推动了飞机、建筑物、地面战斗车辆以及有生力量等目标针对破片、动能弹丸、爆炸冲击波、聚能射流以及火焰等作用的易损性和毁伤机理研究。

二战以后,目标易损性与毁伤机理研究对武器装备的研制、发展以及原始创新和技术进步等的重大意义得到广泛认同,为此,以美国、苏联为代表的军事强国制定了系统的研究计划,投入了大量的人力、物力,积累了大量的实验和理论研究成果[53-55]。限于这一方面的研究结果属于国家安全层面的重要机密,公开报导的文献并不丰富。总之,在这之后的几十年中,目标易损性和毁伤机理研究向基础性、系统性、纵深性以及通用性和针对性相结合的方向发展。同时新的作战需求和装备技术发展也使研究对象不断增多,例如:新型战机、战术导弹、航空母舰、雷达、深层地下工事以及电力设施等,研究领域也在不断扩展,研究深度不断增加。近年来,新军事革命思潮对战争理念的影响日益增强,战场目标的范围不断扩大,以及武器装备技术发展的日新月异和新型装备的层出不穷等,使目标易损性与毁伤机理研究难以停歇,永无止境。

终点效应学是在终点弹道学的基础上发展起来的,而终点弹道学是从研究穿甲效应问题开始的,所谓穿甲效应是指弹体(丸)对目标的高速撞击、侵彻、贯穿及因此而产生的破坏作用。进入 20 世纪以来,这一方面的研究方兴未艾,尤其其他学科的相应发展,为更精确地量化研究穿甲效应问题创造了良好的理论与实验条件。

20 世纪 40 年代是穿甲效应研究与发展的一个重要历史阶段。1941 年,美国人 Robertson[46] 在一篇名为 *Terminal Ballistics* 的 AD 报告中,总结了在这之前二三十年关于穿甲效应的大量实验结果,给出了有关的经验公式并探讨了相应的穿甲机理。在第二次世界大战中,美国又进行了大量实验研究,其结果汇集在 National Defense Research Committe (NDRC) 的专题报告中[56]。与此同时,Bethe[57] 于 1941 年首先对穿甲效应的侵彻过程进行了静态理论分析,随后 Taylor[58] 在其基础上推导出了基于准静态考虑的靶板扩孔所需能量与弹丸半径关系的理论模型,同时 Taylor[59] 还提出了假设靶板为刚体、弹体为理想刚塑性材料,杆形弹对半无限靶的垂直侵彻模型,可求解弹体长度、速度的变化及变粗的情况。后来的研究工作者又在 Taylor 的基础上考虑了惯性效应,对有关模型进行了进一步的推广,其中最重要的发展是 Freiberger[60] 的塑性动力学理论。Bishop、Hill 和 Mott 等[61] 于 1945 年首先提出了空腔膨胀理论(CET),获得了柱形和球形空腔在无限介质中准静态膨胀的解。

20 世纪 60 年代以后,新的实际问题的出现、实验技术的进步和计算机的应用,为穿甲效应的研究提供了新的契机,该领域研究取得了长足进步与发展。1963年,Recht 和 Ipson[62] 在 Spells[63] 理论的基础上,建立了基于能量守恒的刚性钝头弹体对薄靶板挤凿破坏的简单力学理论,给出了弹道极限、着速和剩余速度的关系式。几乎同时,Pytel 和 Davids[64] 提出了刚性钝头弹体对薄靶板的挤凿破坏的黏塑性力学理论,Brown[65] 提出了基于能量守恒的截锥形头部弹体垂直贯穿薄靶板的运动方程。在空腔膨胀理论方面,1965 年 Goodier[66] 应用了 Hopkins[67] 报告的动态空腔膨胀理论的研究成果,将球形空腔膨胀理论(SCET)用于研究刚性球对金属板高速撞击的侵彻问题中。另外,自 20 世纪 50 年代中期开始兴起的超高速碰撞研究,进入 20 世纪 60 年代后逐步取得了重要的研究成果。美国的 Herrmann 和 Jones[68] 以及 Bjork[69],分别与 1961 年和 1963 年对相关研究成果进行了总结,1970 年 Kinslow[70] 编著出版了 *High Velocity Impact Phenomena* 一书。与此同期,法国的 Sutterlin[71,72](1966 年和 1967 年)总结了整个法国关于弹道学的研究,其中很大一部分是关于穿甲效应的研究。值得一提的是,关于穿甲效应研究的数值模拟程序开始出现并得到应用,其中具有代表性的有 HEMP[73] 和 DEPROSS[74] 等。20 世纪 70 年代及以后的 30 年,穿甲效应研究的领域不断扩大,与工程需求结合得更加紧密,弹靶系统更为复杂,材料类型呈多样化。这期间,理论研究比较有意义的进展主要有:针对薄靶板的冲击变形,Calder 和 Goldsmith[75,76] 等发展和完善了弹塑性理论;Kelly 和 Wilshaw[77,78] 等提出了黏塑性理论;Sandia National Laboratory (SNL) 的研究人员[79] 提出了柱形空腔膨胀理论(CCET)等。出于深侵彻战斗部和钻地弹的研制背景以及引战配合研究的需要,弹体对混凝土等介质的侵彻问题研究十分活跃。鉴于靶体材料和结构的复杂性,理论和解析的研究方法十分困难,因此实验研究成为主要手段且研究成果十分丰富,大量的基于量纲分析的经验公式被获得,其中以 Petry(1910)[80,81]、别列赞(1912)[82]、ACE (1946)[83]、NDRC (1946)[84]、Young (1969)[85]、Kar (1978)[86]、Adeli-Amin (1985)[87] 和 Forrestal(1994)[88] 等公式具有代表性。另外,复合装甲[89] 等新型防护结构的出现,使多层不同介质耦合的穿甲问题研究成为新的研究方向和热点之一。在此期间,基于有限元或有限差分的数值模拟与仿真技术日趋成熟,许多著名的非线性数值模拟与仿真软件[90-92],如 LS-DYNA(1976)、AUTODYN(1986)和 MSC/DYTRAN(1990)等在穿甲效应研究中得到了非常广泛的应用,同时针对不同撞击速度和温度等条件的材料本构模型更加丰富和准确。以光滑质点流体动力学(smoothed particle hydrodynamics,SPH)(1977)[93,94] 为代表的无网格数值模拟技术开始出现,将分子动力学与连续介质力学相结合的多尺度耦合的高精度数值计算方法的研究日趋活跃,也许能为穿甲效应的数值模拟与仿真研究提供更加先进的方法和手段。

自从弹药/战斗部装填上炸药并以其作为武器的毁伤能源,杀伤效应就正式成为终点效应学研究的基本问题和重要内容之一。所谓杀伤效应是指炸药爆炸作用下弹药/战斗部金属壳体形成高速碎片——破片,并利用其对目标进行毁伤的一种终点效应。杀伤效应十分普遍地存在于多种类型的弹药/战斗部中。一方面,武器的远射程和高发射初速需求使弹药/战斗部的受力环境非常恶劣,对其强度和发射安全性的要求十分苛刻,因此用于承载炸药装药的高强度金属壳体几乎必不可少;另一方面,弹药/战斗部命中精度的局限性和扩大对目标杀伤范围的客观要求,使破片被合理地利用为毁伤元素,并成为一种自然而又有效的技术手段。尽管有目的地利用破片毁伤目标和杀伤型弹药的出现可追溯到 19 世纪晚期,但针对现代杀伤效应的具体问题:壳体破裂与破片形成机理、破片形状与质量控制、破片速度以及破片飞散规律等方面的系统研究,则主要发生在 20 世纪。

弹药/战斗部壳体破裂和破片的形成具有一定随机性,与多种因素有关。为了控制破片质量和提高利用效率,1915 年,英国的 Mills 提出了菠萝型半预制破片手榴弹方案,采用在壳体外部刻槽的方式来控制破片的形状和质量,达到了大幅度提高综合杀伤威力的目的[95]。对于不采取任何破片质量控制措施的所谓自然破片,1943 年英国的 Mott[96] 首先提出了关于破片质量分布的表达式,称为 Mott 公式。关于破片速度理论分析与预测问题,1943 年英国人 Gurney[97] 从能量守恒的角度出发,基于瞬时爆轰假设并通过虚拟一个反映装药爆炸驱动做功能力的 Gurney 比能,提出了计算一维装药结构(无限长圆柱、无限大平板和球)破片初速的一种十分简单的方法,从而诞生了非常著名的 Gurney 公式。由于 Gurney 比能来自实验测定,从而使该公式具有令人满意的计算精度并被发现具有令人有些意外的宽适用范围,于是在工程上得到了非常广泛的应用。即使在科学技术飞速发展的今天,Gurney 公式由于物理意义明确、模型简单和使用方便,尤其是根据实际条件通过合理修正能够取得满意的结果,仍然是工程师们十分喜欢的设计计算工具。对于破片飞散方向的研究最早可追溯到 1941 年,Taylor[98] 首先给出了破片初始飞散方向相对壳体外法线方向所偏转角度的理论分析与计算方法,称为"泰勒角近似"。1944 年,Shapiro[99,43] 对泰勒角近似进行了扩展,形成了 Shapiro 公式。关于金属壳体在爆炸载荷作用下的破裂机理,Mott[100] 于 1947 年进行了最早阐述,认为壳体裂缝是由质点运动产生的,壳体在高温高压爆轰产物的作用下产生应力波,壳体内质点产生同方向运动,当质点运动速度大于材料所允许临界速度时即出现裂缝。

后来的相关研究不断深入,与 Mott 的分析类似,1944 年 Gerney 和 Sarmousakis[101] 给出了适用于薄壁壳体的关于破片质量分布的又一种表达式;1947~1950 年,Shaw[102-104] 介绍了一种通过刻槽圆环控制破片质量分布的新方法,把刻槽圆环嵌在塑料或薄金属的衬套上,紧接着 Grabarek[105] 介绍了一种相似的金属丝切口法,不同之处是切口金属丝是按螺旋线缠绕在衬套或壳体上;另外,Lyddane[106] 分析比较了几种壳体刻槽的方法,认为六角形剪切槽对破片能起到很好的控制作用。1953 年,美国人 Solem、Shapiro 和 Singleton 对钢质弹体和多种炸药进行了一系列的实验,获得了大量有价值的实验结果[107]。1963 年,Taylor[108] 提出了自然破片战斗部壳体断裂的拉伸应力准则,其中假设了壳体断裂是由于径向裂纹由外表面向内表面扩张的结果,裂纹前端应力为零。1965 年,Tucker[89] 对壳体的裂缝扩展过程与规律进行了研究。1972 年,Hoggatt 和 Reht[110] 提出了强载荷下壳体内形成的绝热剪切带与断裂面重合的观点。在 1967~1968 年之间,德国的 Held[111] 发表了有关破片弹道的论文,将破片弹道分为加速、飞行和侵彻三个阶段(也称为爆炸驱动的内、外和终点弹道),其中详细介绍了加速阶段的有关实验结果,推导出了计算预制钢珠和自然破片初速的一些经验公式。

杀伤效应的核心问题是爆炸驱动和壳体的冲击响应与破碎问题,这一力学过程十分复杂,高压与瞬时性突出,宏观、细观和微观尺度跨越大,具有典型的非线性动力学特征。因此,杀伤效应的纯理论量化分析和准确实验测量都十分困难,杀伤效应研究体现出突出的半理论与半经验特点。60~70 年代以来,不断发展的非线性动力学数值模拟与仿真技术在杀伤效应有关问题研究中得到了日益广泛的应用,在揭示过程细节、反映一般规律以及指导工程设计方面都发挥了重要作用,成为一个不可或缺的研究手段。破片杀伤战斗部主要用于对付飞机、导弹等空中目标以及地面低防护能力的有生力量等目标,基于武器系统的总体要求和目标易损特性,主要从破片形状和飞散方向控制出发,产生了多种杀伤战斗部类型,如 50~60 年代在第二代对空导弹中应用了连续杆战斗部、破片聚焦战斗部,70 年代末期及以后在第三代空空导弹中应用了离散杆战斗部等[112-115]。90 年代以来,破片定向战斗部及其应用研究成为杀伤战斗部领域的热点之一,基于不同结构和原理的定向战斗部不断被涉及,如 Held[116,117] 提出的破片侧向平行飞散战斗部等,以及偏轴心起爆战斗部[118-120] 和爆炸变形战斗部等[121-126]。

成型装药(Shaped Charge)和聚能效应是终点效应学研究的另一项重点内容,尽管其研究历史甚至可以追溯到 18 世纪末期,但出于军事目的和武器应用的角度开始大规模系统研究却发生在第二次世界大战前后,至今仍方兴未艾。成型装药通过爆炸能量的合理分配以及汇聚作用,能够对装甲等坚硬目标产生大幅增强局部穿透能力的特殊毁伤功效,从而在弹药武器中得到广泛应用,也因此推动了对付装甲等坚硬目标聚能毁伤技术的发展。

进入 20 世纪以后,成型装药与聚能效应研究一直倍受关注。受 Foerster 和 Munroe 等的研究影响,1911 年和 1914 年,德国的 M. Neumann[127] 和 E. Neumann[128] 分别对爆炸刻蚀现象进一步开展了研究。M. Neumann 的研究结果揭示出,圆柱形端部带有锥形空穴的装药(247gTNT)比实心装药(310gTNT)对钢板具有更大的侵蚀深度,因此在德国"Munroe(门罗)效应"也称为"Neumann(纽曼)效应"。受第二次世界大战的影响,在 1935~1950 年间,有罩聚能装药及其应用研究得到飞速发展,英国、德国和美国都发表了很多成型装药及聚能效应应用研究的文献。德国的 Thomanek 和 von Huttern 可能是最早探讨成型装药在武器上应用的人,在 1935 年左右就给出了关于肩射反坦克弹等发明专利[8,9,129,130]。1936 年,美国的 Wood[131] 首先描述了 EFP(Explosive Formed Projectile)的概念,这对以后产生了深远影响。1937 年,Payman 和 Woodhead[132] 公布了雷管底部空穴形成的射流现象,并把这一现象归因于"门罗效应"。大概在 1938~1939 年间,Thomanek[133,8,9,130] 以及英国的 Mohaupt[134,135] 各自独立地提出了带药型罩的成型装药,被认为是现代成型装药的共同发现者。另外,Mohaupt 于 1939 年申请的有罩成型装药应用于武器的专利[8,9,134],介绍了在诸如枪榴弹、各种炮弹上应用的原理和方法。英国人率先开展了成型装药在武器弹药中的应用研究,并于 1940 年成功研制出了成型装药反坦克枪榴弹[8,9,136]。1941 年,美国研制出了应用成型装药的 60mm 反坦克枪榴弹以及 75mm 和 105mm 反坦克炮弹。后来,对反坦克枪榴弹进行了改进,加上了火箭发动机和肩扛发射架,最终演变成了 Bazooka(巴祖卡)反坦克火箭筒[8,9,136]。

限于实验手段的欠缺和理论基础的薄弱,对于成型装药作用机理以及理论方面的研究甚至落后于应用研究。1941 年,德国的 Schardin 和 Thomer[137] 以及 Schumann[138] 等最先公开了采用闪光 X 射线技术拍摄到的成型装药作用及射流形成过程的照片。随后不久的 1943 年,美国的 Seely 和 Clark[139] 也公布了相似的实验结果。在此说明一下,关于第一个拍摄到闪光 X 照片的人,似乎存在着争议。在此基础上,Schumann、Seely 和 Clark 以及英国的 Tuck[140] 等分别对射流形成机理进行了定性地分析和阐述。与此同时,美国的 Linschitz 和 Paul[141] 通过实验进一步研究了锥形药型罩不同压垮阶段的情况(通过调整硝基胍的装填密度实现药型罩的部分压垮),同时在水中研究了锥形药型罩部分变形后的情况,研究结果与 X 射线照片反映的结果具有很好的一致性。基于闪光 X 射线实验以及药型罩部分压垮实验的结果,通过定常、无黏和不可压缩流动假设,在 1943~1948 年间,Birkhoff 等[142-144] 提出并不断完善了描述聚能射流形成的理论模型,称为 Birkhoff 理论。1952 年,Pugh、Eichelberger 和 Rostoker[145] 对 Birkhoff 理论进行了发展和完善,考虑射流存在速度梯度的事实,对药型罩进行微分化,对每一微分元应用 Birkhoff 理论,形成了所谓准定常的 PER 理论。1957 年,苏联的 Lavrent′ev 首先提出了射流形成的黏-塑性模型概念[146],随后苏联的学者又不断对黏-塑性模型进行了发展和完善[147-149]。1974~1976 年,基于黏-塑性射流理论,Chou 等人[150,151] 的研究给出了形成凝聚射流、形成非凝聚射流以及不能形成射流的准则和判据。对于聚能射流的侵彻理论研究,Pugh[152](1944 年)和 Birkhoff[144](1948 年)等基于贝努利原理,忽略靶板强度以及假设流体无黏和不可压缩,建立了射流侵彻的流体力学理论模型。在此基础上,1963 年 Abrahamson 和 Goodier[153] 推导出了非匀速连续直线射流侵彻的显示表达式,可用于求解侵彻深度的理论最大值,也可以考虑靶板强度因素采用人为终止的方式进行侵彻深度的具体求解。后来,许多学者对靶板强度、射流断裂等因素对侵彻深度的影响和修正进行了探讨[154-156]。二十世纪六七十年代以后,计算机数值模拟与仿真技术在射流形成和侵彻研究中得到了广泛应用,推动了药型罩压垮、聚能射流形成以及拉伸变化等方面研究的进展,数值模拟与仿真能够最大程度地描述聚能射流的结构和组成。

Wood 提出 EFP 概念后不久,Misznay[157] 于 1944 年提出了一种形成 EFP 的成型装药结构,1954 年,Schardin[158] 基于实验数据进行了改进,形成了著名的 Misznay-Schardin 装药结构。该装药结构采用的是等壁厚、等曲率的药型罩,所形成的 EFP 性能并不好。为了克服 Misznay-Schardin 装药结构的缺点,1956 年,Kronman[159] 提出采用变壁厚、等曲率药型罩的改进结构。1965 年,Held[160] 采用变壁厚的大锥角药型罩,实现了具有良好成型效果和飞行稳定性的 EFP。进入 70 年代以后,受敏感器弹药等灵巧弹药技术发展的牵引,在全世界范围内掀起了 EFP 的研究热潮,基础研究和应用研究都十分活跃,技术发展十分迅速[161]。另外,计算机技术的飞速发展以及数值模拟与数值仿真技术的日益成熟,使其在 EFP 战斗部设计中得到了很好的应用,并对 EFP 技术的进步产生了非常大的推动作用。

装填高能炸药的弹药/战斗部在自然环境中爆炸,急剧膨胀的高温高压爆轰产物对空气、水或岩土介质等产生强烈的冲击作用,介质在强动载荷作用下的力学响应通常使其本身以及其中的目标产生各种程度的损伤。只要弹药/战斗部以炸药为毁伤能源(包括核爆炸),爆炸毁伤效应就客观存在,因此爆炸效应也是终点效应学的基本研究内容之一。从本质上说,爆炸效应是一个力学问题,体现为装药爆轰对介质的作用。尽管爆轰理论和冲击动力学等基础学科已经发展到一定程度,但对于这样一种高温、高压的瞬态力学过程,由于时空尺度跨越大、非线性特征突出以及难以全面认知爆轰产物和介质的物态方程,所以建立封闭的数学方程组并进行解耦处理非常困难。目前,从终点效应学的角度,关于爆炸效应的研究主要立足于实验,然后在此基础上采用相似理论和量纲分析方法进行进一步的研究,除此之外,非线性动力学数值模拟与仿真技术也日益成为非常重要的研究手段。

关于空气中爆炸,1915 年,英国的 Hopkinson[162] 最先阐述了爆炸相似律,提出了比例距离概念。1926 年,Cranz[163] 也对爆炸相似律进行了研究。Hopkinson 和 Cranz 均认为两个具有几何相似的同类炸药在同一空间内爆炸后,相同比例距离处冲击波相似,即著名的 Hopkinson-Cranz 比例定律。1944 年,Sachs[164] 通过量纲分析方法,提出了任意起爆条件下的爆炸相似律,比 Hopkinson 相似律更具普遍意义。1950 年,英国的 Taylor[165,166] 引入了 Rayleigh-Hugoniot 方程,提出点爆炸球形对称的强空气冲击波计算模型。1950 年,Flynn[167] 假定冲击波呈线性衰减,得到了冲击波正压区压力衰减计算公式。1955 年,Brode[168] 基于 Saches 理论,给出了爆炸冲击波超压与比例距离关系的计算公式。1960 年,苏联的 Stanyukovich[169] 在其专著 *Unsteady Motion of Continuous Media* 中,汇集了苏联 50 年代在空气中爆炸方面的研究成果。1973 年,美国的 Baker[170] 出版了经典著作

Explosions in Air,总结了空气中爆炸理论、爆炸相似律以及试验及数值模拟研究成果等。1979 年,Henrych[171]出版了 *The Dynamics of Explosion and Its Use* 一书,其中很大篇幅用于介绍空气中爆炸研究,涉及到世界各国许多学者的成果。

水中爆炸的研究高潮出现于 20 世纪 40 年代,其中主要原因是第二次世界大战的影响及海战的需要。在 19 世纪末期冲击波理论和爆轰理论基本形成后,人们开始尝试采用精确的解析方法进行水中爆炸的初始冲击波参数的解算以及分析冲击波传播问题,而事实上,这几乎是不可能完成的任务。基于冲击波理论和相似规律,1941 年、1942 年,Penney 及 Dasgupta[172,173]首先导出了计算水下爆炸近场冲击波压力的数学表达式,适用于 6 倍药包半径范围。1942 年,Kirkwood 和 Bethe[174]通过引入一个新的变量——焓,导出了适用范围更大(10~100 倍药包半径)且精度更高的冲击波压力计算公式。1943~1945 年,Kirkwood 及 Brinkley[175-177]又在此基础上发展了新的解法,利用个别试验点的测试数据进行标定后,可实现其他更大距离范围的精确计算。1946 年,Swift[178]记录和分析了水下爆炸气泡脉动过程,以及自由表面对气泡脉动的影响。1948 年,美国的 Cole[179]通过系统归纳和总结美国在 1941~1946 年间进行的大量水下爆炸的实验研究结果,并搜集了英、德等国的同类资料,出版了 *Underwater Explosions* 一书,成为该领域的经典著作。1956 年,Hamilton 等对水下爆炸气泡现象进行了研究,测量了气泡尺寸和运动数据,并在此基础上运用冲击波理论分析计算了水下爆炸的总的能量输出[180]。1978 年,Swisdak[181]系统研究了水下爆炸的冲击波理论、气泡脉动过程等,给出了气泡脉动次数同比例距离的关系及近水面爆炸喷射水柱高度的计算公式。1979 年,Henrych[171]总结了无限水域爆炸的试验研究结果,提出了比例距离在(0.05~50)范围内的冲击波超压计算公式。1979 年,Holt[182]研究了近水面爆炸条件下的海面兴波现象,证明当爆炸点水深约为装药半径一半时,海面兴波幅度最大。1986 年,Heaton[183]研究气泡脉动过程中,注意到了气泡压缩至最小半径时的偏球性效应,指出此时气泡的上升速度低于理论值。1996 年,Méhauté 和 Wang[184]总结了水中爆炸冲击波形成和传播的相关理论及试验结果,并分析了相关理论的适用条件。

岩土介质中的爆炸效应研究更多地出现在矿业工程学科和工程爆破技术领域,若从终点效应学和武器毁伤的角度来看,显然岩土介质中爆炸不如空气和水中爆炸研究的实际意义更大。由于岩土介质类型多、差别大、构成复杂以及非均相等原因,使岩土介质中爆炸的理论研究和量化分析更加困难,因此系统性和普适性的研究成果相对更单薄一些。1944 年,Doering 和 Burkhardt[185]提出了爆炸与结构相互作用的几何相似比例定律。1956 年,Hino[186]提出了漏斗爆破的岩石碎片反射波破坏理论,认为岩石的破碎主要是由爆炸冲击波到达自由面后反射的拉伸波所造成。同一年,Livingston[187]提出了著名的 Livingston 爆破漏斗理论,在相关领域中最具影响力和实用价值。1965 年，Makhin 和 Karchevskii[188] 建立了一种岩石爆破压裂的新理论，首次引入了岩石黏度，利用相应的计算公式可确定药包的尺寸。目前的岩土中爆炸的理论基础，已能够较好地解决工程爆破技术领域的实际问题，而从终点效应学的角度来看，则更关注岩土结构的损伤与破坏，以及流固耦合的力学响应等复杂问题的研究。随着深侵彻钻地战斗部的军事需求越来越迫切，岩土中的爆炸效应及地下深层目标的毁伤等问题，值得更加广泛和深入地开展研究。

　　非致命毁伤效应也称为软毁（杀）伤效应，是由非致命武器（non-lethal weapons）概念派生出来的，根据文献，非致命武器（non-lethal weapons）这一概念最早出现于 1965 年[189]。关于非致命武器相关的概念和提法还有很多，如低致命武器（less than lethal weapons）[190]、失能武器（disabling weapons）[191] 以及低间接破坏武器（low collateral damage weapons，LCDW）[192] 等。非致命武器通常以新概念和新原理的非致命毁伤技术为核心，在不大规模杀伤人员、摧毁装备和严重破坏环境的情况下，达到削弱以至控制敌方战斗力的作战目的。

　　现代意义上的非致命性武器与非致命毁伤效应的相关研究开始于 20 世纪 50 年代，并主要出于反恐防暴、遏制城市骚乱等目的。1958 年，Gongwer 等[193] 对催泪瓦斯等四种化学药剂的毒性进行了分析和比较。1965 年，Hahn[189] 讨论了非致命武器对心理的影响，提出了非致命武器发展所涉及的基本原则。1967 年，Coates[194] 分析了非致命武器的适用环境和局限性，对非致命武器的发展提出了建议。同一年，Dahlke 等[195] 报告了九项关于光闪烁和声振动对人体机能影响的实验结果，探讨了将其应用于非致命武器的可行性。1970 年，Coates[196] 分析了已有的和可能的非致命及非破坏性武器在城市内军事行动中使用的适用性。1975 年，Peterson 和 Chabot[197] 介绍了一套发射橡皮子弹的非致命武器系统。非致命毁伤技术真正引起人们的广泛关注是由 1991 年的海湾战争而引发的，美国首次把装有碳纤维战斗部和微波战斗部的战斧巡航导弹用于实战，分别用于破坏伊拉克的电力系统和电子信息系统[198-200]。随后的 1999 年科索沃战争进一步表明，非致命毁伤技术具有良好的实战使用效果以及持久的发展潜力[201,202]。在此期间，关于非致命武器与非致命毁伤技术在现代信息战争中的地位和作用、战略和战术意义、发展与应用策略、对作战理念和战术的影响以及涉及的政治、法律与伦理等方面问题，被广泛讨论。1991 年，Walsh[203] 分析了非致命武器等新技术武器的使用在国际法中的适用性。1995 年，Lynch[204] 论述了非致命武器对于和平时期的特殊战争中的作用。1996 年，Alexande 和 Klare[205] 分析了非致命毁伤技术在非战争行动中的广泛应用潜力；Kirkwood[206] 分析了非致命武器用于非战争军事行动的利弊，认为在非战争军事行动中应用非致命武器是合理的。1997 年，Siniscalchi[207] 针对美国安全政策的新特点分析了非致命性学说的意义，指出了非致命武器的独特作用，并对非致命武器的使用做出了评价。1997 年，Popovich[208] 讨论了非致命毁伤技术及非致命武器的战术运用问题。1998 年，Coppernoll 和 Maruyama[209] 指出发展和使用非致命技术仍要接受法律和伦理道德的审查。

武器/弹药终点（或终端）毁伤效能也称为战斗部毁伤效能，是武器系统效能和作战效能的核心组成部分，反映的是目标无对抗、系统无故障、正常命中目标条件下武器/弹药对目标的毁伤能力，其度量指标和数学基础分别是毁伤概率和全概率公式。终点毁伤效能评估就是以目标易损性和弹药/战斗部终点效应为基础，根据弹-目交会状态、命中规律和引信启动规律等建立相应的数学模型，采用一定的解算方法求解毁伤概率并分析有关因素对毁伤概率影响规律的研究过程。

早期的终点（战斗部）毁伤效能研究一般与目标易损性研究结合在一起进行，并更注重坐标杀伤规律（也称为条件毁伤概率）的研究。早在 20 世纪 20 年代，就开始采用实弹对飞机射击实验的方法研究该类问题，并用于选择和设计反飞机弹药的最佳口径[210]。现代意义的终点（战斗部）毁伤效能研究，初期由于对目标易损性和坐标杀伤规律的认识有限，通常进行简化处理，因此人们习惯上将其归结到射击效率问题。1945 年，Колмогоров[211] 首次提出采用目标毁伤概率评定射击效率的方法，奠定了终点（战斗部）毁伤效能评估的理论基础。此后 20 年间，与终点（战斗部）毁伤效能评估相关的战斗部坐标杀伤规律研究及毁伤概率解析算法研究等在苏联得到了快速发展[212]。美国则继续与目标易损性研究相结合，进行了大量实尺度的实弹射击毁伤实验，并开发出了针对装甲车辆的 Compartment Code 易损性模型编码[213,214] 等。20 世纪 70 年代，高机动性作战飞机的出现推动了武器/弹药终点毁伤概率计算方法的研究，高性能计算机为防空反导武器系统终端作用虚拟现实仿真提供了关键的技术手段，在此期间，美国空军装备实验室（Air Force Armament Laboratory，AFAL）开发了若干基于不同硬件平台的数字仿真程序，如：FASTGEN、SHAZAM、IVAVIEW、ENCOUNT 和 OPEC 等[215,216]。70 年代末至 80 年代初，统计实验法（Monte-Carlo 方法）得到大力发展并应用于武器/弹药终点毁伤概率计算[215,216]，如 Webster[217]（1981 年）采用 Monte-Carlo 法编写了计算反辐射导弹杀伤概率的程序 ARPSIM 等。随着目标易损性研究成果的不断积累、毁伤概率解算原理和方法的不断进步以及计算机技术的持续发展，终点（战斗部）毁伤效能的量化分析与评估更具有科学性和有效性，并逐渐在工程上得到应用[220-224]。

1.3.3　21 世纪以来

进入 21 世纪以来，终点效应领域的研究更加活跃，主要体现在应用研究和技术创新层面，出现了许多非常值得关注的新的发展动向，新的军事需求和武器装备技术发展的牵引是其中最直接的原因。世界主要军事强国越来越重视目标易损性和新型毁伤机理的应用基础研究,已经分别从不同深度和广度建立起了各自的目标易损性数据库并不断进行着充实和完善,成为推动武器装备和毁伤技术创新的源动力之一,并为弹药/战斗部设计、武器作战效能评估以及目标防护研究等提供了十分重要的技术支撑。高效毁伤一直是终点效应研究着力追求的目标之一,近年来,云雾爆轰理论日益成熟,云爆、温压战斗部得到了广泛应用,特别是新型高能量密度含能材料——多(全)氮化合物、金属氢等方面的研究受到广泛关注[225,226]。随着智能化、信息化弹药技术的不断发展,毁伤方式及威力自适应选择与控制技术成为研究热点和重要发展方向,多模战斗部、威力可控战斗部、低附带毁伤战斗部等概念开始出现[227-230],相关应用研究也取得显著进展。战斗部及装药的安全性越来越受到重视,不敏感炸药及低易损战斗部技术开始成为重要的研究和发展方向[231-233]。在穿甲效应方面,深钻地战斗部及高速侵彻力学效应、基于空间战的超高速碰撞以及航天器空间碎片防护等研究成为其中的热点[234,235],代表了这一领域的重点发展方向。在杀伤效应方面,含能/活性破片及其应用[236-239]、破片/杆条双模杀伤战斗部[240]以及定向战斗部[241,242]等是主要的研究与发展方向,并具有非常重要的实用价值。在聚能效应方面,EFP 技术开始广泛应用,杆式射流(JPC)以及聚能射流与 EFP 转换控制技术[243,244]等大大地扩展了成型装药的应用范围,并进一步推动了聚能毁伤技术的发展。目标对爆炸冲击波的毁伤响应研究越来越深化,有效提高爆炸冲击波比冲量的含铝炸药得到越来越广泛的应用,特别是针对水下爆炸能量输出结构的研究引起广泛重视,与此相对应的炸药配方研究及目标毁伤响应研究十分活跃[245-249]。非致命毁伤理念越来越深入人心,非致命毁伤技术不断发展,微波/电磁脉冲武器[250-253]、新型反电力系统毁伤技术[254-256]以及针对反恐防暴的非致命毁伤技术等方面的研究不断得到深化和发展。终点毁伤效能评估研究得到了前所未有的重视,专业化的终点毁伤效能评估软件开始出现并处在不断发展和完善过程中,在工程实际中得到了日益广泛的应用[257-259]。

1.4 终点效应学研究方法

实验、理论分析以及数值模拟与仿真是终点效应学研究的三种基本方法,三者相辅相成,分别从不同视角、不同层面和不同深度揭示其中的科学问题。终点效应的具体物理过程通常是非线性的、瞬时的、破坏性的和难以 100% 重复再现的,因此相当多的情况下,仅采用一种方法进行研究,对其中物理规律的认识往往是片面的,有时是无法确认的,甚至可能是错误的。

作为工程应用学科,实验研究是首要的,对于未知现象的发现和认知首先是从实验开始的,终点效应的结果最终也是通过实验来证实和评定的。另外,在测试精度足够高的情况下,实验所揭示的现象和规律不仅是直观的,更是真实和可靠的。

但是,鉴于终点效应本身的特点,实验难度大、对测试技术要求高且费用十分昂贵,因此获取的实验数据通常具有一定局限性,这往往影响科学认识的深度和全面性。理论分析主要从解析和量化的角度研究其中的物理过程,通过演绎预测实验结果,通过归纳实验结果形成理性认识。理论分析是对终点效应现象的认识实现由特殊到一般、由感性到理性跨越的根本途径,是深入揭示终点效应规律的必要手段。但是,理论分析需要在充分的物理假设条件下才能实现数学上的解析计算,其结果是假设条件下的精确解,真实问题的近似解,受假设条件的影响有时会与客观实际产生较大偏差。另外,由于终点效应问题本身的复杂性,纯粹的理论解析只在较少的情况才能实现,理论分析的全面性受到局限,也因此使终点效应学研究体现出突出的半理论、半经验特征。非线性动力学数值模拟与仿真研究方法是在数学和力学等基础理论以及计算机技术发展到一定历史阶段的产物,发展迅速并日益成为终点效应学研究不可或缺的手段,其最突出的优点是可以在计算机上直观地再现终点效应过程,能够给出实验和理论分析所难以揭示的细节,反映问题更加全面。但是,由于数学方程组的建立仍不可避免地存在着假设,人们对物态方程与材料本构关系尚不能全面准确掌握以及数值算法本身的近似性,因此希望通过数值模拟与仿真来全面准确揭示终点效应的内在规律是不现实的,也是难以做到的。理论分析一般物理意义明确,数学模型简单,得到的结果反映问题非常直接;数值模拟与仿真的数学模型更精确和接近实际,通过数值算法得到近似结果,但能够揭示过程和细节。

　　总之,对于终点效应研究,实验是根本,理论分析和数值模拟与仿真均是不可或缺的方法和手段,三者有机结合才能全面、深入地揭示终点效应和内在规律,以及科学、合理和高效地解决工程实际问题。

参 考 文 献

[1]《中国大百科全书》编委会. 中国大百科全书·军事(第 1 版)[M]. 北京:中国大百科全书出版社,1989:1374.

[2]《中国大百科全书》编委会. 中国大百科全书·军事(第 2 版)[M]. 北京:中国大百科全书出版社,2005:90.

[3] Robins B. New Principles of Gunnery[M]. Lonton:J Nourse,1742.

[4] Robins B. Mathematical Tracts of Late Benjamin Robins, Efq[M]. Lonton,J Wilson,1761.

[5] Robins B, Euler L. Neue Grundsätze der Artillerie: Enthaltend die Bestimmung der Gewalt des Pulvers Nebst Einer Untersuchung über den Unterscheid des Wiederstands der Luft in Schnellen und Langsamen Bewegungen[M]. Haude,1745.

[6] Fuller J F C. The Conduct of War 1789~1961[M]. Rutgers University Press,1961.

[7] Franz von Baader. Bergmannische Journal von Kohler and Hoffman,1892.

[8] Walters W. A brief history of shaped charges[R]. Army Research Lab Aberdeen Proving

Ground Md Weapons and Materials Research Directorate,2008.

[9] Kennedy D. The First 100 Years: the History of the Shaped Charge Effect[M]. Germany, MBB,Schrobenhausen,1983.

[10] Poncelet J V. Cours de mécanique industrielle,professé de 1828 à 1829,par M[J]. Poncelet, 2e partie. Leçons rédigées par M. le capitaine du génie Gosselin. Lithographie de Clouet, Paris,(sd),1827,14.

[11] Poncelet J V,et al. Rapport sur unmémoire de MM Piobert at Morin[J]. Mém Acad d Sciences 15,Njp,1835:55-91.

[12] Norin. Nouvelles expéeiences sur le frottement[J]. Recueil d Sav Etrang Aced d Sciences 6,. Njp,1835:641-783.

[13] Norin,et al. Résistance des milieu: rocherehes de MM Didion, Morin et Pilbert[J]. CR3. Njp,1836:795-796.

[14] Piobert G,Morin A and Didion Is. Note sur les effets et les lois du choc,de la penetration et du movement dos projectiles dan les divors milieux résistant[J]. Congrès Sci d France 5. DLC,1837:526-539.

[15] Idem. Mémoire sur las résistance des corps solides ou mous a la penetration des projectile[J]. Mémorial d l′Artill 4. DLC,1837:299-383.

[16] Hélie F. Traité de Balistique Expérimentale[M]. Gauthier-Villars,1884.

[17] Didion I. Traité de Balistique[M]. A. Leneveu,1848.

[18] Bashforth F. A Mathematical Treatise on the Motion of Projectiles:Founded Chiefly on the Results of Experiments Made with the Author′s Chronograph[M]. Asher &. Company,1873.

[19] Krupp F. Über das Durchschlagen von Panzerplatten[M]. Essen,1883 and 1890.

[20] Wilbrand J. Notiz über trinitrotoluol[J]. In: Annalen der Chemie und Pharmacie,Bd. 128, 1863,S. 178-179.

[21] Bergengren E. Alfred Nobel:The Man and His Work[M]. T. Nelson,1960.

[22] Berthelot M,Vieille P. On the velocity of propagation of explosive processes in gases[J]. CR Hebd. Sceances Acad. Sci,1881,93(2):18-21.

[23] Berthelot P E M,Vieille P. Nouvelles recherches sur la propagation des phénomènes explosifs dans les gaz[J]. CR Acad. Sci. Paris,1882,95:151-157.

[24] Mallard E,Le Chatelier H. Sur les vitesses de propagation de l′inflammation dans les mélanges gazeux explosifs[J]. Comptes Rendus Hebdomadaires des Séances de l′Académie des Sciences,1881,93:145-148.

[25] Chapman D L. VI. On the rate of explosion in gases[J]. The London,Edinburgh,and Dublin Philosophical Magazine and Journal of Science,1899,47(284):90-104.

[26] Rankine W J M. On the thermodynamic theory of waves of finite longitudinal disturbance, (read 16 Dec. ,1869)[J]. Phil. Trans. Roy. Soc. London,1870a,160:277-286.

[27] Rankine W J M. On the thermodynamic theory of waves of finite longitudinal disturbance[J]. Phil. Trans. Roy. Soc. London,1870b,160:287-288.

[28] Hugoniot P H. Mémoire sur la propagation du mouvement dans les corps et ples spécialement dans les gaz parfaits,1e Partie[J]. J. Ecole Polytech. (Paris),1887,57:3-97.

[29] Hugoniot P H. Mémoire sur la propagation du mouvement dans les corps et plus spécialement dans les gaz parfaits,2e Partie[J]. J. Ecole Polytech. (Paris),1889,58:1-125.

[30] Foerster von M. Versuche mit Komprimirter Schiessbaumwolle[M]. Berlin: mittler and Son,1883.

[31] Foerster von M. Experiments with comressed gun cotton[J]. Van Nostrand's Engineering Magazine,1884,31:113-119.

[32] Bloem G. Shell for Detonating Caps[R]. Dusseldorf,Prussia Germany,U. S. Patent342423,1886.

[33] Munroe C E. On certain phenomena produced by the detonation of gun cotton[R]. Newport Natural History Society,Proceedings 1883-1888,Report No. 6,1888.

[34] Munroe C E. Wave-like effects produced by the detonation of gun cotton[J]. Am. J. Sci. , 1888,36:48-50.

[35] Munroe C E. Modern explosives[J]. Scribner's Magazine,1888, III :563-576.

[36] Thompson L. Ballistic engineering problems:empirical summaries[J]. US Naval Inst Proc 56. Njp,1930:411-418.

[37] Kent R H. The theory of the motion of a bullet about its center of gravity in dense media with applications to bullet design[R]. AD705381,1930.

[38] Zornig H H,Lane J R. Report on the effect of yaw on armor penetration and of gun temperature on yaw[R]. AD702229,1936.

[39] Reed E L and Kruegel S L. Study of the mechanism of penetration of homogeneous armor plate[R]. AD-A9537192,1937.

[40] Reed E L,Kruegel S L. Examination of a 37 mm projectile[R]. AD-A9535634,1938.

[41] Hayes T J. Elements of ordnance[M]. New York:Wiley,1938.

[42] Tolch N A. Fragmentation effects of the 75mm HE. shell T3 (M48) as determined by Panel and Pit fragmentation teats[R]. AD702233,1938.

[43] Devon Hylander G. Army materiel command[S]. Elements of Terminal Ballistics,1962.

[44] Emrich R J,Bleakney W. The development of the shock tube at princeton[J]. Shock Waves, 1996,5(6):327-329.

[45] Robert Jackson. The World's Great Fighters:From 1914 to the Present Day[M]. Chartwell Books,2005.

[46] Robertson H P. Terminal ballistics[R]. National Research Council,Washington ADA953479, 1941.

[47] 李雯 编译. 第一次世界大战简史[M]. 北京:三联书店,1953:105.

[48] 温丝顿·丘吉尔. 刘立译. 第一次世界大战回忆录[M]. 海口:南方出版社,2008:303.

[49] Engineering design handbook. Elements of terminal ballistics part one, introduction, kill mechanisms and vulnerability[R]. AD-389 219/7SL,1962.

[50] Engineering design handbook. Elements of terminal ballistics part two,collection and analysis of data concerning targets[R]. AD-389 318/7SL,1962.

[51] Savchenko F. Weapons of tremendous power[R]. Army foreign science and technology center, Washington,D. C. AD-834321,1967.

[52] Gyllenspetz I M,Zabel P H. Comparison of US and Swedish aerial target vulnerability assessment methodologies[R]. Southwest Research Inst San Antonio Tex,1980.

[53] National Research Council. Vulnerability assessment of aircraft:a review of the department of defense live fire test and evaluation program[R]. PB93-149946/GAR,1993.

[54] Goland M. Armored Combat Vehicle Vulnerability to Anti-armor Weapons:A Review of the Army's Assessment Methodology[M]. National Academies,1989.

[55] Office of Scientific Research and Development,National Defense ResearchCommittee. Summary of technical reports of division 2[R]. NDRC,Vol. 1,Columbia Press,New York,1946.

[56] National Research Counci(U. S) Committee on Fortification Design[R]. Final Report. Washington,1944.

[57] Bethe H A. Attempt of a Theory of Armor Penetration[M]. Ordnance Laboratory,Frankford Arsenal,1941.

[58] Taylor G I. The formation and enlargement of a circular hole in a thin plate sheet[J]. Quart J. Mech. Appl. Math. 1,1948:103-124.

[59] Taylor G I. The use of flat-ended projectiles for determining dynamic yield stress I. Theoretical considerations[J]. Proc. R. Soc. Lond. ,1948,A194(1038):289-299.

[60] Freiberger W. A problem in dynamic plasticity :the enlargement of a circular hole in a flat sheet[J]. Proc. of the Cambridge Philosophical Society,1952,48:135-148.

[61] Bishop R F,Hill R and Mott N F. The theory of indentation and hardness test[J]. Proceeding of Physical Society,1945,73:3.

[62] Recht R F,Ipson T W. Ballistic perforation dynamics [J]. Applied Mechanics,ASME,1963, 30:384-390.

[63] Spells K E. Velocities of steel fragments after perforation of steel plate[J]. Proceedings of the Physical Society. Section B,1951,64(3):212.

[64] Andrew Pytel and Norman Davids. A viscous model for plug formation in plates[J]. Franklin Institute,1963,276:394-406.

[65] Brown A. A quasi-dynamic theory of containment[J]. Int. J. Mech. Sci. ,1964,6 (4): 257-260.

[66] Goodier J N. On the Mechanics of Indentation and Cratering in Solid Targets of Strain-hardening Metal by Impact of Hard and Soft Spheres[M]. California:Stanford Research Institute,1964.

[67] Hopkins H G. Dynamic expansion of spherical cavities in metals[J]. Progress in Solid Mechanics,1960,1(3):5-16.

[68] Herrmann W and Jones A H. Survey of hypervelocity impact information[R]. Massachu-

setts Inst of Tech Lexington Lincoln Lab,1961.

[69] Bjork R C. Report No. RM 3529 PR[R]. AD 413-070,Rand Corp,Santa Monica,California, 1963.

[70] Kinslow R(editor). High Velocity Impact Phenomena[M]. New York:Academic Press,1970.

[71] Sutterlin R. Sciences et Technipues de l' Armement,40,569,1966.

[72] Sutterlin R. Memorial del' Artillerie francaise,41,12,1967.

[73] Sedgwick R S and Walsh J M. BRL Report 35R-348[R]. U. S. A. Ballistic Research Laboratories,1971.

[74] LIEEABT T. Aberdeen Proving Ground,Maryland[R]. Report No. AD-728-824,1971.

[75] Duffey T A,Key S W. Experimental-theoretical correlations of impulsively loaded clamped circular plates[J]. Exp. Mech. ,1969,9(6):241-249.

[76] Calder C A,Goldsmith W. Plastic deformation and perforation of thin plates resulting from projectile impact[J]. Int. J. Solids Struct. ,1971,7(7):863-868.

[77] Kelly J M,Wierzbicki T. Motion of a circular viscoplastic plate subject to projectile impact[J]. Zeitschrift Für Angewandte Mathematik Und Physik Zamp,1967,18(2):236-246.

[78] Kelly J M, Wilshaw T R. A theoretical and experimental study of projectile impact on clamped circular plates[J]. Proceedings of the Royal Society A,1968,306(1487):435-447.

[79] Norwood F R. Cylindrical Cavity Expansion in a Locking Soil[M]. SLA-74-0201,1974.

[80] Samuely F J and Hamann C W. Civil Protection[M]. The Architectural Press,1939.

[81] Brown S J. Energy release protection for pressurized system,Part II :review of studies into impact/terminal ballistics[J]. Appl. Mech. Rev. ,1986,39(2):177-201.

[82] К. П. Станюкович. Физика Взрыва[M]. Москва,1975.

[83] ACE. Fundamentals of protective design[R]. Report AT120 AT1207821,Army Corps of Engineers,Office of the Chief of Engineers,1946.

[84] NDRC. Effects of impact and explosion[R]. Summary Technical Report of Division 2, National Defense Research Committee,Vol. 1,Washington D. C. ,1946.

[85] Young C W. Depth prediction for earth-penetrating projectiles[J]. Journal of the Soil Mechanics and Foundations Division,1969,95(3):803-818.

[86] Kar A K. Local effects of tornado-generated missiles[J]. Struct. Div. ASCE,Vol. 104,No. St5,1978,104(St5):809-816.

[87] Adeli H and Amin M. Local effects of impactors on concrete structures[J]. Nucl. Eng. Des. ,1985,88:301-317.

[88] Forrestal M J,Altman B S,Cargile J D,Hanchak S J. An expirical equation for penetration depth of ogive-nose projectiles into concrete targets[R]. Sandia National Laboratories, Technical Report SAND-92-1948 C,DE 93007604,1992.

[89] Sliney J. Dual Hardnesssteel Armor[M]. AMRA TR 65-13,1965.

[90] Hallquist J O. LSTC Report1018[R]. Revision3,1994.

[91] Roberston N J,et al. AUTODYN Theoretical [M]. Century Dynamics Inc. ,1994.

[92] MSC. Dytran user's manual (Version 4. 0)[CP]. The MacNeal-Schwendler Corporation, Los Angeles,CA,1997.

[93] Lucy L. A numerical approach to testing the fission hypothesis[J]. Astron. J. , 1977, 82:101321024.

[94] Gingold R A,Monaghan J. Smoothed particle hydrodynamics:theory and application to non-spherical stars [J]. Mon. Not. Roy. Astron. Soc. ,1977,181:375-389.

[95] 三土,明光. 烽火记忆-英国上[J]. 武器分析,2008:30-34.

[96] Mott N F. Fragmentation of HE Shells:A Theoretical Formula for the Distribution of Weights of Fragments[M]//Fragmentation of Rings and Shells. Berlin:Springer,2006:227-241.

[97] Gurney. The initial velocities of fragments from bombs,shell and grenades[R]. Ballistic Research Laboratory,Aberdeen Proving Ground,Report No. 405, September 1943; (British), March 1943.

[98] Taylor G I. Analysis of the Explosion of a Long Cylindrical Bomb Detonated at One End, Fragmentation of Tubular Bombs,Science Papers of Sir G I Taylor[M]. London:Cambridge University Press,1963.

[99] Shapiro H N. A report on analysis of The distribution of perforating fragments for the 90mm,M71, fuzed T74E6, bursting charge TNT[R]. UNM/T-234, University of New Mexico,1944.

[100] Mott N F. Fragmentation of shell cases[J]. Proc. R. Soc. Lond. A,1947,189(1018): 300-308.

[101] Gurney,Sarmousakis. The mass distribution of fragments from bombs,shell,and grenades [R]. Ballistic Research Laboratory, Aberdeen Proving Ground, Report No. 448, February 1944.

[102] Shaw. Development of controlled fragmentation shell,using grooved rings[R]. Ballistic Research Laboratory,Aberdeen Proving Ground,Report No. 637,April 1947.

[103] Shaw. Principles of controlling fragment masses by the grooved ring method[R]. Ballistic Research Laboratory,Aberdeen Proving Ground,Report No. 688,February 1949.

[104] Shaw. The effect of "cushions" in controlled fragmentation shell. Ballistic Research Laboratory.

[105] Grabarek Mass C L. Spatial and velocity distributions of fragments from MX-904 (T-7) Warheads,wire wrapped types[R]. Ballistic Research Laboratory, Aberdeen Proving Ground,Memorandum Report No. 550,1951.

[106] Lyddane. Fragment velocity law-fifth partial report:tests of experimental controlled fragment Warhead[R]. Naval Proving Grounds,Report No. 603,1950.

[107] Soem,Shapiro and Singleton. Explosives comparison for fragmentation effectiveness[R]. Naval Ordnance Laboratory,Report NAVORD 2933,1953.

[108] Taylor G I. Fragmentation of Tubular Bombs,Science Papers of Sir G I Taylor[M]. Lon-

　　　　don：Cambridge University Press，1963.

[109] Tucker D C，Orr W R and Hoggatt C R. Prediction of the theoretical behavior and energy transfer when solids are subjected to explosive loading［R］. Denver Research Inst Co，1965.

[110] Hoggatt C R，Reeht R F. Fraeture behaviour of tubular bombs［J］. Appl. Phys. ，1968，39(3)：1856-1862.

[111] Held M. Fragment generator［J］. Propell. Explos. Pyrot. ，1988，13(5)：135-143.

[112] Hackman E E. Focused blast-fragment warhead：U. S. Patent 3，978，796［P］. 1976-9-7.

[113] 刘发来. 地空导弹的发展及其作战使用［J］. 中国航天，1998，(5)：37-40.

[114] 午新民，王中华. 国外机载武器战斗部手册［M］. 天津：兵器工业出版社，2005：129-162.

[115] 王树山. 空空导弹战斗部技术发展分析［C］//中国宇航学会无人飞行器分会战斗部与毁伤效率专业委员会第十次学术年会论文集，四川·绵阳，2007.

[116] Held M. Fragmentation warhead：U. S. Patent 5，544，589［P］. 1996-8-13.

[117] Held M. Aimable fragmenting warheads［C］//13th International Symposium on Ballistics，1992，2：539-548.

[118] 冯顺山，蒋建伟等. 偏轴心起爆破片初速径向分布规律研究［J］. 兵工学报，1993(S1)：12-16.

[119] 马晓飞. 多点偏心起爆定向战斗部技术研究［D］. 北京：北京理工大学硕士论文，2001.

[120] 王树山，马晓飞等. 多点偏心起爆战斗部破片飞散实验研究［J］. 北京理工大学学报，2001，21(2)：177-179.

[121] Waggener S. Deformable warhead［C］//Proceedings of the 42nd annual bomb and warhead technical symposium，Dover，NJ，1992：12-13.

[122] Abernathy D D，Adams H D，Gilbertson W L，et al. Variable geometry warhead：US，US3960085［P］. 1976.

[123] Cunard D A，Thomas K A. Programmable integrated ordnance suite (PIOS)［C］//1st Annual International Missiles，Rockets Exhibition，1992.

[124] US-UK program studies directional warhead technology［J］. Jane's Missiles，Rockets，2001，5(2).

[125] 万程. 爆炸驱动破片定向飞散研究［D］. 北京：北京理工大学博士论文，1995.

[126] Waggener S. The evolution of air target warheads［C］//International Symposium on Ballistics，Tarragona，Spain. 2007，16：20.

[127] Neumann M. Einiges uber brisante Sprengstoffe［J］. Zeitschrift fur Angewandte Chemie，Wittenburg，Germany，1911：2233-2240.

[128] Neumann E. New hollow bodies of high explosive substances［J］. Zeitschrift fur das Gesamte Schiess-und Sprengstoffwesen，Darmstadt，Germany 1914：183-187.

[129] Thomanek F R，Huttern von H. OTIB(not dated)，patent applications by Franz Rudolf Thomanek and Hellmuth von Huttern［J］. Ordnance Technical Intelligence Bulletin，1935，1249：19.

[130] Thomanek F R. OTIB1468, substantiating material in support of evaluation of compensation in favor of explosive-experimental company and diploma-engineer[J]. Ordnance Technical Intelligence Bulletin, 1942, 411.

[131] Wood R W. Optical and physical effects of high explosive[J]. Proc. Royal Soc. London, 1936, 157A: 249-261.

[132] Payman W, Woodhead D W. Explosion wave and shock waves, V-the shock wave and explosion products from detonating high explosives[J]. Proc. Royal Soc. 1937, 163A: 575-592.

[133] Thomanek F R. The Development of the Lined Hollow Charge[M]. Feltman Research Laboratories, Picatinny Arsenal, Dover, NJ, Technial Notes No. FRLTN-27, March 1961.

[134] Mohaupt B, Mohaupt H and Kauders E. An improved explosive projectile[P]. Patent, Commonwealth of Australia, assigned to B Mohaupt, H Mohaupt and E Kauders of France, 1941(date Claimed for patent Nov. 9, 1939), 1941.

[135] Mohaupt H. Shaped charges and warheads[J]. Aerospace Ordnance Handbook, 1966: 66-78.

[136] Weston L. APG's contribution to world war II was highly significant[N]. APG News, 5B, 1985.

[137] Schardin H, Thomer G. Untersuchung des hohlkorperprobiems mit hilfe der roentgenblitzmethode(Investigation of the hollow charge problems with help of the flash X-ray method)[R]. Ballistisches der Lnftkriegsakademie Gatow Pruf No. 9 (Ordnance Technical Intelligence Bulletin 1628), 1941.

[138] Schumann E. Wirkungssteigerung beim hohlsprengkorper(Improvement of the effect of hollow charges)[J]. Ordnance Technical Intelligence Bulletin, 1941, 1249: 17.

[139] Seely L B, Clark J C. High speed radiographic studies of controlled fragmention[R]. Ballistic Research Laboratory Report No. 368, 1943.

[140] Tuck J L. Note on the theory of the munroe effect[R]. U. K. Roport, A. C. 3593(Phys. Ex. 393-WA- 638-24), 1943.

[141] Linschitz H, Paul M A. Experimental studies of cone collapse and formation[R]. Part I: Recovery of Cones from Low-powered Charges. Division 8, NDRC of the Office of Scientific Research and Development, Report OSRD No. 2070, 1943.

[142] Birkhoff G. Mathematical jet theory of lined hollow charges[R]. Ballistic Research Laboratory Report No. 379, 1943.

[143] Birkhoff G. Hollow charge anti-tank (HEAT) projectiles[R]. Ballistic Research Laboratory Report No. 623, 1947.

[144] Birkhoff G, MacDougall D, Pugh E, et al. Explosive with lined cavities[J]. J. Appl. Phys. 1948, 19(6).

[145] Pugh E M, Eichelberger R J and Rostoker N. Theory of jet formation by charges with lined conical cavities[J]. J. Appl. Phys., 1952, 23(5): 532-536.

[146] Lavrent'ev M A. A cumulative charge and the principle of its work[J]. Uspekhi Mat

Nauk,2014(4):41-56.

[147] Godunov S K,Deribas A A. Jet formation upon collision of metals[J]. Soviet Physics Doklady,1972,17(3):906-909.

[148] Godunov S K,Deribas A A and Mali V I. Influence of material viscosity on the jet formation process during collisions of metal plates[J]. Combustion Explosion and Shock Waves, 1975,11 (1) :1-13.

[149] Novikov N P. Certain properties of high speed cumulative jets[J]. Zh. Prikladnoi Mekhanikii Technicheskoi Fiziki,(1),1967:1-14.

[150] Chou P C,Carleone J and Karpp R R. The effect of compressibility on the formation of shaped charge jets[C]//Proc. 1st Symp. on Ballistics,Orlando,FL,1974.

[151] Chou P C,Carleone J and Karpp R R. Criteria for jet formation from impinging shells and plates[J]. J. Appl. Phys. ,1976,47(7):2975-2981.

[152] Pugh E M. A theory for armor penetration by high-welocity(Munroe) NDRC armor and ordnance[R]. Report No. A-274(OSTR No. 3752) Division,1944.

[153] Abrahamson G R,Goodier J N. Penetration by shaped charge jets of nonuniform velocity[J]. J. Appl. Phys. ,2004,34(1):195-199.

[154] Allison F E,Vitali G M. A new method of computing penetration variables for shaped charge jets[R]. Ballistic Research Laboratory Report No. 1148,1963.

[155] Dipersio R,Simon J. The penetration-standoff relation for idealized shaped charge jets[R]. Ballistic Research Laboratory Memorandum Report No. 1542,1964.

[156] Simon J,Dipersio R and Merend A. Penetration capability and effectiveness of a precision shaped charge warhead[R]. Research Laboratory Memorandum Report No. 1636,1965.

[157] Donald R,Kennedy. History of the shaped charge effect (The First 100 Years) [R]. AD-A220095,1990.

[158] Schardin Hubert. Development of the Shaped Charge[M]. Wehrtechnische Hefte,1954.

[159] Hermann J W,Randers-Pherson G. Experimental and analytical investigations of self-forging fragments for the defeat of armor at extremely long standoff[C]//In: Proceedings of 3rd International Symposium on Ballistics,Karlsruhe,Germany,1977.

[160] Held M. The projectile forming charges[C]//3rd International Symposium on Ballistics, Karlsruhe,Germany,1977.

[161] Held M. The performance of the different types of conventional high explosive charge [C]//In: Proceedings of 2ed International Symposium on Ballistics, Daytona, Florida, USA,1976.

[162] Hopkinson B. British ordinance board minutes[R]. Rept. 13565 (London, U. K. : British Ordnance Office,1915).

[163] Cranz C. Lehrbuch der Ballistik[M]. Berlin: Springer-Verlag,1926.

[164] Sachs R G. The dependence of blast on ambientpressure and temperature[R]. ADA800535, 1944.

[165] Taylor G I. The formation of a blast wave by a very intense explosion. I. theoretical discussion[J]. Proceedings of the Royal Society of London. Series A, Mathematical and Physical Sciences, 1950, 201(1065):159-174.

[166] Taylor G I. The formation of a blast wave by a very intense explosion. Ⅱ. The atomic explosion of 1945[J]. Proceedings of the Royal Society of London. Series A, Mathematical and Physical Sciences, 1950, 201(1065):175-186.

[167] Flynn P D. Elastic response of simple structures to pulse loading[R]. Ballistics Research Laboratory, Aberdeen Proving Ground, Maryland, USA, BRL Memo Report No. 525, 1950.

[168] Brode H L. Numerical Solutions of Spherical Blast Waves[J]. J. Appl. Phys. , 1955, 26: 766-775.

[169] Stanyukovich K P. Unsteady Motion of Continuous Media[M]. Pergamon Press, 1960.

[170] Baker W E. Explosions in Air[M]. Austin and London: University of Texas Press, 1973.

[171] Henrych J. The Dynamic of Explosion and Its Use[M]. Elsevier Scientific Pub. Co, 1979, 47(1):218.

[172] Penny W G. British Report RC-142, 1941.

[173] Penny W G, Dasgupta H K. Underwater explosion research [R]. British Report RC-333, 1942:15.

[174] Kirkwood J G, Bethe H A. Basic propagation theory [R]. OSRD 588, 1942.

[175] Kirkwood J G, Brinkley S R and Richardson J M. Calculations of initial conditions [R]. OSRD 1030, 1942.

[176] Kirkwood J G, Brinkley S R and Richardson J M. Calculations for thirty explosives [R]. OSRD 2022, 1943.

[177] Kirkwood G, Brinkley S R. Theory of the propagation of shock waves from explosive sources in air and water[R]. OSRD 4814, 1945.

[178] Swift E. Photography of underwater explosions: part Ⅱ high photograph of bubble phenomena[R]. AD623828, 1946.

[179] Cole H. Underwater Explosions[M]. New York Dover Publications. INC, 1948.

[180] Hamilton G R, Tirey G B and Hanlon P. Bubble phenomena[R]. AD338012, 1956.

[181] Swisdak M M. Explosion effects and properties: part Ⅱ- explosion effects in Water[R]. ADA056694, 1978.

[182] Holt M. Final report on contract N00014-75-C-0151[R]. California Univ Berkeley, 1979.

[183] Heaton K C. The effects of non-sphericity and radiative energy loss on the migration of the gas bubble from underwater explosions[R]. Defense Research Establishment Valcartier (Quebec), 1986.

[184] B Le Méhauté, Shen Wang. Water Waves Generated by Underwater Explosion[M]. World Scientific Publishing Company, 1996.

[185] Doering W, Burkhardt G. Contributions to the theory of detonation[R]. Tech. Report

F-TS1227-IA,1944.

[186] Hino K. Fragmentation of rock through blasting and shock wave theory of blasting[J]. Colorado School of Mines,1956,51(3):191-209.

[187] Livingston C W. Fundamentals of rock failure[J]. Colorado School of Mines,1956,51(3): 1-11.

[188] Makhin P A,Karchevskii V K. New theory of rock fracturing by blasting[J]. J. Min. Sci. , 1965,1(3):218-231.

[189] Hahn C P. Psychological phenomena applicable to the development of psychological weapons[J]. 1965:65.

[190] Stratbucker R A,Marsh M G. The relative evimunity of the skin and cardiovascular system to the direct effects of high voltage - high frequency component electrical pulses[C]//Engineering in Medicine and Biology Society,1993. Proceedings of the International Conference of the IEEE. IEEE,1993:1445-1446.

[191] Hust G R. Taking down telecommunications[R]. Air Univ Maxwell Afb Al,1994.

[192] Barrie D. Close call[J]. Aviat. Week Space Tech. (New York),2003,158(26):49-50.

[193] Gongwer L E,Ballard T A,Gutentag P J,et al. The comparative effectiveness of four riot control agents[J]. The Comparative Effectiveness of Four Riot Control Agents,1958:8.

[194] Coates J F. Nonlethal weapons for use by US Law Enforcement Officers[R]. Institute for Defense Analyses Arlington Va Science and Technology Div,1967.

[195] Dahlke A E,Palmer J D,Page M M,et al. A study of effects of visual flicker and auditory flutter on human performance [R]. Oklahoma Univ Research Inst Norman,1967.

[196] Coates J F. Nonlethal and nondestructive combat in cities overseas[R]. Institute for Defense Analyses Alexandria Va Science And Technology Div,1970.

[197] Peterson R S,Chabot D H. Civil disturbance control system engineering development program[R]. General Motors Corp Goleta Ca Delco Electronics Div,1975.

[198] 毕世冠. 战斧导弹在海湾战争中使用的四种战斗部[J]. 飞航导弹,1993(6):1-5.

[199] Fulghum D A. Secret carbon-fiber warheads blinded iraqi air defenses [J]. Aviat. Week Space Tech. ,1992,136(17):18-20.

[200] Mask,Kay. New weapons the win without killing on DOD's horizon[J]. Defense Electronics, 1993,25(2):21-23.

[201] 吴懿鸣. 巴尔干的"黑弹"—CBU-94 和 BLU-114/B[J]. 兵器知识,1999,7(8):4.

[202] 李杰,宁海远,彦敏. 未来战场上的"撒手锏"——新式武器的研制与发展[M]. 长沙:国防科技大学出版社,2001.

[203] Walsh M. New technology, war and international law[R]. Office of the Secretary of Defense Washington Dc,1991.

[204] Lynch G R. The role of non-lethal weapons in'Special Wars'[R]. Naval Postgraduate School Monterey Ca,1995.

[205] Alexander L,Klare J L. Role of non-lethal technologies in operations other than war [R].

Institute for Defense Analyses Alexandria Va,1996.

[206] Kirkwood D B. Non-lethal weapons in military operations other than war [R]. Naval War Coll Newport Ri,1996.

[207] Siniscalchi J. Non-lethal technologies:Implications for military strategy[R]. Air War Coll Maxwell Afb Al Center for Strategy and Technology,1998.

[208] Popovich Jr M J. Tactical employment of non-lethal technologies [R]. Army Command and General Staff Coll Fort Leavenworth Ks School of Advanced Military Studies,1997.

[209] Coppernoll M A,Maruyama X K. Legal and ethical guiding principles and constraints concerning non- lethal weapons technology and employment[S]. National Security,1998:8.

[210] National research council. Vulnerability assessment of aircraft:a review of the department of defense live fire test and evaluation program [R]. ADA323970,US,1993.

[211] А. Н. Колмогоров. Число попаданий при нескольких выстрелах и общие принципы оценки эффективности стрельбы[J]. Тр. МИАН СССР,1945,12:7-25.

[212] вентцель ЕС, лихтров ЯМ, мильграм, ЮГ, худяков, ИВ. Основы теории бовой эффективности и исследования операций[M]. москва:ввиА,1960.

[213] Goland M. Armored Combat Vehicle Vulnerability to Anti-armor Weapons:A Review of the Army's Assessment Methodology [M]. National Academies,1989.

[214] Deitz P H,Starks M W,Smith J H,et al. Current simulation methods in military systems vulnerability assessment[R]. Army Ballistic Research Lab Aberdeen Proving Ground Md, 1990.

[215] Bush J T. Visualization and animation of a missile/target encounter[R]. Air Force Inst of Tech Wright-Pattersonafb Oh,1997.

[216] Richard M,Lioyd. Conventional warhead systems physics and engineering design[R]. American Institute of Aeronautics and Astronautics,AD-A095906,US,1980.

[217] Beverly W. A tutorial for using the monte carlo method in vehicle ballistic vulnerability calculations[R]. Army Ballistic Research Lab Aberdeen Proving Ground Md,1981.

[218] Beverly W. The forward and adjoint monte carlo estimation of the kill probability of a critical component inside an armored vehicle by a burst of fragments [R]. Army Ballistic Research Lab Aberdeen Proving Ground Md,1980.

[219] Webster R D. An anti-radiation projectile terminal effects simulation computer program (ARPSIM)[R]. AD-A101357,US,1981.

[220] Starks M W,Abell J M and Roach L K. Overview of the degradeded states vulnerability methodology[C]//In:Proceedings of 13th International Symposium on Ballistics,Stockholm,1992.

[221] Chao,Lih-Ming,Ying-Tsern. Wu and Lung-Chyr. Shu. A hypothetical vulnerability model of aircraft sortie on runway of airbase[C]//In:Proceedings of 16th International Symposium on Ballistics,San Francisco,California,USA,1996.

[222] Cunniff P M. The probability of penetration of textile-based personnel armor[C]//In:Pro-

ceedings of 18th International Symposium on Ballistics, San Antonio, TX, 1999.

[223] Extending J A. The capability of a vulnerability assessment code[C]//In: Proceedings of 18th International Symposium on Ballistics, San Antonio, TX, 1999.

[224] Wijk G, Sten G. Vulnerability assessment: target kill probability evaluation when component's kill (or degradation) can not be considered independent events[C]//In: Proceedings of 18th International Symposium on Ballistics, San Antonio, TX, 1999.

[225] 熊炎飞, 曹禹. 超高能炸药——金属氢[J]. 爆破器材, 2009, 38(1): 28-30.

[226] 董海山. 高能量密度材料的发展及对策[J]. 含能材料, 2004, 12(Z1): 1-12.

[227] 郭美芳, 范宁军. 多模式战斗部与起爆技术分析研究[J]. 探测与控制学报, 2005, 27(1): 31-61.

[228] Held M. Steerble fragment mass[C]//22nd International Symposium on Ballistics, Vancouver, BC Canada, 2005: 577-584.

[229] Michael A. Minicino II, Ryan P. Emerson. Frangible munitions for reduced collateral damage[C]//In: Proceedings of 24th International Symposium on Ballistics, New Orleans, Louisiana, USA, 2008.

[230] 军事科技前沿. 低附带毁伤弹药的发展[EB/OL]. 科普中国网(www.kepuchina.cn), 2016.

[231] 张春海. 不敏感弹药, 让士兵和武器更安全[J]. 现代军事, 2006, (2): 54-59.

[232] 邢晓玲, 赵省向, 刁小强, 李文祥. 不敏感炸药发展现状及方向概述[J]. 飞航导弹, 2015(1): 83-86.

[233] 殷琪, 王雨时, 闻泉, 张志彪, 闫丽. 不敏感弹药及其引信技术发展综述[J]. 探测与控制学报, 2017, 39(3): 1-11.

[234] 李怡勇, 沈怀荣, 李智. 超高速撞击动力学及航天器防护研究进展[J]. 力学与实践, 2009, 31(2): 11-16.

[235] 韩增尧, 曲广吉. 空间碎片被动防护技术研究的最新动向[J]. 航天器工程, 2005, 14(02): 8-14.

[236] Richard G Ames. A standardized evaluation technique for reactive warhead Fragments[C]//23rd International Symposium on Ballistics, Tarragona, Spin 16-20, 2007: 49-58.

[237] Wang H F, Zheng Y F, Yu Q B, Liu Z W and Yu W M. Impact-induced initiation and energy release behavior of reactive materials[J]. J. Appl. Phys., 2011, 110(7): 074904.

[238] Xu F Y, Zheng Y F, Yu Q F and Wang H F. Experimental study on penetration behavior of reactive material projectile impacting aluminum plate[J]. Int. J. Impact Eng., 2016, 95: 125-132.

[239] 石永相, 李文钊. 活性材料的发展与应用[J]. 飞航导弹, 2017, (2): 93-96.

[240] 王执权, 魏继峰, 王树山, 徐豫新, 陶永恒, 马峰. 一种双模战斗部毁伤效能评估研究[J]. 兵工学报, 2016, 37(S1): 24-29.

[241] Held M. Warheads against air targets and TBM warheads[J]. Journal of Explosives and Propellants Roc, 2003, 19(1): 1-44.

[242] 张天光. 美英定向战斗部的研究与应用[J]. 航空兵器, 2002, 3: 38-41.

[243] 黄正祥. 聚能杆式侵彻体成型机理研究[D]. 南京:南京理工大学,2003.

[244] David Bender, Richard Fong, William Ng, Bernard Rice. Dual mode warhead technology for future smart munitions[C]//19th International Symposium of Ballistics, Interlaken Switzerland, 2001:679-684.

[245] 尹群,陈永念,胡海岩. 水下爆炸研究的现状与趋势[J]. 造船技术,2003,6:6-11.

[246] 蒋国岩,金辉,李兵,贾则,张庆明. 水下爆炸研究现状与发展方向展望[J]. 科技导报,2007,27(9):87-91.

[247] 周霖,徐少辉,徐更光. 炸药水下爆炸能量输出特性研究[J]. 兵工学报,2006,27(2):235-238.

[248] 牟金磊,朱锡. 舰船抗爆领域水下爆炸载荷研究进展[J]. 中国舰船研究,2010,5(2):1-8.

[249] 牟金磊,朱锡,黄晓明. 水下爆炸载荷作用下舰船结构响应研究综述[J]. 中国舰船研究,2011,6(2):1-8.

[250] 何小祥,陈如山,彭树生. 电磁脉冲炸弹研究概述[C]//第一届中国兵工学会电磁技术委员会磁技术学术年会论文集,西安,2004.

[251] 程立南,闻传花,张宝富. 电磁脉冲炸弹及其防护[C]//全国电磁兼容学术研讨会论文集. 解放军理工大学,2005:175-177.

[252] 孟范江. 电磁脉冲武器发展和应用[J]. 光机电信息,2010,27(9):81-84.

[253] 蒋琪,葛悦涛,张冬青. 高功率微波导弹武器发展情况分析[J]. 战术导弹技术,2013,6:42-47.

[254] 张之暐. 高压绝缘子闪络毁伤技术研究[D]. 北京:北京理工大学,2010.

[255] 张之暐,王树山,魏继锋,郜沁宇. 绝缘子闪络毁伤特性实验研究[J]. 北京理工大学学报,2010,30(4):387-389.

[256] 蒋海燕. 导电液溶胶战斗部毁伤效应研究[D]. 北京:北京理工大学,2014.

[257] 柏席峰,郭美芳,廖海华,刘松. 国外毁伤评估软件工具综述[C]//2015 全国毁伤评估技术学术研讨会论文集,北京,2015.

[258] 尹鹏,徐豫新,晏江,王树山. 大口径杀爆榴弹毁伤评估可视化仿真技术研究[C]//2015 全国毁伤评估技术学术研讨会论文集,北京,2015.

[259] 佘春祥,卢永刚,李会敏,李俊成,牛公杰. 常规弹药打击下战场人员损伤评估系统设计及应用[C]//2015 全国毁伤评估技术学术研讨会论文集,北京,2015.

第 2 章　目标易损性与毁伤机理

终点效应学研究体现为弹药(战斗部)和目标对立统一的两个方面,通过毁伤这一核心主题相衔接,一方面是弹药(战斗部)的终点作用原理和毁伤因素的形成,另一方面是目标的毁伤响应及其结果。本章首先介绍与目标和毁伤有关的基本概念和术语,然后重点阐述目标易损性的概念内涵及分析方法,最后简要介绍典型的毁伤机理,建立终点效应学必要的思想、理论和技术基础。

2.1　目标及其分类

在终点效应学中,对战争进程以及达成战略、战术目的有影响并作为弹药等武器打击对象的人和物均构成目标,包括有生力量、作战平台(装甲车辆、飞机、舰艇)、武器与技术装备、军事设施、工业设施、交通设施、通讯设施以及其他政治、经济目标等。作战条件下,目标与武器弹药常常以相互对抗的形式存在,武器以毁伤目标为目的,而目标也不仅仅是被动防御,也包括主动对抗、机动规避以及欺骗、干扰等。

目标的类型纷繁多样,分类方式也有很多种。如根据地位和作用的不同,可分为战略目标和战术目标等;按所在域分类,可分为:空间(大气层外)目标、空中(大气层内)目标、地面目标、地下目标、水面目标和水下目标等;按目标运动形式分类,可分为固定目标、机动目标以及低速目标和高速目标等;按存在及分布状态,可分为:点目标、线目标和面目标等;按结构强度和防护程度,可分为:坚固目标、硬目标和软目标等。

2.2　毁伤基本概念

2.2.1　毁伤与毁伤因素

尽管"毁伤"作为一个专业性的名词术语早已耳熟能详,但迄今为止,尚不存在学术上严谨的概念定义。《中国大百科全书》[1]、《简明军事百科词典》[2]和《兵器工业科学技术辞典》[3]等权威手册中没有这一概念的释义,百度百科等也搜索不到针对性的词条。按字面含义,毁伤(damage)系指损伤和毁坏,也包括破坏和加害的意思[4]。本书基于兵器学科和毁伤与弹药技术范畴,给出毁伤概念的具体表述:武器(弹药)打击目标,通过造成目标结构损伤与毁坏或其他方式,使目标功能丧失、降低以及不发挥的过程及结果。

毁伤包含毁伤因素和毁伤对象(通常指目标)两个要素。毁伤因素包括武器(弹药)、战斗部以及毁伤元三个层次。目标结构损伤是毁伤的形式和表象,目标功能变化是毁伤的内容和实质。毁伤可以表示过程,如毁伤目标构成动宾词组反映毁伤因素对目标作用过程;毁伤也表示结果,如目标毁伤构成主谓词组反映目标功能的变化及结果。

2.2.2　毁伤效应

所谓效应,一般指有限环境下,一些因素和一些结果构成的一种因果现象和因果联系。效应体现为因果现象和因果联系中"因"的功效和"果"的响应,如物理学中的"光电效应"、社会学中的"马太效应"、生活中的"明星效应"以及本书的"终点效应"等。

毁伤效应是指一定环境和条件下,由毁伤因素和毁伤结果所构成的因果现象和因果联系,表现为毁伤因素的功效和毁伤对象的响应。

从兵器科学与技术学科的角度看,毁伤因素包括毁伤元、战斗部和武器(弹药)三个类别或层次,因此毁伤效应也包括三个方面:毁伤元的毁伤效应、战斗部的毁伤效应以及武器(弹药)的毁伤效应。

2.2.3　毁伤威力

毁伤威力指毁伤元、战斗部或武器(弹药)等毁伤因素的毁伤性能与能力。毁伤威力可以从不同角度和方面进行表征与描述,主要包括:通过数据即威力参数或参数集合形式进行定量表征,如破片速度、质量,冲击波超压、比冲量等;通过与目标结合以毁伤因素对等效靶、效应物和目标实体的作用结果进行定量表征,如对一定材质靶板的侵彻或贯穿厚度、密集(有效)杀伤半径、杀伤面积等[5,6]。前者反映毁伤因素的本征性能,后者反映其对具体目标的毁伤能力。尽管毁伤因素可分为三种,但武器(弹药)主要由战斗部及毁伤元完成毁伤功能,因此毁伤威力主要针对战斗部和毁伤元。

2.2.4　毁伤效能

效能一般指系统达到目标的程度或系统希望达到一组任务要求的程度,有时也指实现效果的能力。毁伤效能是指战斗部、武器(弹药)或武器系统毁伤目标并达到一定毁伤程度或效果的功能或能力。

"效能"与"效应"有所区别,前者的要点在于系统的功能和能力;后者的要点在于因果现象和因果联系,即功效和响应的关联特性。

2.2.5　毁伤效果

　　毁伤效果是指在一定毁伤因素作用下,具体毁伤对象所产生的实际毁伤结果。效果是由某种动机或原因所产生的结果或后果。"效果"与"效应"和"效能"可以这样区别:"效应"是指因果现象和因果联系,"效能"是对因果联系中"因"的功能和能力的度量,而"效果"则是对因果联系中的"果"的描述或评价。

　　针对所讨论的三类或三个层次的毁伤因素:毁伤元、战斗部和武器(弹药),对于具体毁伤对象均可产生各自的毁伤结果。对于毁伤效果,"毁伤因素"和"毁伤对象"两者必须同时存在,缺一不可。对于固定的"毁伤因素"或"毁伤对象",有时可以进行省略,如省略"毁伤因素"可简单表述成目标毁伤效果,如省略"毁伤对象"就可以表述成:毁伤元毁伤效果、战斗部毁伤效果或武器(弹药)毁伤效果。

2.3　目标易损性概念

2.3.1　定义

　　目标受到武器弹药打击的毁伤响应特征,反映为目标的易损性。目标易损性并不存在学术上的严格定义,更多地体现为工程概念和术语,因此表述方法有多种。美国的提法是[6,7]:目标易损性具有广义和狭义双重含义。广义的目标易损性系指某种装备对于破坏的敏感性,其中包括关于如何避免被击中等方面的考虑;狭义的目标易损性系指某种装备假定被一种或多种毁伤元素击中后对于破坏的敏感性。我国关于目标易损性的定义还有多种,例如:

　　(1)目标在敌各种兵器的袭击下可能的受损程度,它与目标的位置、大小、作用方块图、结构强度、防护能力以及所使用的杀伤兵器有关[2];

　　(2)兵器系统被击中后受损伤的敏感程度,主要决定于兵器系统结构和关键部件固有的安全性和防护装置的效能,也与攻击武器的威力和攻击方位有关[3];

　　(3)目标易损性亦称"目标易毁性",指在一定的射弹效力和数量表征的条件下,目标被毁伤的难易程度的描述[8]。

　　本书主要从兵器学科出发,借鉴美国的定义原则并按更恰当的汉语表达方式,给出目标易损性的定义:广义的目标易损性是指目标受到攻击时,其被毁伤的难易程度,需要把目标避免被命中(主动对抗、机动规避、被动干扰等)和命中后被毁伤相结合来体现;狭义的目标易损性是指目标被命中的情况下,目标毁伤对毁伤因素的敏感性。对于终点效应学的研究,主要是针对狭义的目标易损性。对于狭义的目标易损性来说,主要通过三个方面:毁伤等级、毁伤律以及毁伤等效模型综合起来给出全面描述,这也构成了目标易损性研究的主要内容。

2.3.2　毁伤等级

在目标易损性的概念体系中,目标毁伤的本质内涵并不针对表观上的损伤与破坏状况,而是指目标受到毁伤因素作用后,其完成战术使命能力或执行作战任务能力的丧失或降低,表现为不同的毁伤程度或毁伤形式,通过毁伤等级来表示。毁伤等级的描述一般是定性的,毁伤等级的划分具有一定主观性。毁伤等级划分通常从两方面进行考虑:首先是目标的功能及其在战场上的作战任务,其次是目标易损性研究的针对性背景,如攻击武器的作战目的和毁伤方式等。因此,在不同的目标作战使命和研究背景条件下,同一目标的毁伤等级划分可以有所不同。

目标的功能与目标的构成及性能紧密相关,目标因功能的不同而具有不同的作战用途。毁伤因素对目标的作用导致目标结构损伤和性能降低,从而影响到目标的功能和作战能力。在实际的战场环境和作战条件下,武器与目标之间体现为体系和体系对抗、装备与装备的对抗,对抗的时效性以及损伤修复及功能恢复能力等往往对最终结果具有决定性影响,因此目标的毁伤等级大多需要结合毁伤响应时间或毁伤持续时间进行划分。

2.3.3　毁伤律、毁伤准则和毁伤判据

1.　毁伤律

目标毁伤对毁伤因素的响应具有一定的随机性,因此目标毁伤的"敏感性"通过毁伤概率来度量。毁伤律定义为:针对特定毁伤等级的目标毁伤概率关于毁伤因素威力标志量(或导出量)的函数关系,表示为概率密度函数或概率分布函数形式。毁伤律是对目标易损性的"毁伤敏感性"一般性表征和量化数学描述,并反映目标毁伤响应规律即与毁伤因素(毁伤元、战斗部和弹药整体)的关联性[10]。

2.　毁伤准则和毁伤判据

毁伤准则和毁伤判据是目标易损性、终点效应学以及毁伤工程技术领域中非常重要的基本概念,同时也是其他相关行业和技术领域常用的专业术语。不同的行业和领域之间,甚至在同一行业和领域内,对毁伤准则和毁伤判据存在着一定程度的不同理解和认识。简单归纳起来,大致有以下三种观点:

(1)毁伤准则和毁伤判据表达同一含义,准则即判据、判据即准则,有时也称为毁伤标准,并用毁伤因素威力参量的阈值表示,达到或超过阈值则毁伤、达不到则不毁伤,多用于毁伤元作用下目标是否毁伤的判定,这种观点在武器弹药与毁伤技术领域较为普遍;

(2)毁伤准则指毁伤判据的具体形式或选取的毁伤因素威力参量类别,可以

理解为一种度量准则,例如冲击波的超压准则、比冲量准则和破片的动能准则、比动能准则等;毁伤判据则是判定是否造成毁伤的一定毁伤准则或威力参量的阈值,这种观点在武器弹药与毁伤技术领域也很常见;

(3)毁伤准则表示毁伤等级或程度,用于目标毁伤结果的评定,例如火炮射击的歼灭准则、压制准则和导弹攻击的摧毁准则、重创准则等;毁伤判据是指达到一定毁伤准则的判定阈值,例如毁伤目标的$20\%\sim30\%$为压制、大于60%为歼灭以及1发命中重创、2发命中摧毁等;另外将这样的毁伤准则与毁伤判据合起来称为毁伤标准或杀伤标准,这也是军事作战、火力指挥和武器运用领域的主流观点。

由此可见,武器弹药与毁伤技术领域的毁伤准则有时是一种判定准则,有时是一种度量准则,军事作战、火力指挥和武器运用领域的毁伤准则主要是评定准则或区分准则,各种准则的出发点和基本内涵是不一样的。本书从兵器学科和目标易损性定义相结合的角度出发,采用上面第二种基本含义,把毁伤准则定义为:毁伤律函数所选取的毁伤因素威力标志参量(或导出量)的具体形式,相当于函数的自变量类型,如威力参量选取冲击波超压则为冲击波超压准则,类似地如冲量准则和超压-比冲量联合准则等[9-11]。基于毁伤律和毁伤准则定义,将毁伤判据定义为:针对毁伤律具体函数值即一定目标毁伤概率的自变量取值或取值范围[9-11]。

按上述定义,毁伤律、毁伤准则和毁伤判据概念就可以统一起来。毁伤律既可以是连续函数也可以是分段函数,其中"0-1"概率分布函数是一种最常用的分段函数特例,即当毁伤判据(自变量值)大于等于某一数值,毁伤概率(函数值)为1;当毁伤判据(自变量值)小于某一数值,毁伤概率(函数值)为0。在工程技术领域,由于通常把毁伤律函数默认为这一特例,这也许正是造成"准则即判据、判据即准则"的原因之一。

2.3.4　目标毁伤等效模型

对于具体的目标实体,简单直接地通过毁伤效应试验研究其易损性,除费用昂贵外,有时难以进行甚至根本无法实施。例如:对人员目标就不太可能进行真实人体的毁伤试验;所要研究的目标多来自敌方通常难以获取;另外对太空和深海目标难以模拟真实存在环境等。因此,需要建立目标毁伤等效模型,这也是解决相关问题的有效途径之一。

目标毁伤等效模型的实质是,在几何和物理构型与真实目标相似、功能毁伤特性与真实目标等效的前提下,基于目标对具体毁伤因素的物理或力学响应规律所建立的结构简化、几何形状相对规则和材料标准的目标模型。建立目标毁伤等效模型难度极大,其核心在于毁伤的相似性和等效性。建立目标毁伤等效模型的意义和实用价值主要在于:为毁伤律和毁伤判据研究提供载体和对象,为毁伤威力的试验设计及其考核与评定提供依据,以及为战斗部和武器效能评估提供基础数据等。

目标毁伤等效模型主要有两种形式,分别为目标构型等效模型和目标功能等效模型。目标构型等效模型主要针对简单结构目标,或只针对物理毁伤、或无需考虑功能毁伤与物理毁伤之间联系的情况,如桥梁、机场跑道、野战工事、简单建筑物等目标以及标准人形靶、混凝土靶标等。对于不考虑目标功能毁伤甚至目标整体的物理毁伤,只是出于考核毁伤元的威力和有效性或检验目标抗毁伤能力的目的,为判定有效毁伤的临界性,基于目标结构和材料的力学响应和物理毁伤特点所建立的特定几何尺寸和标准材料的等效结构,通常称为目标等效靶,如一定厚度(结合一定长度和宽度)的钢板、铝板以及混凝土(带钢筋或不带钢筋)靶等。目标等效靶主要用于战斗部的静爆威力试验和指标考核,也可以看作是目标构型等效模型的一种。

目标功能等效模型主要针对复杂系统目标,并以目标功能毁伤为基本着眼点,需要考虑毁伤等级与目标功能毁伤的关联性以及目标功能毁伤与部件(易损件)损伤的关联性。对于战斗机、装甲车辆、雷达以及导弹等复杂系统目标,一般具有如下特点:目标部件(易损件)数量和种类繁多,且相互关联和嵌套,某一部件或若干部件组合构成目标的功能分系统,易损件或功能分系统在目标空间按一定规则排布。目标功能等效模型的建立,需要在划定毁伤等级并对组成结构与功能实现相关联的结构树、易损件损伤与功能毁伤相关联的毁伤树进行系统分析的基础上,针对易损件或功能分系统建立构型等效模型,再根据目标功能与易损件或功能分系统的逻辑关系,最终建立起功能等效模型。不同的毁伤等级对应不同的毁伤树,因此目标功能等效模型依毁伤等级的不同而不同。

目标易损性研究的根本任务是揭示目标对毁伤因素的响应特征,主要目的之一是获得针对目标整体的毁伤规律,最终得到针对不同毁伤等级的毁伤律数学表达式。对于复杂系统目标,由于包含许多不同类型、各自独立的功能部件或分系统,而功能部件或分系统的损伤或毁坏最终导致目标整体的功能毁伤。功能部件或分系统的几何和物理构型、在目标空间内的分布特性以及各自的损伤与目标整体毁伤的关联特性等,都影响到目标整体的功能毁伤特性,因此目标功能等效模型是目标整体毁伤规律研究的重要基础,并为此提供了研究载体和对象。因此,构建正确反映目标整体毁伤规律且结构简化、形状相对规则、材料标准的目标构型模型并在此基础上形成目标功能等效模型,是非常必要和重要的。

目标毁伤等效模型非常具有实用价值,目标构型等效模型可用于物理毁伤机理和毁伤效应研究、战斗部威力试验考核与评定以及目标效应物设计等,为战斗部和武器(弹药)毁伤效能评估提供基础数据;目标功能等效模型主要用于功能毁伤机理研究,是目标整体基于功能毁伤的毁伤律和毁伤判据研究的核心支撑。

2.4　目标易损性分析方法

2.4.1　毁伤等级划分

毁伤等级划分具有主观性,划分结果不唯一。通过目前国内外研究的总体情况分析,给出具有代表性的典型军事目标毁伤等级划分方法。

1. 作战人员

作战人员的毁伤等级划分是较难处理的,在受伤而非致死的情况下,作战人员继续执行作战任务的能力与其战斗精神和意志品质有关。另外,作战人员依据所执行具体任务的不同,同样毁伤情形下,其作战能力是否丧失也可能得出不同的结论,如同样是腿部受伤,对于阻击作战来说仍然可能继续执行任务,而对于攻坚冲锋作战来说可能就无法继续作战。因此,国内外本领域专业文献中极少见对作战人员的毁伤等级进行划分,为了使本书知识体系相对系统完整,提出作战人员的毁伤等级按如下三级进行划分:

K级——作战人员死亡,彻底丧失所有作战功能;

A级——作战人员受重伤,无法继续执行预定的作战任务,需要战场紧急救护;

C级——作战人员受轻伤,可以继续作战但作战能力显著下降,无法圆满完成作战任务。

2. 作战飞机

对于作战飞机的毁伤等级划分,涉及的历史最久,分析讨论的最多,见诸文献的频率最高,也最具代表性。目前的作战飞机毁伤等级划分方法主要是针对实际空战条件,与停放情况下有所不同,通常按六级进行划分,具体如下:

KK级——飞机立即解体,飞机的存在和攻击能力完全丧失;

K级——飞机在半分钟内失去控制;

A级——飞机在5分钟内失去控制;

B级——飞机不能飞回原基地;

C级——飞机不能完成其使命;

E级——能完成其使命,但不能完成下一次作战任务,需要长时间维修。

从实际研究需要和操作性更强的角度看,上述六级划分方法显得过细和复杂,推荐采用以下三级划分方法:

K级——重度毁伤,飞机立即解体或5s内失去控制(大致对应上面的KK级

和 K 级);

A 级——中度毁伤,飞机在 5 分钟内失去控制(对应上面的 A 级);

C 级——轻度毁伤,飞机不能自主返回或不能完成其使命(大致对应上面的 B 级和 C 级)。

3. 地面车辆

地面车辆一般分为两类:装甲车辆和非装甲车辆,其中承担主战任务并具有装甲防护的坦克、步兵战车、自行火炮等一般归类于装甲车辆;而向战斗部队提供后勤支援以及承载技术装备的不具有装甲防护的非战斗车辆,如卡车、牵引车、雷达车、指挥车等,一般归类于非装甲车辆。

对于装甲战斗车辆,主要划分为三个毁伤等级:

K 级——车辆彻底毁坏,丧失所有功能;

F 级——车辆主炮、机枪等发射器完全或部分地丧失射击能力(还可以细分为 $F_i, i=1,2\cdots$);

M 级——车辆完全或部分地丧失行动或机动能力(还可以细分为 $M_i, i=1, 2\cdots$)。

对于非装甲车辆,通常划分为四个毁伤等级:

K 级——车辆彻底毁坏,无法继续使用且不可修复;

A 级——发动机在 2 分钟内停车或无法继续行驶,战场条件下难以修复;

B 级——发动机在 2~20 分钟内停车或无法继续行驶,战场条件下短时间内难以修复;

C 级——不堪使用,在战场条件下难以正常行驶或使用。

4. 舰艇

舰艇属综合性作战平台,主要分为水面舰艇和潜艇两大类,水面舰艇又可分为三类:以航空母舰、两栖攻击舰等大型水面舰艇为代表的兵力投送型战斗舰艇;以巡洋舰、驱逐舰、护卫舰等为代表的火力投送型战斗舰艇;以支援保障舰、维修舰、运输舰等为代表的后勤保障型舰艇。作为典型的系统功能型目标,毁伤等级划分需要更突出地考虑其系统功能抑制特性,总体来讲,舰艇目标毁伤等级一般划分为四级:

K 级——船体结构彻底毁坏,舰艇沉没或必须弃舰;

A 级——指挥控制系统瘫痪,或关键功能分系统毁坏,作战功能完全丧失,必须撤出战斗、回港大修;

B 级——指挥控制系统受损,或关键功能分系统部分缺失,无法完成主要作战功能或作战能力大幅下降,需舰上损管系统长时间修复;

C级——指挥控制系统、部分功能系统受损,部分功能丧失或综合作战能力下降,无需撤出战斗,可在短时间(数十分钟)内修复。

A级和B级毁伤主要体现为目标系统功能的严重毁伤,其对应的具体毁伤模式根据舰艇目标类别不同而不同。对于兵力投送型水面舰艇来说,可表现为兵力投送/接受设施的直接毁坏,也可表现为舰体结构毁伤造成的舰艇姿态变化对于兵力投送与接收的抑制;对于火力投送型舰艇,则表现为探测/导引能力的毁伤或火力单元的毁伤;对于后勤保障型舰艇,可表现为货物的损失或后勤保障设备的毁伤。C级毁伤对应于一般性的毁伤,如船体结构和舰载设备的轻微损伤、局部的火灾以及少数人员的伤亡等。

5. 战术导弹

战术导弹的毁伤等级一般划分为以下两级:

K级——导弹空中解体、破碎或战斗部非正常提前爆炸,导弹作战功能彻底丧失,不再对攻击目标造成威胁或附带损伤可以被忽略;

C级——导弹偏航,不能命中目标或偏离到即使作用也不能对目标造成威胁。

C级毁伤还可以进行细分,鉴于导弹目标的高速性和防护对抗的瞬时性,因此需要考虑毁伤响应时间,通常以秒计,如C1级毁伤表示1秒钟内目标即发生C级毁伤。另外,随着制导兵器的蓬勃发展以及常规弹药灵巧化的日益普遍,其他制导兵器,如鱼雷、制导火箭、灵巧弹药以及巡飞弹等,毁伤等级划分也可以此为参考。

6. 雷达

基于雷达系统的工作原理、作战使命,雷达目标一般划分为三种毁伤等级:

K级——雷达被击毁,完全丧失功能,没有修复的价值;

A级——雷达基本丧失功能,但修复后还能使用,修复时间需要3～5天;

B级——雷达基本丧失功能,短时间修复(数小时)可恢复工作。

7. 建筑物

建筑物覆盖范围很广,并不是主要因为军事目的而存在。直接出于军事目的和作战需要而构筑的建筑物,如地面碉堡、地下工事、军事指挥所、军用情报中心甚至万里长城等都构成军事目标,另外,出于作战的需要,一些重要政治、经济和交通等的建筑设施如电视台、政府办公楼、工厂厂房以及桥梁等,也可能成为武器的打击对象。建筑物结构本身一般不具有直接的作战功能,而是为作战提供必要的场所和环境条件,因此建筑物的毁伤等级划分需要分析其结构毁坏对其所支撑的具体作战功能的影响。对建筑物制定统一的毁伤等级划分方法是不现实的,下面给出可参考或参照的划分方法:

K 级——建筑结构彻底毁坏,无法修复或没有修复的价值,所支撑的作战功能完全丧失;

A 级——建筑结构严重毁坏,人员必须撤离、内部设施无法正常使用,短时间或作战时限内难以修复和恢复功能;

C 级——建筑物一定程度受损,战时仍可以继续使用,但所支撑的作战功能明显下降,战后可修复并正常使用。

8. 机场跑道

机场跑道主要用于作战飞机的起降,机场跑道的毁伤意味着作战飞机无法正常起降。战时条件下,使作战飞机无法正常起降的时间长短,是机场跑道作战效果的直接体现,有时直接关系到具体战斗的胜败。因此,从作战的角度给出机场跑道毁伤等级的划分方法:

A 级——重度毁伤,跑道长时间不能使用,修复时间 24 小时以上;

B 级——严重毁伤,跑道较长时间不能使用,修复时间不少于 1 小时;

C 级——一般毁伤,跑道短时间内不能使用,修复时间需要数分钟到数十分钟。

9. 电力系统

电力系统主要考虑使用导电纤维弹和导电液体弹等软毁伤方式,并从作战效果和目标失能相结合的角度出发,给出电力系统毁伤等级划分方法:

A 级——严重毁伤,目标长时间不能正常工作,恢复功能需要数小时;

C 级——一般毁伤,目标短时间不能恢复正常工作,恢复功能需要在数分钟到数十分钟。

从实际研究的经验看,毁伤等级不宜划分得过多、过细,一般以不超过三级为宜,按摧毁或重度毁伤、严重或中度毁伤及一般和轻度毁伤进行界定和区分,对于有些目标来说按二级划分也是合适的。

2.4.2　典型毁伤元威力表征

在这里,基于常规毁伤和软毁伤范畴探讨不同类型的毁伤元及其威力表征方法,以解决目标易损性分析关于毁伤律建模的自变量设定和毁伤准则选择等问题,从而实现弹药/战斗部威力参数与目标毁伤之间的联系和衔接。

1. 破片

破片主要由炸药驱动金属壳体加速和破碎而形成,这种毁伤元的特点是:速度高、尺寸小、数量多,与目标往往多点接触,利用动能对目标进行侵彻与洞穿,造成目标结构局部损伤并最终导致目标整体的毁伤。另外,具有线性结构特征的"杆"式毁伤元,如动能杆、离散杆和连续杆等,主要以动能侵彻和切割为主要作用形式,也归入破片类毁伤元的范畴。对于这样一类的毁伤元,一般以破片的质量和速度作为基本的标志量和威力参数,进一步可导出动能和着靶比动能。除此之外,由于破片作用下目标是否毁伤是典型的随机事件,所以目标命中数量或命中数量的数学期望直接关系到目标毁伤的概率,因此破片类毁伤元的威力参数通常包括破片分布密度。对于连续杆这一特殊形式,一般需要特殊处理以实现相对科学合理的威力表征,这一问题在本书第四章还要继续阐述。

2. 爆炸波

战斗部装药爆炸,瞬时形成高温高压的爆轰产物,爆轰产物急剧膨胀使与之直接接触的环境介质(空气、水和岩土)中产生爆炸冲击波,简称爆炸波,对于流体介质(空气和水等)习惯称为冲击波或激波,对于固体介质来说习惯称为应力波。对于常规战斗部来说,爆炸波普遍存在,是一种最基本的毁伤元素。表征爆炸波威力的参量首先是峰值超压,即爆炸波的峰值压力与环境压力的差值,对于密实介质(水、岩土等)来说,环境压力相对于爆炸波峰值压力是小量,一般直接用峰值压力表示。另外,爆炸波正压持续时间以及由正压对时间的积分所得到的比冲量对目标毁伤产生直接影响,是爆炸波除峰值超压以外的两个重要威力参量。深入的研究表明,爆炸波对目标的毁伤机理十分复杂,长期以来主要考虑峰值超压参量而忽视另外两个参量是非常错误的,正压持续时间以及比冲量由爆炸波的波形结构所决定,因此爆炸波的波形结构及其变化规律研究是一个值得关注的重要基础理论问题。

3. 枪弹和穿甲弹(芯)

枪弹和穿甲弹(芯)都是由身管武器发射、利用火药快速燃烧所形成高压气体进行加速,最终形成高速动能侵彻体。这类毁伤元作用目标时一般具有高着速和大断面比动能特点,对目标的毁伤机理与破片类似,表征其威力的参量主要有速度、质量和几何构型,另外弹体材料的密度和强度等力学性能也对穿甲威力产生影响。基于穿甲力学理论对上述因素综合考虑,可通过针对特定材质和厚度标准靶板的极限穿透速度 v_{50} 或 v_{90} 表征其穿甲威力,关于极限穿透速度 v_{50} 或 v_{90} 的概念将在本书第三章详细阐述。

4. 聚能射流和爆炸成型弹丸(EFP)

聚能射流是一种基于成型装药原理所产生的毁伤元,其本质是一种高速(头部速度可达每秒万米以上)、高塑性金属流体,也是一种对付装甲目标的典型毁伤元,聚能射流对装甲的侵彻破坏作用通常称为破甲。成型装药战斗部所形成的聚能射流,可以通过一组具体参数表征射流性能。由于射流破甲过程中存在速度梯度而使其状态不断发生变化,炸高对破甲深度产生直接影响,以及通过简单解析方法难以通过射流参数计算破甲等,所以射流参数不能直观、直接地反映其威力性能。聚能射流一般不针对具体射流性能讨论其威力性能,而是从成型装药战斗部整体上考虑,一般通过对特定材质和性能标准靶标的破甲深度描述其威力。爆炸成型弹丸(EFP)也是基于成型装药原理所产生的另外一种类型毁伤元,EFP 也是一种高速侵彻体,其特点与穿甲弹相类似,可以参照穿甲弹(芯)威力表征方法。

5. 脉动气泡

炸药水中爆炸产物所形成的高压气泡是一种重要的有效毁伤能量形式,气泡以"膨胀—压缩—再膨胀—再压缩"的脉动方式持续不断地把爆炸产物的动能和内能传递给水,在水中形成水射流或二次压力波以及后续压力波和水流场振荡等,这些均能够对目标产生毁伤作用。

目前的基础理论研究尚不能实现对这种多毁伤因素叠加、耦合作用下毁伤效应的全面定量分析,但显而易见,气泡能量和气泡脉动参数决定了最终的毁伤结果,因此通过脉动气泡参数——气泡最大半径、气泡到达最大半径的时间以及脉动周期,可以描述其威力性能。至于由气泡脉动所形成的二次压力波,目前难以从气泡参数通过解析方法求出,主要依靠试验测定,其威力性能可参照爆炸波表征方法。

6. 火与热辐射

火或火焰引起的破坏作用是十分广泛的,如可以破坏建筑、装备的结构完整性和实际效用,可以引发二次燃烧和爆炸,可以从精神到肉体上摧毁人员的战斗力,以及使一切可燃物化为灰烬等。燃烧弹、纵火弹等既可以直接形成火场,也可以作为火源引发二次火灾,火的威力性能一般通过火焰温度和作用范围表征。

常规炸药在空气中爆炸,高温爆轰产物以火球的形式向外辐射能量,热辐射可烧烤材料、引发点火和燃烧,另外还能直接引起人员皮肤烧伤和眼睛灼伤等。热辐射的威力性能主要通过单位面积的辐射能量即能量密度表征,也可以用辐射能量强度表征,辐射能量强度是指物体表面在单位时间、单位面积上通过的辐射能量。

7. 电磁脉冲和微波

作为一种典型的非致命毁伤元,电磁脉冲或微波依靠辐射的能量烧毁电子器件和电子装备,或形成电子干扰,其威力主要通过辐射能量或单位面积上的辐射能量即能量密度表征,可由功率或功率密度对作用时间的积分得到。

8. 导电纤维和导电液体

导电纤维通过搭接于高压架空线路所产生的引弧效应造成相-相间、相-地间短路，使继电保护装置跳闸导致停电事故，最终达到对电力系统的软杀伤目的。导电纤维作为直接的毁伤元，其导电性能、材质、长度、抗拉强度等决定是否能够可靠引弧和造成短路，而导电纤维作用数量或分布密度将影响到清除或系统功能恢复时间。因此，导电纤维毁伤元的威力性能主要通过单位长度的电阻、展开长度和空间分布密度相结合来表征。

导电液体通过附着于绝缘子表面产生的沿面放电和闪络效应造成线-设备间短路，最终造成停电事故并达到软毁伤电力系统的目的。导电液体的导电性能、黏附和抗清除性能对毁伤能力和修复时间具有直接影响，另外其爆炸抛撒的空间分布状态决定了对一定结构和尺寸的绝缘子的覆盖范围和连续性，最终决定发生闪络和短路的概率。因此，导电液体的威力性能主要通过导电率、黏性以及分布场和浓度综合表征。

2.4.3　毁伤律数学模型

1. 毁伤律基本性质

按 2.3.3 节的毁伤律定义，其通用数学表达式为

$$p(k) = A(M, f(k)) \cdot f(k) \tag{2.4.1}$$

式中，$p(k)$ 为毁伤概率，k 为毁伤元威力参量；$A(M, f)$ 为目标功能毁伤对结构损伤的响应规律，其中 M 体现为目标功能与毁伤响应传递规律；$f(k)$ 为目标结构损伤对毁伤元素响应规律，与目标结构特征、材料特征以及毁伤元威力参量直接相关。毁伤元威力参量 k 可以是单一参量，也可以是多参量所组成的向量。在本书中，k 作为一个标志威力的物理量，称为毁伤准则。依据 k 的不同形式，形成不同毁伤准则的毁伤律函数。

毁伤律具有以下主要性质：

（1）当 $k \to 0$ 时，$p(k) = 0$，即没有毁伤元作用或其毁伤元表征参量趋近于 0 时，无法造成目标毁伤；

（2）$p(k) \geqslant p(k_-)$，即对任意一种毁伤元表征参量 k，随着其量值的增大，毁伤概率 $p(k)$ 单调增加；

（3）当 $k \to C$ 时，$p(k) \to 1$，即命中目标毁伤元参量达到一定值时，毁伤概率趋近于 1。

2. 毁伤律的主要数学形式

具体的毁伤律通常表示为关于毁伤元威力参量的概率分布函数或概率密度函数,常用的概率分布函数主要有如下三种:0-1 分布函数、线性分布函数和泊松分布函数。

0-1 分布的概率分布函数是一种较为简单、也是比较常用的分布函数形式,可适用于多种毁伤元,例如:冲击波、射流、穿甲弹/EFP 等,其数学形式为

$$p(k) = \begin{cases} 0, & k < k^* \\ 1, & k \geqslant k^* \end{cases} \tag{2.4.2}$$

式中,k^* 为毁伤元威力参量的某一阈值,一般为试验常数,即通常所说的毁伤判据、毁伤标准和杀伤标准等。

线性分布函数相当于 0-1 分布函数的扩展,也相当于其他各种连续分布函数的近似,具体数学形式为

$$p(k) = \begin{cases} 0, & 0 < k \leqslant k_1 \\ \dfrac{k - k_1}{k_2 - k_1}, & k_1 < k < k_2 \\ 1, & k \geqslant k_2 \end{cases} \tag{2.4.3}$$

线性分布函数较能体现毁伤律的本质,即当毁伤元威力参量 k 不大于某一值 k_1 时,目标不能被毁伤;当毁伤元表征参量 k 大于或等于某一值 k_2 时,目标被 100% 毁伤;当毁伤元威力参量 k 在 k_1 和 k_2 之间时,毁伤概率与毁伤元威力参量呈线性关系。

泊松分布函数是一种广泛使用的概率分布函数,在这里主要适用于破片类毁伤元的多个同类毁伤元的共同作用。在此假设破片命中概率符合泊松分布,破片命中目标的事件是相互独立,且破片在命中区域均匀分布,一枚破片命中毁伤概率为 1 的条件,则至少有一枚命中的概率为

$$p(k) = 1 - \exp(-\overline{N}) \tag{2.4.4}$$

式中,$\overline{N}$ 为命中破片数的数学期望。将上式进一步推广,若单枚破片命中条件下的毁伤概率为 p_1,可得

$$p(k) = 1 - \exp(\overline{N}\ln(1 - p_1)) \approx 1 - (1 - p_1)^{\overline{N}} \tag{2.4.5}$$

2.4.4　目标毁伤等效模型构建

1. 基本原理和方法

迄今为止,建立目标毁伤等效模型特别是功能等效模型的整体思想尚未真正确立,建模方法也尚处于研究过程中,真正可以写入教科书的研究成果十分鲜见,

本书仅限于探索和提出思路。

对于目标构型等效模型的构建,思路相对清楚,原理和方法也比较明确。具体步骤如下:首先对实体目标进行一定程度的简化,然后把目标几何构型处理成相似的规则几何体(如圆柱、立方体和球等),再基于目标对毁伤因素的力学响应机理和强度等效原则等,把相似几何体核定为特定强度和结构参数的标准材料,最终得到目标构型等效模型。

目标功能等效模型的构建,首先需要在目标特性和结构分析基础上建立目标结构树和构型等效模型,然后在易损件或功能分系统损伤与目标功能毁伤关联性分析基础上建立目标毁伤树,最后两者结合,得到目标功能等效模型。毁伤树是在给定的毁伤等级条件下,通过对目标整体、分系统或部件(易损件)建立底层结构性损伤与顶层功能性毁伤内在联系分析的基础上建立的。在建立毁伤树过程中,易损件之间的连接包括"串联"和"并联"两种方式。串联连接方式属逻辑"与"运算,只要其中有任意一个易损件遭到毁伤,就可导致毁伤树路径发生中断;而并联连接方式则属逻辑"或"运算,必须毁伤所有易损件才能导致毁伤树路径发生中断。此外,需要指出:毁伤树中的连接单元既可以是单个易损件,也可以是包含若干个易损件的组件或子系统。因此,在毁伤树构建过程中,必须先对目标各子系统的功能、结构特点进行详尽分析,并根据专家意见和实际作战情况进行修改或补充,以科学合理地确定关键的易损件或分系统,并依据毁伤模式分析,找出毁伤时间发生的所有可能,建立易损件与目标功能丧失之间的逻辑关系,以合理确定相互间的逻辑连接方式,从而构造出对应于每一个毁伤等级的毁伤树。

针对目标的毁伤等级并在毁伤树分析的基础上,综合考虑毁伤准则形式和毁伤因素的威力特征,依据目标内部各部件的复杂结构特征、材料特征、位置关系以及毁伤树结构,分别建立易损件和功能分系统的目标构型等效模型,再考虑易损件和功能分系统的结构分解、层次排序、耦合叠加以及统计平均等,最终建立起复杂系统目标、针对一定毁伤因素与毁伤机制的构型相对简单、材料较为标准以及逻辑功能与真实目标相符的目标功能等效模型。

2. 典型目标毁伤等效模型实例

不同类型的目标,其战斗功能、战场环境、不同毁伤因素的毁伤机理、机动性及外形特征各不相同,形成通用统一的毁伤等效模型难以做到。下面以坦克、导弹和飞机三类典型目标为例,结合动能类毁伤元对目标的毁伤机理及目标结构特征,构建目标毁伤等效模型。

1)坦克

坦克是陆上作战的主要武器平台,是具有直射火力、越野能力和装甲防护力的履带式装甲战斗车辆,主要执行与对方坦克或其它装甲车辆的作战任务,也可以压制、消灭反坦克武器、摧毁工事、歼灭敌方陆上力量,是凭借火力进行作战的经典体现。坦克主要由火控系统、火力系统、通信系统、推进系统、电气系统、防护系统和乘员系统等组成[12,13],以下分别进行阐述和分析。

(1) 火控系统。

火控系统是控制武器自动或半自动地实施瞄准与发射的装备总称,配备火控系统,可提高瞄准与发射的快速性和准确性,增强对恶劣战场环境的适应性,以充分发挥武器的毁伤能力。现代坦克普遍装备了以电子计算机为中心的火控系统,包括数字式火控计算机及各种传感器、炮长和车长瞄准镜、激光测距仪、微光夜视仪或热像仪、火炮双向稳定器和瞄准线稳定装置、车长和炮长控制装置等。火控计算机用微处理机作中心处理装置;传感器可自动输入多种信息,供计算火炮瞄准角和方位提前角,可达到随时获取战场姿态和目标的相关信息、计算射击参数提供射击辅助决策和控制火力兵器射击的目的。

(2) 火力系统。

火力系统主要由主战武器、弹药架和辅助武器等组成,是坦克的核心功能分系统之一,也是坦克战斗能力的主要体现。

主战武器多采用 120 毫米或 125 毫米口径的高压滑膛炮,炮弹基数一般为40~50 发,主要弹种有尾翼稳定的长杆式脱壳穿甲弹、破甲弹、杀伤爆破弹,有些配有炮射导弹和多用途弹。辅助武器多采用 7.62 毫米并列机枪、12.7 毫米或7.62 毫米高射机枪,有的装有榴弹发射器。

(3) 通信系统。

通信系统是装设在坦克内的通信工具的总称,包括无线电台、车内通话器以及信号枪、信号旗等。车辆通信包括车际通信和车内通信。车际通信是指车与车之间的通信以及车与指挥所之间的通信;车内通信是指车内乘员之间、车内乘员之间与车外搭载兵之间的通信联络。车辆通信系统由车载式无线电台和车内通话器组成。车载电台由收发信机、天线及调协器等组成;车内通话器主要由各种控制盒、音频终端和连接电缆等组成。

(4) 电气系统。

电气系统是坦克供电用电装置、器件和仪表的总称,由电源装置、耗电装置、辅助器件、检测仪表及全车电路等组成。电源装置用以供给全车耗电装置用电,由带调节断电器的发电机和蓄电池组组成。发电机由坦克带动,是坦克的主要电源。电源采用低压直流供电体制,坦克各系统引入了大量电气、电子部件,有的用电装置采用了自动程序控制,并开始形成一个信息传输、功率控制、数据处理和故障自检的多路传输的统一控制体系。

以上各种子系统组成了坦克整体,实现坦克的作战功能。在坦克总体布置上,不同的系统处于坦克不同的位置,按主要部件的安装部位,通常划分为操纵、战斗、动力传动和行动四个部分。

操纵部分(驾驶室)通常位于坦克前部,内有操纵机构、检测仪表、驾驶椅等;战斗部分(战斗室)位于坦克中部,一般包括炮塔、炮塔座圈及其下方的车内空间,内有坦克武器、火控系统、通信设备、三防装置、灭火抑爆装置和成员座椅,炮塔上装有高射机枪、抛射式烟幕装置等;动力传动部分(动力室)通常位于坦克后部,内有发动机及其辅助系统、传动装置及其控制机构、进排气百叶窗等;行动部分位于车体两侧翼板下方,有履带推进装置和悬挂装置等。

(5) 推进系统。

推进系统的功能是产生动力,实现车辆的行驶及机动性,主要由动力、传动、行动、燃油和操纵等装置组成。动力装置由发动机及冷却、润滑、燃料供给、进气、排气、起动、加温等辅助系统构成,是坦克的动力源。传动装置用以将发动机产生的机械能传给主动轮,并改变坦克的速度、牵引力和行驶方向,由主离合器或动液变矩器,以及前传动、变速、转向、停车制动和侧传动等机构组成。行动装置用以支撑车辆,保障坦克平稳行驶和克服障碍,它包括由弹性元件、减震器等组成的悬挂装置以及由履带、主动轮、负重轮、托带轮等组成的履带推进装置。操纵装置用以控制坦克推进系统各机构动作,并保障发挥技术性能,通常由泵及压气机等能源件和控制、传导、执行件等构成。

(6) 防护系统。

防护系统是坦克装甲壳体和其他防护装置、器材的总称。包括车体和炮塔,三防(防核、化学、生物武器)、灭火器装置及伪装器材等,用以保护乘员和车内机件。

车体和炮塔前部多采用金属与非金属复合装甲,车体两侧挂装屏蔽装甲,有的坦克在钢装甲表面挂装了反应装甲,有效地提高了抗弹能力,特别是防破甲穿透能力。为扑灭车内火灾和防止破甲弹穿透装甲后引起车内油气混合气爆炸,车内多装有自动灭火抑爆装置。为减轻核、化学、生物武器的杀伤破坏,车内安装有三防装置,有的在乘员室的装甲内表面附设有消减中子流贯穿的防护衬层。在此,还配有烟幕装置以及其他伪装器材和光电对抗设备,并采取进一步降低车高、合理布置油料和弹药、设置隔舱等措施,使坦克的综合防护能力显著提高。

(7) 乘员系统。

坦克乘员多为 4 人,分别担负指挥、射击、装弹、驾驶等任务,有些坦克采用了坦克炮自动装弹机,这样就不需要装填手,乘员为 3 人。

车长也叫指挥官,负责坦克的战场指挥,包括下达行驶路线命令、目标攻击命令、搜索战场目标、战术动作命令和与上下级传达战术指令等。车长必要时也使用指挥塔高射机枪和烟幕弹发射器,同时还负责使用车长周视镜搜索目标后通过数据链系统把目标参数传给射手。射手的主要职责是使用主炮和同轴机枪消灭自己搜索到的目标或车长指示的目标,在车长阵亡或丧失指挥能力时接替车长指挥全车继续战斗。驾驶员的职责是操纵车辆机动,施放热烟幕,并承担一定的车辆检修任务,在闭窗驾驶时通常按照车长指示的路线和指令前进。装填手是为坦克主炮装填炮弹的成员。他主要负责在炮手的指令下正确地选择弹种并以最快速度装填炮弹,同时他还负责使用一挺舱门上的高射机枪进行防空和对地面目标射击的任务。

根据坦克的结构组成和几何构型,依据相关手册和公开文献数据,建立的一种典型坦克结构树和三维数字化结构模型分别如图 2.4.1 和图 2.4.2 所示。

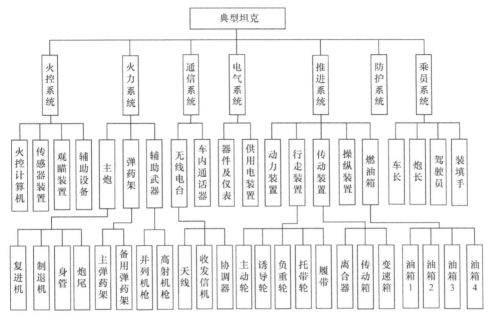

图 2.4.1　典型坦克结构树

图 2.4.2　典型坦克的三维数字化结构模型

采用坦克 K、F 和 M 级三种毁伤等级划分方法,其中 F 级毁伤的毁伤模式主要针对坦克火力打击功能的丧失,主要指坦克主炮完全或大部分丧失射击能力。因此,坦克 F 级毁伤易损件或功能分系统部件主要包括主炮毁伤、人员伤亡和火控系统毁伤等,据此建立的 F 级毁伤的毁伤树及易损件三维结构模型分别如图 2.4.3 和图 2.4.4 所示。

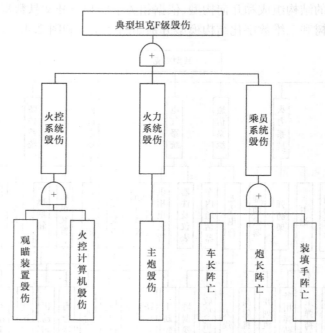

图 2.4.3　典型坦克 F 级毁伤树

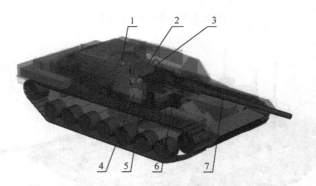

图 2.4.4　典型坦克 F 级毁伤易损件(后附彩图)

1. 车长;2. 主观瞄;3. 装填手;4. 火控计算机;5. 炮长;6. 辅助观瞄;7. 主炮

图 2.4.2 和图 2.4.4 所示的坦克三维结构模型以及对应一定毁伤等级的易损

件三维结构模型,实质上是经过一种简化的几何模型,在此基础上构建毁伤等效模型需要考虑毁伤元或毁伤因素类型和毁伤机理。对于破片、穿甲弹、EFP 以及聚能射流等动能类毁伤元的侵彻毁伤,对目标的作用具有方向性或指向性,因此毁伤等效模型可以针对毁伤元典型打击方向建立二维模型,采用前文的基本原理和方法,所构建的典型坦克 F 级毁伤前、后、左、右和俯五个视图的二维等效模型如图 2.4.5 所示。

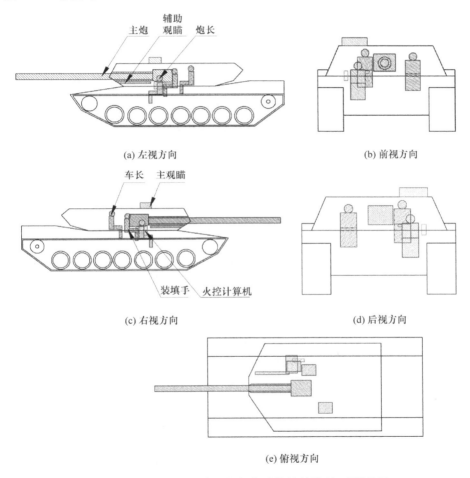

图 2.4.5　典型坦克 F 级毁伤功能等效模型(后附彩图)

图 2.4.5 只是给出的坦克 F 级毁伤功能等效模型的图形示意,完整的等效模型还需给出模型的材料性质和构型参数。即结合毁伤元对目标侵彻毁伤机理,根据易损件材料和结构参数,采用一定的等效方法确定各易损件的等效靶[14]。等效靶的一种确定方法如图 2.4.6 所示,针对动能侵彻通过材料强度等效和组合等效

两个步骤完成,主要得到等效靶的厚度。除此之外,还要根据易损件的几何构型参数以及空间排布和相互重叠、遮挡关系,确定等效靶的呈现面积和等效靶等参数。按上述步骤处理,所得到的典型坦克主炮身管毁伤的等效模型数据如表 2.4.1 所示。

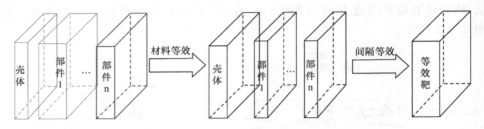

图 2.4.6　等效靶厚度确定方法

表 2.4.1　主炮身管毁伤等效数据

视图方向	等效材料	等效厚度/mm	呈现面积/cm²	易损面积比	易损面积/cm²
前	RHA[注]	20	2867	1	2867
后	RHA	20	2867	1	2867
左	RHA	25	17123	0.87	14917
右	RHA	25	17123	0.87	14917
俯	RHA	25	17488	0.89	15518

注:RHA 装甲钢。

2) 反舰导弹

反舰导弹,又名攻船导弹、反舰飞弹,是指专门用来攻击水面船只(不包含潜艇)的导弹。按照一定的总体布局,主要由弹体、制导系统、控制系统、战斗部系统(含引信)和动力系统(发动机)等系统组成,各个系统被分别赋予不同的功能,通常设计成独立舱段形式[15,16],以下分别对各个系统进行阐述和分析。

(1) 弹体。

弹体由各舱段及空气动力面联接而成,通常采用轻合金或复合材料制成,并具有良好的气动力外形,用于安装战斗部、导引系统、控制系统、动力系统等,除此之外,还包括弹翼等装置,主要是用来操纵和稳定导弹的飞行。

(2) 导引系统。

导引系统是测量导弹实际运动情况与所要求的运动情况之间的偏差,或者测量导弹与目标的相对位置与偏差,并形成控制导弹飞行的导引指令的部分,包括导引单元、雷达导引头、GPS 接收处理器和雷达高度表等装置组成。

导引头实际上是一种探测装置,完成发现、跟踪目标并测量目标位置的任务。由于探测装置都装在导弹的头部,故常称之为导引头。导引单元根据探测装置测得的导弹与目标的相对位置和相对运动状态,按照导引规律对导引头和惯性基准平台测得的各种参数进行变换和运算,形成导引指令,送给控制系统去控制导弹的运动轨道,使之最终命中目标。

（3）控制系统。

控制系统是根据制导系统发出的制导指令,直接操纵导弹的装置。控制系统主要由舵机、数字计算机及惯导装置等组成。舵机是实现导弹飞行控制的传动装置,以调整飞行器尾部两个升降副翼控制面位置,用以控制导弹俯仰、滚动和偏航飞行。

控制系统的任务是迅速而准确地执行制导系统发出的导引指令,控制导弹飞向目标,改变导弹的飞行弹道,命中目标;它的另一项重要任务是保证导弹在每一飞行段稳定地飞行。发射前,计算机引入发射平台与目标关系数据、姿态数据和导引头工作方式数据;发射后,计算机利用姿态参照设备给出的弹体速度和加速度与雷达高度表相连,维持高度和航向。

（4）战斗部（含引信）。

战斗部是导弹毁伤目标的最终毁伤单元,一般都位于制导和控制系统之后,战斗部为圆柱形,为了达到最大内部爆破效应,在穿透舰艇甲板后,战斗部仍保持不损坏,并由触发引信延时引爆,因此反舰导弹战斗部除包含炸药外,还应有穿甲盒、保险/解除保险装置和延时触发引信等。

引信是战斗部重要组成部分,用于控制战斗部装药的起爆时机,使战斗部对目标充分发挥作用。引信包括瞄准控制作用的激光主动近炸引信,作用范围约数十米,抗干扰能力很强,利用战斗部爆炸形成的冲击波和碎片杀伤目标;还有一种反舰导弹常用的辅助触发引信,作用是提高杀伤概率。

（5）动力系统。

动力系统包括一个铝制发动机进气口和一个燃料密装贮箱,加上一个涡轮发动机,为导弹提供飞行动力的装置,也常称为推进装置,它利用反作用原理产生推力,保证导弹获得需要的射程和速度。舰载型加装 1 台助推器,为固体燃料火箭发动机,可使导弹加速度达到 10g,发射后自动分离,发动机后是助推器,它有四个稳定尾翼,连接环用四个爆炸螺栓连接,以便分离助推器。毁伤反舰导弹大都在其飞行过程或终段,所以对助推器不予考虑。

结合功能与结构分析,建立某反舰导弹的三维数字化模型及其结构树,如图 2.4.7 和图 2.4.8 所示。

反舰导弹可能被拦截毁伤的模式有:①战斗部爆炸、燃油箱爆炸或导弹解体;②不能准确的飞向攻击目标（偏航）。导致这些毁伤模式的机理非常复杂,例如:导弹在破片或冲击波作用下,弹体的局部压垮、变形、折弯、翼片的折断、变形等都可

图 2.4.7　典型反舰导弹三维结构模型

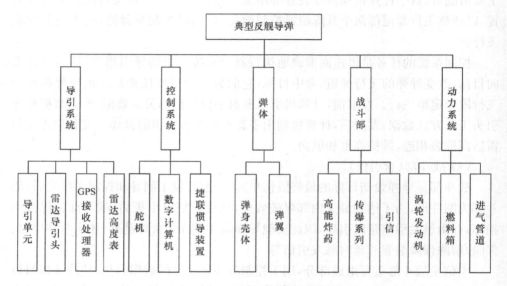

图 2.4.8　典型反舰导弹结构树

能引起气动力的不对称而导弹偏航,控制系统和动力系统毁伤等也能引起导弹不能准确飞向攻击的目标。如果导弹战斗部、燃油箱受到高速破片的撞击或强冲击波作用下,可能出现爆炸现象,不能完成预期作战任务。

通过对反舰导弹功能和结构分析,依据反舰导弹结构树,建立毁伤等级对应的反舰导弹毁伤树,典型反舰导弹 C 级毁伤对应的功能系统包括弹体结构、导引系统、控制系统和动力系统,C 级毁伤树如图 2.4.9 所示。结合反舰导弹三维实体模型及毁伤树,建立 C 级毁伤等级对应的毁伤部件模型如图 2.4.10 所示。

结合反舰导弹功能与结构分析和反舰导弹毁伤部件三维实体模型,通过投影的方法建立反舰导弹二维等效模型,由于反舰导弹是一个回转体,因此对于动能类毁伤元,建立前视和侧视两个方向的等效模型。图 2.4.11 为典型反舰导弹 C 级毁伤的等效模型,结合二维等效模型,计算反舰导弹毁伤部件呈现面积及等效厚度,C 级毁伤各系统毁伤等效数据如表 2.4.2 所示。

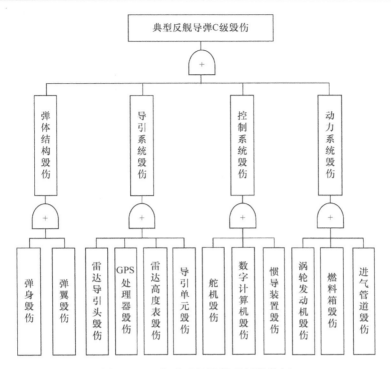

图 2.4.9　典型反舰导弹 C 级毁伤树

图 2.4.10　典型反舰导弹的 C 级毁伤易损件
1. 导引系统；2. 控制系统；3. 动力系统

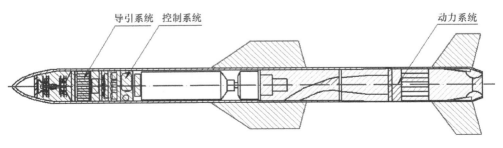

(a) 侧视方向

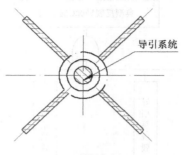

(b) 前视方向

图 2.4.11　典型反舰导弹 C 级毁伤等效模型

表 2.4.2　C 级毁伤各系统毁伤等效数据

分系统	视图	总呈现面积 /cm²	易损面积 /cm²	易损面积比	等效 Q235A 厚度/mm
导引系统	侧	4411.4	2693.8	0.611	3.6
	前	378.6	378.6	1	2.1
控制系统	侧	563.9	402.8	0.714	4.4
	前[注]	0	0	0	0
动力系统	侧	3601.0	2778.0	0.772	3.7
	前[注]	0	0	0	0
弹体系统	侧	3220.0	3220.0	1	2.8
	前	636.2	636.2	1	23.1

注:在前视方向中,导引系统毁伤认为已经构成 C 级毁伤,因此控制系统和动力系统毁伤等效数据用 0 表示。

2.5　毁伤机理

2.5.1　破片

破片是最基本的毁伤元之一,几乎所有以炸药为毁伤能源的常规弹药/战斗部都能产生破片。破片产生于由炸药装药和金属壳体等包裹结构共同组成的系统,炸药爆轰瞬时形成高温高压的爆轰产物,壳体强度相对于爆炸载荷是小量,于是产物与壳体急剧膨胀,壳体迅速产生剪切和拉伸破坏、猝然解体形成破片,所获得初始速度称为破片初速,破片初速一般在 $1\sim3km/s$ 之间。破片在自由飞散过程中其速度因受空气阻力近似呈指数规律衰减,在一定距离内利用其高速和高比动能特性侵彻目标,在目标内强行开辟一条通道,通过造成目标结构损伤而产生破坏作用。破片的毁伤能力既取决于破片的侵彻能力(主要与破片的速度、质量和形状有关),也与达到一定侵彻能力的有效破片数量、飞散分布范围以及分布密度有关。破片飞散分布范围由破片的初始飞散方向所决定,这主要取决于壳体形状或结构形式,装药起爆方式也存在一定影响,但相对于前者影响较为微弱。

通常情况下,在炸药装药和壳体所组成的总质量固定的系统中,两者的质量比越大则破片的初速越高,但由于破片总质量的减小,导致破片平均质量变小或数量变少。对于一定的破片飞散分布范围来说,破片数量的减少,势必造成破片分布密度的降低。因此,破片速度、质量、数量、飞散分布范围和分布密度相互制约,如何实现合理和优化匹配以获得更大的毁伤威力是战斗部设计者普遍关心的问题。恰当解决这一问题,需要考虑的因素很多,归纳起来主要在于两个方面:一是目标特性与易损性,二是武器弹药与目标的终点交会状态。例如,目标的软硬和抗侵彻特性是破片速度、质量和数量匹配的主要考虑因素,目标的几何形状和尺寸大小是破片质量和数量、飞散分布范围以及分布密度匹配的主要考虑因素,目标运动速度是破片速度、飞散分布范围和分布密度匹配的主要考虑因素;武器弹药的命中精度需要破片速度、质量和数量、飞散分布范围以及分布密度的综合匹配,末端弹道特性和引信启动规律则主要是破片飞散分布范围和分布密度匹配的考虑因素。

破片的形状对毁伤威力也具有重要影响,如破片对人体组织的侵彻过程中,形状规则的破片其创伤弹道也相对稳定和规则,而形状不规则的破片因在人体组织内的偏转、翻滚,使创伤弹道更为复杂和不规则,从而导致更为严重的创伤。另外由破片引申出的离散杆和连续杆,可实现对大型轻质构架目标产生切割性和整体性破坏作用,被认为比普通破片具有更好的毁伤破坏效果,特别适合对付飞机类目标并多用于空空和地空导弹战斗部,当然这需要较好的命中精度和引战配合效率作为保证。另外,对于某一个破片速度并不是越高越好,这主要取决于目标和追求的毁伤效果,当破片速度高到一定程度其自身会发生侵蚀或破碎现象,导致侵彻深度下降,这时孔径一般会增大;当破片达到超高速状态(通常指 3000m/s 以上),这时破片和目标的强度均可以忽略而被当作流体来处理,这时侵彻深度主要由两者的密度比和破片沿侵彻方向的几何长度所决定。

破片的质量与数量控制有多种技术途径和实现方法,根据是否控制以及不同的控制方法和效果,把破片分为非控破片、受控破片和预制破片或自然破片、半预制破片和全预制破片三种类型,离散杆和连续杆作为特殊的破片形式,属于预制破片的范畴。即使是自然破片和非控破片,仍然存在一定程度的质量和数量的控制问题,破片的形成、破片数及随质量的分布与壳体结构、材料力学性能以及装药爆轰性能等密切相关,通过合理选材和结构设计,仍可获得相对理想的破片数量和质量的控制效果。破片的控制意义,还在于获得对目标更有针对性以及具有飞行稳定性好、存速能力强的形状,如连续杆、离散杆及球形预制破片等。

除了战斗部爆炸产生的破片外,毁伤目标过程中还可能形成二次破片。二次破片的成因主要有两方面:一是由破片和动能弹丸自身碎裂所形成;二是由目标材料崩落、碎裂所形成,如动能弹丸贯穿后装甲板的局部碎裂现象,以及高速撞击和接触爆炸条件下因应力波反射装甲板背面的层裂和剥落现象。二次破片对装甲目标内部的人员和设备等具有毁伤作用,通常称为毁伤后效。另外,人体骨骼因破片侵入所造成的碎裂现象并由此产生的骨渣,也是二次破片的实例之一,可导致人体更大范围的损伤。

近二十年来,快速发展的活性破片技术受到广泛关注。活性破片是一种基于活性材料采用特殊工艺制成的有别于传统惰性破片而具有特殊毁伤功能的新型毁伤元,因具有类金属的力学强度而具备相当的侵彻能力;在常规的力学和温度环境下保持惰性,在高速碰撞、爆轰驱动等高应变率强冲击条件下发生爆炸或爆燃,快速释放出化学能从而额外增强了毁伤破坏作用。活性材料不仅可用于破片,还可以应用于药型罩、壳体和结构件等,可实现动能和爆炸两种毁伤机理的时序联合作用,针对一定目标和武器弹药使用条件,能够大幅提高战斗部的综合威力和对目标的毁伤能力。

2.5.2 动能弹丸

动能弹丸指不装填炸药的实心弹丸,在弹道终点时不发生炸药爆炸现象,依靠自身的动能通过侵彻和冲击作用毁伤目标,对于侵彻毁伤机理与破片相类似。典型的动能弹丸主要有枪弹和穿甲弹,前者主要通过轻武器发射,用于打击人员和轻型结构目标;后者主要通过火炮发射,专门用于打击坦克等重型装甲目标,有时也用于打击坚固的防御工事。另外,冷兵器和弓箭等也属于动能弹丸的范畴。动能弹丸与破片的不同之处在于,前者通常是以单个的形式发射,其头部一般比较尖锐和锋利,直接指向并击中目标;后者借助于炸药爆炸产生的数量多,凭借数量和空间分布范围覆盖和击中目标。动能弹丸与有装药的爆炸性弹丸的区别在于,前者的毁伤能力完全依赖于自身的动能,而后者主要取决于破片飞散特性和爆炸波。

枪弹有多种类型,主用弹主要有普通枪弹和穿甲枪弹两种,前者主要杀伤人员目标,后者主要杀伤轻型装甲或一定防护结构后面的人员目标,典型枪弹如图 2.5.1 所示。除此之外,还有箭形弹、双头弹以及曳光弹、燃烧弹、穿甲燃烧弹等新型和辅助弹种。枪弹主要由被甲和弹芯组成,被甲的作用是使弹芯保持稳定、不至于剧烈变形,对其杀伤威力有正面影响。弹芯材料与枪弹的用途和功能直接联系,普通枪弹的弹芯材料一般为铅锑合金,穿甲枪弹的弹芯材料为硬质合金钢。普通枪弹和穿甲枪弹对目标的毁伤机理相类似,主要依靠对目标的直接侵彻和产生二次破片来毁伤目标。

如果不加说明,穿甲弹通常指由火炮发射并主要用于打击坦克等重型装甲目标的动能弹丸,典型穿甲弹如图 2.5.2 所示。现代穿甲弹弹头尖锐,弹体细长,以增加断面比动能和侵彻能力,另外弹芯材料一般选择高强度和高密度的钨合金和贫铀合金,可有效提高穿甲能力。炮口初速高是穿甲弹的本征属性,同时高射击精度和首发摧毁从作战对抗的角度上看意义重大,因此穿甲弹具有高强度、高密度、高速度和高精度"四高"特点,以达到对目标高效毁伤的目的。

 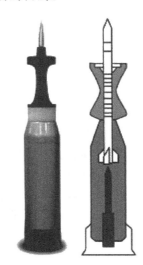

　　图 2.5.1　枪弹结构(来自网络)　　　　　图 2.5.2　穿甲弹结构(来自网络)

　　穿甲弹质量大、速度高,除与破片和枪弹等具有相同的侵彻、洞穿结构的毁伤机理外,由其强大的动能产生的对装甲目标的冲击毁伤机理也十分重要。穿甲弹撞击装甲车辆所产生的高-低频振动冲击,使目标的系统结构和状态产生一种猝然变化,其大小随外力的大小和持续时间而异。即使装甲结构本身可以承受这种冲击,但安装在内部的车内部件、装置也可能产生严重损坏。有些部件和装置甚至可能脱落,起到"二次破片"作用。另外,炮塔转动系统、火控装置和仪表盘、瞄准系统以及电台等都很容易因这种冲击而毁坏。一旦穿甲弹贯穿装甲,装甲背面也会出现局部崩落现象,形成二次破片产生后效杀伤作用。

2.5.3　成型装药

　　成型装药也称为聚能装药,以一端带有空穴(圆锥形、半球形、球缺形等)的装药和与空穴贴合的金属药型罩为主要部件和基本结构形式,通常在装药的另一端起爆,其原理结构如图 2.5.3 所示。成型装药可根据需要设计(主要针对药型罩)并形成不同类型的聚能毁伤元,主要包括射流(Jet)和爆炸成型弹丸(EFP),进一步细分可把介于之间的称为杆式射流(JPC),本书第五章将详细阐述。

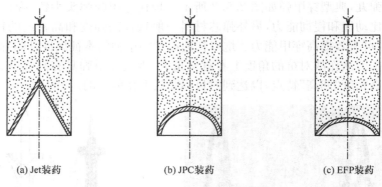

(a) Jet装药　　　　　　　(b) JPC装药　　　　　　(c) EFP装药

图 2.5.3　成型装药结构示意图

一般说来，射流的毁伤主要有两种机理：高速或超高速、高密度射流质点的贯穿效应和密闭空间的气体冲击压缩效应，这两种机理产生的破坏形式截然不同。射流贯穿效应体现在使结构产生孔洞，同时剩余射流以及目标形成的二次破片使目标内部遭到破坏，由于孔洞相对于目标尺寸往往是小量，因此孔洞所起的直接破坏作用并不突出，而目标内部破坏对毁伤的贡献度更大。冲击压缩效应在于剩余射流的侵入使目标内部形成冲击波和准静态的高压环境，对目标内部的破坏效果不容忽视。某种意义上说，射流毁伤目标的根本并不在于洞穿装甲结构，而在于由此产生贯穿后效和内部气体的冲击压缩效应。在给定条件下，究竟哪种机理或希望哪种机理起主要作用，需视目标特性、装药结构、药型罩形状和材料等因素而定。以破甲深度表征的射流侵彻能力或可反映射流威力的大小，但不能给出打击不同目标的具体贯穿效应和冲击压缩效应细节，因此并不能直接反映成型装药的毁伤效能和实际毁伤效果。

提高侵彻深度与提高成型装药对目标的毁伤效能未必是同一回事。除了剩余射流的侵彻作用对目标内部的破坏外，由目标上崩落的二次破片的质量、数量、速度以及空间分布等都直接影响成型装药的杀伤威力。因此，仅通过侵彻深度指标表征和度量成型装药威力是有缺陷的，而以此作为成型装药的设计目标有可能是有害的，至少可以认为对于装甲防护不太强的目标，过度的穿深是不必要的，甚至降低了毁伤效果，这是由于为了获得更大的侵彻深度需要使射流充分拉长，这将使孔径变小，这对形成二次破片是不利的。如图 2.5.4 所示，类似的成型装药，不同药型罩结构的射流对半无限靶的侵彻可获得不同的穿孔形态，左边的孔径更大、孔深更小，右边的则相反。图 2.5.5 示意了成型装药射流对多层靶板的作用结果，因射流速度和能量梯度的存在，上面的靶板比下面的靶板具有更大的孔径和出口面积，这意味着相对薄的靶板其二次破片的数量更多和总质量更大。因此，对于能够保证穿透的条件下，图 2.5.4 左边成型装药的二次破片或贯穿效应要优于右边的成型装药。

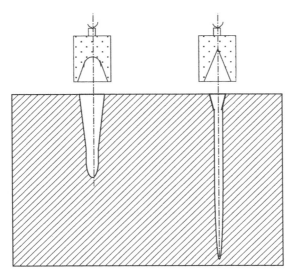

图 2.5.4　不同药型罩结构的成型装药射流侵彻示意图

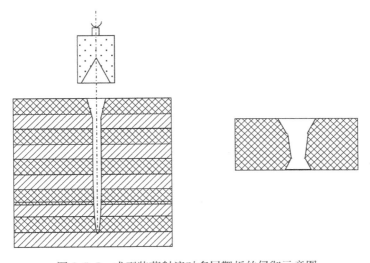

图 2.5.5　成型装药射流对多层靶板的侵彻示意图

由此可见,对于大型武器和战斗部来说,可以酌情采用图 2.5.4 左边的成型装药,牺牲一定的穿深以换取更大的杀伤威力;同理采用图 2.5.4 右边的成型装药,以牺牲一部分对薄装甲目标的杀伤威力为代价,达到提高对厚装甲目标毁伤效能的目的。

冲击压缩效应与炸药内爆效应极其类似,目标越坚固、越密闭,其破坏作用越大。药型罩金属的化学活性越强,冲击压缩效应越显著,由强到弱的排序为:镁、铝、钢、铜,这与射流侵彻能力正好相反。显而易见,目前研究十分活跃的所谓含能或活性金属药型罩,应该具有更好的冲击压缩效应,当然侵彻深度相对较低。

当成型装药的药型罩锥角较大或为曲率半径较大的球缺形状时,药型罩在爆轰产物驱动下翻转形成 EFP,EFP 是一种动能侵彻体,其对目标的毁伤机理与穿甲弹相同。EFP 与射流相比,前者对大炸高不敏感(只需要保证其完整形成即可),可以远距离作用,另外绝对穿深不如后者,但后效更强,最重要的是二者的毁伤机理完全不同。

2.5.4　空气中爆炸

炸药在空气中爆炸,高温、高压的爆轰产物急剧膨胀并强烈压缩空气,在空气中形成带有负压区的强冲击波,简称空中爆炸波。关于空中爆炸波的形成机理、特点、传播规律以及冲击波参数的求解,将在本书后面的相关章节再细致讨论。

空中爆炸波可以使许多目标遭到严重破坏,可视为适应目标最广的毁伤元,目标的具体破坏程度随装药的爆炸能量、炸点与目标的相对位置、大气条件以及目标易损性而异。空中爆炸波阵面到达某一空间点时,该处的压力突然升高,继而逐渐降为环境压力,进而降至环境压力以下,最后回复到正常的压力。对于常规高爆炸药,空中爆炸波的负压与正压相比,通常属于小量。对于一个完整的空中爆炸波,高于环境压力的部分称为正压区,低于环境压力的部分称为负压区。正压区的最大压力一般出现在波阵面上,并体现为强间断特征,称为峰值压力,峰值压力与环境压力的差称为峰值超压,简称超压。正压的持续时间,称为正压区作用时间;正压对时间的积分,称为正压比冲量,简称冲量。

早期且比较经典的观点认为,空中爆炸波对目标的破坏作用,与其说随超压而变化,毋宁说随正压及其持续时间而变化,更确切地说,是随正压比冲量的变化而变化[7]。某种意义上说,空中爆炸波超压体现了载荷的强度特征,而冲量更能体现载荷的整体性和本征性。强调冲量的观点本质上是正确的,在今天仍然具有重要意义,因为在工程技术领域已习惯于只关注超压,很容易忽视相同超压点大药量比小药量爆炸和云雾爆轰等具有更大的冲量的事实,并因此影响对毁伤效果的判断。不过,仅依靠冲量来衡量对目标的破坏作用也一定存在问题,对于很低的超压,理论上若作用时间足够长完全可以获得相当的冲量,但因结构的惯性效应和动态响应的差别,并不意味着产生同样的毁伤效果。

当空中爆炸波阵面冲击某一物体表面时,通常要发生反射,超压再一次急剧升高,至少是入射超压的 2 倍,一般高达数倍。随后,对于三维结构体空中爆炸波会发生绕射而作用于侧面和背面,当其尚未完全包裹物体时,在物体正面和背面之间形成巨大的压差,此压差使物体产生一个沿空中爆炸波传播方向的平移力。鉴于该力是在空中爆炸波绕射物体时出现,故称为"绕射载荷"。在绕射载荷作用下,物体发生的运动形式和特征,随物体的物理性质、几何尺寸以及正压持续时间或正压比冲量而定。一旦空中爆炸波完全覆盖物体,上述压差或绕射载荷即不复存在。不过,此刻压力仍高于环境压力,绕射载荷被对物体施加压缩作用的向心力所取代。如果物体很大时,空中爆炸波绕射时间相对较长,绕射载荷作用比较突出;而物体较小时,空中爆炸波很快覆盖物体,压差存在时间很短,绕射载荷作用较为微弱。

对于空中爆炸波对目标的破坏作用,也取决于伴随冲击波扰动而产生的气体流动动压力。动压力是波阵面后方的气体质点速度和被压缩后的气体密度的函数,动压力因超压的不同而不同。当超压大于 475.4kPa 时,动压力大于超压;当超压小于 475.4kPa 时,动压力小于超压。在空中爆炸波掠过物体过程中,整个正压持续时间内物体均受到动压力作用,被称为曳力载荷,曳力载荷的持续时间一般比绕射载荷作用时间久些。相比于核爆炸,在超压相同的情况下,常规爆炸的动压力作用时间要小得多,常规爆炸的动压力和曳力载荷无法与核爆炸相比,核爆炸比常规爆炸通常大多个数量级。

空中爆炸波几乎对空中和地面所有目标都具有毁伤破坏作用,但逐一讨论毁伤机理篇幅上难以承受,尤其毁伤机理研究作为终点效应学的难点,能成为经典和可靠结论的内容并不多,因此本书结合典型的和代表性的人员、地面建筑和武器装备等目标进行简单讨论。

1. 人员目标

空中爆炸波对人员的毁伤主要取决于超压和动压力的幅度及持续时间,其毁伤机理主要有三种:直接的冲击损伤、动压力驱动物体的冲击以及绕射载荷和曳力载荷作用的移动或抛掷。

空中爆炸波的直接毁伤机理主要与超压及超压的持续时间有关,或者说由冲击波的超压和冲量共同决定。冲击波阵面到来时,伴随着急剧的压力突跃,通过压迫作用造成人体的损伤,如破坏中枢神经系统、震击心脏而使心脏受损、使肺部出血引起窒息、伤害呼吸-消化道以及震破耳膜等。相同的超压条件下,若正压区作用时间越长即比冲量越大,则人体所受到的损伤更为严重。一般说来,人体组织密度变化最大的区域,尤其是充有空气的器官最易受到损伤。

动压力驱动的物体可分为侵彻性和非侵彻性运动体两类,主要与物体的形状有关,也与物体的速度有关系。对于侵彻性运动体的毁伤机理与破片、枪弹毁伤元类似,人体的毁伤程度主要与侵彻体的速度、质量、形状和击中位置有关。对于较重的非侵彻性运动体,可造成人体撞击性和压迫性损伤,主要与物体动能和击中位置有关,可造成颅骨碎裂、脑震荡、骨折、肝脾损伤以及表皮破裂等。运动体来源于动压力和爆炸作用环境和条件,孤立地研究这种毁伤机理的毁伤效果是不合乎惯例的,也是无法做到的,只能概略地给出定性说明:动压力越大,持续时间越长,这种毁伤效应也越强。

空中爆炸波作用所产生的绕射载荷和动压力作用所产生的曳力载荷,均可使人体发生宏观移动或抛掷,由此造成的损伤分为两类:一类是肢体或组织与人体的分离,另一类是整个人体移动或抛掷后的冲击损伤。至于伤势的轻重,则由身体承受加速和减速负荷的部位、负荷大小以及人体对负荷大小的耐受力所决定。除了人体自身的差别以外,绕射载荷和曳力载荷的大小归根到底由冲击波超压和气体动压力及其持续时间所决定,人体的毁伤程度也正来源于此。

2. 建筑物

空中爆炸波对建筑物的毁伤,通常考虑入射爆炸波超压和气体流动动压力的联合作用,以及由此产生的绕射载荷和曳力载荷,因此可将空中爆炸波对建筑物的毁伤作用分成两种情况,即绕射载荷作用和曳力载荷作用。

空中爆炸波到达建筑物正面时发生反射现象,反射超压大于入射超压,继而很快降到冲击波超压的水平。空中爆炸波掠过建筑物侧面和背面时发生绕射现象,这些表面均承受超压作用。在空中爆炸波到达背面之前,作用于建筑物正面与背面的压差使建筑物产生一个沿冲击波传播方向的一个平移力。大多数在空中爆炸波作用过程中壁面保持基本完好的大型密闭建筑物,在绕射阶段会产生明显的响应,因为绝大部分平移力正是在这一阶段获得的。若在冲击波直接作用下,门窗、玻璃或低强度壁面等发生了破坏,则出现卸载效应,绕射载荷和平移力会显著降低。对于小型建筑物,由于空中爆炸波很快到达背面,压差的作用时间很短,绕射平移载荷大大减小。由此可见,绕射平移载荷主要由建筑物的尺寸大小所决定。对于在绕射阶段初期侧壁坍塌的建筑物来说,其结构骨架部分往往可以保存下来,因为在绕射阶段后期,绕射平移载荷已基本不存在了。空中爆炸波的正压持续时间和冲量增大,并不能显著提高绕射阶段的平移载荷量值及由此导致的毁伤破坏程度。

空中爆炸波绕射及绕射结束后的一定时间内,建筑物一般承受气体动压力及由此引起的曳力载荷作用。对于大型密闭的建筑物而言,绕射载荷显著大于曳力载荷,可主要考虑绕射载荷的作用。对于小型和构架式建筑与结构,曳力平移载荷远远大于绕射平移载荷。对于框架式建筑结构,若壁面在冲击波直接作用和绕射过程中解体,那么曳力载荷能起到进一步的破坏作用。曳力载荷作用时间与空中爆炸波的正压持续时间和冲量密切相关,而与建筑物整体尺寸无关,故曳力载荷的破坏作用不仅取决于超压,也取决于空中爆炸波的正压持续时间和冲量。因此,爆炸当量、云雾爆轰等对小型、构架式和框架式建筑结构的毁伤破坏作用更为显著。

除了载荷的原因之外,建筑物的结构和材料特性,如材料屈服强度、延性、结构振动频率、尺寸和重量等均对载荷响应和破坏程度产生重要影响。如材料延性可提高结构吸收能量的能力和抵抗破坏的能力。砖石建筑物之类的脆性结构由于延性差,只要产生很小的偏移就可能发生破坏。对于钢筋混凝土结构,钢筋的加入相当于增强了结构与材料的延性,提高了抗破坏能力。加载方向对于结构的响应和破坏也有较大影响,大多数建筑结构承受竖直方向载荷的能力远大于水平方向,因此,它们抵抗施加顶部载荷的能力高于施加侧面水平方向载荷的能力。至于用土掩埋的地面建筑,覆盖的土层能减小反射系数,改善建筑物的气动外形,可大大降低水平和竖直方向的载荷和平移力。

3. 武器装备

战场上的武器和技术装备层出不穷、多种多样,包括以坦克为代表的重型装甲车辆、步兵战车和装甲运输车等轻型装甲车辆、火炮和自行火炮、非装甲战斗车辆、指挥车、雷达(车辆)、导弹发射车(架)以及固定翼飞机、直升机等。这些目标具有相对独立的作战功能,以机械结构和系统为主要特征,并具有结构复杂、功能部件和组件繁多以及相互嵌套和关联等,从整体和系统性的角度研究空中爆炸波的毁伤机理是十分困难的。尽管空中爆炸波毁伤目标最具广泛性,但由于对这样防护能力强的机械类武器和技术装备可以选择诸如成型装药、穿甲弹和破片等针对性的战斗部类型和毁伤机理,且由于常规战斗部装药量的局限使空中爆炸波的毁伤作用范围受限,因此针对空中爆炸波的毁伤机理研究并不显得十分重要。

空中爆炸波对武器和技术装备的毁伤机理大致可分为三种:冲击振动;外露设备和部件的变形、结构损伤和脱落等;类似于小型建筑结构的绕射载荷和曳力载荷联合作用下的移动和抛掷。冲击振动的毁伤机理与前面讨论穿甲弹的冲击毁伤机理相类似,在此不再赘述。对于第二种毁伤机理,可造成目标诸如运动能力、观瞄能力和火力打击能力等的下降或丧失。对于雷达目标,空中爆炸波的毁伤机理则具有重要的实际意义,强冲击波可造成相控阵雷达承载辐射馈元的基板和抛物线天线结构的大变形,从而导致雷达功能的严重毁伤,这也使爆破战斗部成为反雷达目标战斗部的主要类型之一,苏联和俄罗斯一直坚守这样的理念。大当量炸药装药的爆炸,在一定作用距离内,绕射载荷和曳力载荷联合作用完全有可能造成目标结构性和整体性毁伤。需要指出的是,对于常规榴弹等有限装药量的小型战斗部,空中爆炸波对重型武器装备的毁伤作用范围一般远小于破片,依靠空中爆炸波实现目标的致命性和解体性毁伤是十分困难的,例如普通榴弹非接触爆炸条件下很难造成坦克的有效毁伤,而接触爆炸则完全是另外一回事,可以说是完全不同的毁伤机理。

2.5.5　水中爆炸

水中爆炸及其毁伤机理比空气中爆炸要复杂得多,这主要是由于除了水中爆炸冲击波外,爆轰产物在一定的时间内以高温、高压的气泡形式存在并仍具有较高的能量,冲击波能和气泡能都成为有效的毁伤能量。相对于空气中爆炸爆轰产物的小范围直接作用,气泡能量的毁伤效应非常突出,高温高压的爆轰产物气泡可派生出多种形式的毁伤载荷。爆轰产物气泡以脉动的方式不断向水介质传递能量,产生脉动压力波和脉动水流,一定环境和边界条件下将形成水射流等。水中爆炸冲击波、脉动压力波、脉动水流以及水射流等均对毁伤目标有贡献,并且在近场爆炸条件下往往是多种毁伤载荷的耦合叠加作用。关于水中爆炸现象、机理以及威力场参数求解等。将在本书后续的章节予以详细介绍和讨论。

炸药在无限大水域爆炸,爆轰波到达装药表面,压缩周围的水介质形成冲击波,并以极快的速度向外传播。水中爆炸冲击波相比于空气中爆炸冲击波,其波阵面压力要高得多,随着传播距离的增加,波阵面压力和速度下降很快,同时波形被不断拉宽。炸药爆轰所形成的高温、高压爆轰气体产物,在水中首先以气泡的形式向外膨胀,气泡内的压力随着气泡半径扩大而不断下降,当压力降至周围水介质的静压时,由于水的惯性运动,气泡将"过度膨胀",直至气泡压力低于周围水的平衡压力,气泡表面的负压差使气泡的膨胀运动停止,气泡达到最大半径。随后,周围的水开始作反向运动,向气泡中心聚合,使气泡不断收缩,造成气泡内部压力不断增加。同样,由于聚合水流的惯性运动,气泡被"过度压缩",直至气泡压力高到能阻止水流对气泡的压缩而达到新的平衡,此时气泡达到最小半径。至此,气泡第一次膨胀和收缩的过程结束。但是,由于气泡内的压力高于水介质静压力,气泡开始第二次膨胀和压缩及后续的脉动过程。气泡第二次膨胀时,气泡边界会压缩周围水介质,在水中形成脉动压力波向外传播,称为二次压力波。二次压力波的压力幅值显著小于冲击波压力,但持续的时间较长,具有可与冲击波相比的比冲量。此次之后的脉动压力及比冲量由于幅度较低,对毁伤的贡献度有限,从毁伤的角度一般不再考虑。水的密度大、惯性大,爆炸气泡会在水中发生多次脉动,直至气泡破裂或溶于水为止。伴随气泡的脉动,水介质产生往复运动,形成脉动水流。因此,从炸药水下爆炸能量转换为冲击波能和气泡能的角度,可将水中爆炸的毁伤载荷归结为冲击波载荷和气泡载荷两类,其中冲击波载荷为直接毁伤载荷,而气泡载荷除零距离接触爆炸外均体现为间接毁伤载荷,最后演化成二次压力波、脉动水流和水射流等直接毁伤载荷。

当水下爆炸冲击波作用到目标结构时,巨大的冲击波压力导致结构迅速地屈服,造成大变形或破裂等严重损伤[17,18]。由于冲击波持续时间很短,冲击波对自振周期在毫秒级的结构具有非常大的损伤破坏力,由于在船体上自振周期在毫秒级附近的结构一般为局部结构,如板、板格或板架等,因此水下冲击波一般对局部结构的损伤很严重,对船体的总体破坏影响较小[19]。除了对目标的直接作用外,冲击波在自由面形成的水锤效应也可能造成目标的毁伤[20-22]。冲击波在到达自由面后,稀疏波的使水表面快速上升,并在一定的水域内产生很多空泡层,越靠近水面水层越厚,向下逐渐变薄。随着静水压力的增加和直接波衰减的减慢,超过一定的深度后,便不再产生空泡。当上表面水层在大气压力和重力的作用下下落时,其下面的空化层水只受重力作用,表层水的下降加速度比其下层的加速度大。当下降的表层水与其下层的空化层相碰,表层水就变厚,并继续下落。当表层水与下部的未空化的水发生碰撞时,便产生了水锤效应,原来被自由面截断的载荷又重新形成集中载荷。美国 ARKANSAS 导弹巡洋舰的核爆炸试验表明,水锤效应能造成广泛的破坏[21]。

在 20 世纪 80 年代以前,水中爆炸毁伤的相关研究绝大部分集中于冲击波造成的结构破坏,后来人们意识到气泡对结构的损伤有可能比冲击波来得更严重[23]。由于水下冲击波往往造成结构局部损伤,而现代舰船的设计有足够的强度储备来抵抗局部损伤,因此水下爆炸冲击波一般不会造成舰船的沉没。然而气泡不同,气泡脉动驱使周围大面积流体的运动,形成脉动水流,并且产生脉动压力。低频的脉动水流及脉动压力均可对舰船造成总体破坏。如果气泡脉动频率与舰船的固有频率接近时,会引起船体结构的"鞭状运动",加剧对舰船的破坏作用,危及舰船的总纵强度,甚至使船体拦腰折断[19,24]。当气泡在结构附近脉动时,由于结构边界的影响,气泡会出现非球形情况[25]:气泡在膨胀阶段被结构表面轻微地排斥开,而在坍塌阶段被结构表面强烈地吸引,这时在气泡远离结构表面的一边将会形成一股指向壁面方向的射流,并高速穿过气泡,直到撞击到气泡壁的另一边,水射流成因可以用著名的 Bjerknes 效应来解释[26,27]。水下近距爆炸所形成的水射流可对结构产生很强的侵彻破坏作用,在冲击波破坏的基础上能够引起舰船结构的进一步毁伤[28]。

2.5.6　岩土中爆炸

地下岩土介质中爆炸问题比空气和水中爆炸还要复杂,这主要因为岩土类型繁多、性质差异极大,即使是同一类型其成分组成也十分复杂,如物理上的多相并存、力学上的各向异性等。鉴于对爆炸载荷作用下的材料动态力学行为和非线性动态响应等问题的科学认识十分有限,所以尚不足以像空气和水中爆炸那样给出基于流体力学的理论分析方法。

装药在岩土介质中爆炸形成的冲击波(应力波)及其传播,导致岩土结构呈现出距爆心由近及远不同程度的破坏,其中冲击波压力、介质和结构的质点加速度及其位移是冲击波破坏作用的主要因素。由地下冲击波所造成的破坏一般按三个区域进行描述：

（1）炸坑；

（2）可见的塑性应变区（外沿半径大致为炸坑半径的 2.5 倍）；

（3）不可测的永久变形的瞬时运动区。

在此之外，还存在较大范围的弹性变形振动区，一般不再考虑这一区域的毁伤破坏作用。迄今为止，既未能从理论上也未能从经验上确定究竟哪一个因素在衡量破坏时起主要作用。Brode[29]给出通过炸坑半径衡量地下建筑结构破坏的判据如表 2.5.1 所示，并指出"不致产生严重误差"。

表 2.5.1　地下建筑结构破坏程度的判据

建筑结构	破坏程度	破坏距离	破坏情况
较小、较重，设计得当的目标	严重破坏	$1.25R_a$[注]	坍塌
	轻度破坏	$2.0R_a$	轻度裂纹，脆性外结合部断开
较长、较有韧性的目标 （地下管道、油罐等）	严重破坏	$1.5R_a$	变形和断裂
	中度破坏	$2.0R_a$	轻微变形和断裂
	轻度破坏	$2.5 \sim 3.0R_a$	结合部失效（在结合部的径向，取上限）

注：R_a 为炸坑的视在半径。

文献[7]依地下建筑结构类别，给出了毁伤机理的定性说明：

（1）小型高抗震结构，如钢筋混凝土工事，大致只有在整体结构产生加速运动和位移时才能导致破坏；

（2）中型中等抗震结构，可因冲击波压力、加速度和位移而产生破坏；

（3）具有较高韧性的细长结构，如地下管道、油罐等，需要处于高应变区才能破坏；

（4）对方向性敏感的结构，如掩蔽部、躲避所等，很可能发生较小的永久性位移就可能遭受破坏；

（5）岩石坑道，大致需要在炸坑范围内并导致坍塌才能导致毁伤。

岩土中爆炸即使不能造成地下建筑结构的结构性毁伤，类似于地震波的振动，理论上也可能造成地下工事、结构内部的设备、人员某种程度的毁伤，不过这方面的研究十分鲜见，尚不能给出可靠的规律性认识。

2.5.7　火和热辐射

火的毁伤破坏作用，主要体现在：破坏建筑物、车辆等武器与技术装备的实际效用和结构完整性；引起弹药等爆炸物或发动机油料的爆炸；从肉体和精神上使人员丧失战斗力；使各种作战器材失效等。燃烧可使一切可燃物质化为灰烬，火灾除了造成材料的直接损失外，所产生的高温会使许多结构和材料的性能下降或失效。

常规高爆炸药爆炸的热辐射问题一般不被特别重视,但随着云爆战斗部特别是温压战斗部技术的发展与应用,作为一种有效的毁伤机理,热辐射效应需要认真对待。热辐射能量冲击某一暴露表面时,一部分能量被表面所吸收并立即转化为热量,导致温度升高。高温可改变材料的性质和性能,可使材料被烧毁以及引起进一步的点火和燃烧等。热辐射能够伤害人体,可导致痛苦的皮肤烧伤和眼睛灼伤。除此之外,热辐射还能够通过另一种完全不同的方式产生有效的毁伤作用。对于诸如桥梁、建筑物或飞机之类的结构,在其处于急剧升温的过程中,结构件的机械强度将降低,从而更易被冲击波效应所毁坏。当温度上升到一定程度,即使结构承受正常载荷而没有外加载荷,也可能因自重而自行解体。

2.5.8　微波和电磁脉冲

微波是指频率在 0.3～300GHz 的电磁波,是电磁波中一个有限频段的简称,微波波段的波长在 1mm～1m 之间,因此微波也是分米波、厘米波和毫米波的统称。电磁脉冲主要从效应的角度定义,由核爆炸、常规炸药爆炸以及化学燃料燃烧所产生,本质上也属于电磁波的范畴。电磁脉冲不局限于微波频段,核爆炸产生的电磁脉冲基本上在 MHz 频段,而常规爆炸产生的电磁脉冲则主要在 GHz 频段。通过微波/电磁脉冲实施毁伤的武器称为微波/电磁脉冲武器,也称为射频武器。该类武器一般分为有源和无源两种,前者通过车载、舰载等固定方式多次重复发射高功率微波,后者由巡航导弹、航空炸弹和无人机等携带和投放,在目标区域爆炸后一次性产生微波/电磁脉冲,因此也可以把该类武器分为单脉冲和多脉冲两种。对于无源微波武器,习惯上称为微波/电磁脉冲弹,也可以更严格些,将其统称为电磁脉冲弹,其中处于微波波段的电磁脉冲弹特指为微波弹。

微波/电磁脉冲的毁伤机理,在于微波/电磁脉冲与被照射物之间的分子相互作用,将电磁能转换为热能。其最主要的特点是不需要传热过程,瞬时就可以使被照射材料中的分子运动起来并整体被加热,产生高温烧毁材料。微波/电磁脉冲可对多种目标实施毁伤,其中典型性和代表性的目标主要有:电子设备与信息系统、人员和武器系统等。

微波/电磁脉冲对电子设备与信息系统的毁伤体现为三个层次,即干扰、电子元器件失效或烧毁和摧毁信息系统。当功率较低时,可干扰相应频段的雷达、通信和导航设备的正常工作;当功率达到一定值时,可烧毁探测系统、通信系统等的电子元器件,使系统功能降低或失效;强大的电磁辐射,可使整个通信网络系统失效,甚至造成永久性毁伤。

微波/电磁脉冲对人员的毁伤分为“非热效应”和“热效应”两种。非热效应指功率较低时,使作战人员的生理功能出现紊乱,如出现烦躁、头痛、记忆力减退以及心脏功能衰竭等症状;热效应是指功率较高时,人体皮肤被烧伤、眼睛出现白内障、皮肤内部组织严重烧伤甚至致死。

　　微波/电磁脉冲通过毁伤武器系统中电子元器件和电子设备,使武器系统的功能降低或无法发挥。另外,高频率电磁脉冲辐射形成的瞬变电磁场可使金属表面产生感应电流,通过天线、导线和电缆等耦合到导弹、飞机、舰艇以及装甲车辆内部,破坏传感器、电子元器件等各种敏感元件,使元器件产生状态反转、击穿、出现误码、抹除记忆信息等。值得一提的是,隐身武器除独特的气动外形设计外,更重要的是表面广泛涂抹吸收雷达波的吸波材料,这恰恰有利于电磁毁伤能量的吸收与利用,使毁伤效应得到增强。

2.5.9　导电纤维与导电液体

　　反电力系统软毁伤技术是非致命武器技术领域的突出代表,其实战有效性经过了战争检验。该类毁伤技术的基本原理是通过短路造成系统故障从而引发大面积停电事故,造成短路的介质或毁伤元素主要有两类,分别是导电纤维和导电液体,导电纤维和导电液体的短路作用机理有所不同,本书第七章将进行更详细的介绍。

　　导电纤维弹也称为碳纤维弹,因在1991年的海湾战争和1999年的科索沃战争中投入使用并取得优越的实战效果而名声大噪,引发了毁伤与武器、作战与对抗、战术与战略等一系列思想和理念的更新和拓展,也使非致命、软毁伤技术及其武器装备受到了前所未有的关注。

　　电力系统的绝缘是其安全、稳定运行的根本保证,电力系统的各种电气设备需要通过架空线路进行连接,并通过架空线路实现电力的输送,架空线路与设备之间、线路与线路之间、线路与地之间均需要保持可靠绝缘。电力系统的绝缘方式主要有两种:一是空气绝缘;二是绝缘子绝缘。对于不同的电压等级,通过选择不同的间距保证线-线间和线-地间的绝缘,通过选择不同绝缘水平的绝缘子或增加绝缘子数量保证线-设备间的绝缘,绝缘设计有相应的标准和规范可遵循。

　　导电纤维是一种基于反电力系统软毁伤原理的弹药装填物和毁伤元素,通过造成架空线路的线-线和线-地间的短路而引发连锁反应,最终造成大面积停电事故,甚至导致电力系统解列和崩溃。导电纤维一般为丝束状,由具有良好导电性能的数十到上百根直径为 $10\mu m$ 量级的纤维丝编制而成,长度一般为数十米。纤维丝束按一定方式缠绕成丝团或线轴状装填于战斗部中,战斗部在目标上空一定高度抛撒出纤维丝团或线轴,纤维丝束利用空气动力在空中展开。当纤维丝束在飘落过程中搭接于高压架空线时(或一端搭接而使绝缘距离缩短到一定程度),瞬时产生数千到上万安培的电流,纤维被高温汽化并使空气电离,在线路间形成电弧即等离子体导电通道。由于空气电弧只需要 $15\sim20V/cm$ 电压就可以维持[30],所以电弧不会熄灭,直至继电保护装置跳闸。导电纤维的引弧效应破坏了架空线路的空气绝缘,造成线-线、线-地间的短路,最终导致停电事故发生。

在电力系统事故中,外绝缘设备:绝缘子、支柱和套管等的"污秽闪络"现象是一种非常突出和危害巨大的绝缘事故诱因之一。受绝缘子"污秽闪络"现象启发,我国学者[31-35]首次提出了又一种反电力系统软毁伤技术原理,即以具有良好导电性能的液体作为弹药装填物和毁伤元素,通过爆炸抛撒等方式使其附着于绝缘子表面,采用"人为故意"的方式造成绝缘子的沿面放电和闪络效应,最终导致短路和停电事故发生。绝缘子闪络效应破坏的是线-设备间的绝缘,是一种与导电纤维毁伤机理截然不同而毁伤结果类似的新型毁伤机理。

可实现绝缘子闪络毁伤的导电液体主要有两种类型,即溶胶型导电液体和离子型导电液体。相比于导电纤维,导电液体的毁伤机理具有如下特点和优势:

(1) 导电液体不易清除,闪络后的绝缘子可重复闪络且绝缘水平大幅下降,原则上需要进行更换系统才能恢复运行,因而修复时间长、毁伤等级更高;

(2) 受风、雨等气象条件影响小;

(3) 对武器弹药末端弹道和速度特性的适应性好;

(4) 导电液体制造简单、成本低廉。

参 考 文 献

[1]《中国大百科全书》编委会. 中国大百科全书·军事(第 2 版)[M]. 北京:中国大百科全书出版社,2005.

[2] 军事科学院外国军事研究部. 简明军事百科词典[M]. 北京:解放军出版社,1985.

[3]《兵器工业科学技术辞典》编委会. 兵器工业科学技术辞典[M]. 北京:国防工业出版社,1991.

[4] 阮智富,郭忠新. 现代汉语大词典:下册[M]. 上海:上海辞书出版社,2009.

[5] 王凤英,刘天生. 毁伤理论与技术[M]. 北京:北京理工大学出版社,2009.

[6] 隋树元,王树山. 终点效应学[M]. 北京:国防工业出版社,2000.

[7] (美)陆军装备部. 王维和,李惠昌译. 终点弹道学原理[M]. 北京:国防工业出版社,1988.

[8]《中国军事大辞海》编写组. 中国军事大辞海[M]. 北京:线装书局,2010.

[9] 王树山,王新颖. 毁伤评估概念体系探讨[J]. 防护工程,2016,38(5):1-6.

[10] 卢熹,王树山,王新颖. 水中爆炸对鱼雷壳体的毁伤准则与判据研究[J]. 兵工学报,2016,37(8):1469-1475.

[11] 王新颖,王树山,卢熹. 空中爆炸冲击波对生物目标的超压-冲量准则[J]. 爆炸与冲击,2018,38(1):106-111.

[12] 闫清东,张连第,赵毓芹. 坦克构造与设计(上册)[M]. 北京:北京理工大学出版社,2006.

[13] 李向东,杜忠华. 目标易损性[M]. 北京:北京理工大学出版社,2013.

[14] 李向荣. 巡航导弹目标易损性与毁伤机理研究[D]. 北京:北京理工大学,2006.

[15] 周旭. 导弹毁伤效能试验与评估[M]. 北京:国防工业出版社,2014.

[16] 张凌. 聚焦战斗部对巡航导弹的毁伤及引战配合研究[D]. 南京:南京理工大学,2008.

[17] Jen C Y, Tai Y S. Deformation behavior of a stiffened panel subjected to underwater shock loading using the non-linear finite element Method[J]. Materials and Design, 2010, 31(1): 325-335.

[18] 牟金磊, 朱锡, 张振华, 王恒. 水下爆炸载荷作用下加筋板的毁伤模式[J]. 爆炸与冲击, 2009, 29(5): 457-462.

[19] Zong Z. Dynamic Plastic response of a submerged free-free beam to an underwater gas bubble[J]. Acta Mechanica, 2003, 161: 179-194.

[20] Zamyshlyayev B V. Dynamic loads in underwater explosion[R]. AD-757183, 1973.

[21] Costanzo F A, Gordon J. A solution to axisymmetric bulk cavitation problem [J]. The Shock and Vibration Bulletin. 1983, 53: 33-51.

[22] Cushing V J. Shock induced cavitation[R]. AD-A231975, 1991.

[23] Zong Z. Lam K Y. The flexural response of a submerged pipeline to an underwater explosion bubble[J]. J. Appl. Mech. , 2000, 67(4): 758-762.

[24] Zong Z. A hydro plastic analysis of a free-free beam floating on water subjected to an underwater bubble[J]. J. Fluids Struct. , 2005, 20(3): 359-372.

[25] Hussey G F. Photography of underwater explosions in high photograph of bubble phenomena[R]. AD-623828, 1946.

[26] Bjerknes. Fields of Force[M]. Columbia University Press, 1966: 45-47.

[27] Wilkerson S A. Boundary integral approach for three-dimensional underwater explosion bubble dynamics[R]. AD-A252412, 1992.

[28] John M B, George Y and Paul J. Time resolved measurement of the deformation of submerged cylinders subjected to loading from a nearby explosion[J]. Int. J. Impact Eng. , 2000, 24 (9): 875-890.

[29] Brode H A. Calculation of the blast Wave form a spherical charge of TNT[R]. Rand Report RM-1965, Rand Corporation, Santa Monica, California, 1957.

[30] 郭华. 航空碳纤维弹毁伤效应研究[D]. 北京: 北京理工大学, 2004.

[31] 张之暐, 王树山, 魏继峰. 弹用导电液溶胶毁伤材料性能研究[J]. 科技导报, 2009, 27(24): 37-40.

[32] 张之暐, 王树山, 魏继锋, 郜沁宇. 绝缘子闪络毁伤特性实验研究[J]. 北京理工大学学报, 2010, 30(4): 387-389.

[33] 张之暐. 高压绝缘子闪络毁伤技术研究[D]. 北京: 北京理工大学, 2010.

[34] 蒋海燕, 王树山, 魏继锋, 等. 典型变电站的闪络毁伤仿真分析[J]. 北京理工大学学报, 2013, 33(S2): 167-171.

[35] 蒋海燕. 导电液溶胶战斗部毁伤效应研究[D]. 北京: 北京理工大学, 2014.

第3章 穿甲效应

穿甲效应是终点效应学中研究最早并不断深化的主题内容之一,重点关注弹体对各种靶体:装甲、土壤、岩石、混凝土介质以及目标实体或等效结构等的侵彻、贯穿以及毁伤破坏等问题。穿甲效应研究最容易想到和最直观的背景对象是动能穿甲弹及其毁伤问题,不仅如此,破片战斗部、聚能战斗部以及侵彻爆破战斗部等均涉及穿甲效应,如战斗部设计与威力分析所关心的破片侵彻、射流和 EFP 侵彻以及战斗部整体侵彻等。穿甲效应既是一个工程应用问题,也是一个非常复杂的非线性动力学问题,正是由于技术科学和基础科学的交叉,产生了重要的工程力学分支:穿甲力学和高速碰撞动力学。本章基于兵器科学与技术学科范畴,从技术科学和工程应用的角度,归纳总结穿甲效应的经典和代表性研究成果,为相关研究提供基本知识、方法和手段。

3.1 基本概念

3.1.1 穿甲

穿甲,作为终点效应学中的一个专属概念或名词术语,特指以一定速度运动的弹体撞击靶体局部,使靶体产生弹塑性变形或脆性断裂,在靶体中强行开辟通路,利用高速冲击、侵彻与贯穿等效应造成靶体损伤和破坏的动力学过程[1,2]。

在这里,弹体泛指实施穿甲的各种运动体,包括动能穿甲弹、各种枪弹、破片、聚能射流以及整体弹丸(战斗部)等;靶体泛指作为弹体穿甲对象的各种物体,包括各种装甲、土壤、岩石、混凝土等介质以及目标实体或等效结构、各种靶标等。另外,侵彻是指弹体在靶体中强行开辟通路并在靶体中运动,从而造成靶体损伤破坏的过程;贯穿是指弹体穿透靶体,造成靶体贯通破坏的现象或结果。

穿甲的力学行为和实际发生的现象,与弹体撞击靶体的速度(简称着速)和着角(弹着点速度方向与靶体平面法线的夹角)、弹体结构(尤其是头部形状)及其材料特性以及靶体结构及其材料特性等密切相关,因此有必要对此进行区分和说明。

3.1.2 撞击速度及分类

弹体撞击靶体的速度对穿甲现象的影响特别显著,不同速度范围的穿甲力学行为存在较大差别,适用不同的力学理论,因此需要对撞击速度范围进行分类如下[1,2]：

（1）低速范围（0～25m/s），由落锤等实验装置获得的自由落体速度，主要体现为弹性效应；

（2）亚弹速范围（25～500m/s），由气枪或一些实验发射装置获得的射弹速度，主要体现为弹性至塑性效应；

（3）弹速范围（500～1300m/s），由火药燃烧气体推进、常规枪炮发射的弹丸枪口或炮口初速，也就是常规军用弹速范围，主要体现为塑性效应；

（4）高速范围（1300～3000m/s），穿甲弹、破片以及某些特种枪炮发射的子弹或弹丸速度，主要体现为塑性至流动效应；

（5）超高速范围（>3000m/s），轻气炮发射、空间碎片、陨石撞击以及聚能射流等的特征速度范围，主要体现为流动效应以及相变效应。

当弹体撞击速度较低时，靶体只产生弹性变形。当着靶速度达到某一极限值 v_1 时，其接触应力达到或超过相应材料的压缩屈服应力 σ_y 时，靶体或弹体之一将产生永久性塑性变形。利用撞击界面的质点速度和应力连续条件，可得到弹性极限速度的 v_{el} 表达式为

$$v_{el}=\sigma_y\left(\frac{1}{\rho_p c_{ep}}-\frac{1}{\rho_t c_{et}}\right) \tag{3.1.1}$$

其中

$$\begin{cases} c_{ep}=\sqrt{\dfrac{E_p}{\rho_p}} \\ c_{et}=\sqrt{\dfrac{\lambda_t+2G_t}{\rho_t}} \end{cases} \tag{3.1.2}$$

式中，ρ_p、ρ_t 分别为弹体和靶体的密度；c_{ep}、c_{et} 分别为弹体和靶体的弹性波速度；E_p 和 E_t 分别为弹体和靶体材料杨氏模量；λ_t 和 $G_t=E_t/2(1+\mu_t)$ 为靶体材料的拉梅常数，μ_t 为靶体材料泊松比。

随着着速的不断提高，靶体终将产生塑性或流动变形。因此，使靶体产生非穿孔性塑性变形的弹体撞击速度 v_{01} 有两个极限，下限是靶体产生弹性变形的弹性极限速度 v_{el}，上限是靶体产生流动变形的塑性极限速度 v_{pl}

$$v_{pl}=\sqrt{\sigma_{yt}/\rho_t} \tag{3.1.3}$$

其中，σ_{yt} 为靶体材料屈服应力。因此有

$$v_{el}\leqslant v_{01}\leqslant v_{pl} \tag{3.1.4}$$

弹体以各种速度撞击靶体过程中，经历着弹性波、塑性波和流动波的传播，摩擦生热以及局部变形和整体变形等。流动是在撞击速度达到 v_{pl} 以后开始的，当撞击速度进一步提高，达到与材料的压缩体积模量 K_t 有关的传播速度 v_{fl} 以后，就产生根本变化。因此，产生流动变形的撞击速度 v_{02} 在 v_{pl} 和 v_{fl} 之间，即

$$v_{pl} \leqslant v_{02} \leqslant v_{fl} \qquad (3.1.5)$$

其中，v_{fl} 为流动变形极限速度。

$$v_{fl} = \sqrt{K_t/\rho_t} \qquad (3.1.6)$$

当撞击速度超过 v_{fl} 以后，物体的可压缩性相对减弱，变形速度超过了固体中的压缩波传播速度，在固体中形成激波。若达到 $3v_{fl}$ 的撞击速度，将观察到粉碎、相变、汽化甚至冲击爆炸等现象。

3.1.3　靶板厚度与破坏形式

对于结构和厚度均匀、迎弹面尺寸远大于弹体特征尺寸的靶体，习惯上称为靶板。靶板的厚度同样对穿甲现象有显著影响，其中对有限厚度靶板的穿孔效应尤为突出，结合不同的靶板材料特性需要采用不同的力学分析与处理方法。靶板厚度一般进行如下分类[1,2]：

(1) 薄靶：弹体侵彻过程中，靶板中的应力和应变沿厚度方向上没有梯度分布；

(2) 中厚靶：弹体整个侵彻过程中，一直受到靶板背表面的影响；

(3) 厚靶：弹体侵入靶体相当远的距离后，才受到靶板背表面的影响；

(4) 半无限靶：弹体在整个侵彻过程中，不受靶板背面远距离边界表面的影响。

按这样靶板的分类方式，实际上体现了某种相对性，靶板厚度与弹体的尺度及材料的弹性波声速有关，可通过下式描述：

$$N = \frac{L/c_{ep}}{T/c_{et}} = \frac{Lc_{et}}{Tc_{ep}} \qquad (3.1.7)$$

式中，L 和 T 分别为弹体长度和靶板厚度。这样，在常规尺度的 L 和 T 范围内，可进行如下定义：

(1) $N \rightarrow 0$：半无限靶；

(2) $0 < N \leqslant 1$：厚靶；

(3) $1 < N \leqslant 5$：中厚靶；

(4) $N > 5$：薄靶。

如图 3.1.1 所示，薄板在未造成穿孔性破坏时，有两种由于塑性变形而造成的位移：一是在弹头接触部分，靶板产生与弹头形状完全相同的隆起变形；二是由于靶板弯曲而造成的盘形凹陷变形。

薄靶和中厚靶的局部断裂破坏将导致穿孔或贯穿现象发生，具体的穿孔形式因弹体几何构型（尤其是头部形状）、靶板厚度、材料性质以及撞击速度的不同而呈现出不同特点。基于实验和理论研究，通过归纳和总结得到共识的典型穿孔破坏形式分类及破坏特点如图 3.1.2 所示，具体表述如下：

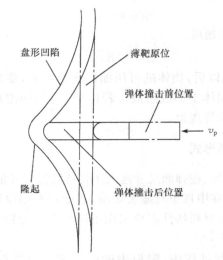

图 3.1.1　靶板隆起和凹陷变形

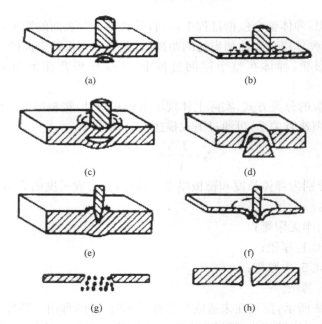

图 3.1.2　典型的穿孔破坏形式和特点

(a) 初始压缩波造成的背部断裂破坏；(b) 初始压缩波造成的径向断裂破坏；(c) 脆性靶板的层裂型或芥斑型破坏；(d) 脆性靶板的挤凿型破坏；(e) 脆性靶板的正面花瓣型破坏；(f) 脆性靶板的背面花瓣型破坏；(g) 脆性靶板的碎块型破坏；(h) 韧性靶板的孔口扩展型破坏

（1）脆性穿孔。

贯穿薄靶和中厚靶产生的断裂，主要由初始压缩应力波所产生的应力超过靶板最大抗压强度引起的破坏,一般在低强度、低密度材料中出现,另外径向断裂仅限于脆性靶,如陶瓷。

(2) 延性穿孔。

锥形或卵形弹头在侵彻延性材料靶板时,沿穿孔的轴向和径向产生强烈的塑性变形,大量的塑性变形使材料沿弹体轴线方向运动,被挤向孔的出口和入口处,并随着弹体的通过将孔口扩大。延性破坏是厚靶中常见的一种,贯穿是由弹丸挤压通过靶材径向膨胀完成的。

(3) 花瓣型穿孔。

尖锐形头部的弹体侵彻延性材料薄靶板时,引起边缘的径向破裂,此种破坏发生在弹轴附近并呈星形,随着弹体的推进,裂纹之间的靶板折转成花瓣,因此称之为花瓣型破坏。对于厚靶板,裂纹只能扩展到材料的部分厚度,并与其他破坏形式综合形成破片。

(4) 冲塞型穿孔。

柱形及普通钝头弹体撞击刚性薄板及中厚板时,一般冲出一个近似圆柱的塞块;在适当的条件下,尖头弹也能冲出这样的塞块。冲塞破坏的特点是,当弹丸挤压靶板时,弹和靶相接触的环形截面上产生很大的剪应力和剪应变,并同时产生热量。在短暂的撞击过程中,这些热量来不及散逸出去,因而大大提高了环形区域的温度,降低了材料的抗剪强度,以致出现冲塞式破坏。

(5) 崩落和痂片。

在高速碰撞条件下,靶板背面可附带产生崩落痂片。这种破坏是由强应力波的相互作用引起的。靶板受到弹体强烈冲击后,靶内将产生一压缩应力波,当此压缩应力波传到靶板背表面时将发生反射,并形成一道自背表面反射与入射应力波方向相反的拉伸波。入射压缩波和反射拉伸波在靶内相互干涉的结果,将在靶板背表面某一截面上出现拉伸应力超过靶板抗拉强度的情况,于是发生崩落破坏。痂片的产生与崩落的原因相同,但破裂表面的大小取决于靶板材料的非均匀性的各向异性。

(6) 二次破片。

速度较低时,上述延性穿孔、径向破裂及冲塞过程可能以单一的形式出现;而速度较高时,这些破坏将伴随着崩落和痂片,或者伴有二次延性和脆性破坏过程而产生的破片,所以这些破坏可统称为破片型穿孔。

3.1.4　弹道极限与剩余速度

当弹体撞击速度达到一定值时,可在靶体内强行开辟一条通道并实现对靶体的贯穿。这种弹体贯穿靶体的能力,采用“弹道极限”的概念或术语进行描述。对于弹道极限,通常理解为弹体以规定着角贯穿给定类型和厚度的靶体所需要的撞击速度(着速)。弹道极限被认为是下面两种撞击速度的平均值:一是弹体头部恰好透过靶板背面并嵌于靶板的速度;二是弹体尾部恰好通过靶板背部即刚好完整通过靶板的速度。弹道极限作为一种速度,是固定弹-靶结构和一定撞击条件下非常重要的弹体穿甲特征参量,也表述为"弹道极限速度"。对于已知质量和特性的弹体,弹道极限实际上也代表了在规定条件下弹体贯穿靶板所具备的动能。

基于对"贯穿"概念的不同定义和理解,存在三种弹道极限标准,包括美国陆军弹道极限标准、"防御"弹道极限标准和海军弹道极限标准,分别示于图 3.1.3[1,3]。

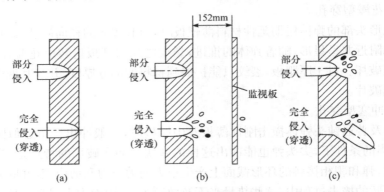

图 3.1.3　美国三种弹道极限标准对贯穿的定义
(a) 陆军弹道极限;(b) "防御"弹道极限;(c) 海军弹道极限

美国陆军标准规定的弹道极限系指弹体能在靶板上穿出一个通孔,但靶后不要求有飞散破片时的最低速度,亦即弹头刚好到达靶板背面。"防御"标准规定的弹道极限系指弹体穿透靶板,且在靶后产生具有一定速度破片的最低速度,或弹头部已穿出而弹头底平面刚好到达靶板背面的速度。海军标准规定的弹道极限系指弹体完全穿过装甲的最低速度。海军标准特别适于研究装填有炸药的弹体,因为对于这种弹体,常常要求完全贯穿装甲后再将炸药引爆。但是,在非垂直撞击或斜侵彻的情况下,由于弹体破碎,往往很难区分局部侵彻和完全贯穿。随着倾角的加大,美陆军标准和"防御"标准逐渐接近,最后趋于相等。

在考察弹体侵彻与贯穿能力时必须注意,对于一组给定的弹-靶系统而言,并不存在任何一个固定不变的弹道极限值,即大于该速度时贯穿目标,小于该速度时不贯穿目标。确切地说,存在一个速度区间,在该速度区间内弹体可能贯穿靶板,也可能不贯穿。当着速低于该速度区间的下限时,贯穿概率趋近于 0;当着速高于该速度区间的上限时,贯穿概率接近于 1。此外,这一速度区间因着速的不同而有所变化,着速较高时(如 2700m/s)比着速低时(如 300m/s)更宽。这意味着弹道极限较高时着速的意义较小,而上述速度区间的上、下限速度比弹道极限本身更有意义。

此外,长期以来一直有人建议,用另外两个着速取代弹道极限这一概念,第一个即所谓的有效防护速度,系指处在弹道极限速度下方,弹体永远不能贯穿装甲板的最大着速;第二个即所谓的绝对贯穿速度,系指可以确保贯穿装甲板的最小着速。

然而,对于穿甲效应和目标毁伤来说,仅仅贯穿目标防护装甲并不等于已经毁伤了目标,或不能对目标功能毁伤给出直接答案。装甲本身常常是用来保护目标的主要中间体,如坦克乘员、弹药以及发动机等。因此,装甲被贯穿并不意味着目标被摧毁,重要的问题是贯穿后弹体的剩余速度和剩余质量,以及是否具备破坏防护装甲后面要害部件的能力。因此,将弹体的剩余速度和剩余质量结合起来考虑,可更好地判断其对目标的毁伤效应。

3.1.5　撞击相图

对于给定材料和形状尺寸的弹体撞击指定材料和厚度的靶体,所得到的撞击后弹体的状态必然由着速 v_0 和着角 θ 所决定。在不同着速 v_0 和着角 θ 条件下,反映弹体撞击后状态的图形称为撞击相图,撞击相图可用来设计和选择弹体,以射击或对付特定的靶体或目标装甲。图 3.1.4 是卵形小钢弹射击 6.35mm 厚铝合金靶板得到的撞击相图,图中曲线代表了末端弹道诸状态相间的交界线,其中弹道极限曲线代表了弹体射击时的主要特性[2]。

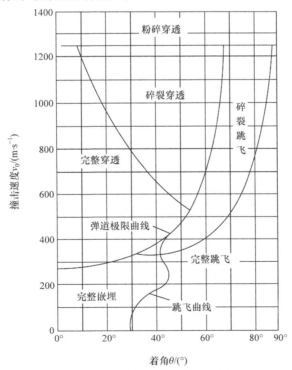

图 3.1.4　弹体设计用撞击相图

　　反之,在给定靶体材料和指定弹体形状与材料的情况下,依据垂直撞击的弹道极限随靶体厚度变化所绘制的关系曲线图,称为设计靶体用撞击相图,如图 3.1.5 所示。其中,靶体相对厚度常以靶厚和弹径之比 T/D 表示,图中 L_1 和 L_2 均表示弹长,而且 $L_1 < L_2$。图 3.1.5 中的曲线表明,在弹径相同的条件下,对较长的弹体,在防御中需要较厚的靶板,这是合乎常识的。

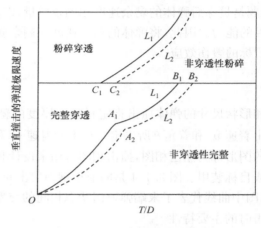

图 3.1.5　设计靶体用撞击相图

　　应该指出,对于半无限靶体,并无贯穿破坏,所以撞击相图中并无弹道极限曲线,当然跳飞曲线还是存在的。

3.1.6　弹道极限试验方法

　　作为典型靶体形式的各种靶板在其弹道侵彻试验中,不仅弹体之间互有差异,而且同一靶板上不同区域的性能也有所差别,加之每发弹体的飞行轨迹、着角和着速等均存在着差异,因此要想确定某一特定速度能确保弹体完全贯穿将是困难的,甚至是难以做到的。然而,弹体侵彻与贯穿靶板的特征数据遵循一定的统计规律,也就是说,在可能发生局部侵彻也可能发生完全贯穿的某一特定速度范围内,完全贯穿的概率随着速的增大而增加。实验结果表明,完全贯穿的概率随着速的变化构成“S”形曲线,图 3.1.6 为这种曲线的一种理想形状。

　　与弹药研制和装甲防护设计等相关试验中,旨在测定如图 3.1.6 中对应于“S”曲线中点即弹体完全贯穿靶体概率为 50% 的特征性着速,这个特殊的弹道极限称为 v_{50} 弹道极限。借助于某些专门设计的试验方法,还可测定其他弹道极限,如 10%、90% 和 100% 贯穿概率的 v_{10}、v_{90} 和 v_{100} 弹道极限等。目前正在积极寻找适用于试验数据的经验公式,希望提供不同贯穿概率弹道极限的计算方法,当然这是极为困难的。

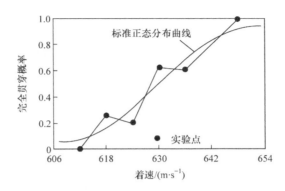

图 3.1.6　完全贯穿的理想分布曲线

目前,有多种方法可用于近似计算 v_{50} 弹道极限,而通过实弹射击进行试验测试是必不可少的,而且工程上必须以试验结果为依据。这种试验需要采用规定的射击方法,得到一组局部侵彻数据和一组完全贯穿数据,然后将给定速度范围内的若干发较高的局部侵彻着速和同一数目的较低的完全贯穿着速划为一组,求出平均值,该平均值即为 v_{50} 弹道极限。任何一种弹-靶组合系统的弹道极限测试精度,基本上决定于所选取的射弹数和着速范围,下面介绍几种方法[1,3]。

（1）两射弹弹道极限。

该方法根据在 15m/s 范围内的一发完全贯穿和一发局部侵彻数据计算弹道极限。显然,这种方法很不精确,只是在目标面积很小,射弹数量有限的情况下才被采用。一旦得到一发在完全贯穿速度之下且相差不超过 15m/s 的局部侵彻结果,试验即可停止。上述完全贯穿和局部侵彻速度的平均值,即为所求的弹道极限。这种弹道极限更宜叫作两射弹弹道极限,而不宜称作 v_{50} 弹道极限。

（2）六射弹弹道极限。

该方法根据在某一规定速度差值范围内的三发完全贯穿和三发局部侵彻数据计算弹道极限,称为六射弹弹道极限。规定速度差值通常取 30m/s、37.5m/s 或 45m/s。一旦得到了规定速度差值范围内的三发完全贯穿和三发局部侵彻结果,试验即可停止。取三发最小的完全贯穿和三发最大的局部侵彻速度的平均值,就得到了 v_{50} 弹道极限。

（3）十射弹弹道极限。

该方法根据在某一规定速度差值范围内的五发完全贯穿和五发局部侵彻数据计算弹道极限,故称十射弹弹道极限,数据处理和计算方法同六射弹方法。这种弹道极限具有很高的精度,通常用于轻武器弹药或人员、装备防护试验。

（4）弹道极限曲线。

该方法需要在图纸上画出完全贯穿次数随着速的变化曲线,据此可得到 v_{10}、

v_{50} 和 v_{90} 弹道极限等。该方法只有发射大量射弹(150 发以上)时才能被采用,常用于建立人体、装备防护规范,并适用其他特种试验。弹道极限曲线如图 3.1.7 所示,图中曲线上的数字为着角,HP 为最高局部侵彻速度,横坐标参数 T、D 和 θ 分别为靶厚、弹径和着角。

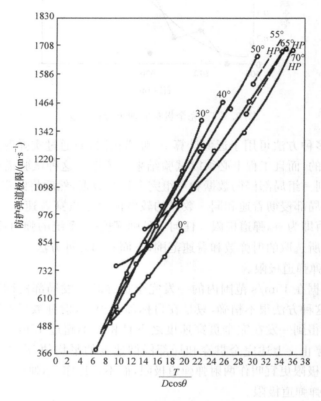

图 3.1.7　弹道极限曲线

　　为了提高试验测试精度和试验效率,需要采用合理的射击和统计方法获取数据,增减法就是一种可取的方法。当得到的为局部侵彻时,下一发应增加发射药量,以提高射弹速度;反之,当出现完全贯穿时,应降低射弹的速度。努力使一发到另一发的速度增量约为 30m/s、37.5m/s 或 45m/s,直至得到混合侵彻结果,随之把速度增量减至 15m/s。

　　如欲得到速度差为 30m/s 的十射弹 v_{50} 弹道极限,试验前先测量出靶板的厚度,以估算的完全贯穿靶板弹道极限速度发射第一发射弹。通常情况下,此时的发射药量远远小于药室容量,为保证发火,应在发射药上面装入一纸盖片或采取其他措施,将发射药限制在药筒底部靠底火一端。如果第一发射弹完全贯穿了靶板,第二发的速度应稍减,以求获得局部侵彻结果。反之,第一发为局部侵彻,应提高第二发速度,以获得完全贯穿结果。如此试验按"增"、"减"原则进行下去,直到在 30m/s 范围内至少得到五发局部侵彻和五发完全贯穿结果为止,取其算术平均值,即可得到 v_{50} 弹道极限。

通过试验获取弹道极限受很多因素的影响,即使极为严格地控制试验条件,每次所得到的弹道极限也会有所不同。这些差别是由多种因素造成的,如弹体和靶体材料品质的不同,不同厂家生产同一产品的生产工艺不同,以及不同批次材料的冶金特性也不完全一致等。尽管在现代测量技术中,弹体着速、靶体厚度、着角的测量误差一般很小,但这些微小的误差都可能造成实测结果的差异。此外,试验方法、试验设备等,也会导致这些差异的存在。因此,要想获取绝对真实的 v_{50} 弹道极限是不现实的,当然也没必要过分苛求。

3.2 经验和半理论半经验公式

3.2.1 无量纲经验公式

穿甲效应或穿甲力学中的经验公式所涉及的主要参数有:侵彻深度 P、弹道极限 v_{50}、弹体剩余速度 v_r 以及靶板上的穿孔(弹坑)直径 D_t 等,主要初始变量有:弹体直径 D_p、弹体质量 m_s、着速 v_0(有时也用符号 v_s)、着角 θ、靶体类型及其厚度 T。

基于相似理论和量纲分析,人们提出了很多无量纲的穿甲效应经验公式,对其中有代表性的公式归纳整理如下。

(1) Christman-Gehring 公式。

该公式首先由 Christman 和 Gehring[4]二人在柱形弹体撞击靶板实验的基础上提出,后经 Tate[5,6]进行了修正,最终写成

$$\frac{P}{D_p} = 0.222 \left(\frac{\rho_p v_0^2}{\sigma_{yt}} \right) \frac{D_p L}{D_t^2} \tag{3.2.1}$$

式中,σ_{yt} 为靶板材料的动态屈服应力;L 为弹长;ρ_p 为弹体材料密度。

(2) Diense-Walsh 公式。

该公式适用于超高速撞击,由 Diense 和 Walsh[7]给出

$$\frac{P}{D_p} = a \left(\frac{\rho_p}{\rho_t} \right)^{1/3} \left(\frac{v_0}{c_t} \right)^{0.585} \tag{3.2.2}$$

式中,a 为无量纲常数,与靶体的动态屈服强度有关;c_t 为靶体材料的声速;ρ_t 为靶体材料的密度。

(3) Eichelberger-Gehring 公式。

对于超高速撞击的侵彻深度,Eichelberger-Gehring[8]给出公式

$$\frac{P}{D_p} = 0.922 \times 10^{-3} \frac{\rho_p c_t^2}{BHN} \left(\frac{v_0}{c_t}\right)^{0.585} \tag{3.2.3}$$

式中，BHN 为布氏硬度数，反映材料的综合力学特性。

　　上述公式都是从实验数据总结来的，在工程设计中很有用，但都受到一定的限制，例如式(3.2.2)适用的范围是：

　　① 撞击速度不要小于靶板中的声速；

　　② 弹体的长径比不要超过 3:1；

　　③ 弹体密度不超过靶板密度的 3 倍。

　　另外，美国陆军弹道实验室(BRL，Ballistic Research Laboratory)收集了大量关于薄靶和中厚靶的简单理论解析表达式，分别写成无量纲参数形式，并汇集于《侵彻方程手册》[9]。

　　(1) v_{50} 弹道极限公式。

$$v_{50} = \frac{1}{\cos\theta}\left[B_1\left(\frac{\pi D_p^2 T \rho_t}{4m_s}\right)^{b_1} + B_2\right] \tag{3.2.4}$$

式中，B_1、B_2 是具有速度量纲的常数；b_1 为无量纲常数。

　　v_{50} 弹道极限速度包含了各种速度损失的叠加，每一种速度损失都代表与某种运动机理有关的速度损失，如与靶板横向位移，附加的花瓣型破坏、凹陷和隆起变形以及弹体变形等所造成的速度损失。对于高碳钢和钝头柱形弹体，依据试验给出如下一种简单形式

$$v_{50} = 1100\left(\frac{T}{D_p}\right)^{0.75} \tag{3.2.5}$$

式中，v_{50} 单位：m/s。

　　(2) 钝头弹体冲塞型穿孔的剩余速度公式。

$$v_r = \frac{m_s}{m_s + m_t}\sqrt{v_0^2 - v_{50}^2} \tag{3.2.6}$$

式中，m_s 和 m_t 分别为弹体和冲塞靶块的质量。

　　(3) 超高速撞击靶厚穿透公式。

　　Komhauser[10] 依据试验给出

$$T = 3\left(\frac{E_d}{E_t}\right)^{1/3}\left(\frac{E_t}{C_1}\right)^{0.09} \tag{3.2.7}$$

式中，E_d 为弹体的动能；E_t 为靶板的杨氏模量；$C_1 = 6.9\text{GPa}$。

　　(4) 超高速撞击的穿孔孔径。

　　Sorenson[11] 根据大量实验研究给出

$$\frac{D_t}{D_p} = \left(\frac{\rho_p}{\rho_t}\right)^{0.055}\left(\frac{\rho_p v_0^2}{\sigma_{st}}\right)^{0.01}\left(\frac{T}{D_p}\right)^{2/3} + 1 \tag{3.2.8}$$

式中,σ_{st} 为靶板材料的剪切强度。

3.2.2 通用侵彻公式

采用极限比能的概念讨论装甲板的贯穿问题往往比较方便,极限比能的定义为 $m_s v_l^2/D_p^2$,其中 v_l 定义为弹体能够穿透装甲板的临界侵彻速度或最小着速(尽管其实际上可能不存在或难以确定),可与 v_{50} 弹道极限相对应。实验结果通常用极限比能 $m_s v_l^2/D_p^2$ 与 T/D_p 和 θ 之间的关系式描述,弹体和靶体的空间位置关系如图 3.2.1 所示。

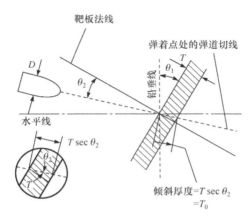

图 3.2.1　弹-靶相对位置关系

根据量纲分析和相似理论,除了做些适当的修正之外,现行的所有弹道极限侵彻公式均可表示为如下的一般形式

$$\frac{m_s v_l^2}{D_p^2} = \Phi\left(\frac{T}{D_p}, \theta, \frac{\rho_t}{\rho_p}, \frac{L}{D_p}, \alpha_1, \cdots, \alpha_i\right) \tag{3.2.9}$$

式中,Φ 为决定极限比能诸量的一般函数;L 为给定弹体的特征长度;$\alpha_1, \cdots, \alpha_i$ 为靶板材料强度系数。

由式(3.2.9)可知,弹道极限速度可作为给定撞击条件下所有终点弹道参量的函数。若对某些参量做出若干假设,或为消去对若干参量的从属性而规定的若干极限条件,即可由基本方程式导出一些更简单的侵彻公式。

已有的研究表明,如果侵彻过程中弹体的变形并不十分严重,则在接近垂直着靶情况下,大多数侵彻结果可令人满意地由下式表示:

$$\frac{m_s v_l^2}{D_p^2} = k\left(\frac{T}{D_p}\right)^n \tag{3.2.10}$$

式中,k 基本上取决于靶体材料强度;n 的取值范围在 $1\sim2$ 之间。实际上,对于各种给定弹体和靶体材料,k 和 n 的任何一组取值都不能代表 v_l 和 T/D_p 取极值时的侵彻性能。系数 k 可表示为 T/D_p 的函数：

$$\log_{10} k = a + b\left(\frac{T}{D_p}\right) \tag{3.2.11}$$

其中，对于某种给定弹体和着角条件下，a 和 b 为常数。

3.2.3　Poncelet 阻力定律

1. 侵彻基本理论

侵彻理论模型通常取自 Poncelet[12] 阻力定律的某些形式，其基本假设为：弹体在目标内的侵彻运动与空气或水等流体介质中的运动相类似。

若弹体在介质中的运动是稳定的，并且无侧滑角，在外弹道学中负加速度可表示为

$$m_s \frac{dv}{dt} = -\frac{1}{2} C_D \rho_t v^2 \tag{3.2.12}$$

式中，m_s、v 和 t 分别为弹体质量、速度和时间；ρ_t 和 C_D 分别为靶体介质的密度和阻力系数。

如果流体动压 $\rho_t v^2/2$ 是介质阻力中的主要因素，则上式在侵彻力学中是一个很有用的公式。然而在固体介质中，阻力系数 C_D 并不是常数，因此更普遍试用的阻力 F_D 与速度的关系式是

$$F_D = A(c_1 + c_2 v + c_3 v^2) \tag{3.2.13}$$

以及

$$F_D = A(c_1 + c_3 v^2) \tag{3.2.14}$$

式中，A 为弹体横截面积；c_1、c_2 和 c_3 为常数。

由此可见，式(3.2.13)是作为速度二次函数的一般阻力表达式，而式(3.3.14)则是一种特例。当阻力等于弹体的负加速度时，由式(3.2.14)可得出 Poncelet 方程

$$m_s \frac{dv}{dt} = A(c_1 + c_3 v^2) \tag{3.2.15}$$

在已知弹体和靶体系统的经验常数 c_1 和 c_3 的情况下，Poncelet 方程已成功地应用于土壤、砖石建筑和装甲的侵彻，用以求出弹体侵彻速度和侵彻弹道。变换式(3.3.15)有

$$m_s v \frac{dv}{dx} = A(c_1 + c_3 v^2) \tag{3.2.16}$$

按照 Poncelet 假设，对于稳定运动的弹体，侵彻深度随速度的变化关系可通过对(3.3.16)式的积分得到

$$x = \frac{m_s}{2c_3 A} \ln \left[\frac{c_1 + c_3 v_0^2}{c_1 + c_3 v^2} \right] \tag{3.2.17}$$

式中，x 表示沿直线弹道的侵彻距离；v_0 为侵彻初始速度。

穿深和时间的关系也可通过积分式(3.3.15)求出，其结果为

$$x = \frac{m_s}{2c_3 A} \ln \left[1 - \frac{\sqrt{c_1 c_3 / m_s} At}{\cos \left(\tan^{-1} \sqrt{c_3 / c_1} v_0 \right)} \right] \tag{3.2.18}$$

该式给出了弹体在一定时间 t（如引信装定时间）的瞬时穿深。

为了确定弹体的侵彻和贯穿能力同目标物理性质之间的关系，目标对弹体的阻力假定为如下的形式

$$F_D = A \left[\sigma + c \rho_t (v - v_2)^2 \right] \tag{3.2.19}$$

式中，σ 为目标材料内可承受的最大应力；c 为目标的阻力系数；ρ_t 为靶体材料密度；v_2 为目标破裂前的质点速度，它取决于目标材料的应力-应变关系。

v_2 的值一般很小，若忽略该速度，可得

$$F_D = \left[\sigma + c \rho_t v^2 \right] A \tag{3.2.20}$$

式(3.2.20)就是 Poncelet 阻力定律的数学表达式，数学表达式力图考虑两个阻力分量：一是目标材料的强度；二是目标材料的惯量。对于装甲板之类的高强度材料，σ 值很大，这时惯性项往往可以忽略；而明胶或砂质等低强度材料，σ 值很小，这时惯性项居主导地位。事实上，侵彻阻力远比 Poncelet 阻力定律包含的内容复杂，因为 σ 值还随弹体形状、速度和目标厚度而变化。尽管如此，Poncelet 阻力定律在进行理论计算时还是十分有用的，因为在局部范围内，它的计算结果能够与实验数据相吻合。

2. 侵彻公式

下面给出侵彻公式的应用实例，其中绝大多数都是以 Poncelet 基本方程式和量纲分析为基础得到的变换形式。

1) 装甲板

卵形弹头着速 $v_s < 3000 \mathrm{m/s}$ 时，以着角 θ 穿透厚度为 T 的装甲板经验公式为

$$\log_{10} \left(1 + \frac{\rho_t}{\sigma} v_s^2 \right) = \frac{\pi D_p^2 \rho_t T}{2 m_s \cos \theta} \tag{3.2.21}$$

式中，σ 的对应值为 1.442GPa，在低应变率下材料的极限抗拉强度在 $0.98 \sim 1.22$GPa 之间变化，通过实验，导出的 σ / ρ_t 值为 $1.86 \times 10^5 (\mathrm{m/s})^2$。

2) 软钢板

基于量纲分析和实验数据，钢质球形破片正向着靶时，对钢板的贯穿厚度公式

$$T = \sqrt{A} \left[\frac{m_f v_s^2}{2CA^{3/2}} \right]^{5/9} \tag{3.2.22}$$

式中，m_f 为破片质量；C 为试验常数，取 3.51GPa。

3）铝合金板

钢球着速 $v_s > 1200$m/s 时侵彻杜拉铝板的 Poncelet 公式

$$1+\frac{\alpha}{\beta}\rho_t v_{50}^2 = \exp\left(\frac{2\alpha\rho_t xA}{m_f}\right) \tag{3.2.23}$$

式中，α 为无量纲阻力系数；β 为与目标材料阻力有关的常数；x 为钢珠侵彻深度。Taylor 通过实验提出，用 $v_{50}^{1.58}$ 代替 v_{50}^2，并取 $\alpha=0.4$，$\beta=2.4$GPa。

4）软目标

用大小不等的钢珠反复进行实验，一致证实，欲击穿与人体肌肉组织相当的山羊皮层需要的临界着速 $v_l=52$m/s，下式与实验数据完全相符

$$v_r=(v_s-v_l)e^{-0.462s/8d} \tag{3.2.24}$$

式中，v_r 为贯穿后瞬间的存速剩余速度；s 为皮层厚度；d 为钢珠直径。

钢珠侵彻软组织，则有

$$v_s=v_r e^{0.993sA/m_f} \tag{3.2.25}$$

半径为 r 的钢珠侵彻骨骼侵彻深度 P 的计算公式为

$$P=0.03854\times10^{-8}r^2v_s^2 \tag{3.2.26}$$

式中，P 和 r 以 mm 计，v_s 以 m/s 计。

3. 破片剩余速度

根据对软钢、杜拉铝、防弹玻璃和胶质玻璃进行实验收集到的剩余速度数据，回归的预测破片剩余速度公式为

$$v_r=v_s-k(T\overline{A})^\alpha m_f^\beta(\cos\theta)^{-\gamma}v_s^\lambda \tag{3.2.27}$$

式中，k、α、β、γ 和 λ 是根据每种材料特性分别确定的系数；$\overline{A}$ 为破片平均着靶面积；破片速度以 m/s 计，靶厚 T 以 cm 计，$\overline{A}$ 以 cm² 计，m_f 以 g 计。根据对低碳钢进行实验得到的系数是 $k=4913$；$\alpha=0.889$，$\beta=-0.945$，$\gamma=1.262$，$\lambda=0.019$。

由式（3.2.27）可知，当破片剩余速度 $v_r=0$ 时，破片着速 v_s 即为临界穿透速度 v_l，于是有

$$v_l=k_1(T\overline{A})^{\alpha_1}m_f^{\beta_1}(\cos\theta_c)^{-\gamma_1} \tag{3.2.28}$$

其中，对几种金属材料的 k_1、α_1、β_1 和 γ_1 系数列于表 3.2.1，其中 k_1 具有速度的量纲。

表 3.2.1　几种材料的 k_1、α_1、β_1 和 γ_1 值

材料	$k_1/(\text{m}\cdot\text{s}^{-1})$	α_1	β_1	γ_1
低碳钢	5791	0.906	−0.963	1.286
硬铝	2852	0.903	−0.941	1.098

续表

材料	$k_1/(\mathrm{m \cdot s^{-1}})$	α_1	β_1	γ_1
钛合金	7361	1.325	−1.314	1.643
表面硬化剂	11835	1.191	−1.397	1.747
硬质均匀钢	6942	0.906	−0.963	1.286

4. 破片质量损失

如前所述,为了更好地判断对靶板后面主要目标的效应,应将破片剩余速度和剩余质量结合起来考虑。在低着速条件下,贯穿过程中的质量损失不大,往往可以忽略。在高着速条件下,破片的破碎十分明显,需要特别重视。

现已得到一种旨在估算破片质量损失的方法,与建立破片速度损失和着靶参数关系式(3.2.27)的方法类似。由实验数据拟合的经验公式为

$$m_f - m_r = 10^{c_2} (T\bar{A})^{\alpha_2} m_f^{\beta_2} (\cos\theta)^{-\gamma_2} v_s^{\lambda_2} \qquad (3.2.29)$$

式中,m_f、m_r 分别为破片质量和穿透目标后的剩余质量;c_2、α_2、β_2、γ_2 和 λ_2 是根据每种材料确定的常数,其中对低碳钢:$c_2 = 2.478$、$\alpha_2 = 0.138$、$\beta_2 = 0.835$、$\gamma_2 = 0.143$、$\lambda_2 = 0.761$。

3.2.4 De Marre 公式

De Marre 公式是 1886 年建立起来的[13],是一个非常著名的计算装甲靶板临界穿透速度 v_1 的工程计算模型,是基于能量守恒原理和相似理论并在实验的基础上建立起来的,目前仍广泛应用于枪炮弹丸设计和靶场试验中。其基本假设条件为:

(1) 弹体是刚性体,在冲击和侵彻靶板时不变形;

(2) 弹体在靶板内直线运动,不考虑其旋转运动;

(3) 弹体的动能全部用于侵彻靶板;

(4) 靶板为一般厚度,性能均匀,固定结实可靠。

若弹体垂直命中装甲,其侵入过程中其能量守恒方程可写成

$$\frac{1}{2} m_s v_1^2 = \int_0^T \pi D_p \tau x \, \mathrm{d}x \qquad (3.2.30)$$

式中,m_s、D_p 分别代表弹丸质量和弹径;τ 为靶板材料抗剪切应力;T 为靶板厚度。积分式(3.2.30),可得

$$v_1 = \sqrt{\pi\tau} \sqrt{\frac{D_p}{m_s}} T \qquad (3.2.31)$$

若令 $K = \sqrt{\pi\tau}$,则

$$v_l = K \sqrt{\frac{D_p}{m_s}} T \tag{3.2.32}$$

写成更一般的形式,有

$$v_l = A \frac{D_p^{\alpha}}{m_s^{\beta}} T^{\gamma} \tag{3.2.33}$$

根据 De Marre 的试验,常数 α、β 和 γ 应采用如下数据: $\alpha=0.75$、$\beta=0.5$、$\gamma=0.7$。由此得到 De Marre 公式为

$$v_l = A \frac{D_p^{0.75}}{m_s^{0.5}} T^{0.7} \tag{3.2.34}$$

可见,若取 $\gamma=0.75$,则此式就变成通用侵彻公式(3.2.10)中 $n=1$ 的情况。系数 A 是考虑装甲性能和弹体结构影响的修正系数。通过试验得知: $A=2000\sim 2600$ 之间,一般取 $A=2400$。

De Marre 公式中各参量的单位是特定的,应用时必须注意。其中 m_s 以 kg 计,v_l 以 m/s 计,D_p 和 T 以 dm 计。

当弹体对装甲板非垂直命中时,如弹轴与装甲表面法线方向成 θ 角,则 De Marre 公式可作如下修正:

$$v_l = A \frac{D_p^{0.75}}{m_s^{0.5} \cos\theta} T^{0.7} \tag{3.2.35}$$

De Marre 公式的重要意义在于已知弹体结构和弹道参数的情况下,用以计算穿透某一给定厚度靶所需的临界穿透速度。反之,若已知弹体着速和其他相关弹道参数,则可预测击穿的靶板厚度 T。例如,一种表示钢弹体对装甲板侵彻深度的 De Marre 公式是

$$T = D_p \left[\frac{m_s v_s^2 \cos^2\theta}{\alpha D_p^3} \right]^{1/\beta} \tag{3.2.36}$$

式中,α、β 为常数。对非变形弹丸,取 $\log_{10}\alpha=6.15$、$\beta=1.43$,代入上式得

$$T = D_p^{-1.1} \left[\frac{m_s v_s^2 \cos^2\theta}{10^{6.15}} \right]^{1/1.43} \tag{3.2.37}$$

对于高硬度弹体材料如碳化钨等,α 和 β 值减小,相对侵彻深度增大。另外,这两个常数并非与 θ 无关,而是存在着一个高硬度弹体侵彻优越性不太明显的 θ 范围。

3.3　薄靶的延性穿孔和花瓣型穿孔

弹体对坚硬目标的作用主要产生以下两种典型结果:一是弹体和目标组成新的刚体运动;二是弹体和目标产生变形以及能量、动量的变化。将能量和动量守恒

原理应用于开始和终了状态,不涉及侵彻和穿孔过程的细节,则可确定开始和最终运动之间的关系以及能量的变化,这也是穿孔效应研究的基本思路和方法之一。能量和动量守恒被应用于弹-靶系统的开始和最终的刚体运动状态,这时对靶板的穿孔是静穿孔,也就是延性穿孔和花瓣穿孔。

3.3.1 守恒定律的应用

对于弹体发生一定偏转倾斜穿孔的一般情况,如图 3.3.1 所示。根据动量守恒原理,弹-靶系统运动方向和偏转方向的动量分别为

$$m_1 v_0 = m_1 v_1 + m_2 v_2 \tag{3.3.1a}$$

$$0 = m_1 \omega_1 + m_2 \omega_2 \tag{3.3.1b}$$

根据能量守恒则有

$$\frac{1}{2} m_1 v_0^2 = \frac{1}{2} m_1 (v_1^2 + \omega_1^2) + \frac{1}{2} m_2 (v_2^2 + \omega_2^2) + E_0 \tag{3.3.2}$$

式中,m_1、m_2 分别为弹体和靶板的质量;v_1、v_2 分别为弹体和靶板在飞行方向的速度分量;ω_1、ω_2 分别为弹体和靶板偏离飞行方向的速度分量;E_0 为弹丸动能转变为非动能形式的能量,例如在弹性波耗散过程中构件的永久变形和破坏。

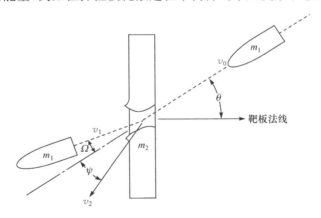

图 3.3.1 弹体发生偏转的倾斜穿孔

偏转方向的速度分量取决于偏转角 Ω 和 Ψ,即 $\omega_1 = v_1 \tan\Omega$、$\omega_2 = v_2 \tan\Psi$。由于

$$m_2 \omega_2 = m_1 \omega_1 = m_1 v_1 \tan\Omega \tag{3.3.3}$$

所以

$$\omega_2 = \frac{m_1 v_1}{m_2} \tan\Omega \tag{3.3.4}$$

因此,Ω 和 Ψ 关系为

$$\tan\Psi=\frac{m_1 v_1}{m_2 v_2}\tan\Omega \tag{3.3.5}$$

于是,能量守恒方程(3.3.2)则变为

$$m_1 v_0^2 = m_1 v_1^2 + m_2 v_2^2 + m_1 v_1^2 \frac{m_1+m_2}{m_2}\tan^2\Omega + 2E_0 \tag{3.3.6}$$

由动量和能量守恒方程(3.3.1)和(3.3.6),可以解出 v_1 和 v_2

$$\begin{cases} v_1 = R_1 v_0 \cos^2\Omega \pm R_2 \cos^2\Omega \sqrt{v_0^2 - \frac{2E_0}{R_2 m_1} + \tan^2\Omega\left[\left(\frac{m_1^2}{m_2^2}-1\right)v_0^2 + \frac{2E_0}{R_2 m_1}\right]} \\ v_2 = \frac{m_1 v_0}{m_2}(1-R_1\cos^2\Omega) \pm R_2\cos^2\Omega \sqrt{v_0^2 - \frac{2E_0}{R_2 m_1} + \tan^2\Omega\left[\left(\frac{m_1^2}{m_2^2}-1\right)v_0^2 + \frac{2E_0}{R_2 m_1}\right]} \end{cases}$$
$$\tag{3.3.7}$$

式中

$$\begin{cases} R_1 = \frac{m_1}{m_1+m_2} \\ R_2 = \frac{m_2}{m_1+m_2} \end{cases} \tag{3.3.8}$$

式(3.3.7)中 E_0 和 Ω 由给定的弹-靶系统的有关特性确定,这些特性包括弹体外形、靶板材料的力学性质及其破坏类型。对于特殊情况:

(1) 无偏转冲击

$$\begin{cases} v_1 = R_1 v_0 \pm R_2 \sqrt{v_0^2 - \frac{2E_0}{R_2 m_1}} \\ v_2 = R_1 v_0 \pm R_1 \sqrt{v_0^2 - \frac{2E_0}{R_2 m_1}} \end{cases} \tag{3.3.9}$$

式中,E_0 除含有 $(R_2 m_1 v_0^2/2)$ 之外,还含有 v_1 和 v_2 两个值。

如果以 v_1 作为 E_0 的函数,以五个不同 R_2 值绘制曲线,如图 3.3.2 所示。图 3.3.2 中每条曲线的上部分支表示穿孔,因为对于这部分曲线,$v_1 > v_2$,意味着弹体已通过了靶板。这些曲线的下部分支表示跳弹,因为在这些分支上,$v_1 < v_2$。当 $m_1 > m_2$,即 $R_2 < 0.5$ 时,弹体和靶板都沿弹丸初始运动方向上运动;当 $m_1 < m_2$,即 $R_2 > 0.5$ 时,弹体则向反方向运动,所以对方程(3.3.9)可按以下方式进行判别:符合式(3.3.10)为穿孔;符合式(3.3.11)为跳弹。

$$\begin{cases} v_1^+ = R_1 v_0 + R_2 \sqrt{v_0^2 - \frac{2E_0}{R_2 m_1}} \\ v_1^- = R_1 v_0 - R_1 \sqrt{v_0^2 - \frac{2E_0}{R_2 m_1}} \end{cases} \tag{3.3.10}$$

$$\begin{cases} v_1^- = R_1 v_0 - R_2 \sqrt{v_0^2 - \dfrac{2E_0}{R_2 m_1}} \\[4mm] v_1^+ = R_1 v_0 + R_1 \sqrt{v_0^2 - \dfrac{2E_0}{R_2 m_1}} \end{cases} \qquad (3.3.11)$$

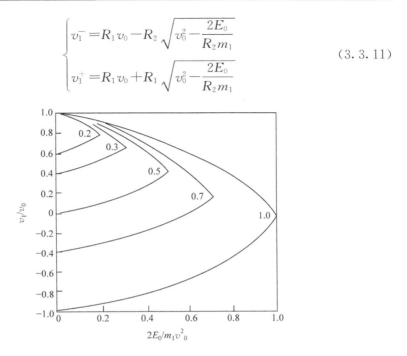

图 3.3.2　不同 R_2 值的 v_1/v_0 和 $2E_0/m_1 v_0^2$ 的关系

（2）$m_1 = m_2$

在这种情况下，$R_1 = R_2$，因此通常有

$$\begin{cases} v_1 = \dfrac{v_0}{2} \pm \dfrac{\cos^2 \Omega}{2} \sqrt{v_0^2 - \dfrac{4E_0}{m_1 \cos^2 \Omega}} \\[4mm] v_2 = \dfrac{v_0}{2}(1 + \sin^2 \Omega) \pm \dfrac{\cos^2 \Omega}{2} \sqrt{v_0^2 - \dfrac{4E_0}{m_1 \cos^2 \Omega}} \end{cases} \qquad (3.3.12)$$

（3）$m_1 \gg m_2$

这时 R_1 值很小，而 R_2 近似为 1。于是可取 $R_1 = 0, R_2 = 1$，这样

$$\begin{cases} v_1 = \pm \cos^2 \Omega \sqrt{v_0^2 - \dfrac{2E_0}{R_2 m_1} + \tan^2 \Omega \left(-v_0^2 + \dfrac{2E_0}{m_1} \right)} \\[4mm] v_2 = \dfrac{m_1}{m_2} v_0 \end{cases} \qquad (3.3.13)$$

3.3.2　薄靶的延性穿孔

在靶板扩孔过程中，孔口形状有三种可能：一种是厚度变化对称于靶板的中面；一种是厚度变化偏于中面的一边，且靶板没有弯曲；第三种是厚度变化偏于一

边,但靶板孔口附近稍有弯曲,如图 3.3.3 所示。这三种变形情况主要是由弹体半径和靶板厚度之比 R_p/T 决定的。大体上,$R_p/T \leqslant 3$ 时,产生对称变形;$3 < R_p/T < 8$ 时,产生靶板偏于一边但不弯曲的变形;$R_p/T \geqslant 8$ 时,靶板附近有弯曲并偏于一边的变形。对于最后一种,是经常在弹道极限试验中观察到的。

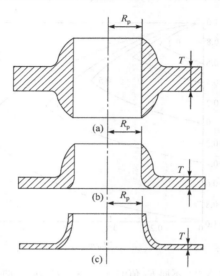

图 3.3.3　三种形式的靶板弹孔
(a) 对称型穿孔 $R_p/T \leqslant 3$;(b) 偏侧一方的扩孔 $3 < R_p/T < 8$;(c) 偏侧一方并由弯曲的筒形孔 $R_p/T \geqslant 8$

　　对于终点弹道或终点效应来说,主要是轴对称弹体的侵彻与扩孔问题。德国的 Bethe[14] 和英国的 Taylor[15] 都对这种典型的轴对称扩孔问题进行了研究,并且都将靶板作为一块无穷大的弹性-完全塑性的薄板来处理,把弹体的运动作为准静力的轴对称扩孔来处理。Taylor 认为扩孔过程中的有限应变是一步步地由微小的应变累积而成,并提出一个孔壁厚度相似律(如图 3.3.4 所示):如果某瞬时孔口半径为 b_1,孔壁某处的厚度为 h^*,该处材料来自原靶板上距离轴线的 s_1 处,此时离孔中心的距离为 b_2;当孔口半径扩大到 b_2 时,孔壁某处的厚度也为 h^*,但该处材料来自原靶板距离轴线的 s_2 处,而且 $s_2 > s_1$,此时离开孔中心的位置为 r_2。所以,Taylor 扩孔壁厚相似律可以写成

$$\frac{s_1}{s_2} = \frac{u_1}{u_2} = \frac{r_1}{r_2} = \frac{b_1}{b_2} \tag{3.3.14}$$

其中,u 为靶板材料在扩孔过程中产生的位移。

　　Taylor 把变形靶板分成三个区,即从弹孔向外依次是 $\sigma_\theta \geqslant 0$ 塑性区、$\sigma_\theta \leqslant 0$ 塑性区和弹性区。通过弹体在扩孔过程中靶板应力、应变和位移的关系,推导出的弹体扩孔到半径 r 时所做的塑性功表达式为

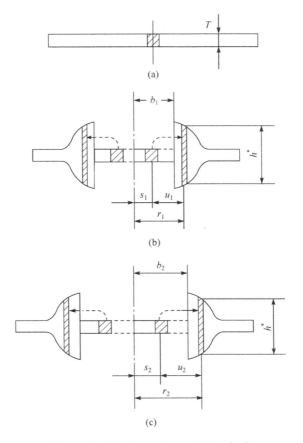

图 3.3.4　孔壁形状和扩孔壁厚相似律

h^* 相同时，$s_2/s_1 = u_2/u_1 = r_2/r_1 = b_2/b_1$

$$W(r) = 1.33\pi r^2 T\sigma_y \qquad (3.3.15)$$

于是，可简单地应用能量守恒定律，即

$$\frac{1}{2}m_s v_0^2 = \frac{1}{2}m_s v^2 + W(r) \qquad (3.3.16)$$

其中，m_s 为弹体质量；v_0 为撞击速度；v 为弹体某一瞬时的速度，即 $v = \mathrm{d}x/\mathrm{d}t$。

如图 3.3.5 所示，以锥形和卵形弹头为例，以弹头顶点为坐标原点，锥形弹头和卵形弹头的曲线方程分别为

$$r = \left(\frac{D_p}{2L_N}\right)x = x\tan\beta \quad (0 \leqslant x \leqslant L_N) \qquad (3.3.17)$$

$$r = \frac{D_p}{2}\sin\left(\frac{\pi x}{2L_N}\right) \quad (0 \leqslant x \leqslant L_N) \qquad (3.3.18)$$

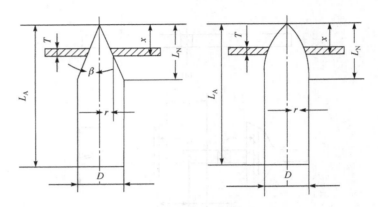

图 3.3.5　锥形和卵形弹头图解示意图

以锥形弹头为例,能量守恒方程(3.3.16)变为

$$m_{\rm s}\left(\frac{{\rm d}x}{{\rm d}t}\right)^2 = m_{\rm s}v_0^2 - 2.66\pi T\sigma_{\rm y}x^2\left(\frac{D_{\rm p}}{2L_{\rm N}}\right)^2 \tag{3.3.19}$$

若取 $\lambda = \sqrt{2.66\pi T\sigma_{\rm y}}\,\dfrac{1}{\sqrt{m_{\rm s}}\,v_0}\left(\dfrac{D_{\rm p}}{2L_{\rm N}}\right)$,则式(3.3.19)变成

$$dt = \frac{{\rm d}x}{v_0\,\sqrt{1-\lambda^2 x^2}} \tag{3.3.20}$$

积分式(3.3.20),可得弹头穿过靶板所消耗的时间为

$$t_{\rm N} = \int_0^{L_{\rm N}}\frac{{\rm d}x}{v_0\,\sqrt{1-\lambda^2 x^2}} = \frac{1}{\lambda v_0}\sin^{-1}(\lambda L_{\rm N}) \tag{3.3.21}$$

当弹头全部穿过靶板,其行程 $x = L_{\rm N}$ 时,刚好耗尽动能,则

$$v_1 = \sqrt{\frac{2.66\pi}{4m_{\rm s}}T\sigma_{\rm y}D_{\rm p}^2} \tag{3.3.22}$$

同样,对卵形弹头而言,其结果也相同。

3.3.3　薄靶的花瓣型穿孔

1. 圆锥形弹头的花瓣型穿孔

尖锐弹体侵彻薄靶所产生的花瓣型穿孔是一种典型的穿孔形式,源自击穿过程中引起的靶板断裂,裂纹起始于弹尖,当弹体前进而扩大弹孔时,靶板裂纹向外扩展,形成花瓣型破坏,相关分析通常略去了靶板强度。

1) 弹体的速度损失

如图 3.3.6 所示,假设弹体高速撞击时,靶板强度的影响可以忽略,并认为花瓣是由裂缝造成的,无内应力和径向拉伸,且与弹头相贴合。

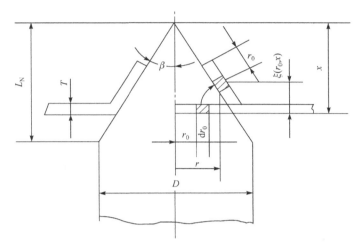

图 3.3.6 锥形弹头的花瓣型击穿图解示意图

取 r_1 为靶板破坏最大半径,在此范围内,并无其他外力参加击穿运动,于是该系统的动量守恒表达式为

$$m_s v_0 = m_s v + N(x) \tag{3.3.23}$$

其中,$N(x)$ 为变形部分靶板受到的轴向冲量,是 x 的函数。

取某一微元环 $\mathrm{d} r_0$,变形前距孔中心为 r_0,变形后的坐标位置为 (r, ξ),此时弹顶穿出靶板距离为 x,该微元环在 x 方向上的动量为

$$\mathrm{d} N(x) = 2\pi \rho_t T r_0 \mathrm{d} r_0 \frac{\mathrm{d}\xi}{\mathrm{d}t} \tag{3.3.24}$$

其中,$\dfrac{\mathrm{d}\xi}{\mathrm{d}t}$ 为靶微元轴向运动速度,可表示为

$$\frac{\mathrm{d}\xi}{\mathrm{d}t} = v \frac{\partial \xi(r_0, x)}{\partial x} \tag{3.3.25}$$

式(3.3.25)代入式(3.3.24)后取积分,可得轴向冲量的一般表达式

$$N(x) = 2\pi \rho_t T \int_0^r v_0 r \frac{\partial \xi(r_0, x)}{\partial x} \mathrm{d} r_0 \tag{3.3.26}$$

若令 $m_t(x)$ 为弹头穿靶后位移 x 时变形靶元的有效质量,则

$$m_t(x) = \frac{N(x)}{v} = 2\pi \rho_t T \int_0^r r \frac{\partial \xi(r_0, x)}{\partial x} \mathrm{d} r_0 \tag{3.3.27}$$

其实,有效质量的物理意义可认为是:速度与弹体速度相同、动量变化与靶板动量相同的变形靶元的质量。于是考虑式(3.3.23)和式(3.3.27),可得到弹体在侵彻过程中的速度损失为

$$\Delta v(x) = v_0 - v = \frac{N(x)}{m_s} = \frac{m_t(x)}{m_s}v \tag{3.3.28}$$

若对上式进行积分或微分,便可相应地得到弹体的位移或减加速度。

对于圆锥形弹头(参见图 3.3.6),离弹轴处的靶板材料变形后离原靶面的位置为

$$\xi = x\sin\beta - r_0\cos\beta \tag{3.3.29}$$

而

$$\frac{\partial \xi}{\partial x} = \sin\beta \tag{3.3.30}$$

其中,β 为弹头半圆锥角。将式(3.3.30)代入式(3.3.27),取积分得

$$m_t(x) = 2\pi\rho_t T \int_0^{x\tan\beta} r_0 \sin\beta dr_0 = \pi\rho_t T(x\tan\beta)^2 \sin\beta \tag{3.3.31}$$

于是,由式(3.3.28)得

$$\Delta v(x) = \frac{\pi\rho_t T}{m_s}(x\tan\beta)^2\sin\beta \tag{3.3.32}$$

显然,速度损失得知后,便可确定弹体在侵彻过程中任一瞬时的速度和侵彻时间,即

$$v(x) = \frac{v_0}{1 + \dfrac{\pi\rho_t T}{m_s}(x\tan\beta)^2\sin\beta} \tag{3.3.33}$$

$$t(x) = \frac{1}{3m_s v_0}\left[3m_s x + \pi\rho_t T x^3 \tan^2\beta\sin\beta\right] \tag{3.3.34}$$

当弹体完全贯穿靶板时,$x\tan\beta = D_p/2$,这时的弹体速度即是弹体穿靶后的剩余速度 v_r,于是总的速度损失为

$$\Delta v_r = \frac{\pi\rho_t T D_p^2}{4m_s}v_r\sin\beta \tag{3.3.35}$$

若靶板很薄,速度损失很小,则这时 $v_r \approx v_0$,这时

$$\Delta v_r = \frac{\pi\rho_t T D_p^2}{4m_s}v_0\sin\beta \tag{3.3.36}$$

图 3.3.7 是实验结果和理论计算的比较,其中曲线 I～IV 是根据实验数据绘制的曲线;曲线 A 和 B 是采用 Thomaon[16] 能量法的计算结果,曲线 A 取 $\sigma_y = 407\text{MPa}$,曲线 B 取 $\sigma_y = 1586\text{MPa}$;曲线 C 是通过式(3.3.36)的动量法理论曲线,与 σ_y 无关。很容易看到,在低速范围内,能量法较符合实际;在高速范围内,动量法更符合实际。

2) 作用在弹体上的力

由于花瓣上和弹头之间没有接触压力,所以弹和靶之间的力是由花瓣根部传

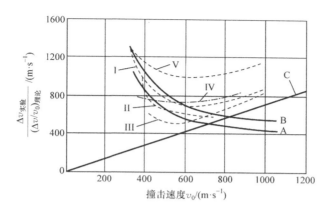

图 3.3.7 锥形弹头速度损失理论与实验的对比

递的。为此可以认为作用力是轴对称的,且平均分配在每个花瓣根部上,其作用力可分为轴向力 F_x 和径向力 F_r。

（1）轴向力 F_x。

由牛顿第二定律可表示为

$$F_x = -m_s \frac{\mathrm{d}v}{\mathrm{d}t} = -m_s v \frac{\mathrm{d}v}{\mathrm{d}x} \tag{3.3.37}$$

其中,$\mathrm{d}v/\mathrm{d}x$ 可由式(3.3.28)对 x 的积分得到

$$\frac{\mathrm{d}v}{\mathrm{d}x} = -\frac{v}{m_s + m_t(x)} \frac{\mathrm{d}m_t(x)}{\mathrm{d}x} \tag{3.3.38}$$

式(3.3.38)代入式(3.3.37),有

$$F_x = \frac{m_s v^2}{m_s + m_t(x)} \frac{\mathrm{d}m_t(x)}{\mathrm{d}x} \tag{3.3.39}$$

由式(3.3.31)可知

$$\frac{\mathrm{d}m_t(x)}{\mathrm{d}x} = 2\pi\rho_t T x \tan^2\beta \sin\beta \tag{3.3.40}$$

式(3.3.40)连同式(3.3.28)一并代入式(3.3.39),得

$$F_x = \frac{v^3}{v_0} 2\pi\rho_t T x \tan^2\beta \sin\beta \tag{3.3.41}$$

由此可见,轴向力与侵彻距离成正比。弹体在弹孔处单位圆周上受到的轴向作用力为

$$f_x = \frac{F_x}{2\pi x \tan\beta} = \frac{v^3}{v_0} \rho_t T \tan\beta \sin\beta \tag{3.3.42}$$

（2）径向力 F_r。

由径向加速度可以求得径向力,为此,首先确定微元环变形后的径向位置,由

图 3.3.6 可知

$$r = (x - \xi)\tan\beta \tag{3.3.43}$$

则径向速度

$$\frac{\mathrm{d}r}{\mathrm{d}t} = \left(\frac{\mathrm{d}x}{\mathrm{d}t} - \frac{\mathrm{d}\xi}{\mathrm{d}t}\right)\tan\beta \tag{3.3.44}$$

其中

$$\frac{\mathrm{d}x}{\mathrm{d}t} = v, \quad \frac{\mathrm{d}\xi}{\mathrm{d}t} = v\frac{\mathrm{d}\xi}{\mathrm{d}x} = v\sin\beta$$

若假设有 n 个花瓣，每个花瓣的质量均相同，且为

$$m_{vn} = \frac{1}{n}\pi\rho_t T (x\tan\beta)^2 \tag{3.3.45}$$

每个花瓣的径向动量则为

$$N(t) = m_{vn}\frac{\mathrm{d}r}{\mathrm{d}t} = \frac{1}{n}\pi\rho_t T (1 - \sin\beta)\tan^3\beta x^2 v \tag{3.3.46}$$

于是，每个花瓣所受的径向力

$$F_r = v\frac{\mathrm{d}N(r)}{\mathrm{d}x} = \frac{2}{n}\pi\rho_t T (1 - \sin\beta)\tan^3\beta x v^2\left[1 + \frac{x}{2v}\frac{\mathrm{d}v}{\mathrm{d}x}\right] \tag{3.3.47}$$

利用前面 $\mathrm{d}v/\mathrm{d}x, \mathrm{d}m_t(x)/\mathrm{d}x$ 以及 $m_t(x)$ 等有关公式可得

$$\frac{\mathrm{d}v}{\mathrm{d}x} = -\frac{2v}{m_s + m_t(x)}\frac{m_t(x)}{x} \tag{3.3.48}$$

$$1 + \frac{x}{2v}\frac{\mathrm{d}v}{\mathrm{d}x} = \frac{m_s}{m_s + m_t(x)} \tag{3.3.49}$$

由式(3.3.28)可知

$$\frac{m_t(x)}{m_s} = \frac{\Delta v}{v}$$

所以

$$1 + \frac{x}{2v}\frac{\mathrm{d}v}{\mathrm{d}x} = \frac{v}{v + \Delta v} = \frac{v}{v_0} \tag{3.3.50}$$

式(3.3.50)代入式(3.3.47)，得

$$F_r = \frac{2}{n}\pi\rho_t T (1 - \sin\beta)\tan^3\beta\frac{v^3}{v_0} \tag{3.3.51}$$

弹体在弹孔处单位圆周上受到的径向作用力为

$$f_r = \frac{nF_r}{2\pi x\tan\beta} = \rho_t T (1 - \sin\beta)\tan^2\beta\frac{v^3}{v_0} \tag{3.3.52}$$

由此可得弹体在弹孔处单位周边上的综合载荷为

$$f=\sqrt{f_x^2+f_r^2}=\rho_t T\tan^2\beta\sqrt{2(1-\sin\beta)}\frac{v^3}{v_0} \qquad (3.3.53)$$

综合载荷方向与弹轴之夹角 α 满足

$$\tan\alpha=\frac{f_r}{f_x}=\frac{1-\sin\beta}{\cos\beta}=\tan\left(\frac{\pi}{4}-\frac{\beta}{2}\right)$$

所以

$$\alpha=\frac{\pi}{4}-\frac{\beta}{2} \qquad (3.3.54)$$

α 和 β 之间的关系如图 3.3.8 所示, α 角是花瓣根部的受力方向, 也就是花瓣根部折断后飞出的方向。在撞击过程中, 特别是高速碰撞时, 花瓣飞出方向几乎与实验结果完全一致。

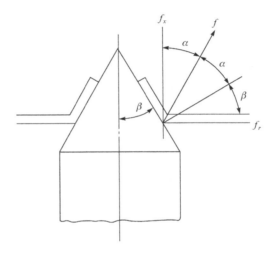

图 3.3.8 折断花瓣的飞出方向

2. 截顶锥形弹头的花瓣型穿孔

如图 3.3.9 所示, 当截顶锥形弹头击穿靶板时, 只要撞击速度足够大, 必会在靶板上冲出一块与截顶面积 $\pi D_0^2/4$ 大致相同的塞块, 该塞块的质量和速度分别为

$$m_{t1}=\frac{\pi}{4}D_0^2\rho_t T \qquad (3.3.55)$$

$$v_{t1}=Kv_0 \qquad (3.3.56)$$

其中, K 为实验系数, 一般取 $1<K<1.5$, 与撞击速度和靶厚有关。撞击速度愈大, K 值愈大; 靶厚愈大, K 值愈小。该比例系数的上限对应于弹性碰撞; 下限对应于非弹性碰撞, 即对应于塞块紧贴在弹顶截面上的情况。

截顶圆锥形弹头在击穿靶板过程中速度损失的确定与圆锥形弹头类似, 只不

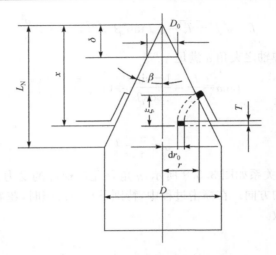

图 3.3.9　截顶圆锥形弹头花瓣型穿孔

过要考虑冲离靶板的塞块动量而已。所以速度损失可以写成

$$\Delta v(x) = \frac{1}{m_s}\left[Km_{t1}v_0 + m_{t2}(x)v\right] \tag{3.3.57}$$

式中，m_{t1} 和 $m_{t2}(x)$ 分别为赛块质量和花瓣的有效质量。其中

$$m_{t2}(x) = 2\pi\rho_t T \int_{D_0/2}^{x\tan\beta} \frac{\partial \xi}{\partial X} r_0 \, dr_0 \tag{3.3.58}$$

式中，积分限上的 x 仍为靶板表面至弹顶的距离。当弹头部贯穿由 D_0 到 D_p 时，则可得到弹体总的速度损失为

$$\Delta v_r = \frac{\pi\rho_t T}{4m_s}\left[KD_0^2 v_0 + (D_p^2 - D_0^2)v_r\sin\beta\right] \tag{3.3.59}$$

同样，当 $\Delta v \ll v_0$ 时，则

$$\Delta v_r = \frac{\pi\rho_t T}{4m_s}v_0\left[KD_0^2 v + (D_p^2 - D_0^2)\sin\beta\right] \tag{3.3.60}$$

在冲掉了塞块之后，截顶与尖顶圆锥形头部的弹体运动是相同的，所以二者在花瓣上的受力也是类似的。因为截顶圆锥形弹体需要考虑冲掉的塞块的影响，理论推导的结果表明，截顶圆锥形弹体在弹孔处所受的力的表达式，只需在尖顶圆锥形弹丸所受的力的表达式上乘以一个修正因子即可，而花瓣根部折断后飞离的方向则二者完全相同。该修正因子为

$$K_1 = \frac{m_s}{m_s + Km_{t1}} \tag{3.3.61}$$

3. 卵形弹头花瓣型穿孔

卵形截顶弹头的花瓣型穿孔如图 3.3.10 所示，假设弹孔上的花瓣是在弹孔根

部圆周上与弹头表面相接触,且切于弹头表面;卵形弹头母线是以 O 点为中心、以 a 为半径所绘制的圆曲线的一部分;θ 是弹头曲线的切线与弹轴所构成的夹角。

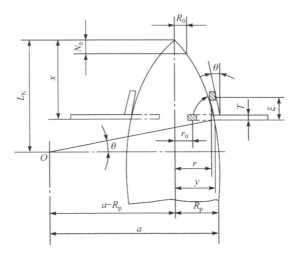

图 3.3.10　截顶卵形弹头花瓣型穿孔

由图 3.3.10 可知,当弹体位移 x 时,靶板上离孔中心处的材料向前移动了 ξ,于是有

$$\begin{cases} \xi=(y-r_0)\cos\theta \\ x=L_N-a\sin\theta \end{cases} \tag{3.3.62}$$

其中,y 为某瞬时孔口半径;L_N 为弹头高度。

将式(3.3.62)对 x 取微分,得

$$\begin{cases} \dfrac{\partial\xi}{\partial x}=\dfrac{\partial y}{\partial x}\cos\theta-(y-r_0)\sin\theta\dfrac{\partial\theta}{\partial x} \\ \dfrac{\partial\theta}{\partial x}=-\dfrac{1}{a\cos\theta} \end{cases} \tag{3.3.63}$$

由图 3.3.10 可知,

$$\begin{cases} \dfrac{\partial y}{\partial x}=\tan\theta=\dfrac{L_N-x}{a-R_p+y} \\ \cos\theta=\dfrac{a-R_p+y}{a} \end{cases} \tag{3.3.64}$$

于是,可得

$$\frac{\partial\xi}{\partial x}=\frac{L_N-x}{a}\left[1+\frac{y-r_0}{a-R_p+y}\right] \tag{3.3.65}$$

式中,R_p 为弹体半径。将此式代入式(3.3.27)取积分,可得有效质量为

$$m_t(x)=\frac{\pi\rho_t T}{3}\left(\frac{L_N-x}{a}\right)y^2\left(3+\frac{y}{a-R_p+y}\right) \tag{3.3.66}$$

由式(3.3.28)可见,当 $\Delta v(x)\ll v_0$ 时,可得

$$\Delta v(x)=\frac{\pi\rho_t Tv_0}{3m_s}\left(\frac{L_N-x}{a}\right)y^2\left(3+\frac{y}{a-R_p+y}\right) \tag{3.3.67}$$

其中,y 可由下式求得(见图 3.3.10)

$$a^2=(L_N-x)^2+(a-R_p+y)^2$$

所以

$$y=R_p-a+\sqrt{a^2+(L_N-x)^2} \tag{3.3.68}$$

在弹头表面和花瓣之间,只要花瓣的动量不断增加,弹体就总是处于受压状态之下。若要动量不变,并且速度变化继续减小时,则花瓣和弹体就脱离接触。因此,花瓣和弹体脱离的求解条件为

$$\begin{cases}\dfrac{\partial N_t}{\partial x}=0\\[3mm]\dfrac{\partial^2 N_t}{\partial x^2}<0\end{cases} \tag{3.3.69}$$

式中,N_t 为花瓣的动量

由式(3.3.67)可知,在 $x=L_N$,$y=R_p$ 时,花瓣动量 N_t 等于零;在 $0<x<L_N$ 区域内,至少有一个极大点。所以,卵形弹头撞击靶板时,在击穿之前必有一个脱离点 x^*,在这一点花瓣脱离弹体表面。这个脱离点的位置 x^* 必满足

$$0<x^*<L_N \tag{3.3.70}$$

所以,弹体总的速度损失为

$$\Delta v_r=\Delta v(x^*) \tag{3.3.71}$$

对于 $R_p/a>0.12$,上式可近似地写成如下关系式

$$\Delta v_r=\frac{0.5\pi\rho_t Ta^2v_0}{m_s}\left(\frac{R_p}{a}\right)^{2.6} \tag{3.3.72}$$

当 $R_p/a\rightarrow1$ 时,弹体变成半球形,这时的撞击将变为挤凿过程,该模型已不适用。

对于截顶卵形弹头的弹体而言,$\Delta v(x)$ 应包括塞块的 Δv_{t1} 和花瓣的 $\Delta v_{t2}(x)$ 两部分,即

$$\Delta v(x)=\Delta v_{t1}+\Delta v_{t2}(x) \tag{3.3.73}$$

其中,$\Delta v_{t1}=\dfrac{\pi\rho_t Tv_0}{m_s}KR_0^2$。所以

$$\Delta v_{t2}(x)=\frac{\pi\rho_t Tv_0(v_0-\Delta v_{t1})}{3m_s}(y-R_0)\left(\frac{L_N-x}{a}\right)\left[3(y+R_0)+\frac{(y-R_0)(y+2R_0)}{a-R_p+y}\right]$$

$$\tag{3.3.74}$$

其中,R_0 为截顶半径。

作用在卵形弹头的力,同样也是由花瓣根部传递的。采用与圆锥形弹头相类似的方法,同样可以求得弹体和靶板相接触圆上单位长度上的轴向力 f_x 和径向力 f_r,以及花瓣折断飞出方向即合力作用方向 α。

实验结果已经证明,只要撞击速度足够高,大约 $v_0 > 300\text{m/s}$,花瓣型穿孔的理论计算结果非常接近实验结果。换句话说,这时花瓣动量所做的功是主要部分,塑性变形功可以略去。

3.4　中厚靶的冲塞型穿孔

中厚靶的冲塞型穿孔是一种具有代表性的穿孔形式,一般出现于钝头弹体、靶体材料延性不太高并处于高速冲击的情况。刚性钝头弹体在靶体中引起沿撞击方向的质点位移,从而在撞击区域的周边造成靶板的剪切变形,以至达到剪切冲塞式破坏。平头柱形弹体是造成这种破坏的最理想的弹体,靶板的挤凿截面方向大体上和弹轴平行,而且挤凿下来的塞块尺寸也和弹体横截面相仿。球形、卵形和大角度锥形弹头撞击靶板时,在接触区内材料的运动方向,主要也是向前的,靶板上的挤压破坏截面,一般和弹轴成 $45°$ 或更大的角度。由于钝头弹体对靶板的冲压破坏主要是剪切破坏,所以可以用比较简单的动力学基本观点进行宏观研究,采用的基本理论是动量守恒、能量守恒以及基于牛顿定律的运动方程等。

3.4.1　守恒定律的应用

当钝头弹体高速冲击靶板时,弹体的动量和能量将迅速直接地传递给与弹体接触部分的靶板。对于冲塞式穿孔,靶板的这部分材料——冲塞塞块,将以高于临界穿孔速度从近乎静止的靶板中分离出去。最值得注意的参数是弹体和塞块的动量和能量,这种情况下的动量和能量守恒方程为

$$\begin{cases} m_1 v_0 = m_1 v_1 + m_2 v_2 + m_3 v_3 \\ m_1 v_0^2 = m_1 v_1^2 + m_2 v_2^2 + m_3 v_3^2 + 2E_0 \end{cases} \quad (3.4.1)$$

式中,m_1、m_2 和 m_3 分别表示弹体、运动靶板部分和塞块的质量;v_0 为冲击速度;v_1、v_2 和 v_3 分别为弹体剩余速度、运动靶板的速度和塞块的速度;E_0 为非动能形式的能量。

利用简单的解析法可得到弹体和塞块速度与弹丸和塞块质量之间的关系。变换冲击速度 v_0,令

$$\bar{v}_0 = v_0 - v_0' \quad (3.4.2)$$

假定弹体失去的动量 $m_1 v_0'$ 转换成了靶板的冲量 $m_2 v_2$,则

$$m_2 v_2 = m_1 v_0'$$

或者

$$v_0' = \frac{m_2}{m_1} v_2$$

于是,弹体和塞块之间的动量、能量守恒关系变成

$$\begin{cases} m_1 \bar{v}_0 = m_1 v_1 + m_3 v_3 \\ m_1 \bar{v}_0^2 = m_1 v_1^2 + m_3 v_3^2 + m_1 \left(\frac{m_1}{m_2} + 1 \right) v_0'^2 - 2m_1 v_0 v_0' + 2E_0 \end{cases} \tag{3.4.3}$$

由于 $v_0 > v_0'$,若 $m_1 \leqslant m_2$,则令能量

$$m_1 \left[\left(\frac{m_1}{m_2} + 1 \right) v_0'^2 - 2v_0 v_0' \right] = -m_1 v_1^2 = -2E_1 \tag{3.4.4}$$

求解此式可得

$$v_0' = R_2 v_0 \pm R_2 \sqrt{\bar{v}_0^2 - v_1^2/R_2} \tag{3.4.5}$$

式中

$$R_2 = \frac{m_2}{m_1 + m_2}$$

把式(3.4.5)代入式(3.4.2)得

$$\bar{v}_0 = (1 - R_2) v_0 \pm R_2 \sqrt{\bar{v}_0^2 - v_1^2/R_2} \tag{3.4.6}$$

变换后,守恒方程(3.4.3)变成

$$\begin{cases} m_1 \bar{v}_0 = m_1 v_1 + m_3 v_3 \\ m_1 \bar{v}_0^2 = m_1 v_1^2 + m_3 v_3^2 - 2E_1 + 2E_0 \end{cases} \tag{3.4.7}$$

式中,能量 E_1 表示穿透靶板所需的最小能量,或称临界弹道能量。通常假定 E_1 为常数,但实际上不是常数,同弹道极限速度类似,可能存在一定的区域或范围。求解方程(3.4.7),可得

$$\begin{cases} v_1 = R_1' \bar{v}_0 - R_3 \sqrt{\bar{v}_0^2 - \dfrac{2(E_0 - E_1)}{R_3 m_1}} \\ v_3 = R_1' \bar{v}_0 - R_1' \sqrt{\bar{v}_0^2 - \dfrac{2(E_0 - E_1)}{R_3 m_1}} \end{cases} \tag{3.4.8}$$

其中

$$R_1' = \frac{m_1}{m_1 + m_3}; \quad R_3 = \frac{m_3}{m_1 + m_3}$$

如果

$$E_0 - E_1 = \frac{1}{2} R_3 m_1 \bar{v}_0^2$$

则弹体和塞块的速度相等,即 $v_1 = v_3$,这也是与动量守恒相当的最大的能量消耗。通常,由于靶板的质量远远大于弹体的质量,即 $m_2 \gg m_1$ 所以,若取 $m_2/(m_2 +$

$m_1) \rightarrow 1$,则

$$\bar{v}_0 = \sqrt{v_0^2 - v_1^2}$$

于是,弹体和塞块的速度分别为

$$\begin{cases} v_1 = R_1' \sqrt{v_0^2 - v_1^2} - R_3 \sqrt{(v_0^2 - v_1^2) - \dfrac{2(E_0 - E_1)}{R_3 m_1}} \\ v_3 = R_1' \sqrt{v_0^2 - v_1^2} - R_1' \sqrt{(v_0^2 - v_1^2) - \dfrac{2(E_0 - E_1)}{R_3 m_1}} \end{cases} \quad (3.4.9)$$

如果

$$E_0 - E_1 = \frac{1}{2} R_3 m_1 (v_0^2 - v_1^2)$$

则 $v_1 = v_3$。因此

$$v_1 = v_3 = \frac{m_1}{m_1 + m_3} \sqrt{v_0^2 - v_1^2} \quad (3.4.10)$$

3.4.2　Recht 动量能量平衡理论

1. 弹体剩余速度

Recht 和 Ipson[17] 基于能量守恒定律对靶板的冲塞式穿孔效应进行了较为深入的研究,如图 3.4.1 所示,其对问题的基本考虑主要有:

(1) 弹体和靶体的材料和密度不一定相同,因而声波波速不同;

(2) 弹体不一定是刚性的;

(3) 弹体和塞块的横向尺寸(如直径)不同;

(4) 可以推广到斜撞击问题。

Recht 认为,弹体对靶板的撞击挤凿过程实际上是一个动能转换问题,弹体原有的动能转化为:

(1) 弹体穿靶后的剩余动能和塞块获得的动能,即 $(m_s + m_t)v_r^2 / 2$;

(2) 对弹孔四周材料剪切屈服应力所做的功、能量耗损及弹塑性变形能的总和 W_s;

(3) 弹-靶相撞接触过程中形成一共同速度 $\bar{v}_0$ 时所消耗的能量 W_f。
基于此,得到能量守恒方程

$$\frac{1}{2} m_s v_0^2 = \frac{1}{2} (m_s + m_t) v_r^2 + W_s + W_f \quad (3.4.11)$$

式中,v_r 为弹体剩余速度。

弹体和靶体接触后,瞬时形成一个共同的运动速度 $\bar{v}_0$,当忽略塞块周围材料获得的冲量时,其动量守恒方程可表示为

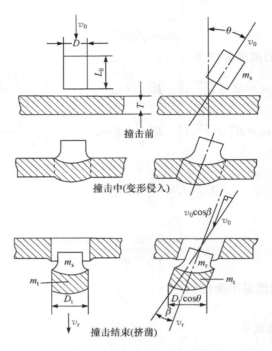

图 3.4.1　钝头弹体挤凿靶板过程

$$m_s v_0 = (m_s + m_t)\bar{v}_0 \tag{3.4.12}$$

变换上式得

$$\bar{v}_0 = \frac{m_s}{m_s + m_t} v_0 \tag{3.4.13}$$

因此,在开始撞击时,为达到共同速度 $\bar{v}_0$ 而消耗的动能为

$$W_f = \frac{1}{2} m_0 v_0^2 - \frac{1}{2}(m_s + m_t)\bar{v}_0^2 = \frac{1}{2} \frac{m_s m_t}{m_s + m_t} v_0^2 \tag{3.4.14}$$

于是,式(3.4.11)的能量方程可写成

$$\frac{1}{2} \frac{m_s^2}{m_s + m_t} v_0^2 = \frac{1}{2}(m_s + m_t) v_r^2 + W_s \tag{3.4.15}$$

　　当 $v_r = 0$ 时,根据临界穿孔速度和弹道极限速度的定义,可取 $v_0 = v_{50}$,于是得到

$$W_s = \frac{1}{2}\left(\frac{m_s^2}{m_s + m_t}\right) v_{50}^2 \tag{3.4.16}$$

将上式代入式(3.4.15),得到弹体剩余速度为

$$v_r = \frac{m_s}{m_s + m_t}(v_0^2 - v_{50}^2)^{1/2} \tag{3.4.17}$$

该式还可写成

$$v_r = \frac{1}{1 + \frac{\rho_t}{\rho_p}\left(\dfrac{D_t}{D_p}\right)^2 \dfrac{T}{L}}(v_0^2 - v_{50}^2)^{1/2} \tag{3.4.18}$$

式中，ρ_t 和 ρ_p 分别为靶体和弹体材料的密度；D_t 和 D_p 分别为塞块和弹体直径；T 和 L 分别为靶厚和弹长。

当弹体垂直撞击薄靶时，关于剩余速度和撞击速度的关系，Recht 和 Ipson 给出了理论和实验的比较，如图 3.4.2 所示。

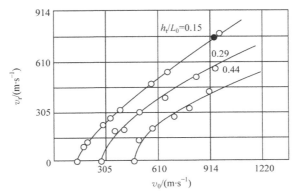

图 3.4.2 剩余速度和撞击速度的关系

2. 斜击时运动方向的变化

由撞击后的弹孔形貌可以看到，倾斜撞击的弹体进入靶板后，首先是倾斜角度增加，有点像弹体要跳飞那样，以后逐渐恢复。最后穿过靶板时，离开靶板的角度常常比入射角小，有时小很多。在开始时那种斜角增加的倾向，主要由靶体同弹体相撞时的接触反作用力所决定。以后恢复减小倾斜角度的原因，主要是由于靶体的破坏引起了弹体表面上所受力的重新分配所至。

Recht 和 Ipson 在研究这个问题时进行了合理化假设，即假设弹体和塞块在离开靶体时的方向相同，速度也相同。设倾斜撞击时的弹体入射角为 θ（如图 3.4.1），弹体在凿离靶板时的偏角为 β。所以，弹体在离靶时的弹道斜角为 $\theta - \beta$。弹体开始的动量为 $m_s v_0$，方向和入射角相同。但是，用于撞击凿孔的只是其分量 $m_s v_0 \cos\beta$，所以可以认为有效的撞击速度是 $v_0 \cos\beta$。同样，有效的倾斜撞斜击弹道极限速度为 $v_{50}\cos\beta$。由于被挤凿的靶板有效厚度可表示为 $T/\cos\beta$，所以塞块的质量可表示为 $m_t = \rho_t(D_t/2)^2 T\pi/\cos\theta$。于是，剩余速度为

$$v_r = \frac{\cos\beta}{1 + \frac{\rho_t}{\rho_p}\left(\dfrac{D_t}{D_p}\right)^2 \dfrac{T}{L\cos\theta}}(v_0^2 - v_{50}^2)^{1/2} \tag{3.4.19}$$

　　倾斜撞击时的动量、冲量矢量图如图 3.4.3 所示,其中冲量 I 代表传递给除塞块以外的靶板的冲量,$(m_s+m_t)v$ 为侵彻过程中弹体和塞块的动量之和,$m_s v_0$ 为弹体的初始动量。

　　由于冲量 I 只能通过弹孔周围的剪切面传给靶板,假设产生冲量的力只与塞块形状和极限剪力有关,且它们都是不变的,所以冲量 I 只和凿离过程所耗时间 Δt 成正比。Δt 越大,I 越大;Δt 越短,I 越小。同时,矢量 I 的大小和速度成反比。但另一方面,由于动量矢 $m_s v_0$ 和 $(m_s+m_t)v$ 都和速度成正比,所以,从图 3.4.3 中可以看到,速度越高,β 越小。根据这个想法,可以得到求计算 β 的近似式。

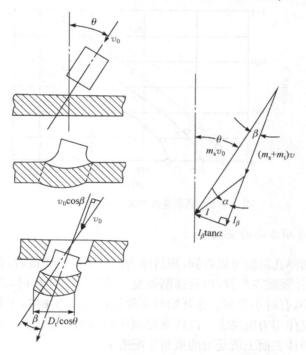

图 3.4.3　倾斜撞击方向、凿离方向及动量、矢量图

　　弹体通过靶板时可分为两个阶段:一是弹体减速;二是通过剪切作用挤凿下塞块。在第一阶段结束时,弹体和塞靶块的共同速度为

$$\overline{v}_0=\frac{m_s}{m_s+m_t}v_0\cos\beta \tag{3.4.20}$$

在第二阶段结束时,速度变为离靶速度 v_r,于是剪切塞块的平均速度为

$$\overline{v}=\frac{1}{2}\left(v_r+\frac{m_s}{m_s+m_t}v_0\cos\beta\right) \tag{3.4.21}$$

因此,β 方向的冲量 I_β 近似为

$$I_\beta \approx \frac{K_1}{\overline{v}} = \frac{2K_1}{v_r + \dfrac{m_s}{m_s + m_t} v_0 \cos\beta} \tag{3.4.22}$$

其中,K_1 为特定常数。

在 v_{50} 弹道极限状态时,$v_r = 0$,$v_0 = v_{50}$,$\beta = \beta_{50}$,根据图 3.4.3 可得

$$(I_\beta)_{50} = m_s v_{50} \cos\beta_{50} \tag{3.4.23}$$

另外,从式(3.4.22)可得

$$(I_\beta)_{50} = \frac{2K_1(m_s + m_t)}{m_s v_{50} \cos\beta_{50}} \tag{3.4.24}$$

式(3.4.23)和式(3.4.24)相结合,可得

$$K_1 = \frac{m_s^2 v_{50}^2 \cos^2\beta_{50}}{2(m_s + m_t)} \tag{3.4.25}$$

将式(3.4.25)和式(3.4.19)一并代入式(3.4.22),可得

$$I_\beta = \frac{m_s^2 v_{50}^2 \cos^2\beta_{50}}{v_0 \cos\beta[1 + (1 - v_{50}^2/v_0^2)^{1/2}]} \tag{3.4.26}$$

由图 3.4.3 可知

$$I_\beta = m_s v_0 \sin\beta / \tan\alpha \tag{3.4.27}$$

式(3.4.26)和式(3.4.27)相结合,可得

$$\sin\beta\cos\beta = \frac{(v_{50}/v_0)^2}{1 + (1 - v_{50}^2/v_0^2)^{1/2}} \cos^2\beta_{50} \tan\alpha \tag{3.4.28}$$

当 v_0 接近于 v_{50} 时,α 接近于 β_{50}。而对于其他的 v_0、α 也取 β_{50},采用式(3.4.28)计算 β 并不会引进多大误差。所以式(3.4.28)可以近似地写成

$$\sin 2\beta = \frac{(v_{50}/v_0)^2}{1 + (1 - v_{50}^2/v_0^2)^{1/2}} \sin 2\beta_{50} \tag{3.4.29}$$

其中,v_{50}、β_{50} 均可由实验确定。

图 3.4.4 是 Recht 和 Ipson 给出的实验和理论计算的比较。实验采用圆柱形钢弹体撞击低碳钢靶板,靶厚和弹长之比 T/L 为 0.24~0.29。撞击倾斜角度 θ 为 45°,测得的 β_{50} 也是 45°。显然,有了实验测定的 β_{50} 和 v_{50}(见图 3.4.4),就可以用式(3.4.29)计算 β,然后采用式(3.4.19)计算 v_r。

3. 弹体的质量损失

Recht 研究了刚塑性弹体撞击靶板、挤凿和穿透的破坏过程,将其分为不同阶段并以图 3.4.5 表示如下:

(1)碰撞起始时,靶板是不动的,圆柱弹体以质量 m_s 和初始速度 v_0 撞击靶

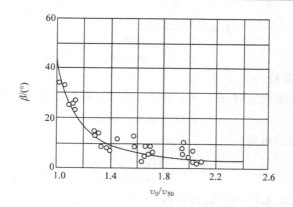

图 3.4.4　β 和 v_0/v_{50} 的关系

板,一直到应力波自靶板的背面反射回到弹体为止,靶板以半无限靶体的特性影响弹体;

（2）当弹体的瞬时撞击速度 v 大于靶板阻抗 $Z^* C_p$（其中 $Z^* = 1 + \rho_p C_p / \rho_t C_t$,称阻抗因子)时,在接触面上方的靶体形成激波形式的驻波,穿过驻波的弹体材料被侵蚀和熔化,并发生撞击闪光,靶板表面也开始形成弹坑;

（3）当 v 降到 $Z^* C_p$ 以下时,剩余的弹体继续变形,同时由于靶板的成坑、隆起和盘形凹陷等效应,最终影响到撞击接触面的运动;

（4）接着挤凿破坏开始,靶板中有一个柱形材料被挤掉,该柱形塞块的直径略大于弹体直径,根据实验观察,一般约为弹体直径的 1.25 倍;

（5）当挤凿剪切发展时,在剪切变形的局部区域产生大量的热,通常情况下这种变形很快,接近绝热过程,导致材料熔化并常常发出闪光;如果这个过程较慢,在剪切面四周的材料温度较低,热量可以从该剪切面散逸出去;最后,弹体和塞块部分分别离开,挤凿穿透过程完成。

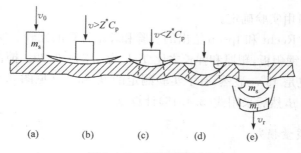

图 3.4.5　靶板挤凿过程

（a）撞击前;（b）撞击闪光,激波侵蚀;（c）变形成坑,质量损失;（d）热塑性,挤凿切变;（e）分离,发出闪光

当初始撞击速度逐级提高时,挤凿结束后弹体形状的典型形貌如图 3.4.6 所

示。由此可见,在撞击速度较低时,弹体可认为没有质量损失;而对于后面的三个状态,随着撞击速度的提高,弹体质量损失越来越大。

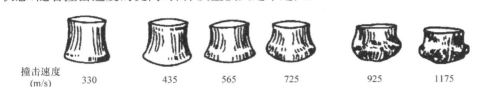

撞击速度 (m/s)　330　　435　　565　　725　　925　　1175

图 3.4.6　弹体挤凿穿靶后的典型形貌

Recht 根据瞬时撞击速度 v 小于或大于弹体中的塑性波波速 C_p 而分为两种不同的情况,分别采用两种不同的靶体变形模式进行处理。

1) $v < C_p$ 模式

这种条件下可忽略靶体中应力波的传播,并认为靶体的接触面沿撞击速度方向运动。这时,靶体对弹体体现为半无限靶特性的影响,如图 3.4.7 所示。

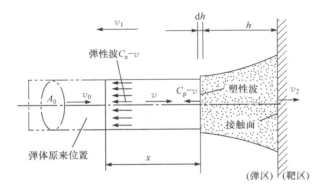

图 3.4.7　弹体半无限变形靶的图解

设弹体以初始速度 v_0 撞击靶体,弹-靶相撞后其接触应力 σ_{yD},由 σ_{yD} 引起的弹体向后运动速度为 v_1,靶体接触面向弹体运动方向的速度为 v_2,于是

$$v_0 = v_1 + v_2 \tag{3.4.30}$$

由动量守恒定律可以得到

$$\begin{cases} v_1 = \dfrac{\sigma_{yD}}{\rho_p C_p} \\[3mm] v_2 = \dfrac{\sigma_{yD}}{\rho_t C_t} \end{cases} \tag{3.4.31}$$

式中,C_p、C_t 分别为弹体和靶体中塑性波波速。于是有

$$v_0 = \sigma_y D_p \left(\frac{1}{\rho_p C_p} + \frac{1}{\rho_t C_t} \right) \tag{3.4.32}$$

式(3.4.32)表示了撞击速度和撞击接触应力之间的关系,式(3.4.31)和式(3.4.32)相结合消去 σ_{yD},可得

$$\begin{cases} v_1 = \dfrac{v_0}{1 + \rho_p C_p / \rho_t C_t} \\ v_2 = \dfrac{v_0}{1 + \rho_t C_t / \rho_p C_p} \end{cases} \tag{3.4.33}$$

该种撞击条件下,弹体没有质量损失。设在某一 dt 时间中,弹体塑性区增长 dh,其实际增长速度为 $C_p - v + v_2$,其中 v 为瞬时撞击速度。所以

$$dh = [C_p - (v - v_2)]dt = (C_p - v_p)dt \tag{3.4.34}$$

其中, v_p 为塑性边界相对于靶体表面的速度。假设这种变形是不可压缩的,根据质量守恒定律可有

$$C_p A_0 dt = (C_p - v_p) A dt \tag{3.4.35}$$

或者

$$\frac{A}{A_0} = \frac{1}{1 - v_p / C_p} \tag{3.4.36}$$

式中, A_0 和 A 分别为弹体初始横截面积和变形后面积。

若令 x 为尚未变形的弹体剩余长度, L 为弹体原有长度,则 $x = L - C_p t$。这一段的质量为 $m_x = \rho_p A_0 x$,与其减速度有关的外力仍是塑性区作用在弹体这一段上的动力压缩应力的合力,即

$$F = -\sigma_{yD} A_0 = m_x \frac{dv}{dt} = \rho_p A_0 x \frac{dv}{dt} \tag{3.4.37}$$

在利用了 $x = L - C_p t$ 以后,上式可以写成

$$\frac{dv}{dt} = -\frac{\sigma_{yD}}{\rho_p (L - C_p t)} \tag{3.4.38}$$

利用初始条件 $t = 0, v = v_0$ 决定积分常数,积分上式后得

$$v = v_0 + \frac{\sigma_{yD}}{\rho_p C_p} \ln \left(1 - \frac{C_p}{L} t \right) \tag{3.4.39}$$

根据 $v_p = v - v_2$ 的定义,则有

$$v_p = v_0 + \frac{\sigma_{yD}}{\rho_p C_p} \ln \left(1 - \frac{C_p}{L} t \right) - v_2 \tag{3.4.40}$$

把式(3.4.33)中的第二式代入上式,得

$$v_p = \frac{v_0}{Z^*} + \frac{\sigma_{yD}}{\rho_p C_p} \ln \left(1 - \frac{C_p}{L} t \right) \tag{3.4.41}$$

于是,穿靶时间 t 可写成

$$t=\frac{L}{C_p}\left\{1-\exp\left[\frac{1}{Q}\left(\frac{v_p}{C_p}-\frac{v_0}{Z^*C_p}\right)\right]\right\} \tag{3.4.42}$$

其中

$$Q=\frac{\sigma_{yD}}{\rho_pC_p^2}$$

将式(3.4.36)代入式(3.4.42),可得 t 和 A_0/A 的关系

$$t=\frac{L}{C_p}\left\{1-\exp\left[\frac{1}{Q}\left(1-\frac{A_0}{A}-\frac{v_0}{Z^*C_p}\right)\right]\right\} \tag{3.4.43}$$

将式(3.4.41)代入式(3.4.34),得

$$\mathrm{d}h=\left[C_p-\frac{v_0}{Z^*}-\frac{\sigma_{yD}}{\rho_pC_p}\ln\left(1-\frac{C_p}{L}t\right)\right]\mathrm{d}t \tag{3.4.44}$$

积分后,利用起始条件 $t=0,h=0$ 决定积分常数,最后得

$$h=C_p\left(1-\frac{v_0}{Z^*C_p}+Q\right)t+LQ\left(1-\frac{C_p}{L}t\right)\ln\left(1-\frac{C_p}{L}t\right) \tag{3.4.45}$$

将式(3.4.43)代入上式,可得 h/L 与 A_0/A 的关系

$$\frac{h}{L}=Q+\left(1-\frac{v_0}{Z^*C_p}\right)-\left(Q+\frac{A_0}{A}\right)\exp\left[\frac{1}{Q}\left(1-\frac{A_0}{A}+\frac{v_0}{Z^*C_p}\right)\right] \tag{3.4.46}$$

当撞击停止时,塑性区的长度为 h_2,塑性区面积 $A=A_0$,所以有

$$\frac{h_2}{L}=(Q+1)-\frac{v_0}{Z^*C_p}+(Q+1)\exp\left(\frac{v_0}{QZ^*C_p}\right) \tag{3.4.47}$$

这时,塑性区界面相对于靶面的运动速度 $v_p=0$,代入式(3.4.41)得到撞击结束的时间为

$$t_2=\frac{L}{C_p}\left[1-\exp\left(-\frac{v_0}{QZ^*C_p}\right)\right] \tag{3.4.48}$$

在 $t=t_2$ 时,尚未变形的弹体长度为

$$L_2=L-C_pt_2=L\exp\left(-\frac{v_0}{QZ^*C_p}\right) \tag{3.4.49}$$

对于经过靶板挤压的穿透后弹体形状,可以有与半无限靶相似的推导。根据动量守恒方程

$$m_sv_0=m_xv+(m_s-m_x+m_t)v_l \tag{3.4.50}$$

式中,m_x、m_t 分别为未变形部分弹体质量和冲塞质量;v、v_l 分别为某瞬时弹体撞击速度和靶面运动速度。其中

$$m_x=\rho_pA_0x=\rho_pA_0(L-C_pt) \tag{3.4.51}$$

根据 Recht 的实验结论:$D_t=1.25D_p$,因此

$$m_t = \frac{1}{4} \rho_t (1.25 D_p)^2 T \tag{3.4.52}$$

其中，D_p 和 D_t 分别为弹体和塞块的直径；T 为靶板厚度。根据定义式 $v_p = v - v_1$，所以有

$$v_1 = \frac{m_s v_0}{m_s + m_t} + \frac{m_x v_p}{m_s + m_t} \tag{3.4.53}$$

在撞击结束后，弹体和塞块部分的速度相等，即 $v_p = v - v_1 = 0$，所以

$$v_1 = \frac{m_s}{m_s + m_t} v_0 \tag{3.4.54}$$

于是，由式(3.4.40)可得撞击结束时的时间 t_2 为

$$t_2 = \frac{1}{C_p} \left\{ 1 - \exp\left[\frac{-\rho_p C_p}{\sigma_{yD}} (v_0 - v_1) \right] \right\} = \frac{L}{C_p} \left\{ 1 - \exp\left[-\frac{v_0}{QC_p} \left(\frac{m_t}{m_s + m_t} \right) \right] \right\} \tag{3.4.55}$$

最后剩下来的未变形部分弹体长度 L_2 为

$$L_2 = L \exp\left[-\frac{v_0}{QC_p} \left(\frac{m_t}{m_s + m_t} \right) \right] \tag{3.4.56}$$

以及弹体变形部分的相对长度 h_2 / L 为

$$\frac{h_2}{L} = \frac{v_0}{C_p} \left(\frac{m_t}{m_s + m_t} \right) + (Q+1) \left\{ 1 - \exp\left[-\frac{v_0}{QC_p} \left(\frac{m_t}{m_s + m_t} \right) \right] \right\} \tag{3.4.57}$$

于是，在撞击结束时，剩下来的弹体质量为

$$m_r = \rho_p A_0 L_2 + \rho_p A_2 L_2 = m_s \left[\frac{L_2}{L} + \frac{A_2}{A_0} \frac{H_2}{L} \right] \tag{3.4.58}$$

根据撞击结束时塑性区界面面积 $A = A_0$，以及实验得到的塞块横截面积 $A_t = 1.25^2 A_0$，若取二者的平均值作为变形部分弹体的横截面积，则

$$A_2 = \frac{1}{2} (A_0 + 1.25^2 A_0) = 1.28 A_0 \tag{3.4.59}$$

若将此 A_2 连同式(3.4.56)和式(3.4.57)一起代入式(3.4.58)，整理后得

$$\frac{m_r}{m_s} = 1.28 \left[(Q+1) + \frac{v_0}{C_p} \left(\frac{m_t}{m_s + m_t} \right) \right] - (1.28Q + 0.28) \exp\left[-\frac{v_0}{QC_p} \left(\frac{m_t}{m_s + m_t} \right) \right] \tag{3.4.60}$$

2) $v > C_p$ 模式

该种撞击条件下，塑性波实际上无法离开撞击接触面。在接触面不远处存在一激波驻波，在激波后方压力很高，变形很大，材料急剧变热，一般会引起材料粉碎和熔化。所以，一直到 v_p 降低到 C_p 以下，这种情况才会结束。在这段时间里，柱形弹体的前端由于侵蚀而受到损失，而且也可能产生撞击闪光。所以，当 $v > C_p$

时,撞击分析可分为两个阶段:一个是原长度 L、质量 m_s 的弹体以初速 v_0 撞击靶体,通过第一阶段即侵蚀阶段,变为长度 L_1、质量 $m_1 = (L_1/L)m_s$ 和速度 $v_1 = Z^* C_p$ 的弹体;在此之后,变形后稍短的弹体以新的起始条件进入第二阶段的撞击过程。

Lee 和 Tupper[18] 的研究提供了弹体的相对撞击速度 $v_p > C_p$ 的理论根据,并用来估算由于侵蚀而引起的弹体质量损失。设激波和接触面之间的距离可以略去不计,弹体剩余部分的运动方程为

$$-\sigma_{yD}A_0 = \rho_p A_0 x \frac{dv_p}{dt} \tag{3.4.61}$$

其中,$dx = -v_p dt$,所以消去 dt 后有

$$\sigma_{yD}\frac{dx}{x} = \rho_p v_p dv_p \tag{3.4.62}$$

积分后得

$$\sigma_{yD}\ln x = \frac{1}{2}\rho_p v_p^2 + C' \tag{3.4.63}$$

其中,积分常数 C' 可由初始条件:$x = L$,$v_p = v_0/Z^*$ 决定,于是得

$$C' = \sigma_{yD}\ln L - \frac{1}{2}\rho_p \left(\frac{v_0}{Z^*}\right)^2 \tag{3.4.64}$$

将 C' 代入式(3.4.63),整理后得

$$\frac{x}{L} = \exp\left[-\lambda\left(\frac{1}{Z^{*2}} - \frac{v_p^2}{v_0^2}\right)\right] \tag{3.4.65}$$

其中

$$\lambda = \frac{\rho_p v_0^2}{2\sigma_{yD}}$$

该阶段结束时,$v_p = C_p$,$x = L_1$,代入式(3.4.65)得

$$L_1 = L\exp\left[-\lambda\left(\frac{1}{Z^{*2}} - \frac{C_p^2}{v_0^2}\right)\right] \tag{3.4.66}$$

这时的真正撞击速度 v_1 为

$$v_1 = Z^* C_p \tag{3.4.67}$$

剩余的弹体质量 m_1 为

$$m_1 = \frac{L_1}{L}m_s = m_s\exp\left[-\lambda\left(\frac{1}{Z^{*2}} - \frac{C_p^2}{v_0^2}\right)\right] \tag{3.4.68}$$

显然,在第一阶段中弹体质量损失为

$$\Delta m_1 = m_s - m_1 = m_s\left\{1 - \exp\left[-\lambda\left(\frac{1}{Z^{*2}} - \frac{C_p^2}{v_0^2}\right)\right]\right\} \tag{3.4.69}$$

3.5　半无限靶侵彻理论

　　Bishop 和 Hill[19]最早对这类侵彻问题进行了纯理论分析,把准静态侵彻成穴与无限介质中球形和圆柱形空腔的膨胀联系起来,被称为空腔膨胀理论。Goodier[20]首先把空腔膨胀理论应用于不可压缩的应变硬化材料(主要指土壤)中,并提出刚性球形弹体对均质靶体的侵彻理论。Bernard 和 Hanagud[21]则考虑了空腔膨胀理论的可压缩性修正问题,把 Goodier 理论中的球形弹扩展到锥形弹头和卵形弹头的弹体,并延用到同心层可压缩性介质,提出了高速冲击均质靶的侵彻理论。

3.5.1　空腔膨胀理论

　　空腔膨胀理论的基本假设如下:

　　(1)当球形或圆柱形空腔在固体介质中膨胀时,根据应力波作用特性可将孔穴周围分成三个区,即锁变塑性区、锁变弹性区、无应力区或自由区,如图 3.5.1所示。

　　(2)在锁变弹性区中,应力应变满足弹性关系,但体积膨胀应变为常量 ε_e。

　　(3)在锁变塑性区中,应力应变满足理想的硬化塑性本构关系,但体积膨胀应变为一常量 ε_p,且有 $|\varepsilon_p| > |\varepsilon_e|$。

　　(4)进行动力学分析与计算时,弹性区中的密度 ρ_0 和塑性区中的密度 ρ_1 不变,且 $\rho_1 > \rho_0$。

　　(5)无论弹性区和塑性区,空腔膨胀保持球对称或轴对称。

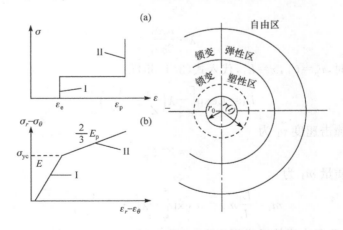

图 3.5.1　空腔膨胀理论的分区和锁变情况

　　根据以上基本假设,在球形空腔膨胀过程中,其应力应变关系为

（1）在锁变弹性区域内

$$\begin{cases} \varepsilon_r + 2\varepsilon_\theta = \varepsilon_e \\ \sigma_r = \lambda\varepsilon_e + 2G\varepsilon_r \\ \sigma_\theta = \lambda\varepsilon_e + 2G\varepsilon_\theta \end{cases} \qquad (3.5.1)$$

（2）在锁变塑性区域内

$$\begin{cases} \varepsilon_r + 2\varepsilon_\theta = \varepsilon_p \\ \sigma_\theta - \sigma_r = \sigma_y + \dfrac{2}{3}K(\varepsilon_\theta - \varepsilon_r) - \dfrac{1}{3}K\dfrac{\sigma_y}{G} \\ 2\sigma_\theta + \sigma_r = (3\lambda + 2G)\varepsilon_p \end{cases} \qquad (3.5.2)$$

其中，σ_r、σ_θ 分别为径向应力和环向应力；ε_r、ε_θ 分别为径向正和环向正应变；λ、G 为拉梅系数；K 为塑性剪切模量。

1. 空腔表面压力方程

如图 3.5.2 所示，考虑半径为 $a(t)$ 的球形空腔被两个不同材料的同心层所包围，这些材料在剪应力作用下显示线性应变硬化的弹塑性特性（见图 3.5.1），在流体静压下显示理想的均匀可压缩性。因此，材料从弹性向塑性状态的转变中，将伴有小的有限容积的体应变，或称累积应变，即

$$\varepsilon_p = \ln\frac{\rho_0}{\rho_1} \qquad (3.5.3)$$

其中，$|\varepsilon_p| \ll 1$。除此以外，材料为不可压缩。

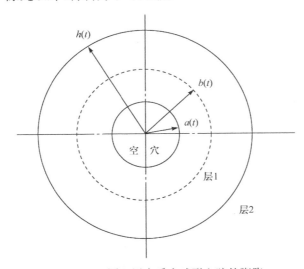

图 3.5.2　同心层介质中球形空腔的膨胀

假设弹性区和均匀塑性区被半径为 $b(t)$ 的弱塑性波波阵面分开（见

图 3.5.2),则相应地均匀变形条件是

$$\varepsilon_r + 2\varepsilon_\theta = \begin{cases} \varepsilon_p & (a < r < b) \\ \varepsilon_e & (r > b) \end{cases} \tag{3.5.4}$$

式中，$\varepsilon_r(r,t)$ 和 $\varepsilon_\theta(r,t)$ 分别为径向应变和周向应变；r 为径向坐标。

如果把应变率和径向质点运动速度联系起来，则有

$$\begin{cases} \dot{\varepsilon}_r = \dfrac{\partial v}{\partial r} \\ \dot{\varepsilon}_\theta = \dfrac{v}{r} \end{cases} \tag{3.5.5}$$

其中，$\dot{\varepsilon}_r$ 和 $\dot{\varepsilon}_\theta$ 分别表示 ε_r 和 ε_θ 对时间的导数。

由方程(3.5.4)和(3.5.5)可引出径向质点运动速度的函数表达式，即

$$v(r,t) = \begin{cases} \dfrac{f_p(t)}{r^2} & (a < r < b) \\ \dfrac{f_e(t)}{r^2} & (r > b) \end{cases} \tag{3.5.6}$$

式中，$f_p(t)$ 和 $f_e(t)$ 是未知函数，其物理意义分别表示波阵面通过时，塑性区和弹性区内介质在单位时间内的流量。

根据前面的假设：式(3.5.1)、式(3.5.2)和图 3.5.1，对可压缩的应变硬化材料在剪切力作用下的应力应变关系为

$$\sigma_\theta - \sigma_r = \begin{cases} \sigma_y + 2K\left(\varepsilon_\theta - \dfrac{1}{3}\varepsilon_p\right) & (a < r < b) \\ 2E\varepsilon_\theta & (r > b) \end{cases} \tag{3.5.7}$$

式中，σ_y 为材料屈服强度；E 为弹性模量。

若空腔的几何形状是球对称的，则由球面波的动量守恒得到材料的运动方程为

$$\frac{\partial \sigma_r}{\partial r} + \frac{2}{r}(\sigma_r - \sigma_\theta) = \rho\left(\frac{\partial v}{\partial t} + v\frac{\partial v}{\partial r}\right) \tag{3.5.8}$$

式中，ρ 为当地的密度。将式(3.5.6)和式(3.5.7)代入式(3.5.8)，从 $r = \infty$ 到 $r = a(t)$ 取积分，其中当 $r \to \infty$ 时材料处于无应力状态，于是可得空腔表面上的法向压应力为

$$p = -\sigma_r[a(t)]$$

即

$$p = \Delta\sigma_b + \int_a^b \rho_1\left(\frac{\dot{f}_p}{r^2} - \frac{2f_p^2}{r^5}\right)\mathrm{d}r + \int_b^\infty \rho_0\left(\frac{\dot{f}_p}{r^2} - \frac{2f_e^2}{r^5}\right)\mathrm{d}r$$
$$+ 2\int_a^b\left\{\sigma_y + 2K\left[\varepsilon_\theta(r,t) - \frac{1}{3}\varepsilon_p\right]\right\}\frac{\mathrm{d}r}{r} + 4\int_b^\infty E\varepsilon_\theta(r,t)\frac{\mathrm{d}r}{r} \tag{3.5.9}$$

式中，$\Delta\sigma_b$ 是当 $r=b$ 时 σ_r 的不连续值，由下式给出

$$\Delta\sigma_b = \sigma_b^{(+)} - \sigma_b^{(-)} \tag{3.5.10}$$

式中，$\sigma_b^{(+)}$ 和 $\sigma_b^{(-)}$ 分别为 $r \to b$ 时，弹性区和匀变塑性区 σ_r 的极限值。

2. 压力方程求解

为了求解方程(3.5.9)，从而得到压力 p 和 $a(t)$ 之间的显式关系，必须建立 $a(t)$ 分别和 $f_p(t)$、$\Delta\sigma_b(t)$、$h(t)$、$b(t)$ 及 $\varepsilon_\theta(r,t)$ 之间的关系。

当 $r=a$ 时，由方程(3.5.6)的第一个式子可求出 f_p

$$f_p(t) = a^2 \dot{a} \tag{3.5.11}$$

式中，$\dot{a}$ 为空腔表面的运动速度。

在 $r=b$ 时，应用质量守恒的突跃条件，有

$$\rho_1 [\dot{b} - v^{(-)}] = \rho_0 [\dot{b} - v^{(+)}] \tag{3.5.12}$$

式中，$v^{(+)}$ 和 $v^{(-)}$ 分别是 $r \to b$ 时，弹性区和均匀塑性区径向质点运动速度 v 的极限值。

当 $r=b$ 时，对方程(3.5.6)中的第一个式子求解，并结合式(3.5.11)，则有

$$f_p(t) = b^2 v^{(-)} = a^2 \dot{a} \tag{3.5.13}$$

于是

$$v^{(-)} = \frac{a^2 \dot{a}}{b^2} \tag{3.5.14}$$

用 $r=b$ 对方程(3.5.6)中的第二式求值，并结合式(3.5.12)和式(3.5.14)，则有

$$f_e(t) = b^2 v^{(+)} = b^2 \left[\dot{b} - \frac{\rho_1}{\rho_0}(\dot{b} - v^{(-)}) \right] = b^2 \left[\dot{b} - \frac{\rho_1}{\rho_0}\left(\dot{b} - \frac{a^2\dot{a}}{b^2}\right) \right] = \frac{a^2\dot{a} - ab^2\dot{b}}{1-\alpha} \tag{3.5.15}$$

式中，α 为材料的可压缩性系数，定义为

$$\alpha = 1 - \frac{\rho_0}{\rho_1} \approx -\varepsilon_p \tag{3.5.16}$$

因为 $|\varepsilon_p| \ll 1$，所以 α 也被限制为 $\alpha \ll 1$。同时有

$$v^{(+)} = \frac{a^2\dot{a} - ab^2\dot{b}}{b^2(1-\alpha)} \tag{3.5.17}$$

在 $r=b$ 时，应用动量守恒的突跃条件有

$$\Delta\sigma_b = \rho_1 v^{(-)} [\dot{b} - v^{(-)}] - \rho_0 v^{(+)} [\dot{b} - v^{(+)}] \tag{3.5.18}$$

将式(3.5.14)和式(3.5.17)代入式(3.5.18)，再结合式(3.5.16)，并利用 $r=b$ 时 $\dot{a}=\dot{b}$ 的条件，整理后可得

$$\Delta\sigma_b = \frac{\alpha\rho_1 \dot{b}^2 (1 - a^2/b^2)^2}{1-\alpha} \tag{3.5.19}$$

对于大变形,周向应变可近似表示为

$$\varepsilon_\theta(r,t) = \ln\frac{r}{r_0} \qquad (3.5.20)$$

式中,r_0 为位于 r 处的质点对应的初始位置;r 为当地位置。

根据波阵面剪应力相等的原则,当 $r=b$ 时,由式(3.5.7)可得

$$\sigma_y = -\frac{2}{3}K\varepsilon_p = 2(E-K)\varepsilon_\theta(b,t) \qquad (3.5.21)$$

因为 $|\varepsilon_p|\ll1$,故 $|\varepsilon_p|\ll3\sigma_y/2K$,同时注意 $\sigma_y\ll E$、$K\ll E$ 的限制,所以由上式可得

$$\varepsilon_\theta(b,t) = \frac{\sigma_y}{2(E-K)} \qquad (3.5.22)$$

令

$$\beta = \frac{\sigma_y}{2(E-K)} \qquad (3.5.23)$$

由式(3.5.20)和式(3.5.24)可得

$$\varepsilon_\theta(b,t) = \ln\frac{b}{b_0} \approx \beta \qquad (3.5.24)$$

式中,b_0 为位于 b 处质点的初始位置,其中 $\beta\ll1$。需要注意,这里是将材料限制在具有相同的 α 和 ε_p 值。对于两层靶而言,α 和 ε_p 应取合成值。

关于 $\varepsilon_\theta(r,t)$、$b(t)$ 和 $h(t)$ 的近似值,可根据下面的假设得到:

(1)在塑性波波阵面到达第一、二层介质界面之前(即 $b<h_0$),整个第二层介质为弹性状态,层间界面的位置近似为 $h_i\approx h_0$;

(2)在塑性波波阵面到达第一、二层介质界面之后(即 $b\geqslant h_0$),均匀塑性区延伸到第二层介质;这时层间界面的运动不能忽略。

考虑第一种情况:$b<h_0$ 和 $a^3(t)\ll a^3(0)$,由均匀塑性区的质量守恒得到

$$r^3 - a^3 \approx (1-a)r_0^3 \quad (a<r<b) \qquad (3.5.25)$$

将上式两边除以 r^3 后取对数,再结合式(3.5.3)、式(3.5.16)和式(3.5.20),最后可得到

$$\varepsilon_\theta(r,t) \approx \frac{1}{3}\left[\varepsilon_p - \ln\left(1-\frac{a^3}{r^3}\right)\right] \quad (a<r<b) \qquad (3.5.26)$$

考虑第一层弹性区的质量守恒,有

$$r^3 - b^3 = r_0^3 - b_0^3 \quad (b<r<h_0) \qquad (3.5.27)$$

结合式(3.5.20)和(3.5.24),整理式(3.5.27),再利用级数的性质:$e^x\approx1+x$;$\ln(1-x)\approx x$。最后可得近似关系式

$$\varepsilon_\theta(r,t) \approx \frac{\beta_1 b^3}{r^3} \quad (b<r<h_0) \qquad (3.5.28)$$

式中，β_1 由式(3.5.23)给出，下标"1"表示第一层材料的性质。

塑性波波阵面到达第一、二层介质界面之前，整个第二层介质都是弹性状态，其周向应变可近似表示为

$$\varepsilon_\theta(r,t) \approx \frac{\beta_2 h_0}{r^2} \quad (b < h_0 < r) \tag{3.5.29}$$

该式与式(3.5.28)相类似，下标"2"表示第二层材料的性质。

分别用 b 和 b_0 代替式(3.5.25)中的 r 和 r_0，再结合式(3.5.24)，忽略高阶无穷小量则有

$$b^3 \approx \frac{a^3}{\delta_i} \quad (b < h_0) \tag{3.5.30}$$

其中

$$\delta_i = \alpha + 3\beta_i \quad (i = 1, 2) \tag{3.5.31}$$

注意，这时的准则是 $b < h_0$，相当于 $a < \delta_i^{1/3} h_0$。

下面考虑第二种情况：$b \geq h_0$（即 $a \geq \delta_i^{1/3} h_0$），式(3.5.25)和(3.5.26)适用于两层材料的塑性区，但两层间界面的运动不能忽略。这时由式(3.5.6)的第一式可得

$$h^2 \dot{h} = a^2 \dot{a} \quad (b \geq h_0) \tag{3.5.32}$$

积分此式可得

$$h^3 \approx a^3 + (1 + \delta_1) h_0^3 \quad (b \geq h_0) \tag{3.5.33}$$

其中初始条件为

$$h(t_0) = h_0$$
$$a(t_0) = \delta_1^{1/3} h_0$$

对式(3.3.25)用 β_2 取代 β_1，可得弹性区的周向应变为

$$\varepsilon_\theta(r,t) = \frac{\beta_2 b^3}{r^3} \quad (r > b \geq h_0) \tag{3.5.34}$$

当 $a \gg \delta_i^{1/3} h_0$ 时，a 和 b 的关系必趋于 $b^3 \approx a^3/\delta_2$。因此，关于 $\dot{a}$ 和 $\dot{b}$ 对应的速度方程为

$$b^2 \dot{b} = \frac{a^2 \dot{a}}{\delta_2} \tag{3.5.35}$$

为了获得一个近似的而且是连续的关于 b 的表达式，从 t_0 到 t 积分式(3.5.35)，得到

$$b^3 \approx \frac{a^3}{\delta_2} + \frac{\delta_2 - \delta_1}{\delta_2} h_0^3 \quad (b \geq h_0) \tag{3.5.36}$$

其中初始条件是

$$b(t_0) = h_0$$
$$a(t_0) = \delta_1^{1/3} h_0$$

至此,为求解方程(3.5.9)的所有关系式均已得到。

3. 空腔表面的法向应力

到目前为止,不仅建立了 $f_p(t)$、$f_e(t)$、$\Delta\sigma_b(t)$ 和 $a(t)$ 的关系式,而且针对 $b<h_0$ 和 $b\geqslant h_0$ 两种情况,分别建立了 $\varepsilon_\theta(r,t)$、$b(t)$、$h(t)$ 和 $a(t)$ 的近似关系式。因此,对于第一种情况,可利用方程(3.5.11)、方程(3.5.15)、方程(3.5.19)、方程(3.5.26)、方程(3.5.28)、方程(3.5.29)和方程(3.5.30),连同 $h\approx h_0$ 一起求解方程(3.5.9);对于第二种情况,可利用方程(3.5.11)、方程(3.5.15)、方程(3.5.19)、方程(3.5.26)、方程(3.5.33)、方程(3.5.34)和方程(3.5.36)来求解方程(3.5.9)。

对于以上每一种情况,空腔表面法向压应力的合成表达式都具有下面的形式

$$p \approx p_s + p_1 \tag{3.5.37}$$

式中,p_s 表示由材料剪切作用引起的法向压应力;p_1 表示由材料惯性作用引起的空腔表面上的动压。其中

$$p_1 = \rho_{1i}(B_1 a\ddot{a} + B_2 \dot{a}^2) \tag{3.5.38}$$

式中,a、$\dot{a}$ 和 $\ddot{a}$ 分别表示空腔壁的位置、速度和加速度;B_1 和 B_2 为惯性系数;下标中的"i"表示层数,取 1 或 2。

在塑性波波阵面到达第一、二层界面之前,关于 p_s、B_1 和 B_2 的表达式为

$$p_s(b < h_0) = -\frac{2}{3}\sigma_{y1}\ln\delta_1 + \frac{4}{9}K_1\left(\frac{\pi^2}{6} - \sum_{m=1}^{\infty}\frac{\delta_1^{3m}}{m^2}\right) + \frac{4}{3}\beta_1 E_1\left(1 - \frac{a^3}{\delta_1 h_0^3}\right) + \frac{4}{3}\beta_2 E_2 \tag{3.5.39}$$

$$B_1(b<h_0) = 1 - \delta_1^{1/3} + \left(1 - \frac{\alpha}{\delta_1}\right)\left[\delta_1^{1/3} - \left(1 - \frac{\rho_{02}}{\rho_{01}}\right)\frac{a}{h_0}\right] \tag{3.5.40}$$

$$B_2(b<h_0) = 2B_1 + \frac{(1-\delta_1)^2}{\delta_1^{2/3}(1-\alpha)} - \frac{1}{2}(1-\delta_1^{4/3}) - \frac{(1-\alpha/\delta_1)^2}{2(1-\alpha)}\left[\delta_1^{4/3} - \left(1 - \frac{\rho_{02}}{\rho_{01}}\right)\frac{a^4}{h_0^4}\right] \tag{3.5.41}$$

在塑性波波阵面到达第一、二层界面之后,p_s、B_1 和 B_2 的表达式为

$$p_s(b \geqslant h_0) = 2\sigma_{y1}\ln\frac{h}{a} + \frac{4}{9}K_1\left[\frac{\pi^2}{6} - \sum_{m=1}^{\infty}\frac{(a/h)^{3m}}{m^2}\right]$$
$$+ 2\sigma_{y2}\ln\frac{b}{h} + \frac{4}{9}K_2\sum_{m=1}^{\infty}\left[\left(\frac{a}{h}\right)^{3m} - \left(\frac{a}{b}\right)^{3m}\right]\Big/m^2 + \frac{4}{3}\beta_2 E_2 \tag{3.5.42}$$

$$B_1(b \geqslant h_0) = 1 - \left(1 - \frac{\rho_{02}}{\rho_{01}}\right)\frac{a}{h} - \frac{\alpha\rho_{02}a}{\delta_2\rho_{01}b} \tag{3.5.43}$$

$$B_2(b \geqslant h_0) = 2B_1 + \frac{\alpha(\rho_{02}/\rho_{01})(1-\delta_2)^2}{\delta_2^2(1-\alpha)}\left(\frac{a}{b}\right)^4$$

$$-\frac{1}{2}\left[1-\left(\frac{a}{h}\right)^4+\frac{\rho_{02}}{\rho_{01}}\left(\frac{a^4}{h^4}-\frac{a^4}{b^4}\right)\right]-\frac{(\rho_{02}/\rho_{01})(1-\alpha/\delta_2)^2}{2(1-\alpha)}\left(\frac{a}{b}\right)^4$$

$$(3.5.44)$$

当两层具有相同的材料性质时,则以上表达式各层的下标可去掉,于是方程(3.5.38)~方程(3.5.44)可简化为

$$p_1=\rho_1(B_1 a\ddot{a}+B_2\dot{a}^2) \tag{3.5.45}$$

$$p_s=-\frac{2}{3}\sigma_y\ln\delta+\frac{4}{9}K\left(\frac{\pi^2}{6}-\sum_{m=1}^{\infty}\frac{\delta^m}{m^2}\right)+\frac{4}{3}\beta E \tag{3.5.46}$$

$$B_1=1-\frac{\alpha}{\delta^{2/3}} \tag{3.5.47}$$

$$B_2=\frac{3}{2}-\frac{\alpha}{\delta^{2/3}}\left[2-\frac{(1-\delta)^2}{1-\alpha}\right]+\frac{1}{2}\delta^{4/3}\left[1-\frac{(1-\alpha/\delta)^2}{1-\alpha}\right] \tag{3.5.48}$$

4. 材料的可压缩性

上述对空腔膨胀理论的讨论,始终把可压缩性系数 $\alpha\approx-\varepsilon_{pt}\ll1$ 看成是一个材料常数。如果允许 α 是缓慢变化并作为压力的函数同时忽略它的导数,那么上面模型的限制就可以放宽,并可以把 α 的瞬时值与空腔附近材料的动压联系起来。由于该理论已限制 α 为一小量,所以第一次近似时,可以认为材料是不可压缩的。对于不可压缩的均匀材料,在 $r>a$ 的任意点上的动压,由流体动力学理论可得

$$p=\rho_0\left[\frac{a}{r}(a\ddot{a}+2\dot{a}^2)-\frac{\dot{a}^2 a^4}{2r^4}\right] \tag{3.5.49}$$

当 $r\to\infty$ 时,材料内无应力。因此,在塑性区域 $a<r<b$ 容积内的平均动压力为

$$\overline{p}_d=\frac{\int_a^b pr^2\mathrm{d}r}{\int_a^b r^2\mathrm{d}r} \tag{3.5.50}$$

将式(3.5.49)代入式(3.5.50),求积分得

$$\overline{p}_d=\frac{3}{2}\rho_0\frac{(a\ddot{a}+2\dot{a}^2)(a/b-a^3/b^3)-\dot{a}^2(a^3/b^3-a^4/b^4)}{1-a^3/b^3} \tag{3.5.51}$$

式中,b 可通过(3.5.30)求得,即

$$\frac{a}{b}\approx\delta_1^{1/3} \tag{3.5.52}$$

将式(3.5.52)代入式(3.5.51),在 $a<r<b$ 区间内,不可压缩材料中塑性区内的平均动压为

$$\overline{p}_d=\frac{3}{2}\rho_0\frac{(a\ddot{a}+2\dot{a}^2)(\delta_1^{1/3}-\delta_1)-\dot{a}^2(\delta_1-\delta_1^{4/3})}{1-\delta_1}$$

$$\approx \frac{3}{2}\rho_0 \left[a\ddot{a}\left(\delta_1^{1/3} - \delta_1 + \delta_1^{4/3} \right) + \dot{a}^2 \left(2\delta_1^{1/3} - 3\delta_1 + 3\delta_1^{4/3} \right) \right] \tag{3.5.53}$$

其中，$\delta_1 = \alpha + 3\beta_1 \ll 1$。可见，对于已知材料，结合压力与密度关系式(3.5.53)可得到压缩性系数 α 的第一次近似值。当 $\overline{p}_d$ 足够小时，许多材料都可用线性压力-密度关系来描述，即

$$\alpha \approx \frac{P_{ave}}{\rho_0 C^2} \ll 1 \tag{3.5.54}$$

式中，C 为材料的膨胀波速度。

对于同心层介质来说，空腔膨胀理论限于各层材料具有相同的可压缩性系数。然而，该理论也可用于具有不同可压缩性系数的多层介质。对两层不同材料的介质，其合成的可压缩性系数可按下式估算

$$\alpha = \alpha_1 \left(1 - \frac{a}{h} \right) + \alpha_2 \left(\frac{a}{h} \right) \tag{3.5.55}$$

式中，α_1 和 α_2 可利用式(3.5.31)和式(3.5.53)或式(3.5.54)分别求得。于是，两层介质的均匀塑性区密度是

$$\begin{cases} \rho_{11} = \dfrac{\rho_{01}}{1-\alpha} \\[3mm] \rho_{12} = \dfrac{\rho_{02}}{1-\alpha} \end{cases} \tag{3.5.56}$$

3.5.2 Goodier 侵彻理论

虽然球形空腔膨胀与弹体(丸)侵彻半无限靶不能看成是等同的变化过程，但是如图 3.5.3 所示，刚性球形弹体(丸)对固体目标的侵彻却至少可以看成与球形空腔膨胀具有粗略的相似性。Goodier 最先基于这种相似把空腔膨胀理论应用于弹体(丸)侵彻研究，把弹体考虑成刚性球形弹丸，并做如下假设：

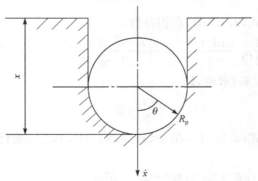

图 3.5.3 完全嵌入靶体内的球形弹丸

（1）弹丸"迎风"面与目标靶体完全接触；

（2）在弹丸嵌入过程中，侵彻深度 $x \leqslant$ 弹丸半径 R_p，弹-目相互作用相当于动态布氏硬度试验，其轴向阻力由 Meyer 定律给定；

（3）在弹丸完全嵌入靶体后，即 $x > R_p$，忽略摩擦效应，仅存在弹丸"迎风"面上的法向应力及其分布；

至此，Goodier 为了求出目标靶体内球形弹丸"迎风"面上的法向应力分布，开始应用和修改空腔膨胀理论中的 $p = p_s + p_1$，并做进一步假设：

（4）由剪应力造成的法向应力（剪切阻力）在整个"迎风"面上是恒定的，且等于空腔膨胀剪切应力项 p_s；

（5）在驻点（$\theta = 0$）上材料的动压 P_1 达最大值，在肩部（$\theta = \pi/2$）上 $P_1 = 0$，并分别以 R_p、$\dot{x}$ 和 $\ddot{x}$ 取代空腔膨胀理论中的 a、$\dot{a}$ 和 $\ddot{a}$。

基于以上假设，方程(3.5.35)变成

$$p_1 = \rho_1 (B_1 R_p \ddot{x} + B_2 \dot{x}^2) \cos\theta \qquad (3.5.57)$$

因此，作用在弹丸迎风面上的法向压应力则有

$$p = p_s + \rho_1 (B_1 R_p \ddot{x} + B_2 \dot{x}^2) \cos\theta \qquad (3.5.58)$$

将式(3.5.58)对整个"迎风"面取积分，则得总的"迎风"阻力

$$F_\theta = \int_{\theta=0}^{\theta=\pi/2} [p_s + \rho_1 (B_1 R_p \dot{x} + B_2 \dot{x}^2) \cos\theta] dA(\theta) \qquad (3.5.59)$$

其中 $dA(\theta)$ 为面微元，表示为

$$dA(\theta) = 2\pi R_p^2 \sin\theta \cos\theta d\theta$$

代入式(3.5.59)取积分，其中

$$\int_0^{\pi/2} \sin\theta \cos^2\theta d\theta = \frac{1}{3}$$

于是可得质量为 m_s 的弹丸运动方程如下

$$m_s \ddot{x} = -\pi R_p^2 \left[p_s + \frac{2}{3} \rho_1 (B_1 R_p \ddot{x} + B_2 \dot{x}^2) \right] \qquad (3.5.60)$$

改写后的形式为

$$\left(m_s + \frac{2}{3} \pi R_p^3 \rho_1 B_1 \right) \ddot{x} = -\pi R_p^2 \left(p_s + \frac{2}{3} \rho_1 B_2 \dot{x}^2 \right) \qquad (3.5.61)$$

其中，$\frac{2}{3} \pi R_p^3 \rho_1$ 称为弹丸的附加质量。若将目标靶体视为不可压介质，则 $\rho_1 = \rho_0$，$B_1 = 1$，$B_2 = 3/2$；若将目标靶体看成是可压缩的均质介质，则 $\rho_1 > \rho_0$，$B_1 < 1$，$B_2 < 3/2$。

综上，由于 $B_1 \leqslant 1$，所以当球形弹丸的附加质量 $\frac{2}{3} \pi R_p^3 \rho_1$ 与弹丸本身的质量 m_s 相比很小时，则目标靶体的加速效应对弹丸载荷的影响很小。因此，若将附加质量

略去,会使计算大大改善。

3.5.3　Bernard 和 Hanagud 侵彻理论

Bernard 和 Hanagud 在 Goodier 刚性球形弹丸侵彻理论的基础上,提出了适用刚性轴对称具有锥形和卵形弹头的弹丸对均质靶和层状靶的侵彻理论,该理论不仅适用于低冲击速度时的浅侵彻,也适用于高冲击速度时的深侵彻。

1. 浅侵彻理论

浅侵彻理论的基本假设如下:

（1）弹体完全是刚性的;

（2）嵌入目标靶体中的弹体前表面部分与目标靶体完全接触;

（3）射弹前表面的周向应力被忽略;

（4）射弹前表面的法向应力符合式（3.5.37）,即 $p = p_s + p_1$;

（5）受剪切影响的 p_s 与弹体的几何形状无关,均匀分布在弹体前表面上,并等于空腔膨胀理论中的剪切项,即由式（3.5.46）给出。

有了这些假设,在关于 p 的表达式中只有 p_1 需要确定。由式（3.5.45）可得

$$p_1 = \rho_1 (B_1 R_p \ddot{x} + B_2 \dot{v}^2) \tag{3.5.62}$$

对于完全嵌入靶体的轴对称弹体如图 3.5.4 和图 3.5.5 所示。式（3.5.62）中的 ρ_1 为靶体的均匀塑性区密度;B_1 和 B_2 为惯性系数,由式（3.5.47）和式（3.5.48）确定;R_p 为弹丸半径;$\ddot{x}$ 为弹体加速度;v 为弹体前表面靶体材料的质点速度。

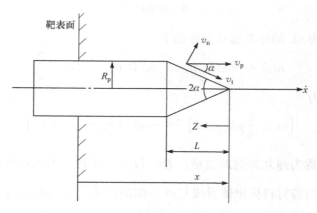

图 3.5.4　完全嵌入靶体内的锥形头部弹体

沿弹体前表面的材料质点运动方面的约束如下:

（1）在弹顶 $Z = 0$ 处,材料质点速度必恒等于弹速 $\dot{x}$;

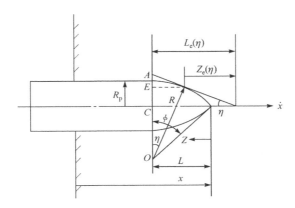

图 3.5.5　完全嵌入靶体内的卵形头部弹体

（2）材料不能穿越弹-靶的分界面，因此垂直于弹丸前表面的质点速度分量 v_n 必等于弹体速度的法向分量；

（3）质点速度在弹体前表面是连续的；

（4）假定正切于弹丸前表面的质点速度分量 v_t 在弹头底部 $Z=L$ 处为零，其中 Z 为离开弹顶的轴向距离，L 为弹头长度。

对于锥形头部，v_n 由下式给出

$$v_n = \dot{x}\sin\alpha \tag{3.5.63}$$

式中，α 为半锥角。v_t 的变化假定为：

$$v_t = (1-q)^{1/2}\dot{x}\cos\alpha \quad 0\leqslant q\leqslant 1 \tag{3.5.64}$$

其中 q 为无量纲的锥的相对位置，表示为

$$q = \frac{Z}{L} \tag{3.5.65}$$

于是可得到 v 的表达式

$$v = (v_n^2 + v_t^2)^{1/2} = \dot{x}(1 - q\cos^2\alpha)^{1/2} \tag{3.5.66}$$

对于卵形头部，有

$$v_n = \dot{x}\sin\eta \tag{3.5.67}$$

式中，η 为等效圆锥的半锥角，该锥底部在任意纵向位置 Z 处与弧形部相切。

为获得与式（3.5.64）相一致的 v_t 的函数表达式，令其等效弹头长度 $L_e(\eta)$ 和等效纵向位置 $Z_e(\eta)$ 分别为

$$L_e(\eta) = \frac{R(1 - \cos\alpha\cos\eta)}{\sin\eta} \tag{3.5.68}$$

$$Z_e(\eta) = R(\cos\eta - \cos\alpha)\cot\eta \tag{3.5.69}$$

式中，R 为卵形头部圆弧母线曲率半径。于是，等效无量纲圆锥的位置是

$$q_e(\eta) = \frac{Z_e(\eta)}{L_e(\eta)} = \cos\eta\frac{\cos\eta - \cos\alpha}{1 - \cos\alpha\cos\eta} \tag{3.5.70}$$

式(3.5.69)类似于式(3.5.65),用 $q_e(\eta)$ 和 η 分别取代方程(3.5.64)中的 q 和 α,可得出

$$v_t = [1 - q_e(\eta)]^{1/2}\dot{x}\cos\eta \quad (0 \leqslant \eta \leqslant \alpha) \tag{3.5.71}$$

因此

$$v = (v_n^2 + v_t^2)^{1/2} = \dot{x}[1 - q_e(\eta)\cos^2\eta]^{1/2} \tag{3.5.72}$$

由此可得到作用在弹体上总的轴向阻力 F_z,对于锥形头部

$$F_z = \int_{Z=0}^{Z=L}[p_s + p_1(z,\alpha)]\sin\alpha\,dA(Z,\alpha) \tag{3.5.73}$$

其中,面微元 $dA(Z,\alpha)$ 表示为

$$dA(Z,\alpha) = 2\pi\frac{\tan\alpha}{\cos\alpha}Z\,dZ \tag{3.5.74}$$

对于卵形头部

$$F_z = \int_{\eta=\alpha}^{\eta=0}[p_s + p_1(\eta)]\sin\eta\,dA(\eta) \tag{3.5.75}$$

其中,面微元 $dA(\eta)$ 表示为

$$\begin{aligned}dA(\eta) &= 2\pi\frac{\tan\eta}{\cos\eta}Z_e(\eta)\,dZ_e(\eta)\\ &= \frac{2\pi R_p^2(\cos\eta - \cos\alpha)[(\cos\alpha - \cos\eta)(\cos^2\eta - \cos\eta)]}{(1 - \cos\alpha)^2\cos\eta}\end{aligned} \tag{3.5.76}$$

对于上述两种头部的弹体,其运动方程都可通过建立 $m_s\dot{x} = -F_z$ 得到,且均具有如下的形式

$$(m_s + \pi R_p^3\rho_1 B_1)\ddot{x} = -\pi R_p^2(p_s + \rho_1 B_2 f_n\dot{x}^2) \tag{3.5.77}$$

式中,p_s、B_1 和 B_2 分别由空腔膨胀理论中式(3.5.46)~式(3.5.48)给出,并且是目标靶体的屈服强度 σ_y、弹性模量 E、应变硬化模型 K 和压缩性系数 α 的函数;f_n 称为头部形状系数,由弹头前表面的动压得到。

对于锥形弹头

$$f_n = \sin^2\alpha + \frac{1}{3}\cos^2\alpha \tag{3.5.78}$$

对于卵形弹头

$$\begin{aligned}f_n = 1 - \frac{2}{\varepsilon^2(1-\varepsilon)^6}\Big[&B^2\ln(2-\varepsilon) - (3B^2 + 2B)(B-\varepsilon) + \frac{1}{2}(3B^2 + 6B + 1)(B^2 - \varepsilon^2)\\ &- \frac{1}{3}(B^2 + 6B + 3)(B^3 - \varepsilon^3) + \frac{1}{4}(2B+3)(B^4 - \varepsilon^4) - \frac{1}{5}(B^5 - \varepsilon^5)\Big]\end{aligned} \tag{3.5.79}$$

其中,$B = 2\varepsilon - \varepsilon^2$;而参数 ε 与卵形头部圆弧半径 R 和弹径 D_p 的比值有关,即

$$\frac{1}{2\varepsilon}=\frac{R}{D_p}=\left(\frac{L}{D_p}\right)^2+\frac{1}{4} \tag{3.5.80}$$

显然,当弹头为半球形时,$L/D_p=1/2$,这时 $f_n=2/3$。

与 Moodier 的分析相类似,在方程(3.5.77)中,当 $\pi R_p^3 \rho_1 B_1 \ll m_s$ 时,则方程可变成

$$m_s\ddot{x}=-\pi R_p^2(p_s+\rho_1 B_2 f_n \dot{x}^2) \tag{3.5.81}$$

因此,就目标靶体对弹体载荷的影响而言,B_1 体现了上限。另外,在弹头刚刚嵌入($x\leqslant L$)靶体时,式(3.5.81)中的 R_p 可用弹头部在目标靶体表面处的半径 R_x 代替,从而区别于 Goodier 理论的 Meyer 定律假设。

2. 均质靶的深侵彻理论

对式(3.5.81)进行改写,有

$$\frac{m_s\ddot{x}}{\pi R_p^2 p_s}=-\left(1+\frac{\rho_1 B_2 f_n \dot{x}^2}{p_s}\right) \tag{3.5.82}$$

式中,$\rho_1 B_2 f_n \dot{x}^2/p_s$ 是材料的惯性阻力对剪切阻力之比,就弹塑性变形而言,p_s 主要是目标材料屈服强度 σ_y 的函数,由此可引出比值

$$R_s=\frac{\rho_0 \dot{x}^2}{\sigma_y} \tag{3.5.83}$$

式中,R_s 相当于流体力学中的雷诺数(Reynolds number),故称"固体雷诺数",它表明了目标靶体中材料的惯性应力(即动压)对剪切应力的比值幅度。对于浅侵彻理论,其侵彻深度预测的有效范围:$0<R_s\leqslant100$,对弹体减速的预测的有效范围:$0<R_s\leqslant10$。当 R_s 值很高时,浅侵彻理论导致的误差随 R_s 的增加而增大。

为解决在高速冲击下的深侵彻问题,Bernard 和 Hanagud 借助实验提出了对 v_t 的修正方法,认为 v_t 是 q 和 R_s 的函数,并由此提出一个 $\psi(R_s)$ 数(Best number),其中 $\psi(R_s)$ 表达式是

$$\psi(R_s)=\left(\frac{R_s}{8}\right)^{3/4} \tag{3.5.84}$$

这样,对于完全嵌入靶体的锥形头部弹体,垂直弹体前表面的质点速度分量 v_n 仍由式(3.5.63)确定,而切向速度分量 v_t 采用下式

$$v_t(q,R_s)=(\dot{x}\cos\alpha)e^{-\psi(R_s)q^2/2} \tag{3.5.85}$$

式中,$q=Z/L$,$R_s=\rho_0\dot{x}^2/\sigma_y$,$\psi(R_s)$ 由式(3.5.84)给出。将式(3.5.85)代入式(3.5.66)可得

$$v=\dot{x}(\sin^2\alpha+\cos^2\alpha e^{-\psi(R_s)q^2})^{1/2} \tag{3.5.86}$$

于是,得到弹体的运动方程

$$(m_s+\pi R_p^3 \rho_1 B_1)\ddot{x}=-\pi R_p^2[p_s+\rho_1 B_2 f_n(\alpha,R_s)\dot{x}^2] \tag{3.5.87}$$

其中

$$f_n(\alpha, R_s) = \sin^2\alpha + \frac{1 - e^{-\psi(R_s)}}{\psi(R_s)}\cos^2\alpha \tag{3.5.88}$$

对卵形头部弹体,有

$$v_t(\eta, R_s) = \dot{x}\cos\eta\exp[-\psi(R_s)q_e^2(\eta)/2] \tag{3.5.89}$$

$$f_n(\alpha_e, R_s) \approx \sin^2\alpha_e + \frac{1 - e^{-\psi(R_s)}}{\psi(R_s)}\cos^2\alpha_e \tag{3.5.90}$$

其中,α_e 为卵形头部的有效半顶角,且

$$\cos^2\alpha_e = \frac{4(L/D_p)^2 - 1}{4(L/D_p)^2 + 1} = 1 - \frac{D_p}{2R_p} \tag{3.5.91}$$

按照这样的处理方法,任意一个卵形头部都可以用它的等效锥形来代替,并可得到与卵形头部近似的 f_n 值。

应该指出,对于不同的弹体和靶体,还可找到其他形式的 $\psi(R_s)$ 表达式,并且也可取得很好的结果,例如 $\psi(R_s) = R_s/15$ 等。但到目前为止,式(3.5.84)是理论与实验结果吻合较好的一个。

3. 层状靶的深侵彻理论

为了扩展弹体运动方程(3.5.87)以适用于多层靶的侵彻,有关量 p_s、B_1 和 B_2 的表达式必须借助同心层介质中球形空腔的动态膨胀来模拟,如图 3.5.6 所示。其中靶体可以有多层,但只要弹体一次运动仅受两层靶的有效影响。

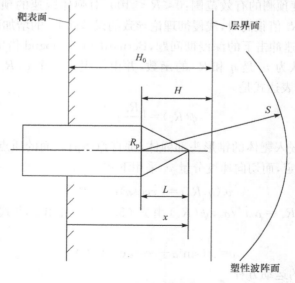

图 3.5.6　弹体对多层靶体侵彻

将弹体的侵彻过程分为两种情况:

(1) 当 $L<H$ 时,弹体顶点尚未到达层间界面;

(2) 当 $L \geqslant H$ 时,弹体已开始击穿层间界面。

在上述每一种情况中,又分为以下三种状态:

(1) 当 $S<H$ 时,塑性波波阵面尚未到达层间界面;

(2) 当 $S \geqslant H$ 时,塑性波波阵面已经到达层间界面;

(3) 当 $H \leqslant R_p$ 时,第一层介质在弹体运动的影响可以忽略。

为了近似地表示上述各情况和状态中的 p_s、B_1 和 B_2 的值,首先必须考虑空腔膨胀理论中的方程(3.5.37)~方程(3.5.48)。由于层间界面的变形实际上对 p_s、B_1 和 B_2 的影响很小,故在此可忽略界面变形的影响。这样,不仅可避免大量的麻烦,而且精确度也不会受太大的影响。因此,相应地出现在方程(3.5.39)~方程(3.5.44)中的 $h(t)$ 和 h_0 可由距离 H 所代替,H 为弹头底部到层间界面的距离(见图 3.5.6)。

$$H = H_0 - x + L \tag{3.5.92}$$

注意:这里的准则是 $L<H$ 和 $L \geqslant H$ 分别用 $x<H_0$ 和 $x \geqslant H_0$ 代替。

对于 $x<H_0$ 情况,其 p_s、B_1 和 B_2 的方程式可在方程(3.5.30)、方程(3.5.36)和方程(3.5.39)~方程(3.5.44)中,用 R_p 取代 $a(t)$,用 H 取代 $h(t)$ 和 h_0,以及用 S 取代 $b(t)$ 得到,S 为弹头底部平面到塑性波波阵面的距离;其次,由 $S<H$ 代替准则 $b<h_0$,$S \geqslant H$ 代替准则 $b \geqslant h_0$。

另外在弹体运动方程(3.5.87)中,材料密度 ρ_1 用 ρ_2 代替,可压缩性系数 α 用两种材料可压缩性系数的合成值,即

$$\alpha = \alpha_1 \left(1 - \frac{R_p}{H}\right) + \alpha_2 \frac{R_p}{H} \quad (R_p < H) \tag{3.5.93}$$

有效头部形状系数 f_n^* 由下式近似求出

$$f_n^* = \left(1 - \frac{R_p}{H}\right) f_{n1} + \frac{R_p}{H} f_{n2} \tag{3.5.94}$$

其中,f_{n1} 和 f_{n2} 可分别用 $R_{s1} = \rho_{01} \dot{x}^2 / \sigma_{y1}$ 和 $R_{s2} = \rho_{02} \dot{x}^2 / \sigma_{y2}$ 代入有关的方程得到。以上各式的变量下标"1"和"2"分别表示第一层和第二层材料的性质。

当 $R_p \geqslant H$ 时,第一层介质对弹体运动的影响可以忽略,有关 p_s、B_1 和 B_2 的方程式可用式(3.5.46)~式(3.5.48)表示,其中各参量的性质由第二层介质材料确定。

对于 $x \geqslant H_0$ 情况,当 $S<H$ 时,则

$$p_s \approx \left(1 - \frac{R_1^2}{R_p^2}\right) p_s (S < H) + \frac{R_1^2}{R_p^2} p (H \leqslant R_p) \tag{3.5.95}$$

$$B_1 \approx \left(1 - \frac{R_1^3}{R_p^3}\right) B_1 (S < H) + \frac{\rho_{02} R_1^3}{\rho_{01} R_p^3} B_1 (H \leqslant R_p) \tag{3.5.96}$$

$$f_n B_2 \approx \left(1 - \frac{R_1^2}{R_p^2}\right) f_n^* B_2 (S < H) + \frac{\rho_{02} R_1^2}{\rho_{01} R_p^2} f_n B_2 (H \leqslant R_p) \tag{3.5.97}$$

其中, R_1 是弹体在界面位置 H_0 处的半径。

当 $S \geqslant H$ 时, 则

$$p_s \approx \left(1 - \frac{R_1^2}{R_p^2}\right) p_s (S \geqslant H) + \frac{R_1^2}{R_p^2} p_s (H \leqslant R_p) \tag{3.5.98}$$

$$B_1 \approx \left(1 - \frac{R_1^3}{R_p^3}\right) B_1 (S \geqslant H) + \frac{\rho_{02} R_1^3}{\rho_{01} R_p^3} B_1 (H \leqslant R_p) \tag{3.5.99}$$

$$f_n B_2 \approx \left(1 - \frac{R_1^2}{R_p^2}\right) f_n^* B_2 (S \geqslant H) + \frac{\rho_{02} R_1^2}{\rho_{01} R_p^2} f_{n2} B_2 (H \leqslant R_p) \tag{3.5.100}$$

应该指出, 深侵彻理论无论对均质黏聚性靶还是层状黏聚性靶都是非常适用的, 且覆盖了浅侵彻理论, 如对金属、岩石和混凝土靶等, 但对沙石类粒状靶很少使用。该理论特别强调了选取 $\psi(R_s)$ 函数表达式(3.5.84)对各种弹体和靶体均适用, 作为计算条件只要求弹体特性和靶体结构性质。

3.6　混凝土侵彻的工程模型

对地下深层目标、地面坚固工事等钢筋混凝土构筑物的打击和摧毁, 是现代战争中比较有代表性的作战样式之一, 这也使钻地弹或侵彻爆破战斗部成为常规战斗部技术领域的研究与应用热点。正因为如此, 混凝土介质与结构的侵彻成为当前穿甲效应中十分活跃的研究方向。然而, 与此密切相关的岩石、土壤的侵彻问题研究已有至少 200 多年的历史, 终点效应学或终点弹道学的研究也正是以此为开始的。

长期以来, 人们对不同弹形、不同着速以及不同类别和力学特性的岩石、土壤、混凝土等靶体材料, 进行了大量的试验, 获得了大量有用数据。基于试验数据并借助于统计分析和量纲分析等数学方法, 总结出许多有用的经验公式或半理论半经验公式。由于试验的数据大都是针对始末两个状态而没有中间过程数据, 因此如侵深公式等, 也主要关注始末两个状态的终点效应参量。尽管如此, 这些数据十分宝贵, 因为它们来自真实的靶场实验。这些公式也十分有用, 因为它们指导了很多的工程设计。即使到现在, 这些数据和公式的价值和意义仍然重大。一方面, 其中

的许多公式仍然在工程设计中被采用,尤其在快速估算与分析时有其独特优势;另一方面,任何现代的理论分析或数值计算都需由这些真实的试验数据来验证模型和计算结果。高世桥[22]等在《混凝土侵彻力学》一书中,对混凝土介质侵彻相关的经验和半理论半经验公式进行了较为系统的归纳和总结,本节的内容主要引于此,并把这些公式统称为工程计算模型。

3.6.1　侵彻深度经验公式

1. Petry 公式

Petry 于 1910 年提出了一种混凝土侵彻深度的公式,而后对其进行了修正,修正后公式可能是最早被普遍使用的经验公式,其形式为

$$H=12K\frac{W}{A}\log_{10}\left(1+\frac{v_{s}^{2}}{215000}\right) \tag{3.6.1}$$

式中,H 为侵彻深度,单位:in(英寸);v_s 为着速,单位:ft/s(英尺/秒);W 为弹重,单位:lb(磅);A 为弹体横截面积,单位 ft²(平方英尺);K 为混凝土可侵彻性系数,与混凝土强度无关、与钢筋及其配置有关,无钢筋混凝土取 0.00799,钢筋(垂直于介质表面)混凝土取 0.00426,特种钢筋混凝土取 0.00284。

2. 别列赞公式

1912 年,俄国在别列赞岛进行了大规模的实弹射击,试验使用的火炮有 76mm 加农炮、152mm 和 280mm 榴弹炮,在试验的基础上提出了别列赞公式。别列赞公式采用了下面的假设:

(1) 弹体在靶体内做直线运动;

(2) 侵彻阻力与弹体横截面面积成正比。

根据假设可建立起侵彻行程 x 与当地侵彻速度 v 的关系,并引入经验常数后得到

$$x=\lambda K_{b}\frac{m_{s}}{D^{2}}\sqrt{(v_{0}^{2}-v^{2})} \tag{3.6.2}$$

式中,λ 为弹体形状系数;K_b 为取决于介质性质的经验系数;m_s、D 和 v_0 分别为弹体质量、直径和初始侵彻速度或着速。

当侵彻速度 $v=0$ 时,就得到最终的侵彻深度

$$x_{max}=\lambda K_{b}\frac{m_{s}}{D^{2}}v_{0} \tag{3.6.3}$$

通过试验得到经验系数 K_b 的值如表 3.6.1 所示;对于现代常规形状的榴弹,弹体形状系数 λ 取 1.3～1.5,长径比越大、取值越大。

表 3.6.1　靶体介质经验系数 K_b 的取值

介质	$K_b/(m^2 \cdot s/kg)$	介质	$K_b/(m^2 \cdot s/kg)$
松土	17.0×10^{-6}	木材	6.0×10^{-6}
黏土	10.0×10^{-6}	砖砌物	2.0×10^{-6}
坚实黏土	7.0×10^{-6}	石灰岩、砂岩	1.6×10^{-6}
坚实沙土	6.5×10^{-6}	混凝土	1.3×10^{-6}
沙	4.5×10^{-6}	钢筋混凝土	0.8×10^{-6}

该公式可用来计算弹体对各种土木材料的侵彻,经过我国早期的实弹射击试验证明,用其计算弹体的侵彻深度相对比较可靠,因此我国有关常规弹头的侵彻深度计算多采用别列赞公式。与此同时,结合我国实弹射击试验具体情况对其进行了修正,表达式为

$$H_q = \lambda_1 \lambda_2 K_q \frac{m_s}{D^2} v_0 \cos\left(\frac{n+1}{2}\theta\right) \tag{3.6.4}$$

式中,H_q 是侵彻深度;λ_1 为弹形系数;λ_2 为弹径系数;K_q 为介质材料侵彻系数;θ 为着角;n 为偏转系数。

1998 年,又对该公式进行了修正,从形式到参数上都进行了调整,其表达式为

$$H_q = \lambda_1 \lambda_2 K_q \frac{m_s}{D^2} v_0 K_\theta \cos\theta \tag{3.6.5}$$

式中,K_θ 为弹体侵彻偏转系数。

3. 萨布茨基公式

萨布茨基公式的基本假设为:

(1) 侵彻介质阻力分为两部分,分别为静阻力和动阻力,其中前者仅与弹体横截面积成正比,后者与弹体横截面积成正比并与弹体速度的平方成正比;

(2) 弹体全部动能消耗于克服上述阻力所做的功。

根据假设(1),可写出弹体所受阻力的公式为

$$F = \pi R^2 (Ai + Cv^2) \tag{3.6.6}$$

式中,R 为弹体半径;i 为弹体的形状系数;A 和 C 分别为取决于介质特性的静阻力系数和动阻力系数。

对上式进行变换,得到

$$F = A\pi R^2 i \left(1 + \frac{C}{Ai} v^2\right) \tag{3.6.7}$$

令 $b = C/Ai$,则有

$$F = A\pi R^2 i (1 + bv^2) \tag{3.6.8}$$

根据假设(2),由牛顿定律可给出弹体运动方程:$-F = m_s \mathrm{d}v/\mathrm{d}t$,进一步可得到

$$-F\mathrm{d}x = \frac{m_\mathrm{s}}{2}\mathrm{d}v^2 \tag{3.6.9}$$

式中，x 为弹体侵彻行程。将式(3.6.8)代入式(3.6.9)，得到

$$\mathrm{d}x = -\frac{m_\mathrm{s}}{2Ai\pi R^2}\frac{\mathrm{d}v^2}{1+bv^2} \tag{3.6.10}$$

对上式取积分

$$\int_0^x \mathrm{d}x = -\frac{m_\mathrm{s}}{2Ai\pi R^2}\int_{v_0}^v \frac{\mathrm{d}v^2}{1+bv^2} \tag{3.6.11}$$

得到

$$x = -\frac{m_\mathrm{s}}{2Ai\pi R^2 b}\ln\frac{1+bv_0^2}{1+bv^2} \tag{3.6.12}$$

侵彻结束时 $v=0$，弹体最大侵彻行程为

$$x_{\max} = -\frac{m_\mathrm{s}}{2Ai\pi R^2 b}\ln(1+bv_0^2) \tag{3.6.13}$$

同理，可推导弹体的侵彻时间。将式(3.6.8)代入运动方程 $-F=m_\mathrm{s}\mathrm{d}v/\mathrm{d}t$，可得到

$$\mathrm{d}t = -\frac{m_\mathrm{s}}{Ai\pi R^2}\frac{\mathrm{d}v}{1+bv^2} \tag{3.6.14}$$

对上式取积分得到

$$t = -\frac{m_\mathrm{s}}{Ai\pi R^2\sqrt{b}}(\arctan\sqrt{b}v_0 - \arctan\sqrt{b}v) \tag{3.6.15}$$

当 $v=0$ 时得到总的侵彻时间

$$t_{\max} = -\frac{m_\mathrm{s}}{Ai\pi R^2\sqrt{b}}\arctan\sqrt{b}v_0 \tag{3.6.16}$$

以上公式中的介质经验系数 A,b 取值见表 3.6.2；弹体形状系数 i 的值为：球形弹头 $i=1$，钝头弹为 $i=0.75$，远程弹为 $i=0.5$，此外也可以用公式 $i=1/\lambda$ 近似计算。

表 3.6.2　介质的经验系数 A,b 取值

介质	$A/(\mathrm{kg}\cdot\mathrm{m}^{-1}\cdot\mathrm{s}^{-2})$	$b/(\mathrm{s}^2\cdot\mathrm{m}^{-2})$
松土	0.461×10^{-7}	60×10^{-6}
坚土	0.700×10^{-7}	60×10^{-6}
湿土	0.266×10^{-7}	80×10^{-6}
沙土、碎石	0.435×10^{-7}	20×10^{-6}
树木	1.160×10^{-7}	20×10^{-6}
砖	3.160×10^{-7}	15×10^{-6}
岩石	$(4.400\sim5.520)\times10^{-7}$	15×10^{-6}

4. ACE 公式

ACE 公式于 1946 年由美国陆军工程兵提出,具体形式为

$$\frac{H}{D} = 282 \frac{W}{D^{2.2785}\sigma_c^{1/2}} \left(\frac{v_s}{1000}\right)^{1.5} + 0.5 \qquad (3.6.17)$$

式中,H 为侵深,单位:in;v_s 为着速或初始侵彻速度,单位:ft/s;D 为弹体直径,单位:in;W 为弹重,单位:lb;σ_c 为抗压强度,单位:lb/in²。

5. NDRC 公式

1946 年,美国国防研究委员会(NDRC)提出了不变形弹体侵彻大体积混凝土目标的相关理论,在此基础上给出了 NDRC 公式为

$$\frac{H}{D} = \begin{cases} 2\left[\dfrac{180NW}{D^{2.8}\sigma_c^{0.5}}\left(\dfrac{v_s}{1000}\right)^{1.8}\right]^{0.5} & \left(\dfrac{H}{D} < 2.0\right) \\ \dfrac{180NW}{D^{2.8}\sigma_c^{0.5}}\left(\dfrac{v_s}{1000}\right)^{1.8} + 1.0 & \left(\dfrac{H}{D} \geqslant 2.0\right) \end{cases} \qquad (3.6.18)$$

式中,N 弹体头部形状参数,平头弹取 0.72,钝头弹取 0.84,球形弹取 1.00,尖头弹取 1.14,其他参数与 ACE 公式相同。

6. Bernard 公式

根据弹体对混凝土、花岗岩、凝灰岩、砂岩的侵彻试验数据并通过回归分析,美国陆军水道实验站(WES)于 1977~1979 年先后给出了 3 个计算岩石侵彻深度的公式,按时间先后分别称为 Bernard -I、Bernard-II 和 Bernard-III 公式。

1) Bernard-I 公式

1977 年提出的 Bernard -I 公式,侵彻深度 H 与着速 v_s 呈线性关系,具体形式为

$$\frac{\rho H}{m_s/A} = 0.2 v_s \left(\frac{\rho}{f_c}\right)^{0.5} \left(\frac{100}{K_{RQD}}\right)^{0.8} \qquad (3.6.19)$$

式中,各参量均采用标准国际单位制,H 为侵彻深度;m_s 为弹体质量;A 为弹体横截面面积;v_s 为弹体着速;ρ 为岩石密度;f_c 为岩石无侧限抗压强度。K_{RQD} 为岩石质量指标,是现场岩体中原生裂缝间距的一个度量,其工程一般取值如表 3.6.3 所示。

表 3.6.3 岩体质量指标 K_{RQD}

级别	岩体质量	$K_{RQD}/\%$
A	很好	90～100
B	好	75～90
C	较好	50～75
D	差	25～50
E	很差	10～25

为方便计算,式(3.6.19)可改写为

$$H=0.2\frac{m_s}{A}\frac{v_s}{(\rho f_c)^{0.5}}\left(\frac{100}{K_{RQD}}\right)^{0.8} \quad (3.6.20)$$

1986 年,美国出版的《常规武器防护设计原理》将式(3.6.19)改写为如下形式

$$H=6.45\frac{m_s}{D^2}\frac{v_s}{(\rho f_c)^{0.5}}\left(\frac{100}{K_{RQD}}\right)^{0.8} \quad (3.6.21)$$

式中,采用英制单位,D 为弹径。

2) Bernard-II 公式

1978 年,Bernard 等提出了第二个弹体侵彻岩石深度的计算公式,即 Bernard-II 公式,其具体形式为

$$H=\frac{m_s}{A}\left[\frac{v_s}{b}-\frac{a}{b^2}\ln\left(1+\frac{b}{a}v_s\right)\right] \quad (3.6.22)$$

其中,$a=1.6 f_c(K_{RQD}/100)^{1.6}$,$b=3.6(\rho f_c)^{0.5}(K_{RQD}/100)^{0.8}$,采用英制单位。

3) Bernard-III 公式

1979 年,Bernard 等根据微分面力模型对弹体侵彻受力情况进行了分析,得出了第三个弹侵彻岩石深度的计算公式,即 Bernard-III 公式,其具体形式为

$$H=\frac{m_s}{A}\frac{N_{rc}}{\rho}\left[\frac{v_s}{3}\left(\frac{\rho}{f_{cr}}\right)^{0.5}-\frac{4}{9}\ln\left[1+\frac{3}{4}v_s\left(\frac{\rho}{f_{cr}}\right)^{0.5}\right]\right] \quad (3.6.23)$$

其中

$$N_{rc}=\begin{cases}0.863\left[\dfrac{4K_{CRH}^2}{4K_{CRH}-1}\right]^{0.25} & \text{(卵形弹头)}\\[3mm]0.805(\sin\eta_c)^{0.5} & \text{(锥形弹头)}\end{cases}$$

$$f_{cr}=f_c(K_{RQD}/100)^{0.2}$$

式中,采用英制单位;N_{rc} 为弹形系数,K_{CRH} 为弹头卵形曲率半径与弹头直径之比,η_c 为弹头锥形尖角;式中其他参数与式(3.6.22)相同。

Bernard-III 公式既可用于侵彻岩石深度的计算,也可用于侵彻混凝土深度的计算,与前两个公式相比,考虑了弹形系数 N_{rc} 的影响。

7. Young 公式

在计算混凝土侵彻深度的公式中,Young 公式非常著名,其最早于 1967 年被提出。美国桑迪亚国家实验室(SNL)从 1960 年开始进行地质材料的侵彻研究,共进行了约 3000 次实验,建立了重要的实验数据库,在大量实验数据的基础上,提出了桑迪亚土中侵彻公式。1967 年,Young 在新的实验数据基础上,进行了多次修正,得出了侵彻土、岩石和混凝介质土统一的经验公式,即 Young 公式,其具体形式为

$$H=\begin{cases} 0.0008KSN\left(\dfrac{m_s}{A}\right)^{0.7}\ln(1+2.15v_s^2\times10^{-4}) & (v_s<61\text{m/s}) \\ 0.000018KSN\left(\dfrac{m_s}{A}\right)^{0.7}(v_s-30.5) & (v_s\geqslant61\text{m/s}) \end{cases} \tag{3.6.24}$$

式中,m_s 为弹体质量(kg);A 为弹体的截面面积(m^2);v_s 为弹体着靶速度(m/s);H 为弹体侵彻深度。K 为缩尺效应系数,当 $m_s<182\text{kg}$ 时,$K=0.46m_s^{0.15}$;当 $m_s\geqslant182\text{kg}$ 时,$K=1.0$。N 为弹头形状系数,对于卵形弹头

$$N=\begin{cases} 0.56+0.18L_n/d \\ 0.56+0.18(CRH-0.25)^{0.5} \end{cases}$$

对于锥形弹头

$$N=0.56+0.25L_n/d$$

其中,L_n 为弹头长度(m);d 为弹体直径(m);CRH 为弹头系数;S 为阻力系数,反应混凝土的可侵彻性能,S 值的计算公式为

$$S=\begin{cases} 2.7(\sigma_c/Q)^{-0.3} & (岩土) \\ 0.085K_c(11-P)(t_ch_c)^{-0.06}(35/\sigma_c)^{0.3} & (混凝土) \end{cases} \tag{3.6.25}$$

式中,σ_c 为实验时混凝土的无侧限抗压强度(MPa);h_c 为混凝土目标的相对厚度,以弹体直径为基准,当 $h_c<0.5$ 时,上式可能不适用(因为侵彻机制不同),如果 $h_c>6$ 则取 $h_c=6$;K_c 与混凝土材料有关,$K_c=(F/W_1)^{0.3}$,W_1 为靶体宽度与弹体直径的比值,对于钢筋混凝土 $F=20$,对于无筋混凝土 $F=30$,其中薄目标($h_c=0.5\sim2.0$),F 减少一半;P 为混凝土中按体积计算的含钢筋百分率(%);Q 为靶体质量指标;t_c 为混凝土的凝固时间(年),如果 $t_c>1$ 则取 $t_c=1$,因为这样长的时间对无侧限抗压强度已无影响。对于多层混凝土结构时,每层单独考虑。在没有足够的数据无法计算混凝土 S 值时,建议取 $S=0.9$。

8. BRL 公式

美国弹道研究所(Ballistic Research Laboratory,BRL)于 20 世纪 60 年代提出了预测贯穿厚度 H_p 和崩落厚度 H_s 的公式,具体形式分别为

$$\frac{H_p}{D} = 427 \frac{W}{D^{2.8}\sigma_c^{0.5}} \left(\frac{v_s}{1000}\right)^{1.33} \tag{3.6.26}$$

$$H_s = 2H_p \tag{3.6.27}$$

9. Chang 公式

1981 年,Chang 运用力学原理并结合实验数据,最终得到计算贯穿厚度 H_p 和崩落厚度 H_s 的经验公式

$$\frac{H_p}{D} = \frac{m_s v_s}{D^3 \sigma_c^{0.5}} \left(\frac{200}{v_s}\right)^{0.25} \tag{3.6.28}$$

$$\frac{H_s}{D} = 1.84 \left(\frac{m_s v_s^2}{D^3 \sigma_c}\right)^{0.4} \left(\frac{200}{v_s}\right)^{0.13} \tag{3.6.29}$$

式中,m_s 为弹丸质量;v_s 为初速;D 为弹丸直径;σ_c 为靶体材料抗压强度。

10. Forrestal 公式

Forrestal 公式应该说是一个半理论半经验公式,其公式基础来源于空穴膨胀理论的解析推导,但最终公式的静态部分却又引入了一个关键的实验经验参数,且该经验参数与原解析模型没有较强的对应。

弹体在侵入靶体的过程中,经历了从零开始直到很高应力的作用历程,出现了复杂的变形和破坏形式。Forrestal 等认为,卵形弹头侵彻混凝土过程中的受力可以分为成坑和稳定侵彻两个不同的阶段,弹侵彻混凝土过程中的靶面成坑深度约为弹体直径的二倍。靶面成坑阶段的侵彻阻力与侵彻深度成正比,在成坑之后,侵彻阻力主要来自与弹体直径平方成反比和侵彻速度平方成正比的头部阻力。Forrestal 侵彻深度公式为

$$H = \frac{2m_s}{\pi D^2 \rho N} \ln\left(1 + \frac{\rho N}{Sf_c} v_t^2\right) + 2D \quad (H > 2D) \tag{3.6.30}$$

其中

$$v_t^2 = \frac{2m_s v_0^2 - \pi D^3 Sf_c}{2m_s + \pi D^3 \rho N} \tag{3.6.31}$$

式中,H 为瞬时侵深(m);M 为弹体质量(kg);D 为弹体直径(m);R 为弹头部曲率半径;S、f_c、ρ 为靶体参数,其中 S 为由实验测定的与混凝土强度有关的系数,也可由 $S = 82.6 f_c^{-0.544}$ 计算,f_c 为混凝土单向抗压强度(Pa),ρ 为混凝土靶体密度(kg/m³);N 为弹形参数,$N = \frac{8\psi - 1}{24\psi^2}$,$\psi = \frac{R}{D}$。

3.6.2　侵彻深度经验公式的比较

上面列出的经验公式,每个公式都是在一定的实验条件下归纳总结得出的,因

此各个经验公式只在一定的适用条件和范围,在实际计算时各公式的计算结果也有一定的差异。

别列赞公式和萨布茨基公式、Forrestal 公式均是在对侵彻阻力进行一定假设的前提下、经过推导而获得的。由于别列赞公式略去了动阻力的影响,因此不如萨布茨基公式合理,但是萨布茨基公式的许多系数也都有一定的片面性。Forrestal 公式以弹体直径的二倍为分界,分界前后侵彻阻力模型不同,更适应了不同阶段的情况,因此 Forrestal 公式更为合理。在实际应用中,别列赞公式和萨布茨基公式的准确性最终决定于试验介质的系数 K,A 和 b。

WES 公式用三个参数反映靶体的特性,包括岩体质量系数、岩石无侧限强度和岩体质量密度,在一定程度上考虑了现场靶体介质的不连续性。公式中参数意义较明确,容易确定,对于计算弹体在岩石和混凝土介质的侵彻深度精度较高。相对来说,WES 公式更适应于岩体侵彻计算,对于混凝土侵彻计算结果则偏大,而且着靶速度越高,偏差越大。

Young 公式、WES 公式、ACE 公式、NDRC 公式、Forrestal 公式、Petry 公式以及 BRL 公式都考虑了靶体介质强度参数对抗侵彻性能的影响,而萨布茨基公式、Young 公式、WES 公式、NDRC 公式和 Forrestal 公式还考虑了侵彻弹体弹头形状对侵彻深度的影响。各个公式都明确显示了着靶速度对侵彻深度的影响,只不过在各个公式中着靶速度的幂不同。NDRC 公式和 Forrestal 公式都以很强的贯穿理论为依据,而不是简单的经验公式,因此外推适用范围时,计算结果的可信度较高,尤其是 Forrestal 公式,计算精度更高。

Young 公式和 WES 公式都存在量纲和国际标准量纲不一致的问题,因此在计算时一定要使用规定的量纲。以上所介绍的经验公式都是以弹体是刚体为基础的,如果弹体强度较低,刚性较差,在侵彻过程中产生较大变形,则上述公式不再适用。

从上述的经验公式可以看出,不同的侵彻深度经验公式都有自己的特点、适用范围和使用条件。这些经验公式都是用来计算弹体对混凝土等脆性介质的侵彻深度的,并且都比较适合计算弹体侵彻半无限靶介质。如果用来计算有限厚靶体介质,需要在此基础上做适当调整。虽然上述经验公式的使用目的相同,但是它们的数学表达式却大相径庭。上述公式多数都是 20 世纪 60 年代之前的经验公式,有的是后来进行了补充、完善,虽然目前仍可用,但是随着弹药技术的不断发展和新材料、新工艺的应用,这些经验公式也面临着新的考验。

3.7　超高速碰撞与侵彻

弹体以不同的速度撞击和侵彻靶体,所呈现的物理现象和力学行为会出现很大的差别,往往需要采用不同的力学理论进行分析和处理。前面各节讨论的问题,基本处于高速及以下的速度范围,从力学的角度属于弹塑性力学的范畴。当撞击速度达到 3000m/s 以上时,对于常规的弹、靶材料来说,所产生的冲击波压力已远大于材料的强度极限,出现材料熔融、汽化、粒子(碎片)飞射以及高塑性流动等流体状态现象,这属于流体力学或爆炸力学的范畴,前面的分析方法已不适用,需要应用流体动力学理论进行分析和研究。

所谓超高速碰撞,是指弹体速度足够高、撞击所产生的冲击波压力足够大,以至于弹、靶材料的强度均可以忽略不计,弹、靶均表现为流体行为。典型的超高速碰撞有:空间碎片、流星和陨石撞击、轻气炮发射的超高速粒子撞击以及聚能射流侵彻等,但这主要是针对常规的弹、靶材料而言。事实上,超高速碰撞现象的产生具有相对性,与弹、靶材料的密度和强度有关,密度和强度越高,所需的撞击速度越高。超高速碰撞效应有其共性,也因靶厚的不同而呈现出不同的现象特征,下面以此为脉络分别进行讨论。

3.7.1 半无限靶

1. 基本现象

对于高速及以下速度范围的碰撞与侵彻,侵彻孔径大体与弹径相当,而超高速碰撞与侵彻的孔径要比弹径大得多。半无限靶的含义是指在超高速侵彻过程中,不受靶体背面边界的影响或影响可忽略。半无限靶的超高速侵彻主要分两种情形考虑,一是弹体长径比 $L/D \approx 1$ 的超高速粒子侵彻;二是弹体长径比 $L/D \gg 1$ 的长杆弹侵彻。半无限靶的超高速侵彻根据压力的时间变化历程分为开坑(冲击波形成)、稳定(或定常)侵彻、成坑和恢复四个阶段,因弹体长径比的不同,各阶段的显著性有所不同。

1)开坑阶段

超高速撞击瞬时,分别在弹、靶中形成强冲击波,冲击波的压力极高,使接触面附近的弹、靶材料熔融、汽化、破碎,在卸载波的作用下形成飞溅或喷射,在靶体上形成直径比弹径大得多的浅坑。这一阶段十分短暂,压力最高并伴随高温和冲击闪光。超高速碰撞瞬时的冲击波形成、材料飞溅与开坑如图 3.7.1 所示,其压力特征为图 3.7.2 中的第"I"阶段。

2)稳定侵彻阶段

随着卸载稀疏波作用的消失,图 3.7.2 中第"I"阶段的高压被释放,一种稳定流动条件被建立起来。在此期间,弹体不断破碎,弹坑深度不断增加,弹靶碰撞点的速度趋于恒定,因此也称为定常侵彻阶段,其压力特征为图 3.7.2 中的第"II"阶段。该阶段的持续时间由弹体的长径比决定,对于 $L/D \ll 1$,不存在该阶段;对于

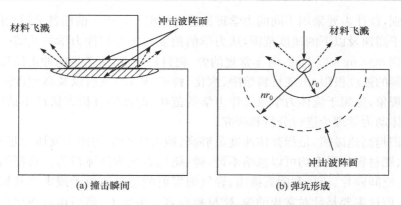

(a) 撞击瞬间　　　　　　　　　　　(b) 弹坑形成

图 3.7.1　碰撞瞬时冲击波形成、材料飞溅与开坑示意图

$L/D \approx 1$ 该阶段不明显或可忽略;对于 $L/D \gg 1$,该阶段持续时间较长,作用突出,该阶段的侵彻深度占总侵彻深度的大部分。

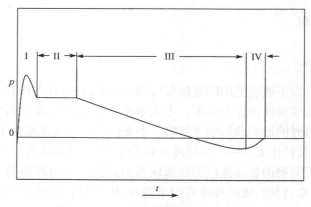

图 3.7.2　超高速碰撞的压力时间历程

　　3)成坑阶段

　　弹体完全破碎后,由于惯性作用弹坑继续扩张,直到弹坑周围的能量密度较小到不足以克服材料的变形阻力时,弹坑便停止扩张。该阶段的压力特征为图 3.7.2 中的第"Ⅲ"阶段,持续时间较长,但对侵彻深度的贡献比例并不大。

　　4)恢复阶段

　　弹坑达到最大尺寸后,材料的弹性恢复,使弹坑尺寸略有减小,其压力特征为图 3.7.2 中的第"Ⅳ"阶段。弹坑表面的回弹将产生拉应力并可能导致层裂断裂,坑底材料的高温还可能引起重结晶。

　　2. 超高速粒子侵彻

　　对于弹体长径比 $L/D \ll 1$ 的情况,弹体瞬时破碎并在开坑阶段消耗殆尽,在这里不予讨论。对于弹体长径比 $L/D \gg 1$ 的情况,关注的重点在稳定侵彻阶段,后面再展开讨论。弹体长径比 $L/D \approx 1$ 的超高速侵彻非常具有典型性和代表性,并可扩展为长、宽和高三个维度的尺寸都相近的弹体,包括球形、柱形和立方体形等,即在这里统一归结为超高速粒子的侵彻。

实验表明,无论超高速粒子的具体形状如何,其侵彻靶体所产生的弹坑都近似为半球形,弹坑深度约为直径的一半。图 3.7.3 为不同弹、靶材料撞击时,弹坑形状系数 H_t/d_t(弹坑深度与直径之比)随撞击速度 u_p 的变化[23]。由图 3.7.3 可以看出,当密度和强度相对较高的弹体侵彻密度和强度相对较低的靶体时,弹坑系数 H_t/d_t 首先随撞击速度 u_p 的增大而增大;当撞击速度 u_p 增大到一定值时弹坑系数 H_t/d_t 存在极值(可大于 1);在此之后,弹坑系数 H_t/d_t 随撞击速度 u_p 的增大而减小,最终趋近于 0.5。这表明,在弹体破碎之前,主要体现为纵向侵彻效应;而弹体破碎之后,横向扩孔效应则更为显著。当密度和强度相对较低的弹体侵彻密度和强度相对较高的靶体时,弹坑系数 H_t/d_t 一直随撞击速度 u_p 的增大而增大,但增大的幅度逐渐趋缓,最终趋近于 0.5。这表明,密度和强度相对较低的弹体更容易变形和破碎,使弹坑系数 H_t/d_t 始终较小,即弹坑深度比直径小得多,撞击速度 u_p 较低时弹坑呈浅碟形;随着撞击速度 u_p 的增加,靶体发生破碎,弹坑系数 H_t/d_t 的进一步增大最终使弹坑的深度与半径相当。当弹、靶材料的密度和强度相当时,介于上述两种情况之间。综合以上分析,无论什么样的弹-靶组合,在超高速碰撞条件下,弹坑的形状系数都趋近于 0.5,也就是说,$H_t/d_t = 0.5$ 代表了标准的粒子超高速侵彻的弹坑形状。

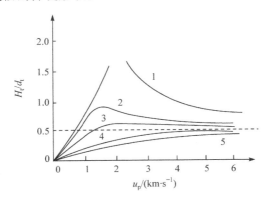

图 3.7.3 不同弹-靶材料的弹坑形状系数与撞击速度的关系
1. 钢-铝;2. 钢-铜;3. 铜-铜;4. 铝-铝;5. 铝-钢

弹坑的体积 V_t 与弹体动能 E_p 成线性正比关系,即

$$V_t = kE_p \tag{3.7.1}$$

式中,k 为比例系数,主要取决于弹、靶材料的冲击阻抗和强度,其值在 0.5~

2.0kJ/cm³ 之间。

设弹体为球形,半径为 R_p、密度为 ρ_p、撞击速度为 u_p;弹坑为半球形,即 $H_t/d_t = 0.5$。则

$$E_p = \frac{2\pi}{3}\rho_p R_p^3 u_p^2 \tag{3.7.2}$$

$$V_t = \frac{2\pi}{3}H_t^3 \tag{3.7.3}$$

把上面二式代入到式(3.7.1),得

$$H_t = k^{1/3}\rho_p^{1/3}R_p u_p^{2/3} \tag{3.7.4}$$

该式表明,超高速粒子侵彻的弹坑尺寸与撞击速度的 2/3 成正比。

基于量纲分析与实验,可获得超高速粒子侵彻深度的经验公式。如孙庚辰[24]给出

$$\frac{H_t}{D_p} = 0.274\left(\frac{\rho_p}{\rho_t}\right)^{0.725}\left(\frac{\rho_t u_p^2}{\sigma_{st}}\right)^{1/3} \tag{3.7.5}$$

式中,D_p 为弹体直径;σ_{st} 为靶板材料的强度极限;单位为国际统一单位制。Sedgwick[25] 等给出

$$\frac{H_t}{D_p} = 0.482\left(\frac{u_p}{c_t}\right)^{0.576}\left(\frac{\rho_p}{\rho_t}\right)^{0.537}\left(\frac{\rho_t c_t^2}{\sigma_{st}}\right)^{0.235} \tag{3.7.6}$$

式中,c_t 为靶体材料声速;采用国际统一单位制。

3. 超高速长杆弹侵彻

超高速长杆弹的侵彻包含了完整的四个侵彻阶段,即开坑、稳定(定常)侵彻、成坑以及恢复阶段,这里仅讨论占总侵彻深度大部的稳定(定常)侵彻阶段。设超高速长杆弹体进入稳定侵彻阶段的弹长为 L_p,速度为 u_p,碰撞点的靶体速度为 u_t且保持恒定。这样就可以把坐标系固定在碰撞点上并以恒定的速度 u_t 运动,从而转化为定常问题,坐标系的建立如图 3.7.4 所示。

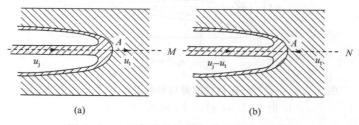

图 3.7.4　超高速长杆侵彻的坐标系示意图

(a) 绝对坐标系;(b) 相对坐标系

在超高速侵彻条件下,有理由假设弹体和靶体均为理想不可压缩流体,从而有

Bernoulli 方程存在。对于图 3.7.4 描述的流动过程，Bernoulli 方程为

$$p_{0\mathrm{p}} + \frac{1}{2}\rho_\mathrm{p}(u_\mathrm{p} - u_\mathrm{t})^2 = p_{0\mathrm{t}} + \frac{1}{2}\rho_\mathrm{t}u_\mathrm{t}^2 \tag{3.7.7}$$

式中，$p_{0\mathrm{p}}$ 和 $p_{0\mathrm{t}}$ 分别为弹体和靶体的静压力。相对于动压，流体静压是小量，有理由忽略。于是有

$$\frac{1}{2}\rho_\mathrm{p}(u_\mathrm{p} - u_\mathrm{t})^2 = \frac{1}{2}\rho_\mathrm{t}u_\mathrm{t}^2 \tag{3.7.8}$$

由式(3.7.8)可得到

$$u_\mathrm{t} = \frac{u_\mathrm{p}}{1 + \sqrt{\rho_\mathrm{t}/\rho_\mathrm{p}}} \tag{3.7.9}$$

弹长为 L_p 时，侵彻时间为

$$t = \frac{L_\mathrm{p}}{u_\mathrm{p} - u_\mathrm{t}} \tag{3.7.10}$$

侵彻深度为

$$H_\mathrm{t} = u_\mathrm{t}t = L_\mathrm{p}\sqrt{\frac{\rho_\mathrm{p}}{\rho_\mathrm{t}}} \tag{3.7.11}$$

由式(3.7.11)可以看出，对于超高速长杆弹体的定常侵彻，侵彻深度分别与弹体长度和弹、靶密度之比的平方根成正比，与其他因素无关，这也反映了超高速侵彻的流体动力学本质。式(3.7.11)的计算结果并不等于从碰撞开始到最终结束的总侵彻深度，因为没有包括开坑、成坑以及恢复阶段的侵彻效应。

3.7.2　中厚靶

超高速弹体撞击有限厚度的靶板，当靶板背面的反射稀疏波效应显著或不能忽略时，属于中厚靶超高速侵彻的范畴。

超高速弹体对中厚靶的侵彻初期，与半无限靶的侵彻现象类似。但当强冲击波到达靶板背面时，瞬时反射稀疏波，从而异于半无限靶侵彻的后期阶段。如图 3.7.5 所示，靶板背面反射的稀疏波与冲击波相互作用后，在靶板中产生拉伸应力，当某点或某一局部区域的拉伸应力超过材料的动态拉伸强度时，部分靶板材料形成碎片向后飞散，即出现所谓的层裂现象。若靶中的冲击波做够强，第一次层裂后，在新的靶板背面还会出现第二次层裂、第三次层裂等。

若超高速侵彻在靶板的正面产生的弹坑深度达到靶板的厚度 2/3 时，弹坑底部接近层裂表面，于是在靶板上形成通孔，形成贯穿破坏。对于一定厚度 T 的靶板，由式(3.7.4)可得到临界穿透速度的计算公式

$$u_\mathrm{pl} = \frac{2\sqrt{2}}{3\sqrt{3}}\frac{T^{3/2}}{k^{1/2}\rho_\mathrm{p}^{1/2}R_\mathrm{p}^{3/2}} \tag{3.7.12}$$

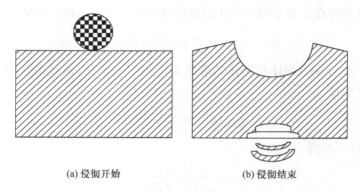

(a) 侵彻开始　　　　　　　　　　(b) 侵彻结束

图 3.7.5　超高速弹体侵彻中厚靶示意图

3.7.3　薄靶

　　当超高速弹体撞击厚度小于或等于弹体特征尺寸的薄靶板时,靶板中形成的冲击波很快到达背部的自由表面,且反射为稀疏波,在入射冲击波和反射稀疏波的共同作用下,使靶板材料以碎片形式被高速抛出。同时,弹体中传播的冲击波和弹体侧表面和后表面反射的稀疏波使弹体碎裂,形成固体颗粒且熔融和汽化,除一小部分反向喷射外,大部分与靶体碎片一起向前抛出,形成所谓的"碎片云"[26,27],如图 3.7.6 所示。在碎片云的形成过程中,靶板孔壁不断沿径向向外扩展,但扩展速率迅速减小,在孔径达到几倍半径时,孔壁扩展停止。

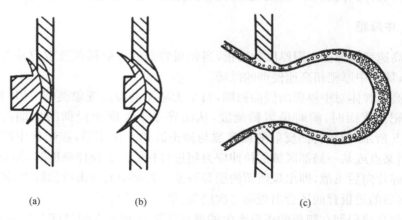

(a)　　　　　　　　　　(b)　　　　　　　　　　(c)

图 3.7.6　碎片云形成过程示意图

(a) 撞击初期;(b) 碎裂时刻;(c) 形成碎片云

　　超高速粒子撞击薄靶的研究,对空间飞行器的防护结构设计极具意义和实用价值。在空间飞行器主体结构外设置薄防护板,当空间碎片、陨石和流星等撞击薄防护板时,穿透薄板形成碎片云后再冲击主体结构,由于能量的消耗以及碎片云扩大了接触面积,从而可起到非常好的防护作用。通过模拟试验表明,在相同单位面积质量条件下,带有薄防护板的双层结构比单层结构的防护能力提高 7 倍以上[28]。

参 考 文 献

[1] 隋树元,王树山. 终点效应学[M]. 北京:国防工业出版社,2000.

[2] 钱伟长. 穿甲力学[M]. 北京:国防工业出版社,1984.

[3] (美)陆军装备部. 王维和,李惠昌译. 终点弹道学原理[M]. 北京:国防工业出版社,1988.

[4] Christman D R,Gehring J W. Analysis of high-velocity projectile penetration mechanics[J]. J. Appl. Phys. ,1966,37(4):1579-1587.

[5] Tate A. Theory for the deceleration of long rods after impact[J]. J. Mech. Phys. Solids,1967,15(6):387-389.

[6] Tate A. Further results in the theory of long rod penetration[J]. J. Mech. Phys. Solids,1969,17(3):141-150.

[7] Dienes J K and Walsh J M. High Velocity Impact Phenomena[M]. (Edited by Ray Kinslow),Acad. Press,New York,1970:45-104.

[8] Eichelberger R J,Gehring J W. Effects of meteoroid impacts on space vehicles[J]. American Rocket Society Journal,1962,23:1583.

[9] U. S. Army Ballistic Research Laboratories. A penetration equations handbook(joint technical coodination group)[R]. Aberdeen Proving Ground,Maryland,1977.

[10] Kornhauser M. Structural Effects of Impact[M]. Spartan Books,1964.

[11] Sorenson N R. Systematic investigation of crater formations in metals[C]//Proceedings of the 7th Hypervelocity Impact Symposium. 1964,6:281-325.

[12] Poncelet J V. Cours de mécanique industrielle,professé de 1828 à 1829,par M[J]. Poncelet,2e partie. Leçons rédigées par M. le capitaine du génie Gosselin. Lithographie de Clouet,Paris,(sd),1827,14.

[13] 北京工业学院八系《爆炸及其作用》编写组. 爆炸及其作用(下册)[M]. 北京:国防工业出版社,1979.

[14] Bethe H. Report No. UN-41-4-23 Frankford arsenal[R]. Ordnance Laboratory,1941.

[15] Taylor G I. The formation and enlargement of a circular hole in a thin plastic sheet[J]. Q. J. Mech. Appl. Math. ,1948,1:103-124.

[16] Thomson W T. An approximate theory of armor penetration[J]. J. Appl. Phys. ,1955,26:80-82.

[17] Recht R F,Ipson T W. Ballistic penetration dynamics[J]. J. Appl. Mech. Trans. ASME,Ser. E,1963,30:384-390.

[18] Lee H E,Tupper S J. Analysis of plastic deformation in a steel cylinder striking a rigid target[J]. J. Appl. Mech. ,1954,21:63.

[19] Bishop R F, Hill R and Mott N F. The theory of indentation and hardness tests[C]//Proc. Phys. Soc. (London), 1945, 57: 147.

[20] Goodier N. On the mechanics of indentation and cratering in solid targets of starin-hardening metal by impact of hard and soft spheres [C]//Proc. 7th Symp. Hypervelocity Impact, Vol. Ⅲ, AIAA, J. , 1965.

[21] Bernard R S, Hanagud S V. Tech. Rpt. S-75-9[R]. U. S. Army Corps of Engineers of Waterways Experiment Station, Vicksburg, Mississippi, 1975.

[22] 高世桥, 刘海鹏, 金磊, 牛少华. 混凝土侵彻力学[M]. 北京: 中国科学技术出版社, 2013.

[23] 张守中. 爆炸与冲击动力学[M]. 北京: 兵器工业出版社, 1992.

[24] 孙庚辰, 谈庆明, 赵成修, 葛学真. 金属厚靶的超高速碰撞开坑实验[C]. 爆炸力学进展-第四届全国爆炸力学学术会议论文集, 1990.

[25] Sedgwick R T, Hageman L J, Herrmann R G. Numerical investigations in penetration mechanics[J]. Int. J. Engng. Sci. , 1978, 16: 859-869.

[26] 马晓青, 韩峰. 高速碰撞动力学[M]. 北京: 国防工业出版社, 1998.

[27] 张庆明, 黄风雷. 超高速碰撞动力学引论[M]. 北京: 科学出版社, 1998.

[28] 宁建国, 王成, 马天宝. 爆炸与冲击动力学[M]. 北京: 国防工业出版社, 2010.

第4章 杀伤效应

杀伤效应也称为破片效应,是存在和应用范围广、研究历史悠久和最具代表性的终点效应问题之一。关于杀伤效应和破片的概念已在第一章进行了阐述,破片对目标的毁伤机理也在第二章给出了说明。破片具有速度高、质量小、数量多和覆盖范围大等特点,通常由金属壳体在内部炸药装药爆炸作用下猝然解体而产生,也可延伸到球形、连续杆、离散杆等多种形式的预制破片。绝大多数弹药/战斗部都会形成破片,通常把以破片为主要毁伤元素或以杀伤效应为主体的弹药/战斗部称为杀伤弹药/战斗部或破片弹药/战斗部。本章从炸药装药爆轰驱动金属壳体的能量释放与转化机理出发,主要介绍壳体破裂与破片形成机理、破片控制原理与方法、基于能量守恒原理的破片初速预测理论以及破片散飞和杀伤威力评估等方面的基本知识,可用于杀伤弹药/战斗部的工程设计以及威力性能的分析与评估。

4.1 爆轰驱动金属壳体的能量释放与转换

4.1.1 炸药爆轰与能量释放

常规弹药/战斗部爆炸产生具有毁伤功能的破片,一般经历炸药爆轰、高温高压爆轰产物驱动金属壳体膨胀与破碎以及破片形成与散飞等物理过程,期间炸药爆轰所释放能量的一部分转换为破片的动能。从物理和力学本质上看,破片的形成是一个典型的爆轰驱动与加速金属问题。

在炸药等含能材料介质中发生的化学反应波以冲击波形式超音速、自持稳定传播并急剧释放大量热量的现象,称为爆轰,又称为爆震。这种超音速、自持稳定传播的化学反应冲击波称为爆轰波,通过爆轰波的传播,原始炸药介质转变为可看作气体的高温高压爆轰产物。炸药爆轰具有三个基本特征:第一是过程的自持性和高速性,即炸药的化学反应独立完成,基本不受边界和环境干扰,且反应速率和传播速度极快,时间尺度为 10^{-6} s 量级;第二是放热及释放瞬时性,炸药爆轰在极短的时间内释放出热量,因而具有极高的能量密度或功率,这是其具有极强破坏作用的根本原因,单位质量炸药所释放出的热量称为爆热;第三是生成大量的高温高压类似于气体的爆轰产物,巨大的压差使其急剧膨胀,成为爆轰能量传递的工质,也能够对周围介质产生直接的破坏作用。

炸药爆轰的这些基本特征是其成为武器弹药毁伤能源的物理基础和根本原

因,也使其在民用领域得到广泛应用。炸药爆轰释放的能量及其高功率做功能力之所以被利用,归根结底在于能量的瞬时释放特性,使爆轰产物立即加热到数千 K 的高温,并在爆轰产物中产生数十 GPa 的高压,导致爆轰产物急剧膨胀、传递能量和做功。

　　19 世纪 80 年代初,爆轰现象最早由法国人 Berthelot 与 Vieille[1,2] 和 Mallard 与 Lechatelier[3] 各自独立发现并定义,他们在研究管道内气体燃烧和火焰传播时发现火焰的传播速度存在低速(亚音速,每秒厘米~米级)和高速(超音速,每秒百米~千米级)两种截然不同的情况,把后一种定义为[4]“迅速而激烈的燃烧形式”,即爆轰(detonation)。

　　19 世纪末和 20 世纪初,Chapman[5] 和 Jouguet[6,7] 各自独立地提出了一个简单然而令人信服的假定:认为爆轰的化学反应在一个无限薄的间断面上瞬时完成(CJ 假定)并释放出热量,原始炸药转化为爆轰产物。这样一来,就可将化学反应的作用如同一个外加能源反映到流体力学方程中,流体力学的质量、动量和能量守恒方程可以跨过间断面(爆轰波阵面)而建立。这样就诞生了最早的建立在流体力学和热力学基础上的较为严格的爆轰理论—CJ 理论。CJ 理论的关键不仅在于上述 CJ 假定和流体力学方程的建立,还在于提出了爆轰波能够自持传播的约束条件—CJ 条件。所谓 CJ 条件,是指爆轰波阵面后方的状态用对应动量守恒的 Rayleigh 线和能量守恒的 Hugoniot 线的切点来描述,或直观地表述为波阵面后方的流动速度等于声速。由 CJ 条件可得到 CJ 方程,结合流体力学三个守恒方程,再加上爆轰产物的状态方程,就构成了描述爆轰的封闭方程组。尽管 CJ 理论只是关于定常爆轰的非常理想化的理论,但它无疑是成功的。在当时,应用 CJ 理论并基于理想气体状态方程,对气体爆轰的爆速计算值与实测值相差只有 1%~2%。CJ 理论第一次给出了爆轰的物理模型和数学模型,反映了爆轰是化学反应冲击波传播过程这一本质,从而奠定了爆轰理论研究的基础,具有划时代意义。

　　CJ 理论之后,爆轰理论又一里程碑意义的发展出现于 20 世纪 40 年代初,前苏联的 Zeldovich[8]、美国的 Von Neumann[9] 和德国的 Doering[10] 考虑到爆轰的化学反应速率不可能无穷大,也不可能在一个无限薄的间断面上瞬时完成,于是各自独立提出了相同的描述爆轰波基本结构的模型,称为 ZND 模型。ZND 模型的基本表述为:未反应的炸药介质首先受前导冲击波的预压作用达到高温、高密度,再经过一个化学反应区达到终态;前导冲击波被看成无化学反应的一维平面间断,并假设反应区内的流动是一维的;在化学反应区内,化学反应以有限的反应速率并以单一向前的方式进行,在每一个断面都处于化学反应平衡态,一直到反应完成。对于这样的爆轰波结构模型,反应区内任一点的状态与前方未反应的物质由守恒定律相联系,其状态方程用该点的反应度来估计,反应区终端的状态与 CJ 理论的 CJ 状态相一致,这样在与前导冲击波相联系的坐标系内,欧拉流体力学方程在整个反应区内存在定常解。ZND 模型第一次给出了正确的爆轰波基本结构,阐明了化学反应触发机制并考虑了化学反应动力学过程,成为现代爆轰理论研究的基石。

符合 CJ 理论和 ZND 模型的爆轰,称为理想爆轰,其他均为非理想爆轰。事实上,炸药爆轰的化学反应能量释放并不一定全部在爆轰波阵面上完成,也可能在爆轰产物膨胀过程中继续进行化学反应并放热。对于在爆轰波阵面上完成化学反应并释放全部能量的炸药,称为理想炸药;对于在爆轰波阵面上释放部分能量,在爆轰产物中仍存在化学反应并继续放热的炸药,称为非理想炸药,通常的含铝炸药属于典型的非理想炸药。理论上,爆轰波阵面上释放的能量对爆轰本身是一种直接贡献和主要决定性因素,而非理想炸药在爆轰产物膨胀过程中释放的能量对于毁伤来说仍然是有效能量,且合理利用非常有意义。理想炸药和非理想炸药爆轰的不同能量释放方式影响最终的能量转换结果,产生不同的力学效应和毁伤效应,因此理想炸药和非理想炸药的应用方向有所不同。

炸药的爆轰性能主要通过五个标志性参数描述,即爆热 Q_v、爆速 D、爆压 p、爆温 T 和爆容 V,这五个爆轰参数之间并不独立,相互之间存在关联关系。对于理想炸药,可通过理想爆轰理论建立起各爆轰参数之间的联系;对于非理想炸药,由于其爆热 Q_v 包含了爆轰产物中的放热,无法通过理论和试验得到波阵面上释放的热量,所以也就不能通过理想爆轰理论依据爆热对其他爆轰参数进行求解。

爆热代表了炸药爆轰所释放的能量水平,是炸药实现其本征功能的物质基础。爆速反映了爆轰进程的快慢和爆轰能量的释放速率,是炸药能量发挥与利用的核心影响因素。一般说来,爆速越高的炸药其能量发挥和利用效果越好。除此之外,爆速也决定产物的生成速率,高爆速条件下产物的初始压力即 CJ 爆压更高,相当于爆轰产物具有更大的压力势能,因此高爆速、高爆压炸药的驱动和对外做功能力更强。爆温一定程度代表了爆轰产物的内能,主要由爆热所决定,在爆轰产物膨胀和驱动过程中可向产物动能转化,对爆轰驱动有一定贡献。爆容代表能量传递工质的多少,爆容大意味着动能转化效率更高。

综上所述,炸药的性能或实现其本征功能的能力主要由爆热和爆速所决定,两者分别决定了释放能量的大小和释放速率,爆压、爆温和爆容是导出量,主要体现对能量转换方式和转换效率的影响。至此,不能不提到装药密度,同种炸药的装药密度不同,其爆热和爆速也不同。通常情况下装药密度越大、爆热和爆速也越高,这可能是因为其偏离结晶密度和有空气等杂质存在,使化学反应机制发生变化所致。装药密度可以看作炸药爆轰的一种初始条件或前提条件,某种程度上决定了炸药实际发生的爆轰行为。由此可见,炸药性质和装药密度是炸药爆轰以及实现其功能、体现其能力的内因之一。

严格意义上说,上述观点和认识主要是针对理想炸药和理想爆轰而言的。对于非理想炸药,其释放的总能量分成两部分,一部分在爆轰波阵面上释放,另一部分在爆轰产物膨胀过程中释放,在爆轰波阵面上释放能量的效用可参照理想炸药,而在爆轰产物中释放的能量则有所不同。爆轰产物中释放的能量可起到维持产物压力和温度或减缓下降趋势的作用,对于毁伤来说仍然是有效能量,但若用于驱动金属,由于时间尺度和壳体破裂等原因,这部分能量并不能得到充分利用。非理想炸药若用于爆破效应,则有其优越之处,如空气中爆炸可显著提高爆炸冲击波的正压区作用时间和比冲量,水中爆炸除提高冲击波正压区作用时间和比冲量外,可使脉动气泡拥有更大的能量而使二次压力波、振荡冲击水流和水射流效应等得到增强。

4.1.2　爆轰释放能量向破片动能的转换

1. 爆轰产物状态方程

炸药爆轰驱动金属的实质,是炸药爆轰释放的能量以爆轰产物为工质传递给金属,总能量的一部分转化为金属动能,使金属得到加速,因此有必要首先讨论爆轰产物的状态方程。

爆轰产物在膨胀过程中完成对金属的驱动和加速以及产物能量向金属动能的转换,根据牛顿定律,金属获得的速度和动能取决于产物膨胀过程的初始压力及其变化历程,产物的初始压力由炸药的爆轰性能决定,而压力的变化则依赖于产物的状态方程。基于热力学基本理论,处于平衡态的热力学系统其状态参量只有两个是独立的,其他任意一个参量都可以表示成两个独立参量的函数,这样的函数关系就构成了状态方程。如假设为等熵膨胀,状态方程就只包含两个状态量,互为自变量和函数关系,如常温下的理想气体等熵状态方程:$pv^k=$常数,其中 p 和 v 分别为压力和比容(单位质量的体积),k 为常数并称为等熵指数。事实上,爆轰产物膨胀过程极为迅速,状态参量变化往往跨越几个数量级,时时保持热力学平衡态几乎是不可能的。然而在现有的理论和技术水平条件下,仍然不得不采用热力学平衡假定,通过状态方程描述产物压力所遵循的演化规律,并基于此研究爆轰产物驱动金属及产物能量向金属动能转换等问题。

寻找炸药爆轰产物状态方程的合理形式最早可以追溯到上世纪 40 年代,在已获得的大量爆轰产物状态方程中,大致来源于两种途径并分成两类:一类是纯理论形式,即完全从一定假设出发而不依赖于炸药爆轰试验数据,对发展和构建状态方程体系具有理论意义和学术价值,如凝聚相炸药爆轰产物的多方指数状态方程[11]、VLW 状态方程[12]等;另一类则主要依赖于试验数据,属于经验或半理论半经验形式,如 BKW 状态方程[13]、JWL 状态方程[14]等。

凝聚相炸药爆轰产物的多方指数状态方程,也称为 γ 律状态方程的形式为

$$p=Kv^{-\gamma}=K\rho^{\gamma}$$

(4.1.1)

式中 p、v 和 ρ 分别为压力、比容和密度,K、γ 为常数,其中 γ 称为多方指数。在爆轰产物膨胀过程中,γ 不可能保持恒定,在膨胀初期,压力高、密度大,γ 指数接近3;但随着不断膨胀,压力和气体密度下降,γ 要减小,逐步接近空气的等熵指数。为了克服这种不足,有人曾建议将多方指数方程变成三段式状态方程,即高压段取 $\gamma=3$,中压段取 $\gamma=2$,而在低压段一般 γ 取 $1.4\sim1.1$ 之间。然而这三个阶段具体如何划分和划分依据,目前并没有明确说法。

JWL 状态方程形式为

$$p=Ae^{-R_1\lambda}+Be^{-R_2\lambda}+C\lambda^{-(1+\omega)} \tag{4.1.2}$$

式中,p 和 λ 分别为压力和相对比容,即 $\lambda=v/v_0$,v_0 为初始比容;ω、A、B、C 和 R_1、R_2 均为试验标定常数。JWL 状态方程参数主要通过标准圆筒试验[15]结合数值模拟符合性计算获得,因此与具体的炸药和装药条件一一对应,同种类炸药因炸药配方及工艺流程的不同,JWL 状态方程参数也可能存在不小的差别。

2. 爆轰产物膨胀的平均压力

从炸药的能量释放和金属动能转换的过程可以看出,金属所获得的动能既和爆轰产物的能量水平相关,也和爆轰产物的膨胀过程有关。在炸药爆轰驱动金属加速的能量转换的热力学系统中,高温高压爆轰产物的能量体现为产物内能。金属壳体在爆轰产物作用下随之膨胀并不断加速获得动能,壳体膨胀到一定程度发生破裂形成破片,这时产物内能向金属动能的转换已完成大部,在此之后的一定时长内仍继续加速破片和进行能量转换,直至与环境空气的阻力作用抵消为止,破片最终的动能将决定其毁伤能力。

炸药爆轰形成高压的爆轰产物气体,巨大的压差导致其急剧膨胀,推动并加速与其接触的金属壳体运动。根据牛顿定律,产物压力和金属的速度变化如下式

$$p=m\frac{\mathrm{d}v}{\mathrm{d}t}=mv\frac{\mathrm{d}v}{\mathrm{d}r} \tag{4.1.3}$$

式中,p 和 m、v、t、r 分别表示产物压力和金属的面密度(单位面积上的质量)、速度、运动时间、位移。

从式(4.1.3)可以看出,爆轰产物某一时刻的压力越高则金属的加速度越大。在爆轰产物膨胀驱动金属加速运动的过程中,压力随比容的增大而减小,尽管加速度在不断减小,但速度却持续增大。爆轰产物压力依据状态方程而变化,产物膨胀到一定比容时的平均压力反映这一时段炸药爆轰驱动金属加速的能力,定义为驱动压力,以 $\bar{p}$ 表示,其表达式为

$$\bar{p}=\frac{1}{v-v_0}\int_{v_0}^{v}p\mathrm{d}v \tag{4.1.4}$$

式中,v_0 和 v 分别为爆轰产物初始比容和膨胀过程中的比容。采用多方指数状态

方程描述爆轰产物膨胀规律并引入相对比容 $\lambda = \nu/\nu_0$，由式(4.1.4)结合式(4.1.1)可得到

$$\bar{p}(\lambda) = \frac{1}{\lambda - 1} \int_1^\lambda p \mathrm{d}\lambda = \frac{p_0}{(\gamma - 1)(\lambda - 1)}(1 - \lambda^{-\gamma + 1}) \tag{4.1.5}$$

同理，若采用 JWL 状态方程描述爆轰产物膨胀规律，由式(4.1.4)结合式(4.1.2)得到

$$\bar{p} = \frac{1}{\lambda - 1} \int_1^\lambda p \mathrm{d}\lambda = \frac{1}{\lambda - 1}\left[\frac{A}{R_1}(\mathrm{e}^{-R_1} - \mathrm{e}^{-R_1\lambda}) + \frac{B}{R_2}(\mathrm{e}^{-R_2} - \mathrm{e}^{-R_2\lambda}) + \frac{C}{\omega}(1 - \lambda^{-\omega})\right]$$

$$\tag{4.1.6}$$

3. 爆轰产物驱动金属的能量转换

爆轰产物驱动金属的加速与运动，本质上是一种伴随能量转换的力学过程，炸药爆轰释放出的化学能以爆轰产物为载体和传递工质，通过爆轰产物的膨胀，部分地转化为金属的动能，期间也包含着产物内能向产物动能的转化等。事实上，高压爆轰产物的急剧膨胀首先在产物与金属界面处形成冲击波，冲击波在金属中以应力波的形式传播，这无疑会造成一定的非动能消耗；此外，金属壳体运动推动空气也会消耗一定能量。为简化对问题的分析和处理，不妨假定：

（1）炸药瞬时定容爆轰，忽略爆轰驱动过程中的金属应力波能和变形能以及壳体推动空气的能量耗散；

（2）整个膨胀和驱动过程绝热，与外部环境没有热交换；

（3）爆轰产物等熵膨胀并遵循状态方程。

基于上述假定和热力学第一定律，可建立密闭条件下爆轰产物膨胀以及驱动金属加速和运动过程的能量守恒方程

$$\Delta U = W = E_\mathrm{g} + E_\mathrm{m} \tag{4.1.7}$$

式中，ΔU 为爆轰产物内能变化的绝对值；W 为爆轰产物膨胀做功的绝对值；E_g 和 E_m 分别为爆轰产物动能和金属动能。

在金属壳体破裂之前，爆轰产物的能量转换可近似认为一直按式(4.1.7)进行。当金属壳体破裂后，一定时间范围内爆轰产物仍对金属壳体具有加速作用，直至与空气的阻力作用相平衡为止，与此同时爆轰产物的能量还向金属壳体以外的介质（空气）传递并转换为空气冲击波能。金属壳体破裂后的能量转换十分复杂，试图从解析的角度求解最终的金属动能是十分困难的。然而，不考虑金属壳体的破裂因素，建立基于爆轰产物和金属壳体膨胀进程的能量转换模型，对爆轰驱动金属能量转换的进程进行理论分析与近似计算，仍然具有理论意义和工程实用价值。

由热力学第一定律

$$\Delta U = W = -\int_{\nu_0}^{\nu} p \mathrm{d}\nu \tag{4.1.8}$$

若采用多方指数状态方程式(4.1.1),由式(4.1.8)可得到

$$\Delta U = \frac{p_0 \nu_0}{\gamma - 1}(1 - \lambda^{-\gamma + 1}) \tag{4.1.9}$$

进一步,可得到

$$\Delta U = \frac{p_0 \nu_0}{\gamma - 1}\left[1 - \left(\frac{R}{R_0}\right)^{n(-\gamma + 1)}\right] \tag{4.1.10}$$

式中,R_0、R 分别为炸药初始装药"半径"和依爆轰驱动进程的产物膨胀"半径";n 为装药形状系数,$n = 1$、2、3 分别表示无限大平板、无限长圆柱和球形装药结构。

若采用 JWL 状态方程式(4.1.2),由式(4.1.8)可得到

$$\Delta U = \nu_0\left[\frac{A}{R_1}(e^{-R_1} - e^{-R_1\lambda}) + \frac{B}{R_2}(e^{-R_2} - e^{-R_2\lambda}) + \frac{C}{\omega\lambda^{\omega}}(\lambda^{\omega} - 1)\right] \tag{4.1.11}$$

由式(4.1.9)和式(4.1.11)可以看出,爆轰产物内能的一部分转变为爆轰产物动能和金属动能,能量转换的多少取决于爆轰产物的初始压力、装药密度(或比容)以及金属壳体破裂的影响等。另外,选择不同的爆轰产物状态方程形式,会得到不同的结果。多方指数状态方程是一种理想化的状态方程形式,而 JWL 状态方程通过试验标定得到,显然采用 JWL 状态方程更接近实际。多方指数状态方程形式简单、通用性好,不需要针对具体炸药配方和装药条件通过试验标定相应的多个状态方程参数,因此用于定性分析和粗略计算仍然是有意义的。

取爆轰产物动能和金属动能之和 $E_k = E_g + E_m$,并定义为驱动能量,显然 $E_k = \Delta U$。驱动能量 E_k 既与装药爆轰释放的总能量有关,也与爆轰产物状态方程和膨胀规律有关,其中前者由炸药装药的爆轰性能所决定,后者则取决于爆轰产物状态方程的具体形式。当不考虑金属壳体破裂时或在金属壳体破裂之前,爆轰产物的能量转换一直按式(4.1.7)进行。若考虑金属壳体的破裂,破裂时刻越晚,E_k 越大,转换为金属动能的比例越高。实际上,E_k 正是本章 4.4 节 Gurney 公式中所定义的 Gurney 能的本质,其实质就是炸药爆轰释放能量转换为产物动能和金属动能的那一部分。在 Gurney 公式中,关于 E_k 中的 E_g 和 E_m 的比例和分配,通过爆轰产物速度"线性分布"假设,给出了一种巧妙又合理的解决方案。由于爆轰产物内能 U 的绝对值无法确定,且难以获得真实的爆轰产物等熵状态方程以及据此对 ΔU 进行精确求解,所以试图通过纯理论精确计算出 E_k 或 Gurney 能几乎是不可能实现的。因此,工程上一般设定标准的装药结构和工况条件,即通过所谓"标准圆筒试验"获得特定条件下的 ΔU 或 E_k,并作为 Gurney 能的标称值用于表征炸药驱动和加速金属的能力。因此,通常意义上的炸药 Gurney 能是基于 Gurney 公式和"标准圆筒试验"的试验标定常数,与炸药类型和具体装药密度等条件相对应,由于是在标准试验条件下所获得,所以能够客观反映炸药装药驱动和加速金属能力的相对强弱。

4. p_0 的确定

以上关于爆轰驱动金属的能量转换分析,是基于瞬时爆轰假定并把多方指数状态方程或 JWL 状态方程作为等熵状态方程进行处理的。若依据式(4.1.5)、式(4.1.6)和式(4.1.10)、式(4.1.11)分析求解 $\overline{p}$ 和 E_k 或 ΔU,只需要知道 p_0 和 ν_0 就可以了,而 $\nu_0 = 1/\rho_0$,可视为已知参数。

在装药瞬时定容爆轰的假定条件下,存在[16]

$$Q_v = \frac{p_0 \nu_0}{\gamma - 1} \tag{4.1.12}$$

对于凝聚态炸药,基于理想爆轰的 CJ 理论和 ZND 模型,在多方指数状态方程的条件下,爆轰参数之间有如下关系[16]:

$$p_H = \frac{\rho_0 D^2}{\gamma + 1} \tag{4.1.13}$$

$$D = \sqrt{2(\gamma^2 - 1)Q_v} \tag{4.1.14}$$

式中,D 和 p_H 分别为 CJ 爆轰波的爆速和压力。

式(4.1.12)、式(4.1.13)和式(4.1.14)相结合,可得到

$$p_0 = \frac{1}{2} p_H = \frac{\rho_0 D^2}{2(\gamma + 1)} \tag{4.1.15}$$

式(4.1.12)和式(4.1.15)分别给出了依据爆热 Q_v 和爆速 D 确定 p_0 的近似计算方法,但由于是在理想爆轰和多方指数状态方程的条件下导出的,所以对于非理想炸药和非理想爆轰显然是不适用的。对于理想炸药和理想爆轰,基于多方指数状态方程无论采用爆热 Q_v 还是爆速 D 来确定 p_0,理论上结果都是一样的。但是,由于多方指数状态方程并不完全符合实际,因此依据式(4.1.14)由爆速 D 推定爆热 Q_v 或由爆热 Q_v 推定爆速 D,总是或多或少存在偏差。目前,理论上尚无法回答采用式(4.1.13)或式(4.1.15)确定 p_0 究竟哪一个更接近实际,工程上怎样处理都有一定的道理。

由式(4.1.5)、式(4.1.6)和式(4.1.9)、式(4.1.11)可以看出,装药密度 ρ_0(或比容 ν_0)和 p_0 基本决定了驱动压力 $\overline{p}$ 和驱动能量 E_k 的大小,因此装药密度和爆速越大,对金属的加速和驱动能力越强。然而,由于非理想炸药的爆轰化学反应能量既在波阵面上释放用于支持爆轰波,也在产物膨胀过程中继续释放起到减缓压力衰减的作用,且目前尚无法从理论或试验上实现对这两部分能量的界定,因此式(4.1.12)和式(4.1.14)对非理想炸药是不成立的,也就不能依据爆热 Q_v 确定 p_0,更不能依据爆热判定其对金属的驱动与加速能力。即使假定非理想炸药的爆轰波阵面仍然符合 CJ 理论和 ZND 模型,并依据爆速 D 由式(4.1.15)确定 p_0,但由于式(4.1.5)、式(4.1.6)和式(4.1.9)、式(4.1.11)是基于不显含化学反应的多

方指数状态方程和 JWL 状态方程所导出，无法反映爆轰产物膨胀过程中的化学反应和能量释放，因此据此进一步分析求解 $\bar{p}$ 和 E_k 或 ΔU 也是不可行的。

4.1.3　炸药驱动与加速金属能力的分析与评定

1. 爆轰产物膨胀过程的 $\bar{p}$ 和 E_k 分析

以几种理想炸药为例分析炸药瞬时爆轰后产物膨胀过程的 $\bar{p}$ 和 E_k，其中炸药参数以及爆轰产物多方指数和 JWL 状态方程参数示于表 4.1.1。采用式(4.1.5)、式(4.1.6)和式(4.1.9)、式(4.1.11)分别计算驱动压力 $\bar{p}$ 和驱动能量 E_k 并分析其随产物膨胀进程的变化规律，得到 $\bar{p}-\lambda$ 关系曲线和 $E_k-\lambda$ 关系曲线，如图 4.1.1 和图 4.1.2 所示。

表 4.1.1　炸药参数、多方指数和 JWL 状态方程参数[16,17]

炸药	$\rho_0/(\mathrm{g \cdot cm^{-3}})$	$D/(\mathrm{m \cdot s^{-1}})$	$\gamma^{[注]}$	A/GPa	B/GPa	C/GPa	R_1	R_2	ω
TNT	1.630	6930	2.86	371.2	3.23	1.045	4.15	0.95	0.30
RDX	1.794	8440	2.99	652.7	9.68	1.298	4.30	1.1	0.35
HMX	1.891	9110	3.08	778.2	7.07	1.232	4.20	1.0	0.30
Octol	1.821	8480	3.02	748.6	13.38	1.243	4.50	1.2	0.38
RDX/TNT	1.717	7980	2.93	524.2	7.68	1.082	4.20	1.1	0.34
CL-20	1.932	9060	3.12	1827.6	61.35	1.035	5.88	1.8	0.30

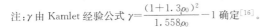

注：γ 由 Kamlet 经验公式 $\gamma=\dfrac{(1+1.3\rho_0)^2}{1.558\rho_0}-1$ 确定[16]。

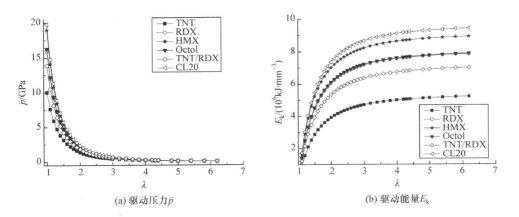

(a) 驱动压力 $\bar{p}$　　　　　　(b) 驱动能量 E_k

图 4.1.1　基于多方指数状态方程的 $\bar{p}$ 和 E_k 随产物膨胀的变化

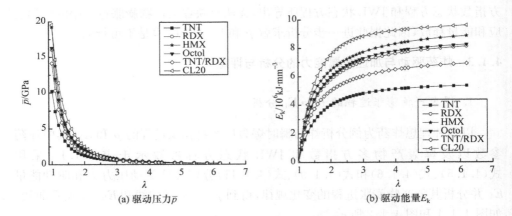

(a) 驱动压力 $\bar{p}$　　　　　　　　　　(b) 驱动能量 E_k

图 4.1.2　基于 JWL 状态方程的 $\bar{p}$ 和 E_k 值随产物膨胀的变化

由图 4.1.1 和图 4.1.2 可以看出,在爆轰产物膨胀过程中,各种炸药的 $\bar{p}$ 和 E_k 分别随 λ 的变化趋势基本一致,产物膨胀初期曲线斜率较大,表明驱动压力 $\bar{p}$ 快速减小、驱动能量 E_k 快速增大;随着产物的继续膨胀曲线趋于平缓,表明驱动压力 $\bar{p}$ 和驱动能量 E_k 的变化幅度逐渐变小;当膨胀体积比 λ 达到 6 左右或圆柱形装药的产物膨胀半径达到约 2.5 倍装药半径后,$\bar{p}$ 和 E_k 逐渐趋于不变。从这种角度看,标准圆筒试验采用延展性好的无氧铜作为壳体,其破裂半径约为 2.5 倍初始半径,因此基于此获得 Gurney 能具有科学性和合理性。比较图 4.1.1 和图 4.1.2 中的各曲线,可以看出相同的 λ 值时,CL-20 的 $\bar{p}$ 和 E_k 值均最大、HMX 次之,再结合表 4.1.1 的数据,可以很直观地看出,装药密度大和爆速高的炸药装药对金属的驱动和加速能力更强。

2. 炸药驱动与加速金属能力的表征与评定

为细致和定量分析不同炸药间驱动与加速金属能力的差别,以期为混合炸药配方设计与应用提供理论指导和依据,不妨以 TNT 炸药的驱动压力 $\bar{p}$ 值和驱动能量 E_k 为基准,将其他炸药 $\bar{p}$ 和 E_k 与 TNT 炸药 $\bar{p}$ 和 E_k 的比值分别记为 K_p 和 K_E。分别采用多方指数状态方程和 JWL 状态方程进行计算,得到了随产物膨胀进程变化的 K_p 和 K_E,绘制的 $K_p - \lambda$ 关系曲线和 $K_E - \lambda$ 关系曲线,分别如图 4.1.3 和图 4.1.4 所示。

由图 4.1.3 和图 4.1.4 可以看出,采用以上两种状态方程形式,以 TNT 为基准、其他炸药的 K_p 和 K_E 随膨胀进程的变化不大,变化曲线均接近为水平直线,膨胀初期的 K_p 和 K_E 值略大、随后基本保持不变。其中,采用 JWL 状态方程的 CL-20 炸药与其他炸药有一定差别,不排除因 CL-20 作为尚未广泛应用的新炸药,研究相对较少、其状态方程数据积累和精度不足所致。尽管如此,选取膨胀体积比 λ

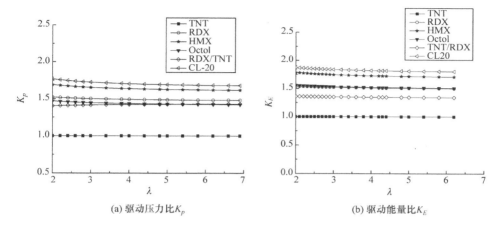

(a) 驱动压力比K_p (b) 驱动能量比K_E

图 4.1.3 基于多方指数状态方程的 K_p 和 K_E 随产物膨胀的变化

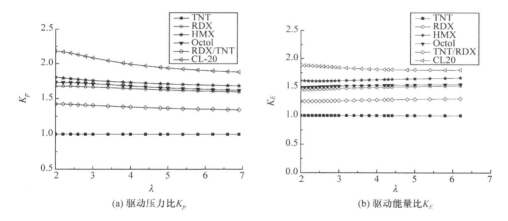

(a) 驱动压力比K_p (b) 驱动能量比K_E

图 4.1.4 基于 JWL 状态方程的 K_p 和 K_E 值随产物膨胀的变化

不小于 6 或圆柱形装药膨胀半径比不小于 2.5 的 K_p 和 K_E,完全可以用于炸药驱动与加速金属能力的定量表征与评定。选取典型的炸药装药,基于多方指数状态方程和 JWL 状态方程分别求得表征与评定其驱动与加速金属能力的 K_p 和 K_E 值,示于表 4.1.2。

表 4.1.2 典型炸药装药爆轰驱动与加速金属能力的定量计算结果($\lambda=6$)

炸药	ρ_0 /(g·cm⁻³)	D /(m·s⁻¹)	Q /(MJ·kg⁻¹)	多方指数状态方程		JWL 状态方程	
				K_p	K_E	K_p	K_E
TNT	1.630	6930	4.55	1	1	1	1
RDX	1.794	8440	5.98	1.40	1.50	1.33	1.52

炸药	ρ_0 /(g·cm^{-3})	D /(m·s^{-1})	Q /(MJ·kg^{-1})	多方指数状态方程		JWL 状态方程	
				K_p	K_E	K_p	K_E
HMX	1.891	9110	6.04	1.72	1.71	1.69	1.66
Octol	1.821	8480	5.46	1.54	1.54	1.63	1.55
RDX/TNT	1.717	7980	4.84	1.49	1.34	1.35	1.30
CL-20	1.932	9060	5.95	1.82	1.80	1.89	1.80

如前文所述,在多方指数状态方程和 JWL 状态方程之间,选择后者优于选择前者。另外,由于依据牛顿定律 K_p 更能直接反映爆轰产物对金属的驱动与加速作用,所以采用 K_p 比 K_E 进行表征与评定相对更为合理;K_E 包含了爆轰产物动能因素,但由于其与金属动能正相关,仍能间接反映炸药驱动与加速金属的相对能力,且 Gurney 能是炸药的基础数据之一,因此采用 K_E 进行表征与评定仍不失为一种有效和实用的方法。

4.2　爆轰驱动壳体破裂和破片形成机理

4.2.1　基本现象

如图 4.2.1 所示,最基本的杀伤战斗部结构主要由一定厚度的金属壳体和高能炸药组成,高能炸药爆炸后,壳体在爆轰产物作用下发生膨胀、变形、破裂乃至破碎。壳体破碎后形成分散的破片,爆轰产物溢出并包围破片,同时在空气中形成冲击波。在壳体破裂瞬时,爆轰产物对破片仍存在一定的加速作用,直到爆轰产物加速作用与空气阻力作用相互抵消为止。破片停止加速时,可视为战斗部内弹道过程结束,但是精确给定这一时刻和所处位置是很困难的。在此之后,由于爆炸冲击波传播速度衰减迅速,而破片速度衰减相对较慢,因此起初冲击波在前、破片在后,大致在 $10 \sim 20$ 倍装药半径处破片追赶上冲击波,之后破片在前、冲击波在后[18-20]。由此可见,破片的杀伤作用距离比冲击波和爆轰产物的杀伤作用距离大得多。

战斗部壳体的破裂过程是相当复杂的,可以通过脉冲 X 光摄影进行观测,图 4.2.2 是一种小口径弹丸爆炸过程的 X 光照片[20],弹丸起爆前的静止像如图 4.2.2(a)所示;起爆 $22.5\mu s$ 后,壳体膨胀到约 2 倍弹径,此时壳体上出现大范围裂缝;$45\mu s$ 时,壳体几乎全部形成破片,破片最远到达约 4 倍壳体半径处;$62.5\mu s$ 时,破片大约以 1000m/s 左右的速度向四周飞散。

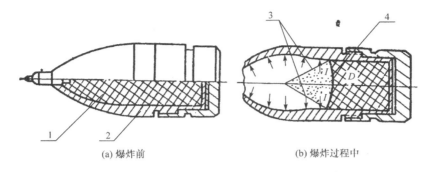

(a) 爆炸前   (b) 爆炸过程中

图 4.2.1 典型的杀伤战斗部结构与爆炸过程示意图

1. 炸药；2. 壳体；3. 稀疏波；4. 爆轰波

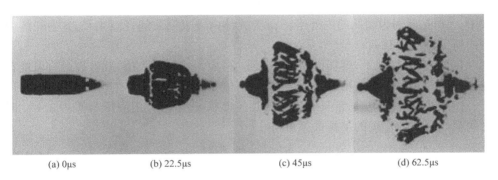

(a) 0μs   (b) 22.5μs   (c) 45μs   (d) 62.5μs

图 4.2.2 一种小口径炮弹爆炸过程的 X 光照片

4.2.2 静压破坏理论

杀伤战斗部通常可简化为一个承受内压等于爆轰产物压力的圆筒形容器进行相关分析,当压力超过壳体的屈服强度时,壳体产生拉伸或剪切破坏。拉伸破裂出现在垂直于主应力的平面上,剪切破裂则发生在最大剪应力方向。有关战斗部壳体内的应力分量如图 4.2.3 所示,由于圆筒上对称加载,应力分量 σ_r、σ_θ 和 σ_z 均为主应力。

假定容器内部为静加载,且壳体为弹性材料。根据单元体力的平衡关系,通过弹性应力应变规律,把应变表示为应力,建立二阶微分方程,便可得到应力解。当按平面应变处理时,其解为

$$\sigma_r = \frac{a^2 p}{b^2 - a^2}\left(1 - \frac{b^2}{r^2}\right) \tag{4.2.1a}$$

$$\sigma_\theta = \frac{a^2 p}{b^2 - a^2}\left(1 + \frac{b^2}{r^2}\right) \tag{4.2.1b}$$

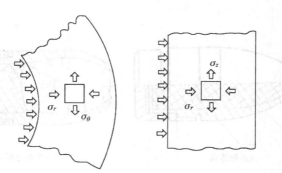

图 4.2.3　战斗部壳体内部的应力分量

$$\sigma_z = 0 \tag{4.2.1c}$$

式中，a 和 b 分别为圆筒的内外半径；r 为壳体内外表面之间任意半径；p 为壳体内表面所受静压力载荷。

可见，在静加载下，容器的内表面上 σ_r、σ_θ 应力达到最大值，故破裂最有可能首先出现于内表面。但在动载荷下，此结论可能是不正确的。

在战斗部壳体中，通常具有挠曲的几何形状，$\sigma_z \neq 0$；利用静压容器中 $\sigma_z \neq 0$ 时封闭端具有压力作用的平衡关系可得

$$\sigma_z = \frac{pa^2}{b^2 - a^2} \tag{4.2.2}$$

内表面和外表面上的 σ_θ 和 σ_z 关系分别为

$$\sigma_\theta |_{r=b} = 2\sigma_z \tag{4.2.3}$$

$$\sigma_\theta |_{r=a} > 2\sigma_z \tag{4.2.4}$$

于是，$\sigma_\theta > \sigma_z$。而 σ_θ 和 σ_z 均为拉应力，σ_θ 是最大的拉应力，所以拉伸破裂与 σ_θ 有关。由于拉伸破裂发生于垂直主应力的平面上，故初始拉伸破裂出现在径向，此结论无论对静压容器还是对战斗部壳体都是成立的。

最大剪应力迹线是相互正交的对数螺线，不管在弹性区还是在完全屈服的条件下，这些迹线都具有相同的形状。根据剪切破裂发生于最大剪应力平面的事实，来决定初始剪切破裂的具体方位，而初始剪应力由 $\tau_{\theta r}$、$\tau_{\theta z}$ 和 τ_{zr} 三者中最大一个剪应力决定。其中

$$\tau_{\theta r} = \frac{\sigma_\theta - \sigma_r}{2} \tag{4.2.5a}$$

$$\tau_{\theta z} = \frac{\sigma_\theta - \sigma_z}{2} \tag{4.2.5b}$$

$$\tau_{\theta r} = \frac{\sigma_z - \sigma_r}{2} \tag{4.2.5c}$$

由于 σ_θ 和 σ_z 为拉应力，σ_r 为压应力，σ_θ 大于 σ_z，因而 $\tau_{\theta r}$ 是最大的剪应力，故剪切破裂发生在与 σ_θ、σ_r 成 45°角的方向。这种计算初始剪切破裂方位的方法，无论对静压容器还是对战斗部内部的动力载荷都是适用的。

战斗部壳体的破裂形式与多种因素有关，首先是壳体的材料特性，其次壳体厚度也具有重要影响，具体的破裂形式的确定须依据一定的破裂准则。延性和脆性是一种与初始破裂形式有密切关系的材料特性。高脆性材料战斗部壳体如高碳钢、高强度或热处理合金钢呈现拉伸破裂，而且壳体厚度对破裂规律的影响不明显；延性材料的壳体如普通低碳钢，则呈现拉伸和剪切两种破坏形式，且破裂规律随壳体厚度增加而改变。总之，延性材料较之脆性材料有更多的破裂形式，在研究战斗部破裂问题时应根据壳体厚度进行。在薄壁壳体中，初始破裂为剪切破裂，且破裂开始于外表面，它刚好与静压理论所预测的结论相反；当壳体超过一定厚度时，就会出现剪切和拉伸两种破裂，而拉伸破裂开始于外表面。在很厚的壳体中，拉伸破裂则从内壁开始。

4.2.3 动压破坏理论

战斗部壳体在爆炸载荷作用下向外膨胀，发生变形，直至破裂，其壳壁内的应力状态是相当复杂的。为使问题简化，假设壳壁变形是均匀的，随着壳体向外膨胀，爆轰产物的压力下降。当壳壁应力系统达到某一状态后，壳体上产生裂纹。按照 Taylor[21] 提出的壳体断裂的拉伸应力准则，径向裂纹只能在壳体的周向拉伸应力区域出现，并沿拉伸应力区域传播，不能在压缩应力区域传播。即裂纹首先在壳体外表面形成，并由外表面向内表面传播。当壳体内壁存在的压缩应力区域的厚度减小到零时，即壳体内壁压缩应力等于材料屈服强度时，裂纹传播到内表面，整个壳体完全破裂。

现用 r、θ 和 z 分别表示弹体坐标系中的三个坐标；用 σ_r、σ_θ 和 σ_z 表示壳体内任一微元体的瞬时应力；a_0、b_0 和 a、b 分别表示壳体的初始和某瞬时的内、外半径；r 为壳体内任一点某瞬时的半径，如图 4.2.4 所示。

假定壳体在膨胀变形过程中材料密度 ρ_0 不变，则运动方程和连续方程分别为

$$\frac{\partial \sigma_r}{\partial r} - n \frac{\sigma_\theta - \sigma_r}{r} = \rho_0 \frac{\mathrm{d}v_r}{\mathrm{d}t} \qquad (4.2.6)$$

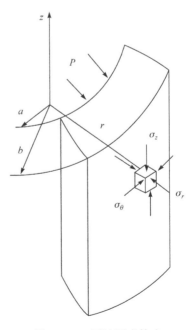

图 4.2.4 圆柱形壳体内微元上的应力状态

$$\frac{\partial v_r}{\partial r} + n\frac{v_r}{r} = 0 \qquad (4.2.7)$$

式中，v_r 和 t 分别表示速度和时间；n 为形状系数，圆柱形壳体 $n=1$，球形壳体 $n=2$。

材料的屈服条件可表示为

$$\sigma_\theta - \sigma_r = \eta\sigma_y \qquad (4.2.8)$$

式中，σ_y 为理想刚塑性材料的屈服极限；η 为常数，可由两个应力准则确定。

Tresca 准则：$\eta=1$，则

$$\sigma_\theta - \sigma_r = \sigma_y \qquad (4.2.9)$$

Mises 准则：$\eta=(n+1)/3^{n/3}$，则

$$\sigma_\theta - \sigma_r = \frac{n+1}{(\sqrt{3})^n}\sigma_y \qquad (4.2.10)$$

将式(4.2.8)代入式(4.2.6)，再对 r 取积分，并考虑边界条件 $r=a$，$\sigma_r=-p$，其中 p 为壳体内爆轰产物压力，则得

$$\sigma_r = -p + n\eta\sigma_y\ln\frac{r}{a} + \rho_0(a^{2n}\ddot{a} + n\dot{a}^2 a^{n-1})f + \rho_0\left(\frac{a^{2n}\dot{a}^2}{2r^{2n}} - \frac{\dot{a}^2}{2}\right) \qquad (4.2.11)$$

式中

$$f = \begin{cases} \ln\dfrac{r}{a} & (n=1) \\[2mm] \dfrac{r-a}{ra} & (n=2) \end{cases}$$

将边界条件 $r=b$ 和 $\sigma_r=0$ 代入式(4.2.11)，可得壳体内表面所受的压力

$$p = n\eta\sigma_y\ln\frac{b}{a} + \rho_0(a^n\ddot{a} + n\dot{a}^2 a^{n-1})F + \rho_0\left(\frac{a^{2n}\dot{a}^2}{2b^{2n}} - \frac{\dot{a}^2}{2}\right) \qquad (4.2.12)$$

式中

$$F = \begin{cases} \ln\dfrac{b}{a} & (n=1) \\[2mm] \dfrac{b-a}{ba} & (n=2) \end{cases}$$

其中，基于壳体体积不变可求得 b

$$b^{n+1} - a^{n+1} = b_0^{n+1} - a_0^{n+1} \qquad (4.2.13)$$

若令裂纹扩展深度为 y，壳体厚度为 δ，则 $r=b-y$，变换式(4.2.11)可得

$$\sigma_r = -p + n\eta\sigma_y\ln\frac{b-y}{a} + \rho_0(a^v\ddot{a} + n\dot{a}^2 a^{v-1})f_1 + \rho_0\left(\frac{a^{2n}\dot{a}^2}{2(b-y)^{2n}} - \frac{\dot{a}^2}{2}\right)$$

$$(4.2.14)$$

式中

$$f_1 = \begin{cases} \ln \dfrac{b-y}{a} & (n=1) \\ \dfrac{\delta-y}{(b-y)a} & (n=2) \end{cases}$$

当 $y=\delta$ 时,由式(4.2.14)可得

$$\sigma_r = -p_f \qquad (4.2.15)$$

若取裂纹前端的边界条件 $\sigma_\theta = 0$,并考虑式(4.2.11),则最后得到

$$p_f = \sigma_y \qquad (4.2.16)$$

此式表明,随着壳体的膨胀过程,当内压力 p 下降至材料的屈服极限时,壳体发生塑性变形并最后形成破片。这便是 Taylor 拉伸应力断裂准则[21],其中裂纹前端应力边界条件 $\sigma_\theta = 0$。将 $\sigma_\theta = 0$ 代入式(4.2.8)后,再将 σ_r 代入式(4.2.14),便可最后求得裂纹的扩展深度 y。

对于薄壁圆筒形壳体,应用 Tresca 屈服条件,其中 $n=1$,$\eta=1$;考虑圆筒的内、外半径远远大于壳体厚度,且 δ/a、y/a 等的平方项或高次方项是高阶小量,可以忽略,分别取 $\ln(r/a) \approx (\delta-y)/a$ 和 $\ln(b/a) \approx \delta/a$,则式(4.2.11)和式(4.2.12)变成

$$\sigma_r = -p + \sigma_y \frac{\delta-y}{a} \qquad (4.2.17)$$

$$p = \sigma_y \frac{\delta}{a} \qquad (4.2.18)$$

由以上二式可得

$$\sigma_r = -\frac{y}{\delta} p \qquad (4.2.19)$$

结合式(4.2.9),得到

$$\sigma_\theta = \sigma_y - \frac{y}{\delta} p \qquad (4.2.20)$$

由式(4.2.20),并注意到边界条件下 $\sigma_\theta = 0$,则可得到始于壳体外表面的纵向裂纹深度

$$y = \frac{\sigma_y}{p} \delta \qquad (4.2.21)$$

假定作用在壳体内表面的初始压力 p_0 等于炸药瞬时爆轰时气体产物的平均压力,且壳体内表面受的压力变化遵循爆轰产物多方指数状态方程

$$p = p_0 \left(\frac{a_0}{a}\right)^{\gamma(n+1)} \qquad (4.2.22)$$

由此,式(4.2.12)将变成 a 的二阶可解类型方程

$$\ddot{a} + A\dot{a}^2 - B = 0 \qquad (4.2.23)$$

式中,系数 A 和 B 可表示为

$$A = \frac{n}{a} + 0.5 \frac{a^n}{b^{2n}F} - \frac{0.5}{a^n F}$$

$$B = \frac{p_0 \left(\dfrac{a_0}{a}\right)^{\gamma(n+1)} - n\eta\sigma_y \ln \dfrac{b}{a}}{\rho_0 a^n F}$$

考虑方程(4.2.7)、(4.2.8)和(4.2.11),可最后求解方程(4.2.23),从而得到弹体的膨胀规律。

应用 Taylor 关于径向裂纹只能在壳体外表面周向拉伸应力区扩展的假设,但裂纹前端应力边界条件 $\sigma_\theta \neq 0$,而是 $\sigma_\theta = k\sigma_B$,其中 k 称之为断裂系数,σ_B 为材料强度极限,于是式(4.2.8)可写成

$$\sigma_r = k\sigma_B - \lambda\sigma_y \tag{4.2.24}$$

将此式代入式(4.2.11),并考虑壳体完全破裂时边界条件 $r = a_f, \sigma_r = -p_f$,可得

$$p_f = \eta\sigma_y - k\sigma_B \tag{4.2.25}$$

式(4.2.25)表明,在裂纹断裂模式情况下,弹体破裂不仅与材料的屈服极限有关,而且与材料强度极限有关。当然,还必须考虑弹体形状及其屈服条件。按照式(4.2.16)Taylor 应力断裂准则,壳体完全破裂时的 k 为

$$k = (\eta - 1)\frac{\sigma_y}{\sigma_B} \tag{4.2.26}$$

将弹体破裂瞬时的爆轰产物压力式(4.2.25)与式(4.2.22)联系起来可得弹体破裂半径为

$$\frac{a_f}{a_0} = \left[\frac{p_0}{\eta\sigma_y - k\sigma_B}\right]^{1/\gamma(n+1)} \tag{4.2.27}$$

可见,Taylor 应力断裂准则遵循 Tresca 屈服条件 $\eta = 1$ 的情况,其断裂系数 $k = 0$,所以壳体破裂半径为

$$\frac{a_f}{a_0} = \left[\frac{p_0}{\sigma_y}\right]^{1/\gamma(n+1)} \tag{4.2.28}$$

Hoggatt 和 Recht[22]认为,对塑性材料在弹体外表面附近周向拉伸应力区里,径向裂纹不能传播很远,而在内部压缩应力区里,由热挤压产生热塑性剪切裂纹却不断扩展,最后导致当内部压力等于弹体周向拉伸应力时,即 $p = \sigma_\theta$,壳体完全破裂。

4.3　破片形状、质量与数量控制

4.3.1　破片类型和控制方法

杀伤效应研究及其工程应用的重要内容之一是控制破片形状、质量与数量,以

期获得更大的战斗部毁伤威力和更佳的对目标毁伤效果。杀伤战斗部对目标的最终毁伤结果,主要取决于目标易损性、破片对目标的破坏模式和侵彻能力、命中目标的破片数量或破片飞散的空间分布密度,动态作用条件下还受到破片空间分布范围和相对于目标炸点位置的影响。因此,依据目标易损性以及武器弹药的命中精度和引战配合特性,实现破片的速度、形状、质量、数量、空间分布范围和分布密度等威力参数的合理配置,是杀伤战斗部设计并保证其威力性能的根本出发点。

因武器弹药的总体布局以及保证气动外形和飞行弹道等需要,战斗部总是受到总质量和几何外形的限制,其中战斗部总质量的限制使装药量或破片平均速度与破片总质量相互制约、破片平均质量与破片总数相互制约,最终影响到单枚破片对目标的侵彻能力及命中目标的数量;而战斗部几何外形影响到破片的空间分布范围和分布密度,并最终与炸点位置(由武器弹药的命中精度和引战配合特性所决定)一起共同影响命中目标的破片数量。除此之外,由于破片的形状(如小型立方体破片、大长径比杆式破片等)对目标具有不同的洞穿效果和破坏模式,使其对不同的目标的毁伤结果存在较大差别,所以依据具体目标针对性地选择破片形状以期在战斗部总质量不变的前提下提高毁伤威力,是一种十分有效的技术途径。

出于控制破片形状、质量与数量的目的以及工程上的实现结果,形成了不同的破片类型,主要包括自然破片、半预制破片和预制破片三种,也分别称为非控破片、受控破片和预制破片。自然破片针对整体式壳体结构,以高膛压身管武器发射的各种榴弹最为典型,弹丸爆炸后形成形状不一、质量不等的大量碎片向四周高速飞散。金属壳体在爆炸作用下的破碎过程非常复杂,自然破片的特性参数、破片数及其随质量的分布等受壳体的材料性质、厚度和形状、装药类型和工艺、装药与壳体质量比以及起爆方式等诸多因素的影响。对于自然破片来说,质量太小的破片不具备毁伤能力、质量过大的破片存在某种程度的"浪费",对于榴弹等之所以选择自然破片,其实很大程度是为适应恶劣发射环境、保证结构强度和满足发射安全性的需要,有时也有降低成本的考虑。当然,对于自然破片进行一定程度的质量与数量控制是必要的,也是可以做到的,这主要通过壳体材料的选型与工艺研究以及与装药的匹配性设计来实现。

半预制破片的壳体结构也是完整的,通过采取一定的技术措施,使战斗部壳体在爆炸作用下按预定方式破碎,最终形成形状相对规则、质量相对均匀的破片。半预制破片的控制方法主要有:药柱刻槽、壳体刻槽、缠制壳体和圆环叠加壳体等。

对于药柱刻槽,最具代表性的是在战斗部装药的外表面制成许多楔形槽,如图 4.3.1 所示。装药爆轰时,楔形槽起到聚能效应的作用,形成高速气流切割壳体,达到控制破片形状尺寸、质量和数量的目的。

药柱外表面刻槽常采用模压法,即在壳体内表面放置一个塑料衬筒,衬筒表面制成所需要的楔形槽形状和尺寸,然后进行炸药浇注,这样就在装药外表面形成了

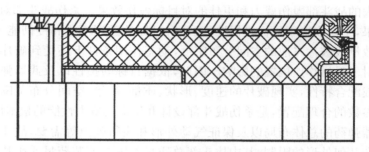

图 4.3.1　药柱刻槽战斗部结构示意图

楔形槽,这种方法主要用于大型战斗部和浇注装药。塑料衬筒的结构主要有楔形槽连接和不连接两种形式,如图 4.3.2 所示。

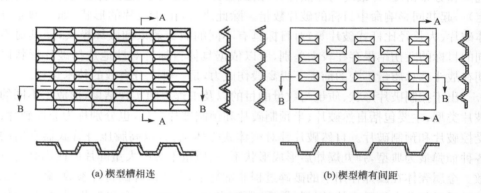

(a) 楔型槽相连　　　　　　　　　　　　(b) 楔型槽有间距

图 4.3.2　塑料衬筒结构示意图

　　壳体刻槽是指在战斗部壳体上刻槽,人为地造成薄弱环节,同样可达到控制破片形状尺寸、质量和数量的目的。壳体刻槽的方法可以是轧制,也可以是机械加工。壳体刻槽方式包括:内表面刻槽、外表面刻槽以及内外表面同时刻槽三种形式,如图 4.3.3 所示。实践表明,通常情况下内表面刻槽比外表面刻槽效果要好,斜刻槽比平行刻槽要好。

　　缠制壳体和圆环叠加壳体原理上相类似,主要用于多层壳体结构,即在战斗部主壳体外缠绕方形截面的钢带,或套上多个钢或钨合金圆环并在壳体外表面沿轴向叠加起来,通常对钢带或圆环进行半预制刻槽,以保证其沿圆周方向的均匀断裂。主壳体内刻槽和缠制壳体组合结构的战斗部如图 4.3.4 所示。

　　预制破片采用单独工艺预先制作成型,典型形状有:立方体、球形、杆状体和箭形体等。预制破片通常采用机械手段将其固定在壳体与装药之间或壳体外表面,在爆轰驱动下可保持完整,能够极大地提高了破片的利用效率并有利于破片飞散的控制。

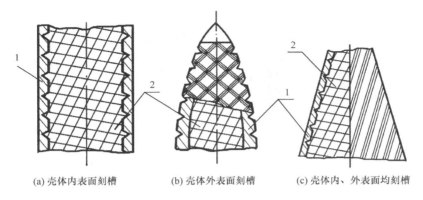

(a) 壳体内表面刻槽 (b) 壳体外表面刻槽 (c) 壳体内、外表面均刻槽

图 4.3.3 壳体刻槽示意图

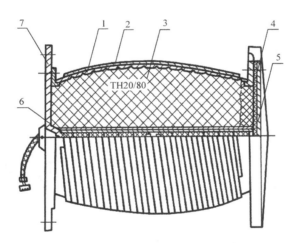

图 4.3.4 缠制壳体战斗部结构示意图
1. 壳体；2. 钢带；3. 炸药；4. 垫片；5. 端盖；6. 传爆管；7. 底盖

离散杆和连续杆是预制破片的一种特殊形式,常见于防空导弹反飞机战斗部,因可对大型轻型构架产生切割性破坏作用,对飞机类目标被认为比小破片穿孔效应拥有更好的毁伤效果。离散杆是一种大长径比的金属杆,直径通常在 4～5mm 之间,长径比通常在 20 以上。离散杆沿周向排布在壳体内表面与装药之间或壳体外表面,并使杆条长度方向与战斗部轴向之间斜置一个小的角度(3°左右),这样在爆轰驱动下杆条两端的速度方向不在一个平面上,杆条获得一个初始转矩,使杆条产生一定旋转然后相对稳定地向四周高速飞散,形成一个杆条离散均匀分布的杀伤带。连续杆结构如图 4.3.5 所示,杆条沿战斗部周向排布在壳体和装药之间并使长度方向与战斗部轴向平行,通过焊接使杆条首尾相连、串联在一起,最终围成圆筒型结构。在爆轰驱动下,连续杆组合体迅速向外扩张,形成一个连续的杀伤环。

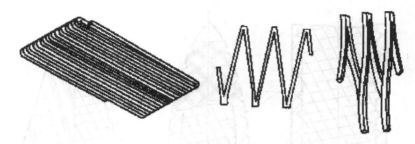

图 4.3.5　连续杆结构示意图

　　离散杆和连续杆战斗部的终点作用原理如图 4.3.6 所示,两者相比,离散杆的速度较高,可达到 2000m/s 以上,具有更大的威力半径,且对弹目遭遇时间短的高速目标适应能力强;连续杀伤环的扩张速度相对较低,通常在 1400m/s 以下,且连续杀伤环一旦发生断裂其毁伤威力急剧下降,因此对付高速目标不利,并对导弹精度和引战配合效率依赖度高,但由于连续杀伤环不存在"间隙",在确定命中目标的条件下,其毁伤效果要优于离散杆。

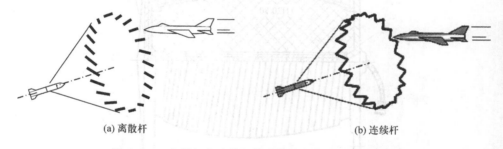

(a) 离散杆　　　　　　　　　　　　　　　　　　(b) 连续杆

图 4.3.6　离散杆和连续杆战斗部终点作用原理示意图

　　概括起来说,如何选择破片类型以及对破片形状、质量与数量进行合理控制,主要综合考虑三方面的因素,分别是目标特性与易损性、武器弹药的命中精度和引战配合效率以及武器弹药的发射与使用环境。如对飞机类目标,在导弹的命中精度和引战配合效率有保证的情况下,优先选择离散杆和连续杆;如果命中精度和引战配合效率较低,只好采用普通破片并需要使破片的飞散范围足够大。对人体一类的软目标,由于其抗侵彻能力弱,在有破片速度保证的条件下,适当减小破片平均质量、增大破片数量,可提高破片分布密度和杀伤范围;而对于技术兵器、轻型装甲车辆等具有较强防护能力的目标,往往需要提高破片质量以牺牲破片数量和分布密度为代价,保证破片具备足够侵彻破坏能力并保证战斗部具有足够的杀伤半径。对于身管武器高膛压发射榴弹,多选择自然破片;而对导弹和火箭弹战斗部来说,尽可能使用半预制破片和预制破片。

4.3.2 自然破片的质量与数量分布

半预制破片可能存在希望完整形成但实际却发生破碎的现象,也可能存在没有按预期断裂而出现连片问题,预制破片也同样有发生破碎的可能,但在工程上可通过工艺保证使上述情形在可接受的范围内,因此半预制和预制破片的质量和数量可认为是确定和已知的。自然破片形状不一、质量不等,研究其质量和数量分布特性在工程上具有重要实用价值。壳体在爆炸后形成的破片总数 N 及其随质量的分布规律,是衡量壳体破碎程度的标志,同时也是计算战斗部杀伤威力的重要依据。

破片总数 N 及其随质量的分布规律与许多因素有关,其中最主要的是金属壳体的机械性质、炸药性能、装填系数、壳体的几何形状以及一些偶然性因素(例如,金属壳体中的微小裂纹、砂眼、杂质、炸药装填密度不均匀性、传爆管位置歪斜等)。对于自然破片战斗部,通过选择装药与金属壳体质量比、壳体材料及其壁厚,可以在一定程度上预先估算破片数及其质量分布。

对于自然破片战斗部,Mott 和 Linfoot[23]提出,在爆炸条件下,壳体破裂瞬间形成某一裂纹时壳壁厚单位面积上所要求的能量 W 可近似地表示为

$$W=\frac{1}{114}\rho_0 v_0^2 \frac{l_2^3}{a_f^2} \tag{4.3.1}$$

式中,ρ_0 为壳体材料密度(g/cm³);l_2 为裂纹间的距离(cm);a_f 为壳体破裂瞬间的半径(cm);v_0 为壳体破裂瞬间的膨胀速度(m/s)。

对式(4.3.1)进行变换,可得到破片宽度

$$l_2=\left[\frac{114a_f^2 W}{\rho_0 v_0^2}\right]^{1/3} \tag{4.3.2}$$

由碰撞试验结果得出,W 值大致在 $14.7\sim168 \text{J/cm}^2$ 之间,多取下限值 14.7J/cm^2。

Mott[24]在后来研究中给出结论:破片的长(l_1)和宽(l_2)之比是不变的,就钢质壳体而言,大致 $l_1:l_2=3.5:1$。若令破片厚度为 δ,则得破片平均质量

$$\bar{m}=l_1 l_2 \delta\rho_0=3.5 l_2^2 \delta\rho_0=82.2\frac{\rho_0^{1/3} a_f^{4/3} W^{2/3}\delta}{v_0^{4/3}} \tag{4.3.3}$$

若以 a_0 和 δ_0 代表弹体在膨胀之前的原始参量,且假定 $a_f=\varepsilon a_0$,考虑到壳体材料不可压缩即体积不变,可求出 δ

$$(a_f+\delta)^{n+1}-a_f^{n+1}=(a_0+\delta_0)^{n+1}-a_0^{n+1} \tag{4.3.4}$$

忽略 δ 和 δ_0 的高阶小量,对球形壳体,$\delta=\delta_0/\varepsilon^2$;对圆柱形壳体,$\delta=\delta_0/\varepsilon$。其中对钢质壳体,$\varepsilon$ 在 $1.5\sim2$ 之间。

可见,在战斗部结构和壳体材料确定条件下,若已知壳体破裂瞬间的膨胀速度 v_0,战斗部壳体的质量为 M,便可由式(4.3.3)求出破片的平均质量 $\bar{m}$,并最后计算

出破片总数

$$N_0 = \frac{M}{\overline{m}} \tag{4.3.5}$$

1. Mott 分布

Mott[25]给出的自然破片数随质量的分布被认为是最经典的形式之一,即

$$N(m) = \frac{M}{\overline{m}} e^{-(m/\mu_i)^{1/i}} \tag{4.3.6}$$

式中,$N(m)$为质量大于 m 的破片数;M 为战斗部壳体质量;$\overline{m}$ 为破片平均质量;i 为维数(1、2 和 3);μ_i 是与破片平均质量有关的量,称 Mott 破碎参数,其中

$$\mu_i = \frac{\overline{m}}{i!} \tag{4.3.7}$$

研究表明,薄壁壳体以二维方式破碎成破片,厚壁壳体则以二维和三维两种形式破碎成破片。就壳体以二维破裂而论,如果壳体能够确保以二维破裂一直延续到形成极小的破片时为止,那么,Mott 破片质量与数目分布可以表示为

$$N(m) = \frac{M}{2\mu} e^{-(m/\mu)^{1/2}} \tag{4.3.8}$$

式中,2μ 为破片的算术平均质量。值得注意的是,$M/2\mu$ 正是破片总数 N_0,故式(4.3.8)可写成

$$N(m) = N_0 e^{-(m/\mu)^{1/2}} \tag{4.3.9}$$

可见,只要 μ 已知,便可计算出 N 和 $N(m)$。Mott 给出的经验公式为

$$\mu^{1/2} = K \delta_0^{5/6} d_0^{1/3} \left(1 + \frac{\delta_0}{d_0} \right) \tag{4.3.10}$$

式中,δ_0 为壳体壁厚(cm);d_0 为壳体内径(cm);K 是由炸药决定的常数,例如 $K = 0.145$(TNT),$K = 0.157$(阿马托 50/50),K 的单位是 $g^{1/2}/cm^{7/6}$。

在厚壁壳体条件下,需要进行三维分析,于是有

$$N(m) = N_0 e^{-(m/\mu')^{1/3}} \tag{4.3.11}$$

其中

$$\mu' = \rho_0 l_2^3 \tag{4.3.12}$$

与 Mott 分析类似,Gurney 和 Sarmousakis[26]给出了适于薄壁壳体的 μ 的又一种表达式

$$\mu^{1/2} = A \frac{\delta_0 (d_0 + \delta_0)}{d_0} \sqrt{1 + 0.5 \left(\frac{C}{M} \right)} \tag{4.3.13}$$

式中,C/M 是炸药装药与壳体质量之比。系数 A 对于不同的炸药装药有不同的取值。表 4.3.1 给出了若干种炸弹和炮弹爆炸装药的 A 值,由美国海军兵器研究所

确定的一些铸装和压装炸药的 A 值列于表 4.3.2。

表 4.3.1　各种炸药装药的 A 值

弹丸	装药	A 值/$(g \cdot cm^{-3})^{1/2}$
炮弹	TNT	0.42
炮弹	埃特纳托,潘多莱特,特屈儿,黑索金,B 炸药	0.32
侧向杀伤炸弹	阿玛托(50/50 及 60/40)	0.22
侧向杀伤炸弹	埃特纳托,托尔佩克斯,黑索金	0.15

表 4.3.2　各种铸装和压装炸药的 A 值

炸药(铸装)	A 值/$(g \cdot cm^{-3})^{1/2}$	炸药(压装)	A 值/$(g \cdot cm^{-3})^{1/2}$
巴拉托	0.63	BTNEN/蜡(90/10)	0.23
B 炸药	0.53	BRNEU/蜡(90/10)	0.27
塞克洛托	0.25	A-3 炸药	0.28
H-6	0.33	MOX-2B	0.69
HBX-1	0.32	潘托来特(50/50)	0.31
HBX-3	0.41	RDX/蜡(95/5)	0.27
潘托来特(50/50)	0.31	RDX/蜡(85/15)	0.30
PTX-1	0.28	特屈儿	0.35
PTX-2	0.29	TNT	0.52
TNT	0.40		

多层壁壳体的使用,开创了一种使自然破片战斗部产生更多破片的新方法。将多个圆筒压配成圆柱形壳体,壳体总厚度由所包含的层数等分,采用不同的装药质量与壳体金属质量比,通过实爆试验发现,生成的破片数与层数直接成正比。就此而论,根据 Mott 破片质量分布方程式,则有

$$N(m) = nN_0 e^{-\left(\frac{m}{\mu/n}\right)^{1/2}} \qquad (4.3.14)$$

式中,n 为壳体层数;N_0 为单层壳体形成的破片总数。

试验表明,多层壁战斗部每层壳体相邻的破片在空中皆能分离,并无黏连现象。但是,随着层数的增多,破片将退化成小薄片。

2. Payman 分布

Payman[27] 提出了另一种简单的破片数随质量分布的表达式

$$\log P = -cm \qquad (4.3.15)$$

式中,P 为质量大于或等于 m 的破片百分数;c 为 Payman 破碎参数。

基于 Payman 的分析，需要得出一个与 c 和壳体尺寸有关的关系式。Sternberg[28] 提出：Payman 破碎参数与壳体壁厚有关，即 $1/c \propto \delta^2$，或者如下式

$$-\log c = A + B\log\delta_0 \tag{4.3.16}$$

对炮弹钢壳体，装填 TNT 炸药时，上式则为

$$-\log c = 0.98 + 2.53\log\delta_0 \tag{4.3.17}$$

由式(4.3.10)和式(4.3.16)，显然下面的关系存在

$$\mu c = \mathrm{const}$$

所以，Mott 破碎参数也可表示为

$$\log\mu = (A + A') + B\log\delta_0 \tag{4.3.18}$$

试验表明，对淬灭、回火的 CS1050 钢

$$-\log c = -1.4 + 2.8\log\delta_0$$

$$\log\mu = -2.9 + 2.9\log\delta_0$$

综上，Payman 的分析表明，"细晶粒"破碎时，Payman 参数 c 值大；"粗晶粒"破碎时，Payman 参数 c 值小；而 Mott 分布则刚好相反。

3. Held 分布

Held[29]公式不仅适用于描述装填各种不同高能炸药战斗部形成的自然破片的质量分布，还适用于靶板背面甚至多层靶后面产生的二次破片，其表达式为

$$M_f(N) = M_0(1 - e^{-BN^\lambda}) \tag{4.3.19}$$

式中，M_f 为 N 个破片的总质量，称累积破片质量；M_0 为所有破片的总质量；B 和 λ 为试验常数。

为确定常数 B 和 λ，首先将式(4.3.19)分离指数项，得

$$\frac{M_0 - M_f(N)}{M_0} = e^{-BN^\lambda} \tag{4.3.20}$$

然后取对数有

$$\ln\frac{M_0 - M_f(N)}{M_0} = -BN^\lambda \tag{4.3.21}$$

再对式(4.3.21)取对数，有

$$\log\left(\ln\frac{M_0 - M_f(N)}{M_0}\right) = \log\left(\ln\frac{M_0}{M_0 - M_f(N)}\right) = \log B + \lambda\log N = \zeta \tag{4.3.22}$$

可见，若令 $N=1$ 或 $\log N=0$，则 $\log B$ 可直接从以 $\log N$ 为横坐标，ζ 为纵坐标的纵轴上给出，如图 4.3.7 所示，指数 λ 可由该图中曲线斜率确定。其中 $M_f(N)$ 必须结合累积破片数计算，并首先从最大的破片数 N 算起。将式(4.3.19)对 N 取微分，可得第 N 个破片的质量

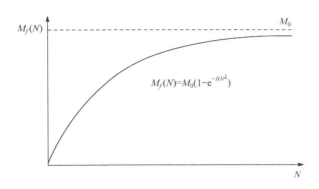

图 4.3.7　累积破片总质量与破片数的关系

$$m(N) = \frac{\mathrm{d}M_f(N)}{\mathrm{d}N} = M_0 B \lambda N^{\lambda-1} \mathrm{e}^{-BN^\lambda} \qquad (4.3.23)$$

为确定所期望的累积破片质量 M_0，式(4.3.19)可写成

$$M_0 = \frac{M_f(N)}{1 - \mathrm{e}^{-BN^\lambda}} \qquad (4.3.24)$$

表 4.3.3 给出了反舰多 P 战斗部各部位形成的几种破片质量分布参数。其中 P 代表爆炸成形弹丸；H 表示结构壳体形成的破片；S 表示靶板产生的二次破片；T 表示所有三种破片的总和。

表 4.3.3　反舰多 P 战斗部的 M_0、B、λ 值

破片类型	M_0	B	λ
P	683	0.1682	0.6391
	685	0.2613	0.5270
H	566	0.1234	0.6199
	578	0.1922	0.4794
S	293	0.1103	0.6357
	340	0.1010	0.5087
T	1542	0.0726	0.6224
	1590	0.1484	0.4477

4. Weibull 分布

自然破片的数量与质量的分布可通用于概率与数理统计中基本的 Weibull 分布进行描述，当破片按质量统计时，其分布函数为

$$\Phi(m) = M_f(<m)/M \qquad (4.3.25)$$

按破片数目统计时,其分布函数为

$$F(m) = N(<m)/N_0 \tag{4.3.26}$$

于是,破片质量和数量的概率密度表达式为

$$\phi(m) = \frac{\mathrm{d}\Phi(m)}{\mathrm{d}m} = \frac{m}{M} \tag{4.3.27}$$

$$f(m) = \frac{\mathrm{d}F(m)}{\mathrm{d}m} = \frac{1}{N_0} \tag{4.3.28}$$

大量试验统计表明,当 $0 \leqslant m \leqslant \infty$ 时,破片质量分布函数遵循下列形式

$$\Phi(m) = 1 - \mathrm{e}^{-(m/m_*)^n} \tag{4.3.29}$$

式中,m_* 为破片分布的特征质量;n 为壳体破碎性指数。

将 $\Phi(m)$ 对 m 求导,则得质量概率密度

$$\phi(m) = \frac{n}{m_*} \left(\frac{m}{m_*} \right)^{n-1} \mathrm{e}^{-(m/m_*)^n} \tag{4.3.30}$$

式(4.3.30)表明,当 $n=1$ 时,$\phi(m)$ 为指数形式;当 $n>1$ 时,为单一分布模式;当 $n<1$ 时,破片分布对称于纵轴。

由式(4.3.27)和式(4.3.28),破片数概率密度可表示为

$$f(m) = \frac{M}{N_0 m} \phi(m) \tag{4.3.31}$$

于是有

$$F(m) = \frac{N(<m)}{N_0} = \int f(m) \mathrm{d}m \tag{4.3.32}$$

显然,对于已知的 M、m_* 和 n,可最后得到破片总数 N_0,即

$$N_0 = \int_0^\infty \frac{M}{m} \phi(m) \mathrm{d}m = \int_0^\infty \frac{M}{m} \frac{n}{m_*} \left(\frac{m}{m_*} \right)^{n-1} \mathrm{e}^{-(m/m_*)^n} \mathrm{d}m \tag{4.3.33}$$

若设 $\chi = (m/m_*)^n$,$\alpha = 1 - 1/n$,则

$$N_0 = \frac{M}{m_*} \int_0^\infty \chi^{\alpha-1} \mathrm{e}^{\chi} \mathrm{d}\chi \tag{4.3.34}$$

可见,N_0 值可用 Γ 函数表示如下

$$N_0 = \frac{M}{m_*} \Gamma(\alpha) = \frac{M}{m_*} \Gamma\left(1 - \frac{1}{n} \right) \tag{4.3.35}$$

显然,当 $n>1$ 时,可用式(4.3.35)最终求得 N_0 值;当 $n=1$ 时,则 $N_0 \rightarrow \infty$。

将式(4.3.30)代入式(4.3.31),则有

$$f(m) = \frac{M}{N_0 m_*^2} n \left(\frac{m}{m_*} \right)^{n-2} \mathrm{e}^{-(m/m_*)^n} \tag{4.3.36}$$

显然,当 $n=2$ 时,$f(m)$ 为指数形式;当 $n>2$ 时,$f(m)$ 为单一分布模式;当 $n<2$

时，$f(m)$ 对纵轴具有对称性。

同样，当 M、m_* 和 n 为已知时，可得破片质量的数学期望值为

$$\langle M_f \rangle = \int_0^\infty m f(m) \mathrm{d}m = \frac{M}{N_0} \int_0^\infty \mathrm{e}^{-\chi} \mathrm{d}\chi = \frac{M}{N_0} \Gamma(1) \qquad (4.3.37)$$

或者

$$\langle M_f \rangle = \frac{m_*}{\Gamma(1-1/n)} \qquad (4.3.38)$$

可见，当 $n > l$ 时，可对应求得 $\langle M_f \rangle / m_*$ 的比值，如 $n=2$ 时，则 $\langle M_f \rangle / m_* = \sqrt{\pi}$。

破片数分布函数 $F(m)$ 也可用不完善的 Γ 函数求得，即

$$F(m) = \int_0^m f(m) \mathrm{d}m = \frac{1}{\Gamma(1-1/n)} \int_0^{m_f} \chi^{\alpha-1} \mathrm{e}^{-\chi} \mathrm{d}\chi = \Gamma[(1-1/n), m]$$

$$(4.3.39)$$

于是，可求得某给定质量区间 $m_1 \sim m_2$ 的破片数目

$$N_{1-2} = N_0 [F(m_2) - F(m_1)] \qquad (4.3.40)$$

实验研究表明，破片质量微分分布规律式(4.3.40)，对于较脆性钢圆柱形壳体且受很强加载($\rho_0 D^2 \geqslant 80\mathrm{GPa}$)条件下，可满意地描述破片分布图谱。

4.3.3　弹体破碎性试验

1. 试验原理

对于总质量较小，如榴弹等，自然破片弹丸或战斗部，常采用破碎性试验测定其破片质量与数量的分布，其中沙坑试验和水中爆炸试验是比较常规的试验方法。破碎性试验通常是把弹丸放在一定中空容器的中央，容器周围放置使破片减速的介质，爆炸后回收破片并按质量分组，从而得到在不同质量范围内的破片数。

中空容器的尺寸大小可直接影响着回收破片的质量分布结果，尺寸过小可能阻碍破片在冲击减速介质之前的"自发"分离，使回收的破片不能反映真实情况，尺寸越大回收的破片质量分布越精确。受试验场地和空间的限制，中空容器的尺寸也不可能无限大，一般取容器直径为 6 倍弹径时即可满足要求。中空容器的高度也需参照直径方向上的尺寸确定。根据减速介质的不同，容器材料可用纸板、薄塑料板或马粪纸等。

在中空容器外面放置减速介质，以使高速破片的速度逐渐衰减。为使试验结果真实，要求破片在减速介质中不产生二次破碎。因此减速介质的性质以及减速介质层的厚度都直接影响着试验的准确性。目前世界各国所用的减速介质有三

种:砂子、木屑(锯末)和水。砂子的密度为 $1500\sim2400\mathrm{kg/m^3}$,木屑的密度为$200\sim$ $300\mathrm{kg/m^3}$,水的密度是 $1000\mathrm{kg/m^3}$,如采用木屑做减速介质并适当加厚介质层的厚度,导致二次破碎的可能性最小;使用鼓风和磁力(对钢破片)的方法使破片与木屑分离,所需劳动量较小。试验证明用砂子做减速介质可使破片产生二次破碎,另外,试验前后砂子都要过筛(筛孔尺寸一般为 $0.002\mathrm{m}\times0.002\mathrm{m}$)以使砂与破片分离,所需劳动强度很大、条件艰苦。用水做介质时,破片可用纱网收集,磁性与非磁性破片均可收集且回收率也较高,回收后破片不需清洗,更重要的是大大减低了劳动强度。

破碎性试验后将所得破片进行清理,称重分级。我国在破碎性试验中所统计的最小破片质量为 $0.4\mathrm{g}\sim1.0\mathrm{g}$ 之间,国外统计的最小破片质量为 $0.1\mathrm{g}$,反飞机高射弹药为 $0.3\mathrm{g}$。国外的杀伤标准主要考虑破片动能,所以对一些小破片也进行统计。

2. 沙坑试验

沙坑试验的布局如图 4.3.8 所示,正规沙坑四周铺设装甲钢板,内置直径和高度不等的两个圆筒,由厚纸板、三合板或马粪纸支撑,其中内圆筒相当于上文的中空容器,内、外圆筒之间装填减速介质(细砂或锯末屑等),其厚度需保证回收到全部破片。内、外圆筒的直径和高度,取决于试验弹的直径 d 和长度 h,常采用的经验数据为

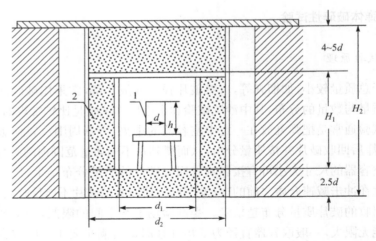

图 4.3.8　沙坑试验示意图
1. 战斗部;2. 减速介质

内筒直径
$$d_1=4\sim5d \tag{4.3.41}$$

内筒高度

$$H_1 = h + 2d \tag{4.3.42}$$

外筒直径

$$d_2 = d_1 + 2\delta \tag{4.3.43}$$

外筒高度

$$H_2 = H_1 + (4 \sim 5)d + 2.5d \tag{4.3.44}$$

式中,δ 为减速介质厚度,由下式确定

$$\delta = \eta \sqrt{\omega} \tag{4.3.45}$$

式中,ω 是装药质量(kg);η 是与炸药类型有关的系数,对于 TNT,$\eta = 0.4 \sim 0.5$。在此条件下,δ 的单位为 m。

3. 水中爆炸弹体破碎试验

水中爆炸弹体破碎试验如图 4.3.9 所示,为圆柱形水井,井壁和井底铺设钢板,上下部分均用型钢加固以防变形,井底在钢板下面建筑一定厚度的钢筋混凝土。为保护水井减轻冲击波作用、延长使用寿命,可对井底与井壁增加缓冲结构,如由聚苯乙烯泡沫、薄钢板和沙砾三层组成的减震复合结构,也有在井壁周向通入压缩空气,形成一定厚度的气幕等。试验时,试验弹置于空气室内,空气室壁由聚氯乙烯塑料制成,室顶为木板,空气室直径为弹径的 4~5 倍,需要保持空气室密封。空气室挂在网栏的中心,网栏的下半部是带底的尼龙网,网眼不大于 0.5mm、上半部由塑料丝编织而成。试验弹爆炸后,为避免空气氧化,将收集到的破片装入有丙酮溶液的收集瓶里,然后吹干并按质量分级统计。

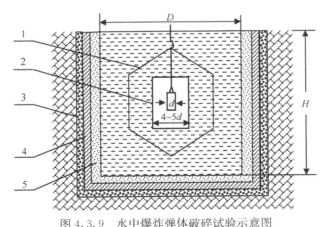

图 4.3.9 水中爆炸弹体破碎试验示意图
1. 尼龙网;2. 空气室;3. 砂砾;4. 薄钢板;5. 泡沫塑料

4.4　破片初速与存速

4.4.1　经典破片初速模型——Gurney 公式

在炸药装药爆炸产生的爆轰产物作用下,壳体被加速同时发生膨胀,壳体膨胀到一定程度破裂(碎),最终形成高速破片向外飞散。壳体加速与膨胀如图 4.4.1 所示,曲线 1 表示壳体无限膨胀不破裂的情况,曲线 2 表示壳体发生破裂(碎)的情况。参考图 4.4.1,壳体无限膨胀且不考虑环境阻力的情况下,壳体膨胀速度趋近一个定值,以 v' 表示,这就是通过后面进行讨论的 Gurney 公式计算的速度;壳体破裂(碎)瞬时的膨胀速度也就是破片形成时的飞散速度定义破片初速,以 v_0 表示。事实上,壳体从出现裂纹到完全破碎仍存在短暂的时间历程。另外,壳体完全破碎后还存在一定的继续加速作用,直到破片运动所受到的空气阻力与爆轰产物给予的推力相平衡时,破片速度达到最大值,即图 4.4.1 中的 v_{max}。在此之后,破片飞散速度随着飞行距离的增加而逐渐衰减。也有学者把破片速度最大值即 v_{max} 定义为破片初速,但由于理论和实验上都难以确定该值,且破片形成时的速度 v_0 足以反映战斗部和破片性能,所以本书采用前一种定义破片初速。

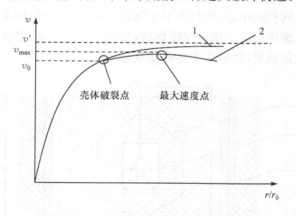

图 4.4.1　壳体膨胀与加速历程示意图

从能量守恒角度出发,业已建立起关于破片初速的理论表达式。Gurney 能量法[30]是推导破片初速、Gurney 比能和炸药与金属质量比(C/M)之间关系的一种最基本的方法,迄今为止,破片初速计算公式大多是基于这一原理推导出来的。Gurney 方法作为经典的半理论半经验处理方法,物理含义清楚、模型形式简单,在工程上占有重要地位并得到广泛应用,对于大多数装药材料与结构以及相当宽的 C/M 取值(0.1～5.0)范围,均可获得满意的计算精度。

Gurney 公式的基本假定如下：

（1）在炸药与金属系统中，炸药瞬时爆轰，所释放的化学能量全部转换成爆轰产物气体和金属壳体的动能；

（2）爆轰产物气体的速度 v 沿径向线性分布，且与壳体相接触的产物边界的速度与壳体运动速度连续，如图 4.4.2 所示；

（3）爆轰产物均匀膨胀，且密度处处相等；

（4）忽略边界稀疏的影响。

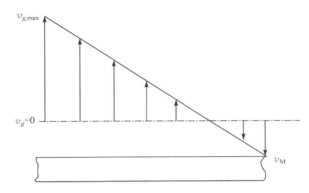

图 4.4.2　金属/炸药系统中产物气体的线性速度分布

实际上，炸药释放的化学能不仅转换成了动能，而且还存在热和光的能量转换等，同时金属壳体变形与破裂也消耗能量。当然产物气体密度均匀的假设也是不真实的，因为炸药反应区附近的气体密度显然较高。均匀密度假设将造成速度计算偏低；而忽略边界稀疏波的影响，将造成速度偏高。两者相抵，工程上基本可以接受。Gurney 公式推导的假设（4），实际上对应一维装药结构和形状，即无限长圆柱、无限大平板和球，下面分别给出推导过程。

1. 无限长圆柱和球形装药

无限长圆柱单位长度装药如图 4.4.3 所示，根据 Gurney 假设和能量守恒定律，炸药爆轰驱动金属的能量守恒方程为

$$CE = \frac{1}{2}Mv_0^2 + \frac{1}{2}\int_0^{a_f} v^2(r)2\pi r\rho(r)\mathrm{d}r \tag{4.4.1}$$

式中，C、M 分别表示单位长度圆柱炸药质量和壳体质量；E 为炸药单位质量释放的能量，称为 Gurney 能；$\rho(r)$ 表示点 r 处的爆轰产物密度；a_f 为壳体破裂半径；r 为产物气体离开中心线的距离。

考虑单位长度圆柱体，则 r 和 $r+\mathrm{d}r$ 之间产物气体的质量为

$$\mathrm{d}C = 2\pi r\rho(r)\mathrm{d}r$$

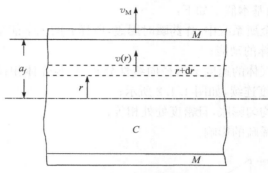

图 4.4.3　圆柱形装药图解

由假设(3)，$\rho(r)$ 是常数，则在 r 处

$$\rho(r)=C/\pi a_f^2$$

由假设(2)，在 r 处

$$v(r)=\frac{r}{a_f}v_0$$

将 $\rho(r)$、$v(r)$ 代入式(4.4.1)取积分，可得

$$CE=\frac{1}{2}Mv_0^2+\frac{1}{4}Cv_0^2 \tag{4.4.2}$$

上式表明，基于能量守恒，可以把爆轰产物等效为与壳体相同速度运动的虚拟质量 $C/2$，进一步变换形式，有

$$v_0=\sqrt{2E}\sqrt{\frac{\beta}{1+0.5\beta}} \tag{4.4.3}$$

式中，$\beta=C/M$，称为战斗部或装药的载荷系数；$\sqrt{2E}$ 是与炸药类型和装药密度有关的常数，称为 Gurney 常数或 Gurney 比能，主要通过标准圆筒试验获得，是具体速度的量纲。

　　按上述无限长圆柱装药结构同样的处理方法和步骤，可得到球形装药结构的破片初速公式

$$v_0=\sqrt{2E}\sqrt{\frac{\beta}{1+0.6\beta}} \tag{4.4.4}$$

这时，爆轰产物的虚拟质量为 $0.6C$。

　　对于带有惰性芯体的圆柱型装药结构，假定惰性芯体与壳体之间的爆轰产物速度沿径向仍遵循线性分布，则有

$$\frac{v}{v_0}=\frac{r-r_f}{a_f-r_f}$$

其中，r_f 和 a_f 分别为壳体破碎瞬间的芯体半径和壳体内半径。取 $\varepsilon_f=r_f/a_f$，则破

片初速公式为

$$v_0 = \sqrt{2E}\sqrt{\dfrac{\beta}{1+\dfrac{3+\varepsilon_f}{6(1+\varepsilon_f)}\beta}} \qquad (4.4.5)$$

同理,含有惰性芯核的球形壳体,破片初速公式为

$$v_0 = \sqrt{2E}\sqrt{\dfrac{\beta}{1+0.6\beta f(\varepsilon_f)}} \qquad (4.4.6)$$

其中

$$f(\varepsilon_r) = \dfrac{1+3\varepsilon_f+6\varepsilon_f^2+5\varepsilon_f^3}{(1+\varepsilon_f+\varepsilon_f^2)^3}$$

对于钢质的芯体和壳体而言,若用 ε_0 表示芯体初始半径 r_0 和壳体初始内半径(装药半径)a_0 之比:$\varepsilon_0 = r_0/a_0$,ε_0 约为 ε_f 的 1.6 倍。

2. 无限大平板装药

对于一个非对称的双层平板装药结构,尺寸无限大则不存在侧向稀疏效应,中间夹层为扁平装药,如图 4.4.4 所示,其中 M_a 和 M_b 分别为两块平板单位面积上的质量。

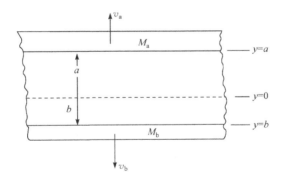

图 4.4.4　非对称平板装药图解

装药爆轰后,基于速度线性分布假设,爆轰产物气体将在离开质量 M_a 平板表面 a 处,距质量 M_b 平板表面 b 处($y=0$)形成一个零速度平面。应用 Gurney 假设,则炸药的化学能量等于平板 M_a 和 M_b 的动能与两板间爆轰产物气体的动能之和,于是

$$CE = \dfrac{1}{2}(M_a v_a^2 + M_b v_b^2) + \dfrac{1}{2}\int_0^a v^2(y)\rho(y)\mathrm{d}y + \dfrac{1}{2}\int_0^b v^2(y')\rho(y')\mathrm{d}y'$$

$$(4.4.7)$$

式中，v_a、v_b 分别为两平板的初速；其中 y' 表示 y 的负方向。

考虑爆轰产物与金属平板系统的动量守恒，则守恒方程为

$$M_a v_a + \int_0^a \rho(y) v(y) \mathrm{d}y = M_b v_b + \int_0^b \rho(y') v(y') \mathrm{d}y' \tag{4.4.8}$$

若爆轰产物气体膨胀速度遵循线性规律，则

$$v_a = \frac{a}{b} v_b \tag{4.4.9}$$

同理

$$v(y) = \frac{y}{a} v_a \tag{4.4.10a}$$

$$v(y') = \frac{y'}{b} v_b \tag{4.4.10b}$$

爆轰产物气体均匀膨胀，密度处处相同，则

$$\rho(y) = \rho(y') = \frac{C}{a+b} \tag{4.4.11}$$

将式（4.4.9）～式（4.4.11）代入式（4.4.8），可得

$$M_a v_a + \frac{C v_a}{a+b} \frac{a}{2} = M_b v_a \frac{b}{a} + \frac{C v_a}{a(a+b)} \frac{b^2}{2} \tag{4.4.12}$$

由此可解得

$$\frac{b}{a} = \frac{2M_a + C}{2M_b + C} \tag{4.4.13}$$

将式（4.4.9）～（4.4.11）代入式（4.4.7），并解之得

$$CE = \frac{v_a^2}{2} \left[M_a + \frac{a}{3} \times \frac{C}{a+b} + \left(\frac{b}{a}\right)^2 \times M_b + \left(\frac{b}{a}\right)^2 \times \frac{b}{3} \times \frac{C}{a+b} \right] \tag{4.4.14}$$

于是，可得

$$v_a = \sqrt{2E} \left[\frac{1}{3} \times \frac{1+(b/a)^3}{1+(b/a)} + \frac{M_b}{C} \times \left(\frac{b}{a}\right)^2 + \frac{M_a}{C} \right]^{-1/2} \tag{4.4.15}$$

v_b 可由式（4.4.9）和式（4.4.15）相结合得到。

对于两金属板对称的情况，即 $M_a = M_b$，则有

$$v_0 = v_a = \sqrt{2E} \sqrt{\frac{C/2M_a}{1 + C/6M_a}} \tag{4.4.16}$$

对于只有一个金属平板和装药相贴合的情况，则有

$$v_0 = \sqrt{2E} \sqrt{\frac{3(C/M)^2}{(C/M)^2 + 5(C/M) + 4}} \tag{4.4.17}$$

3. Gurney 能 E 的讨论

尽管在 Gurney 假设中指明："装药瞬时爆轰、所释放的化学能全部转换为爆

轰产物和金属的动能,"但这个"总能量"即 Gurney 能 E 并不等同于炸药的定容爆热 Q_v,不能用 Q_v 替代 E 求解 Gurney 常数或 Gurney 比能 $\sqrt{2E}$。理论上,Gurney 能 E 是 Q_v 中的一部分,Q_v 是 E 的极限,Q_v 恒大于 E,只有当爆轰产物不存在内部能量耗散和对外热交换、金属壳体不存在强度和阻力且可以无限膨胀而不破裂的条件下,E 才可能趋近于 Q_v。随着爆轰产物和壳体的膨胀,E 与 Q_v 的比值不断增大。因此 E 的本质是 Q_v 转化到爆轰产物动能和金属壳体动能的那一部分,与 4.1.2 节定义的驱动能量 E_k 的含义相一致,只不过 E 是特殊试验工况即标准圆筒试验条件下的 E_k。因此,用于经典 Gurney 公式的 Gurney 常数或 Gurney 比能 $\sqrt{2E}$ 是一个代表炸药性能的试验常数。显而易见,采用标准圆筒试验获得的 $\sqrt{2E}$ 结合经典 Gurney 公式计算破裂半径较小的脆性材料壳体时,破片初速值应该是偏高的,反之亦然。另外,即使不同炸药的 $\sqrt{2E}$ 和载荷系数 β 相同,仍然不能认为壳体在相同膨胀半径的速度是相同的,因炸药类型和爆轰产物状态方程的差别可能导致此时的 E_k 不同。

几种典型炸药的爆热 Q_v、Gurney 能 E 和 Gurney 常数 $\sqrt{2E}$ 示于表 4.4.1,由此可以看出 Q_v 与 E 的差别,以及同为标准圆筒试验化学能与动能转化比例的差别。

表 4.4.1　几种炸药的特性参数

炸药的种类	$D/(\text{m} \cdot \text{s}^{-1})$	$\rho_e/(\text{g} \cdot \text{cm}^{-3})$	$Q_v/(\text{MJ} \cdot \text{kg}^{-1})$	$E/(\text{MJ} \cdot \text{kg}^{-1})$	$\sqrt{2E}/(\text{m} \cdot \text{s}^{-1})$
TNT	6930	1.63	4.55	2.81	2370
Com. B	7840	1.68	4.77	3.60	2682
	8030	1.72	4.84	3.70	2720
RDX	8180	1.65	5.77	4.02	2834
	8750	1.77	5.98	4.29	2930
HMX	8600	1.84	5.85	4.19	2895
	9100	1.89	6.04	4.41	2970
PETN	8300	1.76	6.17	4.29	2930
Octol	8643	1.80	5.46	4.19	2895

工程上最为关心的炸药装药的 Gurney 比能 $\sqrt{2E}$,主要与炸药类型和装填密度等因素有关,可把相关因素统一归结到装药爆速 D 上,而实验表明 $\sqrt{2E}$ 与 D 在一定范围内近似呈线性关系,具体表达式为

$$\sqrt{2E} = 0.52 + 0.28D \qquad (4.4.18)$$

式中,各参数的量纲取:mm/μs。

4.4.2　Gurney 公式的修正

尽管 Gurney 公式取得了巨大成功并在工程上得到广泛应用,但受其自身假设条件的限制以及实际装药条件的不同,应用经典 Gurney 公式时仍需要针对具体情况进行必要的修正处理,以获得满足实际需要的初速计算精度。

1. 考虑壳体破裂特性以及预制破片的修正

如前文所述,Gurney 能 E 的本质是炸药释放的全部化学能 Q_v 中的一部分,也就是 4.1.2 节所定义的随爆轰产物膨胀进程而变化的驱动能量 E_k,基于标准圆筒试验的 E_k 恰恰就是作为炸药装药性能参数的 Gurney 比能 $\sqrt{2E}$ 中的 E。事实上,结合 4.1.3 节关于 E_k 随膨胀进程的变化规律(图 4.1.1 和图 4.1.2)以及标准圆筒试验的数据处理方法和无氧铜壳体材料良好延展特性,很容易理解 Gurney 比能 $\sqrt{2E}$ 中的 E 在工程上可近似认为是 E_k 的极限值,这也是 Gurney 假设"装药所释放的化学能全部转换为爆轰产物和金属的动能"的合理性之一。显而易见,当壳体延展性和破裂半径低于无氧铜壳体而发生较早破裂时,实际的 E_k 值小于作为炸药装药性能参数的 Gurney 能 E,这样采用经典 Gurney 公式以及依据 Gurney 比能 $\sqrt{2E}$ 和载荷系数 $\beta=C/M$ 计算破片初速,必然造成计算值高于真实值,且壳体材料延展性越低、破裂半径越小,偏差就越大。

采用 4.1.2 节给出的基于状态方程的爆轰产物不同膨胀进程时 E_k 的求解方法,结合 4.2.3 节提供的金属圆筒破裂准则,即可获得考虑壳体材料的破裂特性以及具体膨胀半径的 E_k,用壳体破裂瞬时的 E_k 替换经典 Gurney 公式的 E,就可以建立起基于爆轰产物膨胀进程和壳体破裂的破片初速模型,可视为是在经典 Gurney 公式基础上的一种修正形式。以下给出基于 Taylor 应力断裂准则,即式(4.2.28),针对圆柱形装药结构的 Gurney 公式的修正模型的推导[31]。

由式(4.2.28),对于圆柱形装药结构有

$$\frac{a_f}{a_0}=\left(\frac{p_0}{\sigma_y}\right)^{1/2\gamma} \tag{4.4.19}$$

式中,a_f 和 a_0 分别为破裂瞬时和初始时刻的壳体内半径;p_0 为定容爆轰初始压力;γ 为气体多方指数;σ_y 为壳体材料屈服极限。由此可得到壳体破裂瞬时的爆轰产物的相对比容 λ_f 为

$$\lambda_f=\left(\frac{a_f}{a_0}\right)^2=\left(\frac{p_0}{\sigma_y}\right)^{1/\gamma} \tag{4.4.20}$$

若采用多方指数状态方程,考虑到式(4.1.10),则壳体破裂瞬时的驱动能量 E_{kf} 为

$$E_{kf} = \frac{p_0 \nu_0}{\gamma - 1}\left[1 - \left(\frac{p_0}{\sigma_y}\right)^{\frac{1-\gamma}{\gamma}}\right] \tag{4.4.21}$$

式中 ν_0 是装药的初始比容。

若采用 JWL 状态方程,考虑到式(4.1.11),则壳体破裂瞬时的驱动能量 E_{kf} 为

$$E_{kf} = \nu_0\left[\frac{A}{R_1}(e^{-R_1} - e^{-R_1\lambda_f}) + \frac{B}{R_2}(e^{-R_2} - e^{-R_2\lambda_f}) + \frac{C}{\omega\lambda_f^\omega}(\lambda_f^\omega - 1)\right] \tag{4.4.22}$$

把式(4.4.21)或式(4.4.22)代入到式(4.4.3),就得到基于爆轰产物膨胀进程和壳体破裂准则的破片初速模型

$$v_0 = \sqrt{2E_{kf}}\sqrt{\frac{\beta}{1 + 0.5\beta}} \tag{4.4.23}$$

以上仅是采用简单的 Taylor 应力断裂准则,依据爆轰产物膨胀进程推导出的求解壳体破裂时刻的膨胀速度,这与破片初速定义完全契合,理论上是非常正确的。然而,爆轰驱动作用下金属壳体的破裂是一个非常复杂的问题,壳体的屈服极限 σ_y 和强度极限 σ_b 都对此产生影响,目前很难给出适用各种材料以及不同装药条件的壳体破裂准则,因此也就难以据此实现壳体破裂半径的精确预测。再由于爆轰产物的状态方程难以精确给出,因此式(4.4.23)的推广应用面临很大困难。显而易见,由于壳体破裂过程中和破碎后的一定时间内,爆轰产物仍对破片具有加速作用,采用式(4.4.23)计算的破片初速不是破片速度的最大值,更低于经典 Gurney 公式的计算结果。但是,该模型仍很具有积极意义,主要体现在两个方面:一是不依赖于 Gurney 比能的试验数据就可以实现破片初速的计算且与破片初速定义的本质相一致;二是可实现破裂特性和破裂半径对破片初速影响的定量对比。工程上可通过试验确定一定壳体材料的 a_f/a_0,某些研究者的试验结果为[32,33]:铜壳体的 $a_f > 2.6a_0$;软钢的 $a_f = (1.6 \sim 2.1)a_0$,其中 45# 钢的 $a_f \approx 1.84a_0$。如式(4.4.23)与一定试验数据结合,可使计算结果更接近实际。对于球形装药也可以采用上述模型进行类似分析与计算,而对于平板装药可视为不存在壳体破裂问题,在工程上则无实际意义。

采用上述模型和方法,计算出典型 β 值 45# 钢壳体的破片初速,与采用经典 Gurney 公式的计算结果一并示于表 4.4.2。

表 4.4.2 式(4.4.23)与经典 Gurney 公式计算结果对比

破片初速 $v_0/(\text{m} \cdot \text{s}^{-1})$	$\beta = 0.72$	$\beta = 0.34$	$\beta = 0.22$
Gurney 公式	1724.4	1277.6	1055.1
基于多方指数状态方程	1647.0	1221.6	1007.7
基于 JWL 状态方程	1662.4	1233.0	1017.2

对于预制破片结构,由于在爆轰驱动过程中存在爆轰产物通过预制破片间隙泄露的现象,因此依据经典 Gurney 公式和载荷系数 β 计算的破片初速显然要高于实际值。经典文献[34]指出:预制结构的破片初速比整体结构低 10%～20%。

2. 装药长径比与边界稀疏的修正

经典 Gurney 公式假设不存在边界稀疏效应,相当于针对无限长圆柱、无限大平板以及球这三种装药结构,而实际和工程上最具典型性的装药结构是有限长圆柱。对于有限长圆柱装药结构,无论端部是否存在约束,实际情况下都存在稀疏或卸载效应,无约束则直接受空气稀疏作用,即使有端盖约束,机械连接方式也使其与壳体分离要早于壳体破裂,仍然存在空气稀疏作用,只不过后者比前者的稀疏作用明显减弱。有限长圆柱端部稀疏效应的存在产生两种结果:一是破片初速整体下降,平均初速低于经典 Gurney 公式的预测值,而且长径比越小影响越显著;二是破片初速沿轴向存在着分布,并与起爆点位置有关。

美国海军试验场[35]给出了长径比较小的圆柱形战斗部开口端和封闭端的破片速度,如表 4.4.3 所示。从表 4.4.3 的数据可以看出,封闭端的破片速度高于开口端的破片速度,且长径比大的破片速度高于长径比小的破片速度。

表 4.4.3　某战斗部开口端和封闭端破片速度比较

测量部位	长径比＝1/2		长径比＝1	
	开口端/(m·s⁻¹)	封闭端/(m·s⁻¹)	开口端/(m·s⁻¹)	封闭端/(m·s⁻¹)
侧向破片	1042.4	1252.7	1392.9	1511.8

表 4.4.4 给出一组长径比不同、载荷系数 β 相同条件下的试验结果,试验通过高速摄影测得破片初速[35]。试验数据显示,长径比 $L/D < 1.5$ 时,初速下降显著;当长径比 $L/D \geqslant 1.5$ 时,初速下降开始趋缓。图 4.4.5 给出了长径比 L/D 与初速修正系数的关系,由此可以看出,对于长径比 $L/D > 2$ 的圆柱形装药,端部稀疏效应的影响较小,大多数破片可达到 Gurney 公式在 L/D 和 $\beta = C/M$ 时所预测的初速。当 $L/D \leqslant 2$ 时,则很少有破片能达到 Gurney 公式预测的初速。这样的定性和半定量的规律性认识对战斗部工程设计极具参考价值。

表 4.4.4　战斗部长径比对破片初速的影响

L/D	0.5	0.75	1.00	1.25	1.50	1.75	2.00	2.25	3.00
$v_0/(\text{m·s}^{-1})$	480	620	680	730	750	760	780	800	845

有限长圆柱装药端部稀疏效应势必造成端部加载压力低于中部,从而导致壳体膨胀速度和破片初速降低并形成破片初速沿轴向分布的现象,对此可粗略地看成相当于端部的装药或 C/M 值的减小。基于这样的考虑,文献[36]提出了一个考

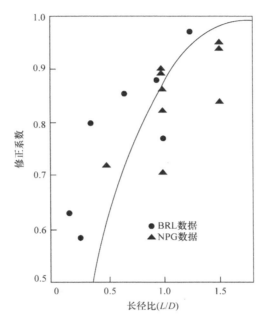

图 4.4.5 有限长圆柱战斗部破片初速修正系数与长径比的关系

虑端部效应的修正计算方法,如图 4.4.6 所示,相当于在装药两端分别挖去一个锥体,其中起爆端锥体高度等于装药直径,非起爆端锥体高度等于装药半径。这样,把整个装药分成三个部分。显然,B 区没有变化,C/M 值相应的修正系数为 1;A区和 C 区的修正系数按下面的方法确定。

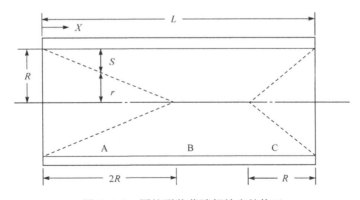

图 4.4.6 圆柱形装药端部效应的修正

A 区,离开起爆端 x 处

$$\frac{r}{R} = \frac{2R-x}{2R} = 1 - \frac{x}{2R} \tag{4.4.24}$$

式中,R 为装药半径。由于爆炸驱动与装药量成比例,所以

$$F(x) = \frac{\pi R^2 - \pi r^2}{\pi R^2} = 1 - \left(\frac{r}{R}\right)^2 = 1 - \left(1 - \frac{x}{2R}\right)^2 \qquad (4.4.25)$$

类似地,在 C 区任一点的装药量比

$$F(x) = 1 - \left(1 - \frac{L-x}{R}\right)^2 \qquad (4.4.26)$$

所以,整个圆柱形装药的修正系数可写成

$$F(x) = 1 - \left\{1 - \left[\frac{x}{2R}, 1, \frac{L-x}{R}\right]\right\}^2 \qquad (4.4.27)$$

将 $F(x)$ 系数应用于 Gurney 公式中,则有

$$v_0(x) = \sqrt{2E}\sqrt{\frac{\beta F(x)}{1 + 0.5\beta F(x)}} \qquad (4.4.28)$$

研究表明,该式适用于 $L/D \leqslant 2$ 和 $0.1 \leqslant \beta \leqslant 5$ 的圆柱形装药。

3. 装药内部存在空腔的修正

对于带有轴向同心圆柱形空腔的圆筒形战斗部,美国海军试验场进行了实爆试验,测定了破片速度,其试验数据如表 4.4.5 前三列所示[35]。作者根据无空腔实心装药的实测速度值,采用经典 Gurney 公式反求 Gurney 常数 $\sqrt{2E}$,然后依据载荷系数计算出有空腔装药的破片速度及其与试验的偏差,示于表 4.4.5 后二列。由表 4.4.5 可以看出,去掉了炸药装药的芯轴,破片速度大幅降低,尤其需要注意到:不考虑空腔的影响仅依据载荷系数通过 Gurney 公式计算破片速度,与试验测试结果存在着明显偏差,且随着空腔占空比的增大,这种偏差也越大。

表 4.4.5　轴向空腔对破片速度的影响

去掉炸药所占质量比/%	载荷系数($\beta = C/M$)	速度测试/(m·s⁻¹)	速度计算/(m·s⁻¹)	偏差/%
0	0.9218	1854.0	1854.0	0
14.1	0.7913	1694.6	1757.5	−3.71
31.8	0.6281	1475.2	1613.6	−9.38
55.6	0.3997	1127.7	1347.1	−19.5

受导弹等武器总体的重量和几何尺寸的限制或安装安全起爆机构等的需要,带有内部空腔的战斗部结构并不鲜见,因而考虑空腔稀疏效应的 Gurney 公式的修正非常具有工程实用价值。文献[37]对此进行了有益尝试,其基本思路在于考虑装药瞬时爆轰,爆轰产物瞬时充满整个战斗部内部空间,假设炸药装药 Gurney 能与爆轰产物初始密度呈线性比例关系。即

$$\frac{\rho_0}{E}=\frac{\rho'}{E'} \tag{4.4.29}$$

式中，ρ_0 和 E 分别为炸药装药密度和 Gurney 能；ρ' 和 E' 分别为爆轰产物初始密度和修正后 Gurney 能。于是，对于圆筒形装药有下式存在

$$\frac{E'}{E}=1-\frac{r^2}{R^2} \tag{4.4.30}$$

式中，r 和 R 分别为空腔半径和炸药半径。将上式与式(4.4.3)结合，可得到

$$v_0=\sqrt{2E}\sqrt{\frac{\beta}{1+0.5\beta}}\sqrt{1-\frac{r^2}{R^2}} \tag{4.4.31}$$

同理，可得到存在同心球形空腔的球壳形装药的修正 Gurney 公式为

$$v_0=\sqrt{2E}\sqrt{\frac{\beta}{1+0.5\beta}}\sqrt{1-\frac{r^3}{R^3}} \tag{4.4.32}$$

以上针对内部有空腔的装药结构，给出了一种 Gurney 公式修正答案，其适用范围、计算精度和实用性尚有待于进一步的试验检验。

4.4.3　破片存速

1. 破片运动方程

破片获得初速度并脱离爆轰产物作用之后，即在空气中飞行，此时将受到两种力的作用，分别是重力和空气阻力。重力使破片的飞行弹道发生弯曲；空气阻力则造成破片速度的衰减。由于破片飞行至目标的距离不会太长、时间很短，因此重力的影响可忽略，破片弹道可近似看作直线。

破片运动的微分方程为

$$m\frac{\mathrm{d}v}{\mathrm{d}t}=-\frac{1}{2}C_{\mathrm{D}}\rho_{\mathrm{a}}Sv^2 \tag{4.4.33}$$

式中，C_D 为气动阻力系数；ρ_a 为空气密度；S 为破片迎风展现面积；m、v 和 t 分别表示破片质量、破片速度和时间。对上式进行变换，写成速度 v 和距离 x 的微分形式，得

$$m\frac{\mathrm{d}v}{\mathrm{d}x}=-\frac{1}{2}C_{\mathrm{D}}\rho_{\mathrm{a}}Sv \tag{4.4.34}$$

对上式取积分，有

$$\int_{v_0}^{v_x}\frac{\mathrm{d}v}{v}=-\frac{C_{\mathrm{D}}\rho_{\mathrm{a}}S}{2m}\int_0^x\mathrm{d}x$$

于是

$$v_x=v_0\mathrm{e}^{-\frac{C_{\mathrm{D}}\rho_{\mathrm{a}}S}{2m}x} \tag{4.4.35}$$

式中,v_x 称为破片存速,即破片飞行到距爆心距离为 x 处的速度。令

$$\alpha = \frac{C_D \rho_a S}{2m} \qquad (4.4.36)$$

得到破片存速方程

$$v_x = v_0 e^{-\alpha x} \qquad (4.4.37)$$

式中,α 称为破片速度衰减系数,其量纲是 (m^{-1}),α 代表了破片在飞行过程中保存速度的能力:α 值愈大,表明破片保存速度的能力愈小,速度损失快;反之,α 值愈小,表明破片保存速度的能力愈大,速度损失慢。尽管式(4.4.36)给出了 α 的计算公式,而在工程上多依据式(4.4.36)通过试验测试并通过数据回归得到。

2. α 值的计算

由式(4.4.36)可知,影响破片速度衰减系数大小的因素主要是气动阻力系数 C_D,当地空气密度 ρ_a,破片展现面积 S 和质量 m。

1) 气动阻力系数 C_D

由空气动力学理论可知,气动阻力系数 C_D 值取决于破片的大小、形状和速度。C_D 值通常先由风洞实验测出给定气流速度下物体所受的阻力,然后再根据其展现面积计算出来。因此,只要给出计算阻力系数所依据的展现面积,便可应用相似定律求出具有类似形状的物体在不同速度下的阻力系数。当物体形状相同时,C_D 是马赫数的函数。枪弹的 C_D 随马赫数的变化曲线如图 4.4.7 所示。需要注意,当速度在 1 个马赫数上下时,即从亚声速过渡到超声速时,阻力系数有大幅度变化,此为声障区的特殊现象。

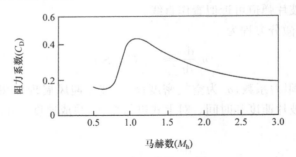

图 4.4.7　C_D 对马赫数的变化曲线

对空气中的各种非稳定性破片进行测试的结果示于图 4.4.8 中,由此可见,C_D 值随破片形状和速度变化而变化。

由图 4.4.7 和图 4.4.8 可知,当马赫数 $M_h > 1.5$ 时,C_D 随 M_h 的增加而缓慢下降。各种形状破片 C_D 的拟合计算公式为:

球形破片:$C_D = 0.97$

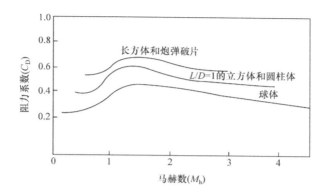

图 4.4.8　各种形状破片的 C_D 随马赫数的变化曲线

方形破片：$C_D = 1.72 + \dfrac{0.3}{M_h^2}$　　或　　$C_D = 0.285 + \dfrac{1.054}{M_h} - \dfrac{0.926}{M_h^2}$

圆柱形破片：$C_D = 0.806 + \dfrac{1.323}{M_h} - \dfrac{1.12}{M_h^2}$

菱形破片：$C_D = 1.45 - 0.0389 M_h$

当 $M_h > 3$，C_D 一般取常数：

球形破片：$C_D = 0.97$

圆柱形破片：$C_D = 1.17$

规则矩形和菱形：$C_D = 1.24$

不规则矩形和菱形：$C_D = 1.5$

2）当地空气密度 ρ_a

当地空气密度 ρ_a 通常指破片在飞行高度中的气体密度，由距海平面的高度决定，一般表达式为

$$\rho_a = \rho_{a0} H(y) \tag{4.4.38}$$

式中，$\rho_{a0} = 1.226\,\mathrm{kg/m^3}$ 为海平面处的空气密度，$H(y)$ 是空气密度随海拔高度变化的修正系数，其近似表达式为

$$H(y) = \begin{cases} \left(1 - \dfrac{H}{44.038}\right)^{4.2558} & (H \leqslant 11\mathrm{km}) \\ 0.279\mathrm{e}^{-\frac{H-11}{6.318}} & (H > 11\mathrm{km}) \end{cases} \tag{4.4.39}$$

其中，典型海拔高度 $H(y)$ 的值示于表 4.4.6 所示。

表 4.4.6　典型海拔高度的空气密度修正系数 $H(y)$ 值

H/km	5	10	15	18	20	22	25	28	30
$H(y)$	0.601	0.337	0.157	0.098	0.071	0.052	0.032	0.02	0.014

3）破片展现面积 S

由于破片在飞行中作无规则的翻滚、旋转，自身的取向变化不定，故展现面积（或称迎风面积）的确定比较困难，一般按均匀取向理论，采用破片平均迎风面积计算。对于规则形状的破片，平均迎风面积可取该破片整个表面积的四分之一；对于形状不规则的破片，可由实验测出破片的平均迎风面积，或将其近似成规则破片处理。对于各种不同形状的规则破片，均可推导出相应的破片形状系数 ϕ 和破片质量 m 与破片迎风面积 S 的关系式，即

$$S = \phi m^{2/3} \tag{4.4.40}$$

各种形状钢质破片 ϕ 的计算值列于表 4.4.7 中。实验证明，ϕ 的理论计算值偏低，工程应用中应乘以修正系数 $K = 1.08 \sim 1.12$。

表 4.4.7　钢质破片形状系数 ϕ 值

破片形状	球形	立方体	圆柱形	平行四边形	菱形	长方形
$\phi \times 10^3 / (\mathrm{m^2 \cdot kg^{-2/3}})$	3.07	3.09	3.35	$3.6 \sim 4.3$	$3.2 \sim 3.6$	$3.3 \sim 3.8$

4.4.4　破片速度测试

测试破片速度的方法有很多种，但基本原理几乎都是相同的，即通过记录破片飞过某一预设测量距离所需时间或测量预设时间间隔的飞行距离，然后用距离除以时间得到一定距离或时段的破片平均速度。

1. 通、断靶法

通靶和断靶均可视为一种速度传感器，能够给出破片到达时的电路导通或断开信号。典型的通靶由两层金属箔夹一个薄的绝缘材料（如塑料薄膜）层制成，类似"三明治"结构，平时金属箔之间处于绝缘状态，如图 4.4.9（a）所示。典型的断靶由一根细金属丝（通常用漆包线）编织或缠绕成网状，并黏附于硬纸板上制成，平时处于导通状态，如图 4.4.9（b）所示。通靶或断靶分别通过导线连接到数字时间记录仪上，在测试仪器和传感器之间形成通电回路，数字时间记录仪可通过选择性

金属箔

绝缘层

(a) 通靶

金属丝网

基板

(b) 断靶

图 4.4.9　通靶和断靶示意图

开关选择通靶或断靶测试。在金属破片穿透通靶的过程中,金属的导电性使测试回路导通,给出破片到达信号。当破片撞击断靶时,造成一处或多处金属丝网断开,导致测试回路断开,从而给出破片到达信号。

利用滑膛弹道枪加载发射单个破片时,常使用通靶或断靶方法测速,以获得破片的初速 v_0 和衰减系数 α。实验原理如图 4.4.10 所示,破片飞行过程中使每一个通靶或断靶启动,从而测出破片通过靶距 Δx_i 的时间 Δt_i。于是,破片在靶距 Δx_i 之间的平均速度 $v_i = \Delta x_i / \Delta t_i$,并作为枪口至靶距中点距离 x_i 处的破片速度。

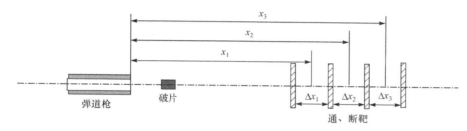

图 4.4.10　通、断靶测速布局示意图

依据破片速度衰减公式 $v_x = v_0 e^{-\alpha x}$,应用最小二乘法原理,可求出破片初速 v_0 和速度衰减系数 α,计算公式为

$$\ln v_0 = \frac{\sum x_i^2 \sum \ln v_i - \sum x_i \sum (x_i \ln v_i)}{n \sum x_i^2 - (\sum x_i)^2} \tag{4.4.41}$$

$$\alpha = \frac{\sum x_i \sum \ln v_i - n \sum (x_i \ln v_i)}{n \sum x_i^2 - (\sum x_i)^2} \tag{4.4.42}$$

对于弹丸或战斗部爆炸形成大量破片的测试,可在战斗部周围布置如图 4.4.10 所示的 3~5 路测速靶,每路测速靶数量至少 4 个,由此可测得每一路的破片初速 v_0 和速度衰减系数 α,再分别取平均值作为最终结果。应当指出,采用通靶和断靶方法进行测速基于以下两种理想化条件:一是破片弹道为直线弹道;二是击穿每一路测速靶的破片为同一破片。因此,在实际靶场测试时,测速靶的尺寸和面积选择并不相同,距爆心最近的测速靶最小,随布设距离的增大而逐级放大,以尽可能保证击穿第一个测速靶的破片能够通过后续各测速靶。对于弹丸和战斗部爆炸的破片速度测试,最大的不足之处在于所得测试结果是通过测速靶的若干破片的最大速度,因此测试结果大于所有破片的平均初速。另外,因测速靶时间响应的不一致以及不能绝对保证击穿各测速靶的破片为同一破片等,通靶和断靶也会存在一定误差,再有弹丸和战斗部爆炸形成的破片本身就存在着质量和初速散布,因此实测结果只是一种平均值。

2. 光幕靶和天幕靶

　　光幕靶和天幕靶均属于采用光学原理的速度传感器,可用于监测破片的出现。光幕靶主要由自带光源和接收器组成,如图 4.4.11(a)所示,利用破片对光线的遮挡获得破片到达信息,光线既可以是可见光,也可以是红外线等。天幕靶是一种自然光接收器,如图 4.4.11(b)所示,当破片进入视场时,通过光通量的变化感知破片的出现。光幕靶既可以在室内使用,也可以在室外使用,而天幕靶则主要在室外和光线足够强的条件下使用,若在室内使用通常需要外加光源。光幕靶和天幕靶的优点是测试精度高且可以实现多个破片或破片群速度的测试,缺点是造价相对较高,对于外场和破坏性较强的恶劣爆炸环境,其使用存在一定局限。

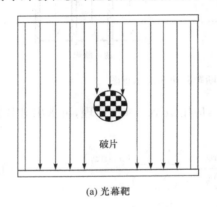

(a) 光幕靶　　　　　　　　　　　　　(b) 天幕靶

图 4.4.11　光幕靶和天幕靶工作原理示意图

3. 脉冲 X 光摄影法

　　该方法的基本原理是利用金属壳体与装药密度的显著差别,通过 X 射线透射拍摄金属壳体或破片的过程图像,基本操作方法是:预设时间间隔进行拍摄,由脉冲 X 光照片判读破片在已知时间间隔内飞行距离,进而得到平均速度。采用该方法测试时,炸药的装药量受到一定的限制,所以对实际战斗部来说往往存在着相似性换算问题。因此,脉冲 X 光摄影法更常用于机理试验和基础研究,获得定性结论比定量结果的意义更大些。

　　试验时,常采用多个 X 射线管以获得多幅图像,X 射线管、战斗部和底片盒的相互位置如图 4.4.12 所示。试验前,战斗部需要预先安装两个探针电极(可靠冗余)与装药紧密接触并保证牢固,作为脉冲 X 光摄影机的启动开关,两个探针电极的位置即距起爆点的距离,由所需时间间隔计算出来。将战斗部安放在预定位置

后,首先拍摄其静态照片;然后起爆战斗部,
当爆轰波传至探针电极时,炽热的爆炸气体
使两极之间的空气电离而导通,触发 X 射线
摄影机并按预设的时间间隔进行拍摄,从而
获得起爆后的 X 光照片。将第一幅 X 光照
片与静态照片叠合,测出战斗部壳体各部位
的膨胀尺寸或运动距离 x_1,用 x_1 减去静态照
片中的尺寸 x_0,然后除以放大系数 k 的两倍,
即可得到壳体实际运动距离;将得到壳体运
动距离再除以预设的时间间隔 Δt_1,即可得到
战斗部壳体上每一测量部位这一时段的平均
速度 v_1,即

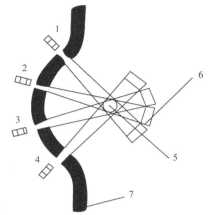

图 4.4.12 闪光 X 射线
照相测速场布置图
1~4. X 射线管;5. 战斗部;
6. 底片盒;7. 爆炸塔

$$v_1 = \frac{(x_1 - x_0)/2k}{\Delta t_1}$$

同样的数据判读与处理方法,可以获得每 2
个射线管之间的壳体或破片运动的平均速度,从而得到壳体膨胀或破片运动的速
度以及距离-时间历程。

4. 高速照相法

高速照相一般采用高速分幅照相方法,获得一定时段内大量固定细小时间间
隔的照片,以此获得破片的速度。高速照相主要有两种应用情形:一是弹道枪发射
的单枚破片速度测试;二是战斗部爆炸的破片
群测试。对于单枚破片速度测试,需要设置对
比鲜明的背景幕布并画好标尺,根据破片在背
景幕布前通过的分幅照片,可获得破片的速
度。对于战斗部爆炸,由于受爆炸强光和烟雾
的干扰,直接拍摄破片的运动是不可能的,但
可以拍摄破片群的速度。高速照相拍摄破片
群的原理如图 4.4.13 所示,由同步装置控制
战斗部爆炸与照相机同步启动,战斗部爆炸后
破片群破片高速靶板时产生闪光,在底片上出
现亮点,由底片上亮点出现的先后,就可以确
定破片飞行到靶板的时间,从而求出破片的平
均速度和速度分布范围。

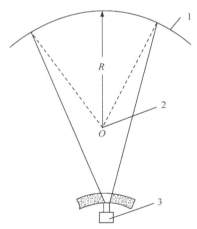

图 4.4.13 高速摄影测速场布置图
1. 装甲钢板;2. 战斗部;3. 高速摄影机

4.5　破片散飞

破片散飞是杀伤战斗部、各种弹丸等爆炸后所伴生的一种重要现象,破片散飞特性决定了破片的空间分布和破片密度,破片空间分布参数是破片杀伤威力场的重要参数之一。

若战斗部在整个装药的各个点上同时起爆即瞬时爆轰条件下,每个破片均沿所处壳体初始位置的外法线方向抛射。然而实际上,起爆点的数目是有限的、瞬时爆轰是不存在的,另外壳体破裂形成破片之前要发生膨胀和变形,因此破片在抛出时都会偏离外法线方向。对于通常结构形式的破片战斗部,一般认为破片散飞和分布密度沿战斗部周向呈均匀分布。除非起爆点极不对称,或弹体内配有预先交错刻槽的非对称性壳体,致使爆轰波冲击近侧和远侧壳体的角度大不相同,才会导致破片散飞的周向不均匀分布。

轴对称回转体战斗部的破片主要分静态和动态两种散飞形式,其中前者是指战斗部在静止状态下爆炸产生的破片散飞;后者是指战斗部在运动状态下爆炸产生的破片散飞,各种典型形状战斗部静态爆炸时破片散飞形式如图 4.5.1 所示。

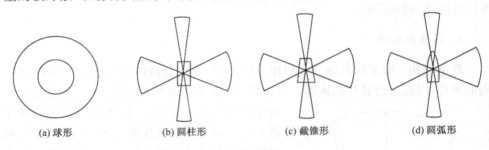

(a) 球形　　　　(b) 圆柱形　　　　(c) 截锥形　　　　(d) 圆弧形

图 4.5.1　破片散飞形式

4.5.1　Taylor 角近似

采用 Gurney 公式求解破片初速时,假定瞬时爆轰,相当于爆轰波阵面与壳体内表面平行即对壳体内表面垂直入射,这时破片散飞方向或初速方向与壳体内表面法线方向一致。若爆轰波阵面与壳体内表面垂直掠过即滑移爆轰条件下,破片散飞方向或初速方向将偏离壳体表面的法线方向。Taylor 最早对这一问题开展了研究,称为 Taylor 角近似[38]。

如图 4.5.2 所示,滑移爆轰波沿金属平板表面垂直掠过时,平板偏转 θ 角。假定平板自初始位置瞬时加速到终态速度即破片初速 v_0 且经历了纯粹的旋转运动,在平板长度和厚度方面没有发生变化或产生剪切流动。这样,原来 P 点的平板微

元抛射到 P' 点,长度 $\overline{OP}=\overline{OP'}$。从 O 点引 PP' 的垂线 OQ,由于 $\triangle POP'$ 是等腰三角形,所以 OQ 是 $\angle POP'$ 即 θ 的平分线,由几何关系可知 $\theta/2$ 为平板微元抛射或破片散飞方向偏离平板法线方向的角度。如果自 P 到 O 点爆轰波稳态传播时间为 t,那么 $\overline{OP}=Dt$(D 为装药爆速)、$\overline{PP'}=v_0t$。于是

$$\sin\frac{\theta}{2}=\frac{\overline{PP'}/2}{\overline{OP}}=\frac{v_0}{2D} \tag{4.5.1}$$

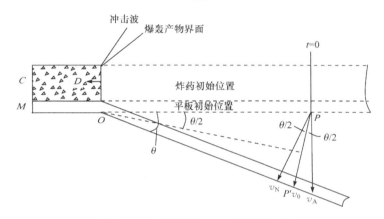

图 4.5.2　滑移爆轰对金属板的抛射

式(4.5.1)就是著名的 Taylor 角关系式,给出了金属平板微元运动或破片散飞方向偏离表面外法线方向的角度 $\theta/2$ 与破片初速 v_0 和爆速 D 之间的关系。其中,v_0 可由 Gurney 公式求得,而垂直平板初始位置的速度分量 v_A 为

$$v_A=D\tan\theta \tag{4.5.2}$$

于是

$$\frac{v_0}{v_A}=\frac{2D\sin(\theta/2)}{D\tan\theta}=\frac{\cos\theta}{\cos(\theta/2)} \tag{4.5.3}$$

垂直飞出金属板表面的速度分量 v_N 为

$$v_N=D\sin\theta \tag{4.5.4}$$

于是

$$\frac{v_0}{v_N}=\frac{2D\sin(\theta/2)}{D\sin\theta}=\frac{1}{\cos(\theta/2)} \tag{4.5.5}$$

实际上,v_0、v_A 和 v_N 之间通常只差百分之几,也就是说,$v_0/2D$ 的值对许多炸药而言是近似相同的,所以 θ 值近乎等于常数。如果被驱动的金属板的质量是一定的,那么随着炸药爆速的增加,金属板的速度也将随之增加,因此 $v_0/2D$ 仍近乎等于常数。

4.5.2　Shapiro 公式

上述 Taylor 理论包含了战斗部静态爆炸时,预测破片散飞特性的基本思想。Shapiro[39] 则将这一基本思想加以推广和具体应用,得到了 Shapiro 公式。Shapiro 的基本假设是战斗部壳体由许多圆环连续排列或圆环叠加而成,诸圆环的中心均处在战斗部或弹体的轴线上,这相当于假设破片散飞周向均匀分布、各个轴截面上的破片相互没有干扰。尽管该假设与实际的壳体膨胀、破裂并非完全一致,但从工程近似计算的角度仍可以获得满意的精度。

在这个基本假设条件下,考虑到炸药装药实际的点起爆情况,并进一步假设爆轰波由起爆雷管或传爆药出发,以球形波阵面的形式在装药中传播。如图 4.5.3 所示,取战斗部壳体表面的外法线与弹轴的夹角为 φ_1;取爆轰波达到某一壳体微元环时的爆轰波传播方向或爆速方向与弹轴的夹角为 φ_2;破片散飞方向或初速方向因爆轰波传播方向的影响而偏离壳体外法线方向,产生一个偏角 θ_s,并称为破片散飞偏转角。

现取壳体上某一微元环 AB 来研究,如图 4.5.4 所示。爆轰波由战斗部左端向右端运动,在 Δt 时间内,可认为掠过壳体 AB 上的爆轰波传播速度和方向不变。这样,爆轰波阵面由 AA' 到达 BB' 的传播距离为 $D\Delta t$;A 点壳体向外的膨胀速度由 0 增至 v_0;壳体微元环 AB 转过一 θ 角,其长度和厚度均保持不变。

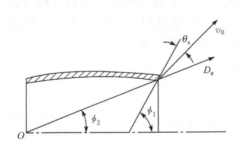

图 4.5.3　Shapiro 求解
破片飞角偏转角诸要素

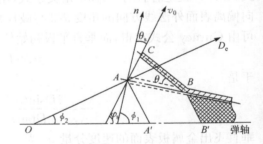

图 4.5.4　Shapiro 公式推导的图解

在等腰 $\triangle ABC$ 中,根据正弦定理可得

$$\frac{\overline{AC}}{\sin\theta} = \frac{\overline{AB}}{\sin(\pi/2 - \theta/2)} \tag{4.5.6}$$

或者

$$\frac{\overline{AC}}{\overline{AB}} = \frac{\sin\theta}{\sin(\pi/2 - \theta/2)} = 2\sin\frac{\theta}{2} \tag{4.5.7}$$

引入 Taylor 假设,AB 微元瞬时加速到最终速度或破片初速,于是

$$\overline{AC} = v_0 \Delta t \tag{4.5.8}$$

$$\overline{AB} = \frac{D \Delta t}{\cos(\pi/2 - \varphi_1 + \varphi_2)} \tag{4.5.9}$$

将 $\overline{AC}$、$\overline{AB}$ 代入式(4.5.7)可得

$$\sin \frac{\theta}{2} = \frac{v_0}{2D} \cos\left(\frac{\pi}{2} - \varphi_1 + \varphi_2\right) \tag{4.5.10}$$

由图 4.5.4 可知，破片散飞偏转角 $\theta_s = \theta/2$；由于 θ_s 很小，可用 $\tan\theta_s \approx \sin\theta_s$，Shapiro 最终给出

$$\tan\theta_s = \frac{v_0}{2D} \cos\left(\frac{\pi}{2} - \varphi_1 + \varphi_2\right) \tag{4.5.11}$$

以上就是著名的 Shapiro 公式及其推导过程，其中 θ_s 为破片散飞偏转角；v_0 为破片初速。由此可以看出，对于一定结构的战斗部壳体，破片散飞方向主要由破片初始位置的壳体外法线方向和爆轰波传播方向所决定，而爆轰波的传播方向决定于起爆点位置，起爆点位置和爆轰波传播方向使破片散飞方向以壳体外法线方向为基准，向爆轰波传播方向偏转了一个 θ_s 角。

根据图 4.5.4，由几何关系很容易知道，破片散飞方向可通过角度 φ_0 表示，称为破片散飞方向角，其表达式为

$$\varphi_0 = \varphi_1 - \theta_s \tag{4.5.12}$$

若战斗部壳体为圆柱形，则壳体外法线方向与弹轴夹角 $\varphi_1 = 90°$，当起爆点位于无穷远处或符合 Taylor 角近似的滑移爆轰条件时 $\varphi_2 = 0°$，这时式(4.5.11)变成

$$\tan\theta_s = \frac{v_0}{2D} \tag{4.5.13}$$

对比式(4.5.1)，再考虑到 $\theta_s = \theta/2$ 是小量，$\theta_s \approx \tan\theta_s \approx \sin\theta_s$，因此可以认为 Taylor 角近似与 Shapiro 公式是一致的，前者是后者的一个特例。

对于圆柱形壳体战斗部，若考虑 AB 微元不是瞬时由 0 加速到 v_0，而是经历了时间 Δt，在 Δt 时间内取平均速度 $\bar{v} = v_0/2$，这样

$$\overline{AC} = \frac{1}{2} v_0 \Delta t \tag{4.5.14}$$

这种条件下，根据式(4.5.11)可得到

$$\tan\theta_s = \frac{v_0}{4D} \cos\varphi_2 \tag{4.5.15}$$

4.5.3 破片动态散飞方向

由静态爆炸破片散飞的 θ_s 和 φ_0，可以推导出动态爆炸条件下的破片散飞方向，并在此基础上计算破片分布密度。如图 4.5.5 所示，战斗部在空中的运动速度

为 v_m，该速度矢量方向与战斗部轴线的夹角为 α（称为攻角），在静态和动态爆炸条件下破片散飞方向与弹轴的夹角分别为 φ_0 和 φ_d，φ_d 称为破片动态散飞方向角。

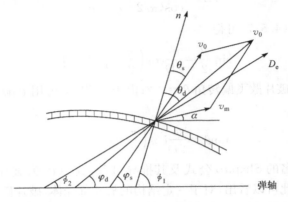

图 4.5.5　动态爆炸的破片散飞

根据图 4.5.5，由几何关系，可得到 φ_d 和 φ_s 之间的关系为

$$\tan\varphi_d = \frac{v_0\sin\varphi_0 + v_m\sin\alpha}{v_0\cos\varphi_0 + v_m\cos\alpha} \qquad (4.5.16)$$

动态条件下的破片速度为

$$v_d^2 = v_0^2 + v_m^2 - 2v_0 v_m\cos(\varphi_0 - \alpha) \qquad (4.5.17)$$

当 $\alpha = 0$ 时

$$\tan\varphi_d = \frac{\sin\varphi_0}{\cos\varphi_0 + \dfrac{v_m}{v_0}} \qquad (4.5.18)$$

$$v_d^2 = v_0^2 + v_m^2 - 2v_0 v_m\cos\varphi_0 \qquad (4.5.19)$$

若已知在战斗部静态爆炸 φ_0 方向的破片分布密度为 ε_0，那么在战斗部动态爆炸 φ_d 方向的破片分布密度为[36]

$$\varepsilon_d = \varepsilon_0\left(\frac{\sin\varphi_0}{\sin\varphi_d}\right)^3 \frac{1}{1 + \dfrac{v_m}{v_0}} \qquad (4.5.20)$$

4.5.4　破片飞散角与方位角及其测定

对于通常的轴对称回转体战斗部，一般假设破片散飞在周向上的分布是均匀的，因此主要考察战斗部沿轴向的破片分布。由于破片散飞偏转角的存在，使在通过战斗部轴线平面上，破片分布于一定的角度范围内。在工程上，把在通过战斗部

轴线的平面上,以爆心或战斗部几何中心为顶点包含 90％破片的角度称为破片飞散角;把破片飞散角的角平分线与战斗部轴线前向(弹头方向)的夹角称为破片飞散方位角。破片飞散角和破片飞散方位角描述的是破片散飞的宏观特性,也有静态和动态之分。破片飞散角和飞散方位角作为战斗部威力场的重要参数,是武器弹药引战配合设计和毁伤效能评估的基础数据和主要依据。图 4.5.6 是典型的卵形炮弹弹丸静爆条件下的破片散飞试验结果,弹头方向为 0°,弹底方向为 180°,通过在弹丸周围一定距离上布设靶板并统计与弹轴不同夹角方向上的破片数,得到单位面积的破片数即破片分布密度。图 4.5.6 示意,$\varphi_{0.9}$ 表示弹丸圆柱部的破片飞散角,大致在 50°～60°之间,破片飞散方位角约为 90°。

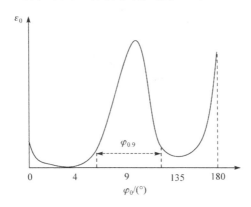

图 4.5.6 典型破片分布密度曲线

单纯的战斗部破片散飞和分布密度试验一般不会独立进行,通常与破片速度测试、破片质量与数量分布测试等相结合进行,即破片散飞综合试验。破片散飞综合试验的典型布场如图 4.5.7 所示,由于假定战斗部爆炸后形成的破片沿周向呈均匀分布,因此在某一扇区(通常选择 180°)内回收破片可以认为能代表整个分布情况。战斗部通常呈水平姿态放置在试验场内,并在试验场内适当位置上安放回收箱、测速系统以及防跳挡板等。战斗部必须支撑在完全水平的位置上,其水平放置高度应使弹轴与回收箱中心平齐。

回收箱用来完整无损地俘获破片试样,并据此确定破片的空间分布和质量分布。回收箱一般为木质材料,其中可容纳足够尺寸的合成纤维板或其他合适的回收介质板若干块。回收箱敞口一侧朝向战斗部,以便破片能够直接打击纤维板。用电子金属探测器确定破片在纤维板中的位置,以确定其空间分布。从纤维板中取出破片称重,按质量分组,可确定破片质量分布。曾经使用过草纸板回收破片,由于草纸板的密度约为纤维板的两倍,有可能使破片在回收过程中再次破碎,也许不能真实地反映破片的质量分布。至于以往曾采用的封闭沙坑试验,不仅造成破

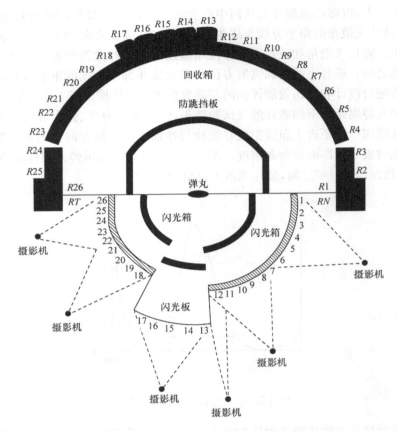

图 4.5.7　破片散飞综合试验场示意图

片再次破碎,还不能确定破片相对战斗部的方位,因此被认为是不完善的和过时的。

　　防跳挡板用于防止破片触地后跳飞而进入回收箱,挡板可分别采用如下方法建造:在回收箱前一定距离筑成一道一定高度的土埝,带土墙或不带土墙;安装在土埝或直接安装钢板框;设置平行木板墙,平行木板墙内装夯实土等。一般只有当破片着地角度大于 75°时,才要求使用防跳挡板。

　　在回收箱的另一扇区,通常布置有高速摄影机和闪光板、闪光箱,采用光学原理测试破片群的速度及其沿战斗部轴向的分布。

　　战斗部轴向任意微分扇区(或散飞方向角)的破片数目,可以根据破片在回收箱中的位置来确定,且可绘制成类似于图 4.5.8 所示的破片空间分布曲线,通过标识有效破片散布扇区的尺寸,即可确定破片的分布范围以及破片飞散角和方位角。

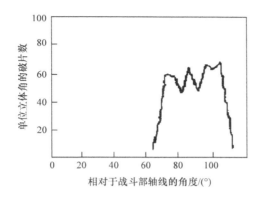

图 4.5.8 典型的破片空间分布曲线

4.6 杀伤战斗部威力表征与评估

4.6.1 杀伤战斗部威力表征

1. 威力参数表征

目前,杀伤战斗部主要通过破片性能参数和破片散飞参数所构成的威力参数表征其威力,体现为数据集合的形式。破片性能参数主要包括:破片质量、破片数量、破片数量的质量分布、破片几何形状及参数,破片初速、一定作用距离的破片存速,以及破片穿透一定厚度等效靶的作用距离等。破片散飞参数主要包括:破片飞散角、破片飞散方位角、一定作用距离的破片分布密度、等效靶穿孔数或穿孔密度等。通过威力参数集合进行表征的好处是对战斗部威力性能的描述比较直观,缺点在于只能间接反映毁伤目标的能力,无法从定量的角度对比分析不同杀伤战斗部对同一目标以及同一杀伤战斗部对不同目标的毁伤能力差别,因此可用于威力表征、不适合威力评估。

2. 综合威力表征

破片飞散区域及破片在其中的空间分布构成战斗部破片威力场,战斗部破片威力场综合考虑了破片性能和散飞特性,对于处于威力场某一点处的目标,可根据当地的破片威力参数结合目标毁伤律模型定量计算目标毁伤概率。这样,就可以通过威力场特征位置的目标毁伤概率、或特定目标毁伤概率的作用距离、或对整个威力场进行毁伤概率加权求和得到的杀伤面积、毁伤幅员等表征杀伤战斗部对某种目标的毁伤能力,在此称为综合威力。基于战斗部与目标易损性即破片威力场与毁伤律相结合的综合威力,尽管对杀伤战斗部毁伤性能的描述不很直观,但更能反映战斗部毁伤目标能力的本质,且能够从定量的角度对比分析不同杀伤战斗部对同一目标以及同一杀伤战斗部对不同目标的毁伤能力差别,因此既适合威力表征、也适合威力评估。

4.6.2　杀伤半径

杀伤战斗部一般为二维回转体结构,因此战斗部周向的破片威力参数和对目标的毁伤能力可近似看作均匀和一致的,而沿战斗部径向向外则是不断降低的,因此在战斗部轴线与地面垂直的静爆条件下,破片威力参数和目标毁伤概率随距战斗部轴线(爆心)的距离或半径而变化。杀伤半径特指在与战斗部轴线垂直的截面上、以爆心为圆心的某种特征半径,即该半径处毁伤目标的概率为某一标称值;或在该半径处破片威力性能达到某种要求程度,如破片能够穿透的等效靶厚度或一定厚度等效靶的穿孔密度等。杀伤半径主要包括:针对人员目标的密集杀伤半径和有效杀伤半径以及多用于考核破片对等效靶穿透能力和穿孔数量或密度的杀伤威力半径等。

1. 密集杀伤半径和有效杀伤半径

针对人员目标的密集杀伤半径和有效杀伤半径,主要通过扇形靶试验进行测定[40],目前其他目标均不使用这两种杀伤半径进行综合威力的表征与评估。密集杀伤半径的定义是:在以爆心为圆心的同心圆周上,对于立姿人形靶:高 1.5m、宽 0.5m、厚 25mm 标准松木板(一般为针叶松并经过晾干处理)的破片穿孔数量的数学期望为 1 的圆周半径。由此可见,密集杀伤半径处,对于立姿人形靶的破片穿孔密度的数学期望为 $1/(1.5 \times 0.5) = 1.333$ 枚每平方米。若把嵌入 25mm 厚标准松木板中的破片视为对人体目标具有毁伤作用的有效破片,嵌入破片数量的 1/2 与穿孔数量之和的数学期望为 1 的圆周半径,定义为有效杀伤半径。在一些场合,密集杀伤半径和有效杀伤半径也分别被称为击穿片密集杀伤半径和有效破片密集杀伤半径。

对于面向爆心的立姿人体,其暴露面积 A 一般取 $1.45 \times 0.35 \mathrm{m}^2$。这样,对于迎面站立的人体,密集杀伤半径处能够对其造成杀伤的命中破片数量的数学期望为

$$\overline{N} = \frac{1.45 \times 0.35}{1.5 \times 0.5} = 0.677 \tag{4.6.1}$$

利用第二章的式(2.4.4),可对密集杀伤半径处迎面站立人体目标的毁伤概率进行求解,即

$$p = 1 - \mathrm{e}^{-0.677} = 0.492 \tag{4.6.2}$$

考虑到立姿人体目标随机站立情况,人体模型尺寸取 1.45m×0.35m×0.18m,因此其平均暴露面积为

$$\overline{S}=\frac{2(1.45\times0.35+1.45\times0.18)}{\pi}=0.489\text{m}^2 \tag{4.6.3}$$

这样,密集杀伤半径处的命中杀伤破片数的数学期望为

$$\overline{N}=\frac{0.489}{1.5\times0.5}=0.652 \tag{4.6.4}$$

同理,毁伤概率为

$$p=1-\text{e}^{-0.652}=0.479 \tag{4.6.5}$$

由此可见,密集杀伤半径对应着命中人体目标的杀伤破片(能够穿透 25mm 厚标准松木靶的破片)密度(约为 1.333 枚每平方米)和毁伤概率,对于立姿人体的平均毁伤概率为 0.479,其中迎面站立条件下的毁伤概率为 0.492。

采用扇形靶试验测试和考核密集杀伤半径和有效杀伤半径时,扇形靶材质选择标准松木板、厚度为 25mm,高度一般设置为 3m(人体目标等效靶 1.5m 的 2 倍),弧长对应 π/3(或 π/6)的圆心角。设密集杀伤半径和有效杀伤半径分别为 R_0 和 R_1,扇形靶的杀伤破片(穿透)数和有效破片(穿透与嵌入一半之和)数为 N_0 和 N_1;考虑到 R_0 和 R_1 处的圆周长分别为 $2\pi R_0$ 和 $2\pi R_1$,相当于标准人形靶(宽度为 0.5m)个数分别为 $4\pi R_0$ 和 $4\pi R_1$(R_0 和 R_1 的量纲为 m);又由于扇形靶高度为 3m、弧长为 1/6 圆周(π/3 圆心角),而标准人形靶高度为 1.5m,因此,$4\pi R_0$ 和 $4\pi R_1$ 对应的杀伤破片数和有效破片数分别为 $6N_0/2=3N_0$ 和 $N_1/2=3N_1$。根据密集杀伤半径和有效杀伤半径的定义,可知道

$$N_0=\frac{4}{3}\pi R_0 \tag{4.6.6a}$$

$$N_1=\frac{4}{3}\pi R_1 \tag{4.6.6b}$$

这样,靶场试验时,可对不同半径处扇形靶进行杀伤破片和有效破片的统计,按图 4.6.1 所示,通过作图可得到密集杀伤半径 R_0 和有效杀伤半径 R_1,分别对应图中的 A 点和 B 点。

2. 杀伤威力半径

杀伤威力半径常用于表征与评估导弹、火箭弹杀伤战斗部及其对飞机、车辆等技术兵器的综合毁伤威力。首先需要规定一定几何尺度的目标等效靶,等效靶的材质和厚度取决于目标特性与易损性,等效靶的外形一般为矩形,具体尺寸设定主要考虑破片散飞特性和布靶距离;然后根据不同半径处等效靶的破片穿孔数量或穿孔密度情况,以不小于规定要求的最小半径确定为杀伤威力半径。杀伤威力半

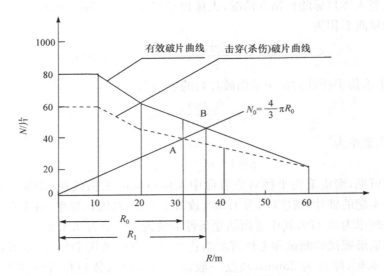

图 4.6.1　杀伤破片和有效破片与半径的关系曲线

径能够反映具体战斗部一定破片性能和散飞特性条件下,对目标的综合作用结果,可以描述同一战斗部对不同目标以及不同战斗部对同一目标的毁伤能力差别,因此是一种综合威力。

　　事实上,杀伤威力半径是根据武器弹药作战任务和使命需求以及在弹药毁伤效能或作战效能的系统分析基础上,最后分解出来的对战斗部毁伤能力的具体要求。另外,等效靶的破片穿孔数量和穿孔密度与目标毁伤律模型相结合,很容易得到目标毁伤概率,因此杀伤威力半径实质上也是对应一定目标毁伤概率的特征半径,只是不像密集杀伤半径的表述那样简单直接。杀伤威力半径对战斗部威力的表征与评估简明直观,尤其工程上使威力试验考核变得简单和易操作。

4.6.3　杀伤面积和毁伤幅员

　　经典终点效应学给出杀伤面积 A_L 的定义[41]:即战斗部在地面爆炸条件下,预期杀伤目标的数量 N_t 与单位面积目标数量 δ_t(目标分布密度)的比值为杀伤面积。杀伤面积 A_L 的数学表达式为

$$A_L = \frac{N_t}{\delta_t} = \iint p(x,y)\mathrm{d}x\mathrm{d}y \qquad (4.6.7)$$

式中,$p(x,y)$ 为地面某一位置 (x,y) 处的目标毁伤概率,可通过战斗部威力参数与毁伤律模型相结合得到。由于 A_L 具有面积的量纲,所以称为杀伤面积。式(4.6.7)表明,杀伤面积 A_L 是针对杀伤战斗部地面爆炸并考虑二维威力场结构时,目标毁伤概率对面积的积分或毁伤概率与面积微元的乘积加和,相当于毁伤概率为 1 的

折算面积。杀伤面积 A_L 由目标分布和毁伤目标数量的角度引出,代表了杀伤战斗部的本征或固有毁伤能力,可以综合反映不同战斗部对同一目标以及同一战斗部对不同目标的毁伤能力差别。

不妨对杀伤面积概念进行扩展,引出"毁伤幅员"概念[42],毁伤幅员定义为杀伤战斗部威力场通过概率加权得到的毁伤概率为 1 的等效空域。毁伤幅员 E_S 的数学描述如下式:

$$E_S = \iiint p(x,y,z)\mathrm{d}x\mathrm{d}y\mathrm{d}z \qquad (4.6.8)$$

式中,$p(x,y,z)$ 为威力场中某一点 (x,y,z) 的目标毁伤概率。毁伤幅员 E_S 综合考虑了整个威力场以及处于威力场中的目标易损性,而且可根据 E_S 值的大小定量描述战斗部综合威力的高低。对于空中爆炸和考虑三维立体威力场结构时,E_S 具有体积的量纲;对于地面爆炸和考虑二维平面威力场结构时,E_S 具有面积的量纲,也就是杀伤面积 A_L。另外,毁伤幅员可扩展到聚能破甲和动能穿甲战斗部等一维线性威力场结构,并可以细致区分不同穿深条件下的毁伤概率并统一考虑进去,能够定量反映穿深提高对毁伤能力的贡献,此时具有长度的量纲。

4.6.4 综合威力评估实例

在一定工程背景条件下,以同一类型、两种装药和结构的杀伤弹丸为例进行综合威力评估,其中一种是新型大威力弹,另一种原型制式弹,以下分别称为甲弹和乙弹[43]。该型弹的主要作战对象和打击目标是有生力量、军用车辆和技术兵器等,实际评估时,选择人体目标、普通军用车辆和轻型装甲车辆为三种典型目标。

该型弹为轴对称二维回转体结构,对于地面静爆并考虑二维威力场条件下,假设圆周方向的破片威力参数是均匀的,那么毁伤幅员或杀伤面积的计算模型为

$$E_s = \int 2\pi r p(r)\mathrm{d}r \qquad (4.6.9)$$

式中,$p(r)$ 为周向 $r\mathrm{d}r$ 微元环的目标毁伤概率。

破片对人体目标的毁伤律模型通常采用有效破片命中数量的泊松分布概率函数,即

$$p(r) = 1 - \mathrm{e}^{-\varepsilon(r)S} \qquad (4.6.10)$$

式中,S 为目标迎风暴露面积;$\varepsilon(r)$ 为杀伤破片分布密度。有效破片是指能够达到人体杀伤能量标准(78~98J)的破片,或以是否穿透标准 25mm 松木板为标准进行核定。

破片对车辆目标的毁伤律采用线性分布概率函数和穿透破片密度准则,具体形式为

$$p(r)=\begin{cases} 0 & (\varepsilon(r)=0) \\ \dfrac{\varepsilon(r)}{\varepsilon_c} & (0<\varepsilon(r)<\varepsilon_c) \\ 1 & (\varepsilon(r)\geqslant\varepsilon_c) \end{cases} \tag{4.6.11}$$

式中,$\varepsilon(r)$为穿透车辆目标等效靶的破片密度;ε_c为毁伤判据,一般取值3～5枚每平方米。

由此可以看出,破片毁伤律模型统一采用了杀伤破片密度或等效靶穿孔密度$\varepsilon(r)$的函数形式,建立或获得杀伤破片密度或等效靶穿孔密度$\varepsilon(r)$所代表的威力场模型,即可根据式(4.6.9)～(4.6.11),求解毁伤幅员或杀伤面积,威力场模型$\varepsilon(r)$在此略去。

为了验证威力场模型和保证综合威力评估结果的有效性,进行了二种弹的静爆试验,试验布场如图4.6.2所示。弹丸置于场地中心、头部朝下并使弹轴与地面垂直,质心距地面高度1.4m。在试验场地内距爆心不同距离布设人体目标、普通军用车辆和轻型装甲车辆目标等效靶,分别为25mm厚标准松木板(高度3m,弧长对应π/6圆心角,距离爆心分别在20m、30m和40m各布一组,互不遮挡)、6mm厚Q235钢板(高2m、宽1m)和12mm厚Q235钢板(高2m、宽1m),两种厚度的Q235钢板各布设三块,距爆心距离均分别为8m、10m、12m。另外,在试验场地地面布设2路壁面压力传感器测试冲击波超压(用于其他问题分析),每路4个测点,测点距爆心距离分别为3m、5m、7m和9m。

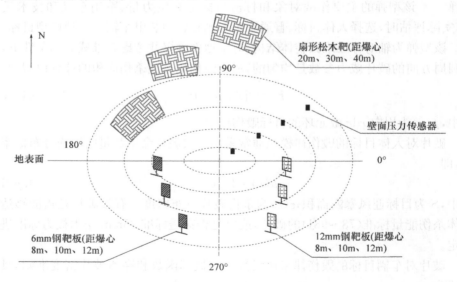

图4.6.2 试验布场示意图

试验获得的不同作用距离的各种等效靶的破片穿孔密度与威力场模型 $\varepsilon(r)$
计算结果对比如图 4.6.3 所示,可以看出两者符合性良好,威力场模型 $\varepsilon(r)$ 可用于
后续计算与分析。

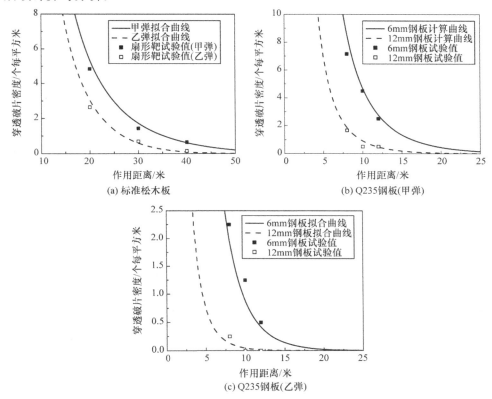

(a) 标准松木板   (b) Q235钢板(甲弹)

(c) Q235钢板(乙弹)

图 4.6.3   等效靶板的破片穿孔密度

利用式(4.6.10)和式(4.6.11)并结合威力场模型 $\varepsilon(r)$,通过计算得到战斗部
威力场内三种典型目标的毁伤概率分布曲线,如图 4.6.4 所示。其中,由图 4.6.4
(a)可以看出,甲弹和乙弹对于立姿迎面站立人体的毁伤概率为 0.492 的作用距离
(即密集杀伤半径)分别为 32.5m 和 25m,即采用模型计算的密集杀伤半径,与由
4.6.2 节获得试验数据按国家军用标准(GJB3197—98)规定的方法所得到的密集
杀伤半径相比,两者极为一致。

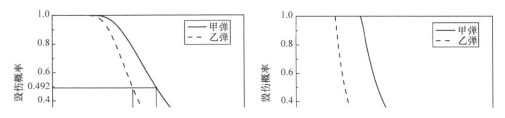

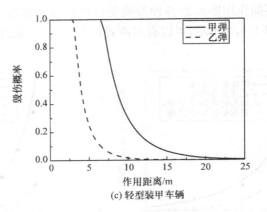

图 4.6.4　毁伤概率的分布曲线

　　进一步,采用式(4.6.9)计算二维威力场结构的毁伤幅员,也就是杀伤面积,所得结果示于表 4.6.1。由此可见,通过毁伤幅员进行表征、利用威力场模型和目标毁伤律模型相结合进行求解,是杀伤战斗部综合威力评估的一种好方法,可定量评定与分析不同战斗部对同一目标以及同一战斗部对不同目标的毁伤能力及其差别,对于其他类型的战斗部也采用类似原理和方法进行威力表征与评估。

表 4.6.1　二种弹对不同目标的毁伤幅员

弹种	毁伤幅员/m²		
	人体目标	普通军用车辆	轻型装甲车辆
甲弹	4004.5	859.1	315.8
乙弹	2283.3	305.0	71.9
甲弹比乙弹提高比例/%	75.4	181.7	339.2

参 考 文 献

[1] Berthelot M,Vieille P. On the velocity of propagation of explosive processes in gases[J]. CR Hebd. Sceances Acad. Sci,1881,93(2):18-21.

[2] Berthelot P E M,Vieille P. Nouvelles recherches sur la propagation des phénomènes explosifs dans les gaz[J]. CR Acad. Sci. Paris,1882,95:151-157.

[3] Mallard E,Le Chatelier H. Sur les vitesses de propagation de l′inflammation dans les mélanges gazeux explosifs[J]. Comptes Rendus Hebdomadaires des Séances de l′Académie des Sciences,1881,93:145-148.

[4] Fickett W,Davis W C. Detonation[M]. California:University of California Press,1979.

[5] Chapman D L. VI. On the rate of explosion in gases[J]. The London,Edinburgh,and Dublin Philosophical Magazine and Journal of Science,1899,47(284):90-104.

[6] Jouguet É. On explosive waves[J]. CR Math. Acad. Sci. ,1905,140:711-712.

[7] Jouguet É. Mécanique des Explosifs:Étude de Dynamique Chimique[M]. Octave Doin,1916.

[8] Zeldovich Y B. On the theory of detonation propagation in gaseous systems[J]. Zh. Eksp. Teor. Fiz. ,1940,10(5):542-568.

[9] Von Neumann J. OSRD Report No. 549[J]. Ballistic Research Lab,1942.

[10] Doering W. Zur Theorie der detonation[J]. Ann. Phys. ,1943,43(5):421-436.

[11] Deal W E. Measurement of chapman-jouguet pressure for explosives[J]. Chem. Phys. , 1957,27:796-800.

[12] Wu Xiong. Detonation properties of condensed explosives computed with the VLW equation of state[J]. The Eighth Symposium(International) on Detonation,1985:131-138.

[13] Mader C L. An equation-of-state for non-ideal explosives[J]. Los Alamos Scientific Laboratory LA-5864,1975.

[14] Lee E L,et al. Adiabatic expansion of high explosive detonation products[R]. UCRL-50422, 1968.

[15] Kury J W,Hornig H C. Lee E L,et al. Metal acceleration by chemical explosives[C]//4ᵗʰ Symp(Int) on Detonation. White Oak,MD,1965.

[16] 张宝钚,张庆明,黄风雷. 爆轰物理学[M]. 北京:兵器工业出版社,2006.

[17] 南宇翔,蒋建伟,等. 一种 CL-20 基压装混合炸药 JWL 状态方程参数研究[J]. 含能材料, 2015,23(6):516-521.

[18] Grisaro H Y,Dancygier A N. Characteristics of combined blast and fragments loading[J]. Int. J. Impact Eng. ,2018,116:51-64.

[19] 陈兴,周兰伟,李向东,等. 破片式战斗部破片与冲击波相遇位置研究[J]. 高压物理学报, 2018,32(6):065101.

[20] http://www2. l3t. com/ati/img/redesign/flash_x-ray/ExplodingBullet. jpg.

[21] Taylor G I. Fragmentation of Tubular Bombs:Science Papers of Sir G I Taylor[M]. London:Cambridge University Press,1963:387-390.

[22] Hoggatt C R,Recht R F. Fracture behavior of tubular bombs[J]. J. Appl. Phys. ,1968, 39(3):1856-1862.

[23] Mott N F,Linfoot E H. A theory of fragmentation. United Kingdom Ministry of Supply, 1943,A. C. 3348.

[24] Mott N F. A theory of fragmentation of shells and bombs. United Kingdom Ministry of Supply,1943,A. C. 4035.

[25] Mott N F. Fragmentation of shell cases. Proc. R. Soc. London,1947,189:300-308.

[26] Gurney R W,Sarmousakis J N. The mass distribution of fragments from bombs,shell,and grenades[R]. US Army Ballistic Research Laboratory Report BRL 448,Aberdeen Proving Ground,MD,1944.

[27] WALSHB. The influence of geometry on the natural fragmentation of steel cylender[R]. N73-25930,1974.

［28］Sternberg H M. Fragment weight distributions from naturally fragmenting cylinders loaded with various explosives［R］. AD0772480, White Oak, Maryland: NAVAL ORDNANCE LAB WHITE OAK MD,1973.

［29］Held Manfred. Fragment mass distribution of HE projectiles［J］. Propell. Explos. Pyrot. , 1990,15:254-260.

［30］Gurney G W. The initial velocities of fragments from bombs,shells and grenades［R］. Ballistics Research Laboratories Report,1943.

［31］王新颖,王树山,等. 爆轰驱动金属圆筒的能量转换与破片初速模型［J］. 兵工学报,2015, 36(8):1417- 1422.

［32］К. П. Станюкович. Физика Взрыва［M］,Москва,1975.

［33］隋树元,王树山. 终点效应学［M］. 北京:国防工业出版社,2000.

［34］北京工业学院八系《爆炸及其作用》编写组. 爆炸及其作用(下册)［M］. 北京:国防工业出版社,1979.

［35］(美)陆军装备部. 王维和,李惠昌译. 终点弹道学原理［M］. 北京:国防工业出版社,1988.

［36］Charron Y J. Estimation of velocity distribution of fragmenting warheads using a modified Gurney method［R］. Air Force Inst of Tech Wright-Pattersonafb Oh School of Engineering, 1979.

［37］Zhang Zhiwei, Wang Shushan. Gurney Equation of The Hollow-Charge［C］//Theory and Practice of Energetic materials (VI) Science Press,China/USA Inc. ,2005.

［38］Taylor G I. Analysis of the Explosion of a Long Cylindrical Bomb Detonated at One End, Fragmentation of Tubular Bombs,Science Papers of Sir G I Taylor［M］. London:Cambridge University Press,1963:277-286.

［39］Shapiro H N. A report on analysis of the distribution of perforating fragments for the 90mm, M71, fuzed T74E6, bursting charge TNT, UNM/T-234, University of New Mexico,1944.

［40］GJB3197-98. 炮弹实验方法［S］,1998.

［41］(美)陆军器材部编著. 终点效应设计［M］. 李景云等译. 北京:国防工业出版社,1988.

［42］王树山,王新颖. 毁伤评估概念体系研究［J］. 防护工程,2016,38(5):1-6.

［43］王树山,韩旭光,王新颖. 杀伤爆破弹综合威力评估方法与应用研究［J］. 兵工学报,2017, 38(7):1249-1254.

［44］王新颖. 炸药爆轰至毁伤载荷能量转换若干问题研究［D］. 北京:北京理工大学,2018.

第 5 章　聚 能 效 应

聚能效应也称为成型装药(shaped charge)效应,最早的研究可追溯到十八世纪末期,至今已有 200 多年的历史。聚能效应一直是终点效应学研究的经典和核心内容之一,其基本原理是由一种特殊结构形式的装药——成型装药(shaped charge)产生具有极强局部侵彻与破坏威力的聚能射流(jet)或爆炸成型弹丸(explosive formed projectile,EFP)等,能够造成重型装甲等坚固目标穿孔式破坏并形成后效毁伤。利用聚能效应所形成的聚能战斗部,最突出特点和优势是不依赖弹药自身的速度和动能,对发射环境和条件没有过高要求,因而适用范围广、应用方式灵活,并可以获得对装甲等坚固目标更甚于穿甲弹的侵彻或穿孔深度。聚能效应研究的理论基础是流体力学和爆炸力学,本章主要从技术科学和工程应用的角度,归纳总结聚能效应的经典研究成果,为相关研究提供基本知识和研究方法。

5.1　成型装药与聚能战斗部

5.1.1　成型装药现象

成型装药(shaped charge)也称为聚能装药,如图 5.1.1 所示,典型的成型装药是指一端有空穴并在另一端起爆的圆柱形装药结构,其中空穴的几何形状主要有锥形、半球形,也可以是钟形、喇叭形等多种形状。成型装药被引爆后,如图 5.1.2 所示,空穴附近的爆轰产物近似沿表面法线方向飞散,在轴线上汇聚同时完成能量的集中和再分配,从而形成更高速度和更大压力的爆轰产物气流,称为聚能气流。

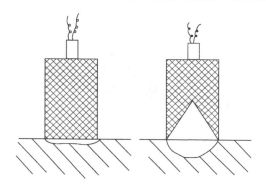

图 5.1.1　典型成型装药与聚能效应

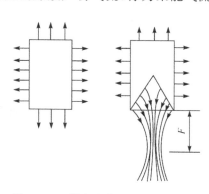

图 5.1.2　爆轰产物飞散与聚能气流

成型装药空穴一端聚集了更高速度和压力的聚能气流,而没有空穴装药的爆轰产物均匀飞散,因此成型装药可大大提高空穴端对靶体的侵彻和穿孔威力,在靶体上形成较为突出和明显的凹坑,这一现象最初被称为"门罗(Munroe)"效应[1-3]。

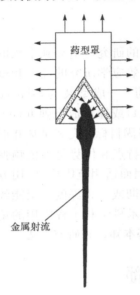

图 5.1.3　金属药型罩与金属射流

如图 5.1.3 所示,在成型装药空穴表面,一般内衬一个一定厚度的金属壳,称为药型罩。针对不同的目的和需求,药型罩也可以选用其他固体材料,如陶瓷、玻璃以及压制或烧结成型的粉末冶金等。对于成型装药,因金属药型罩锥角角度或形状的不同而呈现出两种典型情况,当锥角角度较小时药型罩形成金属射流(jet);当锥角角度较大时药型罩形成爆炸成型弹丸(explosive formed projectile,EFP),也称为自锻破片(self-forging fragment,SFP),曲率半径较大的球冠形或碟形药型罩形成EFP并具有典型性。对于金属射流来说,如图 5.1.3 所示,药型罩因材料密度大,在轴线处汇聚时具有更为突出的能量再分配效应,可使其中部分药型罩材料获得更高的速度,同时减小了高压膨胀引起的能量分散,因而具有更好的聚能效果;另外,金属射流的高密度和良好延展拉伸性能非常有利于对靶体的侵彻,因此同等装药条件下金属射流的侵彻深度远大于聚能气流。对于爆炸成型弹丸来说,如图 5.1.4 所示,药型罩在爆轰产物驱动作用下聚集或翻转,并最终锻造成型,形成速度可达 2000m/s 以上的高速侵彻体,EFP 与金属射流的物理性质、形态和侵彻机理均有所不同。

图 5.1.4　大锥角药型罩与爆炸成型弹丸(来自网络)

在典型射流和 EFP 之间,还有一种中间态称为 JPC(jet projectile charge)或"杆式射流"(rod-liked jet),其速度、侵彻深度和孔径等均介于这二者之间,对于某些目标或追求特定的毁伤效果时,有其适用的针对性。通常情况下,形成典型射流的锥形药型罩锥角角度小于 60°,形成 EFP 的锥角角度一般需要大于 150°。在本书中将 JPC 归为射流一类,不再专门进行讨论。

成型装药也包括长条形和环形的楔型空穴装药结构等,如图 5.1.5 所示,空穴位于装药一侧并在另一侧起爆,空穴的横截面形状主要有三角形、半圆形和抛物线形等。楔型成型装药爆炸,在靶体上造成线型或条型凹坑,因而产生切割破坏作用。

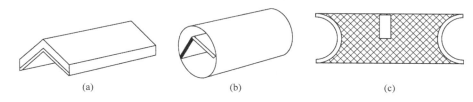

图 5.1.5　典型楔型成型装药示意图

为了区别射流穿孔的侵彻破坏机理和穿甲弹的不同,把射流侵彻装甲称为破甲,把形成射流的成型装药战斗部称为射流战斗部或破甲战斗部,相应的弹药称为破甲弹。破甲战斗部射流对半无限靶的侵彻深度称为破甲深度,是破甲战斗部最核心的威力表征参量。与此相对应,把形成爆炸成型弹丸的成型装药战斗部称为 EFP 战斗部,EFP 与穿甲弹的穿孔与侵彻破坏机理相类似。采用成型装药的射流战斗部和 EFP 战斗部,统称为聚能战斗部。

5.1.2　聚能射流形成与侵彻机理

成型装药爆炸所产生的聚能气流和药型罩所形成的金属射流统称为聚能射流,如不加特殊说明,聚能射流通常指金属射流。典型的圆锥形药型罩形成金属射流的过程和细节如图 5.1.6 所示,装药引爆后,爆轰波以球面波的形式从起爆点开始在装药中传播,高能炸药的爆轰波速度可达 8km/s 以上,药型罩在爆轰波和高压爆轰产物的耦合作用下,在极短的时间产生剧烈变形并被急剧加速,快速向装药轴线压合,压合速度可达 2000m/s 以上;药型罩向轴线压合过程中,因收缩和挤压作用,使药型罩在壁厚方向存在速度梯度,内壁面(空穴面)速度高、外壁面(与装药接触面)速度低;药型罩材料在轴线上碰撞、汇聚和堆积使能量得以重新分配,最终使少部分的内层材料被挤出,形成很高速度的射流,其余大部分的外层材料聚合成较低速度的杆体。由于锥形药型罩由顶部到底部的装药与罩微元的质量比逐渐减小,使压合速度依次降低,因此射流沿长度方向存在速度梯度,头部速度高、尾部速度低,头部速度可超过 10km/s。射流在长度方向速度梯度的存在,使其在高速运动的过程中不断拉长,射流拉长到一定程度时将断裂成近似柱形的颗粒。从提高侵彻深度的角度,金属药型罩选材的基本要求包括:密度大、可压缩性小、气化温度高以及延性好等,目前铜是应用最为普遍的药型罩材料,显而易见,黄金是理论上最理想的药型罩材料。出于其他目的和需求,药型罩也可以选择其他性能的材料,如追求大孔径可选择密度相对较低的钛合金、铝合金等。为避免形成凝聚的杵体堵塞孔眼,石油射孔弹采用金属粉末压制(烧结)成型的药型罩。

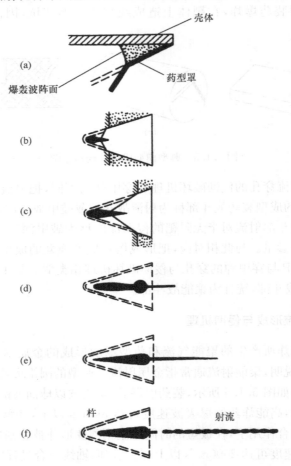

图 5.1.6　聚能射流形成过程

药型罩的高速压合,在轴线碰撞点上的压力最大可达到 200GPa,衰减后平均压力也达到 20GPa 左右,材料的最大应变可达 10 以上,应变率可达 $10^4 \sim 10^7/s$。在此条件下,药型罩材料的强度可忽略不计,而射流的温度一般达不到材料的熔化温度,因此金属射流本质上属于一种高塑性的流体。当射流以如此高的速度冲击金属靶体时,靶体中产生的冲击波峰值压力将达到 200GPa 以上,衰减后的平均压力约为数十 GPa,平均应变为 $0.1 \sim 0.5$,应变率可达 $10^6 \sim 10^7/s$。显而易见,射流侵彻过程中金属靶体材料强度也同样可以忽略,射流侵彻完全可以采用流体力学理论进行处理。这样,如图 5.1.7 所示,在不考虑射流速度分布的情况下,射流侵彻与第三章 3.7 节研究的超高速长杆侵彻机理相一致。因此,射流的侵彻深度分别与射流长度、药型罩和靶体材料密度之比的平方根成正比,这也是药型罩选材一般要求密度大和延性好的理论依据。

图 5.1.7　聚能射流的侵彻

　　如果使成型装药在靶体表面合适的距离上引爆,破甲深度能够得到增加,如图 5.1.8 所示。药型罩口部至靶板表面的距离称为炸高,典型成型装药的破甲深度随炸高的变化曲线如图 5.1.9 所示,其中对应破甲深度最大值的炸高称为最佳炸高或最有利炸高。存在最佳炸高和破甲深度最大值的根本原因在于,炸高的存在可以使射流在不断拉长过程中侵彻,依据超高速“长杆”侵彻理论,在射流保持连续状态下可以有效提高侵彻深度;炸高过大将导致射流断裂,断裂射流需要不断重

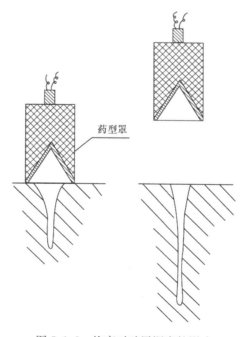

图 5.1.8　炸高对破甲深度的影响

新开坑且无法保证同轴侵彻,从而导致侵彻深度降低。

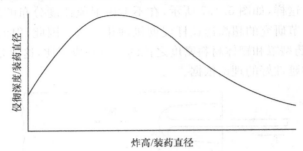

图 5.1.9　破甲深度随炸高的变化

5.1.3　爆炸成型弹丸形成机理

　　利用成型装药爆炸使金属药型罩变形成为凝聚连贯侵彻体,并同时加速到很高速度的 EFP 概念,为利用这种既不同于射流也不同于长杆式穿甲弹的动能侵彻体,提供了一种极好的原理方法和技术途径。EFP 也叫做爆炸成型侵彻体、自锻破片、P 弹等,EFP 装药也称为 Misznay-Schardin 装药、能量聚焦装置和 P-装药等[4-8]。这种成型装药爆炸后,爆炸产物产生足够的压力驱动和加速药型罩,使之形成一种杆式或其他所希望形状的侵彻体。EFP 可实现超过 2000m/s 的速度冲击靶板,并传递 10 亿瓦功率的能量。EFP 的概念和原理最初用于采矿,直到 20 世纪 70 年代中期,随着人们对成型装药炸高效应的认识以及末敏弹概念的出现,使 EFP 战斗部技术获得了空前的研究热度并在武器弹药中开始应用。

　　大锥角或球冠形药型罩与小锥角药型罩的聚能装药相比,其压合和汇聚情形截然不同。该类药型罩在爆轰波和爆轰产物耦合作用下,其压合方向与装药轴线的夹角极小,接近平行,难以实现在轴线上汇聚时挤出射流和形成杆体。实际的情况如图 5.1.10 所示,药型罩从顶部微元开始依次发生翻转,最终形成凝聚态整体型的高速射弹,相对于射流其直径更大、速度较低,一般在 1500~3000m/s 之间。EFP 在形成过程中仍存在一定的速度梯度,具有一定拉长作用并影响其最终成型,但不足以造成断裂而使其保持完整。采用一定的设计技巧和结构匹配形式,可

图 5.1.10　爆炸成型弹丸(EFP)形成过程(来自网络)

实现对 EFP 形状的控制,以保证预期的侵彻破坏威力,并获得良好的气动外形保证飞行和作用距离。EFP 的整体性,使 EFP 战斗部的侵彻威力对炸高不敏感,可以在 100m 以上的距离上作用并实现对目标的毁伤。

5.2 聚能射流形成理论

Birkhoff[9]等于 1948 年首先系统地阐述了聚能装药射流形成的物理图像和基本理论,其中的最主要的假设是:在药型罩压合过程中,爆轰波和爆轰产物耦合加载的压力足够大,以致于药型罩材料的强度可以忽略不计,药型罩被处理为一种无黏性、不可压缩的理想流体,即流体假定;锥形药型罩按平面对称楔形处理,并假定药型罩微元被瞬时加速到最终的压合速度并保持不变,即定常假定。在此基础上,Birkhoff[9]等推导出了定常理论模型,按照定常模型,射流长度保持不变,等于锥形药型罩母线长度。然而,聚能射流具有速度梯度,头部速度比尾部大得多,因而使射流拉长,乃至断裂。1952 年,Pugh[10]等对这种定常理论进行了改进,在流体假定和定常假定的前提下,建立了考虑射流速度梯度的模型,形成了准定常理论。准定常理论与定常理论基于同样的原理,只不过是考虑了药型罩微元的压合速度不同,药型罩微元的压合速度与其初始位置有关,主要取决于相应位置的装药与药型罩微元的质量比。1975 年,苏联的 Godunov[11]对定常理论也进行了改进,主要考虑了射流的黏塑性行为和应变率相关性,后来该理论被称为黏塑性理论。

5.2.1 定常理论

成型装药的爆轰波及爆轰产物对药型罩进行加载时,假定药型罩整个罩壁受到的压力处处相等,药型罩微元获得相同且不变的速度 V_0 向内压合。平面对称楔型装药的药型罩压合过程几何图形如图 5.2.1 所示,由于爆轰波从罩顶到罩底扫过罩表面需要一定的时间,所以运动罩壁之间的夹角 2β 大于药型罩的原始顶角 2α,其中 α 为药型罩顶角的一半,β 称为压合角。

有理由假设药型罩的压合速度 $\vec{V_0}$ 平分图 5.2.1 中的 $\angle APP'$,为说明这一点,引入一个具有恒定速度运动的坐标系,其原点在单位时间内从 P 点运动到 P' 点。在此坐标系中,原点具有一种稳态条件,药型罩是沿 $\vec{P'P}$ 向内运动,并沿着 $\vec{PA}$ 线路向外流动。由于压力处处与运动方向垂直,所以通过这一区域的药型罩速度只改变方向,不改变大小。$\vec{P'P}$ 和 $\vec{P'B}$ 分别表示药型罩在运动坐标系中向内和射出的速度。$\vec{P'B}//\vec{PA}$,$\vec{P'P}$ 在大小上等于 $\vec{P'B}$。由于运动坐标系的速度是 $\vec{PP'}$,所以在静止坐标系中罩的压合速度是矢量和,即

$$\vec{PP'} + \vec{P'B} = \vec{PB} = \vec{V_0} \tag{5.2.1}$$

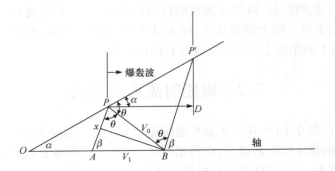

图 5.2.1　药型罩压合过程的几何图形

由于 $P'P=P'B$，$\triangle BPP'$ 是等腰三角形，且 $P'B//PA$，$\angle BPP'=\angle PBP'=\angle BPA=\theta$，所以 $\vec{V_0}$ 平分 $\angle APP'$。

被压合的罩壁从壁面向内运动，两面的碰撞点以速度 $\vec{V_1}$ 从 A 运动到 B。在 $\triangle APB$ 中，应用正弦定理则有

$$\frac{V_1}{\sin\theta}=\frac{V_0}{\sin\beta} \tag{5.2.2}$$

或者

$$V_1=\frac{V_0\sin\theta}{\sin\beta}.$$

其中

$$\theta=\frac{\pi}{2}-\frac{\beta-\alpha}{2}$$

所以

$$V_1=\frac{V_0\cos[(\beta-\alpha)/2]}{\sin\beta} \tag{5.2.3}$$

在动坐标系中，如站在 A 点上观察，将看到 P 点罩微元向 A 运动，其速度为 V_2，所以

$$V_2=V_1\cos\beta+V_0\cos\theta=V_1\cos\beta+V_0\sin\left(\frac{\beta-\alpha}{2}\right) \tag{5.2.4}$$

将式(5.2.3)代入式(5.2.4)，则得

$$V_2=V_0\left\{\frac{\cos[(\beta-\alpha)/2]}{\tan\beta}+\sin\left(\frac{\beta-\alpha}{2}\right)\right\} \tag{5.2.5}$$

另外，由于爆速 $D=U\cos\alpha$，其中 U 是爆轰波沿着 $\overrightarrow{P'P}$ 掠过罩表面的速度。在 $\triangle PBP'$ 中应用正弦定理，则有

$$\frac{V_0}{\sin(\beta-\alpha)}=\frac{U}{\sin\theta} \tag{5.2.6}$$

或者

$$U = \frac{V_0 \cos[(\beta-\alpha)/2]}{\sin(\beta-\alpha)}$$

于是

$$\frac{D}{\cos\alpha} = \frac{V_0 \cos[(\beta-\alpha)/2]}{\sin(\beta-\alpha)} \qquad (5.2.7)$$

药型罩微元在 A 点发生碰撞后,向右运动部分形成射流,向左运动部分形成杵体,如图 5.2.2 所示。根据定常的无黏性、不可压缩流体的一维流动假设,应用 Bernoulli 方程

$$p + \frac{1}{2}\rho_0 u^2 = \text{const} \qquad (5.2.8)$$

式中,p、u 和 ρ_0 分别为流体静压、质点速度和流体密度。该式给出了压力 p 和相应的速度 u 之间的关联关系,因此药型罩上任一点的压力便决定了该点的速度。假定药型罩自炸药爆轰后高速运动,其表面压力迅速下降,致使药型罩在压合过程中整个表面上的压力为常数。这就造成罩的流动处在恒定的压力、密度和速度状态之下,即射流和杵体都将具有相同的速度 V_2。

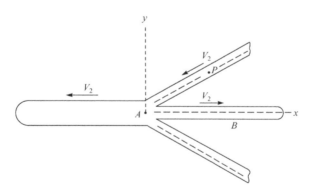

图 5.2.2　在动坐标系 A 点上观测射流和杵体的运动

再回到静止坐标系中,射流的运动速度为

$$V_j = V_1 + V_2 \qquad (5.2.9)$$

杵体的速度为

$$V_s = V_1 - V_2 \qquad (5.2.10)$$

将式(5.2.3)和式(5.2.5)代入分别代入到以上二式,则得

$$V_j = V_0 \left\{ \frac{\cos[(\beta-\alpha)/2]}{\sin\beta} + \frac{\cos[(\beta-\alpha)/2]}{\tan\beta} + \sin\left(\frac{\beta-\alpha}{2}\right) \right\} \qquad (5.2.11)$$

$$V_s = V_0 \left\{ \frac{\cos[(\beta-\alpha)/2]}{\sin\beta} - \frac{\cos[(\beta-\alpha)/2]}{\tan\beta} - \sin\left(\frac{\beta-\alpha}{2}\right) \right\} \qquad (5.2.12)$$

根据动量守恒可以确定射流和杆体之间材料的分配。设 m 为单位长度药型罩的质量，m_j 和 m_s 分别为形成射流和杆体部分的药型罩质量，因此

$$m = m_j + m_s \tag{5.2.13}$$

在动坐标系中，利用进入和离开碰撞点 A（参见图 5.2.2）的水平动量分量相等的原则，有

$$m V_2 \cos\beta = m_s V_2 - m_j V_2 \tag{5.2.14}$$

式(5.2.13)和式(5.2.14)相结合，得到

$$m_j = \frac{1}{2} m (1 - \cos\beta) \tag{5.2.15}$$

$$m_s = \frac{1}{2} m (1 + \cos\beta) \tag{5.2.16}$$

按照上述模型，射流和杆体的速度以及它们的横截面积均为常数。以上是对楔形装药及其药型罩的分析，应用同样的方法可以处理锥形药型罩。在锥形罩情况下，罩壁从各个方向集中在轴线上。为了使压合过程处于稳定状态，沿罩轴线每单位长度上的总质量必须是不变的。更确切地说，罩壁厚度必须与离开罩顶的距离成反比，这也是符合实际的，因为按 Gurney 公式，有顶部到底部装药微元与药型罩微元的质量比逐渐减小。

当爆轰波与药型罩轴线平行运动时，由式(5.2.7)、式(5.2.11)和式(5.2.12)相结合得到

$$V_j = \frac{D}{\cos\alpha} \sin(\beta - \alpha) \left[\sin^{-1}\beta + \tan^{-1}\beta + \tan\left(\frac{\beta - \alpha}{2}\right) \right] \tag{5.2.17}$$

$$V_s = \frac{D}{\cos\alpha} \sin(\beta - \alpha) \left[\sin^{-1}\beta - \tan^{-1}\beta - \tan\left(\frac{\beta - \alpha}{2}\right) \right] \tag{5.2.18}$$

由此可见，当 α 减小时，β 也减小，但射流速度 V_j 增加。当 $\alpha \to 0$ 时，V_j 接近一最大值，即

$$V_j = D \left[1 + \cos\beta + \tan\left(\frac{\beta}{2}\right) \right] \tag{5.2.19}$$

或者，当 $\alpha \to 0$ 时，$\beta \to 0$，这时

$$V_j = 2D \tag{5.2.20}$$

该式表明射流速度不可能超过 2 倍爆轰波速度。另外，当 $\alpha \to \beta \to 0$ 时，$V_s \to 0$。值得注意的是，当 $\alpha \to 0$ 时，药型罩接近一个圆筒形，圆筒形药型罩产生高速小质量射流是可能的。

假若爆轰波阵面的运动方向与锥形药型罩表面垂直，这时爆轰波将同时冲击锥形罩的全部表面，于是 $\beta = \alpha$，且射流和杆体的速度变成

$$V_j = \frac{V_0}{\sin\alpha} (1 + \cos\alpha) \tag{5.2.21}$$

$$V_s = \frac{V_0}{\sin\alpha}(1 - \cos\alpha) \tag{5.2.22}$$

当爆轰波阵面与药型罩表面垂直时,可以通过减小 α 来提高射流速度。但是,当 $\alpha \to 0$ 时,$V_0 \to 0$,$m_j \to 0$,以及射流动量 $m_j V_j = m V_0 \sin\alpha/2 \to 0$。

总之,Birkhoff 等提出的定常理论可以用来预测锥形和楔形药型罩形成射流和杆体的速度和质量,定常模型计算结果与闪光 X 射线摄影实验具有一致性。但是,定常模型预测的射流速度过高,且不能反映射流速度梯度及射流的伸长。1952 年,Pugh、Eichelberger 和 Rostoker 对定常理论做出了重要改进,提出了被称为准定常射流形成理论,也称为 PER 理论[10]。

5.2.2　准定常理论

PER 理论假设锥形(或楔形)药型罩的压合速度是变化的,压合速度从罩顶至罩底逐渐降低,图 5.2.3 示出了这些速度的变化效应。随着压合角 β 的增加,射流速度降低,但罩壁形成射流的部分增加。图中还示出了压合速度随着 β 的增加而减小的情形。当爆轰波沿着罩表面 APQ 从 P 运行传播到 Q 时,原来在 P 点的罩微元压合到 J,而原来在点 P' 的罩微元起动较迟,且压垮比 P 点慢,在 P 点到达 J 点的同时 P' 点到达 M 点。如果它们的压合速度相同,那么 P 到达 J 时,P' 将到达 N。所以药型罩压合速度是常数时,药型罩表面在变形过程中将保持锥形(或楔型),QNJ 是条直线。然而,由于 P' 比 P 压合速度慢,所以药型罩在压合过程中不呈现锥形,而是非锥形轮廓曲线 QMJ。其中角 β 大于 β^+,这里 β^+ 为定常条件下的压合角。应当注意,这里假设每一个药型罩微元都很薄,且不受相邻其他罩微元的影响,即与流体动力学假设一致。

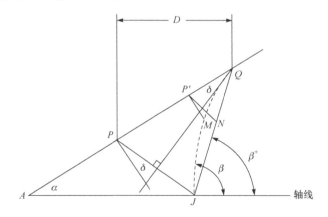

图 5.2.3　压合速度是变量的药型罩压合过程

与 Birkhoff 等的定常理论相类似,图 5.2.4 中直观地给出了流动情况。由

图 5.2.4，$QJ \parallel PA$，且 $QJ = PQ$。如果 QP 和 QJ 在大小上等于装药爆速 D，则它们表示药型罩微元在动坐标系中进入和离开 P 点的速度。矢量 $\overrightarrow{PJ} = \overrightarrow{V_0}$，即药型罩微元在静坐标系中的压合速度。药型罩微元的运动方向不再垂直其表面，而是沿着与表面法线成一小的角度 δ（称 Taylor 角）的方向运动。由图 5.2.4 可知，角度 δ 为

$$\sin\delta = \frac{V_0 \cos\alpha}{2D} \tag{5.2.23}$$

其中，D 为装药爆速；如果 V_0 是常数，$\beta = \beta^+$，即 $\delta = (\beta - \alpha)/2$，这时 PER 理论与 Birkhoff 等的理论一致。

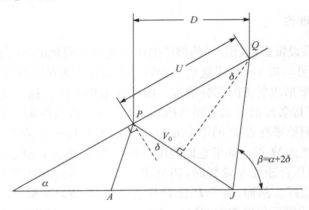

图 5.2.4　药型罩微元压合速度矢量

适当地选择坐标系，碰撞 J 处的几何关系如图 5.2.5 所示。圆锥罩轴沿 $\overrightarrow{JR}$ 方向，$\overrightarrow{QJ}$ 为向轴线运动的药型罩微元矢量。在动坐标系中，该微元的速度为 $\overrightarrow{OJ} = \overrightarrow{V_2}$，动坐标系的速度为 $\overrightarrow{JR} = \overrightarrow{V_1}$。根据图 5.2.5，应用正弦定理，则有

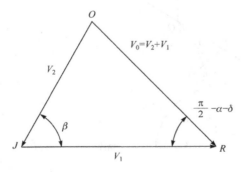

图 5.2.5　压合速度 $\overrightarrow{V_0}$、碰撞点速度 $\overrightarrow{V_1}$ 和相对压合速度 $\overrightarrow{V_2}$ 的关系

$$V_1 = \frac{V_0 \cos(\beta - \alpha - \delta)}{\sin\beta} \tag{5.2.24}$$

$$V_2 = \frac{V_0 \cos(\delta + \alpha)}{\sin\beta} \tag{5.2.25}$$

在静止坐标系中，射流和杆体的速度分别为

$$V_j = V_1 + V_2$$

$$V_s = V_1 - V_2$$

将方程式 (5.2.24) 和式 (5.2.25) 代入以上二式，通过三角函数变换得到

$$V_j = V_0 \ \sin^{-1} \frac{\beta}{2} \cos\left(\alpha + \delta - \frac{\beta}{2}\right) \tag{5.2.26}$$

$$V_s = V_0 \ \cos^{-1} \frac{\beta}{2} \sin\left(\alpha + \delta - \frac{\beta}{2}\right) \tag{5.2.27}$$

注意,对于 $\beta = \beta^+ = \alpha + 2\delta$,式(5.2.26)和式(5.2.27)可分别转换为 Birkhoff 等定常模型的式(5.2.11)和式(5.2.12),二者关于射流和杵体速度计算公式相一致。

用式(5.2.23)消去式(5.2.26)和式(5.2.27)中的 δ,则得

$$V_j = V_0 \ \sin^{-1} \frac{\beta}{2} \cos\left(\alpha - \frac{\beta}{2} + \sin^{(-1)} \frac{V_0 \cos\alpha}{2D}\right) \tag{5.2.28}$$

$$V_s = V_0 \ \cos^{-1} \frac{\beta}{2} \sin\left(\alpha - \frac{\beta}{2} + \sin^{(-1)} \frac{V_0 \cos\alpha}{2D}\right) \tag{5.2.29}$$

上述求解射流和杵体速度关系式既可以用于 V_0 是常数的定常情况,也可以用于 V_0 是变化的非定常情况。对于非定常情况,针对的是药型罩微元,应用时采用微分形式。另外,定常情况下,β 能用 α、D 和 V_0 来表示,可以不出现 β。

根据质量和动量守恒,可以求得射流和杵体的质量表达式。设 m 为药型罩的总质量,m_j 和 m_s 分别为射流和杵体质量,采用微分形式,有

$$dm = dm_j + dm_s \tag{5.2.30}$$

$$\frac{dm_s}{dm} = \sin^2 \frac{\beta}{2} \tag{5.2.31}$$

$$\frac{dm_s}{dm} = \cos^2 \frac{\beta}{2} \tag{5.2.32}$$

式(5.2.31)和式(5.2.32)与式(5.2.21)和式(5.2.22)是等同的。式(5.2.28)、式(5.2.29)和式(5.2.31)、式(5.2.32)分别表示了锥形药型罩各微元速度和质量分配,它们均取决于锥顶角 2α、爆速 D 以及压合角 β 和压合速度 V_0,其中 β 和 V_0 对不同的药型罩微元是不同的。对于定常情况,β^+ 的计算十分简单明确,而对于非定常的 β 的计算要麻烦得多,这是由于对于每个药型罩微元 V_0 是不同的。

为求 β,现取图 5.2.3 中 M 点的柱坐标为 (r, z),P' 的坐标为 $(x\tan\alpha, x)$,坐标方向如图 5.2.6 所示。于是

$$z = x + V_0(t + T)\sin(\alpha + \delta) \tag{5.2.33}$$

$$r = x\tan\alpha - V_0(t - T)\cos(\alpha + \delta) \tag{5.2.34}$$

其中,t 是爆轰波经过罩顶后的任意时间;T 是爆轰波经过罩顶后到达 x 处罩微元的时间,即 $T = x/D$。

被压合的药型罩在任意时刻 t 其轮廓线的斜率可通过微分 $\partial r/\partial z$ 求得。当一已知罩微元到达轴线时,$r = 0$,所以由式(5.2.34)可得

$$t - T = \frac{x\tan\alpha}{V_0\cos(\alpha + \delta)} \tag{5.2.35}$$

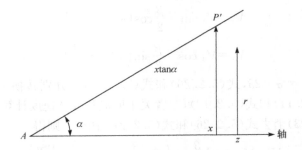

图 5.2.6　药型罩微元的坐标方向图

同时，在 $r=0$ 处求得的 $\partial r/\partial z$ 值正是 $\tan\beta$。微分式(4.2.33)和式(4.2.34)，再应用 Taylor 关系式(5.2.23)，可得

$$\tan\beta=\frac{\sin\alpha+2\sin\delta\cos(\alpha+\delta)-x\sin\alpha[1-\tan(\alpha+\delta)\tan\delta]V_0'/V_0}{\cos\alpha-2\sin\delta\sin(\alpha+\delta)+x\sin\alpha[\tan(\alpha+\delta)+\tan\delta]V_0'/V_0}\quad(5.2.36)$$

由于 $2\delta=\beta^+-\alpha$，所以上式可进一步简化成

$$\tan\beta=\frac{\sin\beta^+-x\sin\alpha[1-\tan(\alpha+\delta)\tan\delta]V_0'/V_0}{\cos\beta^++x\sin\alpha[\tan(\alpha+\delta)+\tan\delta]V_0'/V_0}\quad(5.2.37)$$

其中，V_0' 表示 V_0 对 r 的偏导数。对于锥顶角 2α 不是很大的药型罩，其压合速度从罩顶至罩底逐渐减小，所以 $V_0'<0,\beta>\beta^+$。

对于 V_0、V_j、V_s、m_j、m_s、δ 和 β 七个未知数，PER 理论给出了六个方程。为了求解七个未知数，还必须引入一个方程。

第四章的 Gurney 公式，提供了首先求解药型罩压合速度 V_0 的一种方法。另外，Richter[12](1948)和 Defourneaux[13](1970)还提供了求 Taylor 角 δ 的公式

$$\frac{1}{2\delta}=\frac{1}{\phi_0}+k\frac{\rho_0 h}{e}\quad(5.2.38)$$

式中，ρ_0 和 h 分别为罩壁的密度和厚度；e 为炸药的厚度；k 和 ϕ_0 是由炸药类型和爆轰波在罩面上的入射角确定的常数。Defourneaux 研究表明，当不考虑 k、ϕ_0 随爆轰波对药型罩入射角的变化时，一般取 $k=0.25\text{cm}^3/g,\phi_0=23°$。另外，比值 h/e 还可以用 A_h/A_e 代替，其中 A_h 和 A_e 分别为药型罩和装药的横截面积。

PER 理论假设罩微元被瞬时加速到轴线上，如图 5.2.7(a)所示。Eichelberger[14](1955)对此提出了修正，他假设在有限的时间内，药型罩的加速度是个常数。之后在短时间内速度呈线性增加，直至达到在轴线上的最终压合速度，如图 5.2.7(c)所示。Carleone[15]等(1975)利用这种修正给出了加速度计算公式

$$a=c\frac{p_H}{\rho_0 h}\quad(5.2.39)$$

式中，p_H 为炸药 CJ 爆轰压力；c 为实验常数。

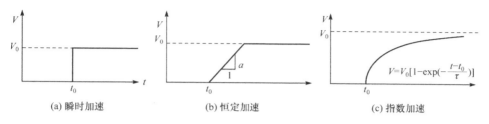

图 5.2.7 药型罩的加速历程

在此之后,如图 5.2.7 所示,Randers-Pehrson[16] (1976)提出了一个更接近药型罩实际压合速度历程的指数表达式

$$V(t)=V_0\left[1-\exp\left(-\frac{t-t_0}{\tau}\right)\right] \qquad (5.2.40)$$

该式需要已知时间常数 τ,Chou 等[17,18] (1981)给出

$$\tau=c_1\frac{MV_0}{p_H}+c_2 \qquad (5.2.41)$$

式中,M 为单位面积药型罩的初始质量;c_1 和 c_2 为实验常数。

考虑到上述影响,Chou 等还提供了一个更确切的 Taylor 角公式

$$\delta=\frac{V_0\cos\alpha}{2D}-\frac{1}{2}\tau V_0'+\frac{1}{4}\tau'V_0' \qquad (5.2.42)$$

式中,τ' 和 V_0' 分别表示 τ 和 V_0 对 x 的偏微分。

形成射流和杆体的动能分配可分别表示为

$$\frac{\mathrm{d}E_j}{\mathrm{d}E}=\cos^2\left(\alpha+\delta-\frac{\beta}{2}\right) \qquad (5.2.43)$$

$$\frac{\mathrm{d}E_s}{\mathrm{d}E}=\sin^2\left(\alpha+\delta-\frac{\beta}{2}\right) \qquad (5.2.44)$$

假定射流横截面呈圆形,便可计算射流拉伸时的半径。值得注意,药型罩顶端附近的材料没有足够时间达到理论压合速度,所以该区域材料形成的射流较它们之后形成的射流速度要低。这种射流微粒的"堆积"将引起反向速度梯度的形成,要计算射流头部速度,需分别处理这些射流微粒的"堆积"。

为了计算射流的应变、长度和半径,必须考虑射流微元在药型罩上相应的初始位置。Carleone 和 Chou[19] (1974)应用简单的 Lagrangian 坐标定义提出了计算方法。设 x 为某罩微元的轴向坐标位置,ξ 为该微元形成射流时的坐标位置,如图 5.2.8 所示,则爆轰波经过罩顶后任一时刻 t 的射流微元位置为

$$\xi(x,t)=z(x)+(t-t_0)V_j(x) \qquad (5.2.45)$$

其中,$z(x)$ 为 x 处罩微元刚刚到达轴线上的位置,t_0 为 x 罩微元刚刚到达轴线上的时间,计算式为

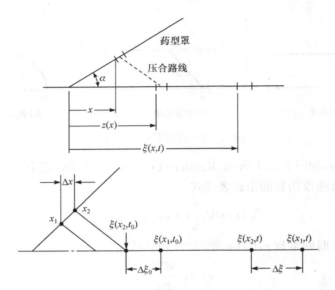

图 5.2.8　药型罩微元坐标 x 与射流坐标 ξ 之间的关系

$$z(x) = x[1 + \tan\alpha\tan(\alpha+\beta)] \tag{5.2.46}$$

$$t_0 = T(x) + T^*(x) \tag{5.2.47}$$

其中，$T(x)$ 是爆轰波经过罩顶到达 x 处罩微元的时间；$T^*(x)$ 为罩微元从罩上运动到轴线上所需的时间，分别表示为

$$T(x) = \frac{x}{D} \tag{5.2.48}$$

$$T^*(x) = \frac{x\tan\alpha}{V_0\cos(\alpha+\delta)} \tag{5.2.49}$$

因此，射流速度 $V_j(x)$ 是药型罩微元位置的函数，而 ξ 是罩微元位置和时间的函数。在射流反向速度梯度区域之外，一个很小的药型罩微元 x 总能形成一个较长的射流微元。

为了计算射流的一维应变，现取药型罩壁上两点 A_1 和 A_2，其对应的初始坐标分别为 x_1 和 x_2。当它们被压到轴线上开始形成射流时，立刻以各自的速度运动。取罩微元 A_2 到达轴线上的时间为 $t_0 = T(x_2) + T^*(x_2)$，则在 t_0 时刻罩微元 A_1 所形成的射流已位于 $\xi(x_1, t_0)$，而罩微元 A_2 刚好到达轴线上并位于 $\xi(x_2, t_0)$。在 $t > t_0$ 的任一时刻，它们的位置分别是 $\xi(x_1, t)$ 和 $\xi(x_2, t)$。于是射流的一维应变在数学上可以用极限的形式表示，即

$$\eta(x_1, t) = \lim_{x_2 \to x_1} \frac{\Delta\xi - \Delta\xi_0}{\Delta\xi_0} = \lim_{x_2 \to x_1} \frac{\xi(x_2, t) - \xi(x_1, t)}{\xi(x_2, t_0) - \xi(x_1, t_0)} - 1 = \frac{\partial\xi/\partial x(x_1, t)}{\partial\xi/\partial x(x_1, t_0)} - 1$$

$$\tag{5.2.50}$$

其中，$t_0 = T(x_1) + T^*(x_1)$。所以对任一个 x 都可写成

$$\eta(x,t) = \frac{\partial \xi / \partial x(x,t)}{\partial \xi / \partial x(x,t_0)} - 1 \tag{5.2.51}$$

$\partial \xi / \partial x$ 可通过对式(5.2.47)求偏微分得到，于是最后可得

$$\eta(x,t) = \frac{[t - T(x) - T^*(x)]V_j'}{z'(x) - [T'(x) + T^{*'}(x)]V_j} \tag{5.2.52}$$

至此，利用式(5.2.45)、式(5.2.51)和式(5.2.52)以及前面叙述的知识，便可计算射流的长度和半径。下面确定射流微元的半径，假设射流微元的横截面是圆形的，流动是定常和不可压缩的，则 x 处环形药型罩微元的质量可表示为

$$dm = \frac{2\pi \rho_0 h x \tan\alpha}{\cos\alpha} dx \tag{5.2.53}$$

即

$$\frac{dm}{dx} = 2\pi \rho_0 h x \tan\alpha / \cos\alpha$$

由射流微元的质量可知

$$\frac{dm_j}{dm} = \frac{dm_j/dx}{dm/dx} = \sin^2 \frac{\beta}{2} \tag{5.2.54}$$

所以

$$\frac{dm_j}{dx} = \frac{2\pi \rho_0 h x \tan\alpha}{\cos\alpha} \sin^2 \frac{\beta}{2} \tag{5.2.55}$$

射流微元长度 $d\xi$ 的质量又可表示为

$$dm_j = \pi r_j^2 \rho_0 d\xi \tag{5.2.56}$$

或者

$$\frac{dm_j}{dx} = \pi r_j^2 \rho_0 \left| \frac{d\xi}{dx} \right| \tag{5.2.57}$$

这里，用 $d\xi/dx$ 的绝对值是因为 $d\xi$ 和 dx 的方向相反。于是可得射流微元的半径为

$$r_j = \left[\frac{2h x \tan\alpha}{\cos\alpha} \cdot \frac{\sin^2(\beta/2)}{|\partial \xi / \partial x|} \right]^{1/2} \tag{5.2.58}$$

PER 理论表明，射流速度从头至尾呈单调地减小。这样，相对于初始微元的位置而言，射流速度梯度是负值，而相对于射流微元位置则是正值。如前所述，药型罩顶部附近的微元在没能达到最终压合速度之前便在轴线上碰撞，由此造成射流速度的减小，以致射流速度梯度相对于罩位置变成正值，故称之为反向射流速度梯度。在罩顶区域，每一个射流微元都较前一个微元具有更高的速度，由此造成射流质量堆积，这些堆积的射流质量形成射流头部。对于一般的锥形药型罩装药，从理论顶点算起，有 30%～40% 的药型罩形成了射流头部。射流头部比其他部分具

有较大的半径。

图 5.2.9 示出了相对于药型罩微元位置 x 的反向速度梯度。基于动量守恒原理，射流头部速度可表示为

$$V_{j0} = \frac{\int_0^{x_{tip}} V_j (\mathrm{d}m_j/\mathrm{d}x)\mathrm{d}x}{\int_0^{x_{tip}} (\mathrm{d}m_j/\mathrm{d}x)\mathrm{d}x} \tag{5.2.59}$$

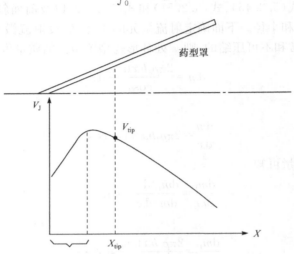

图 5.2.9　典型的射流速度分布曲线

5.2.3　射流形成理论的扩展

PER 理论基于圆锥形药型罩的假设，并认为每个药型罩微元的锥角和壁厚不变，且爆轰波为平面波。为了使 PER 理论通用并使之更为一般化，Behrmann[20] (1973)提出了改进方法，并用于计算非圆锥形药型罩以及起爆点改变等情况，例如形成射流类似于锥形罩的喇叭形药型罩，并可适用于球形爆轰波和喇叭形爆轰波的等。

关于射流速度方程仍与 PER 理论相同，即

$$V_j = V_0 \sin^{-1} \frac{\beta}{2} \cos\left(\alpha + \delta - \frac{\beta}{2}\right) \tag{5.2.60}$$

设 $i(x)$ 为爆轰波阵面与药型罩表面相交处波阵面法线与该点药型罩表面切线的夹角，如图 5.2.10 所示。于是，Taylor 角关系式为

$$\sin\delta = \frac{V_0 \cos i(x)}{2D} \tag{5.2.61}$$

由图 5.2.10 可推导出下列关系式

$$\tan[\alpha(x) - i(x)] = \frac{r_1 - r_0}{x - x_0} \qquad (5.2.62)$$

$$T(x) = \frac{1}{D}[(x - x_0)^2 + (r_1 - r_0)^2] \qquad (5.2.63)$$

$$r(x) = r_1(x) - V_0(x)[t(x) - T(x)]\cos[\alpha(x) + \delta(x)] \qquad (5.2.64)$$

$$z(x) = x + V_0(x)[t(x) - T(x)]\sin[\alpha(x) + \delta(x)] \qquad (5.2.65)$$

式中,r_1 为坐标 x 处的药型罩半径;r_0 和 x_0 为起爆点的坐标;T 为爆轰波阵面到达 x 处药型罩壁的时间;t 是 x 处药型罩运动到某一半径 r 处的时间;z 是与 x 相应的坐标。在任一给定时间 t,压合角的正切可以通过 r 对 z 的偏导数求得。

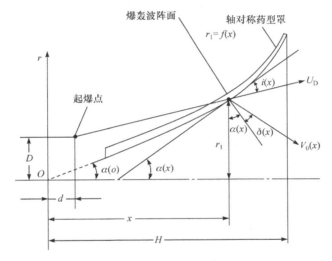

图 5.2.10　一般化轴对称聚能装药射流计算图

按与 PER 理论相同的数学处理方法,有意义的压合角是 x 处罩微元到达轴线上的压合角。所以,从式(5.2.65)可知,在 $r = 0$ 时罩微元运行的时间为

$$t - T = \frac{r_1}{V_0 \cos(\alpha + \delta)} \qquad (5.2.66)$$

由上述方程可得压合角的表达式为

$$\tan\beta \Big|_{r=0} = \frac{\tan\alpha + r_1[(\alpha' + \delta')\tan(\alpha + \delta) - V_0'/V_0] + V_0 T' \cos(\alpha + \delta)}{1 + r_1[(\alpha' + \delta') + (V_0'/V_0)\tan(\alpha + \delta)] - V_0 T' \sin(\alpha + \delta)} \qquad (5.2.67)$$

其中

$$\delta' = \tan\delta \left(\frac{V_0'}{V_0} - i'\tan i \right) \qquad (5.2.68)$$

$$i' = \alpha' + \frac{\cos^2(\alpha - i)}{x - x_0}[\tan(\alpha - i) - \tan\alpha] \tag{5.2.69}$$

$$T' = \frac{x - x_0}{D^2 T}[1 + \tan(\alpha - i) - \tan\alpha] \tag{5.2.70}$$

以上各式中,上标"$'$"表示对 x 的偏导数。

式(5.2.60)、式(5.2.61)和式(5.2.67)～(5.2.70),以及 PER 理论中的微分质量方程(5.2.31)和(5.2.32),构成用于计算一般对称性聚能装药射流参数的方程组。

总之,现有四个计算射流参数(杵参数计算除外)的基本方程,但实际上有五个未知数,即 β、V_j、V_0、δ 和 dm_j/dm,所以还必须再引入一个方程,如炸药与金属相互作用的 Gurney 模型或其他经验公式等,才能最后全部求解。

5.2.4　黏-塑性理论

黏-塑性理论和模型的基本假设是:将射流视为不可压缩流体,考虑射流黏性并使用与速率相关的黏-塑性材料本构方程,其形式

$$\sigma = \sigma_y + \mu\dot{\varepsilon} \tag{5.2.71}$$

该式表明,射流的应力 σ 与罩材料屈服应力 σ_y、应变率 $\dot{\varepsilon}$ 和动力黏度系数 μ 有关。另外一种考虑是,仍把射流视为可压缩流体,材料本构关系则基于完全弹-塑性加工硬化模型。

理解和掌握黏-塑性理论和模型,需要首先了解材料的动力黏度系数。许多研究人员已在冲击加载条件下通过实验测量出材料的黏度系数值,并指出由实验测得的黏度系数值将取决于材料的应变率、压力和温度,以及用来测定 μ 值的实验方法。因此,黏度系数不是个常数。对于固体材料,动力黏度系数的典型变化范围是 $\mu = 10 \sim 10^5 \text{Pa} \cdot \text{s}$。

Godimov[11]等(1975)研究的成型装药的药型罩压合模型,包括了药型罩材料黏性对射流形成的影响,推导出的射流形成准则基本上不考虑冲击波效应以及临界马赫数的影响,而是基于金属的黏-塑性性能。其射流形成准则试图确认形成凝聚射流的条件,这意味着射流不产生径向分散或扩散,及没有侧向速度分量,故称凝聚射流。与此相对应的非凝聚射流,有时也称为分叉射流、过速射流或扩散射流。

为使流场中理想流动和黏性流动相一致,必须有某些力作用在黏性流动的自由表面上,考虑到这些力对理想流场射流间碰撞所产生的流动影响,需要提供射流形成中黏度的影响量度。关于凝聚(黏-塑性)射流形成准则,Godimov[11]等提出采用雷诺数和临界雷诺数进行度量和作为判据,即

$$R_e = \frac{\rho_0 h V_2 \sin^2\beta}{\mu(1 - \sin\beta)} > 2 \tag{5.2.72}$$

式中，ρ_0、h 分别为药型罩的密度和厚度；μ 为动力黏度系数；β 为压合角；V_2 为药型罩无黏性流动速度。

黏-塑性射流模型预测的射流速度 V_j 和药型罩流动速度 V_2 均较前面的定常和准定常模型低，而杆体速度 V_s 则预测的较高。

由式(5.2.72)可见，若设 $R_e=2$，则可得到作为 β、h 和 μ 函数的药型罩临界流动速度表达式

$$V_c = \frac{2\mu(1-\sin\beta)}{\rho_0 h \sin^2\beta} \qquad (5.2.73)$$

也就是说，当 $V_2 > V_c$ 时，将形成凝聚射流；当 $V_2 < V_c$ 时，不会形成凝聚射流。许多研究人员通过对爆炸压合工艺的应用研究后明确指出，在有射流状态到无射流状态的转变中，存在一临界压合角 β。在此压合角以下，仅可能有非凝聚射流形成，根本不会形成其他射流。

对于非定常(PER)流动，驻点(碰撞点)的速度为

$$V_1 = \frac{2D\sin\delta\cos(\beta-\alpha-\delta)}{\cos\alpha\sin\beta} \qquad (5.2.74)$$

其中，D 为装药爆速；α 为半锥角；δ 为药型罩变形角(Taylor 角)。该式既适用于 PER 模型，也适用于黏-塑性模型。

在 PER 模型中，药型罩的相对流动速度是

$$V_2 = \frac{2D\sin\delta\cos(\alpha+\delta)}{\cos\alpha\sin\beta} \qquad (5.2.75)$$

在黏-塑性模型中，对于 $R_e > 2$ 的情况，药型罩的流动速度可采用 Godunov 等人[11]和 Walters[21](1979)提出的表达式

$$V_2^* = V_2 \left(1-\frac{2}{R_e}\right)^{1/2} \qquad (5.2.76)$$

当动力黏度系数 $\mu=0$ 时，$V_2^* = V_2$。于是，在黏-塑性模型中，射流和杆体的速度分别为

$$V_j = V_1 + V_2^*$$
$$V_s = V_1 - V_2^*$$

在 PER 模型中，则

$$V_j = V_1 + V_2$$
$$V_s = V_1 + V_2$$

在这两个模型中，都存在

$$V_j + V_s = 2V_1$$

对于黏-塑性模型，通过设定动力黏度系数 $\mu=0$，便可得到 PER 模型。图 5.2.11 示出了两种模型计算的射流速度分布和实验数据的比较。其中，聚能装药为

105mm 直径紫铜锥形罩聚能装药,罩顶角为 42°,罩壁厚为 2.69mm,平面爆轰波速度为 8km/s。

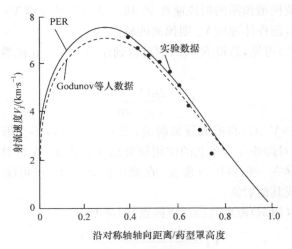

图 5.2.11　二种模型计算结果与试验的对比

如前所述,Godunov 等[11] 给出的黏-塑性凝聚射流形成的判据为:$R_e > 2$;而 Mali 等[22](1974)则提出:$R_e = 5$ 或 10。Chou 等[23,24](1974,1976)在研究平面轴对称碰撞后,对射流形成准则叙述如下:

(1) 对于亚音速压合,$V_2 < C$(药型罩材料的体积声速)总会形成密实的凝聚射流。

(2) 对于超音速压合,$V_2 > C$(药型罩材料的体积声速),如果 $\beta > \beta_c$,对于一给定的 V_2 将会形成射流,但射流不凝聚。

(3) 对于 $\beta < \beta_c$ 的超音速压合,将不会形成射流。

药型罩材料的体积声速不同于纵向或横向剪切声速,β_c 为超音速碰撞时形成附体冲击波的最大角度。可见,对于聚能装药形成射流的重要准则是药型罩材料亚音速碰撞,否则射流将是非凝聚的或径向扩散的。但实际上,对紫铜锥形罩研究表明,以药型罩材料体积声速为基础形成射流的临界马赫数约为 1.2,即 $V_2/C \approx 1.2$ 时仍可获得凝聚射流,图 5.2.12 示出了紫铜罩形成凝聚和非凝聚射流的示意图。

图 5.2.12　二种典型锥形药型罩射流示意图

5.3　聚能射流的拉伸与断裂

典型成型装药形成的聚能射流都具有较大的头部速度和较小的尾部速度,速度梯度的存在造成射流沿长度方向上的拉伸,这对提高破甲深度是有利的。然而,射流的伸长是有限度的,当射流拉伸到一定长度后将会产生颈缩和轴向断裂,并最后形成许多不同长度的小段射流。聚能射流的断裂主要由材料的塑性失稳造成。这种失稳不同于一般的流体射流失稳,一般的流体射流失稳是由表面张力引起,而聚能射流的塑性失稳主要受材料强度和流动应力(射流强度)所控制。

5.3.1　射流拉伸模型

考察一段正在拉伸的射流,如图 5.3.1 所示。假设射流表面具有某些初始扰动,且沿射流具有一定的初始速度分布。对于某一给定射流微元,其初始位置坐标可表示为

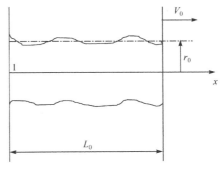

$$z = \frac{1}{\rho_0} \int_{x(0,t)}^{x(z,t)} \frac{\rho A}{A_0} \mathrm{d}x \qquad (5.3.1)$$

式中,ρ、A 分别为射流微元的当地密度和横截面积;ρ_0、A_0 分别为射流微元的初始密度和横截面积;x 为 Euler 坐标。

假定射流是不可压缩的,即 $\rho = \rho_0$,则由式(5.3.1)可直接写出连续方程

$$\frac{\mathrm{d}x}{\mathrm{d}z} = \frac{A_0}{A} \qquad (5.3.2)$$

图 5.3.1　正在拉伸的具有
表面扰动的射流

而具有可变横截面的射流微元沿轴向的动量守恒方程可写成

$$\rho_0 A_0 \frac{\mathrm{d}^2 x}{\mathrm{d}t^2} = \frac{\mathrm{d}(\sigma A)}{\mathrm{d}z} \qquad (5.3.3)$$

式中,σ 为射流横截面上的平均轴向应力。

若以射流微元初始横截面积为基础,对应的初始应变 $\varepsilon_0 = 0$,则某瞬时的平均应变可取对数形式表示,即

$$\varepsilon = \ln\left(\frac{A_0}{A}\right) \qquad (5.3.4)$$

平均应变率可通过直接对上式微分求得

$$\dot{\varepsilon} = -\frac{\mathrm{d}A/\mathrm{d}t}{A} \qquad (5.3.5)$$

利用连续方程(5.3.2),则有

$$\dot{\varepsilon} = -\frac{A}{A_0}\left(\frac{\mathrm{d}V}{\mathrm{d}z}\right) \tag{5.3.6}$$

其中,$V = \mathrm{d}x/\mathrm{d}t$。

　　射流表面一旦出现扰动,射流横截面上的应力分布就将变成三维状态,平均轴向应力 σ 也将沿射流轴向发生变化。静态拉伸试验表明,颈部的轴向应力在自由表面处等于流动应力(有效应力),在轴线上达最大。因此,颈部的平均轴向应力比流动应力高。若假定射流表面扰动很小,则动态拉伸射流的平均轴向应力为

$$\sigma = T\left(1 + \frac{r}{2}\frac{\partial^2 r}{\partial x^2}\right) \tag{5.3.7}$$

该式为射流的本构方程,其中 r 为射流半径。若假定射流是圆形截面,则 $r = \sqrt{A/\pi}$ 为有效应力,是有效应变 e 和应变率 $\dot{e}$ 的函数,即

$$T = T(e, \dot{e}) \tag{5.3.8}$$

对于一维问题,$e = \varepsilon, \dot{e} = \dot{\varepsilon}$。

　　可见,方程(5.3.2)～(5.3.4)、(5.3.6)和(5.3.7)构成了包含五个未知数:A、x、σ、ε 和 $\dot{\varepsilon}$ 的封闭方程组。

　　基于上述方程组分析射流失稳与断裂问题,有两个重要的边界条件可以应用:一是固定速度端条件;二是自由端条件。对于一个长射流,可假定其中任意一小段拉伸射流的两端都具有固定的速度差。显然,对整个拉伸过程而言,自由端的解是有用的,因为事实上有了自由端的解,就可以说明具有固定速度差的射流中间的拉伸状态。上述两个条件的数学表示如下:

　　固定速度端条件

$$\frac{\mathrm{d}x}{\mathrm{d}t} = 0 \quad (z = 0) \tag{5.3.9a}$$

$$\frac{\mathrm{d}x}{\mathrm{d}t} = \eta_0 L_0 \quad (z = L_0) \tag{5.3.9b}$$

其中,L_0 为初始射流长度;η_0 为初始应变(拉伸)率,$\eta_0 = V_1/L_0$,V_1 为运动端速度。

　　自由端条件

$$\frac{\mathrm{d}x}{\mathrm{d}t} = 0 \quad (z = 0) \tag{5.3.10a}$$

$$\sigma = 0 \quad (z = L_0) \tag{5.3.10b}$$

　　为完成问题的求解,还需要给出初始条件,这可通过指定的 $t = 0$ 时初始速度 $V_0(z)$ 和初始截面积 $A_0(z)$ 得到,即

$$\frac{\mathrm{d}x}{\mathrm{d}t} = V_0(z) \tag{5.3.11a}$$

$$A = A_0(z) \tag{5.3.11b}$$

于是,式(5.3.2)~(5.3.4)、(5.3.6)和(5.3.7)五个控制方程所组成的方程组,结合边界条件方程(5.3.9)、(5.3.10)和初始条件方程(5.3.11),形成了求解拉伸射流问题的一套完整的数学模型。

另外,为方便起见,引入无量纲量是非常有用的,包括

$$\begin{cases} \bar{x} = x/r_0 \\ \bar{z} = z/r_0 \\ \bar{r} = r/r_0 \\ \bar{L}_0 = L_0/r_0 \\ \bar{\lambda}_0 = \lambda_0/r_0 \\ \bar{t} = C_p t/r_0 \\ \bar{\eta}_0 = \eta_0 r_0/C_p \\ \bar{\sigma} = \sigma/(\rho_0 C_p^2) \end{cases} \tag{5.3.12}$$

其中,r_0 为射流的无扰动初始半径;C_p 由下式确定

$$C_p = \sqrt{\frac{Y}{\rho_0}} \tag{5.3.13}$$

式中,Y 为单轴拉伸条件下的动态流动应力。利用这些无量纲量和以射流半径表示的横截面积,便可最终求解控制方程和边界条件。

采用上面的稳态射流拉伸的理论模型,可以求得它的线性解和非线性解。若材料是理想塑性材料,则式(5.3.8)将变成

$$T = Y \tag{5.3.14}$$

对于给定的材料,Y 可取作常数。这时,方程组中可除去式(5.3.4)和式(5.3.6),于是仅剩下三个控制方程,即式(5.3.2)、式(5.3.3)和式(5.3.7)。

应该指出,随着断裂射流模型的发展,理想塑性的假设已不适合。另外,对于每种射流即使采用上述简单的材料模型,反映材料性能的 Y 值也必须从具体的聚能装药实验中得到,而不能用静态 Y 值代替。

下面仅就一维线性解进行讨论,而不涉及非线性和二维问题。现引入一个正弦表面扰动,其形式为

$$A(z, 0) = A_0[1 + f_0 \cos(bz)] \tag{5.3.15}$$

和一个线性速度梯度

$$\frac{\mathrm{d}x(z, 0)}{\mathrm{d}t} = \eta_0 z \tag{5.3.16}$$

其中,$b = 2\pi/\lambda_0$,λ_0 为扰动射流初始波长。利用边界条件式(3.5.9),并假定是小扰动,在控制方程中忽略高阶小量,于是 A 和 x 解的形式是

$$A(z,t) = \frac{A_0 [1 + f\cos(bz)]}{\eta_0 t + 1} \tag{5.3.17}$$

$$x(z,t) = (\eta_0 t + 1)\left[z - \frac{f}{b}\sin(bz)\right] \tag{5.3.18}$$

其中，$f = f(t)$ 是控制扰动振幅的函数项，$f(0) = f_0$，$f(t)$ 的解为

$$f(t) = Q_1 (\eta_0 t + 1)^{S_1} + Q_2 (\eta_0 t + 1)^{S_2} \tag{5.3.19}$$

式中，Q_1 和 Q_2 是由初始条件决定的常数；而 S_1 和 S_2 分别为

$$S_1 = \frac{1}{2}\left(-1 + \sqrt{1 + 4K}\right) \tag{5.3.20a}$$

$$S_2 = \frac{1}{2}\left(-1 - \sqrt{1 + 4K}\right) \tag{5.3.20b}$$

其中

$$K = \frac{4Y}{\rho_0}\left(\frac{\pi}{\eta_0 \lambda_0}\right)^2\left[1 - \left(\frac{\pi \lambda_0}{\lambda_0}\right)^2\right] \tag{5.3.21}$$

当方程(5.3.18)中的指数项是负值时，表面扰动幅度衰减，射流稳定；当 S_1 变成正值时，振幅失稳，且没有约束的增长。从方程(5.3.19)和方程(5.3.20)可以看出，射流稳定的条件是

$$\frac{\lambda_0}{2r_0} < \frac{\pi}{2} \tag{5.3.22}$$

否则，射流将失稳。

从方程(5.3.18)和方程(5.3.20)还可看出，当 S_1 值达最大时，有一临界波长存在，并造成扰动振幅比其他量上升得快。通过微分式(5.3.19)并令其结果等于零，可得临界波长为

$$\left(\frac{\lambda_0}{2r_0}\right)_c = \frac{\pi}{\sqrt{2}} \tag{5.3.23}$$

一维线性稳态拉伸模型仅适合于射流失稳后短时间的拉伸情况，当时间再延长时必须采用一维非线性或二维方法处理。Carleone[25]等研究后曾得出如下几点结论：

(1) 对射流断裂进展的影响，自由端较小，而固定速度端显著；

(2) 内部射流段首先达到近似恒速之后才开始断裂；

(3) 每一恒速的射流段都比最初具有线性速度分布的射流有较小的动能；

(4) 内部射流段吸收的应变能(塑性功)比失去的动能大，所以每一内部射流段都将失去能量平衡，但这可以从前面射流部分得到补偿。

5.3.2　射流断裂模型

由一维射流拉伸理论给出的方程(5.3.22)的线性解表明，临界波长与射流伸

长率无关,且在失稳开始时,临界波长是射流直径的 2.22 倍。然而实际上,临界波长是射流应变(伸长)率的函数,这在以后的二维数值模拟计算中得到证实。Chou 和 Carleone[26,27] 利用一维模型研究了射流的断裂,并指出射流流动应力 Y 与射流密度 ρ 的比值 Y/ρ 能控制射流失稳的增长,即当其他条件相同时,比值 Y/ρ 较小时引起射流颈缩较慢,比值 Y/ρ 较大时引起射流颈缩较快。

图 5.3.2 示出了拉伸中的射流,由于某些初始扰动而出现波动表面。现考虑以截面 1 和 2 为界的一个射流微元,其中截面 2 靠近颈缩部位。由于颈缩部位存在应力集中,所以截面 2 较截面 1 的平均轴向应力高。

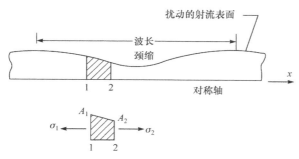

图 5.3.2　射流颈缩失稳示意图

众所周知,射流颈部附近的应力与射流扰动曲率半径成反比。因此,扰动波长越小,截面 2 和截面 1 之间的应力差越大。如图 5.3.2 所示,因截面 1 的面积较大,所以作用在该微元上的静表面力可表示为

$$F=\sigma_2 A_2-\sigma_1 A_1 \tag{5.3.24}$$

如果此力是正值,则微元被拉向颈部,从而促使射流恢复稳定;如果此力是负值,微元将远离颈部,扰动幅度变大,于是造成射流失稳。在实际情况中,存在一个最不稳定的临界波长。对于随机波长的扰动,临界波长增长得最快,并形成严重的颈缩。在断裂射流中,这种颈缩决定着射流段的长度。

射流断裂过程可分为两个阶段。第一阶段是由于射流的塑性失稳造成波动表面振幅增大而形成颈缩;第二阶段是在颈缩部位发生断裂和分离。当具有临界波长的扰动开始增长并形成颈缩时,射流仍在拉伸,且颈部直径变得越来越小。因此,射流断裂时的拉伸量或者颈缩量代表了材料的另一种特性。其颈缩程度或扰动振幅的增长函数 f 可由方程(5.3.16)确定。实际上还可以写成

$$f=\frac{A_{\text{avg}}-A_{\text{min}}}{A_{\text{avg}}} \tag{5.3.25}$$

式中,A_{avg} 和 A_{min} 分别为当时射流的平均和最小(颈缩处)横截面积。

假设当 f 达到某一 f_s 值时出现颈缩断裂,f_s 称之为动态延性。f 达到 f_s 时的时间与初始扰动振幅有关,所以断裂时间是 $\bar{\eta}_0$、$\bar{\lambda}_0$ 和 f_s 的函数。若只考虑临界

波长,且波 $\bar{\lambda}_0$ 长是 $\bar{\eta}_0$ 的函数,所以无量纲断裂时间可表示为

$$\bar{t}_b = \bar{t}_b(\bar{\eta}_0, f_s) \tag{5.3.26}$$

研究表明,当应变率 $\bar{\eta}_0 > 1/2$ 时, $\bar{t}_0$ 随 $\bar{\eta}_0$ 的增加而单调地减小,如图5.3.3所示。另外,图5.3.4示出的是临界波长 $\bar{\lambda}_{0c}$ 和应变率 $\bar{\eta}_0$ 之间的关系。

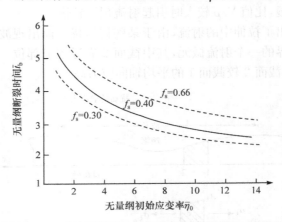

图5.3.3　无量纲断裂时间 $\bar{t}_b$ 和初始应变率 $\bar{\eta}_0$ 的关系

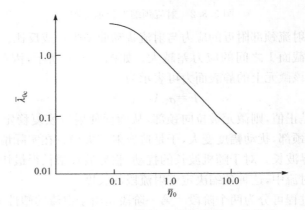

图5.3.4　临界波长 $\bar{\lambda}_{0c}$ 和初始应变率 $\bar{\eta}_0$ 的关系

对于延性材料断裂时间公式可近似表示为

$$\bar{t}_b = \gamma \bar{\eta}_0^{-\delta} - \frac{1}{\bar{\eta}_0} \tag{5.3.27}$$

式中, $\gamma = 5.4427$, $\delta = 0.2953$。由方程(5.3.12)和方程(5.3.13)可知,若求有量纲的断裂时间, t_b 必须知道 Y/ρ 的值,对于铜射流, $\sqrt{Y/\rho} = 0.15 \text{km/s}$。

Chou 和 Flis[28] 由量纲分析和一维计算得到断裂时间的表达式是

$$\bar{t}_b = 3.75 - 0.125 \bar{\eta}_0 + \frac{1}{\bar{\eta}_0} \tag{5.3.28}$$

此式表明,断裂时间仅仅是初始应变率的函数,而初始应变率可由一维射流形成理论中求得。

方程(5.3.28)在动态延性 $f_s = 0.3$ 时成立,它与大部分实验数据吻合较好,如图 5.3.5 所示。图中离散数据点来自一个直径为 127mm 的聚能装药,其中锥形药型罩材料为电解韧铜,锥顶角为 60°,壁厚为 1.905mm。如果选择动态延性 $f_s >$ 0.3,方程(5.3.28)中的常数将发生变化,图 5.3.5 中的曲线将上移。

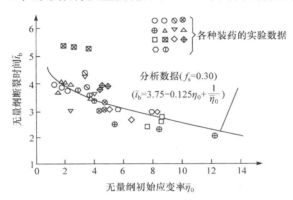

图 5.3.5　射流断裂时间计算与实验的比较

在量纲公式中,方程(5.3.28)则变成

$$t_b = \frac{r_0}{C_p} \left(3.75 - 0.125 \, \frac{\eta_0 r_0}{C_p} + \frac{C_p}{\eta_0 r_0} \right) \tag{5.3.29}$$

在方程(5.3.28)和方程(5.3.29)中,射流屈服强度并不是固定值,与药型罩材料的性质有关,一些金属的 Y 值如表 5.3.1 所示。

表 5.3.1　一些金属射流的 Y 值

药型罩材料	射流屈服强度 Y/Pa
铜	2×10^8
电解韧铜(KTP)	2×10^8
无氧高纯度铜(OFHC)	2.7×10^8
铝	1×10^8

上述模型表明射流不会瞬时断裂,而是从头部至尾部呈现一种断裂时间的分布。图 5.3.6 示出了某聚能装药射流断裂时间与射流位置之间的关系,其中装药直径为 50.8mm,锥形铜药型罩,锥角为 40°,壁厚为 2.54mm。

利用一维射流拉伸理论给出的临界波长 λ_{0c} 可以预测射流段的数目。假定 $d\xi$ 为射流微元的长度,则该射流微元形成的射流段数目为 $d\xi/\lambda_{0c}$,于是射流段(颗粒)

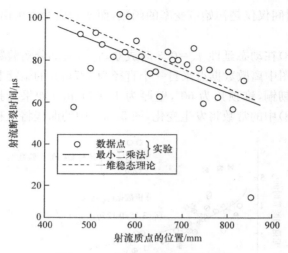

图 5.3.6　射流断裂时间分布曲线

的总数目为

$$N = \int_{L_0} \frac{1}{\lambda_{0c}} \mathrm{d}\xi \tag{5.3.30}$$

当 $\bar{\eta}_0 > 0.03$ 时，图 5.3.4 中的曲线可通过下式给出

$$\bar{\lambda}_{0c} = \beta \bar{\eta}_0^{\alpha} \tag{5.3.31}$$

其中，$\beta = 0.6807$，$\alpha = -0.9879$。

利用基于一维射流形成理论的方程(5.3.30)计算的射流段数目与实验的比较如图 5.3.7 所示，可见理论与实验具有较好的一致性。另外，图 5.3.8 和图 5.3.9 还分别示出了药型罩锥角和罩壁厚度对射流段数目的影响。

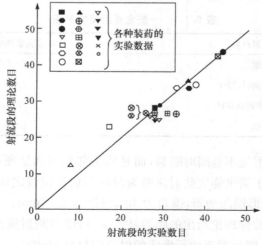

图 5.3.7　射流段数目理论与实验的比较

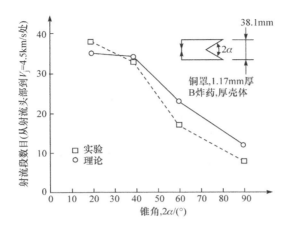

图 5.3.8 药型罩锥角对射流段数目的影响

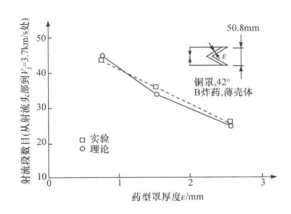

图 5.3.9 药型罩壁厚对射流段数目的影响

最后,观察方程(5.3.31)发现,利用射流断裂后射流段之间的速度差可以估算 $\sqrt{Y/\rho}$。当 $\alpha \approx -1$ 时,方程(5.3.31)可重新写成有量纲形式,即

$$\eta_0 \lambda_{0c} = \beta \sqrt{Y/\rho} \qquad (5.3.32)$$

式中,$\eta_0 \lambda_{0c}$ 表示射流段之间的速度差,这可以从闪光 X 射线照相与测量中得到。

5.4 聚能射流侵彻理论

聚能装药战斗部主要用来毁伤和破坏某些特殊结构的坚硬目标,如坦克、装甲车辆、坚固工事或其他典型结构等。聚能战斗部对目标造成的破坏,主要是借助高速金属射流或 EFP 在目标相当小的面积上沉积大量的动能所实现。在这种超高速/高速碰撞过程中,靶体和射流(侵彻体)之间产生极高的压力,致使应力超过材料的屈服强度。对于金属靶体,由于金属的塑性流动将在碰撞表面产生很深的孔洞。同时,侵彻体也因塑性流动而被侵蚀。侵彻过程中,靶体上的孔洞深度不断增加,直到侵彻体消耗殆尽或靶板被完全击穿为止。

聚能装药战斗部的侵彻机理与药型罩所形成的侵彻体特性有关,其中侵彻体可分为射流(jet)、杆式射流(JPC)和爆炸成形弹丸(EFP),一般把杆式射流与射流归为一类,其对靶体的侵彻机理基本相同。

配置典型锥形、喇叭形等药型罩的聚能装药战斗部爆炸后形成金属射流,药型罩材料压合在装药轴线上形成的射流约占药型罩质量的 15%,其余部分形成速度较慢的杆体。典型射流从头至尾的速度变化约在 $10\sim2$km/s 之间。由于速度梯度的存在,射流在运动过程中将被拉伸,直至断裂成许多小段射流或颗粒。断裂的射流颗粒将偏离轴线运动,从而造成侵彻能力的下降。半球形药型罩或大锥角药型罩形成"杆式"射流(JPC),其速度多约为 $5\sim6$km/s。这种射流具有比较小的速度梯度,可延长射流断裂时间,从而在大炸高下比典型射流更有效,且侵彻孔径较大。

5.4.1　射流侵彻基本现象

射流侵彻或破甲过程如图 5.4.1 所示,其中图 5.4.1(a)为射流刚接触靶体并发生碰撞,由于碰撞速度超过了射流和靶体速度的声速,自碰撞点开始分别在靶体和射流中形成和传播冲击波,同时在碰撞点产生很高的压力,能够达到 200GPa 即200 万大气压以上,温度能升高到 5000K。由于射流直径很小,稀疏波迅速传入,因此射流中冲击波的传播距离并不远。射流与靶体碰撞后,射流速度降低并与靶体碰撞后的质点速度相同,直观上体现为碰撞点的运动速度,这个速度也称为破甲速度。碰撞后的射流并没有消耗尽其全部质量和能量,剩余部分的质量和能量虽不能进一步破甲,却能扩大孔径。此部分射流在后续射流的推动下,向四周扩张。当后续射流到达碰撞点后,继续破甲,但此时射流所碰撞的靶体处于运动状态,故碰撞点的压力要小些,约为 $20\sim30$ 万大气压(10GPa 量级),温度大致降为 1000K左右。在碰撞点周围,金属靶体产生高速塑性变形,应变率很大。碰撞点周围的高压、高温和高应变率区域,简称为三高区。除射流接触和碰撞靶体表面极短的时间以外,射流都是对三高区进行作用。图 5.4.1(b)表示射流微元 4 正在破甲,在碰撞点周围形成三高区;图 5.4.1(c)表示射流微元 4 已附着在孔壁上,射流微元 3已完成破甲,射流微元 2 即将破甲。由此可见,射流残留在孔壁上的次序与原来射流微元的次序正好是相反的。

射流侵彻或破甲过程可分为开坑、准定常和终止三个阶段,下面分别进行说明。

(1)开坑阶段。

也就是开始阶段,射流头部撞击静止靶体,产生数百万大气压(10^2GPa 量级)

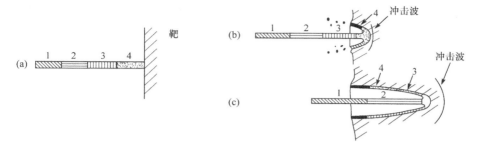

图 5.4.1　射流破甲过程

的压力;碰撞点处形成冲击波并分别向靶体和射流中传播,靶体自由面于碰撞点处崩裂,靶材和射流残渣飞溅,射流在靶体中建立三高区;该阶段的侵彻仅占孔深的很小一部分。

（2）准定常阶段。

在该阶段,后续射流对三高区状态的靶体进行侵彻,碰撞压力相对较小;该阶段射流的能量分布变化较慢,破甲参数和孔洞直径变化不大,基本上与时间无关,故称为准定常阶段;破甲深度的大部分属于该阶段。

（3）终止阶段。

该阶段情况比较复杂:首先,射流速度已大幅降低,靶体强度的作用越来越显现;其次,由于射流速度降低,不仅破甲速度较小,而且扩孔能力也下降,后续射流推不开前面已经释放完能量的射流残渣,直接作用在残渣上,而不是作用于靶孔底部,影响了破甲的正常进行。实际上,在射流和孔底之间,总是存在射流残渣的堆积层,在准定常阶段堆积层很薄,而在终止阶段则越来越厚,最终使破甲过程停止。另外,射流在破甲后期的颈缩与断裂,也对破甲过程产生不利影响。

进一步归纳起来,射流破甲终止的原因主要由如下几种,出现其一则侵彻终止:

① 射流速度降低到某一临界值时,不能再侵彻靶体,该值称为射流临界侵彻速度,它与射流和靶体的材料以及射流状态有关;

② 由于侵彻过程中的射流残渣堆积,使后续射流和孔底被隔开,因此即使射流速度尚未下降到临界侵彻速度,也可以使侵彻终止;

③ 射流断裂,并且翻转和偏离轴线,使侵彻终止;

④ 射流尾部速度大于临界侵彻速度,因射流耗尽而终止侵彻。

典型的射流对半无限靶体的侵彻孔洞如图 5.4.2 所示,口部呈喇叭形,孔径减小较快,相当于开坑阶段,约占总侵深的 10%。此后,尽管孔径随深度仍不断减小,但变化梯度不大,这部分孔深占总侵深的 85% 左右,对应于准定常阶段。孔的下部出现一小段葫芦形,说明此处射流已断裂。再往下是孔径略为增大的袋状孔底,里面堆满了射流残渣。此部分射流如果直接作用于孔底,应该可以继续侵彻,但由于堆积作用而达不到继续侵彻的目的,只能通过扩孔以消耗能量,该阶段属于终止阶段,占总侵深的 5% 左右。

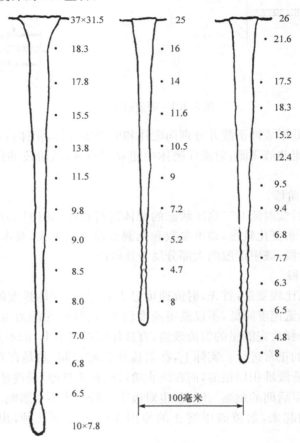

图 5.4.2　典型的射流破甲孔洞示意图

射流破甲时,靶体发生强烈的塑性变形,引起材料的局部硬化,其中入口处变形最为剧烈,硬度增加最大。愈向孔底,硬度增加愈小,准定常区低于开坑区。对于未穿透的靶体,由于射流残渣在孔底的堆积,使孔底周围金属材料温度升高,然后缓慢冷却,产生低温回火现象,因此孔壁的硬化程度低于准定常区。对于射流穿透靶体,出口附近则没有软化现象。

5.4.2　定常侵彻理论

Birkhoff[9]等最早描述了射流侵彻的分析模型,其中假设:靶体和射流的行为均为理想不可压缩流体,并建议用简单的 Bernoulli 方程来描述射流对靶体的侵彻。具体处理方法是,把坐标系建立在碰撞点上,并与碰撞点的速度 u 一同运动,这样在碰撞点两侧射流和靶体分别以速度 V_j-u 和 u 向碰撞点流入,取两股流体的静压和动压之和相等,如图 5.4.3 所示。

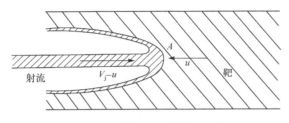

图 5.4.3 射流侵彻动坐标示意图

由 Bernoulli 方程给出

$$p_j+\frac{1}{2}\rho_j(V_j-u)^2=p_t+\frac{1}{2}\rho_t u^2 \tag{5.4.1}$$

式中,V_j 为射流速度;u 碰撞点(破甲)速度;ρ_j 和 ρ_t 分别为射流和靶体密度,p_j 和 p_t 分别为射流和靶体的静压力。

相对于动压,流体静压是小量,有理由忽略。于是有

$$\frac{1}{2}\rho_j(V_j-u)^2=\frac{1}{2}\rho_t u^2 \tag{5.4.2}$$

方程(5.4.2)对于高速射流侵彻金属靶体的情况具有满意的精度,也就是说,在高速侵彻时可以忽略靶体和射流的强度。后来大多数的射流侵彻模型都是在方程(5.4.2)形式上的改进,包括考虑断裂射流效应、射流和靶板强度效应等。

求解方程(5.4.2),可得射流侵彻过程中碰撞点或孔底运动的速度(破甲速度)为

$$u=\frac{V_j}{1+\sqrt{\rho_t/\rho_j}} \tag{5.4.3}$$

于是,作为时间 t 函数的侵彻深度可表示为

$$P(t)=\int_0^t u\mathrm{d}t \tag{5.4.4}$$

对于匀速即速度 V_j 和长度都不变的射流,当射流消耗殆尽时侵彻终止,这时侵彻持续时间为

$$t=\frac{L}{V_j-u} \tag{5.4.5}$$

将方程(5.4.3)和方程(5.4.5)代入方程(5.4.4),可得侵彻深度为

$$P=L\sqrt{\frac{\rho_j}{\rho_t}} \tag{5.4.6}$$

这就是通常所称的密度定律,表明匀速射流的侵彻深度仅仅与射流的长度、射流和靶体的密度之比有关,并与靶板密度平方根成反比。方程(5.4.6)表明侵彻深度与射流速度无关,这是由于忽略了靶体强度并在理想不可压缩流体假设条件下获得的。但是,当射流速度不够高、产生的压力不够大时,靶体强度的影响将会显现,并最终将影响到侵彻深度。

Pack 和 Evans[29]扩展了方程(5.4.2)以适用断裂射流,给出断裂射流的定常侵彻公式为

$$\lambda \rho_j (V_j - u)^2 = \rho_t u^2 \tag{5.4.7}$$

式中,λ 为常数,对连续射流 $\lambda = 1$;对断裂射流 $\lambda = 2$。λ 值范围在 $1 \sim 2$ 之间,表明射流断裂到达的程度。另外,方程(5.4.7)中射流密度 ρ_j 表示射流质量除以包括射流段间隙在内的总体积所得到的密度。于是,侵彻深度为

$$P = L \sqrt{\frac{\lambda \rho_j}{\rho_t}} \tag{5.4.8}$$

式中,L 表示包括射流段间隙在内的射流总长度。

为考虑靶板强度的影响,Pack 和 Evans[29]还用一个无量纲参数 $Y/(\rho_j V_j^2)$ 来修正方程(5.4.6),其中 Y 为靶板屈服强度,即

$$P = L \sqrt{\frac{\rho_j}{\rho_t} \left(1 - \frac{\alpha Y}{\rho_j V_j^2}\right)} \tag{5.4.9}$$

其中,α 为常数,是射流和靶体密度的函数。

5.4.3　准定常侵彻理论

实际的射流总是头部速度高,尾部速度低,沿其长度方向存在一定的速度分布。射流侵彻的定常模型不能反映射流拉长对侵彻深度的影响,同时也就不能揭示侵彻深度随炸高的变化。但是,对于一小段射流或射流微元,可以假设速度不变并应用上述模型,这就是准定常理论的基本思想。

Allison 和 Vitali[30]假设存在一虚拟源,虚拟源是所有射流发出的点源,射流长度为零。虚拟源上的各射流微元的速度假设为在空间上线性分布。如图 5.4.4 所示,取射流头部虚拟源为坐标原点 O,O 点即为所有射流微元发出的点源,每一直线的斜率即为该射流微元的速度;S 为虚拟源到靶体表面的距离;t_0 为射流头部从虚拟源运行到靶体表面的时间。

射流头部在 A 点与靶体比表面相遇并开始侵彻,ABC 线为侵彻深度随时间增加的曲线,该曲线上每一点的斜率即为该点的侵彻速度或碰撞点速度。

现取任一点 B,OB 的斜率为相应的射流微元的速度 V_j,该微元前面的射流产生的侵彻深度为 $P(t)$,于是该微元在 t 时刻运行的距离为

$$P(t) + S = t V_j \tag{5.4.10}$$

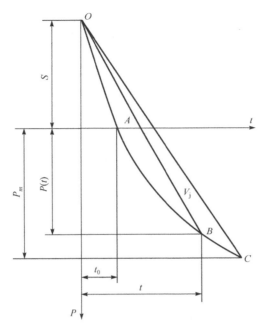

图 5.4.4　非匀速射流侵彻分析图

对 t 取微分,由于 S 是常数,$\mathrm{d}P(t)/\mathrm{d}t=u$,所以有

$$u=t\frac{\mathrm{d}V_{\mathrm{j}}}{\mathrm{d}t}+V_{\mathrm{j}} \tag{5.4.11}$$

变换此式,两边取积分

$$\int_{t_0}^{t}\frac{\mathrm{d}t}{t}=-\int_{V_{\mathrm{j0}}}^{V_{\mathrm{j}}}\frac{\mathrm{d}V}{V_{\mathrm{j}}-u} \tag{5.4.12}$$

于是有

$$\frac{t}{t_0}=\exp\left(-\int_{V_{\mathrm{j0}}}^{V_{\mathrm{j}}}\frac{\mathrm{d}V}{V_{\mathrm{j}}-u}\right) \tag{5.4.13}$$

应用流体力学理论的 V_{j} 和 u 的关系式(5.4.3),代入上式取积分后得

$$t=t_0\left(\frac{V_{\mathrm{j0}}}{V_{\mathrm{j}}}\right)^{(1+\gamma)/\gamma} \tag{5.4.14}$$

其中 $\gamma=\sqrt{\rho_{\mathrm{t}}/\rho_{\mathrm{j}}}$。将式(5.4.14)代入方程(5.4.10),可得到侵彻深度的表达式为

$$P(t)=V_{\mathrm{j}}t_0\left(\frac{V_{\mathrm{j0}}}{V_{\mathrm{j}}}\right)^{(1+\gamma)/\gamma}-S \tag{5.4.15}$$

变换式(5.4.15),并考虑 $V_{\mathrm{j0}}t_0=S$,则上式为

$$P(t)=S\left[\left(\frac{V_{\mathrm{j0}}}{V_{\mathrm{j}}}\right)^{1/\gamma}-1\right] \tag{5.4.16}$$

其中，V_{j0} 为射流头部速度。

由式(5.4.16)可见，侵彻深度不仅与射流和靶体密度有关，还与射流速度、射流拉长以及包括炸高在内的 S 值有关。

如将方程(5.4.14)中的 V_{j0}/V_j 代入方程(5.4.16)并做适当变换，便可得到射流侵彻深度随时间变化的表达式

$$P(t) = V_{j0}t\left(\frac{t_0}{t}\right)^{\gamma/(\gamma+1)} - S \tag{5.4.17}$$

若 t_1 时刻射流整体上同时发生断裂，假定每段断裂射流均为速度均匀的稳态射流段，于是就可以得到从连续射流到断裂射流的总的侵彻深度计算公式

$$P_T = P(t_1) + \frac{S + P(t_1) + t_1 V_{jc}}{\gamma} \tag{5.4.18}$$

式中，V_{jc} 为能够侵彻靶板材料的最小射流速度，即射流临界侵彻速度；$P(t_1)$ 为连续射流侵彻深度，可由方程(5.4.17)求得。

DiPersio、Simon 和 Merendino[31] 在 Allison 和 Vitali 虚拟源理论的基础上，提出如下三种情况的侵彻公式：

(1) 射流断裂之前完成侵彻

$$P_T = S\left[\left(\frac{V_{j0}}{V_{jc}}\right)^{1/\gamma} - 1\right] \tag{5.4.19}$$

(2) 射流断裂在侵彻过程中出现

$$P_T = \frac{1}{\gamma}\left[(\gamma+1)(V_{j0}t_1)^{1/(\gamma+1)}S^{\gamma/(\gamma+1)} - V_{jc}t_1\right] - S \tag{5.4.20}$$

(3) 射流断裂出现在侵彻开始之前

$$P_T = \frac{(V_{j0} - V_{jc})t_1}{\gamma} \tag{5.4.21}$$

这些公式(5.4.19)～(5.4.21)被称为 DSM 理论，均以计算射流速度的经验公式为基础，而射流侵彻随炸高变化的物理现象并没有直接反映出来。然而，有关射流断裂、断裂射流质点的振动、翻滚等物理现象及对侵彻效应的影响等，一直是聚能侵彻效应研究的焦点和难点问题。

Eichelberger[32] 通过对射流速度和侵彻速度的试验测量，认为在侵彻的早期阶段，应用方程(5.4.7)预测深度还是比较精确的；但在侵彻的后期阶段，当射流速度变慢时，靶板和射流强度的影响起着重要的作用；并提出靶板强度的影响可通过在方程(5.4.7)中附加一强度项来表示，即

$$\lambda \rho_j (V_j - u)^2 = \rho_t u^2 + 2\sigma \tag{5.4.22}$$

式中，σ 为 σ_t 和 σ_j 之差；σ_t 和 σ_j 分别表示靶体和射流的塑性变形阻抗，通常取靶体和射流屈服强度的 1～3 倍。

　　侵彻中止时，$u=0$，即对应的射流速度称临界射流速度 V_{jc}，将 $u=0$ 代入方程 (5.4.22)得

$$V_{jc}=\sqrt{\frac{2\sigma}{\lambda\rho_j}}\qquad\qquad(5.4.23)$$

　　对于连续射流，取 $\lambda=1$，于是方程(5.4.22)的展开形式为

$$(1-\gamma)^2u^2-2V_ju+\left(V_j^2-\frac{2\sigma}{\rho_j}\right)=0\qquad\qquad(5.4.24)$$

解(5.4.24)式，得到侵彻速度关系式为

$$u=\frac{1}{1-\gamma^2}\left\{V_j-\left[\gamma^2V_j^2+(1-\gamma^2)\frac{2\sigma}{\rho_j}\right]^{1/2}\right\}\qquad\qquad(5.4.25)$$

将式(5.4.25)代入式(5.4.12)，积分并考虑式(5.4.23)，则有

$$\int_{V_{j0}}^{V_j}\frac{dV}{V_j-u}=\ln\frac{T}{T_0}\left\{\frac{T+[T^2-(1-\gamma^2)^2V_{jc}^2]^{1/2}}{T_0+[T_0^2-(1-\gamma^2)^2V_{jc}^2]^{1/2}}\right\}^{-1/\gamma}\qquad(5.4.26)$$

其中

$$T=-\gamma^2V_j+[\gamma^2V_j^2+(1-\gamma^2)^2V_{jc}^2]^{1/2}$$
$$T_0=-\gamma^2V_{j0}+[\gamma^2V_{j0}^2+(1-\gamma^2)^2V_{jc}^2]^{1/2}$$

将方程(5.4.26)代入方程(5.4.13)后，再代入方程(5.4.10)，可最后得考虑射流和靶板强度效应的侵彻深度公式

$$P(t)=V_jt_0\frac{T_0}{T}\left\{\frac{T_0+[T_0^2-(1-\gamma^2)^2V_{jc}^2]^{1/2}}{T+[T^2-(1-\gamma^2)^2V_{jc}^2]^{1/2}}\right\}^{1/\gamma}-S\qquad(5.4.27)$$

　　显然，当 $V_{jc}=0$ 时，方程(5.4.27)将变成理想流体动力学公式(5.4.16)。当射流和靶体密度相同时，即 $\gamma=1$，则由式(5.4.24)可得侵彻速度为

$$u=\frac{V_j}{2}-\frac{\sigma}{\rho_jV_j}\qquad\qquad(5.4.28)$$

　　由于射流在空气中运行时不断地拉伸，出现颈缩，乃至最后断裂。假设射流断裂后，各射流段的长度不再变化，且忽略各射流段侵彻时重新开坑和翻转的影响，则射流段长度 ΔL 产生的侵彻增量为 ΔP

$$\Delta P=u\frac{\Delta L}{V_j-u}\qquad\qquad(5.4.29)$$

式中，V_j 为当地射流段速度；u 可由方程(5.4.25)给出。

　　Szendrei[33]给出了射流穿孔半径随侵彻时间的变化关系

$$r_H^2=\frac{A}{B}-\left[\left(\frac{A}{B}-r_j^2\right)^{1/2}-t\left(\frac{\sigma}{\rho_t}\right)^{1/2}\right]^2\qquad(5.4.30)$$

其中

$$A=\frac{\rho_jr_j^2V_j^2}{2\rho_t(1+\Delta P/\Delta L)^2}$$

$$B = \frac{\sigma}{\rho_t}$$

式中，r_j 为射流微元的半径；$\Delta P/\Delta L$ 表示单位射流长度的侵彻深度。

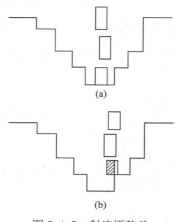

图 5.4.5　射流漂移及
其对孔的冲击

如果由于射流漂移的影响，如图 5.4.5 所示，致使射流不能冲击孔底而冲击孔的中部，在应用方程(5.4.30)时，其有效射流半径应取搭接区域的一半。

研究表明，所有射流特性如速度、断裂时间和微元半径等都是变化的，但是对精密装药在给定炸高条件下，决定平均侵彻深度的主要因素还是射流微元的弥散效应，如漂移和翻滚等。图 5.4.6 示出了某 81mm 口径精密聚能装药，其侵彻深度随炸高变化的预测值与实验结果的比较。由图 5.4.6 可以看出，如果只考虑射流微元的漂移而不考虑翻滚的影响，则预测的侵彻深度比实验值大，并随炸高的增加而增大；同时也看到，理想射流的侵彻深度不随炸高的增加而减小，而是在射流断裂后仍保持不变的侵彻深度。

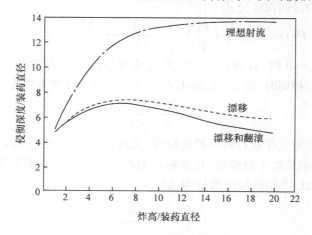

图 5.4.6　射流弥散效应对侵彻深度的影响

5.4.4　双线性速度分布射流的侵彻

上一节的射流侵彻深度模型均是基于"虚拟元"并假设射流速度线性分布所获得，考虑射流速度的非线性分布，特别是针对双锥形药型罩，Chou 和 Foster[34] 采用双线性射流速度分布代替非线性射流速度分布，如图 5.4.7 所示。图 5.4.7 中

的两条直线段 AD 和 DB 分别表示双线性射流速度分布;直线段 ACB 表示线性射流速度分布;Z 为 C 和 D 两点间的距离。假定 C 和 D 两点具有相同的速度 V_2;A 点速度为射流头部速度 V_1;B 点速度为射流尾部速度 V_3。于是,总侵彻深度公式为

$$P = S\left[\left(\frac{V_1}{V_3}\right)^{1/\gamma} - 1\right] + Z\left[\frac{V_1}{V_3^{1/\gamma}}\left(\frac{V_1^{1/\gamma} - V_2^{1/\gamma}}{V_1 - V_2}\right) - \frac{V_2}{V_3^{1/\gamma}}\left(\frac{V_2^{1/\gamma} - V_3^{1/\gamma}}{V_2 - V_3}\right)\right] \tag{5.4.31}$$

式中,第一项是线性射流速度的侵彻深度;第二项为双线性速度分布增加的侵彻深度。

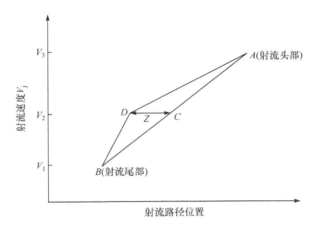

图 5.4.7　双线性射流速度分布的描述

图 5.4.8 示出了双线性速度射流和线性速度射流侵彻深度之比随炸高的变化曲线,其中双线性速度分布数据是来自 Foster[35] 的双锥罩聚能装药的试验。对于这种双锥罩装药,$V_1 = 10\text{km/s}$,$V_2 = 7.6\text{km/s}$,$V_3 = 2\text{km/s}$,以及 $Z = 12.5\text{cm}$。由

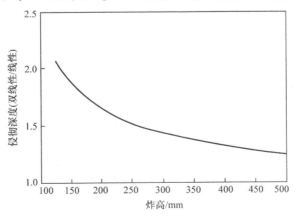

图 5.4.8　双锥和单锥药型罩射流侵彻深度比随炸高的变化

图5.4.8可以看出，当炸高为125mm时，双线性速度分布射流的侵彻深度约为线性速度分布的射流侵彻深度的2倍。随着炸高的增加，双线性和线性速度分布射流侵彻深度的比值减小。

5.5　聚能射流实验研究

几乎所有终点效应现象以及大量相互作用都属于高速情况下进行的瞬态过程，为研究这些现象须采用特殊的仪器和高速瞬态测试技术。在研究聚能装药射流形成机理和过程时，通常采用的实验方法有：脉冲X射线照相技术、高速摄影技术、可见光立体分幅照相和回收杆体实验等。在研究射流侵彻效应时，常采用叠合靶法和放射性元素示踪技术等。

5.5.1　射流形成实验研究

1. 脉冲X射线（光）照相技术

脉冲X射线照相是研究射流形成过程的重要实验手段之一，其基本原理是利用金属药型罩和装药（爆轰产物）具有较大的密度差，通过设置脉冲闪光的时间间隔，拍摄到从装药起爆后不同时刻的药型罩变形和射流形状，脉冲闪光的时间控制精度可达到0.1μs以下。图5.5.1是典型锥形金属罩成型装药射流形成过程的一组6幅脉冲X光照片[36]，拍摄时间分别为起爆后1.1μs、3.5μs、7.0μs、10.5μs、12μs和18.6μs。起爆前先拍摄一次静止像，以显示出药型罩原来的位置和形状。图5.5.1中的6幅照片依次给出了药型罩从顶部闭合到逐步形成射流的过程，从中可以看出，药型罩顶部首先闭合，随后药型罩中间部分向轴线运动。起爆后7μs，整个装药爆轰完毕，药型罩大部分完成闭合，并清晰可见装药前面形成的射流。在此之后，射流不断延伸拉长，通过两幅照片的射流头部的距离差除以两幅照

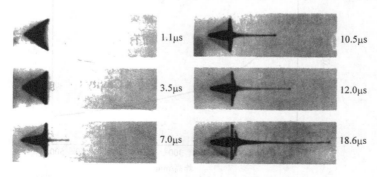

图5.5.1　锥形药型罩聚能装药射流形成的脉冲X光照片

片的预设时间间隔,可得到射流头部的速度,另外可以清晰观测到射流后面较粗的纺锤状杵体。射流头部速度很高,一般为几千米每秒甚至上万米每秒,杵体的速度较低,一般为数百米每秒。

1) V_0、β 和 δ 的测定

采用脉冲 X 射线照相拍摄的聚能装药爆炸后不同时刻 t_1 和 t_2 药型罩的变形情况,并将两张照片按照静止像的位置叠合在一起,得到图 5.5.2 所示。

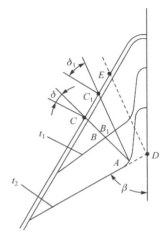

由 t_2 时刻变形的罩壁和杵体的交点 A,向原始罩壁上任一点 C 作连线 AC,交 t_1 时刻的变形罩壁于 B。过 C 点作原始罩壁的垂线,于是得到 δ 角。δ 角是否 C 点的变形角,则需用下述方法来检验。

假定原始罩壁上 C 点是沿 CBA 方向向轴线压合的,则其压合速度应为

$$V_{01} = \frac{AB}{t_2 - t_1} \qquad (5.5.1)$$

于是,由 V_0 和 δ 之间的关系如式(5.2.23),则有

$$\sin\delta_1 = \frac{V_{01}\cos\alpha}{2D} \qquad (5.5.2)$$

图 5.5.2　由实验照片
求解 V_0、β 和 δ 图

检验 δ_1 是否等于 δ。如果不等,再由 δ_1 过 A 点划直线 C_1B_1A,从而又得到一压合速度

$$V_{02} = \frac{AB_1}{t_2 - t_1} \qquad (5.5.3)$$

及新的变形角 δ_2

$$\sin\delta_2 = \frac{V_{02}\cos\alpha}{2D} \qquad (5.5.4)$$

如果 $\delta_2 = \delta_1$,则计算结束。此时的 V_{02} 和 δ_2 便是初始罩壁上 C_1 微元的压合速度和变形角。如果 $\delta_2 \neq \delta_1$,则计算继续下去,直到后一个变形角等于前一个变形角为止。

将 t_2 时刻罩壁面的延长线交于轴线 D 点,过 D 点作 AC_1 的平行线,交原始罩壁 E,由 D 点量得的 β 角便是初始罩壁上 E 微元的压合角。

采用脉冲 X 射线照相技术对某一聚能装药测得的 V_0,β 和 δ 随罩微元位置 x 的变化曲线如图 5.5.3 所示。由图 5.5.3 可以看出,压合速度 V_0 和变形角 δ 变化不大,但压合角 β 变化大些。

2) 射流质量分布的测定

采用脉冲 X 射线照相可得到射流的外形,若假定射流的横截面是圆形的,射

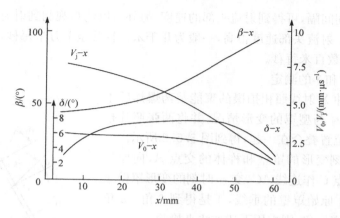

图 5.5.3　V_0、β 和 δ 与 x 的关系

流的密度为已知并等于罩金属的密度,于是通过对射流各微元直径的测量,可计算出各射流微元的质量分布,图 5.5.4 示出了一种聚能装药射流质量、速度和能量分布曲线。

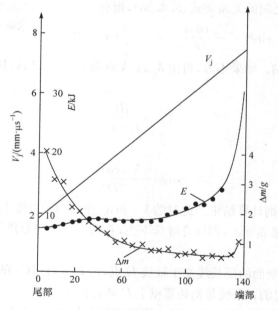

图 5.5.4　射流质量、速度和能量分布曲线

3) 射流断裂的测量

射流在空气中拉伸到一定程度后,首先出现颈缩,然后断裂成许多小段,图 5.5.5 是典型射流断裂过程的脉冲 X 光照片。其中,图 5.3.5(a)为起爆后

$40\mu s$，射流后部呈连续状态而前部出现颈缩，并呈现断裂迹象；图 5.5.5(b)为起爆后 $44\mu s$，射流继续拉长，后部呈颈缩状态，前部已断裂成小段；图 5.5.5(c)为起爆口 $116\mu s$，整个射流均以断裂成若干小段。由试验照片可以看出，断裂后的每一个射流段基本上保持颈缩时的形状，且在以后的运动中形状和长度基本保持不变，这为断裂射流侵彻分析建模提供了试验依据。通常情况下，射流在头部或接近头部处先发生断裂，此时射流的长度可达药型罩母线长度的 6 倍。射流的断裂从头至尾，最后断裂成多个小段。断裂后的射流小段在后续的运动中发射翻转和偏离轴线等，不再呈有序排列，破甲能力大幅下降。

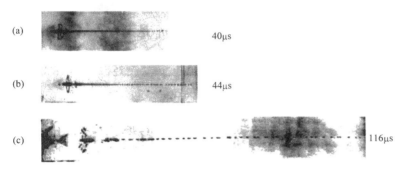

图 5.5.5　射流颈缩和断裂照片

2. 高速摄影技术

采用扫描式高速摄影仪，可以很方便测定射流内部某一位置的速度或射流沿其长度方向的速度分布。通常让射流穿过一定厚度的靶板，消耗一段射流，剩下的射流穿出靶板后在空气中继续运动，用高速摄影仪测定剩余射流的端部速度，然后再找出该段射流端部在原射流中的位置，从而得到某一射流微元的速度。改变靶板厚度，消耗不同长度的射流，便可得到射流速度沿长度方向的分布。

采用扫描式高速摄影仪测定射流速度分布的原理和方法，如图 5.5.6 所示。靶板用带有缺口的圈隔开，缺口对准高速摄影仪方向，在摄影仪的光路中加进一个狭缝，照相底片上得到的是发光物的连续扫描迹线，典型的照片如图 5.5.7 所示。

图 5.5.7 照片上左边为爆炸前的静止像，

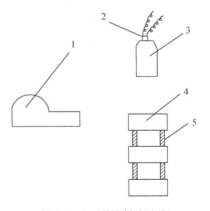

图 5.5.6　测量射流速度
分布实验原理示意图
1. 高速摄影机；2. 雷管；3. 聚能
装药；4. 靶板；5. 缺口圆环

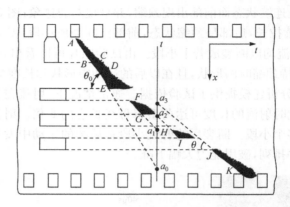

图 5.5.7　射流速度分布照片

右边是发光物的扫描迹线。照片的水平方向是转镜高速摄影仪的扫描方向,相当于时间坐标 t;照片垂直方向为发光物的运动方向,扫描曲线的斜率即为发光物的运动速度。图 5.5.7 照片中,AB 为爆轰波扫过药柱侧表面的扫描迹线,但斜率不一定等于爆速。CD 曲线可能是罩内高速聚气流的扫描迹线,也可能是高速金属蒸气和微粒的扫描迹线,速度很高,达 10km/s 之多,但衰减很快;DE 为射流头部扫描迹线,射流在 E 点碰靶开始侵彻第一块靶板。此后一段时间没有扫描迹线,射流在侵彻过程中消耗一段,剩余射流穿过第一块靶孔继续在空气中运行,并形成扫描迹线 FG。射流在 G 点遇到第二块靶板并开始侵彻,再消耗一段射流,剩余射流穿过第二块靶孔后又形成扫描迹线 HI。同理,射流穿过第三块靶得到扫描迹线 JK。测量各扫描迹线的斜率,即得各射流微元的速度。

为确定各射流微元在原射流中的位置,假定:

（1）射流微元在运动中速度不变;

（2）射流微元互不作用,无能量交换;

（3）射流保持连续,不发生断裂;

（4）各射流微元的侵彻对后续射流无影响。

据此,可将各扫描迹线延长,与给定时间 t 的垂直线相交（参见图 5.5.7）,交点就是 t 时刻各相应射流微元的位置。由扫描迹线的斜率可求得射流微元的速度,即

$$V_{ij} = \upsilon \beta \tan\theta_i \tag{5.5.5}$$

式中,υ 为转镜在底片上的扫描速度;β 为底片和实物的放大比;θ_i 为底片上扫描线的测量角。这样,可得各射流微元的速度和 t 时刻的位置。

图 5.5.8 是典型聚能装药射流速度 V_j 和位置 l 的实验结果。由图 5.5.8 可以看出,射流速度沿其长度方向基本上是线性分布,但在头部有一小段比较平稳,所以如用两条直线描述射流速度分布可能更合适。

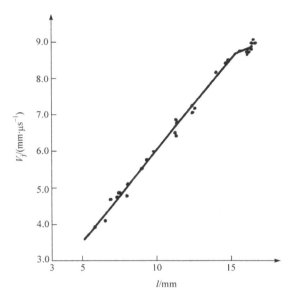

图 5.5.8 聚能装药射流 $V_j - l$ 关系

如忽略射流头部微元速度的影响,将射流速度分布视为线性分布,其方程可表示为

$$V_j = al + c \tag{5.5.6}$$

采用最小二乘法原理,应用各次实验结果的算术平均值,可求出直线方程的常数 a 和 c。

根据图 5.5.7 各射流微元在照片上的扫描迹线,作 $t - l$ 坐标图,得到如图 5.5.9 所示。假定各扫描迹线的延长线交于一点 O,则 O 点被认为是所有射流微元发出的点源,即所谓的"虚拟源"。如取虚拟源为坐标原点,射流头部到达靶板表面的时间为虚拟源到靶板表面的距离为 S,则射流头部到达靶板表面的坐标为 $A(t_0, S)$,通过扫描迹线方程可以求得 A 点的坐标 (t_0, S)。

射流从 O 点出发,在任一时刻,射流头部和任一射流微元的扫描迹线方程可表示为

$$l_0 - S = V_{j0}(t - t_0) \tag{5.5.7}$$

$$l_i - S = V_{ji}(t - t_0) \tag{5.5.8}$$

由以上二式可解得

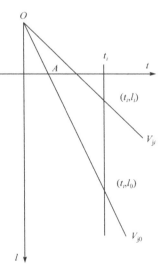

图 5.5.9 $t - l$ 坐标图

$$S = \frac{V_{j0} l_i - V_{ji} l_0}{V_{j0} - V_{ji}} \tag{5.5.9}$$

$$t_0 = t - \frac{l_0 - l_i}{V_{j0} - V_{ji}} \tag{5.5.10}$$

若消去 V_{j0} 和 V_{ji}，用 a 和 c 表示 S 和 t_0，则有

$$S = c/a \tag{5.5.11}$$

$$t_0 = t - 1/a \tag{5.5.12}$$

综上所述，由实验测得 a 和 c，便可确定虚拟源相对靶体表面的位置 S。

3. 可见光高速立体分幅照相技术

脉冲 X 射线照相所拍摄的照片是药型罩，呈现为阴影，是罩外表面的形状，无法拍摄到药型罩内表面的运动情况。采用可见光立体分幅照相技术，可拍摄到药型罩内表面的运动情况，其原理和方法如图 5.5.10 所示[36,37]。如图 5.5.10，先在药型罩内表面画好经纬线，用氙光源将罩内表面照亮，装药起爆后采用高速摄影仪分幅照相；通过四块反射镜使一台高速摄影仪从两个角度拍摄，得到立体照片；再通过专门的仪器从立体照片上得出药型罩内表面上各个经纬线交点的位置，将各交点连起来就可得到某一时刻罩内表面运动的图形，如图 5.5.11 所示。由图 5.5.11

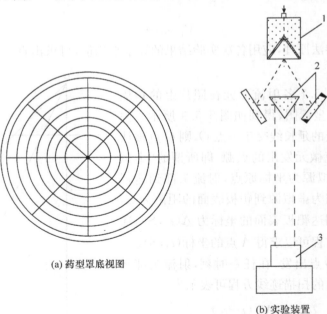

(a) 药型罩底视图

(b) 实验装置

图 5.5.10　高速立体分幅照相原理示意图

1. 聚能装药；2. 反射镜；3. 高速摄影机

可以看出,随着爆轰波到达药型壁各部位的次序,药型罩各微元依次运动进入对称轴线。当药型罩顶内表面激烈变形、碰撞并形成射流时,经纬线就看不到了。

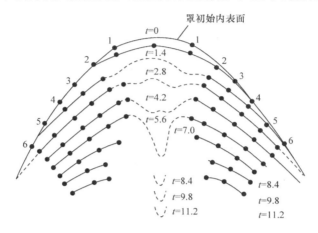

图 5.5.11　高速立体分幅照相测试结果

4. 回收杆体试验

回收杆体试验的目的是为了进一步了解射流形成的机制。回收杆体的方法是将聚能装药射流向水中冲去,利用水的阻力使杆体减速,而射流则在对水的高速冲击过程分散成极为细小的颗粒,然后用事先放在水中的金属网把杆体捞出。回收到的杆体外形与脉冲 X 光照片中的外形相似,仔细观察杆体的形状,可发现金属的流动情况,并看到杆体的内部是空的,表明药型罩的内表面金属形成了射流。由于射流速度快、温度高,好似从杆体的中心"拉"了出去。如果在药型罩的外表面镀锌,则会发现杆体的外表面也有锌,证明杆体是由药型罩外表面形成的。另外,由回收到的杆体的质量,也可估算形成射流的质量。

5.5.2　射流侵彻实验研究

聚能射流侵彻参数主要包括:侵彻深度、孔径、侵彻时间及侵深与药型罩母线位置之间的关系等。测定侵彻参数的方法一般采用整体靶和叠合靶两种类型,在整体靶情况下,侵彻深度和孔径不易测量,因为有杆体堵存在孔中,且孔底堆积大量射流残渣。用叠合靶试验,可拆开观察和测量,显然方便得多,但叠合靶之间由于缝隙的存在,消耗一部分能量,最终使侵彻孔深比整体靶要稍浅一些。

1. 侵彻深度与时间的 $P-t$ 关系测定

在叠合靶之间夹以信号开关,当射流到达时,开关接通,RC 电路放电,将负载电阻上产生的电压降输入高压示波器记录下来;同时用标准信号作时标,通过数据处理,测量出射流到达各层靶的时间,对照靶板的厚度,可得侵彻深度 P 与侵彻时间 t 的关系。

图 5.5.12 和图 5.5.13 给出的是某聚能装药在不同炸高条件下的 $P-t$ 实验曲线,图中曲线表明,在小炸高时,侵彻速度 u(曲线的斜率)随炸高的增加而增加;

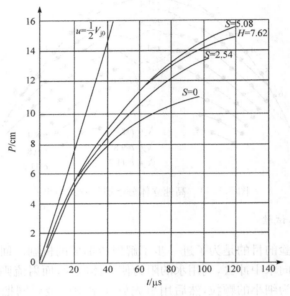

图 5.5.12　小炸高条件下的 $P-t$ 曲线

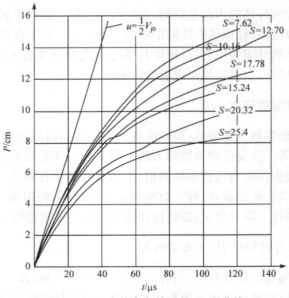

图 5.5.13　大炸高条件下的 $P-t$ 曲线

在大炸高条件下，u 反而随炸高的增加而减小，表明射流因过分拉伸而断裂，从而使侵彻速度降低。图 5.5.14 为聚能装药射流对不同靶体材料侵彻的 $P-t$ 曲线，装甲钢靶体的侵彻速度最小，深度最浅；其次是软钢；铝靶体的侵彻速度最高，深度也最大。

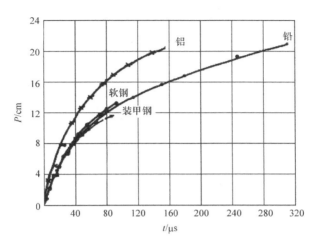

图 5.5.14　不同靶材条件下的 $P-t$ 曲线

2. 侵彻深度与射流微元位置 $P-x$ 关系测定

聚能射流侵彻深度 P 与药型罩微元位置 x 的关系很重要，它可以把侵彻参数和射流形成过程联系起来，从而得知药型罩上各微元对侵彻效应的贡献。

较新的实验方法是采用放射性元素示踪技术，例如将银 110(Ag^{110}) 作为放射性示踪剂，镀一圈于药型罩内表面某一位置 x 处，射流穿靶后，用探测器探测出放射性集中的深度 P，改变镀银的位置，经过多次试验便可得到 $P-x$ 关系曲线。图 5.5.15 是某 105mm 聚能装药示踪试验结果，其中炸高为 209.6mm，叠合靶为软钢板。分有壳和无壳两种情况，可以看出壳体的影响很大。另外，也可以用普通银镀在药型罩内表面作为示踪剂，穿孔后用化学分析的方法确定侵彻深度的位置，这样可以避免使用放射性元素带来的不便。化学分析方法容易操作，而且可以镀不同种类的金属圈，以避免互相干扰。

应该指出，无论放射性示踪实验还是化学示踪实验，都是基于下述三点假设下进行的：

（1）药型罩微元内表层和中间层形成的射流速度一样；

（2）射流在形成、拉伸过程中不进行能量交换，在侵彻中各微元互不影响；

（3）射流侵彻后残渣停留在侵彻点上，不发生倒流。

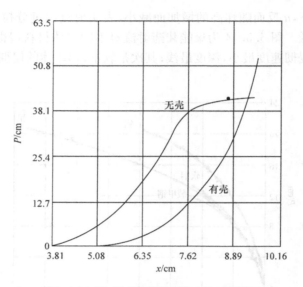

图 5.5.15　示踪实验测得的 $P-x$ 曲线

5.5.3　破甲威力影响因素

　　射流战斗部的破甲威力主要包括侵彻深度、孔容积和后效作用。后效作用是指聚能金属射流穿靶后,对靶板后面的乘员、仪器设备等破坏的程度,显然破甲威力与聚能装药战斗部中的装药、药型罩、炸高、壳体、战斗部的旋转运动和靶体材料等诸因素密切相关。

　　1. 装药性能和尺寸

　　炸药装药是聚能射流破甲的能源,炸药爆轰后将能量传给药型罩,药型罩在轴线上闭合碰撞产生金属射流,然后依靠金属射流破甲。理论分析和实验研究都表明,从炸药装药性能方面,炸药的爆轰压力是影响破甲威力的主要因素。

　　图 5.5.16 为破甲深度 P、孔容积 V 与爆轰压力 p 的关系曲线,其中药柱直径为 48mm,长度为 140mm;药型罩材料为钢,锥角 44°,口部直径为 41mm;炸高为 50mm;炸药分别为 B 炸药、TNT 和 RDX 等。由图 5.5.16 可以看到,侵彻深度和孔容积与爆轰压力基本上呈线性关系,而孔容积更明显。这主要是由于试验是在固定炸高下进行的,对于不同爆压的炸药应有不同的有利炸高,所以侵彻深度有波动,而孔容积能够更好地反映靶体的能量吸收情况。

　　由爆轰理论可知,理想炸药的爆压是炸药爆速和装填密度的函数,一般关系式为 $p_H = \rho_0 D^2 / 4$,因此,高爆压也对应着高爆速,所以为提高破甲威力,应尽量选取高爆速和高爆压炸药。当炸药选定后,应尽可能提高装填密度。

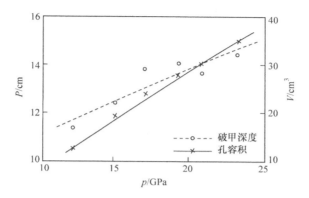

图 5.5.16　破甲深度 P、孔容积 V 与爆轰压力 p 的关系

聚能装药的直径和长度也影响破甲威力,随着装药直径和长度的增加,侵彻深度增加,一般呈线性关系。但试验研究表明,当装药长度增至三倍直径以上时,侵彻深度不再增加,主要是由于轴向和侧向稀疏波的影响所致,所以在确定装药结构形状时必须综合考虑多方面的因素。

2. 药型罩材料与结构形状

药型罩材料密度高以及压合后形成射流的连续性好、耐拉伸和不易断裂,对破甲最有利,所以,从原则上要求药型罩材料密度大、塑性好,且希望熔沸点该在形成射流过程中不汽化。

表 5.5.1 是不同材料药型罩在同样装药结构条件下的侵彻数据,其中装药为 TNT/RDX(50/50),装药直径为 36mm,药量为 100g,密度为 1.6g/cm³,药型罩锥角为 40°、壁厚为 1mm,药型罩口部直径为 30mm,炸高为 60mm。从试验结果看出,紫铜由于密度高、塑性好,侵彻深度最大;生铁在通常条件下是脆性材料,但在高温、高压下却表现出良好的可塑性,侵彻深度次之,破甲效果也很好。铝虽然延性较好,但密度太低,破甲能力最低。另外,铅虽然延性好,密度也高,但其熔点和沸点都很低,在形成射流过程中易于汽化,所以破甲效果也不佳。

表 5.5.1　不同材料药型罩侵彻深度试验数据

药型罩材料	平均侵深/mm	药型罩材料	平均侵深/mm
紫铜	123	铝	72
生铁	111	锌	79
钢	103	铅	91

从射流形成理论中射流速度和质量公式分析和试验可知,对于一定的聚能装药结构,药型罩锥角存在理论上的最佳角度,通常在 35°～60° 之间。当锥角小于

30°时,虽然侵彻深度增大,但相应的穿孔直径减小,后效作用降低,同时射流及其侵彻稳定性变差。当锥角大于 90°时,射流形成过程有可能发生变化,即可能形成爆炸成形弹丸,侵彻深度显著下降,但孔径增大。所以,应依据对付的目标特性和具体的聚能战斗部约束,选用合适的药型罩锥角。

研究表明,药型罩结构形状和壁厚均对破甲威力有影响。药型罩的形状可设计成多种多样,有圆锥形、喇叭形、半球形等。圆锥形罩和喇叭形罩破甲试验的对比列于表 5.5.2,喇叭罩实际上是变锥角药型罩,顶部锥角小,口部锥角大,有利于提高射流头部速度,增加射流速度梯度便于射流拉长,从而有利于提高侵彻深度。但是,喇叭罩工艺性差,破甲稳定性不好。

表 5.5.2　喇叭罩与圆锥罩侵彻深度的比较

药型罩	药量/g	炸高/mm	平均侵深/mm
喇叭罩	480	156～176	383
60°圆锥罩	430	166～176	353

图 5.5.17 示出了直径为 41.36mm 聚能装药药型罩的厚度 ε 对侵彻深度的影响,同时示出了有无外壳及外壳厚度的影响。在图 5.5.17 中,d 为药型罩口部直径,曲线 1 为无外壳,曲线 2、3 为有外壳,厚度分别为 1.54mm 和 4.72mm。研究表明,药型罩最佳壁厚与药型罩材料、锥角、直径及有无外壳有关,采用顶部薄、口部厚的变壁厚药型罩,只要壁厚变化适当,可提高破甲效果。

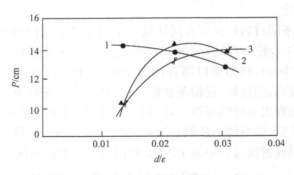

图 5.5.17　药型罩壁厚对侵彻深度的影响

3. 隔板

在药型罩锥顶和起爆点之间加装一惰性材料隔板,可改变在装药中传播的爆轰波阵面形状,从而控制爆轰波传播方向以及到达药型罩表面的时间,如图 5.5.18 所示。显然易见,当装药中无隔板时,爆轰波形近似为由起爆点产生的球面波,波阵面与罩表面的夹角为 φ_1。当有隔板时,爆轰波传播分成两条路径:一路由起爆点出发透过隔板向药型罩传播,另一路将绕过隔板向药型罩传播,其结果是在隔板和药型罩顶部之间可能形成不同形状的爆轰波阵面,如有两个前突点的喇叭形波,有三个前突点的 W 形波,或其他形状等。这样,作用在药型罩表面上的爆轰波波阵面与罩表面的夹角变成 φ_2,显然 $\varphi_2 < \varphi_1$。由于作用在药型罩上初始压力与 φ 角有很大关系,如对紫铜罩有

$$p = p_H(\cos\varphi + 0.68) \tag{5.5.13}$$

式中,p_H 为 CJ 爆轰压力。由此可见,φ 角的减小,可提高作用在罩表面上的初始压力,从而提高压合速度和破甲威力。

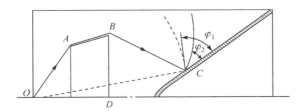

图 5.5.18　隔板对爆轰波传播的影响

隔板材料和结构尺寸的选择必须考虑爆轰波形状与药柱形状、药型罩和壳体的匹配性,一般采用塑料等惰性材料或低爆速炸药制成的活性材料作为隔板材料。隔板厚度取决于材料的隔爆性能,而隔板直径则与装药直径和药型罩锥角有很大关系。

4. 炸高

图 5.5.19 描述了不同药型罩锥角条件下炸高和侵彻深度的关系,其中最大侵彻深度对应的炸高称为最有利炸高或最佳炸高。对于一般常用药型罩,最佳炸高

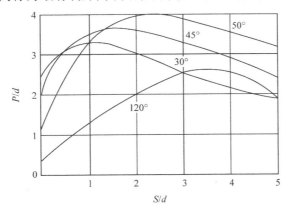

图 5.5.19　不同药型罩锥角的炸高-侵彻深度关系曲线

一般为口部直径的 1～3 倍。不同材料药型罩侵彻深度随炸高的变化如图 5.5.20 所示,由此可见,铝材料适合大炸高的场合。另外,采用高爆速炸药以及增大隔板直径,都能使药型罩所受的冲击压力增加,从而提高射流速度,便于射流拉长,使最有利炸高增大。

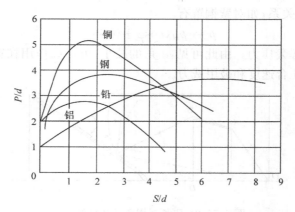

图 5.5.20　不同药型罩材料的炸高-侵彻深度关系曲线

5. 战斗部壳体

从图 5.5.15 就可以充分看到壳体对破甲效果的影响。有壳体情况下,由于爆轰波在壳体壁上发生反射,稀疏波进入推迟,导致靠近壳体壁面附近爆轰能量增强,从而加强了侧向爆轰波冲量,使侧向爆轰波较之中心爆轰波提前到达药型罩壁面,迫使罩顶后喷形成反射流,造成射流不集中、不稳定,破甲深度下降。但是,在有壳体条件下,若改变隔板的尺寸,也会提高破甲效果。对不带隔板的装药,可采取改变药型罩锥角和药柱锥度的办法达到调整爆轰波形的目的,以改善破甲效果。

6. 旋转运动

战斗部的旋转运动会破坏金属射流的正常形成和侵彻,在离心力作用下射流颗粒被甩向四周,横截面积变大,使中心变空,从而降低了破甲效果。图 5.5.21 给出了三种战斗部旋转对破甲深度的影响特性,其中横坐标为转速 n 与药型罩口部直径 d 的乘积 nd,纵坐标为破甲深度 P 与药型罩口部直径 d 之比 P/d。由图 5.2.21 可以看出,战斗部转速 n 和药型罩口部直径 d 越大,离心力越大,破甲深度越小。另外,侵彻孔径随之增大,孔洞不规则且表面粗糙。

7. 靶体材料

由射流侵彻的流体动力学理论可知,侵彻深度与靶板材料密度的平方根成反

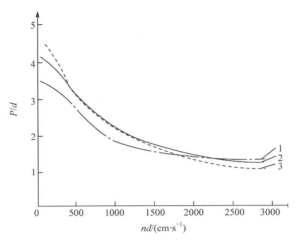

图 5.5.21 破甲深度与转速的关系

比。另外,在侵彻的后期阶段需要考虑靶板强度的影响,特别是随着高强度靶和复合靶的应用,更要求对靶板强度的影响进行认真分析。一般说来,当射流速度达 5km/s 以上时,可忽略靶板强度的影响;当射流速度小于 5km/s 时,必须考虑靶板强度的影响。不同靶板强度对侵彻深度的影响如图 5.5.22 所示,其中靶板强度以抗拉强度表示,可见随着抗拉强度的增加,侵彻深度明显下降。

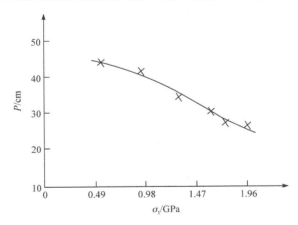

图 5.5.22 靶材抗拉强度与侵彻深度关系曲线

5.6 爆炸成型弹丸的形成与侵彻

爆炸成型弹丸技术早在 20 世纪 70 年代中期就已建立起来,主要表现在以下三个方面：

　　（1）成功模拟 EFP 战斗部的流体动力学数值仿真技术，能够为设计者提供迅速改变药型罩形状的能力；

　　（2）高精度的计算机数控加工技术，可保证复杂形状药型罩的加工精度；

　　（3）诸多武器弹药系统概念的提出及 EFP 技术应用的广泛性，使 EFP 技术成为竞相研究的热点领域，研究结果表明，所有实际的 EFP 形状如坚实的球体、长杆、空心杆和锥形喇叭杆等都可通过改变药型罩形状和壁厚爆炸成形得到。

5.6.1　爆炸成形弹丸的形成

　　如图 5.6.1 所示，对于典型聚能射流战斗部的爆炸，药型罩被压合在轴线上并分别形成速度较高的射流和速度较低的杵体，最后彼此分离。射流质量约占药型罩总质量的 15%，其余部分形成杵体，约占药型罩总质量的 85%。当药型罩锥角增大时，向内压合的部分显著减少，相应地射流和杵体之间的速度差也随之减小。当半锥角接近 75°时，射流和杵体具有接近相同的速度，如图 5.6.2 所示，即从这个角度起，开始形成 EFP。

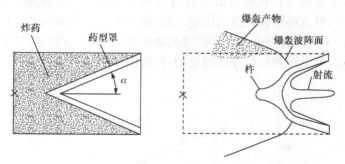

图 5.6.1　典型聚能射流装药的射流和杵体的形成

　　下面基于动量守恒原理，分析炸药装药和药型罩之间的相互作用。装药爆轰后，爆轰波以冲击波的形式首先冲击药型罩，在此之后是高压爆炸气体产物的作用。现考虑药型罩上某一微元，如图 5.6.3，所示其厚度为 h，该微元表面积 $\mathrm{d}\overline{A}$ 可表示为

$$\mathrm{d}\overline{A}=r_\theta r_\phi \overline{n}\,\mathrm{d}\theta\mathrm{d}\phi \qquad (5.6.1)$$

式中，r_θ、r_ϕ 分别为微元 A-A 和 B-B 剖面的曲率半径；$\overline{n}$ 为微元的单位法向矢量。

　　当冲击波到达该微元后，冲击波和爆轰产物作用在微元上形成压力 $p=p(t)$ 并使其加速。由于爆轰产物的压力衰减非常迅速，所以炸药爆轰对药型罩微元作用的有效时间很短，大多数情况下约为 10ms 量级。这种相互作用可简化为向药型罩微元作用一个冲击压力 $\overline{p}$，并使药型罩微元获得最终速度 $\overline{V}$，即

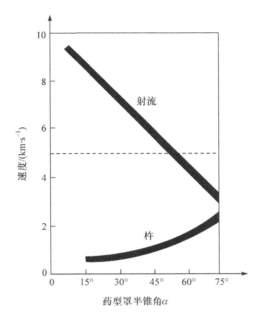

图 5.6.2　不同药型罩锥角的射流和杵体速度

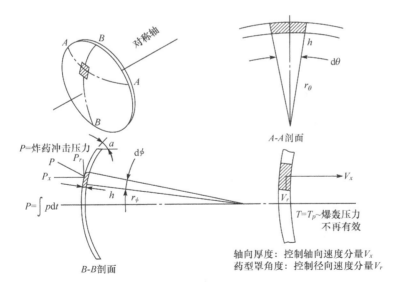

图 5.6.3　装药爆炸对药型罩微元作用图解

$$\bar{p} = \int p \mathrm{d}\overline{A} \mathrm{d}t = \overline{V} \mathrm{d}m \tag{5.6.2}$$

其中, $\mathrm{d}m$ 为微元的质量,可表示为

$$dm = \rho h \, d\overline{A} \cdot \overline{n} \tag{5.6.3}$$

为简化问题,现考虑轴对称或二维平面对称的药型罩情况,其基本矢量写成分量的形式

$$\overline{p} = p_x \overline{i} + p_r \overline{j} \tag{5.6.4}$$

$$\overline{V} = V_x \overline{i} + V_r \overline{j} \tag{5.6.5}$$

$$\overline{n} = \overline{i} \sin\alpha + \overline{j} \cos\alpha \tag{5.6.6}$$

式中,x 和 r 分别表示轴向和径向分量;$\overline{i}$ 和 $\overline{j}$ 分别为 x 和 r 方向上的单位矢量。所以,各自的速度分量为

$$V_x = \frac{p \sin\alpha}{\rho h \, dA} \tag{5.6.7}$$

$$V_x = \frac{p \cos\alpha}{\rho h \, dA} \tag{5.6.8}$$

由此可见,整个药型罩的最终图形也就是 EFP 的形状,将由沿药型罩的速度分量及其分布给出。因此,给定的初始药型罩外形,就将产生一定形状的 EFP;一旦改变药型罩外形,将产生另外形状的 EFP,即药型罩形状可通过改变药型罩角度 α 和厚度 h 来实现。

5.6.2　爆炸成型弹丸的形状控制

如前所述,典型的聚能 EFP 战斗部由金属壳体、高能炸药和金属药型罩组成。其中,金属壳体不仅为炸药和药型罩提供结构保护作用,其厚度和质量的增大可增加炸药冲击压力的作用时间,从而增加传递给药型罩的总能量。

通常情况下,EFP 战斗部中的壳体、装药和药型罩都设计成轴对称。否则,由炸药产生的爆轰产物的非均匀性将导致爆炸冲击压力的不平衡,从而造成 EFP 的严重变形。就对称的壳体、装药和药型罩而言,改变壳体厚度即炸药的约束质量时,最终形成的 EFP 形状和速度将有显著差异。如图 5.6.4 所示,具有相同药型罩而钢壳厚度分别为 10mm 和 5mm 时,EFP 装药爆炸后所形成的 EFP 形状。图 5.6.4 表明,壳体厚度为 10mm 的装药形成的 EFP 稍短,速度为 2.57km/s;而 5mm 厚壳体的装药,EFP 稍长,速度为 2.43km/s。由此可见,药型罩的设计与外围约束的壳体质量有关,且对质量的对称性很敏感。

炸药装药的密度和几何形状也非常重要,炸药装药性能的对称性也充分影响形成弹丸的对称性。如果药型罩两侧的装药密度不同,一侧比另一侧高,那么对所形成的 EFP 形状和速度的影响与上面描述的非对称性战斗部具有同样的结果。炸药装药的长径比 L/D 对 EFP 的形成也有重要的影响,当 L/D 增加时,EFP 的动能得到增加,但达到某一值后开始趋于稳定。例如,装药直径为 117mm 的战斗部,内装铜制药型罩,炸药装药的长径比 L/D 与动能的关系曲线如图 5.6.5 所示。

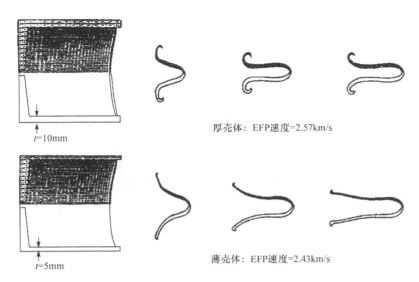

厚壳体：EFP速度=2.57km/s

薄壳体：EFP速度=2.43km/s

图 5.6.4 装药约束质量对 EFP 的影响

图 5.6.5 表明,随着 L/D 的增加,EFP 的动能增加,直到 $L/D \approx 1.5$ 时,曲线变得平坦。一般说来,炸药装药的长径比 $L/D \approx 1.5$ 时较为合适。如果战斗部没有足够的空间,根据某些研究者的经验数据,$L/D \approx 0.75$ 亦能有所保证。

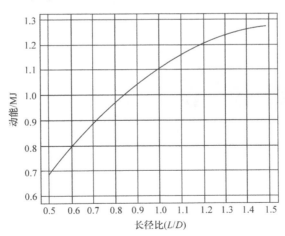

图 5.6.5 炸药装药的长径比(L/D)与 EFP 动能之间的关系

药型罩形状和结构模式的选择,主要依据靶体的要求和整个弹药系统的作战目标对象。通过改变药型罩形状和壁厚,可形成各式各样的 EFP 形状。已开展研究的三种基本形状是:实心球、长杆和喇叭杆。早期的 EFP 设计主要集中在实心球方面,然而随着目标适应性和任务要求的提高,实心球用来对付重型装甲已显现出能力上的局限,但用来对付轻型装甲仍然是非常有效的。目前,球形 EFP 多用于类似破片战斗部的 EFP 战斗部,主要用于攻击轻型装甲和防空反导,如图 5.6.6 所示。

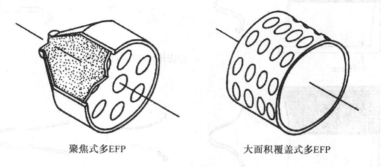

聚焦式多EFP　　　　　　　　　　大面积覆盖式多EFP

图 5.6.6　多 EFP 战斗部

实心球可由两种方法形成:第一是聚焦法,在药型罩压合过程中,使整个药型罩材料朝向一个共同点聚集,如图 5.6.7 所示;第二是 W 折叠法,通过药型罩的设计,使之在变形过程中的截面形成一 W 形状,即使药型罩逐渐向自身上压合,如图 5.6.8 所示,这两个图均为二维数值模拟所获得。可见,采用不同的方法,药型罩轴向厚度的设计准则不同:点聚焦时,$H_1 = H_2 = H_3$;W 折叠时,$H_2 > H_1$,$H_2 > H_3$。然而,如果药型罩压合的速度或者径向速度太大,都将造成药型罩材料的轴向流动,并造成 EFP 拉伸变成杆以及可能导致破裂成若干碎片。当然,无论用哪种方法形成 EFP,都与药型罩材料的动态力学性能和战斗部结构密切相关。

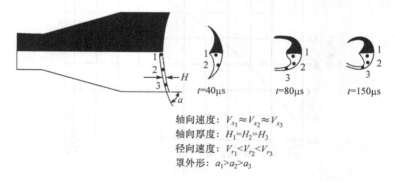

$t=40\mu s$　　　　$t=80\mu s$　　　　$t=150\mu s$

轴向速度:$V_{x_1} \approx V_{x_2} \approx V_{x_3}$
轴向厚度:$H_1 = H_2 = H_3$
径向速度:$V_{r_1} < V_{r_2} < V_{r_3}$
罩外形:$a_1 > a_2 > a_3$

图 5.6.7　形成 EFP 的点聚焦方法

由于高速长杆式侵彻体的侵彻深度是侵彻体长度和密度的函数,所以对重型装甲的毁伤,长杆 EFP 比球形 EFP 更有效。长杆状 EFP 也有两种形成方法:向前折叠和向后折叠。在向前折叠的模式中,药型罩边缘加速在前,药型罩中心加速在后,并同时被驱动向对称轴运动。这样,最终使药型罩边缘变成杆的尖端,药型罩

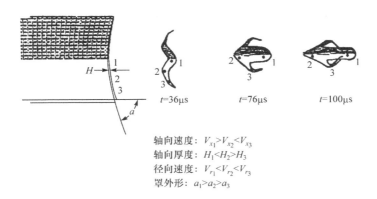

轴向速度：$V_{x_1} > V_{x_2} < V_{x_3}$
轴向厚度：$H_1 < H_2 > H_3$
径向速度：$V_{r_1} < V_{r_2} < V_{r_3}$
罩外形：$a_1 > a_2 > a_3$

图 5.6.8　形成 EFP 的 W 折叠方法

中心变成杆尾。一般情况下,在向前折叠的方法中,杆状 EFP 在尾部形不成稳定的喇叭状。因此,向前折叠模式可产生非常坚实的长杆 EFP,但要形成并保持超过 1m 或 2m 长的单一侵彻体是很困难的,因为存在较高的轴向拉伸和径向压合。在向后折叠的模式中,药型罩中心加速在前,药型罩边缘加速在后,并同时被驱动向对称轴运动,所以药型罩将发生翻转。长杆 EFP 无论有无稳定的喇叭尾,都可以用此种方法形成。向后折叠模式对形成气动稳定的 EFP 非常合适,因为通常头部很对称,而尾部呈喇叭状且中空,由此可造成重力中心向前,有利于飞行稳定。另外,由于径向压合不如向前折叠严重,所以更有可能形成单一杆状侵彻体。向前折叠模式在对称轴处更容易造成空腔,因此减小了 EFP 对靶体的侵彻能力。

5.6.3　爆炸成型弹丸的材料动力学性能

在 EFP 形成过程中,药型罩材料经历着各种各样的复杂条件,例如温度范围可以从环境温度到 1000K,应变可达 300%,应变率达 $1.0 \times 10^5 \, \mathrm{s}^{-1}$,而且药型罩形成 EFP 的全部时间约为 $400 \sim 500 \mu\mathrm{s}$ 之间。所以,要想精确地模拟具有任何角度的药型罩形成 EFP 的过程,将需要已知复杂材料的本构关系。在过去,大多数数值模拟程序中都应用简单的弹性-理想塑性材料模型,且在爆炸成型弹丸的初期阶段获得了一定的精确度。近年来,已广泛尝试采用材料的动态力学性能数据。

随着战斗部性能要求和设计水平的提高,明显地需要提供更好的材料本构模型,例如弹性-理想塑性模型已改进为线性应变硬化模型、应变-应变率硬化模型和热软化模型等。图 5.6.9 示出了上述三种本构模型的流动应力 σ 和应变 ε 关系曲线,该图描述了所计算的材料动态响应的差别。Johnson 和 Cook 将 Von-Mises 流动应力作为应变、应变率和温度的函数,提出如下公式

$$\sigma = (A + B\varepsilon^n)(1 + C\ln\dot{\varepsilon}^*)(1 - T^{*m}) \tag{5.6.9}$$

式中,ε 为等效塑性应变;$\dot{\varepsilon}^* = \dot{\varepsilon}/\dot{\varepsilon}_0$ 为无量纲塑性应变率,其中 $\dot{\varepsilon}_0 = 1.0\mathrm{s}^{-1}$;$A$、$B$、

C、n 和 m 为材料常数；T^* 为相应的温度，可表示为

$$T^* = \frac{T - T_{init}}{T_{melt} - T_{init}} \qquad (5.6.10)$$

其中，T 为环境温度；T_{init} 为材料的初始温度；T_{melt} 为材料的熔化温度。

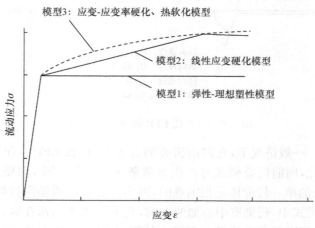

图 5.6.9　三种本构模型的对比

　　为了确定五个材料常数，必须进行一系列的试验。方程(5.6.9)第一个括号内的常数 A、B 和 n：A 是屈服应力力；B 和 n 是应变硬化系数，可通过室温下和应变率 $\dot{\epsilon}^* = 1.0$ 条件下进行高应变率拉伸试验确定。这里忽略了应变率效应和温度效应，但不是绝热条件。温度效应系数可通过提高温度条件下，用 $\dot{\epsilon}^* = 1.0$ 重复进行高应变率拉伸试验确定。这里仍忽略应变率效应，但考虑了应变和温度效应。最后，应变率系数 C 可通过高应变率试验确定，例如用 Hopkinson 扭杆在室温或提高温度(考虑温度软化效应时)条件下进行试验来确定。

5.6.4　EFP 的恒速杆侵彻理论

　　EFP 战斗部爆炸后，大锥角或碟形金属药型罩形成速度均恒的弹丸状侵彻体(射弹)，几乎所有药型罩质量都包含在 EFP 中。这种射弹侵彻体的特征速度一般约在 1.5～3km/s 之间，速度沿 EFP 长度方向没有明显变化，故典型的 EFP 仍保持一个整体。也因为如此，EFP 可适用于 150m 大炸高甚至更远距离攻击目标。

　　球形和小长径比 EFP 的侵彻，可应用穿甲效应的有关理论处理方法，而大长径比的杆式 EFP 的侵彻具有特殊性。为了提高侵彻能力，爆炸成型弹丸的长径比多为 4～8 的杆式侵彻体。杆式侵彻体的侵彻过程首先是高速冲击的流体动力学阶段，随着冲击速度的降低，材料强度的影响越来越显著，所以必须考虑侵彻过程的减速和材料强度的影响。此外，当高密度杆式 EFP 侵彻低密度靶时，会产生"二次侵彻"现象，这一点已由 Allen 和 Rogers[38] 在高密度金杆侵彻铝靶的研究中观

测到。在这种情况下,即使"杆"在侵彻过程中被消耗尽以后,弹坑底部的侵彻体材料仍有向前侵彻靶体的净速度,因此可造成附加的侵彻深度。

Christman 和 Gehring[39] 基于铝杆和钢杆对金属靶的侵彻实验数据,提出一个关于杆式侵彻体的经验侵彻模型,杆长为 L 和直径为 D 的杆,对半无限金属靶的侵彻深度公式为

$$\frac{P}{L}=\left(1-\frac{D}{L}\right)\left(\frac{\rho_p}{\rho_t}\right)^{1/2}+2.42\frac{D}{L}\left(\frac{\rho_p}{\rho_t}\right)^{2/3}\left(\frac{\rho_t V^2}{B_m}\right)^{1/3} \tag{5.6.11}$$

式中,ρ_p 和 ρ_t 分别为侵彻体和靶体材料的密度;B_m 为靶体的布氏硬度。

方程(5.6.11)对着速为 2.0~6.7km/s 范围的侵彻计算与实验数据具有很好的一致性,其中第一项表示第一次或流体力学侵彻阶段,该阶段侵彻体的有效长度大致减少了一倍弹体直径的长度;第二项表示"二次侵彻",也可以用其他的经验项表示。

Tate[40] 对一维杆侵彻理论做出了重要贡献,合理解释了侵彻过程中杆的减速和缩短,并应用动量守恒原理推导了杆的减速侵彻方程。

首先假设在某一时间 t,坑底上的压力迅速下降,以致剩余杆近似于刚体,其长度为 1。如果材料塑性变形阻抗为 σ_p,杆末端的速度为 v,则杆减速运动方程为

$$\sigma_p=-\rho_p l\frac{dv}{dt} \tag{5.6.12}$$

由动量方程可知

$$-\sigma_p=\frac{d}{dt}(\rho_p lv)+\rho_p v(v-u) \tag{5.6.13}$$

这时,杆长减小速率为

$$\frac{dl}{dt}=-(v-u) \tag{5.6.14}$$

式中,u 为杆的侵彻速度。将方程(5.6.12)代入式(5.6.14)消去 dt,则有

$$\frac{dl}{dt}=\frac{\rho_p(v-u)dv}{\sigma_p} \tag{5.6.15}$$

由第 5.4.3 节的方程(5.4.25)可知

$$u=\frac{1}{1-\gamma^2}[V-\gamma\sqrt{V^2+A}] \tag{5.6.16}$$

其中,$A=2(\sigma_t-\sigma_p)(1-\gamma^2)/\rho_t$,$\sigma_t$ 为靶材塑性变形阻抗;V 为杆的初始冲击速度。将式(5.6.16)代入式(5.6.15)取积分得

$$\frac{l}{L}=\left[\frac{v+\sqrt{v^2+A}}{V+\sqrt{V^2+A}}\right]^{\frac{\sigma_t-\sigma_p}{\gamma\sigma_p}}\exp\left[\frac{\gamma\rho_p}{2(1-\gamma^2)\sigma_p}\{[v\sqrt{v^2+A}-\gamma v^2]-[V\sqrt{V^2+A}-\gamma V^2]\}\right] \tag{5.6.17}$$

依据 σ_t 和 σ_p 相对值的大小,侵彻过程最终可分为三种情况:

(1) 当 $\sigma_t > \sigma_p$,杆式侵彻体将呈现流体动力学形式,直到侵彻中止,这种情况时杆末端速度满足

$$v = [2(\sigma_t - \sigma_p)/\rho_p]^{1/2} \tag{5.6.18}$$

(2) $\sigma_t < \sigma_p$,流体动力学侵彻持续到 $v = u$,或者

$$v = [2(\sigma_p - \sigma_t)/\rho_t]^{1/2} \tag{5.6.19}$$

从这点开始直到其余部分杆变成刚体。

(3) 当 $\sigma_t = \sigma_p$ 时,杆总是呈现流体状态,并且当 $v = u = 0$ 时,侵彻中止。

在所有情况中,侵彻深度均可由下式给出

$$P = \int_0^t u \, dt \tag{5.6.20}$$

当杆变成刚体后,应用第 5.4.2 节的方程(5.4.3),则侵彻深度公式可改写成

$$P = \frac{\rho_p}{\sigma_p} \int_v^V ul \, dv \tag{5.6.21}$$

其中,u 由方程(5.6.16)给出,l 由方程(5.6.17)给出。方程(5.6.18)、方程(5.6.19)和 $v = 0$,分别表示上述三种情况在方程(5.6.21)中的积分下限,对于第(1)和(2)种情况必须用数值方法求解,但是对于第(3)种情况可通过解析方法积分求得,即

$$\frac{P}{L} = \frac{1}{\gamma} \{ 1 - \exp[-B(V^2 - v^2)] \} \tag{5.6.22}$$

其中

$$B = \frac{\gamma \rho_p}{2(1 + \gamma)\sigma_p} \tag{5.6.23}$$

如果 $\rho_t = \rho_p = \rho$,那么,$\gamma = 1$,$A = 0$,则方程(5.6.17)变成

$$\frac{l}{L} = \left(\frac{v}{V}\right)^{\frac{\sigma_t - \sigma_p}{\sigma_p}} \exp\left[-\frac{\rho(V^2 - v^2)}{4\sigma_p}\right] \tag{5.6.24}$$

这时 $B = \rho/4\sigma_p$,所以方程(5.6.22)变成

$$\frac{P}{L} = 1 - \exp\left[-\frac{\rho(V^2 - v^2)}{4\sigma_p}\right] \tag{5.6.25}$$

图 5.6.10 示出了钢杆侵彻钢靶时杆减速与侵彻深度的关系,同时也示出了杆末端的速度,其中杆初始长度为 $L = 6.35\text{cm}$,初始冲击速度为 $V = 2\text{km/s}$;材料强度分别为 $\sigma_p = 110\text{MPa}$,$\sigma_t = 330\text{MPa}$。由图 5.6.10 可见,在大部分侵彻期间杆速减小很慢,但在侵彻接近结束时衰减迅速。另外,图 5.6.11 示出了杆侵彻深度随冲击速度变化的预测值与实验值的比较。

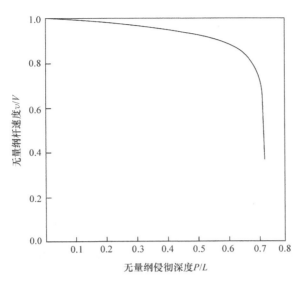

图 5.6.10 杆减速与侵深的关系

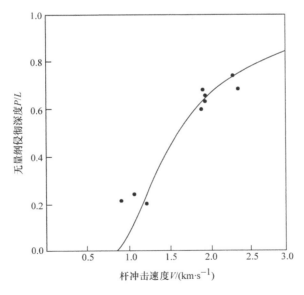

图 5.6.11 杆侵深与初始冲击速度的关系

　　如前所述,高密度杆侵彻低密度靶时存在二次侵彻效应,也就是说,当侵彻过程中杆消耗完时,坑底的杆材料仍具有冲向靶板的速度。如图 5.6.12 所示,在以 u 运动的动坐标系中,杆速度为 $V-u$,由于速度流线并没有受杆材改变方向的影响,所以侵彻后的杆材速度为 $u-V$。于是,在以靶为基准的固定坐标系中,残余杆

材的速度为

$$V_r = 2u - V \tag{5.6.26}$$

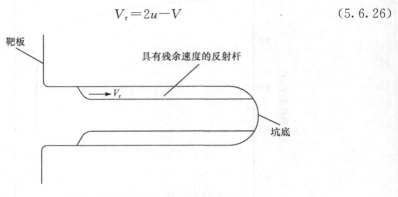

图 5.6.12　杆的二次侵彻图解

用方程(5.6.16)中的 u 代入式(5.6.26),并借助杆初始冲击速度以及杆和靶体的相对密度和阻抗,便可得到残余杆材的速度。

　　图 5.6.13 示出了金杆对 7075-T6 铝的侵彻预测与实验值的比较,由此可以看出,在高速杆式侵彻体的冲击条件下,只考虑一次侵彻时其侵彻深度比实验值小,而考虑二次侵彻效应时则与实验吻合较好,可见二次侵彻效应十分重要。

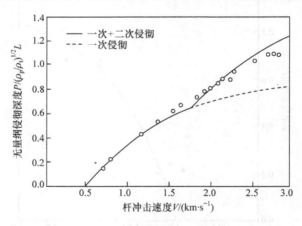

图 5.6.13　二次侵彻效应对侵深的影响

5.7　成型装药的应用

　　成型装药及战斗部在军事的应用非常广泛,极大地提升了武器弹药打击和摧毁重型装甲目标的能力,也为武器弹药技术创新发展、提高作战效能和战场目标适应性等提供了重要保证。除此之外,成型装药技术在航天、航空器、石油开采、采矿和隧道挖掘、爆破作业、船体切割、伐木以及爆炸成型与焊接等民用领域,也得到了广泛应用。

5.7.1　射流战斗部与破甲弹

采用破甲战斗部的破甲弹,利用成型装药所形成的高速金属射流击穿装甲,对弹药(丸)的着靶速度没有过高要求,因此破甲战斗部和破甲弹被广泛应用于各种加农炮、无后坐力炮、坦克炮、单兵反坦克火箭筒以及各种反坦克导弹等武器。随着坦克装甲防护能力的不断提升,破甲弹技术也随之不断发展。例如,为了对付爆炸反应装甲,出现了聚能串联装药破甲弹;为了提高破甲弹的后效作用,出现了炸药装药中添加杀伤元素或燃烧元素等随进物的破甲弹;为了克服旋转带来的破甲威力的下降,采用了错位式抗旋药型罩和旋压药型罩等等。

1. 无后坐力炮破甲弹

82mm 无后坐力炮是较早时期配备于连一级的反坦克武器之一,具有质量轻、威力大、机动性好等特点,其主要任务是击毁敌人的坦克、自行火炮和装甲车辆,必要时也用于摧毁碉堡和火力点。82mm 破甲弹是其主用弹种之一,如图 5.7.1 所示[41],主要由弹体、头螺、防滑帽、主药柱、副药柱、药型罩、隔板、引信、发射装药等零部件组成,其中头螺的作用在于保证炸高以获得希望的破甲穿深和威力。

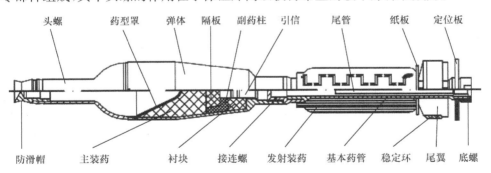

图 5.7.1　82mm 无后坐力炮破甲弹示意图

2. 坦克炮破甲弹

坦克炮破甲弹通常采用一种"长鼻式"外形结构,这种弹形虽使空气阻力增大,但减小了头部升力,也为弹丸的外弹道飞行带来好处,其中采用"长鼻式"头螺的主要目的在于控制炸高。坦克炮破甲弹首选滑膛炮,也可以配用于线膛炮,配用线膛炮需要采取降低弹丸转速等必要的技术措施。典型的线膛坦克炮破甲弹如图 5.7.2 所示[41],该弹也可配用于线膛加农炮。

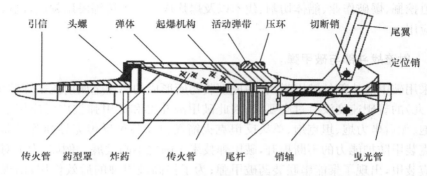

图 5.7.2　典型坦克炮破甲弹示意图

该弹采用尾翼方式,稳定装置的翼片通过销轴连接于尾杆的翼座上。由于翼片的质心较销轴中心距弹轴线更近,所以发射时翼片的惯性力矩与剪断切断销所需要的剪切力矩之和,大于离心力所产生的力矩,因而翼片在膛内自锁而呈合拢状态。当弹丸飞离炮口后,惯性力矩消失,在离心力的作用下,切断销被剪断,翼片绕销轴向后张开,并在迎面阻力作用下使翼片紧靠在定位销上。

该弹采用了滑动弹带结构,将弹带镶嵌于弹带座上,滑动弹带可采用紫铜、陶铁或塑料(聚四氟乙烯)等材料制造。弹带座与弹体周向之间为动配合,并通过带有螺纹的压环固定限制其轴向运动。这种弹带结构既能在发射时起密闭作用,避免火药气体冲刷炮膛,延长火炮寿命,又能使弹丸旋转大幅低速,提高弹丸的射击精度并减小对破甲威力的不利影响。

3. 炮射旋转稳定破甲弹

为了线膛炮通用发射和旋转稳定的要求,除采取上述滑动弹带的技术措施外,还可以通过抗旋药型罩设计以抵消弹丸旋转对破甲穿深的不利影响。一种线膛炮发射旋转稳定的破甲弹的药型罩结构及其抗旋原理如图 5.7.3 所示[41],这种药型罩采用先冲压后挤压的方法制成,其材料为紫铜(含铜量在 99.9% 以上)。如图 5.7.3(a) 所示,该药型罩由 16 个圆锥扇形块组成,每块对应圆心角 φ 约为 21°16′。这种药型罩的抗旋原理如图 5.7.3(b) 所示,当炸药装药爆炸时,每一扇形块都由于错位而使压垮速度的方向不再朝向弹丸轴线方向,而是偏离轴线并与半径为 r 的圆弧相切。这样一来,药型罩所形成的射流也是旋转的,如使其旋转方向与弹丸的旋转方向相反,即可抵消或减弱弹丸旋转运动对破甲性能的影响。

4. 反坦克导弹聚能串联战斗部

目前的反坦克导弹多采用聚能串联战斗部,以有效打击披挂爆炸反应装甲的坦克目标。战斗部通常由两级成型装药组成,第一级的体积和重量很小,用来引

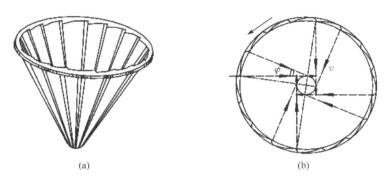

(a)　　　　　　　　　　　　　　　　(b)

图 5.7.3　错位抗旋药型罩与抗旋原理示意图

爆、破坏反应装甲；第二级为主装药，在第一级引爆后延迟一定时间作用，用于摧毁坦克的主装甲。典型的反坦克聚能串联战斗部的作用过程如图 5.7.4 所示[41]，战斗部前端探杆内设置的第一级成型装药战斗部，用于提前引爆反应装甲；探杆底部配装辅助闭合开关，使第二级成型装药战斗部起爆，形成聚能射流并最终击穿反应装甲后方的主装甲。

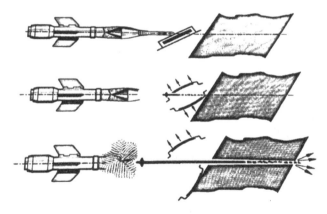

图 5.7.4　典型反坦克导弹聚能串联战斗部的作用过程

5.7.2　EFP 战斗部与末敏弹

对成型装药 EFP 现象的认知是很久以前的事，然而 EFP 战斗部技术受到特别关注并成为研究热点则起自 20 世纪 60 年代并一直延续至今，其中最主要的原因是末敏弹概念的出现以及由此引发的传统弹药信息化、智能化的革命性和里程碑式变革。

末敏弹概念于 20 世纪 60 年代被提出，是一种用于打击坦克、自行火炮和步兵战车等集群装甲目标的智能型弹药，属于灵巧弹药的范畴。末敏弹是末端敏感弹药的简称,"末端"是指弹道的末端,而"敏感"是指弹药可以自主感知和探测到目标。末敏弹在无控弹道(有别于制导弹药)的末端探测到目标并锁定和指向目标,在距目标一定距离上爆炸产生 EFP 攻击目标的顶装甲。末敏弹多采用子母弹结构,母弹内装填多个末敏子弹,母弹仅作为载体,由子弹体现末敏弹的功能和用途。

末敏子弹可以用多种武器运载与投送,如炮弹、火箭弹、航空炸弹或撒布器等,也可以通过人工布设以无人值守弹药或智能地雷的形式出现。典型的末敏弹作用过程如图 5.7.5 所示,一次发射(或投送)可攻击多个不同的目标,是一种"多对多"

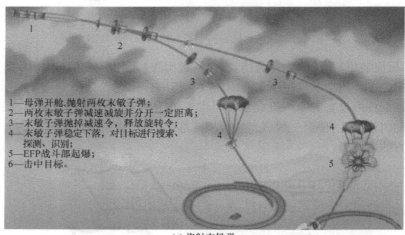

1—母弹开舱,抛射两枚末敏子弹;
2—两枚末敏子弹减速减旋并分开一定距离;
3—末敏子弹抛掉减速令,释放旋转令;
4—末敏子弹稳定下落,对目标进行搜索、探测、识别;
5—EFP战斗部起爆;
6—击中目标。

(a) 炮射末敏弹

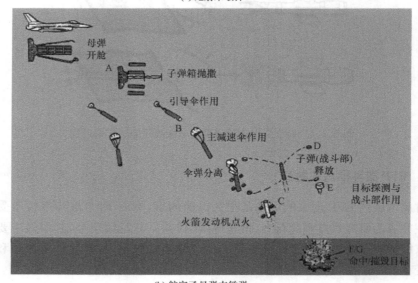

(b) 航空子母弹末敏弹

图 5.7.5　典型末敏弹的作用过程(来自网络)

的反集群装甲目标的武器弹药。末敏弹采用间瞄射击方式,具有超视距远程打击的优点。末敏子弹在目标区域上空自主探测、自行决策和自适应攻击,不仅具有极高的打击精度,更是一种真正意义"打了不管"的智能型弹药。另外,末敏子弹采用EFP 战斗部定向攻击目标相对薄弱的顶装甲,大大提高了毁伤威力。

某种意义上说,末敏弹是把先进敏感器技术和 EFP 战斗部技术等集成应用到传统弹药并实现信息化、智能化的一种重大创新,在弹药发展史上具有里程碑意义。末敏弹的结构组成和作用原理决定了其末端弹道无控且速度不高,尽管能够精确探测并锁定目标,但仍然无法保证命中目标和足够的动能侵彻能力,因此EFP 战斗部成为一种自然也是必然的选择。这主要由 EFP 战斗部的以下特点所决定:

① 对炸高不敏感,EFP 战斗部可以在 800～1000 倍弹径的炸高范围内有效侵彻装甲目标,击穿装甲的厚度可达 1 倍装药直径以上,为远距离攻击目标顶装甲提供了理想的解决方案。

② 受弹体转速影响较小,EFP 近似于有高强度的高速动能弹丸,质量大(约占药型罩质量的 90%),旋转运动会在一定程度上影响 EFP 成型,但有利于飞行稳定性,对侵彻能力影响较小。

③ 毁伤后效大,EFP 侵彻装甲时,70% 以上质量的弹丸进入装甲目标内部,而且在侵彻时还会引起装甲背面大面积崩落,产生大量具有杀伤破坏作用的二次破片。

④ 爆炸反应装甲干扰小,EFP 外形短粗,长径比一般在 3～5 范围内,因此反应装甲对其干扰小。

5.7.3 粉末药型罩与石油射孔弹

1. 射孔弹和射孔器

石油、天然气开采一般经过钻井、完井和采油(气)三个阶段,其中完井是指从钻开油气层后开始,到下套管和浇注水泥固井、射孔、下生产管柱、排液、生产的作业过程。完井的目的是建立生产层和井眼之间的良好联通,并保证油气井长期稳定使用以及稳产、高产。射孔是完井过程的关键环节,如图 5.7.6 和图 5.7.7 所示,通过射孔建立油气藏与井筒之间的流动通道,因此射孔效果的好坏直接关系到油气的产量,被誉为石油工业的"临门一脚"。

20 世纪 30～50 年代,早期的射孔主要采用多种类型子弹式射孔器;50 年代以后,开始采用聚能射孔弹。随着聚能射孔弹和射孔器技术的不断完善与进步,业已形成多种系列化的工业产品,目前世界上的油气井已普遍采用聚能射孔的完井方式。

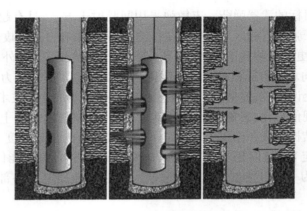

图 5.7.6　射孔作业原理示意图

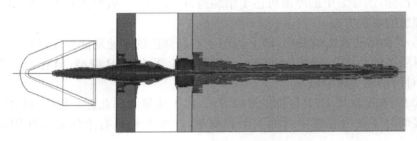

图 5.7.7　射孔弹作用过程数值仿真图（后附彩图）

　　聚能射孔弹的基本结构如图 5.7.8 所示，主要由壳体、药型罩和炸药装药组成，是一种形成聚能射流的成型装药结构。射孔弹由射孔枪承载，射孔枪分有枪身

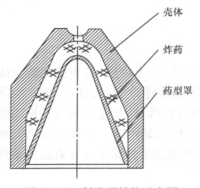

图 5.7.8　射孔弹结构示意图

射孔枪和无枪身射孔枪两种，有枪身射孔枪不仅用于承载射孔弹，还起到密封和承压作用；无枪身射孔枪主要指弹架，其密封和承压靠射孔弹自己解决。射孔弹安装于射孔枪弹架上，紧贴射孔弹顶部传爆孔连接有导爆索，使之串联起来以及顺序起爆和作用，有枪身射孔枪弹架与射孔弹安装如图 5.7.9 所示。射孔弹和射孔枪构成射孔器的核心组成部分，还包括导爆索、传爆管、雷管以及其他配套件材，典型的有枪身射孔器如图 5.7.10 所示[42]。

2. 射孔弹药型罩

射孔弹药型罩的材料选择与军用破甲弹有所不同，军用破甲弹主要追求穿深，

图 5.7.9 有枪身射孔枪弹架与射孔弹安装

图 5.7.10 有枪身射孔器示意图

因此普遍采用密度和延展性等综合性能良好的紫铜板药型罩。石油射孔弹不仅关注射孔穿深和孔径，还希望尽可能保持射孔孔道的"洁净"，减轻射孔"污染"。

如图 5.7.11 所示，射孔过程中，聚能射流需要穿透枪管、液体层、套管、水泥环后侵入产层岩石一定深度，射流高速冲击地层的岩石破碎、射流残渣以及随进的枪、套管金属、水泥等细小粒子，会使孔道壁面形成压实带。另外，药型罩形成的杵体会造成所谓"杵堵"现象，并难以清除。这些将造成产层岩石的孔隙度和渗透率

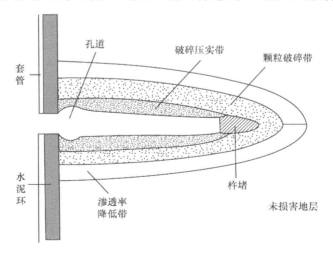

图 5.7.11 射孔器示意图

下降,即所谓的射孔"污染",从而影响油气井产能。因此,射孔弹药型罩一般采用以铜基为主的粉末药型罩,通过压制和烧结制成,以有效解决杆堵问题。粉末药型罩的基本配方为80%紫铜、19%铅和1%石墨,也在该基础配方中加入适量的钨、锌、铋、钛等金属,以提高射流密度和改善拉伸性能,最终目的在于提高穿深。近些年来,具有化学活性的含能粉末药型罩开始进入人们的视线,利用射流侵彻过程中的二次反应和释能效应,可有效减轻压实带影响并对孔道残渣有一定清除作用[43]。

药型罩的结构和尺寸对射孔效果的影响更加显著,特别是锥角角度、壁厚和质量分布均匀性等,都直接影响射流的形态,最终影响射流的穿深和孔径。大孔径射孔弹一般采用大锥角药型罩,深穿透射孔弹一般采用小锥角药型罩。另外,基于成型装药药型罩内层形成射流、外层形成杆体机理,也有人提出了采用复合药型罩结构,即把内层铜板罩和外层粉末罩叠合成一体,目的是既提高穿深、又避免杆堵。

参 考 文 献

[1] Munroe C E. On certain phenomena produced by the detonation of gun cotton[R]. Newport Natural History Society, Proceedings 1883-1888, Report No. 6, 1888.

[2] Munroe C E. Wave-like effects produced by the detonation of gun cotton[J]. Am. J. Sci. 1888, 36: 48-50.

[3] Munroe C E. Modern explosives[J]. Scribner's Magazine, 1888, 3: 563-576.

[4] Kennedy D R. History of the shaped charge effect (The First 100 Years)[R], AD-A220095, 1990.

[5] Schardin H. Development of the Shaped Charge[J]. Wehrtechnische Hefte, 1954.

[6] Hermann J W, Randers-Pherson G. Experimental and analytical investigations of self-forging fragments for the defeat of armor at extremely long standoff[C]//Proceedings of 3rd International Symposium on Ballistics, Karlsruhe, Germany, 1977.

[7] Held M. The projectile forming charges[C]//Proceedings of 3rd International Symposium on Ballistics, Karlsruhe, Germany, 1977.

[8] Held M. The performance of the different types of conventional high explosive charge[C]//Proceedings of 2nd International Symposium on Ballistics, Daytona, Florida, USA, 1976.

[9] Birkhoff G, MacDougall D, Pugh E and Taylor G. Explosive with lined cavities. J. Appl. Phys. , 1948, 19(6).

[10] Pugh E, Eichelberger R and Rostoker N. Theory of jet formation by charges with lined conical cavities J. Appl. Phys. , 1952, 23(5): 532-536.

[11] Godunov S K, Deribas A A, Mali V I. Influence of material viscosity on the jet formation process during collisions of metal plates[J]. Fizika Goreniya i Vzryva, 1975, 11(1): 3-18.

[12] Richter H. On the theory of shaped charges: motion of thin layers of plastic material on the surface of a plane explosive[J]. Note Technique ILS No. 6a/48, 1948.

[13] Defourneaux M. Theorie hydrodynamique des charges creuses[J]. Mem. L'artillerie Fran-caise,1970,44(2):293-334.

[14] EichelbergerR J. Re-examination of the non-steady theory of formation by lined cavity char-ges[J]. J. Appl. Phys. ,1955,23(5).

[15] Carleone J,Chou P C,Tanzio C A. User's Manual for DESC-1,A one-dimensional computer code to model shaped charge liner collapse,jet formation,and jet properties[R]. Dyna East Corporation. Technical Report No. DE-TR-75-4,1975.

[16] Randers-Pehrson G. An improved-equation for calculating fragment projection angel[C]// Proc. 2nd Int. Sym. On Ballistics,Daytona Beach,FL,1976.

[17] Chou P C,Carleone J,Hirsch E,Flis W J,Ciccarelli R D. Improved formulas,for velocity, acceleration,and projection angel of explosively driven Liner[C]//Proc. 6th Int. Sym. On Ballistics,Orlando,FL,1981.

[18] Chou P C,Carleone J,Hirsch E,Ciccarelli R D. An unsteady taylor angel formula for liner collapse[R]. BRL Contractor Report,ARBRL-CR-00461,1981.

[19] Carleone J,Chou P C. A one-dimensional theory to predict the strain and radius of shaped charge jets[C]//Proc. 1st Int. Sym. on Ballistics,Orlando,FL,1974.

[20] Behrmann L A. Calculation of shaped charge jets using engineering approximations and finite difference computer codes[R]. AFATL-TR-72-160,1973.

[21] Walters W P. Influence of material viscosity on the theory of shaped charge jet formation[R]. BRL Memorandum Report,ARBRL-MR-02941,1979.

[22] Mali V I,Pai V V,Skovpin A I. Investigation of the breakdown of flat jets[J]. Fizika Goreniya i Vzryva,1974,10(5).

[23] Chou P C,Carleone J,Karpp R R. The effect of compressibility on the formation of shaped charge jets[C]//Proc. 1st Int. Sym. On Ballistics,Orlando,FL,1974.

[24] Chou P C,Carleone J,Karpp R R. Criteria for jet formation from impinging shells and plates[J]. J. Appl. Phys. ,1976,47(7).

[25] Carleone J,Chou P C,Ciccarelli R D. Shaped charge jet stability and penetration calculations[R]. BRL Contractor Report No. 351,1977.

[26] Chou P C,Carleone J. Breakup of shaped charge jets[C]//Proc. 2nd Int. Sym. On Ballistics, Daytona Beach,FL,1976.

[27] Chou P C, Carleone J. The Stability of Shaped Charge Jets[M]. J. Appl. Phys. , 1977, 48(10):4187-4195.

[28] Chou P C,Flis W J. Recent developments in shaped charge technology[J]. Propell. Explos. Pyrot. ,1986,11:99-114.

[29] Pack D C,Evans W M. Penetrationby high-velocity (Munroe') jets[J]. Proc. Phys. Soc. , London,1951,64:298.

[30] Allison F E,Vitali R. A new method of computing penetration variables for shaped charge jets[R]. BRL Report No. 1184,1963.

［31］DiPersio R，Simon J，Merendino A B. Penetration of shaped charge jets into metallic targets［R］. BRL Report No. 1296，1965.

［32］Eichelberger R J. Experimental test of the theory of penetration by metallic jets［J］. J. Appl. Phys. ，1956，27(1)：63-68.

［33］Szendrei T. Analytical model of crater formation by jet impact and its application to calculation of penetration curves hole profiles［C］//Proc. 7ᵗʰ Int. Sym. On Ballistics，The Hague，Netherlands，1983.

［34］Chou P C，Foster J C. Theory of penetration by jets of non-linear velocity and in layered Targets［C］. //Proc. 10ᵗʰ Int. Sym. On Ballistics，San Diego，1987，2.

［35］Foster J C. Integrated flash radiograph analysis—an approach to studying time-dependent phenomena in the explosives formation and projection of metals［C］//Proc. 7ᵗʰ Annual Technical Mtg. on Physics Explosives，Livermore，CA，1981.

［36］卢芳云，蒋邦海，李翔宇，张舵，等. 武器战斗部投射与毁伤［M］. 北京：科学出版社，2013.

［37］北京工业学院八系《爆炸及其作用》编写组. 爆炸及其作用(下册)［M］. 北京：国防工业出版社，1979.

［38］Allen W A，Rogers J W. Penetration of a rod into a semi-infinite target［J］. Journal of the Franklin Institute，1961，272(4)：275-284.

［39］Christman D R，Gehring J W. Analysis of high-velocity projectile penetration mechanics［J］. J. Appl. Phys. ，1966，37(4)：1579-1587.

［40］Tate A A. Theory for thedeceleration of long rods after impact［J］. J. Mech. Phys. Solids，1967，15(6)：387-399.

［41］李向东. 弹药概论［M］. 北京：国防工业出版社，2010.

［42］陆大卫. 油气井射孔技术［M］. 北京：石油工业出版社，2012.

［43］刘瑞文. 现代完井技术［M］. 北京：石油工业出版社，2010.

［44］(美)威廉·普·沃尔特斯，乔纳斯·埃·朱卡斯. 成型装药原理及其应用［M］. 王树魁，贝静芬译. 北京：兵器工业出版社，1992.

［45］隋树元，王树山. 终点效应学［M］. 北京：国防工业出版社，2000.

［46］尹建平，王志军. 弹药学(第2版)［M］. 北京：北京理工大学出版社，2012.

第 6 章　爆 炸 效 应

爆炸效应是指炸药装药在空气、水和岩土等常规介质和环境中的爆炸与毁伤效应,是终点效应学的基本内容之一。所有装填高能炸药的常规弹药/战斗部,包括杀伤战斗部、聚能战斗部等也都存在爆炸效应,另外核爆炸、燃气爆炸和物理爆炸等也涉及爆炸效应。爆炸效应研究主要关心炸药装药在空气、水和岩土等典型自然介质与环境中爆炸,载荷的形成、表征与计算、与介质的动态耦合作用以及目标毁伤响应规律等问题。本章在归纳和深化相关经典知识的基础上,添加了作者的少量研究成果。另外,考虑到一段时期以来并在可以预期的相当长时间内,侵彻爆破(半穿甲)战斗部都是常规战斗部领域的热点之一,因此补充了密闭空间内爆炸的基础知识。

6.1　空气中爆炸

6.1.1　空气中爆炸现象

1. 爆炸空气冲击波的形成与传播

炸药在空气中爆炸,瞬时(10^{-6} s 量级)转变为高温(10^3 K 量级)、高压(10^{10} Pa 量级)的类似于气体的爆轰产物。由于空气的初始压力(10^5 Pa 量级)和密度(比凝聚态炸药低 3 个数量级)都很低,于是在爆轰产物中产生稀疏波,导致其快速膨胀和压力、密度的急剧下降。与此相对应,爆轰产物强烈压缩空气,在空气中形成冲击波。

对于考虑一维流动的装药结构,爆轰波到达装药表面或炸药-空气界面时,瞬时在空气中形成强冲击波,称为初始冲击波,同时在爆轰产物(凝聚态炸药)中形成稀疏波。初始冲击波形成过程如图 6.1.1 所示,p_0、p_H 和 p_x 分别为未扰动空气的初始静压力、爆轰波 CJ 压力、初始冲击波压力(或爆轰产物-空气界面处的压力),D 和 D_a 分别为爆轰波和初始冲击波速度。

对于球形装药中心起爆条件下,完整爆炸空气冲击波的波形成型过程如图 6.1.2 所示。其中,初始冲击波表现为一种强间断,如图 6.1.2(a)所示,此时波阵面与爆轰产物-空气界面重合,初始冲击波参数由炸药性质和当地空气状态所决定。紧接着,由于冲击波的运动速度大于爆轰产物-空气界面的运动速度,所以

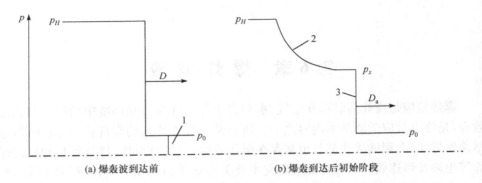

(a) 爆轰波到达前　　　　　　　　　　(b) 爆轰到达后初始阶段

图 6.1.1　初始冲击波形成示意图

1. 介质分界面；2. 稀疏状态线；3. 空气冲击波

冲击波阵面与爆轰产物-空气界面开始分离。同时，爆轰产物仍继续膨胀，压力不断降低，爆轰产物-空气界面不断扩张。冲击波阵面脱离爆轰产物-空气界面后，其波后压力受到稀疏波作用而不断衰减，形成压力卸载线，卸载线或波阵面后的压力衰减规律可近似认为符合空气的等熵状态方程，卸载线头部压力等于波阵面压力，尾部压力与爆轰产物-空气界面处的压力相连续，如图 6.1.2(b)所示。当压力下降到空气的初始压力 p_0 时，压力波形如图 6.1.2(c)所示。由于流动的惯性，爆轰产物发生过度膨胀，使爆轰产物的平均压力低于空气的初始压力 p_0 直到膨胀停止，爆轰产物体积达到最大值，压力则为最小值，此时的压力波形如图 6.1.2(d)所示。接着，由于爆轰产物压力低于空气初始压力 p_0，空气反过来对爆轰产物进行压缩，使爆轰产物的压力回升到空气的初始压力 p_0，此时压力波形如图 6.1.2(e)所示。这样，就形成了一种具有典型性的由强间断阵面、正压(压缩波)区和负压(稀疏波)区组成的压力波形，称为爆炸空气冲击波。为了与普通气体冲击波以及水中、岩土介质中爆炸冲击波有所区别，简称空中爆炸波。事实上，由于流动的惯性效应，爆轰产物会出现持续多次的过度压缩和过度膨胀，从而形成膨胀和压缩的脉动(振荡)过程。

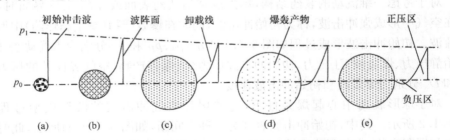

图 6.1.2　爆炸空气冲击波的波形成型过程示意图

爆轰产物与空气最初存在着较清晰界面,随着时间的流逝界面变得愈来愈模糊。这主要是由于冲击波阵面后的流动是涡旋的,分界面附近产生湍流区,从而模糊了边界。爆轰产物膨胀过程中存在向空气介质中的扩散,但进行得不快,只是在脉动过程全部结束后才与空气介质完全混合,因此爆轰产物的第一次膨胀与空气介质之间存在明显的分界面。由于空气密度低,爆轰产物二次膨胀所形成的压力波对毁伤的贡献度可以忽略,所以完整的爆炸空气冲击波形成以后,爆轰产物的脉动问题就不再被关心。

空中爆炸波不同于一般意义上气体冲击波,普通气体冲击波不带负压(稀疏波)区,除此之外,压力卸载线也存在着较大差别。为了更清晰地对比分析,选择如图 6.1.3 所示的理想一维流管,由活塞高速推动形成一维冲击波,若活塞速度与波后质点速度保持一致,则冲击波呈现出理想强间断形式并以恒定的速度传播,其压力波形如图 6.1.4(a)所示;若活塞突然停止,因环境稀疏作用形成压力卸载,其压力波形如图 6.1.4(b)所示;爆轰产物的存在使压力卸载线大致介于上述二者之间,并在尾部存在负压(稀疏)区,其压力波形如图 6.1.4(c)所示。由图 6.1.4 可以看出,活塞运动与波后质点速度相同时,没有压力卸载,或压力卸载线斜率为 0,活塞突然停止的压力卸载线斜率最大,爆炸冲击波的正压卸载线斜率在二者之间。

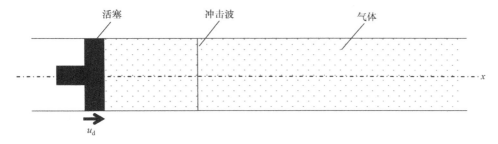

图 6.1.3　活塞推动形成一维冲击波示意图

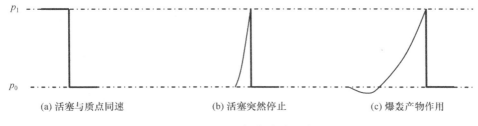

(a) 活塞与质点同速　　　　(b) 活塞突然停止　　　　(c) 爆轰产物作用

图 6.1.4　压力波形对比图

空中爆炸波波形即压力-时间曲线如图 6.1.5 所示,正压区峰值(波阵面)压力 p_1 与环境初始压力 p_0 的压差称为冲击波超压,是一个非常重要的毁伤威力参量,

本书中用符号 Δp_+ 表示。另外,正压卸载线同样具有重要意义,它决定了另外两个重要毁伤威力参量:正压作用时间(用符号 τ_+ 表示)和比冲量(用符号 i_+ 表示)的大小,正压卸载线斜率越小,正压作用时间 τ_+ 和比冲量 i_+ 越大。值得关注的是,同一炸药不同装药质量的爆炸,大药量的爆炸冲击波正压卸载线斜率更小,意味着具有更长的正压作用时间 τ_+ 和更大的正压比冲量 i_+,其毁伤威力更大;另外,含铝非理想炸药的冲击波超压不一定高,但由于爆轰产物膨胀过程中仍有能量释放,所以冲击波正压卸载线斜率往往更小,与此相对应,正压作用时间 τ_+ 更长、比冲量 i_+ 也更大,这对炸药选型、战斗部威力设计与毁伤评估等尤其具有意义。

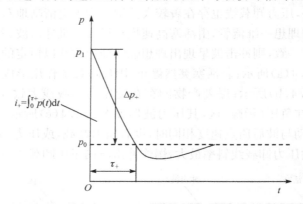

图 6.1.5　空中爆炸波压力-时间波形示意图

　　完整的爆炸空气冲击波形成后,脱离爆轰产物独立地在空气中传播,随着传播距离的增加,其波形演化的基本特征是:正压区不断拉宽、超压不断下降,如图 6.1.6 所示。爆炸空气冲击波传播过程中,波阵面以超声速传播,而正压区的尾部以与压力 p_0 相对应的声速传播,所以正压区被不断拉宽。随着爆炸空气冲击波的传播,其压力和传播速度等参数不断下降的原因可以从能量守恒的角度理解:首先,爆炸空气冲击波的波阵面随传播距离的增加而不断扩大,即使没有其他能量损耗,其波阵面上的单位面积能量也迅速减少;其次,爆炸空气冲击波的正压区随传播距离的增加而不断被拉宽,受压缩的空气量不断增加,使得单位质量空气的平均能量不断下降;此外,冲击波的传播是不等熵的,在波阵面上熵是增加的,因此在传播过程中,始终存在着因空气冲击绝热压缩而产生的不可逆的能量损失。随传播爆炸空气冲击波传播过程中波阵面压力在初始阶段衰减快,后期减慢,传播到一定距离后,冲击波衰减为声波。

　　值得注意的是,对于卸载线斜率比较小即正压作用时间和比冲量较大的波形结构,因其本身的冲击波能量水平较高,在同等传播距离上其压力和速度下降幅度更低,这也是具有更大正压作用时间和比冲量的大药量爆炸,其在距爆心相同距离

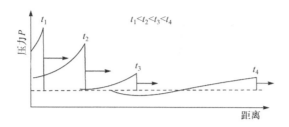

图 6.1.6 爆炸空气冲击波传播示意图

处具有更大超压的根本原因。另外,对于含铝非理想炸药的爆炸,尽管初始冲击波的参数不一定大,但由于拥有斜率较小的卸载线,所以其在爆轰产物膨胀过程中释放的能量,仍然对支持冲击波传播和减缓超压衰减有贡献。若仅从爆炸空气冲击波的波阵面角度看,其压力衰减主要由对波前介质的冲击绝热压缩和波后介质的等熵稀疏所造成,斜率越小的卸载线有利于抵抗波后的等熵稀疏,产生维持压力和减缓衰减的作用。

2. 爆炸产物膨胀规律

爆轰产物的膨胀规律可近似采用符合多方指数状态方程描述,其形式为

$$p = A\nu^{-\gamma} \tag{6.1.1}$$

式中,p、ν 分别为爆轰产物的压力和比容(单位质量的体积);γ 为多方指数,与爆轰产物的组成和密度有关,密度越大、γ 值越大;A 为常数。γ 值一般大于理想气体的等熵指数 1.4,多数在 2~4 之间。

对于爆轰产物膨胀整个历程,压力变化跨越几个数量级,不考虑 γ 值的变化而始终取为固定常数显然是不合理的。对此,工程上按二阶段膨胀进行简化处理,即

$$p = A\nu^{-\gamma} \quad (p_H \geqslant p \geqslant p_k) \tag{6.1.2a}$$

$$p = A\nu^{-k} \quad (p < p_k) \tag{6.1.2b}$$

式中,凝聚态炸药 γ 一般取 3,k 一般取 1.2~1.4。文献[1]给出,p_k 可近似取 200MPa。

对于半径为 r_0 的球形装药爆炸,爆轰产物膨胀半径用 r 表示,则爆轰产物膨胀初期的比容 ν 和压力 p 分别与 r^3 和 r^{-9} 成正比,因此爆轰产物膨胀初期,压力下降得非常快。对于大多数猛炸药来说,压力降到 $p_k = 200\text{MPa}$,r 只有 $1.5r_0$ 左右。随着爆轰产物的膨胀,密度和 γ 值不断减小,所以爆轰产物压力的下降速率不断减小。通常把爆轰产物压力下降到 p_0 时的体积称为爆轰产物的极限体积,用 ν_l 表示。对于普通炸药来说,采用式(6.1.2)进行计算,ν_l 与初始体积 ν_0 之比大致在 800~1600 之间。也就是说,当压力下降到空气的初始压力 p_0 时,对于球形装药,爆轰产物膨胀半径 r 只大致为初始半径 r_0 的 10 倍左右;对于柱形装药,则为 30

倍左右。由此可见,爆轰产物的飞散距离不远,对目标直接作用范围不大。

3. 爆炸空气冲击波的能量转换比例

单位质量的炸药装药在空气中爆炸,所释放的总能量 E 转换为冲击波的能量 E_s 可以基于能量守恒原理并通过热力学基本关系式进行简单估算。假定炸药瞬时爆轰,爆轰产物由体积 ν_0 膨胀到体积 ν_g,压力由瞬时爆轰起始压力 $\bar{p}_H$ 下降到环境压力 p_0(对应图 6.1.2(c)),爆轰产物的能量为 E_g,则能量守恒方程为

$$E = E_s + E_g \tag{6.1.3}$$

即

$$E_s = \frac{\bar{p}_H \nu_0}{\gamma - 1} - \frac{p_0 \nu_g}{k - 1} \tag{6.1.4}$$

式中,γ、k 分别为爆轰产物的多方指数和等熵指数,$\bar{p}_H = \frac{1}{2} p_H$。于是

$$\frac{E_s}{E} = 1 - \frac{2(\gamma - 1) p_0 \nu_g}{(k - 1) p_H \nu_0} \tag{6.1.5}$$

对于密度为 1.6g/cm^2 的 TNT 装药爆炸,爆轰 CJ 压力 p_H 为 19.6GPa,取 $\gamma = 3$,k 分别取 1.2 和 1.4,采用式(6.1.5)进行计算可得到:当 ν_g/ν_0 在 $800 \sim 1600$ 时,冲击波能量的转换比例在 $96\% \sim 92\%$。由简单估算可以看出,装药在空气中爆炸,绝大部分能量都转换为冲击波能量,留在爆轰产物中的能量不到 10%。事实上,在冲击波成型和爆轰产物膨胀过程中,存在热损失、对空气的绝热压缩以及界面不稳定等能量损失,实际的冲击波能量比例不可能达到这么大,大约只有总能量的 70%左右[1]。显而易见,对于含铝非理想炸药来说,爆轰产物膨胀过程中的释能仍可以转变为冲击波的能量。

4. 装药形状和起爆位置对冲击波的影响

空气中爆炸,装药的形状和起爆位置对冲击波参数的空间分布即冲击波场产生影响,随着传播距离或距爆炸中心的距离(简称爆距)与装药特征尺寸比值的增大,这种影响不断减弱,达到一定程度,这种影响可忽略。对于长径比远大于 1 的线形装药,一端(A)引爆的冲击波作用场如图 6.1.7 所示,A、B 两端为半球形,中间近似以截锥相连,其中引爆端(A)的波阵面半径更大些。实验表明,当装药各个方向的尺寸相差不大时,在爆距大于各方向平均尺寸的情况下,可近似看作等质量的球形装药爆炸。如果装药一个方向的尺寸远大于其他两个方向的尺寸,那么在爆距小于两个小尺寸平均值时,可看作同等质量的圆柱形装药相近。

装药一端或偏心起爆,装药另一端或反方向的冲击波作用在一定距离内能够得到显著增强。另外,装药一端存在聚能空穴并在另一端时,近距离的轴向增强效

应更为显著。如图 6.1.8 所示，该装药爆炸在 1.25m 处，空穴方向的冲击波超压比其他方向增加 50% 以上；即使没有空穴，在相同端部起爆条件下，轴向相反方向的超压也可提高 20% 左右。随着爆距的不断增加，冲击波作用场渐趋球形，冲击波超压仅与爆距相关。

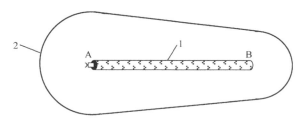

图 6.1.7　线形装药爆炸的冲击波作用场

1. 线形装药；2. 冲击波阵面

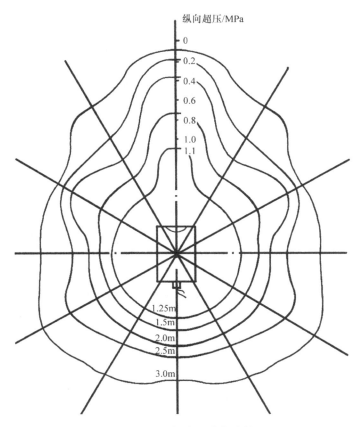

图 6.1.8　一端有空穴装药的冲击波等距离超压场

5. 空气中爆炸作用场

空气中爆炸对目标的毁伤破坏作用,与距爆心的距离紧密相关,即与目标在爆炸作用场的相对位置相关。当距爆心的距离 $r \leqslant 10 \sim 12r_0$ 时,目标受到冲击波和爆轰产物的联合作用;当 $r > 10 \sim 12r_0$ 时,目标只受到冲击波的作用。

对于冲击波的毁伤能力来说,不能孤立地采用超压、正压作用时间或比冲量进行度量和评估,当然,其中之一相同,另外两个都大,毁伤破坏能力一定更强。另外,因爆距的不同,或冲击波波形结构的不同,对目标的毁伤破坏作用呈现出不同特点。例如:爆距越小,冲击波的毁伤破坏作用更强,但对于较大尺度的目标来说,由于受载面积小而体现出严重的局部破坏性;当爆距较大时,虽然超压衰减了,但由于正压作用时间的增长和目标受载面积的增大,往往呈现出目标大面积的整体性破坏。

6.1.2　爆炸空气冲击波初始参数求解

描述爆炸空气冲击波的参数主要包括冲击波峰值(波峰或波谷)压力、正压作用时间、比冲量、传播速度和质点速度等,其空间和时间的分布构成冲击波场。从简单解析的角度求解上述参数以及冲击波场难以做到,主要原因在于相关参数相互耦合的流体力学方程以偏微分方程组形式体现,以及跨多个压力数量级的爆轰产物和空气状态方程难以精确给出。初始冲击波阵面与爆轰产物-空气界面相重合,不存在正压作用时间和比冲量,由于可利用初始冲击波与爆轰产物的压力和质点速度相连续等条件,所以初始冲击波压力、传播速度和质点速度等参数可以求得解析解。

一般说来,初始冲击波的波阵面压力 p_x 远小于爆轰波 CJ 压力 p_H,在爆轰产物由压力 p_H 膨胀到 p_x 的过程中,联系爆轰产物状态量之间关系的爆轰产物状态方程目前还难以给出精确的表达式,或者难以得到适合整个压力范围的通用形式。因此只能在对爆轰产物的膨胀规律从某种假定的情况下,得到爆炸空气冲击波某些初始参数的近似计算方法。通常假定炸药爆轰产物膨胀过程是绝热的并按二阶段膨胀简化处理,即第一阶段由压力 p_H 膨胀到 p_k,第二阶段由压力 p_k 膨胀到 p_x,而阶段膨胀的状态方程由式(6.1.2)给出,p_k 和 ν_k 的求解下面给出。

由爆轰波的 Hugoniot 方程

$$\frac{1}{2}p_H(\nu_0 - \nu_H) + Q_\nu = \frac{p_H \nu_H}{\gamma - 1} - \frac{p_k \nu_k}{\gamma - 1} + \Delta Q \qquad (6.1.6)$$

式中,ν_0 为装药比容,Q_ν 和 ΔQ 分别为炸药爆热和共轭点 k 的产物剩余热能。

由于 $p_H \nu_H \gg p_k \nu_k$,所以可忽略式(6.1.6)右边的第二项,对于基于多方指数状态方程的 CJ 爆轰,存在

$$p_H = \frac{1}{(\gamma+1)\nu_0} D^2 \tag{6.1.7}$$

$$\nu_H = \frac{\gamma}{\gamma+1} \nu_0 \tag{6.1.8}$$

把式(6.1.7)和式(6.1.8)代入到式(6.1.6),得到

$$\Delta Q = Q_\nu - \frac{D^2}{2(\gamma^2-1)} \tag{6.1.9}$$

假设 ΔQ 是纯粹的热能,并假设 $p < p_k$ 的爆轰产物为理想气体,故

$$p_k \nu_k = RT_k = \frac{\Delta Q}{C_\nu} = (k-1)\Delta Q \tag{6.1.10}$$

式中,R 为气体常数,C_ν 为比热,k 为等熵指数。式(6.1.9)和式(6.1.10)相结合得到

$$p_k \nu_k = (k-1)\left[Q_\nu - \frac{D^2}{2(\gamma^2-1)} \right] \tag{6.1.11}$$

由式(6.1.2)可知

$$p_k \nu_k^\gamma = p_H \nu_H^\gamma \tag{6.1.12}$$

这样,式(6.1.11)和式(6.1.12)构成求解 p_k 和 ν_k 的方程组,对于一些猛炸药,取 $\gamma=3$ 和 $k=1.3$ 的计算结果示于表 6.1.1[2]。

表 6.1.1　一些猛炸药的 p_k 和 ν_k 值

炸药	$\rho_0/(\text{g}\cdot\text{cm}^{-3})$	$D/(\text{m}\cdot\text{s}^{-1})$	$Q_\nu/(\text{MJ}\cdot\text{kg}^{-1})$	p_k/GPa	$\nu_k/(\text{cm}^3\cdot\text{g}^{-1})$
TNT	1.62	7000	4.23	0.152	2.37
苦味酸	1.60	7100	4.40	0.163	2.35
Tetryl	1.60	7500	4.61	0.128	2.63
RDX	1.65	8340	5.53	0.130	2.77
PENT	1.69	8400	5.86	0.181	2.45
HMX	1.78	8500	5.40	0.090	3.00
NTFA	1.62	7200	4.23	0.112	2.65

考察爆轰产物的膨胀过程可知,当稀疏波传入爆轰产物中,产物压力迅速由 p_H 降到 p_x,产物质点速度由 u_H 增大到 u_x,由此得到

$$u_x = u_H + \int_{p_x}^{p_H} \frac{\mathrm{d}p}{\rho c} \tag{6.1.13}$$

式中,ρ、c 分别为产物的密度和声速。考虑到爆轰产物按两个阶段膨胀,式(6.1.13)可写成

$$u_x = u_H + \int_{p_k}^{p_H} \frac{\mathrm{d}p}{\rho c} + \int_{p_x}^{p_k} \frac{\mathrm{d}p}{\rho c} \tag{6.1.14}$$

由声速的定义知 $c=\sqrt{(\partial p/\partial \rho)_S}$（下标"S"表示等熵过程），把式（6.1.2）取为等熵状态方程，可得到 $c=\sqrt{\gamma p/\rho}$ 或 $c=\sqrt{k p/\rho}$，对应两个膨胀阶段，分别存在

$$\frac{c}{c_H}=\left(\frac{\rho}{\rho_H}\right)^{\frac{\gamma-1}{2}}=\left(\frac{p}{p_H}\right)^{\frac{\gamma-1}{2\gamma}} \tag{6.1.15a}$$

$$\frac{c}{c_k}=\left(\frac{\rho}{\rho_k}\right)^{\frac{k-1}{2}}=\left(\frac{p}{p_k}\right)^{\frac{k-1}{2k}} \tag{6.1.15b}$$

由爆轰理论可知

$$\left.\begin{aligned}
u_H&=\frac{1}{\gamma+1}D\\
c_H&=\frac{\gamma}{\gamma+1}D\\
p_H&=\frac{1}{(\gamma+1)}\rho_0 D^2\\
\rho_H&=\frac{\gamma+1}{\gamma}\rho_0
\end{aligned}\right\} \tag{6.1.16}$$

把式（6.1.15）和式（6.1.16）代入式（6.1.14），可得

$$u_x=u_H+\frac{2c_H}{\gamma-1}\left(1-\frac{c_k}{c_H}\right)+\frac{2c_k}{k-1}\left(1-\frac{c_x}{c_k}\right) \tag{6.1.17}$$

变换成 u_x 和 p_x 的关系，得到

$$u_x=\frac{D}{\gamma+1}\left\{1+\frac{2\gamma}{\gamma-1}\left[1-\left(\frac{p_k}{p_H}\right)^{\frac{\gamma-1}{2\gamma}}\right]\right\}+\frac{2c_k}{k-1}\left[1-\left(\frac{p_x}{p_k}\right)^{\frac{k-1}{2k}}\right] \tag{6.1.18}$$

其中，$c_k=\sqrt{k p_k \nu_k}$。

爆炸初始冲击波必然是强冲击波，引入空气介质中的强冲击波关系式

$$p_x=\frac{k_a+1}{2}\rho_a u_x^2 \tag{6.1.19}$$

$$D_x=\frac{k_a+1}{2}u_x \tag{6.1.20}$$

式中，k_a 为空气的绝热指数，对于强冲击波 $k_a\approx1.2$；ρ_a 为未扰动空气的密度，标准状况下 $\rho_a=1.225\text{kg/m}^3$；$D_x$ 为初始冲击波速度。联立式（6.1.18）和式（6.1.19）可解出 u_x 和 p_x，再由式（6.1.20）解出 D_x。

对于爆轰产物向真空飞散（$p_x=0$），具有最大的飞散速度 $u_{\max}$

$$u_{\max}=\frac{D}{\gamma+1}\left\{1+\frac{2\gamma}{\gamma-1}\left[1-\left(\frac{p_k}{p_H}\right)^{\frac{\gamma-1}{2\gamma}}\right]\right\}+\frac{2c_k}{k-1} \tag{6.1.21}$$

表6.1.2给出了几种炸药空气中爆炸冲击波初始参数的计算结果，从中可以看出，初始冲击波的速度接近爆轰速度，而爆轰产物向真空中飞散的速度大大高于

爆轰速度。将计算结果与实验结果对比后表明，爆轰产物按两阶段膨胀处理的上述计算方法，尽管所得计算值稍低于试验测量值，但仍可认为能够给出令人满意的预测。实验中，通常选择测量空气中爆炸初始冲击波速度，或者测量真空中爆炸的爆轰产物飞散速度，其中真空中爆炸试验的实测值与计算值差异特别大[2]。表 6.1.3 给出了直径 23mm 装药在空气中爆炸的实验数据[1,2]，比较表 6.1.2 和表 6.1.3，可以看到计算结果和实验结果具有较好的符合程度。另外，由表 6.1.3 示出的实验结果可以看到，冲击波初始参数与装药密度关联密切。

表 6.1.2 爆炸空气冲击波初始参数计算结果

炸药	$\rho_0/(\text{g} \cdot \text{cm}^{-3})$	$D/(\text{m} \cdot \text{s}^{-1})$	p_x/MPa	$u_x/(\text{m} \cdot \text{s}^{-1})$	$D_x/(\text{m} \cdot \text{s}^{-1})$	$u_{\max}/(\text{m} \cdot \text{s}^{-1})$
TNT	1.62	7000	67	6530	7200	12800
苦味酸	1.60	7100	70	6680	7350	13100
RDX	1.65	8350	91	7600	8350	14200
PETN	1.69	8400	96	7820	8600	14900

表 6.1.3 装药附近冲击波速度实验结果（药柱直径 23mm）

炸药	$\rho_0/(\text{g} \cdot \text{cm}^{-3})$	$D/(\text{m} \cdot \text{s}^{-1})$	不同距离区间的冲击波平均速度$/(\text{m} \cdot \text{s}^{-1})$		
			0~30mm	30~60mm	60~90mm
TNT	1.30	6025	6670	5450	4620
TNT	1.35	6200	6740	5670	4720
TNT	1.45	6450	6820	5880	—
TNT	1.60	7000	7500	6600	5400
钝化 RDX	1.40	7350	8000	—	—
钝化 RDX	1.60	8000	8600	6900	6400

在相关研究中，常常假设装药瞬时爆轰。瞬时爆轰条件下，$u_H = 0$，参照式（6.1.17）有

$$\bar{u}_x = \frac{2\bar{c}_H}{\gamma - 1}\left(1 - \frac{\bar{c}_k}{\bar{c}_H}\right) + \frac{2\bar{c}_k}{k-1}\left(1 - \frac{\bar{c}_x}{\bar{c}_k}\right) \tag{6.1.22}$$

式中，$\bar{c}_H$、$\bar{c}_k$ 和 $\bar{c}_x$ 分别是瞬时爆轰的产物初始声速、k 点声速和 x 点声速。

瞬时爆轰的初始压力 $\bar{p}_H = p_H/2 = \rho_0 D^2/2(\gamma+1)$，于是

$$\bar{c}_H = \sqrt{\gamma \bar{p}_H \nu_0} = \sqrt{\frac{\gamma}{2(\gamma+1)}} D \tag{6.1.23}$$

$$\bar{u}_x = \sqrt{\frac{2\gamma}{\gamma+1}}\frac{D}{\gamma-1}\left[1 - \left(\frac{\bar{p}_k}{\bar{p}_H}\right)^{\frac{\gamma-1}{2\gamma}}\right] + \frac{2\bar{c}_k}{k-1}\left[1 - \left(\frac{\bar{p}_x}{\bar{p}_k}\right)^{\frac{k-1}{2k}}\right] \tag{6.1.24}$$

式中，$\bar{c}_H$、$\bar{c}_k$ 和 $\bar{c}_x$ 分别是瞬时爆轰的产物初始声速、k 点声速和 x 点声速。

求解 $\bar{p}_k$、$\bar{\nu}_k$ 的方法与前面类似,求解方程式为

$$\bar{p}_k \bar{\nu}_k = (k-1)\left[Q_v - \frac{D^2}{2(\gamma^2-1)}\right] \tag{6.1.25}$$

$$\bar{p}_k \bar{\nu}_k^{\zeta} = \bar{p}_H \nu_0^{\zeta} \tag{6.1.26}$$

取 $\gamma=3$ 和 $k=1.3$,对几种猛炸药的计算结果示于表 6.1.4。比较表 6.1.4 和表 6.1.2 可以看出,瞬时爆轰假设条件下的计算结果比真实爆轰低得多,对于近距离爆炸作用分析时必须考虑这一点;而在分析总体爆炸作用时这种影响较小,因为在距离爆心不太远处,两者的压力场就已较为一致了。

表 6.1.4 瞬时爆轰的冲击波初始参数计算结果

炸药	$\rho_0/(\text{g}\cdot\text{cm}^{-3})$	$D/(\text{m}\cdot\text{s}^{-1})$	$\bar{p}_k/\text{MPa}$	$\bar{\nu}_k/(\text{cm}^3\cdot\text{g}^{-1})$	$\bar{p}_x/\text{MPa}$	$\bar{u}_x/(\text{m}\cdot\text{s}^{-1})$	$\overline{D}_x/(\text{m}\cdot\text{s}^{-1})$
TNT	1.62	7000	138	2.59	28.5	4400	4840
苦味酸	1.60	7100	149	2.57	29.5	4500	4950
RDX	1.65	8350	119	3.02	36.0	4950	5450
PETN	1.69	8400	167	2.65	39.0	5200	5700

6.1.3 空气中爆炸的相似律

在 6.1.2 节中,讨论了炸药在空中爆炸波初始参数的计算问题,而且主要针对波阵面的 u_x、p_x 和 D_x 计算。本节主要介绍爆炸空气冲击波实际作用及与毁伤相关的基本参数:超压 Δp、压力作用时间 τ 和比冲量 i 随传播距离的变化及其经验算法。

1. 爆炸相似律

空中爆炸冲击波除初始参数外,其随距离的变化是无法通过简单的理论解析的方法进行求解和计算的,工程上普遍采用爆炸相似规律的方法进行近似计算,其有效性和实用性已得到人们的普遍共识。目前,关于爆炸空气冲击波三个基本参数:超压 Δp、压力作用时间 τ 和比冲量 i,均根据相似理论、通过量纲分析和实验标定参数的方法得到相应的经验计算式。

通过量纲分析可以得到 Δp、τ 和 i 均是 $\sqrt[3]{\omega}/r$ 或其倒数 $\bar{r}=r/\sqrt[3]{\omega}$(称为对比距离)的函数,其中:$\omega$ 是装药质量、r 为爆距,进而可展开成多项式(级数)形式,即

$$\Delta p = f(\sqrt[3]{\omega}/r) = A_0 + \frac{A_1}{\bar{r}} + \frac{A_2}{\bar{r}^2} + \cdots \tag{6.1.27a}$$

$$\tau/\sqrt[3]{\omega} = \varphi(\sqrt[3]{\omega}/r) = B_0 + \frac{B_1}{\bar{r}} + \frac{B_2}{\bar{r}^2} + \cdots \tag{6.1.27b}$$

$$i/\sqrt[3]{\omega} = \psi(\sqrt[3]{\omega}/r) = C_0 + \frac{C_1}{\bar{r}} + \frac{C_2}{\bar{r}^2} + \cdots \tag{6.1.27c}$$

式中,ω、r 的单位通常以 kg 和 m 计;各系数 A_i、B_i 和 C_i($i=0,1,2,3\cdots$)由实验来确定。

2. 冲击波峰值超压的计算公式

对于裸露的 TNT 球形装药在无限空气中爆炸,正压区峰值超压 Δp_+,不同时期和不同的研究工作者给出多个计算公式,从中选择具有代表性的[3-5]。

Brode[6]给出

$$\Delta p_+ = -0.0019 + \frac{0.096}{\bar{r}} + \frac{0.143}{\bar{r}^2} + \frac{0.573}{\bar{r}^3} \quad (0.0098 \leqslant \Delta p_+ \leqslant 0.98)$$

$$\tag{6.1.28a}$$

$$\Delta p_+ = 0.098 + \frac{0.657}{\bar{r}^3} \quad (\Delta p_+ > 0.98) \tag{6.1.28b}$$

式中,Δp_+ 和 $\bar{r}$ 的单位分别是 MPa 和 $\text{m/kg}^{1/3}$,下面公式的物理量单位与此相同。

Науменко 和 Лтровский[7]得到

$$\Delta p_+ = -0.098 + \frac{1.05}{\bar{r}^3} \quad (\bar{r} < 1) \tag{6.1.29}$$

Садовский[8]得到

$$\Delta p_+ = \frac{0.074}{\bar{r}} + \frac{0.221}{\bar{r}^2} + \frac{0.637}{\bar{r}^3} (1 \leqslant \bar{r} \leqslant 15) \tag{6.1.30}$$

Henrych 得到[4]

$$\Delta p_+ = \frac{1.379}{\bar{r}} + \frac{0.543}{\bar{r}^2} - \frac{0.035}{\bar{r}^3} + \frac{0.0006}{\bar{r}^4} \quad (0.05 \leqslant \bar{r} \leqslant 0.3) \tag{6.1.31a}$$

$$\Delta p_+ = \frac{0.607}{\bar{r}} - \frac{0.032}{\bar{r}^2} + \frac{0.209}{\bar{r}^3} \quad (0.3 \leqslant \bar{r} \leqslant 1) \tag{6.1.31b}$$

$$\Delta p_+ = \frac{0.065}{\bar{r}} + \frac{0.397}{\bar{r}^2} + \frac{0.322}{\bar{r}^3} \quad (1 \leqslant \bar{r} \leqslant 10) \tag{6.1.31c}$$

我国的相关标准和技术规范中规定的计算公式为

$$\Delta p_+ = \frac{0.082}{\bar{r}} + \frac{0.265}{\bar{r}^2} + \frac{0.686}{\bar{r}^3} \quad (1 \leqslant \bar{r} \leqslant 15) \tag{6.1.32}$$

该式的适用条件还包括 $H/\sqrt[3]{\omega} \geqslant 0.35$,其中 H 为爆炸中心距地面的高度,也相当于无限空气中爆炸的近似。

负压区的峰值超压 Δp_- 存在下面计算公式

$$\Delta p_- = -\frac{0.0343}{\bar{r}} \quad (\bar{r} > 1.6) \tag{6.1.33}$$

空中爆炸波正压随时间的变化由下式近似计算

$$\Delta p(t) = \Delta p_+ \left(1 - \frac{t}{\tau_+}\right) \exp\left(-a \frac{t}{\tau_+}\right) \tag{6.1.34}$$

当 $0.1\text{MPa} < \Delta p_+ < 0.3\text{MPa}$ 时,

$$a = \frac{1}{2} + 10\Delta p_+ \left[1.1 - (0.13 + 0.2\Delta p_+) \frac{t}{\tau_+}\right]$$

当 $\Delta p_+ \leqslant 0.1\text{MPa}$ 时

$$a = \frac{1}{2} + 10\Delta p_+$$

原则上,以上公式都是针对球形 TNT 装药在无限空气介质中的爆炸情况,对于其他类型装药及其他环境的爆炸将在本节后面讨论。另外,对其他形状炸药,当传播距离大于装药特征尺寸时,可按上述公式近似计算;当传播距离小于装药的特征尺寸时,也将在本节后面讨论。

3. 正压作用时间的计算

正压作用时间 τ_+ 是爆炸空气冲击波的另一个特征参数,它是影响对目标破坏作用大小的重要标志参数之一。如峰值超压一样,它的计算也是根据爆炸相似律通过实验来建立的经验关系式。

TNT 球形装药在空气中爆炸时,τ_+ 的计算式为

$$\tau_+ = B\sqrt{r}\sqrt[3]{\omega} \quad (r > 12r_0) \tag{6.1.35}$$

式中,$B = (1.3 \sim 1.5) \times 10^{-3}$;$\tau_+$ 的单位为 s(秒)。

负压作用时间 τ_-(单位为 s)的计算公式为

$$\tau_- = 1.25 \times 10^{-2} \sqrt[3]{\omega} \tag{6.1.36}$$

4. 比冲量的计算

理论上讲,比冲量由超压对时间的积分得到,但计算比较复杂。由爆炸相似律直接给出的正压比冲量 i_+ 的计算公式

$$i_+ = \frac{C}{\bar{r}}\sqrt[3]{\omega} \tag{6.1.37}$$

式中,i_+ 的单位为 Pa·s;对于 TNT 炸药,$C = 196 \sim 245$。

负压比冲量 i_- 的计算公式为

$$i_- = i_+ \left(1 - \frac{1}{2r}\right) \tag{6.1.38}$$

由该式可以看出,随着冲击波传播距离的增加,i_- 逐渐接近 i_+。

5. TNT 当量及其换算

本节中的爆炸相似律计算公式,都是针对 TNT 球形装药在无限空气介质中的爆炸。事实上,炸药的类型有很多种,也不总是在无限空气介质中爆炸。对于其他类型的炸药在特定环境条件下的爆炸,可根据能量相似原理,将实际装药换算成相当于 TNT 炸药在无限空气介质中爆炸的装药量(TNT 当量),再采用上述计算公式来计算相应的爆炸空气冲击波参数。下面介绍 TNT 当量的换算方法。

1) 其他类型炸药在无限空气介质中爆炸

对于爆热为 Q_{vi} 的某一炸药装药,装药质量为 ω_i 时,其 TNT 当量为

$$\omega_e = \frac{Q_{vi}}{Q_{vT}} \omega_i \tag{6.1.39}$$

式中,Q_{vT} 为 TNT 的爆热。

2) TNT 装药在地面上爆炸

若把地面假设为刚性地面,TNT 当量按装药质量 ω 的 2 倍处理,即

$$\omega_e = 2\omega \tag{6.1.40}$$

若为一般土壤地面时,TNT 当量按装药质量 ω 的 1.8 倍处理,即

$$\omega_e = 1.8\omega \tag{6.1.41}$$

3) TNT 装药在管道(坑道)内爆炸

设管道(坑道)截面积为 S,对于两端开口情况下的 TNT 当量

$$\omega_e = \frac{4\pi r^2}{2S} \omega = \frac{2\pi r^2}{S} \omega \tag{6.1.42}$$

式中,r 为冲击波传播距离。同理,对于一段一端开口的情况

$$\omega_e = 4\pi \frac{r^2}{S} \omega \tag{6.1.43}$$

4) TNT 装药在高空中爆炸

对于装药质量 ω 的 TNT 在空气压力为 p_{01} 高空中的爆炸,海平面空气压力为 p_0,则高空中爆炸的 TNT 当量为

$$\omega_e = \frac{p_{01}}{p_0} \omega \tag{6.1.44}$$

5) 长径比很大的圆柱形 TNT 装药的爆炸

圆柱形装药半径和长度分别为 r_0 和 L,当冲击波传播距离 $r \geqslant L$ 时,可近似看成球形装药的爆炸;对于 $r < L$ 时,TNT 当量为

$$\omega_e = \frac{4\pi r^2}{2\pi rL} \omega = \frac{2r}{L} \omega \tag{6.1.45}$$

综上,TNT 当量的换算主要注意两点:首先对装药的类型根据爆热进行换算,

然后根据爆炸条件和装药形状再进行换算。

6.1.4　战斗部(弹丸)在空气中爆炸

前面讨论的是裸装药在静止条件下的爆炸情况,而对于实际的战斗部(弹丸)来说,装药外部都有壳体,而且经常是在运动过程中爆炸,这些都直接影响着爆炸作用场。一方面,战斗部爆炸后,炸药释放出的能量一部分消耗于壳体的变形、破碎和破片的飞散,另一部分消耗于爆轰产物的膨胀和形成空气冲击波,因此与无壳装药相比,空气冲击波的超压和比冲量要减小。另一方面,装药的运动本身具有动能,这会使运动装药比静止装药的爆炸冲击波的超压和比冲量增大。下面分别给出这两种情况的 TNT 当量的换算方法。

1. 带壳装药的爆炸

壳体变形和破碎所消耗的能量约占炸药装药释放出总能量的 1%～3%,近似估算时,可以忽略不计。这样,根据能量守恒定律,质量为 ω 的炸药释放出的总能量转换为爆轰产物的内能和动能以及破片飞散的动能,即

$$\omega Q_v = E_1 + E_2 + E_3 \tag{6.1.46}$$

式中,E_1、E_2 和 E_3 分别是爆轰产物的内能、动能和破片的动能;Q_v 为炸药装药的爆热。

爆轰产物的内能为

$$E_1 = \frac{\omega\, p\nu}{\gamma - 1} \tag{6.1.47}$$

式中,p、ν 分别为爆轰产物的压力和比容;γ 为多方指数。若装药为瞬时爆轰,爆轰产物按 $p\nu^\gamma = \mathrm{const}$ 的规律膨胀,则有

$$p = \frac{p_H}{2}\left(\frac{\nu_0}{\nu}\right)^\gamma \tag{6.1.48}$$

式中,p_H、ν_0 分别为装药爆轰 CJ 压力和装药比容。将式(6.1.48)代入式(6.1.47),得到

$$E_1 = \omega Q_v \left(\frac{r_0}{r}\right)^{b(\gamma-1)} \tag{6.1.49}$$

式中,r_0、r 分别为壳体初始半径和膨胀半径;b 为形状系数,对于圆柱形壳体 $b=2$,对于球形壳体 $b=3$。

假设:壳体内爆轰产物的压力均匀分布;爆轰产物的速度沿径向线性分布,中心为 0、边界与壳体速度 u 相同。这样,爆轰产物的动能

$$E_2 = \frac{\omega}{2(a+1)} u^2 \tag{6.1.50}$$

式中,a 为形状系数,对于圆柱形装药 $a=1$,对于球形装药 $a=2/3$。

壳体的动能

$$E_3=\frac{M}{2}u^2 \tag{6.1.51}$$

式中,M 为壳体质量。将式(6.1.49)~(6.1.51)代入式(6.1.46),可得

$$\omega Q_v=\omega Q_v\left(\frac{r_0}{r}\right)^{b(\gamma-1)}+\frac{\omega}{2(a+1)}u^2+\frac{M}{2}u^2 \tag{6.1.52}$$

引入装填系数 $\alpha=\omega/(\omega+M)$,则 $M/\omega=1/\alpha-1$,代入上式得

$$u=\sqrt{\frac{2Q_v\left(1-\dfrac{r_0}{r}\right)^{b(\gamma-1)}}{\dfrac{1}{\alpha}-\dfrac{a}{a+1}}} \tag{6.1.53}$$

假设壳体瞬时整体同步破裂形成破片且破裂后爆轰产物不再对破片加速或向破片动能的转换,壳体破裂瞬时的膨胀速度 u_f,破裂半径为 r_f,则留给爆轰产物的能量为

$$E_1+E_2=\omega Q_v-\frac{M}{2}u_f^2 \tag{6.1.54}$$

即

$$E_1+E_2=\left[\frac{\alpha}{a+1-a\alpha}+\frac{(a+1)(1-\alpha)}{a+1-a\alpha}\left(\frac{r_0}{r_f}\right)^{b(\gamma-1)}\right] \tag{6.1.55}$$

可以认为上式右端是带壳装药留给爆轰产物的能量当量,则可得到带壳装药相当于裸露装药的当量

$$\omega_e=\omega\left[\frac{\alpha}{a+1-a\alpha}+\frac{(a+1)(1-\alpha)}{a+1-a\alpha}\left(\frac{r_0}{r_f}\right)^{b(\gamma-1)}\right] \tag{6.1.56}$$

对于圆柱形壳体和装药 $a=1$、$b=2$,得到

$$\omega_e=\omega\left[\frac{\alpha}{2-\alpha}+\frac{2(1-\alpha)}{2-\alpha}\left(\frac{r_0}{r_f}\right)^{2(\gamma-1)}\right] \tag{6.1.57a}$$

对于球形壳体和装药 $a=2/3$、$b=3$,得到

$$\omega_e=\omega\left[\frac{\alpha}{5-2\alpha}+\frac{5(1-\alpha)}{5-2\alpha}\left(\frac{r_0}{r_f}\right)^{3(\gamma-1)}\right] \tag{6.1.57b}$$

对于钢壳体,可近似取 $r_0/r_f=1.4\sim1.5$;对于铜壳体可取 $r_0/r_f=2.25$;脆性材料或预制破片取值应小些。

对于带壳装药爆炸空气冲击波参数的计算,首先根据式(6.1.56)换算为裸装药的当量,然后再换算 TNT 当量,可采用 6.1.3 节提供的计算公式进行相应的计算。

2. 装药运动的影响

现代弹药的运动速度都很高,深知可与爆轰产物的平均飞散速度相比拟。在这种速度下,运动着的装药爆炸所产生的能量要比静止爆炸大得多,有的可增加一倍以上,这就会使爆炸作用场产生明显的变化。当装药运动的方向与爆轰产物飞散的方向一致时,爆炸效应最大,并且随两者速度矢量之间的夹角的增加而减小。

对于装药以速度 u_0 运动,其在空气中爆炸时形成的冲击波阵面的初始压力 p_x 和速度 D_x 分别为

$$p_x = \frac{k_a + 1}{2} \rho_a (u_{x0} + u_0)^2 \tag{6.1.58}$$

$$D_x = \frac{k_a + 1}{2} (u_{x0} + u_0) \tag{6.1.59}$$

式中,k_a、ρ_a 为未扰动空气的等熵指数和密度;u_{x0} 静止爆炸时的质点速度。

对于静止爆炸,冲击波压力和初始速度分别为 p_{x0} 和 D_{x0},那么

$$\frac{p_x}{p_{x0}} = \left(\frac{u_{x0} + u_0}{u_{x0}} \right)^2 = \left(1 + \frac{u_0}{u_{x0}} \right)^2 \tag{6.1.60}$$

$$\frac{D_x}{D_{x0}} = \frac{u_{x0} + u_0}{u_{x0}} = 1 + \frac{u_0}{u_{x0}} \tag{6.1.61}$$

显而易见,在装药运动的速度方向上,相对于静止装药爆炸所形成的初始冲击波的压力和速度和都要大。这种情况下,根据能量相似原理,可把运动装药携带的动能所引起的能量增加看成装药量的增加,这时相当于静止装药的当量为

$$\omega_e = \frac{Q_v + \frac{1}{2} u_0^2}{Q_v} \omega \tag{6.1.62}$$

这样,可通过上式并结合 6.1.3 节的有关计算公式,计算运动装药的冲击波参数。

6.1.5　空气冲击波的反射与绕流

空气冲击波遇到目标结构,如建筑物、军事设施等将发生反射和绕流现象。冲击波对目标的作用过程非常复杂,在此只讨论一些基本问题。

1. 空气冲击波在刚性壁面上的反射

当空气冲击波遇到刚性壁面时质点速度立刻变为零,壁面处质点不断聚集,使压力和密度增加,形成反射冲击波,以下讨论定常平面冲击波在无限绝对刚壁面上进行的正入射和斜入射问题。

1）空气冲击波的正入射

定常平面正冲击波在刚性壁面的垂直入射及反射如图 6.1.9 所示。由于入射波是定常的，则反射波也是定常的。未经扰动介质压力、密度和质点速度分别为 p_0、ρ_0 和 $u_0 = 0$；入射冲击波阵面速度、压力、密度和质点速度分别为 D_1、p_1、ρ_1 和 u_1；反射冲击波阵面参数为 D_2、p_2、ρ_2 和 $u_2 = 0$。

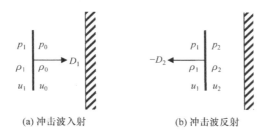

(a) 冲击波入射　　　　　　(b) 冲击波反射

图 6.1.9　平面冲击波在刚性壁面上的正入射和正反射

由冲击波的基本关系式可得到

$$u_1 - u_0 = \sqrt{(p_1 - p_0)\left(\frac{1}{\rho_0} - \frac{1}{\rho_1}\right)} \tag{6.1.63}$$

$$u_2 - u_1 = \sqrt{(p_2 - p_1)\left(\frac{1}{\rho_1} - \frac{1}{\rho_2}\right)} \tag{6.1.64}$$

规定坐标向右为正，而反射冲击波方向向左，故式（6.1.64）取负号。又因 $u_0 = u_2 = 0$，所以

$$\sqrt{(p_1 - p_0)\left(\frac{1}{\rho_0} - \frac{1}{\rho_1}\right)} = \sqrt{(p_2 - p_1)\left(\frac{1}{\rho_1} - \frac{1}{\rho_2}\right)} \tag{6.1.65}$$

将空气视作理想气体时，有冲击绝热方程

$$\frac{\rho_1}{\rho_0} = \frac{(k-1)p_1 + (k-1)p_0}{(k-1)p_0 + (k-1)p_1} \tag{6.1.66a}$$

$$\frac{\rho_2}{\rho_1} = \frac{(k-1)p_2 + (k-1)p_1}{(k-1)p_1 + (k-1)p_2} \tag{6.1.66b}$$

式中，k 为空气的等熵指数。将式（6.1.66）代入式（6.1.65），整理后得到

$$\frac{(p_1 - p_0)^2}{(k-1)p_1 + (k-1)p_0} = \frac{(p_2 - p_1)^2}{(k-1)p_2 + (k-1)p_1} \tag{6.1.67}$$

令 $\Delta p_1 = p_1 - p_0$，$\Delta p_1 = p_2 - p_1$，上式可写成

$$\frac{\Delta p_1^2}{(k-1)\Delta p_1 + 2k p_0} = \frac{(\Delta p_2 - \Delta p_1)^2}{(k-1)\Delta p_2 + (k-1)\Delta p_1 + 2k p_0} \tag{6.1.68}$$

于是，反射冲击波峰值超压为

$$\Delta p_2 = 2\Delta p_1 + \frac{(k+1)\Delta p_1^2}{(k-1)\Delta p_1 + 2kp_0} \tag{6.1.69}$$

反射冲击波的峰值压力为

$$p_2 = p_1 + \left[(p_1 - p_0) + \frac{(k-1)(p_1 - p_0)^2}{(k-1)p_1 + (k+1)p_0} \right] \tag{6.1.70}$$

由于入射冲击波的压力是 p_1，故式(6.1.70)括号内的值就是反射冲击波所引起的压力增量。变换式(6.1.70)可得到

$$\frac{p_2}{p_1} = \frac{(3k-1)p_1 - (k-1)p_0}{(k-1)p_1 + (k+1)p_0} \tag{6.1.71}$$

对于空气来说，取 $k=1.4$，由式(6.1.69)可得到

$$\Delta p_2 = 2\Delta p_1 + \frac{6\Delta p_1^2}{\Delta p_1 + 7p_0} \tag{6.1.72}$$

将函数 $\Delta p_2/\Delta p_1 = f(\Delta p_1)$ 绘制出曲线，如图 6.1.10 所示。对于弱冲击波，即 $\Delta p_1 \ll p_0$ 时，$\Delta p_2/\Delta p_1 = 2$，与声波反射情况一致；而对于强冲击波 $\Delta p_1 \gg p_0$，则 $\Delta p_2/\Delta p_1 = 8$。

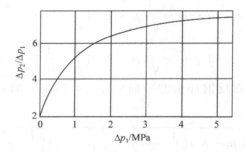

图 6.1.10　$f(\Delta p_1)$ 与 Δp_1 的关系

反射冲击波的速度为

$$D_2 = \sqrt{\frac{2}{\rho_0(k+1)p_1 + (k-1)p_0}} [(k-1)p_1 + p_0] \tag{6.1.73}$$

反射冲击波阵面两侧的密度之比为

$$\frac{\rho_2}{\rho_1} = \frac{kp_1}{(k-1)p_1 + p_0} \tag{6.1.74}$$

以上诸式适用于 $p_1/p_0 > 40$ 的情况，否则必须考虑空气的电离及电离对 k 值的影响。

2) 空气冲击波的斜入射

当空气冲击波与刚壁表面成一个角度 φ_0 入射时，发生冲击波的斜反射。冲击波的斜反射有两类情况，一类是冲击波的正规斜反射；另一类是非正规斜反射，又

称为马赫反射。究竟出现哪一类的反射与冲击波入射角有关系。当入射角较小时,出现正规斜反射;当入射角超过某一临界值 φ_{0c}(马赫反射临界角)时,则出现马赫反射。需要强调指出的是马赫反射临界角 φ_{0c} 与入射波的强度有关系。图 6.1.11 描述了 φ_{0c} 与入射波压力的关系,由图 6.1.11 可见,随着入射波压力的增大,φ_{0c} 不断减小,并趋于 $40°$ 的极限值。

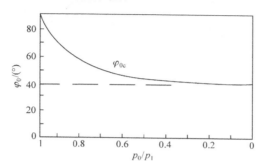

图 6.1.11　马赫反射临界角 φ_{0c} 与入射波压力的关系

空气冲击波以 φ_0 角入射发生正规斜反射如图 6.1.12 所示,反射冲击波参数的计算公式推导过程比较复杂,本书只给出结果

$$\frac{(\pi_1-1)t_0}{(\pi_2-1)t_2}=\frac{\pi_1+\mu+(1+\mu\pi_1)t_0^2}{1+\mu\pi_2+(\pi_2+\mu)t_2^2} \tag{6.1.75a}$$

$$\frac{(\pi_1-1)^2}{(\pi_2-1)^2}=\frac{(\mu\pi_1^2+\pi_1)(1+t_0^2)}{(\mu+\pi_2)(1+t_2^2)} \tag{6.1.75b}$$

式中,$\pi_1=p_1/p_0$;$\pi_2=p_2/p_1$;$t_0=\tan\varphi_0$;$t_2=\tan\varphi_2$,$\mu=(k-1)/(k+1)$。因此,当已知 p_1、φ_0 时,便可由上二式联立求出 p_2、φ_2。

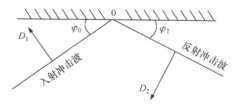

图 6.1.12　空气冲击波在刚性壁面上的正规斜反射

空气冲击波以 φ_0 角入射发生的马赫反射如图 6.1.13 所示,马赫反射区的峰值超压由下式进行近似计算

$$\Delta p_M=\Delta p_G(1+\cos\varphi_0) \tag{6.1.76}$$

式中,Δp_M 为马赫反射的峰值超压;Δp_G 为装药地面爆炸的峰值超压。

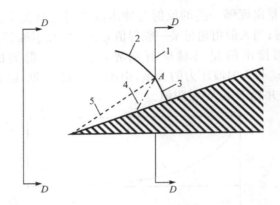

图 6.1.13　空气冲击波在楔形壁面的马赫反射
1. 入射冲击波；2. 反射冲击波；3. 马赫波；4. 间断面；5. 三波点轨迹

　　另外，由实验得到的马赫反射临界角 φ_{0c} 与装药质量 $\omega(\mathrm{kg})$ 和爆炸高度 $H(\mathrm{m})$ 的关系，如图 6.1.14 所示。

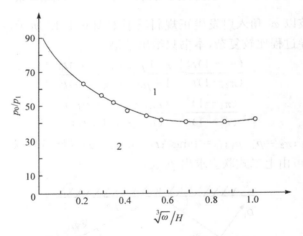

图 6.1.14　马赫反射临界角 φ_{0c} 与 $\sqrt[3]{\omega}/H$ 的关系
1. 非正规反射；2. 正规反射

　　马赫反射冲量的计算公式为

$$\left.\begin{array}{ll} i_{\mathrm{M}}=i_{+\mathrm{G}}(1+\cos\varphi_0) & (0°<\varphi_0<45°) \\ i_{\mathrm{M}}=i_{+\mathrm{G}}(1+\cos^2\varphi_0) & (45°<\varphi_0<90°) \end{array}\right\} \tag{6.1.77}$$

式中，i_{M} 为马赫反射的比冲量；$i_{+\mathrm{G}}$ 为装药地面爆炸的比冲量。

　　2. 空气冲击波的绕流

　　前面的讨论相当于冲击波对无限大尺寸障壁的作用，而实际情况下，冲击波在传播时遇到的目标尺寸往往是有限的。这时,除了反射冲击波外,还发生冲击波的绕流作用,又称为环流作用。假设平面冲击波垂直作用于一座很坚固的墙,这时就发生正反射,反射结果壁面压力增高为 Δp_2。与此同时,入射冲击波沿着墙顶部传播,显然并不发生反射,其波阵面上压力为 Δp_1。由于 $\Delta p_1 < \Delta p_2$,稀疏波向高压区传播。在稀疏波的作用下,壁面处空气受到影响而改变了运动方向,形成顺时针方向运动的旋风,另一方面又和相邻的入射波一起作用,变成绕流向前传播,如图 6.1.15(a)所示。绕流进一步发展,绕过墙顶部向下运动,如图 6.1.15(b)所示。这时墙后壁受到的压力逐渐增加,而墙的正面则由于稀疏波的作用,压力逐渐下降。即使如此,降低后的压力还要比墙后壁的大。绕流波继续沿着墙壁向下运动,经某一时刻到达地面,并从地面发生反射,使压力升高,如图 6.1.15(c)所示。这和空气中爆炸时,冲击波从地面反射的情况相类似。绕流波沿着地面运动,大约在离墙后壁 $2H(H$ 为墙高)的地方形成马赫反射,这时冲击波的压力大为加强,如图 6.1.15(d)所示。

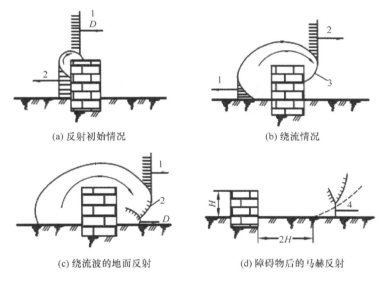

(a) 反射初始情况　　　　　　　　　　(b) 绕流情况

(c) 绕流波的地面反射　　　　　　　(d) 障碍物后的马赫反射

图 6.1.15　冲击波的绕流
1. 入射冲击波;2. 反射冲击波;3. 绕流波;4. 马赫波

如果冲击波对高而不宽的障碍物作用,如烟囱等建筑物,则发生如图 6.1.16所示的情况,其特点是墙的两侧同时产生绕流,当两个绕流绕过墙继续运动时就发生相互碰撞现象,碰撞区的压力骤然升高。高、宽都不很大的墙壁,受到冲击波作用后,绕流同时产生于墙的顶端和两侧,这时在墙的后壁某处会出现三个绕流波汇聚作用的合成波区,该处压力很高。因此,在利用墙作防护时,必须注意墙后某距离处的破坏作用可能比无墙时更加厉害。

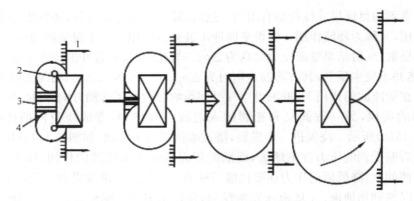

图 6.1.16　冲击波对高而不宽障碍物的绕流
1. 入射波；2. 涡流；3. 反射波；4. 稀疏波

6.1.6　空中爆炸波的毁伤特性

装药在空气中爆炸所产生的毁伤载荷包括爆炸冲击波、爆轰产物以及热辐射等，会使一定范围内的目标，如建筑物、军事装备和人员，产生不同程度的损伤和破坏。距爆炸中心距离(爆距)小于 $10\sim12r_0$ (r_0 为装药半径)时，目标受到冲击波和爆轰产物的共同作用；而超过上述距离时，则只受到空气冲击波的作用。因此，在进行毁伤效应分析计算时，必须考虑爆距而采用相应的计算公式。

各种目标在爆炸作用下的破坏是一个极其复杂的问题，不仅与载荷有关，也与目标特性及某些随机因素有关。对于特定目标，空气冲击波对目标的毁伤程度与冲击波峰值超压 Δp_+、正压作用时间 τ_+ 和正压比冲量 i_+ 均有关。

1. 对地面建筑物的毁伤

在一定作用距离($10\sim15r_0$)以外或单独考虑空气冲击波的作用时，地面建筑物毁伤的工程计算需要考虑结构本身的振动周期 T 和冲击波正压作用时间 τ_+。如果 $\tau_+ \ll T$，则目标的破坏主要取决于正压比冲量 i_+，即采用比冲量毁伤准则通过 i_+ 进行度量较为合理；反之，若 $\tau_+ \gg T$，则主要取决于冲击波峰值超压 Δp_+，则更适合采用超压毁伤准则通过 Δp_+ 进行度量。与此相对应，按比冲量进行分析计算时，需要满足 $t_+/T \leqslant 0.25$；按峰值超压时，需要满足 $t_+/T \geqslant 10$。在上述两个范围之间，无论按比冲量 i_+ 还是按峰值超压 Δp_+ 计算，都不能获得满意的结果。通常，大药量和核爆炸时，因正压作用时间比较长，所以主要考虑峰值超压作用即采用超压毁伤准则通过 Δp_+ 进行度量；当小药量爆炸或爆距较小时，因正压区作用时间很短，所以主要考虑比冲量作用即采用冲量毁伤准则通过 Δp_+ 进行度量。

一些建筑结构的自振动周期和破坏载荷的数据列于表 6.1.5，首先把冲击波

正压作用时间 τ_+ 和表中的自振动周期 T 进行比较,然后选择超压 Δp_+ 或比冲量 i_+,并据此分析冲击波的破坏特性。

表 6.1.5 几种结构的自振动周期和破坏载荷

构件	砖墙		钢筋混凝土墙(0.25m)	木梁上的楼板	轻隔板	装配玻璃
	2 层砖	1.5 层砖				
T/s	0.01	0.015	0.015	0.3	0.07	0.02~0.04
$\Delta p_+/kPa$	44.1	24.5	2.45	0.98~1.57	0.49	0.49~0.98
$i_+/Pa \cdot s$	2156	1862	—	500~600	300	100~300

基于二战期间的积累数据,得到计算砖砌楼房和一般工业建筑冲击波毁伤的经验公式[9,10]

$$r = \frac{K\sqrt[3]{\omega}}{\sqrt[6]{1+(3180/\omega)^2}} \tag{6.1.78}$$

式中,r 为爆距(以 m 为单位);ω 为爆炸 TNT 当量(以 kg 为单位);K 为毁伤程度或等级指数。K 值与毁伤程度或等级的对应关系为:$K=3.8$,建筑完全破坏;$K=5.6$,建筑的 50% 完全破坏;$K=9.6$,建筑不再适合居住或使用;$K=28$,建筑中度破坏,内部低强度隔墙损伤;$K=56$,建筑轻度损伤,超过 10% 的玻璃破碎。

事实上,式(6.1.78)是以装药量或爆炸 TNT 当量对毁伤进行度量,结合爆炸相似律的有关计算公式,可以很清晰地看出式(6.1.78)综合考虑了冲击波峰值超压和比冲量两方面的因素,因此比单纯采用冲击波峰值超压或比冲量进行分析计算更为合理,且可以不考虑建筑结构自振动周期 T 和冲击波正压作用时间 τ_+ 的影响。

由式(6.1.78),可以绘制出砖砌建筑物不同毁伤等级的超压-比冲量曲线,如图 6.1.17 所示[2,10]。需要指出的是,尽管式(6.1.78)适用于砖砌建筑物,但对于钢筋混凝土结构或坚固工事类目标,可以以此为基本形式,通过试验修正其中的参数"3180",从而得到类似的分析计算公式。

2. 对军事装备的毁伤

文献[1]和[3]给出了一些军事装备以空气冲击波超压为度量准则的毁伤特性,具体如下:

(1) 飞机。

① 超压大于 0.1MPa 时,各类飞机完全破坏,可对应摧毁模式或一级毁伤;

② 超压为 0.05~0.1MPa 时,活塞式飞机完全破坏(对应摧毁模式或一级毁伤),喷气式飞机受到严重破坏(对应重创模式或二级毁伤);

③ 超压为 0.02~0.05MPa 时,歼击机和轰炸机轻微损坏(对应压制模式或三

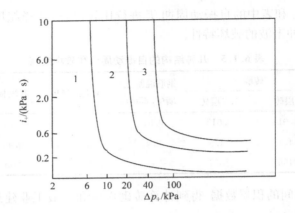

图 6.1.17　砖砌建筑物不同毁伤等级的超压-比冲量曲线

级毁伤),运输机受到中等或严重破坏(对应重创模式或二级毁伤)。

（2）舰船。

① 超压为 0.07～0.085MPa 时,舰船受到严重破坏,对应重创模式或二级毁伤;

② 超压为 0.028～0.043MPa 时,舰船受到轻微或中等破坏,对应压制模式或三级毁伤。

（3）装甲车辆。

① 超压为 0.035～0.3MPa 时,轻型装甲车、自行火炮等受到不同程度的破坏;

② 超压 0.045～1.5MPa 时,坦克等重型装甲车辆受到不同程度的破坏。

（4）雷达和轻武器。

超压为 0.05～0.11MPa,可造成雷达站和轻武器不同程度的破坏。

上述目标毁伤特性相对应的冲击波超压数据,大致给出了取值范围,尚不能实现细致和准确的定量。特别需要指出的是,文献[1]和[3]并没有指出上述冲击波超压数据的获得源自何种爆炸条件,然而几乎可以肯定,这应该是核爆炸的结果。由于核爆炸冲击波具有更大的正压作用时间和比冲量,因此若是常规战斗部装药的爆炸,造成相同毁伤结果的冲击波超压一定比上述超压值更大。根据爆炸相似律,对于常规炸药爆炸,当冲击波超压相同时,正压作用时间和比冲量随爆炸当量的增大而增大,因此采用冲击波超压度量和分析目标毁伤特性时,需要考虑爆炸当量的因素。也就是说,对于常规炸药爆炸,单纯用冲击波超压度量和分析目标的毁伤特性是片面的,上述目标毁伤的冲击波超压数据只能作为某种参考,而综合考虑超压和比冲量的式(6.1.78)和如图 6.1.17 所示的超压-比冲量关系曲线,则具有较高的科学性和合理性,值得广泛采纳和应用。

3. 空气冲击波对人员的毁伤

空气冲击波对人员的毁伤首先是听觉器官和呼吸系统。对于听觉器官的毁伤,图6.1.18给出了不同致伤程度的超压-比冲量关系曲线[2,10],图中曲线代表了致伤临界阈值,即曲线以下是安全的,而曲线以上会出现不同程度、不同概率的损伤。对于呼吸系统的毁伤,图6.1.19给出了肺部不同致伤程度的超压-比冲量关系曲线[11],图中曲线代表了肺部致伤临界阈值,而曲线以上会出现不同程度、不同概率的损伤。

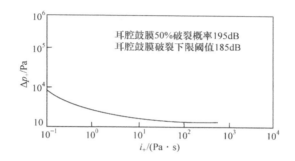

图6.1.18 冲击波正入射人体耳朵听觉器官毁伤的超压-比冲量曲线

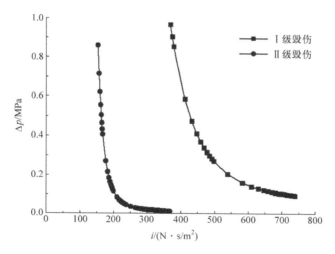

图6.1.19 人体肺部毁伤的冲击波超压-比冲量曲线

文献[1]和[3]给出了空气冲击波毁伤暴露人员与毁伤程度相对应的超压数据,示于表6.1.6。同样几乎可以肯定,这也是核爆炸的数据,对于常规战斗部装药的爆炸,所需的冲击波超压值要比这大得多。

空气冲击波对掩体内的人员的杀伤作用要小得多,如掩蔽在堑壕内,杀伤半径为暴露时的 2/3;掩蔽在掩蔽所和避弹所内,杀伤半径仅为暴露的 1/3。

表 6.1.6　爆炸空气冲击波超压与人员毁伤

冲击波超压/MPa	毁伤程度
0.02～0.03	轻微(轻微的挫伤)
0.03～0.05	中等(听觉器官损伤、中等挫伤、骨折等)
0.05～0.1	严重(内脏严重挫伤、可引起死亡)
>0.1	极严重(可能大部分人死亡)

4. 毁伤距离与安全距离

爆炸对目标造成破坏的距爆心最大距离,定义为破坏距离,用 r_a 表示;对目标不造成破坏的距爆心最小距离,定义为安全距离,用 r_b 表示。破坏距离和安全距离近似按以下两式计算

$$r_a = k_a \sqrt{\omega} \tag{6.1.79}$$

$$r_b = k_b \sqrt{\omega} \tag{6.1.80}$$

式中,k_a、k_b 是与目标有关的系数,$k_b \approx (1.5 \sim 2) k_a$;$\omega$ 为装药 TNT 当量,单位为 kg;r_a、r_b 的单位为 m。表 6.1.7 给出了一些目标的 k_a 值。

表 6.1.7　常规炸药爆炸的各种目标 k_a 值

目标	k_a	破坏程度
飞机	1	结构完全破坏
舰艇	0.44	舰面建筑物破坏
非装甲船舶	0.375	船舶结构破坏,适用于 $\omega < 4000\,kg$
装配玻璃	7～9	破碎
木板墙	0.7	破坏,适用于 $\omega > 250\,kg$
砖墙	0.4	形成缺口,适用于 $\omega > 250\,kg$
砖墙	0.6	形成裂缝,适用于 $\omega > 250\,kg$
不坚固的木石建筑物	2.0	破坏
混凝土墙和楼板	0.25	严重破坏

表 6.1.8　地面核爆炸的建筑物 k_a 值

k_a	冲击波超压/MPa	破坏程度
15～10	0.01～0.02	建筑物部分破坏
9～7	0.02～0.03	建筑物有显著破坏
4.5～4	0.06～0.07	钢骨架和轻型钢筋混凝土建筑物破坏
3.5	0.10	钢筋混凝土建筑物破坏或严重破坏
2.8～2.5	0.15～0.20	抗震钢筋混凝土建筑物破坏或严重破坏
2.5～2.0	0.20～0.30	钢架桥位移

6.2　水 中 爆 炸

6.2.1　水中爆炸现象

　　系统、深入研究水中爆炸发生、发展等问题具有重大意义,军事上在水中兵器与毁伤、舰艇抗爆防护以及水声对抗等技术领域,民用上在水下工程爆破、地震探矿、航道疏通和自然海啸等方面,都需要详细研究水中爆炸机理与效应。

　　炸药装药水中爆炸的现象和机理都与水介质的特性紧密相关,其中常温、常压下水的液态性质是最主要根源。相对于空气,水的密度和声速更大、可压缩性更小。水的密度比空气大得多,约是空气的 800 倍。水的音速较大,在 18℃的海水中约为 1494m/s。水的可压缩特性表现在:低压(100MPa)下几乎是不可压缩的,在爆炸这样的高压下(GPa 量级)是可压缩的。由于水的上述特性,使水中爆炸后形成的冲击波和气泡的脉动呈现出其自身的特点。

　　炸药装药在水中爆炸,高压下水的可压缩性使得在水中形成强冲击波,因爆轰产物气泡的存在使其与理想冲击波有所区别,所以也称水中爆炸波。对于绝大多数凝聚态固体炸药,装药密度大于水的密度($1g/cm^3$),因此通常情况下水中爆炸波的形成机理、过程以及基本性质等均与空气中爆炸相类似,主要是量级上有差别。另外,自由面(空气-水界面)的存在,使冲击波到达自由面时反射稀疏波,在自由面附近的水中形成一定的负压和空化效应区,空化区域上部的水在大气压力和重力作用下垂直下落,对未空化区域的水形成碰撞和冲击,产生所谓的"水锤效应"。

　　水中爆炸与空气中爆炸最突出的差别,就是气泡脉动及其效应。爆轰产物类似于气体,在液态的水中形成气泡,气泡在上浮的同时伴随着不断的脉动。气泡第二次膨胀(第一次膨胀是指初始冲击波后的膨胀)所产生的脉动压力波称为二次压力波,因其具有与冲击波相当的冲量和有效的毁伤作用而备受关注。在此之后的气泡脉动所产生的压力波基本上属于弱扰动,一般不再考虑。气泡的脉动引起水介质的往复运动,称为脉动水流,对水中目标具有振荡冲击效应。另外,若气泡附近存在障碍物,因气泡的脉动,产生穿越气泡中心并指向障碍物的聚合水流,称为水射流,水射流具有较强的毁伤破坏作用。

　　总之,炸药装药水中爆炸的基本现象是形成冲击波和气泡脉动,并由此派生出水锤、脉动压力波与脉动水流以及水射流等毁伤载荷,下面细致分析和讨论。

1. 无限水域中爆炸

1) 水中爆炸波

　　装药在无限、均匀和静止的水中爆炸时,首先在水中形成爆炸冲击波,简称为水中爆炸波。由于水的密度远大于空气,所以水中爆炸波的初始压力比空中爆炸波的初始压力要大得多。空中爆炸波的初始压力一般在 $60\sim130$MPa 之间,因水的密度高,水中爆炸波的初始压力可达 10GPa 以上。随着水中爆炸波的传播,其波阵面压力和速度下降很快,且波形被不断拉宽。球形爆炸波在约 10 倍装药半径处压力降为初始压力的 1‰,柱面和平面冲击波衰减的幅度略低一些。爆炸波压力衰减如此剧烈,其根本原因是点爆炸条件下波的发散性以及在阵面处的耗散性。例如,173kg 的球形 TNT 装药在水中爆炸时,测得的冲击波传播情况如图 6.2.1 所示[13]。由图 6.2.1 可以看出,在离爆炸中心较近处,压力下降极为迅速;而离爆炸中心较远处,压力下降相对较为缓慢。此外,水中爆炸波的作用时间比空中爆炸波作用时间要短得多,前者约为后者的 1‰,这是因为水中冲击波波阵面传播速度与尾部传播速度相差较小的缘故。如水中冲击波压力为 500MPa,冲击波阵面速度约为 2100m/s,当压力下降为 25MPa 时,波阵面速度已接近音速。

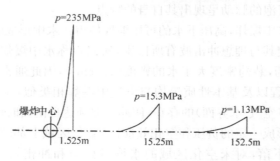

图 6.2.1　水中爆炸冲击波及其传播

　　因水的密度大,其受压缩的程度低于空气。另外,水深的存在使水中爆炸的环境压力大于空气中爆炸,气泡膨胀到环境压力时的半径更小。因此,炸药爆轰释放的总能量转换为水中冲击波能量的比例更低,而留在气泡里能量更大。空气中爆炸冲击波的能量转换比例理论上可达 90% 以上,而水中爆炸多数在 50%～60% 之间。

2) 气泡脉动

水介质的液态性质,使爆轰产物与水介质之间存在较清晰的界面,于是冲击波形成并离开以后,爆轰产物在水中以气泡的形式继续膨胀,推动周围的水沿径向向外流动,流动持续的本质原因是爆轰产物和水介质发散流动的惯性。随着气泡的膨胀,压力不断下降,当压力降到平衡压力(大气压力和静水压之和)时,惯性效应使气泡的膨胀并不停止而继续"过度"膨胀,惯性效应消失时膨胀停止,气泡半径达到最大值,此时气泡的压力最低。接着,压差的存在使气泡周围的水开始反向流动而向中心聚合,同时对气泡形成压缩,气泡的压力开始上升。同样,聚合水流惯性运动的结果,使气泡被"过度"压缩,其内部压力又高于平衡压力,直到惯性效应消失而达到新的平衡,此时气泡的半径和压力分别达到极小值和极大值。至此,气泡脉动的第一次膨胀和压缩过程结束。由于此时气泡内的压力高于平衡压力,开始气泡脉动的第二次膨胀和压缩。因能量耗散、质量损失(产物弥散或溶于水)等所导致的惯性效应减弱,第二次膨胀和压缩的气泡半径极大值小于第一次、极小值大于第一次,与此相对应的气泡压力分别高于和低于第一次。气泡脉动过程中的半径与时间的关系和气泡半径极大值与极小值的对比分别如图 6.2.2[2]和图 6.2.3所示[13,14]。

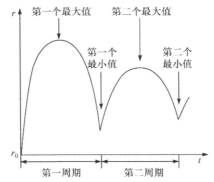

图 6.2.2　气泡半径与时间的关系

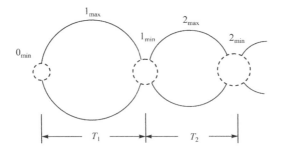

图 6.2.3　气泡半径极大值与极小值的对比

由图 6.2.2 和图 6.2.3 可以看出,在气泡脉动过程中,气泡半径的极大值不断减小,极小值不断增大,最终二者将趋于一个平衡半径,即气泡压力与平衡压力相等的半径,然后脉动结束。当然,这只是理想条件下的理论分析结果,忽略了气泡脉动过程的能量耗散和质量损失(产物溶于水)的影响,也没有考虑实际条件气泡不断上升的环境压力变化。事实上,气泡脉动不可能持续很久,也难以通过试验获得与理论分析完全一致的测试结果。尽管如此,由于水的密度大、惯性大,水中爆炸比空气中爆炸的气泡脉动次数要多得多,有时可达 10 次以上。

250g 特屈儿在 91.5m 深的海水中爆炸时,用高速摄影测得的气泡半径与时间的关系,如图 6.2.4 所示[13]。由图 6.2.4 可以看到,开始时气泡膨胀速度很大,经过 14ms 后速度下降为零;然后气泡很快被压缩,到 28ms 后达到最大压缩。在此之后,开始第二次膨胀和压缩。图中虚线表示脉动过程气泡的平衡半径,可以看出第一次脉动的约 80% 时间内,气泡的压力低于平衡压力,另外,平衡半径随脉动次数的增加而不断减小,这主要是气泡脉动过程中的能量耗散和质量损失所造成的结果。另外,由图 6.2.4 与图 6.2.3 对比还可以看出,随着脉动次数的增加,气泡半径的极大值不断减小,与理论预期相一致,这可能是由于气泡上浮、平衡压力的下降不足以抵消能量耗散和质量损失的影响;而随着脉动次数的增加,气泡半径的极小值并不增加而趋于不变,与理论预期不一致,这可能是由于相比前一次脉动,气泡半径极小值时的水深和平衡压力更小、能够一定程度抵消能量耗散和质量损失的缘故。

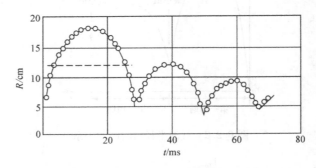

图 6.2.4　气泡半径与时间关系的试验结果

气泡受浮力作用,在脉动过程中不断上升。气泡膨胀时,上升缓慢,几乎原地不动;气泡收缩时,则上升较快。爆轰产物形成气泡的初始形状一般为球形,如果炸药为圆柱状,长径比在 1~6 范围内,则离装药 $25r_0$(r_0 为圆柱装药半径)处就接近球形了。气泡接近最小体积时偏离球形形状,是其脉动和上浮运动的一个基本特征。在气泡半径接近极小值并快速上浮时,因水深压差的存在,尤其是有自由面反射稀疏波的影响时,气泡形状呈现出上部凸起、底部凹陷的"蘑菇头形",如图 6.2.5 所示。

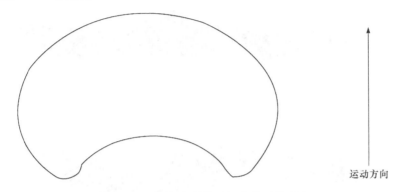

运动方向

图 6.2.5　气泡半径接近极小值时的形状

　　气泡脉动过程中,水中将不断形成稀疏波和压缩波。稀疏波产生于气泡半径极大值的情况,而压力波则与气泡最小半径相对应,气泡第二次膨胀时所形成的二次压缩波是一种重要毁伤载荷。例如,137kgTNT 装药,在水下 15m 深处爆炸时,离 爆 炸 中 心 18m 处测得的水中压力与时间的关系如图 6.2.6 所示[13]。图 6.2.6 显示,首先到达的是水中爆炸波,随后出现的是二次压力波。许多研究表明,二次压力波的最大压力不超过冲击波的 10%～20%,而作用时间远远超过冲击波作用时间,因此,其比冲量可与冲击波相比拟,其毁伤破坏作用不容忽视。

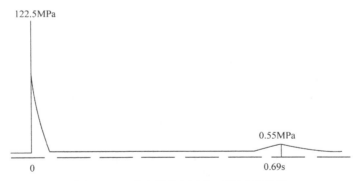

122.5MPa

0.55MPa

0　　　　　　　　　　　　　　　　　　　　　　0.69s

图 6.2.6　水中爆炸压力与时间试验结果

　　气泡的脉动引起一定水域的水介质往复运动,形成脉动水流。大当量爆炸的脉动水流可对流场中的舰艇产生振荡冲击,成为一种重要的毁伤载荷。若这种振荡冲击的频率与舰艇结构的固有频率相当,有可能造成舰艇整体性的结构破坏。对于细长体结构的舰艇和鱼雷等装备,这种脉动水流的往复,使结构产生如甩鞭子一样的弹性变形,即所谓的"鞭状效应"。由数值仿真给出的水面舰艇的典型鞭状效应如图 6.2.7 所示,鞭状效应是一种典型的毁伤机理和毁伤效应模式。

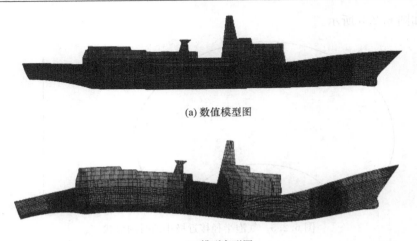

(a) 数值模型图

(b) 模型变形图

图 6.2.7　数值仿真的鞭状效应(来自网络)(后附彩图)

　　综合以上现象的分析和讨论,可以给出炸药装药在无限、均匀和静止的水中爆炸基本现象的物理图像,如图 6.2.8 所示[13]。另外,某炸药水中爆炸的能量分配如表 6.2.1 所示,从中可以看到,总能量的 59% 用于冲击波的形成,剩下的能量分配给爆轰产物(气泡)。

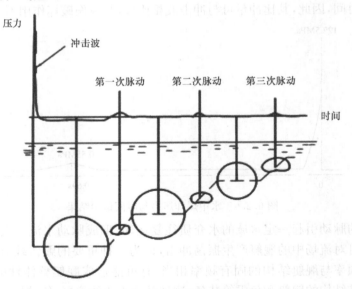

图 6.2.8　水中爆炸基本现象示意图

表 6.2.1　水中爆炸的能量分配

冲击波的形成和气泡脉动	爆炸能量的消耗/%	留给下次脉动的能量/%
冲击波的形成	59	41
第一次气泡脉动	27	14
第二次气泡脉动	6.4	7.6

2. 界面效应

上面讨论了装药在无限、均匀和静止的水中爆炸情况,实际情况下水介质都有自由面(水-空气界面)和水底存在。如果考虑水中爆炸对舰艇和水下构筑物的毁伤问题,相当于有障碍物的存在,这将使水中爆炸现象大为复杂化。

1) 自由面和海底效应

在有自由面存在时,水中爆炸波球形波阵面首先到达自由面并开始反射稀疏波,稀疏波的作用使水面的水质点向上飞溅,形成特有的水花状"水冢"。在"水冢"边缘,可以看到一个迅速扩大的暗灰色水圈,这是由于水介质被冲击压实和密度提高所形成的冲击波迹线及其扩展所致。1kg 球形 RDX 装药在 1.5m 水深爆炸的"水冢"形成与成长的试验照片如图 6.2.9 所示[15]。图 6.2.9(a)为球面水中爆炸冲击波顶部到达水面瞬时,因稀疏和空化效应水面开始泛白;图 6.2.9(b)显示了水冢的成长并清晰可见暗灰色水圈即冲击波迹线;图 6.2.9(c)和图 6.2.9(d)显示出水冢的扩大和冲击波迹线的扩展过程。

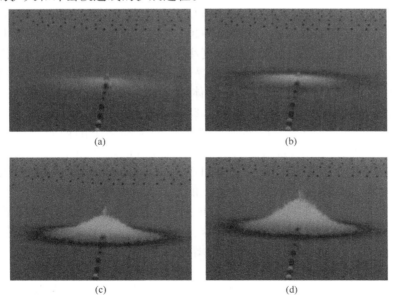

(a)　　　　　　　　　　　(b)

(c)　　　　　　　　　　　(d)

图 6.2.9　1kg 球形 RDX 装药在 1.5m 水深爆炸的水冢形成与成长(后附彩图)

　　另外,受水中爆炸波驱动而向上运动的近自由面水体,会在水中入射冲击波与界面反射稀疏波的联合作用下形成一系列不连续的空化层,即水体发生层裂(spall)。整个分裂的空化区(或层裂区)水体受大气压、饱和蒸气压和重力作用,在回落过程中发生闭合,并最终以一个整体撞击仍然在向上运动(或静止)的未空化区水体,产生很强的压力波。这一过程被称为"水锤(water hammer)效应",水锤撞击所产生的压力波被广泛认可为一种有效的毁伤载荷。试验表明,水锤效应具有十分广泛的破坏作用,特别是不太深的装药在潜艇等目标上方爆炸时,这种毁伤效应十分突出[16]。

　　当起爆深度较深时,气泡上升到达自由面,会出现与爆轰产物混在一起形成的喷射水柱。Cole[13](1948年)最早对喷射水柱的形态与形成过程进行了定性理论分析,认为水柱形态与气泡达到自由面时的状态有关。Cole指出,当气泡在开始收缩前到达水面,由于气泡上浮速度小,几乎只作径向飞散,因此水柱按径向喷射出现于水面;气泡在最大压缩的瞬间到达水面,气泡上升速度很快,这时气泡上方的水垂直向上高速喷射,形成高而窄的水柱或喷泉。当装药在足够深的水中爆炸时,气泡在到达自由面以前就被分散或溶解了,则不出现上述现象。对于普通炸药,此爆炸深度 H 为

$$H \geqslant 9.0 \sqrt[3]{\omega} \tag{6.2.1}$$

式中,ω 为装药 TNT 当量。

　　近自由面水下爆炸时的喷射水柱形态和形成机理较为复杂,Kendrinskii[17](2005年)综合前人的实验结果,给出了近自由面不同起爆深度的四种典型喷射水柱形态,并分析了形成机理,如图6.2.10所示。其中,图中(a)、(b)、(c)和(d)分别代表4种不同起爆深度情况,(1)、(2)和(3)分别表示水面现象、气泡形态和水流行为。如图6.2.10(a)所示,装药起爆深度小于气泡最大膨胀半径且气泡快速膨胀过程中到达自由面,气泡上方的水体受爆轰气体产物的推动作用向上抛起,形成"空心水柱",在此之后水面闭合,闭合水体相互冲击作用下,分别形成向上和向下的速度高和直径小的"水射流"。如图6.2.10(b)所示,起爆深度稍小于气泡最大膨胀半径时,少量水体被抛起,然后分别形成向上和向下的两股"水射流"。如图6.2.10(c)所示,起爆深度等于气泡最大膨胀半径时,水面的水体主要作径向飞散并形成向下的水射流。如图6.2.10(d)所示,当起爆深度大于气泡最大膨胀半径并在收缩阶段到达自由面时,产生向上的水射流并穿透气泡形成高速水柱。

　　在有水底存在时,装药和在地面爆炸一样,将使水中冲击波的压力提高。在考虑绝对刚壁时,相当于2倍装药量的爆炸。实际条件下远远达不到这种情况,实验表明,对于砂质黏土的水底,冲击波压力增加约10%,比冲量增加约23%。

　　2)障碍物效应

　　水中有障碍物存在时,障碍物对气泡的运动影响较大。气泡膨胀时,接近障碍物处水的径向流动受到阻碍,存在气泡离开障碍物的倾向。但是,当气泡受压缩

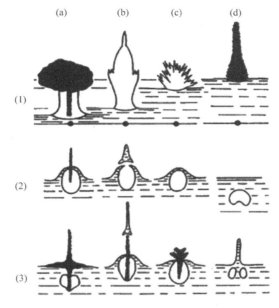

图 6.2.10　近自由面水下爆炸的不同水柱形态示意图

时,接近障碍物处水的流动受阻,而其他方向的水径向聚合流动速度很大,因此使气泡朝着障碍物方向运动,好像气泡被引向障碍物。近障碍物中爆炸时,气泡压缩过程中的径向聚合水流,最终形成穿越气泡中心并指向障碍物的聚能水流即水射流,同时导致气泡溃灭,这一典型过程的试验照片如图 6.2.11 所示[18]。水射流具有很强的穿孔破坏效应,是一种重要的毁伤载荷,其在水中与冲击波作用后,紧接着作用于目标结构,产生附加或耦合的毁伤作用。

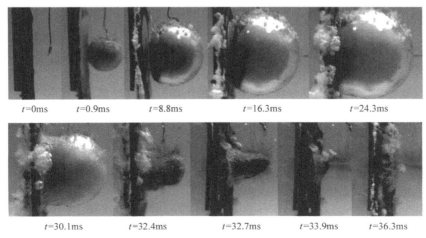

图 6.2.11　近障碍物水中爆炸气泡形态演化照片

6.2.2　水中爆炸波基本方程与初始参数求解

1. 水中爆炸波基本方程与水的状态方程

可压缩介质的冲击波基本方程适用于水介质,因此水中爆炸波阵面上的质量守恒、动量守恒和能量守恒方程分别为

$$\rho_{\mathrm{w}}(D_{\mathrm{w}}-u_{\mathrm{w}})=\rho_{\mathrm{w0}}(D_{\mathrm{w}}-u_{\mathrm{w0}}) \tag{6.2.2}$$

$$p_{\mathrm{w}}-p_{\mathrm{w0}}=\rho_{\mathrm{w0}}(D_{\mathrm{w}}-u_{\mathrm{w0}})(u_{\mathrm{w}}-u_{\mathrm{w0}}) \tag{6.2.3}$$

$$E_{\mathrm{w}}-E_{\mathrm{w0}}=\frac{1}{2}(p_{\mathrm{w}}+p_{\mathrm{w0}})\left(\frac{1}{\rho_{\mathrm{w0}}}-\frac{1}{\rho_{\mathrm{w}}}\right) \tag{6.2.4}$$

式中,ρ、p、D、u 和 E 分别表示水的密度、压力、爆炸波阵面速度、质点速度和内能,下标“w”和“w0”分别表示波后和波前的状态。

式(6.2.2)和式(6.2.3)相结合可变换成如下有用形式

$$u_{\mathrm{w}}-u_{\mathrm{w0}}=\sqrt{(p_{\mathrm{w}}-p_{\mathrm{w0}})\left(\frac{1}{\rho_{\mathrm{w}}}-\frac{1}{\rho_{\mathrm{w0}}}\right)} \tag{6.2.5}$$

$$D_{\mathrm{w}}-u_{\mathrm{w0}}=\sqrt{\frac{p_{\mathrm{w}}-p_{\mathrm{w0}}}{\frac{1}{\rho_{\mathrm{w}}}-\frac{1}{\rho_{\mathrm{w0}}}}} \tag{6.2.6}$$

在式(6.2.2)~(6.2.4)或式(6.2.4)~(6.2.6)中包含五个未知量,补充水的状态方程或冲击压缩规律,在其中一个已知量的情况下,可求其他未知量。水的状态方程一般采用压力 p、密度 ρ、熵 S、内能 E 和温度 T 等状态函数中的 3 个或 2 个所构成的等式关系,介质的冲击压缩规律有时也称为冲击雨贡纽关系,如冲击波速度 D 和质点速度 u 的函数关系。

水的状态方程一般通过实验来确定,基于 Bridgmen[19] 在 4.9GPa 以下的静高压实验数据,拟合得到一种水在高压下的状态方程为

$$p_{\mathrm{w}}=(11.01-9.46\nu_{\mathrm{w}})(T_{\mathrm{w}}-348)+506.0\nu_{\mathrm{w}}^{5.58}-435.3 \tag{6.2.7}$$

式中,p_{w}、T_{w} 和 ν_{w} 分别表示压力、温度和比容,单位分别为 MPa、K 和 cm³/g。

式(6.2.7)经过热力学变换,消去式中的温度 T_{w},可得到水的冲击绝热方程

$$\frac{p_{\mathrm{w}}+a}{p^{*}}=\left(\frac{\rho_{\mathrm{w}}}{\rho^{*}}\right)^{\chi(S)} \tag{6.2.8}$$

式中,a、p^{*} 和 ρ^{*} 均为常数,其中 $a=0.529\mathrm{GPa}$、$p^{*}=8.94\mathrm{GPa}$、$\rho^{*}=2.53\mathrm{g/cm^{3}}$;$\chi(S)$ 为与系统熵有关的系数,$\chi(S)$ 与压力的关系如图 6.2.12 所示。由图 6.2.12 可以看到,当 $p_{\mathrm{w}}=0.1\mathrm{MPa}$(1 个大气压)时,$\chi=5.55$;当 $p_{\mathrm{w}}=3\mathrm{GPa}$(3 万个大气压)时,$\chi=5.45$。对于这样大的压力下降,$\chi$ 的变化只有约 2%,所以可以近似按等熵处理。在实际应用过程中,一般 $p_{\mathrm{w}}>1.0\mathrm{GPa}$(1 万个大气压)时,不再视为等熵过

程。必须指出的是,式(6.2.8)是基于静压 4.9GPa 以下的实验数据所得到,对于更高的压力只是外推值。

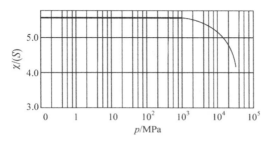

图 6.2.12　$\chi(S)$ 与压力的关系

一般把水中冲击波按压力大小分成三种强度,其中压力大于 2.5GPa 属强冲击波;压力在 2.5～0.1GPa 之间为中等强度冲击波;压力小于 0.1GPa 为弱冲击波。把冲击波压缩水和空气时熵的增量 ΔS 与压力的对应关系进行比较,如表 6.2.2 所示。由表 6.2.2 可以看出,水中强冲击波是不等熵的;弱冲击波几乎以声速传播,按声学近似(等熵)能够获得足够的精度。

表 6.2.2　冲击波压缩水和空气的熵增 ΔS 与压力的对应关系

冲击波强度	强冲击波		中等强度冲击波			弱冲击波
$\Delta S/(J \cdot g^{-1} \cdot K^{-1})$	2.040	0.861	0.033	0.079	0.019	0.0006
水中 p_w/GPa	10.0	5.0	2.5	1.0	0.5	0.1
空气中 p_a/MPa		3.2	1.0	0.6	0.07	0.037

第二次世界大战后的 20 世纪 50～60 年代,研究材料冲击压缩性的方法迅猛发展,从这些研究中得到了很宽压力范围($0 < p_w < 45GPa$)的水的冲击绝热方程[20]

$$D_w = 1.483 + 25.306 \lg\left(1 + \frac{u_w}{5.19}\right) \tag{6.2.9}$$

式中,D_w 和 u_w 分别表示冲击波速度和质点速度,单位均为 km/s。

根据冲击波强度的不同,水的状态方程可分别采用下面不同形式 $p_w \sim \rho_w$ 关系。

(1) 强冲击波($p_w \geqslant 2.5GPa$)

$$p_w - p_{w0} = 0.4165(\rho_w^{6.29} - \rho_{w0}^{6.29}) \tag{6.2.10}$$

式中,p_w 和 p_{w0} 的单位均为 GPa。

(2) 中等强度冲击波($0.1GPa < p_w < 2.5GPa$)

$$\frac{p_w + B}{\rho_w^n} = \frac{p_{w0} + B}{\rho_{w0}^n} \tag{6.2.11}$$

式中，$p_{w0}=0.098\text{MPa}$，$\rho_{w0}=1000\text{kg/m}^3$；$n$ 和 B 是常数：$n=7.15$，$B=307.5\text{MPa}$。由于 $p_{w0}\ll B$，上式也可以改写成

$$p_w=B\left(\frac{\rho_w^n}{\rho_{w0}^n}-1\right) \tag{6.2.12}$$

由于中等强度冲击波扰动后，熵值变化不大，式(6.2.11)和式(6.2.12)也可以当作等熵方程。

（3）弱冲击波（$p_w\leqslant 0.1\text{GPa}$）

弱冲击波的传播是等熵过程，沿用式(6.2.11)或式(6.2.12)。

对于强冲击波参数的计算，在已知某一个参数时，利用冲击波基本方程式(6.2.2)～(6.2.4)或式(6.2.4)～(6.2.6)并结合式(6.2.10)，计算其他参数。需要指出的是，强冲击波扰动后的声速还不能进行严格的计算，强冲击波扰动后介质的介质压力和密度都很大，准确的等熵方程尚不能得到。但是，可以近似选择式(6.2.8)作为等熵方程，再结合声速的定义进行相关近似计算。对于中等强度冲击波参数的计算与强冲击波基本相同，只是 $p_w\sim\rho_w$ 关系选用式(6.2.11)或式(6.2.12)，并作为等熵方程计算声速。

对于弱冲击波参数的计算，按等熵考虑并采用式(6.2.12)作为等熵方程。首先根据声速的定义求解声速 C_w

$$C_w=\sqrt{\left(\frac{\mathrm{d}p_w}{\mathrm{d}\rho_w}\right)_s}=\left(\frac{Bn}{\rho_{w0}}\right)^{\frac{1}{2}}\left(\frac{\rho_w}{\rho_{w0}}\right)^{\frac{n-1}{2}} \tag{6.2.13}$$

那么，未扰动的水的声速

$$C_{w0}=\left(\frac{Bn}{\rho_{w0}}\right)^{\frac{1}{2}} \tag{6.2.14}$$

于是

$$\frac{C_w}{C_{w0}}=\left(\frac{\rho_w}{\rho_{w0}}\right)^{\frac{n-1}{2}} \tag{6.2.15}$$

代入式(6.2.12)，得到

$$\frac{C_w}{C_{w0}}=\left(1+\frac{p_w}{B}\right)^{\frac{n-1}{2n}} \tag{6.2.16}$$

对式(6.2.16)进行级数展开，由于 $p_w/B<1$，一阶近似可得到

$$C_w=C_{w0}\left(1+\frac{n-1}{2n}\frac{p_w}{B}\right) \tag{6.2.17}$$

由式(6.2.5)，忽略 p_{w0} 并考虑 $u_{w0}=0$，得到

$$u_w^2=\frac{p_w}{p_{w0}}\left(1-\frac{\rho_{w0}}{\rho_w}\right) \tag{6.2.18}$$

代入式(6.2.12)，并进行级数展开并在一阶近似的条件下得到

$$u_w = \frac{C_{w0} p_w}{Bn} \tag{6.2.19}$$

由式(6.2.6)，忽略 p_{w0} 并考虑 $u_{w0}=0$，得到

$$D_w^2 = \frac{p_w}{p_{w0}\left(1-\dfrac{\rho_{w0}}{\rho_w}\right)} \tag{6.2.20}$$

代入式(6.2.12)并进行级数展开，取两项得到

$$D_w = C_{w0}\left(1+\frac{n+1}{4n}\frac{p_w}{B}\right) \tag{6.2.21}$$

综上，在已知压力 p_w 的条件下，弱冲击波的 C_w、u_w 和 D_w 分别通过式(6.2.17)、式(6.2.19)和式(6.2.21)近似计算。根据以上方法，计算得到的水中冲击波波阵面参数示于表 6.2.3。

表 6.2.3　水中冲击波波阵面参数的近似计算值

p_w/MPa	D_w/(m·s^{-1})	u_w/(m·s^{-1})	ρ_w/(g·cm^{-3})	C_w/(m·s^{-1})	(T_w-T_0)/K	ΔS/[J·(kg·K)$^{-1}$]
0	1460	0	1.0	1460	0	0
19.6	1490	13	1.013	1500	2.0	0.015
39.2	1510	26	1.024	1540	2.4	0.083
58.8	1540	40	1.032	1580	2.6	0.21
78.4	1560	58	1.040	1620	3.0	0.39
98.0	1590	67	1.044	1660	3.4	0.65
117.6	1615	80	1.053	1700	3.8	0.96
127.2	1640	93	1.058	1740	4.0	1.23
156.8	1670	106	1.065	1780	4.4	1.74
176.4	1685	120	1.070	1820	4.8	2.19
196.0	1720	133	1.075	1860	5.8	2.71
215.6	1745	146	1.080	1900	6.0	3.31
235.2	1775	160	1.085	1940	7.0	3.97
254.8	1800	173	1.090	1980	8.0	4.73
274.4	1825	185	1.095	2020	8.4	5.61
294.0	1850	200	1.100	2060	8.8	6.57
392.0	1940	240	1.200	2160	14.0	11.55
490.0	2040	280	1.140	2240	18.0	18.84
588.0	2100	320	1.160	2360	22.0	29.30

p_w/MPa	D_w/(m·s^{-1})	u_w/(m·s^{-1})	ρ_w/(g·cm^{-3})	C_w/(m·s^{-1})	(T_w-T_0)/K	ΔS/[J·(kg·K)$^{-1}$]
686.0	2190	360	1.175	2420	24.0	41.80
784.0	2240	400	1.200	2500	30.0	52.30
882.0	2300	420	1.210	2600	32.0	67.00
980.0	2400	450	1.220	2660	35.5	79.50
1470.0	2660	580	1.275	2960	51.0	159.0
1960.0	2840	680	1.325	3200	68.0	251.2
2450.0	3060	800	1.360	3470	85.0	334.9
2940.0	3260	930	1.400	3720	105	427.0
3920.0	3600	1100	1.450	4040	136	636.0
4900.0	3900	1280	1.500	4415	184	862.0
5880.0	4140	1430	1.545	4740	214	1122.0
6860.0	4400	1540	1.580	4940	260	1339.0
7840.0	4600	1680	1.615	5162	300	1582.0
8820.0	4800	1800	1.640	5400	340	1783.0
9800.0	5000	1940	1.665	5600	400	2043.0
19600.0	6460	3000	1.850	7100	870	3952.0
29400.0	7800	3800	1.970	8160	1390	5392.0

2. 水中爆炸波的初始参数

装药在水中爆炸,初始冲击波的形成取决于炸药和水的特性。与空气中爆炸相类似,水中爆炸初始冲击波参数的计算,首先利用爆轰产物与介质分界面处产物压力和初始冲击波压力、产物质点速度和介质质点速度的连续性条件,并结合爆轰产物的膨胀规律或状态方程以及介质的冲击压缩性规律或状态方程,联立进行建模和求解。

首先进行如下假设:

(1) 爆轰产物的初始参数为 CJ 爆轰参数;

(2) 爆轰产物的流动和初始冲击波是一维的;

(3) 爆轰产物的膨胀符合多方指数状态方程并按等熵处理。

这样,爆轰波参数(CJ 参数)计算模型为

$$\left.\begin{array}{l} u_H = \dfrac{1}{\gamma+1}D \\[2mm] C_H = \dfrac{\gamma}{\gamma+1}D \\[2mm] \rho_H = \dfrac{\gamma+1}{\gamma}\rho_0 \\[2mm] p_H = \dfrac{1}{\gamma+1}\rho_0 D^2 \end{array}\right\} \qquad (6.2.22)$$

式中，u_H、C_H、ρ_H 和 p_H 分别为 CJ 爆轰产物的质点速度、声速、密度和压力；D 和 ρ_0 分别为装药的 CJ 爆速和密度；γ 为多方指数。

由假设（3），爆轰产物的膨胀满足下式

$$p = A\rho^\gamma \qquad (6.2.23)$$

式中，p 和 ρ 分别是爆轰产物的压力和密度多方指数；A 为常数。

由声速的定义，得到

$$C = \sqrt{\left(\frac{\mathrm{d}p}{\mathrm{d}\rho}\right)_S} = A^{\frac{1}{2}}\gamma^{\frac{1}{2}}\rho^{\frac{\gamma-1}{2}} \qquad (6.2.24)$$

式中，C 为爆轰产物的声速，下标"S"表示等熵过程。

由式（6.2.23）和式（6.2.24）可以得到

$$\frac{C}{C_H} = \left(\frac{\rho}{\rho_H}\right)^{\frac{\gamma-1}{2}} = \left(\frac{p}{p_H}\right)^{\frac{\gamma-1}{2}} \qquad (6.2.25)$$

爆轰产物由 CJ 压力 p_H 膨胀到冲击波的初始压力 p_x 时，质点速度由 u_H 加速到 u_x，那么有下式存在

$$u_x = u_H + \int_{p_x}^{p_H} \frac{\mathrm{d}p}{\rho c} \qquad (6.2.26)$$

将式（6.2.25）代入到式（6.2.26），并结合式（6.2.22），可得到

$$u_x = \frac{D}{\gamma+1}\left\{1 + \frac{2\gamma}{\gamma-1}\left[1 - \left(\frac{p_x}{p_H}\right)^{\frac{\gamma-1}{2\gamma}}\right]\right\} \qquad (6.2.27)$$

由水中冲击波的动量守恒方程及压力和质点速度的连续性条件，可得到

$$p_x - p_{w0} = \rho_{w0}(D_{wx} - u_{w0})(u_x - u_{w0}) \qquad (6.2.28)$$

式中，p_{w0}、ρ_{w0} 和 u_{w0} 分别表示水介质未经冲击扰动时的压力、密度和质点速度，D_{wx} 为水中初始冲击波速度。通常情况下，$p_x \gg p_{w0}$、$u_{w0}=0$，式（6.2.28）变为

$$p_x = \rho_{w0} D_{wx} u_x \qquad (6.2.29)$$

若已知水介质的冲击压缩规律 $D_w \sim u_w$ 关系，并代入到式（6.2.29），再结合式（6.2.22），可求解初始冲击波的 p_x 和 u_x。若 $D_w \sim u_w$ 关系采用式（6.2.9），可得

$$p_x = \rho_{w0}\left[1.483 + 25.306\lg\left(1 + \frac{u_w}{5.19}\right)\right]u_x \qquad (6.2.30)$$

由式(6.2.30)和式(6.2.27)联立可求出 p_x 和 u_x,将 u_x 代入式(6.2.9)求出 D_{wx};联系冲击波的连续方程,可求水受初始冲击波扰动后的密度 ρ_{wx}。若冲击压缩规律或状态方程是压力 p_w 和密度 ρ_w 的关系式,可通过冲击波的基本关系式,经过适当变换,仍可得到 $D_w \sim u_w$ 关系,再按上面的方法进行求解。

6.2.3　水中爆炸波传播与爆炸相似律

1. 水中爆炸波的传播

装药在无限水介质中爆炸所形成冲击波的传播,是水中爆炸理论的基本问题之一,其实质就是气泡表面与冲击波阵面之间水的不定常流动问题。

在无限水介质中,球形装药在水中爆炸时形成冲击波向外扩展的问题,可归结为中心对称不定常流动问题,可通过中心对称不定常流动的微分方程组进行积分求解。不考虑重力影响的条件下,可压缩理想流体(无黏、无热传导)中心对称不定常流动的连续方程为

$$\frac{\partial \rho}{\partial t} + u \frac{\partial \rho}{\partial r} + \rho \frac{\partial u}{\partial r} + \frac{2\rho u}{r} = 0 \qquad (6.2.31)$$

式中,ρ 和 u 分别表示介质的密度和质点速度;r 和 t 分别表示爆距和时间。

按照动量守恒定律,得到流动的动量守恒方程或运动方程为

$$\frac{\partial u}{\partial t} + u \frac{\partial u}{\partial r} + \frac{1}{\rho} \frac{\partial p}{\partial r} = 0 \qquad (6.2.32)$$

式中,p 为介质的压力。

由能量守恒定律,流体的能量守恒方程为

$$\frac{\partial S}{\partial t} + u \frac{\partial S}{\partial r} = 0 \qquad (6.2.33)$$

式中,S 为介质的熵。能量方程也可以采用下面的形式:

$$\frac{\partial E}{\partial t} + u \frac{\partial E}{\partial r} - \frac{p}{\rho^2} \left(\frac{\partial \rho}{\partial t} + u \frac{\partial \rho}{\partial r} \right) = 0 \qquad (6.2.34)$$

式中,E 为介质的内能。

另外,水的状态方程可以表示为

$$S = S(p, \rho) \qquad (6.2.35)$$

或

$$E = E(p, \rho) \qquad (6.2.36)$$

这样,由式(6.2.31)、式(6.2.32)、式(6.2.33)、式(6.2.34)、式(6.2.35)或式(6.2.36)构成未知参量 p、ρ、u 和 S(或 E)的偏微分方程组,用以表述可压缩理想流体的不定常流动。显然,方程组是封闭的,在已知初始条件和边界条件下,可通过数值方法进行求解。在这里,将前人用特征线数值方法解得的结果给出,以对

水中爆炸冲击波传播问题进行定性的讨论。

用特征线数值方法求得球形装药爆炸的最初阶段 r-t 的关系如图 6.2.13 所示,其中 OO' 为爆轰波阵面;OEA 为爆轰产物稳定区;ODD' 为水中冲击波;$O'CC'$ 为爆轰产物与水的界面;$AO'B$ 为爆轰产物中的稀疏波;CD 和 CB' 为第二冲击波到达分界面折射后形成的冲击波。由图 6.2.10 可以看到,当爆轰波到达装药与水的接触面时,在水中形成冲击波,而向爆轰产物内反射稀疏波;稀疏波向中心汇集,到达中心发射,形成第二冲击波向外运动;第二冲击波的传播速度较快,赶上爆轰产物与水界面时又发生反射,在水内形成 CD 冲击波;在爆轰产物内为 CB' 冲击波。这种过程继续重复,但冲击波强度越来越小。

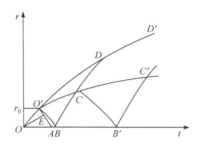

图 6.2.13 球形装药水中爆炸的波系

2. 水中爆炸波参数相似律计算模型

充分地考虑冲击波后水的流动问题,以期精确地求解冲击波参数及其随传播距离的变化规律用简单的方法是很难进行的。6.2.2 节指出,冲击波阵面参数的求解,必须在已知其中之一的情况下,通过冲击波的三个基本关系式耦合水的状态方程或冲击压缩规律,可求解其他冲击参数。

装药在水中爆炸,同空气中爆炸一样,存在相似规律。即可通过量纲分析及实验标定参数,得到计算某一冲击波参数(一般是峰值压力)的经验公式。另外,通过爆炸相似规律也可以直接得到不便用冲击波关系式求解的其他冲击波参数(如比冲量和能量密度)的经验公式。

球形(或柱形)装药在无限、均匀、静止的水中爆炸,对于距爆心为 r 处的冲击波峰值超压 Δp_m,由爆炸相似规律可得到经验公式

$$\Delta p_m = A \left(\frac{r_0}{r}\right)^\alpha \tag{6.2.37}$$

式中,A、α 为实验标定常数;r_0 为初始装药半径。TNT 和 PETN 球形和柱形装药的 A 和 α 值列于表 6.2.4。

表 6.2.4　TNT 与 PETN 的 A 和 α 值（装药密度 $1.6\text{g}/\text{cm}^3$）

炸药	球形装药			柱形装药		
	A/GPa	α	适用范围	A/GPa	α	适用范围
TNT	0.363	1.15	$6 < r/r_0 < 12$	1.514	0.72	$35 < r/r_0 < 3500$
	1.441	1.13	$12 < r/r_0 < 240$			
PETN	14.46	3.0	$1 < r/r_0 < 2.1$	4.704	1.08	$1.3 < r/r_0 < 17.8$
	7.330	2.0	$2.1 < r/r_0 < 5.7$	1.735	0.71	$17.8 < r/r_0 < 240$
	2.146	1.2	$5.7 < r/r_0 < 283$			

表 6.2.4 中参数针对装药密度为 $1.6\text{g}/\text{cm}^3$ 的情况，对于其他装药密度的计算，需对初始装药半径 r_0 进行换算。即根据球形装药质量，求出密度为 $1.6\text{g}/\text{cm}^3$ 时的球体（柱体）体积和半径。对于其他类型的炸药，根据能量相似原理对系数 A 进行换算，即

$$A_i = A_T \left(\frac{Q_{vi}}{Q_{vT}}\right)^{\frac{\alpha}{N+1}} \tag{6.2.38}$$

式中，N 为形状系数，球形装药 $N=2$，柱形装药 $N=1$；A_i 和 A_T 分别为炸药"i"和 TNT 的系数 A；Q_{vi} 和 Q_{vT} 分别为炸药"i"和 TNT 的爆热。

在 $r/r_0 > 18 \sim 20$ 以外，压电传感器可记录到较可靠的压力波形图。对于装药水深不太大的情形（$p_0 < 1\text{MPa}$，约 100m），压力随时间的衰减可由下式描述：

$$\Delta p(t) = \Delta p_m \begin{cases} \exp\left(-\dfrac{t}{\theta}\right) & (t \leqslant \theta) \\ 0.368 \dfrac{t}{\theta} & (\theta < t < (5 \sim 10)\theta) \end{cases} \tag{6.2.39}$$

式中，θ 为时间衰减系数。θ 随距离的关系为

$$\theta = B \left(\frac{r}{r_0}\right)^{\alpha_1} \frac{r_0}{C_0} \tag{6.2.40}$$

式中，C_0 为水中声速，B、α_1 为实验标定常数。TNT 和 PETN 的 B 和 α_1 值列于表 6.2.5。

表 6.2.5　TNT 和 PETN 的 B 和 α_1 值

炸药	球形装药			柱形装药		
	B	α_1	适用范围	B	α_1	适用范围
TNT	1.4	0.24	$20 < r/r_0 < 240$	1.565	0.45	$35 < r/r_0 < 3500$
PETN	0.995	0.30	$18.9 < r/r_0 < 189$	1.96	0.43	$17.8 < r/r_0 < 240$

工程上以装药量计算比较方便，基于装药量的球形装药水中爆炸峰值超压 Δp_m（MPa）、比冲量 i（Pa·s）和能量密度 e（kJ·m^{-2}）的经验计算式分别为

$$
\left.
\begin{aligned}
\Delta p_m &= k\left(\frac{\sqrt[3]{\omega}}{r}\right)^{\alpha} \\
i &= l\sqrt[3]{\omega}\left(\frac{\sqrt[3]{\omega}}{r}\right)^{\beta} \\
e &= m\sqrt[3]{\omega}\left(\frac{\sqrt[3]{\omega}}{r}\right)^{\gamma}
\end{aligned}
\right\}
\tag{6.2.41}
$$

式中，ω 为装药质量(kg)；r 为爆距(m)；k、l、m 和 α、β、γ 为实验标定常数。一些炸药的各系数列于表 6.2.6，应用表中数据时要注意适用范围。对于其他炸药，可根据能量相似原理进行换算，例如："i"炸药水中冲击波峰值超压系数 k_i 可通过下式换算

$$
k_i = k_T\left(\frac{Q_{vi}}{Q_{vT}}\right)^{\frac{\alpha}{3}}
\tag{6.2.42}
$$

式中，k_i 和 k_T 分别为炸药"i"和 TNT 的 k 值。

表 6.2.6　式(6.2.41)中的各常数值

炸药	Δp_m/MPa		i/(Pa·s)		e/(kJ·m^{-2})	
	k	α	l	β	m	γ
TNT	52.2	1.13	5762	0.89	813	2.05
$\rho_0 > 1.52\text{g/cm}^3$	$0.078 < \sqrt[3]{\omega}/r < 1.57$		$0.078 < \sqrt[3]{\omega}/r < 0.95$		$0.078 < \sqrt[3]{\omega}/r < 0.95$	
PETN	0.63	1.2	7566	0.92	1676	2.16
$\rho_0 > 1.6\text{g/cm}^3$	$0.067 < \sqrt[3]{\omega}/r < 3.3$		$0.1 < \sqrt[3]{\omega}/r < 1$		$0.1 < \sqrt[3]{\omega}/r < 1$	
TNT/PETN(50/50)	53.5	1.13	9075	1.05	1039	2.12
$\rho_0 > 1.6\text{g/cm}^3$	$0.082 < \sqrt[3]{\omega}/r < 1.5$		$0.088 < \sqrt[3]{\omega}/r < 1$		$0.088 < \sqrt[3]{\omega}/r < 1$	

Henrych[4] 给出的计算 TNT 球形装药水中爆炸冲击波超压的计算公式为

$$
\left\{
\begin{aligned}
\Delta p_m &= \frac{34.8}{\bar{r}} + \frac{11.3}{\bar{r}^2} - \frac{0.24}{\bar{r}^3} && (0.05 \leqslant \bar{r} \leqslant 10) \\
\Delta p_m &= \frac{28.8}{\bar{r}} + \frac{135.9}{\bar{r}^2} - \frac{174.7}{\bar{r}^3} && (10 < \bar{r} \leqslant 50)
\end{aligned}
\right.
\tag{6.2.43}
$$

式中，Δp_m 为冲击波峰值超压，单位为 MPa；$\bar{r} = r/\sqrt[3]{\omega}$，$\omega$ 和 r 分别为 TNT 装药质量和爆距，单位分别为 kg 和 m。

冲击波波阵面后的超压衰减规律为

$$
\Delta p(t) = \Delta p_m \exp\left(-\frac{t - r/C_0}{\theta}\right)
\tag{6.2.44}
$$

式中，t 为时间；C_0 为水介质声速；θ 为时间常数。θ 与装药量 ω 和距离 r 的关系为

$$
\theta = \sqrt[3]{\omega}\left(\frac{\sqrt[3]{\omega}}{r}\right)^{-0.24} \times 10^{-4}
\tag{6.2.45}
$$

其中,θ、ω 和 r 的单位分别取 s、kg 和 m。

需要指出的是,式(6.2.44)只在 $t \geqslant r/C_0$ 时方可使用。在这里近似把冲击波的速度看成与声速相当,在 $t < r/C_0$ 时,冲击波尚未到达,$\Delta p_m = 0$。

水中爆炸波正压作用时间为

$$\tau_+ = 0.2 \sqrt[4]{\omega r} \tag{6.2.46}$$

其中,τ_+ 的单位 ms。

水中爆炸波的压缩水层厚度,即爆炸冲击波的波长近似为

$$\lambda = C_0 \tau_+ \tag{6.2.47}$$

6.2.4　脉动压力波和脉动水流

前两节讨论了水中爆炸波及其传播问题,下面讨论由爆轰产物所形成的气泡脉动问题,重点在于因气泡脉动而形成的脉动压力波和脉动水流。

1. 脉动压力波

每次气泡脉动都消耗一部分能量,能量分配情况大致如表 6.2.1 所示。大量的实验研究表明,气泡第二次膨胀与压缩起始时所产生的二次压力波具有重要意义,其峰值超压一般为水中爆炸波峰值超压的 $10\% \sim 20\%$,但二次压力波的作用时间大大超过冲击波的作用时间,因而两者作用的比冲量比较接近。

对于 TNT 炸药,经典文献[1]给出的二次压力波的峰值超压 Δp_{m2}(单位:MPa)计算公式为

$$\Delta p_{m2} = 7.095 \frac{\sqrt[3]{\omega}}{r} \tag{6.2.48}$$

式中,ω 和 r 分别为 TNT 当量和爆距,单位分别为 kg 和 m。

式(6.2.48)用于二次压力波的峰值超压计算,但没有明确指出是否适用于不同的爆炸水深。二次压力波的峰值压力受水深的影响显著,随水深增加而增大。文献[21]给出的一种考虑水深的计算二次压力波峰值压力 p_{m2}(单位:MPa)的经验公式为

$$p_{m2} = 5.09 \times \frac{\omega^{0.27} \left[\ln(H+10) - 2.3 \right]}{r} \tag{6.2.49}$$

式中,ω 和 r 的定义和单位与式(6.2.48)同;H 为水深,单位为 m。

脉动压力波的比冲量 i_n(单位:Pa·s)的计算式为

$$i_n = 2.28 \frac{(\eta_n \omega Q_v)^{2/3}}{Z_n^{1/6} r} \tag{6.2.50}$$

式中,η_n 为第 $n-1$ 次脉动后留在爆轰产物中的能量分数;Z_n 为第 n 次脉动开始时气泡中心所在位置的静水压力,以水深表示,单位为 m。对于二次压力波,$n=2$。

气泡膨胀的最大半径 R_m(单位:m)爆炸中心的水深或静压有关,根据实验研

究给出[3]

$$R_m = \mu \sqrt[3]{\frac{\omega}{p_{w0}}} \tag{6.2.51}$$

式中，μ 是与炸药性能有关的系数，对于 TNT，$\mu = 3.51$；p_{w0} 为水的静压力（MPa）。

气泡到达最大半径的时间 t_m（单位：s）为[3]

$$t_m = 1.05 \frac{\omega^{1/3}}{p_{w0}^{5/6}} \tag{6.2.52}$$

2. 脉动水流

对于脉动水流特征，主要通过脉动周期和二次压力波扰动后的水流压力体现。如果脉动周期与船体等目标结构的固有频率相近，会引起船体设备的共振，引起结构的破坏；二次压力波的峰值压力直接关系到目标结构的损伤程度。

脉动水流的脉动周期随爆炸当量的增加而增大，随水深 H 的增大而减小，文献[21]给出的计算首次脉动周期 T_1 的经验公式为

$$T_1 = 1.05 \omega^{\frac{1}{3}} H^{-\frac{7}{10}} \tag{6.2.53}$$

式中，T_1、ω 和 H 的单位分别为 s、kg 和 m。

文献[21]给出的二次压力波后的脉动水流场压力 p 随时间 t 变化的关系式为

$$p = \begin{cases} p_{\mathrm{mid}} \sin\left(\dfrac{t-t_p}{t_2-t_p}\pi\right) & (t_p < t < t_2) \\ p_{m2} \exp(-80|t-T_1|) & (t_2 < t < 2t_2 - T_1) \end{cases} \tag{6.2.54}$$

其中

$$\begin{cases} p_{\mathrm{mid}} = \dfrac{-0.031\omega^{1/3}(H+10)^{2/3}}{r} \\ t_p = 1.95(H+10)^{-0.886} \\ t_2 = 2.38\omega^{0.3}(H+10)^{-0.86} \\ T_1 = 1.5\omega^{0.3}(H+10)^{-0.75} \end{cases} \tag{6.2.55}$$

式中，p、p_{mid} 和 p_{m2} 的单位均为：MPa；t、t_p、t_2 和 T_1 的单位均为：s。

6.2.5 水射流

文献[21]通过大量的数值计算，得到了不同爆炸当量 ω 和水深 H 所对应的水射流速度 V_j，其中典型的计算结果如图 6.2.14 所示。由图 6.2.14 可以看出，水射流速度 V_j 随爆炸当量 ω 的增加而减小，随水深的增加而增大。基于数值计算结果，给出的水射流速度 V_j 计算的经验公式为

$$V_j = 2.945\omega^{-\frac{1}{4}}(H+10)^{\frac{4}{3}} \tag{6.2.56}$$

式中，V_j、ω 和 H 的单位分别为 m/s、kg 和 m。

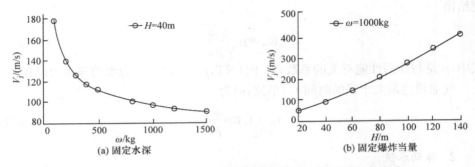

图 6.2.14　水射流速度 V_j 分别随爆炸当量 ω 和水深 H 的变化

同理,得到了不同爆炸当量 ω 和水深 H 的水射流直径 D_j 典型计算结果,如图 6.2.15 所示[21]。由图 6.2.15 可以看出,水射流直径 D_j 随爆炸当量 ω 的增加而增大,随水深的增加而减小,这与水射流速度 V_j 随爆炸当量 ω 和水深 H 的变换正好相反。也就是说,一定水深条件下,爆炸当量越大,水射流速度小而直径大,反之亦然;一定爆炸当量条件下,水深越大,水射流速度大而直径小,反之亦然。基于数值计算结果,给出的水射流直径 D_j 计算的经验公式为

$$D_j = \frac{5.9\sqrt{\omega}}{H+10} \tag{6.2.57}$$

式中,D_j、ω 和 H 的单位分别为 m、kg 和 m。

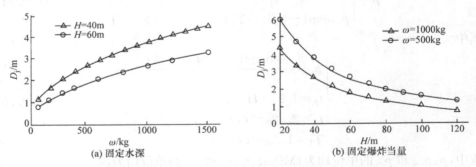

图 6.2.15　水射流直径 D_j 分别随爆炸当量 ω 和水深 H 的变化

6.2.6　水锤

水中爆炸波到达自由面反射稀疏波,使表层水体快速上升,在入射冲击波和反射稀疏波的联合作用下表层水体产生层裂和空化效应,表层水体在大气压力、饱和蒸气压和重力共同作用下回落所形成的水锤冲击,已被广泛认识到是一种重要的有效毁伤载荷。

美国的 Cushing[22](1961 年)可能是最早针对水锤现象及效应进行系统性研

究的学者,他在 Kennard[23](1943 年)水下爆炸空化效应研究的基础上,建立了有关水锤效应的概念体系及计算模型,并最终形成了一套独立的计算程序,用于分析水锤及与水下结构的相互作用。前苏联 Zamyshlyaev[24] 等(1973)在其经典著作 *Dynamic loads in underwater explosion* 中,给出了较完备的爆炸压力场下自由面处物理效应的理论模型,可以对空化形成条件、空化层数、水体回落速度等进行数值计算。在此之后,美国的 Costanzo[16] 等(1983)发展了可计算水锤压力的计算模型,并开发了相应的计算程序。美国用于计算水下爆炸作用下结构响应的专用计算程序(Underwater shock analysis,USA),也考虑了水锤效应对结构的影响[25]。然而,在国内水锤及其毁伤效应的研究极为鲜见,尚未能建立起水锤冲击作用下目标结构响应与毁伤机理的理论和工程分析方法。

6.2.7　水中爆炸的毁伤特性

1. 水中爆炸载荷与威力场结构

如前所述,装药水中爆炸的载荷形成、目标结构响应及毁伤机理非常复杂。如图 6.2.16 所示,装药水中爆炸所产生的毁伤载荷按形成和加载时间顺序可分解为直接载荷和派生载荷两部分,其中,直接载荷包括爆炸冲击波和爆轰产物(气泡),派生毁伤载荷包括水锤、水射流与气泡溃灭流以及脉动(二次)压力波与脉动水流等。

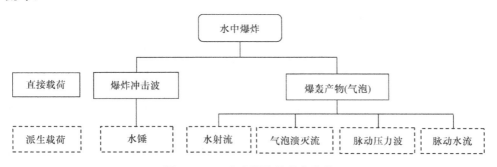

图 6.2.16　水中爆炸的毁伤载荷

水中爆炸实际作用于目标结构的毁伤载荷类别及目标结构响应特性,既因爆距(或对比距离)的不同而不同,也与爆炸中心与目标结构的相对位置以及水域边界等有关。依据不同爆距(或对比距离)条件下载荷形成与作用以及结构力学响应特性的差别等,工程上常常针对水中爆炸场进行划界和区分。因研究背景和研究工作者视角的不同,存在多种水中爆炸的场界划分原则和方法,本书主要从作用于目标结构的毁伤载荷特性以及威力场结构的角度,将水中爆炸场划分为接触爆炸、近场爆炸和远场爆炸三种。如图 6.2.17 所示,接触爆炸针对爆距等于装药半径或装药与目标结构表面零距离接触情况,此时作用于目标的毁伤载荷包括接触爆炸冲击波、爆轰产物以及水射流、气泡溃灭流;近场爆炸对应装药爆距大于装药半径且不大于水射流形成最大爆距的情况,此时作用于目标的毁伤载荷包括水中冲击波、水射流和气泡溃灭流;远场爆炸对应爆距大于水射流形成最大爆距情况,此时作用于目标的毁伤载荷包括水中冲击波、脉动(二次)压力波和脉动水流。远场爆炸条件下,目标结构的毁伤响应特性与对比距离相对于目标结构的形状和尺度有关,若目标为细长体结构时且对比距离相对于目标长度较小时,脉动水流作用下目标可产生鞭状效应;若目标为非细长体结构或对比距离相对于目标长度较大时,目标主要产生冲击振动效应。

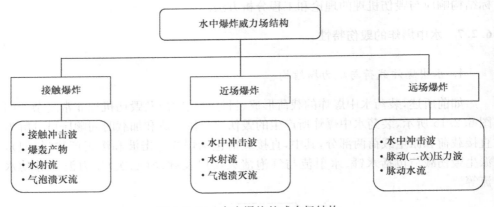

图 6.2.17　水中爆炸的威力场结构

以上主要是从爆距角度探讨水中爆炸威力场结构以及作用于目标的载荷问题,除此之外,爆炸中心或炸点与目标结构的相对位置也具有重要影响。如对于爆炸中心位于目标结构下方的远场爆炸,当携带足够能量的上浮气泡到达目标结构底部时,仍会形成近场爆炸条件下的水射流和气泡溃灭流载荷,即出现远场爆炸载荷和近场爆炸载荷的耦合效应。当然,这并不意味这种条件下的远场爆炸比近场爆炸因作用载荷更丰富而使毁伤威力得到加强,因为近场爆炸比远场爆炸的每种毁伤载荷强度都大得多。然而这恰恰说明,实现战斗部装药在目标正下方爆炸,无论近场还是远场都能使爆炸能量得到充分利用从而提高毁伤效能,这一点对水中兵器总体设计、弹道和引战配合控制等,尤其具有意义。

综上所述,水中爆炸造成目标毁伤均是多种载荷的时序耦合与叠加作用,以至于毁伤机理非常复杂。相对说来,人们对远场爆炸问题的认识更为深入,而对近场和接触爆炸则相对粗浅,尚有许多问题有待于研究和解决。由于水中爆炸气泡能所占总释放能量的比例相当高,水中兵器广泛应用的非理想炸药的气泡能占比往往高于冲击波能,因此气泡及其派生载荷的毁伤作用十分突出,值得特别重视。尽管如此,无论远场还是近场爆炸,冲击波总是存在且首先作用于目标,并最具代表性和标称性,因此冲击波是首先需要关注的核心载荷。

2. 水中爆炸威力表征与实验测试

水中爆炸威力本质上是指装药水中爆炸对目标的毁伤能力,也就是能否造成处于一定距离处的特定目标达到某种毁伤程度(等级),或使目标达到一定毁伤程度(等级)的作用范围。由于水中爆炸载荷形成和载荷作用过程十分复杂,目标受载情况受爆距等因素的影响显著,接触爆炸、近场爆炸以及远场爆炸之间的差别巨大,另外目标(结构)类型及其对毁伤载荷的响应千差万别,并受某些随机因素的影响。因此,试图只通过毁伤载荷参数定量表征水中爆炸威力是非常困难的,甚至是难以做到的。

对于远场爆炸,采用水中爆炸场中的冲击波参数:超压、比冲量和能流密度等表征水中爆炸威力,可以视为一种简单和实用的方法。然而对于接触和近场爆炸,迄今为止始终未形成科学合理和行之有效的威力表征与评定方法。鉴于水中爆炸载荷及其作用的复杂性,常常采用实际装药的水中爆炸 TNT 当量作为威力标志量,这样可以把各种毁伤载荷统一考虑进去,并可使非理想炸药在爆轰产物膨胀和脉动过程的能量释放及其对派生载荷的贡献得到体现,尤其在接触和近场爆炸没有更好选择的情况下,或可从总体或一定程度上反映装药水中爆炸的综合毁伤能力。

相同水中爆炸条件下,质量为 ω 的某装药与质量为 ω_e 的 TNT 装药所释放的总能量相等时,定义 ω_e 为该装药的水中爆炸 TNT 当量。近场爆炸采用水中爆炸 TNT 当量表征毁伤威力尽管很有实际意义,但由于不考虑载荷与目标作用细节,所以难以实现针对目标毁伤程度(等级)的定量预测和分析。由于水中爆炸满足相似规律,所以远场爆炸基本上可实现装药水中爆炸 TNT 当量和爆炸冲击波参数两种威力表征方法的统一。另外,由水中爆炸相似律可知,冲击波能流密度以 ω_e^γ/r 为相似因子,ω_e 和 r 分别为水中爆炸 TNT 当量和爆距,单位分别取 kg 和 m;γ 为相似指数,常用高能炸药的 γ 值略小于且非常接近 $1/2$[26]。于是,工程上统一将 γ 取值 $1/2$,这就形成了一种非常重要的表征水中爆炸威力的导出量——冲击因子 $SF = \sqrt{\omega_e}/r$。采用冲击因子表征水中爆炸威力并用于舰船毁伤度量的实用性和有效性,已被历次海战资料统计所证实,但毫无疑问其对远场爆炸情况更为适用,而近场和接触爆炸则存在着较大争议。综上所述,水中爆炸威力主要通过装药水中爆炸 TNT 当量、爆炸波参数(超压、比冲量)以及冲击因子等进行表征和度量。

具体装药的水中爆炸 TNT 当量需要通过实验测定,由同步测得的冲击波能和气泡能加和得到。若已知装药的水中爆炸 TNT 当量,即可导出不同爆距的冲击因子。水中爆炸冲击波能测定实验的核心在于冲击波压力-时间曲线测试,由冲击波压力-时间曲线可直接读取冲击波峰值压力或超压,通过进一步的数据处理可得到比冲量和能流密度等。

　　水中爆炸冲击波的测试方法有多种,基本原理都是一样的,如图 6.2.18 所示,主要由炸药装药、起爆装置、冲击波压力传感器、信号适调仪和数据采集仪等组成。实验过程中,起爆装置输出起爆信号并起爆被测装药,同时通过同步器或触发探针启动数据采集仪,冲击波压力传感器获得压力信号并经低噪声信号电缆传输至信号适调仪,再传输至数据采集仪并存储起来。冲击波压力传感器一般布设多个,以获得不同爆距以及同一爆距不同观测点的冲击波压力信号,从而得到更为丰富的冲击波场信息并提高测试精度和数据可靠性。

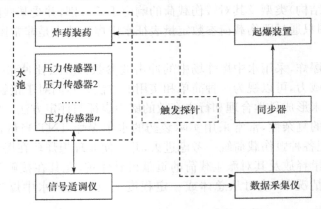

图 6.2.18　水中爆炸冲击波测试原理

　　实验获得的典型冲击波的压力波形即压力-时间曲线如图 6.2.19 所示,由此即可直接读取冲击波峰值压力 p_m 或峰值超压 Δp_m。

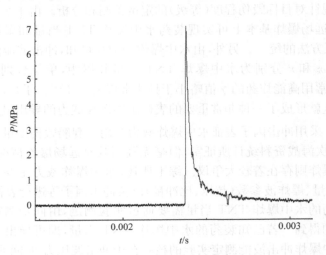

图 6.2.19　典型冲击波的压力波形即压力-时间曲线

由测得的冲击波波形即压力-时间曲线,通过下式计算可得到比冲量 i 为

$$i = \int_{t_a}^{\tau} p(t) \mathrm{d}t \tag{6.2.58}$$

式中,t_a 为波阵面到达时刻;$\tau = t_a + 0.67\theta$,θ 为时间衰减常数,θ 为 p_m 下降到 p_m/e(e 为自然对数的底数)的时间[27]。

由测得的压力波形即压力-时间曲线,可得到爆距为 r 处的比冲击波能(单位质量)E_s 为[27]

$$E_s = \frac{4\pi r^2}{\rho_w C_w \omega} \int_{t_a}^{\tau} p^2(t) \mathrm{d}t \tag{6.2.59}$$

式中,ρ_w 为水的密度;C_w 为水的声速;ω 装药质量,单位为 kg;E_s 的单位为 MJ/kg。

气泡能 E_b 通过测得的气泡第一次脉动周期 T_b:第一次气泡脉动压力峰值(二次压力波)与冲击波到达的时间差,采用经验公式计算得到,公式形式为

$$E_b = \frac{(0.6842 p_0^{5/2} \rho_w^{-3/2} T_b^3)}{\omega} \times 10^{-6} \tag{6.2.60}$$

式中,p_0 为装药中心静水压和大气压力之和,单位为 Pa;ρ_w 为水的密度;ω 装药质量,单位为 kg;E_b 和 T_b 的单位分别为 MJ/kg 和 s。

水中爆炸释放的总能量 E 为初始冲击波能 E_{s0} 和气泡能 E_b 之和,即

$$E = E_{s0} + E_b = \mu E_s + E_b \tag{6.2.61}$$

式中,μ 为冲击波修正因子,与爆距和装药爆轰 CJ 压力有关。

由装药水中爆炸实验所得到的总能量 E、初始冲击波能 E_{s0} 和气泡能 E_b,与符合规定装药条件要求的 TNT 装药并行实验的实测 E_T、初始冲击波能 E_{Ts0} 和气泡能 E_{Tb}(或手册数据)相结合,可得到待测炸药的 TNT 当量系数

$$\begin{cases} \eta = \dfrac{E}{E_T} \\[3mm] \eta_s = \dfrac{E_{s0}}{E_{Ts0}} \\[3mm] \eta_b = \dfrac{E_b}{E_{Tb}} \end{cases} \tag{6.2.62}$$

式中,η、η_s 和 η_b 为待测炸药的总能量当量系数、冲击波能当量系数和气泡能当量系数。

由此可见,水中爆炸的 TNT 当量系数包括三种:即总能量当量系数 η、冲击波能当量系数 η_s 和气泡能当量系数 η_b。一般选择总能量当量系数 η 换算得到的水中爆炸 TNT 当量 ω_e,即 $\omega_e = \eta\omega$。然而,分别关注冲击波能当量系数 η_s 和气泡能当量系数 η_b 也就是能量输出结构十分重要,如远场爆炸和毁伤鱼雷等高速机动目标的情况下,气泡能效用不显著或不起作用,这时冲击波能当量系数 η_s 比总能量当量系数 η 更能体现炸药装药的威力性能。因此,水中战斗部的炸药选型与应用

既应该考虑总能量当量系数 η，也需要分别考虑冲击波能当量系数 η_s 和气泡能当量系数 η_b，关注能量输出结构的基本思想在工程上非常具有实际意义。

3. 水中爆炸的毁伤律、毁伤准则与判据

按本书的定义，毁伤律是指针对特定毁伤等级的目标毁伤概率关于毁伤威力标志量或导出量的函数关系，表示为概率密度函数或概率分布函数形式。毁伤准则是指毁伤律函数所选取的毁伤威力标志量或导出量的具体形式，相当于毁伤律函数的自变量类型；毁伤判据是指对应毁伤律的具体函数值，即一定目标毁伤概率的毁伤准则自变量的取值或取值范围。对于水中爆炸，毁伤律函数一般选取第二章式（2.4.2）的"0-1 分布"的概率分布函数，其中毁伤准则或威力标志量可以有多种选择，如冲击波超压、比冲量和冲击因子等。

如前所述，近场爆炸由于目标结构受多种毁伤载荷的联合作用或耦合叠加作用，毁伤响应十分复杂，所以尚未真正确立广泛认同和适用的毁伤准则形式，当然也不存在定量的毁伤判据或毁伤临界阈值。对于远场爆炸或主要考察冲击波载荷作用的情况，工程上主要采用两种毁伤准则形式，即冲击波超压 Δp_m 或峰值压力 p_m 和冲击因子 SF，较少采用冲击波比冲量。

采用冲击波峰值压力 p_m 作为毁伤准则，文献[28]给出舰艇目标的毁伤判据如下：

（1）$p_m \geqslant 68.6\text{MPa}$，可击沉没有防护的水面舰艇；

（2）$p_m \geqslant 35.6\text{MPa}$，可使潜艇沉没和水面舰艇严重毁伤；

（3）$p_m \geqslant 30.4\text{MPa}$，可使水面舰艇受到中等毁伤。

采用冲击因子作为毁伤准则，文献[28]给出了舰艇目标的毁伤判据，如表 6.2.7 所示。应该指出，随着科技进步以及舰船防护技术水平和能力的提升，表 6.2.7 的数据不能成为依据，只能作为参考。

表 6.2.7　舰船各种毁伤程度的冲击因子值

损伤程度	冲击因子
较难应付的损伤	0.2
10%的武器失灵	0.11~0.22
90%的武器失灵	0.25~0.40
10%的舰艇动力机械失灵	0.25~0.45
90%的舰艇动力机械失灵	0.6~0.8
重要的电子设备失灵	0.7~0.8
严重的机械设备失灵	1.0
所有的机械全部失灵	1.3
人员严重伤亡	2.0
船体穿透	1.7
潜艇壳体大变形或穿透	2~3
船体断裂	6

上述单纯采用冲击波超压 Δp_m 和冲击因子 SF 作为毁伤准则,都可能存在问题。采用冲击波超压准则不考虑比冲量的影响,不能反映大药量和非理想炸药爆炸超压相同时拥有更大比冲量的事实及其对毁伤威力的影响。冲击因子来自于实战对舰艇毁伤数据的统计分析结果,其科学依据和适应范围仍需探讨和研究。由爆炸相似律的式(6.2.41)可知,冲击波超压 Δp_m 和比冲量与 $\sqrt[3]{\omega}$ 的比值均是 $\sqrt[3]{\omega}/r$ 的函数,根据冲击因子的定义 $SF = \sqrt{\omega}/r$,因此冲击波载荷的毁伤准则可统一为 ω^a/r 形式,可实现冲击波载荷的超压和比冲量兼顾,使冲击因子成为一个特例,即 $\alpha = 0.5$ 的情况。卢熹[29,30]采用这一基本思想,研究并得到了鱼雷环肋圆筒结构壳体的基于"0-1 分布"毁伤律函数的一种毁伤准则与判据。毁伤准则 C_x 表达式为

$$C_x = \frac{\omega^a}{r} \qquad (6.2.63)$$

式中,ω 和 r 分别为装药 TNT 当量和爆距,单位分别为 kg 和 m;α 为与目标结构有关的常数,对于所研究的目标对象 $\alpha = 0.465$。针对目标结构解体或破裂进水等形式的 I 级毁伤和结构大变形或失稳等形式的 II 级毁伤,所建立的毁伤律模型分别为

$$\text{I 级毁伤} \qquad p(C_x) = \begin{cases} 0 & (C_x < 1.30) \\ 1 & (C_x \geq 1.30) \end{cases} \qquad (6.2.64\text{a})$$

$$\text{II 级毁伤} \qquad p(C_x) = \begin{cases} 0 & (C_x < 0.66) \\ 1 & (C_x \geq 0.66) \end{cases} \qquad (6.2.64\text{b})$$

式(6.2.64)表明,鱼雷壳体结构发生 I 级毁伤的毁伤判据为 $C_x \geq 1.3$,鱼雷壳体结构发生 II 级毁伤的毁伤判据为 $1.3 > C_x \geq 0.66$,当 $C_x < 0.66$ 时,发生更低级别的毁伤或不毁伤。基于这样的毁伤律模型及相应的毁伤准则与判据,进一步可得到鱼雷壳体结构毁伤的 Δp_m-i 关系曲线,如图 6.2.20 所示。

由图 6.2.20 可以看出,比冲量越小毁伤目标的超压阈值越大,比冲量越大毁伤目标的超压阈值越小,因此不能单独选择超压或比冲量作为冲击波的毁伤准则与判据。另外,图 6.2.20 还揭示出,比冲量小时超压随比冲量变化的幅度较大,当比冲量大到一定程度,超压随比冲量的变化趋缓。这些基本规律在工程上极具实际意义,例如采用一定爆炸当量试验了所获得的冲击波超压毁伤判据,预测更小当量爆炸时,由于比冲量更小,所以势必达不到对目标预期的毁伤程度,实际的毁伤半径要小于预测毁伤半径;当爆炸当量更大时,由于比冲量更大,所以采用该判据预测的目标毁伤程度是保守的,实际的毁伤半径要大于预测毁伤半径。若毁伤判据试验的爆炸当量足够大,由于超压阈值随比冲量增大而减小的变化幅度已不大,所以采用该超压判据预测稍小当量爆炸时尽管仍显乐观,但误差有可能达到工程上可接受的范围;对于更大当量的爆炸,尽管有所保守,但不会有很大偏差。

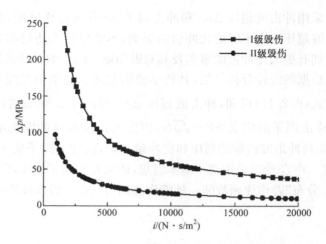

图 6.2.20　鱼雷壳体结构等毁伤 $\Delta p_m\text{-}i$ 关系曲线

4. 典型目标毁伤响应的基本特性

传统的水中目标主要指水面舰船和水下潜艇,随着科技进步和装备技术不断发展,以及水下作战对抗的日益复杂化,新的目标如 UUV、鱼雷、水雷、水下基站和信息设施等不断进入人们的视线。水下武器如鱼雷、水雷和深水炸弹等,几乎都利用水中爆炸并使之成为摧毁敌方舰艇等水中目标的最有效手段。

对于传统的舰艇目标,水中爆炸冲击波作为一种高频、强动载荷,主要引起舰体及其背部结构的破坏,如舰体局部结构的大变形和破裂、机座移动、炮闩楔住和接缝强烈破坏等。另外,冲击波的作用并不局限于舰艇的接触表面和局部结构损伤,舰艇结构响应所产生的应力波将造成内部设施和设备的损伤。当舰体隔墙之间充填液体时,冲击波将通过液体传到其他部分,增大破坏作用。冲击波的作用可使各种机器与机座的破裂以及仪器设备破损,并可引发可燃物、弹药的意外着火以及殉爆等。接触爆炸条件下,爆轰产物以高温、高压气体流动形式对冲击波破坏后舰体局部产生附加或增强作用。近场爆炸条件下,气泡收缩及溃灭产生的水射流和气泡溃灭流在冲击波作用后,形成叠加的毁伤效应,在冲击波的局部毁伤基础上得到进一步加强。远场爆炸条件下,气泡脉动产生的二次压力波、脉动水流等,大当量爆炸的载荷强度仍然很大并具有低频特性,主要造成舰艇结构的多方位毁伤,如舰艇结构整体的折断、内部设备和人员等的冲击振动损伤等。

典型的爆炸中心位于舰船正下方的远场和近场毁伤效应相耦合的情形如图 6.2.21 所示,这时水中冲击波、脉动(二次)压力波、脉动水流以及水射流、气泡溃灭流等各种载荷均发挥了毁伤破坏作用,表现出突出的叠加毁伤或耦合毁伤特征。首先是水中冲击波作用;紧接着是气泡的膨胀和收缩(脉动)造成船体中拱和中垂并使其产生折断的趋势;然后气泡收缩并上浮至舰体底部,形成水射流和气泡溃灭流两者的共同作用,击穿舰船整体结构,最终导致舰船整体解体而被彻底摧毁。

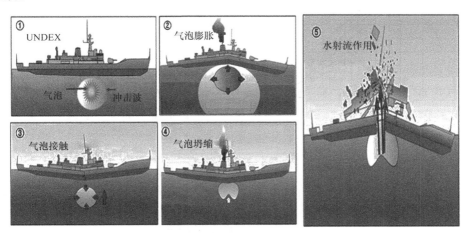

图 6.2.21　近场爆炸毁伤载荷对目标的作用

工程上常常忽略水中爆炸毁伤载荷及其作用细节,从唯象角度通过试验研究水中爆炸的毁伤破坏特性,表现为毁伤结果与装药爆炸当量及爆距的紧密相关性,式(6.2.64)给出的毁伤准则形式恰当地体现了这一基本规律。较早时期由试验获得的几种爆炸当量的爆炸冲击波峰值压力与爆距之间的关系,如图 6.2.22 所示,图中 I 区冲击波峰值压力为 45.6MPa 以上,这时潜水艇沉没,无装甲舰艇将受到严重破坏;II 区内潜艇将受到严重破坏;III 区内潜艇将受到中等破坏;而 IV 区内则受到轻微破坏。除此之外,各种爆炸当量对不同距离的舰艇结构破坏如图 6.2.23 所示。

水中爆炸对浸没在水中的人体作用是一个很重要的问题,水中冲击波能使人体的内脏(胃、肠、肝脏、肾脏)等受到损伤,经验表明,水中爆炸冲击波的杀伤极限距离比空气中大 4 倍左右。如果人体表面与水之间有空气层防护,如潜水衣内有一层毛线衣,那么水中爆炸对人体的损伤将大大降低。各种水中爆炸 TNT 当量对人体的伤害列于表 6.2.8。

表 6.2.8　不同爆炸当量和爆距的人体损伤

爆炸 TNT 当量/kg	1	2	3	4	5	6
致死极限距离/m	8	10	25	75	100	250
轻微脑震荡和内脏损伤距离/m	8~20	15~50	25~100	75~150	100~200	250~350
仅轻微脑震荡距离/m	20~100	50~300	100~350	—	—	—

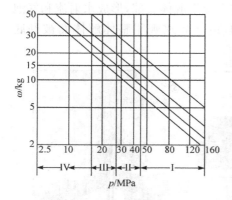

图 6.2.22　几种爆炸当量(TNT)的冲
击波压力与爆距的关系

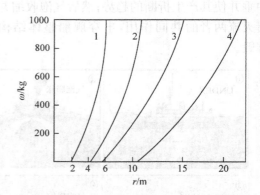

图 6.2.23　舰艇结构破坏的等毁伤曲线
1. 水下防护结构破坏；2. 外壳穿孔及内
隔墙破坏；3. 外壳严重破坏；4. 外壳开裂漏水

6.3　岩土中爆炸

　　岩土是对岩石和土壤的总称，它由多种矿物颗粒组成，颗粒与颗粒之间有的相互联系，有的互不联系。岩土的孔隙中还含有水和气体，气体通常是空气。根据颗粒间机械联系的类型、孔隙率和颗粒的大小，岩土可分为以下几类：

　　(1) 坚硬岩石和半坚硬岩石；

　　(2) 黏性土；

　　(3) 非黏性(松散)土。

　　由于岩土是一种非均匀介质，颗粒之间存在较大的孔隙，即使是同一岩层，各部位岩质的结构构造与力学性能也可能存在很大的差别。因此，与空气和水中爆炸相比，岩土中爆炸要复杂得多。

　　本章忽略岩土之间的差异，从普遍意义上分别讨论装药在无限岩土和有限岩土介质中爆炸的一些基本现象。

6.3.1　岩土中爆炸现象

1. 装药在无限均匀岩土介质中的爆炸

　　图 6.3.1 表示一个球形药包，或一个圆柱形药包爆炸后的横截面。当药包中心起爆后，爆轰波即以相同的速度向各个方向传播，传播速度取决于炸药类型和装药条件。爆轰波传播速度通常大于岩土中应力波的传播速度，于是可以认为，在应力波(变形波)到达离药包表面稍远的距离以前，爆轰已经完成。因此有理由

假定,爆炸气体的超压同时作用于岩土介质与药包所有接触点上。由于岩土变形过程的速度极高,爆轰产物气体与周围介质之间的热交换可以忽略,即可视为绝热过程。

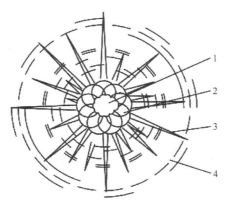

图 6.3.1　装药在无限岩土介质中爆炸
1. 爆腔;2. 压碎区;3. 破裂区;4. 震动区

　　装药爆轰完成后的瞬间,爆轰产物的压力达数十 GPa,而岩土的抗压强度仅为数百 MPa,因此,靠近药包表面的岩土将被压碎,甚至进入流动状态。被压碎的介质因受到爆轰产物的挤压发生径向运动,形成一空腔,称为爆腔或排出区,爆腔(排出区)的体积约为装药体积的几十倍。

　　岩土被强烈压碎的区域,称为压碎区。若岩土为均匀介质,在这区域内形成一组滑移面,表现为细密的裂纹,这些滑移面的切线与自炸药中心引出的射线之间成 45°角。在这个区域内,岩土被强烈压缩,并朝离开药包的方向运动,于是产生了以超声速传播的冲击波。

　　随着冲击波阵面离开药包距离的增加,能量扩散到越来越大的介质体积中,使超压迅速降低。在距药包的一定距离处,超压低于岩土的强度极限,这时变形特征发生了变化,破碎现象和滑移面消失了,岩土保持原来的结构。由于岩土受到冲击波的压缩会发生径向向外运动,这时介质中的每一环层受切向拉伸应力的作用。如果拉伸应力超过了岩土的动态抗拉强度极限,那么就产生从爆炸中心向外辐射的径向裂缝。大量的实验研究表明,岩土的抗拉强度极限比抗压强度极限小得多,通常为抗压强度的 2%～10%。因此在压碎区外出现拉伸应力的破坏区,且破坏范围比前者大。随着压力波阵面半径的增大,超压降低,切向拉伸应力值降低。在某一半径处,拉伸应力将低于岩土的抗拉强度,岩土就不再被拉裂。

　　在爆轰产物迅速膨胀的过程中,爆轰产物逸散到周围介质的径向裂缝中去,因而助长了这些裂缝的扩展,并使自身的体积进一步增大。这样,气体的压力和温度便进一步降低。由于惯性的缘故,在压力波脱离药室之后,岩土的颗粒在一定时间内继续朝离开药包的方向运动,结果导致爆轰产物出现负压,并且在压力波后面传播一个稀疏(拉伸)波。由于径向稀疏(拉伸)波的作用,使介质颗粒在达到最大位移后,反向朝药包方向运动,于是在径向裂缝之间形成许多环向裂缝。这个主要有拉伸应力作用而引起的现象和环向裂纹彼此交织的破坏区成为破裂区或松动区。

由于介质颗粒的反向运动压缩爆轰产物,爆轰产物压力增大并重新膨胀,这样由爆轰产物和岩土组成的系统发生振荡,产生新的波。由于阻尼效应和永久性变形所造成的能量损失,上述过程衰减得很快,以致由爆源传出的第二个波与第一个波相比已经可以忽略了。

在破裂区(松动区)以外,冲击波已经很弱,不能引起岩土结构的破坏,只能产生质点的震动。离爆炸中心愈远,震动的幅度愈小,最后冲击波衰减为声波。这一区域称为弹性变形区或震动区。

总之,装药在无限均匀岩土介质中爆炸,在上述动力过程终结之后,岩土中残留一个爆腔(排出区),在此之外依次是压碎区(压缩区)、破裂区(拉伸区)和震动区(弹性变形区)。

2. 装药在有限岩土介质中的爆炸

前面讨论了装药在无限岩土介质中爆炸的基本现象,而实际上药包都是在地面下一定深度处爆炸。所谓有限岩土介质中的爆炸,是指有岩土和空气界面(自由面)影响的爆炸情况。在爆炸冲击波(压力波)没有到达自由面以前,无限岩土中爆炸的现象同样存在。一旦压力波到达自由面,则反射为拉伸波(稀疏波),如图 6.3.2 所示。拉伸波、压力波和气室内爆炸气体压力的共同作用,使药包上方的岩土向上鼓起,地表产生的拉伸波和剪切波使地表岩土介质产生振动和飞溅。

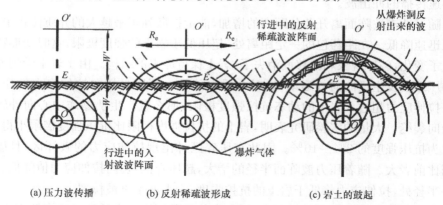

(a)压力波传播　　　(b)反射稀疏波形成　　　(c)岩土的鼓起

图 6.3.2　装药在有限岩土介质中爆炸

　　装药在岩土中的爆炸,习惯上也称为爆破。根据装药埋设深度或一定深度装药量的不同而呈现程度不同的爆破现象,分别称为松动爆破和抛掷爆破。

　　1) 松动爆破现象

　　当药包在地下较深处爆炸时,爆炸冲击波只引起周围介质的松动,而不发生土石向外抛掷的现象。如图 6.3.3 所示,装药爆炸后,压力波由中心向四周传播。当压力波到达自由表面时,介质产生径向运动。与此同时压力波从自由面反射为拉伸(稀疏)波,以当地的声速向岩土深处传播。反射拉伸波到达之处,岩土内部受到拉伸应力的作用,造成介质结构的破坏。这种破坏从自由面开始向深处一层层地扩展,而且基本按几何光学或声学的规律进行。可以近似地认为反射拉伸波是从与装药成镜像对称的虚拟中心 O' 处所发出的球形波。

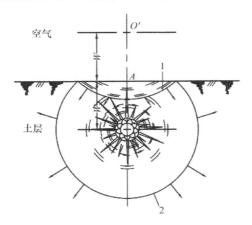

图 6.3.3　松动爆破时波的传播

1. 反射波阵面;2. 爆炸波阵面

　　如图 6.3.4 所示,松动爆破的破坏由两部分组成:一是由爆炸中心到周围基本保持球状的破坏区 I,其特点是岩土介质内的裂缝径向发散,介质颗粒破碎得较细;二是由自由面反射拉伸波所引起的破坏区,称为松动破坏区 II,其特点是裂缝大致以虚拟中心发出的球面扩展,介质颗粒破碎得较粗。松动区的形状像一个漏斗,通常称为松动漏斗。

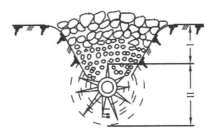

图 6.3.4　松动爆破岩土破碎情况

　　2) 抛掷爆破现象

　　如图 6.3.5 所示,如果装药与地面进一步接近,或者装药量更多,那么当炸药爆炸的能量超过药包上方介质的阻碍时,土石就被抛掷,在爆炸中心与地面之间形成一个抛掷漏斗坑，成为抛掷爆破。图 6.3.5 中，装药中心到自由面的垂直距离成为最小抵抗线，用 W 表示。漏斗坑口部半径用 R 表示。漏斗坑口部半径 R 与最小抵抗线 W 之比称为抛掷指数，用 n 来表示。抛掷爆破按抛掷指数的大小分成以下几种情况：

　　(1) $n>1$ 为加强抛掷爆破，这是漏斗坑顶角大于 $90°$；

　　(2) $n=1$ 为标准抛掷爆破，这是漏斗坑顶角等于 $90°$；

　　(3) $n<10.75$ 为减弱抛掷爆破，这时漏斗坑顶角小于 $90°$；

　　(4) $n<0.75$ 属于松动爆破。

　　松动爆破没有岩土抛掷现象，如果战斗部在这种情况下发生爆炸，则称为隐炸现象。

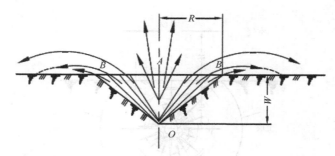

图 6.3.5　松动爆破岩土的飞散

6.3.2　岩土中的爆炸波及其传播规律

　　岩土中的爆炸波实质上是以爆炸波为波源的应力波或冲击波，因而应力波的基本规律也适用于爆炸波。

　　1. 岩土中爆炸波的基本关系式

　　爆炸波是一种强间断，波阵面上的压力、密度、声速、质点速度和温度等参数是不连续的，它们之间的关系由力学和热力学的条件给出。力学条件表示为质量守恒定律和动量守恒定律；热力学（雨贡纽）条件确定了能量守恒定律。于是可建立起爆炸的基本关系式，即质量守恒方程、动量守恒方程和能量守恒方程：

$$\rho_f(D_f-u_f)=\rho_{f0}(D_f-u_0) \tag{6.3.1}$$

$$p_f-p_0=\rho_0(D_f-u_0)(u_f-u_0) \tag{6.3.2}$$

$$E_f-E_0=\frac{1}{2}(p_f+p_0)\left(\frac{1}{\rho_0}-\frac{1}{\rho_f}\right) \tag{6.3.3}$$

式中，p、ρ、u、E 分别表示介质的压力、密度、质点速度和比内能，下标"f"和"0"分别表示波后和波前状态；D_f 为爆炸波速度。

以上三式再加上介质的状态方程,构成了描述就爆炸波的方程组,在已知波阵面一个参数的情况下,可求出其他参数。对于岩土介质,比内能 E 并不常用,而且状态方程常表示成压力 p 和比体积 ν 的关系。这样,质量守恒的式(6.3.1)、动量守恒的式(6.3.2)和状态方程 $p=p(\nu)$,组成常用的求解波阵面参数的方程组。

2. 岩土介质的状态方程(本构关系)和爆炸波参数

前面给出岩土介质爆炸波的基本关系式(6.3.1)～(6.3.3),这些关系式从理论上是严格的。所以爆炸波参数理论计算的关键是确定严格的介质状态方程,但介质状态方程到目前为止还没有公认的表达形式,因而精确地计算爆炸波的参数是不现实的。本节给出基于岩土由三相介质组成,通过固态、液态和气态的状态方程综合得到岩土的状态方程,并给出在该状态方程形式下爆炸波参数的表达式。假设岩土是由固体颗粒、水和空气所组成的一种三相介质,以 α_{01}、α_{02}、α_{03} 分别表示初始状态三个相的体积分数,ρ_{01}、ρ_{02}、ρ_{03} 为初始状态三个相的密度,那么可得到岩土初始状态的密度 ρ_0

$$\rho_0 = \alpha_{01}\rho_{01} + \alpha_{02}\rho_{02} + \alpha_{03}\rho_{03} \tag{6.3.4}$$

固体颗粒的状态方程为

$$p_f = p_0 + \frac{\rho_{01} c_{01}^2}{k_1}\left[\left(\frac{\rho_1}{\rho_{01}}\right)^{k_1} - 1\right] \tag{6.3.5}$$

式中,p_f、p_0 分别表示终态和初始态压力;ρ_1 为固体颗粒终态的密度;c_{01} 为固体颗粒声速,其值为 4500m/s;k_1 为常数,其值取 3。

水的状态方程为

$$p_f = p_0 + \frac{\rho_{02} c_{02}^2}{k_2}\left[\left(\frac{\rho_2}{\rho_{02}}\right)^{k_2} - 1\right] \tag{6.3.6}$$

式中,ρ_2 为水的终态密度;c_{02} 为水的声速,其值 1500m/s;k_2 为常数,其值取 3。

对于空气,其状态方程为

$$p_f = p_0\left(\frac{\rho_3}{\rho_{03}}\right)^{k_3} \tag{6.3.7}$$

式中,ρ_3 为空气的终态密度;k_3 为常数,其值取 1.4。

式 (6.3.5)～(6.3.7)经过变换得到

$$\rho_1 = \rho_{01}\left[\frac{(p_f - p_0)k_1}{\rho_{01} c_{01}^2} + 1\right]^{-1/k_1} \tag{6.3.8}$$

$$\rho_2 = \rho_{02}\left[\frac{(p_f - p_0)k_2}{\rho_{02} c_{02}^2} + 1\right]^{-1/k_2} \tag{6.3.9}$$

$$\rho_3 = \rho_{03}\left(\frac{p_f}{p_0}\right)^{-1/k_3} \tag{6.3.10}$$

终态的体积分数分别用 α_1、α_2、α_3 表示，于是得到

$$\alpha_1 = \frac{\dfrac{\rho_{01}\alpha_{01}}{\rho_1}}{\dfrac{\rho_{01}\alpha_{01}}{\rho_1} + \dfrac{\rho_{02}\alpha_{02}}{\rho_2} + \dfrac{\rho_{03}\alpha_{03}}{\rho_3}} \tag{6.3.11}$$

$$\alpha_2 = \frac{\dfrac{\rho_{02}\alpha_{02}}{\rho_2}}{\dfrac{\rho_{01}\alpha_{01}}{\rho_1} + \dfrac{\rho_{02}\alpha_{02}}{\rho_2} + \dfrac{\rho_{03}\alpha_{03}}{\rho_3}} \tag{6.3.12}$$

$$\alpha_3 = \frac{\dfrac{\rho_{03}\alpha_{03}}{\rho_3}}{\dfrac{\rho_{01}\alpha_{01}}{\rho_1} + \dfrac{\rho_{02}\alpha_{02}}{\rho_2} + \dfrac{\rho_{03}\alpha_{03}}{\rho_3}} \tag{6.3.13}$$

对于终态的密度，得到

$$\rho = \alpha_1\rho_1 + \alpha_2\rho_2 + \alpha_3\rho_3 \tag{6.3.14}$$

将式(6.3.8)～(6.3.13)代入式(6.3.14)式并结合式(6.3.4)得到

$$\rho = \rho_0 \left\{ \alpha_{01}\left[\frac{(p_f-p_0)k_1}{\rho_{01}c_{01}^2}+1\right]^{-1/k_1} + \alpha_{02}\left[\frac{(p_f-p_0)k_2}{\rho_{02}c_{02}^2}+1\right]^{-1/k_2} + \alpha_{03}\left(\frac{p_f}{p_0}\right)^{-1/k_3} \right\}^{-1} \tag{6.3.15}$$

状态方程式(6.3.15)对含水饱和土的适用性已为爆炸波与直接测量图的可压缩性的结果所证实。

式(6.3.15)的状态方程是 p 和 ρ 之间的一个关系式，如前所述，可以与式(6.3.1)和式(6.3.2)联立求解一些爆炸波参数。如果爆炸前介质是静止的，那么由式(6.3.1)和式(6.3.2)可得到

$$D_f = \sqrt{\frac{\rho_f}{\rho_0}\frac{(p_f-p_0)}{(\rho_f-\rho_0)}} \tag{6.3.16}$$

$$u_f = \sqrt{\frac{1}{\rho_0\rho_f}(p_f-p_0)(\rho_f-\rho_0)} \tag{6.3.17}$$

把式(6.3.16)和式(6.3.17)用式(6.3.15)代入，得到

$$D_f^2 = \frac{(p_f-p_0)}{\rho_0}\left\{ 1-\alpha_{01}\left[\frac{(p_f-p_0)k_1}{\rho_{01}c_{01}^2}+1\right]^{-1/k_1}\right.$$
$$\left. -\alpha_{02}\left[\frac{(p_f-p_0)k_2}{\rho_{02}c_{02}^2}+1\right]^{-1/k_2} - \alpha_{03}\left(\frac{p_f}{p_0}\right)^{-1/k_3} \right\}^{-1} \tag{6.3.18}$$

$$u_f^2 = \frac{(p_f - p_0)}{\rho_0} \left\{ 1 - \alpha_{01} \left[\frac{(p_f - p_0)k_1}{\rho_{01} c_{01}^2} + 1 \right]^{-1/k_1} \right.$$
$$\left. - \alpha_{02} \left[\frac{(p_f - p_0)k_2}{\rho_{02} c_{02}^2} + 1 \right]^{-1/k_2} - \alpha_{03} \left(\frac{p_f}{p_0} \right)^{-1/k_3} \right\} \qquad (6.3.19)$$

如果波阵面上的压力 p_f 或超压 $\Delta p_f = p_f - p_0$ 已知,则可以通过式(6.3.15)、式(6.3.18)和式(6.3.19)分别计算爆炸后介质密度 ρ_f、爆炸波速度 D_f 和质点速度 u_f。

3. 岩土中爆炸波的传播规律

对孔隙率 $\alpha_{02} + \alpha_{03} = 0.4$ 的饱和土按式(6.3.18)计算得到的 D_f 和 p_f 的关系曲线,示于图 6.3.6。其中,曲线 1、2、3 和 4 是相应于空气相对体积分别为 0、10^{-4}、10^{-3} 和 10^{-2} 的计算曲线;曲线 5、6、7 和 8 是实验曲线,分别对应于 α_{03} 为 0、0.5×10^{-4}、10^{-2} 和 4×10^{-2}。由图 6.3.6 可以看出,爆炸波传播速度随 α_{03} 的增大而迅速减小。在不含空气的岩土中,传播速度的变化很小。

图 6.3.7 给出了饱和土的质点速度 u_f 与 p_f 的关系曲线,土的孔隙率 $\alpha_{02} + \alpha_{03} = 0.4$。曲线 1、2 和 3 分别对应于 α_{03} 为 0、10^{-2} 和 5.0×10^{-2};曲线 4 是指水,几乎是一条直线。

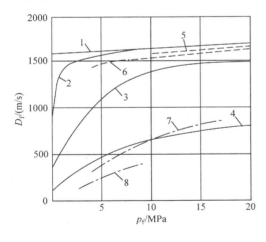

图 6.3.6　爆炸波阵面速度
与峰值压力的关系

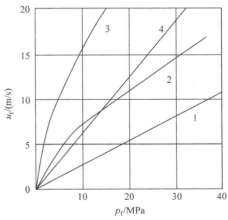

图 6.3.7　爆炸波质点速度
与峰值压力的关系

冲击波在三相介质中的传播规律,要比在硬岩石(近似地认为符合胡克定律)中的传播规律复杂得多。在这里仅指出,根据实验结果,在非饱和土中当冲击波垂直入射到刚性障碍物时,超压将增加 2～3.3 倍(视岩土的种类而异)。超压的增加在很大程度上取决于超压的高低。对于低超压,增加一倍;随着超压的增大,其增加值可以达到上面所给范围的上限。

实验进一步表明,在饱和土中传播的压力波的超压与所取的方向无关,在这一点上,土的性质像液体一样。

应当指出,虽然土壤的密度和水的密度相差不多,但是爆轰产物和冲击波在土壤中的传播规律却与在液体介质中的传播规律有很大的不同,这是由于土壤有孔隙的缘故。事实上,土壤受压时,起初是单个颗粒被压拢,质量密度变大;而后在高压下才产生土壤颗粒的一般压实变形。由于土壤孔隙的消失而被压实,爆炸冲击波的大部分能量将消耗于此,因而使大部分的爆炸能消耗于破坏土壤颗粒和转换为热能上。剩下来的能量,形成弱压缩波。弱压缩波的性质类似于地震波,但是地震波的能量比爆炸初始能量小得多。

6.3.3　岩土中的爆炸相似律

1. 基本原理和内容

如前所述,岩土中爆炸波的本质是应力波。由于岩土的多样性及其状态方程知识尚未很好地掌握,所以以爆炸波参数的理论求解还难以得到精确的结果。

各种岩土具有不同的力学性质,这些性质对于判断有关的理论是否适用是特别重要的。比如岩石,可以应用胡克定律为基础的弹性波理论。对于黏性土和非黏性土,弹-塑性波理论在一定范围内是可以应用的。一般而言,关于岩土中应力波传播理论的研究现状还不能十分令人满意。现在的一些理论知识在变形或应力值介于某个有限范围内才与实际相符合,而爆炸波的压力则在从药包附近的高应力到离药包很远处极低应力的相当宽的范围内变化;岩土的基本流变模型也没有充分地建立起来;如何将现有的各种模型应用于动力学问题,也没有充分的根据;对于岩土变形速率的敏感性问题,并没有很好掌握并形成理论;岩土的力学性质随空间坐标或者连续变化,或者在地层界面上的突跃变化,也没有深入地了解。在力学参数变化的介质中,爆炸波的传播在理论上还没有处理过。爆炸波在有裂缝的岩土中的传播,仍然是一个有待解决的问题。此外,还可以列举出其他许多尚未解决的岩土动力学方面的重要问题。有关爆炸波参数及爆炸波传播规律的最可靠的认识,还是利用爆炸相似理论通过实验研究所获得的。

岩土中爆炸相似律描述如下:在介质中任意装药的爆炸,假定介质对变形速率是不敏感的;进一步假定,在介质中应力和变形的不稳定场是受爆炸能量的影响(不考虑重力和其他力的影响);因此可以认为两个尺寸不同(能量大小不同)、但装药相同(更确切地说是密度和爆速相同)的两个药包在任意形状介质(甚至可以包含不连续性和各种形状的被隔离块体)的相同点上爆炸时,他们两者的应力场和变形场在几何上、时间上和强度上都是相似的。

从爆炸点传播出一个全向波,径向压力随时间变化的一般情况如图 6.3.8(a)所示。若介质或药包为非对称,则应力随时间的变化如图 6.3.8(b)所示,其中第一个最大值对应于纵波,第二个最大值对应于横波。波中质点速度、波阵面传播速度对最大超压的关系已在上一节进行了讨论,下面通过爆炸相似律确定参数 Δp_m、τ 和 $\Delta\tau$,这里 Δp_m 是压力波中的最大超压(对于冲击波 $\Delta p_m = \Delta p_f$),τ 是超压持续时间,$\Delta\tau$ 是超压达到最大值的时间。

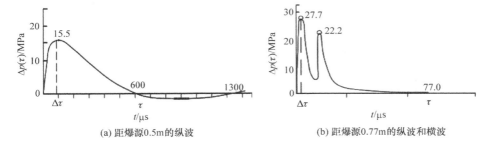

(a) 距爆源0.5m的纵波　　　　　　(b) 距爆源0.77m的纵波和横波

图 6.3.8　75gTNT 炸药花岗岩中爆炸的爆炸波压力与时间的关系

由爆炸相似原理,对于球形装药存在

$$\frac{r_2}{\sqrt[3]{\omega_2}} = \frac{r_1}{\sqrt[3]{\omega_1}} \tag{6.3.20}$$

式中,r_i 和 ω_i ($i=1,2$)分别是距爆炸中心的距离和装药量。于是可得到

$$\Delta p_m = \sum_{i=1}^{n} A_i \left(\frac{1}{\bar{r}}\right)^{\alpha_i} \tag{6.3.21}$$

式中,Δp_m 为爆炸波峰值超压;$\bar{r} = r/\sqrt[3]{\omega}$;$A_i$ 为实验标定常数。

通常,式(6.3.21)最多取到四项($n=3$ 或 $n=4$)。实验得到的关系也常常可以只用级数的一项来近似,这时,α_i 为某一常数。常数 A_i 和 $n=1$ 时的 α_i 值取决于介质的种类和形状。在药包附近,它们还或多或少与炸药的种类有关。确定这些常数的基本原则是:使式(6.3.21)的曲线尽可能与由实验得到的曲线相接近。

压力波其他参数的最大值,如最大质点速度 u_m、最大密度 ρ_m、最大声速 C_m、最大超压传播速度 D_m 和最高温度 T_m 可以表示成 Δp_m 的函数,于是

$$\left.\begin{array}{l} u_m = u_m(\bar{r}) \\ \rho_m = \rho_m(\bar{r}) \\ C_m = C_m(\bar{r}) \\ D_m = D_m(\bar{r}) \\ T_m = T_m(\bar{r}) \end{array}\right\} \tag{6.3.22}$$

上述参数均是 $\bar{r}$ 的函数,取决于介质的种类和形状;在药包附近,还取决于炸药的

种类。

由相似关系得到

$$\frac{t_2}{t_1} = \frac{r_2}{r_1} = \sqrt[3]{\frac{\omega_2}{\omega_1}} \tag{6.3.23}$$

式中,t_1、t_2 分别为爆炸应力波到达 r_1、r_2 的时间。这样,在距离爆炸中心分别为 r_1、r_2 的点上,爆炸应力波到达最大值的时间 t_{m1}、t_{m2};压力波持续时间 τ_1、τ_2;稀疏波持续时间 $\bar{\tau}_1$、$\bar{\tau}_2$;超压达到最大值所需时间 $\Delta\tau_1$、$\Delta\tau_2$;与乘积 $\Delta p_{m1}\tau_1$、$\Delta p_{m2}\tau_2$ 分别成正比的比冲量 i_{m1}、i_{m2};以及介质质点的最大位移 s_{m1}、s_{m2} 满足方程

$$\frac{t_{m2}}{t_{m1}} = \frac{\tau_2}{\tau_1} = \frac{\bar{\tau}_1}{\bar{\tau}_2} = \frac{\Delta\tau_2}{\Delta\tau_1} = \frac{i_{m2}}{i_{m1}} = \frac{s_{m2}}{s_{m1}} = \sqrt[3]{\frac{\omega_2}{\omega_1}} \tag{6.3.24}$$

因而,可得到一般关系式

$$\left.\begin{array}{l} t_m = \sqrt[3]{\omega}\, t_m(\bar{r}) \\[4pt] \tau = \sqrt[3]{\omega}\, \tau(\bar{r}) \\[4pt] \bar{\tau} = \sqrt[3]{\omega}\, \bar{\tau}(\bar{r}) \\[4pt] \Delta\tau = \sqrt[3]{\omega}\, \Delta\tau(\bar{r}) \\[4pt] i_m = \sqrt[3]{\omega}\, i_m(\bar{r}) \\[4pt] s_m = \sqrt[3]{\omega}\, s_m(\bar{r}) \end{array}\right\} \tag{6.3.25}$$

式中,函数 $t_m(\bar{r})$、$\tau(\bar{r})$、$\bar{\tau}(\bar{r})$、$\Delta\tau(\bar{r})$、$i_m(\bar{r})$ 和 $s_m(\bar{r})$ 可表示成

$$\left.\begin{array}{l} t_m(\bar{r}) = \sum\limits_{i=1}^{n} A_i^0 t_m \left(\dfrac{1}{\bar{r}}\right)^{a_i^0} \\[10pt] \tau(\bar{r}) = \sum\limits_{i=1}^{n} A_i^1 \tau_m \left(\dfrac{1}{\bar{r}}\right)^{a_i^1} \\[10pt] \bar{\tau}(\bar{r}) = \sum\limits_{i=1}^{n} A_i^2 \bar{\tau} \left(\dfrac{1}{\bar{r}}\right)^{a_i^2} \\[10pt] \Delta\tau(\bar{r}) = \sum\limits_{i=1}^{n} A_i^3 \Delta\tau \left(\dfrac{1}{\bar{r}}\right)^{a_i^3} \\[10pt] i_m(\bar{r}) = \sum\limits_{i=1}^{n} A_i^4 i_m \left(\dfrac{1}{\bar{r}}\right)^{a_i^4} \\[10pt] s_m(\bar{r}) = \sum\limits_{i=1}^{n} A_i^5 s_m \left(\dfrac{1}{\bar{r}}\right)^{a_i^5} \end{array}\right\} \tag{6.3.26}$$

式中,A_i^j、a_i^j($j=1\sim5$)是实验标定常数。当 $n=1$ 时,a_i^j 为某一常数;$n\neq1$ 时,$a_i^j = a_i$。

如果进行比较的各次爆炸的静止介质所处的状态(p_0、ρ_0、T_0、C_0)相同,则所

导出的公式是正确的。考虑到介质的状态,式(6.3.22)和式(6.3.26)可分别改写成

$$
\left.
\begin{aligned}
\Delta p_m &= p_0 \Delta p_m(\bar{r}_0) \\
\rho_m &= \rho_0 \rho_m(\bar{r}_0) \\
u_m &= C_0 u_m(\bar{r}_0) \\
C_m &= C_0 C_m(\bar{r}_0) \\
D_m &= C_0 D_m(\bar{r}_0) \\
T_m &= T_0 T_m(\bar{r}_0)
\end{aligned}
\right\} \tag{6.3.27}
$$

$$
\left.
\begin{aligned}
t_m &= \frac{\sqrt[3]{\omega/p_0}}{c_0} t_m(\bar{r}_0) \\
\tau &= \frac{\sqrt[3]{\omega/p_0}}{c_0} \tau(\bar{r}_0) \\
\tilde{\tau} &= \frac{\sqrt[3]{\omega/p_0}}{c_0} \tilde{\tau}(\bar{r}_0) \\
\Delta\tau &= \frac{\sqrt[3]{\omega/p_0}}{c_0} \Delta\tau(\bar{r}_0) \\
i_m &= \frac{p_0 \sqrt[3]{\omega/p_0}}{c_0} i_m(\bar{r}_0) \\
s_m &= \frac{\sqrt[3]{\omega/p_0}}{c_0} s_m(\bar{r}_0)
\end{aligned}
\right\} \tag{6.3.28}
$$

其中

$$
\bar{r}_0 = \frac{r}{\sqrt[3]{\omega/p_0}} = \bar{r}\sqrt[3]{p_0} \tag{6.3.29}
$$

当考虑爆炸的地震效应时,必须知道沿地表传播的地震波的最大振幅和周期。由前述的爆炸相似律,对于恒定状态的介质可以得出一般方程

$$
\left.
\begin{aligned}
A_x &= \sqrt[3]{\omega} A_x(\bar{r}) \\
A_y &= \sqrt[3]{\omega} A_y(\bar{r}) \\
A_z &= \sqrt[3]{\omega} A_z(\bar{r}) \\
T &= \sqrt[3]{\omega} T(\bar{r})
\end{aligned}
\right\} \tag{6.3.30}
$$

式中,A_x、A_y、A_z 分别表示地表震动的水平径向、水平切向和竖直方向的最大振幅;T 为最大振幅的振动周期。函数 $A_x(\bar{r})$、$A_y(\bar{r})$、$A_z(\bar{r})$ 只取决于地层介质的种类和几何形状,在药包附近还与炸药的种类有关。它们也可以写成级数式(6.3.26)的形式,其常数由实验得到。考虑到介质的状态,式(6.3.30)可改写成

$$
\left.
\begin{aligned}
A_x &= \sqrt[3]{\omega/p_0}\, A_x(\bar{r}_0) \\
A_y &= \sqrt[3]{\omega/p_0}\, A_y(\bar{r}_0) \\
A_z &= \sqrt[3]{\omega/p_0}\, A_z(\bar{r}_0) \\
T &= \frac{\sqrt[3]{\omega/p_0}}{c_0}\, T(\bar{r}_0)
\end{aligned}
\right\}
\tag{6.3.31}
$$

上述一般公式可用于所有各种波,即纵波、横波、原生波和反射波等。另外,可对式(6.3.27)、式(6.3.28)、式(6.3.31)进行推广,这种推广基于物质的差异性可以解释为状态变化这一思想。例如,假设某一特定气体的某个实际状态(p_0'、ρ_0'、T_0'、C_0')已经导出了式(6.3.21)、式(6.3.22)和式(6.3.25),那么随着该气体的状态变化到(p_0'、ρ_0'、T_0'、C_0'),必须用包含新状态参数的式(6.3.27)和式(6.3.28)。对于另一种气体,两个式子也是适用的,只是要在其中代入该种气体的状态参数。按照上述理解,对于特定气体所导出的公式,如果代入相应的状态(p_0'、ρ_0'、T_0'、C_0'),则也可以用于水和其他液体,这里 p_0 不再是液体静压力而是一种分子间力。类似地,也可以将岩土介质的一定状态代入具体表示某给定气体的式(6.3.27)和式(6.3.28),其中,p_0 是岩土的一种分子间力,那么就得到关于该特定岩土介质的计算公式。同样可以说明式(6.3.31)对于地表介质震动参数的应用。

通过上述处理,使前述理论达到统一和推广,从而导出一种普遍性的理论,它不仅适用于各种材料中的爆破波,并且可以单独地将气体、液体和岩土中的爆炸效应联系起来。

例如,式(6.1.30)中给出了国际标准大气压(标准状态)下空中爆炸波的最大超压。对于另一种状态(p_0'、ρ_0'、T_0'、C_0'),按照式(6.3.27)和式(6.3.28),式(6.3.30)可写成

$$
\Delta p_m = p_0^{a_i}\left(\frac{0.074}{\bar{r}} + \frac{0.021}{\bar{r}^2} + \frac{0.637}{\bar{r}^3}\right) = \frac{0.074}{\bar{r}}p_0^{2/3} + \frac{0.021}{\bar{r}^2}p_0^{1/3} + \frac{0.637}{\bar{r}^3} \quad (\mathrm{MPa})
$$

$$
\tag{6.3.32}
$$

根据前述的解释可以认为,式(6.3.32)也适用于液体和固体,p_0 是一种分子间的作用力,随介质及状态不同而不同。对于水,可取 $p_0 = 0.98 \sim 1.18\mathrm{GPa}$。将此值代入式(6.3.32)中,所得到的结果几乎与式(6.2.43)的结果相同。

对于大多数岩土介质,可以写出

$$
\left(\frac{\nu}{\nu_0}\right)^k = \frac{p_0}{p_0 + p}
$$

式中,p、ν 和 ν_0 分别是压力、体积和初始体积;k 是与固体结构有关的常数。体积变形模量 $K = (\mathrm{d}p/\mathrm{d}\nu)\nu = kp_0\,(\nu_0/\nu)^k$。事实上,$\nu$ 充分接近于 ν_0,所以 $K = k_0$,$p_0 = K/k$。各种岩土的 k 值可以在文献中查到,大多数 k 值约等于8,因此 $p_0 = K/8$。

于是

$$\Delta p_m = \frac{0.074}{\bar{r}}\left(\frac{K}{8}\right)^{2/3} + \frac{0.021}{\bar{r}^2}\left(\frac{K}{8}\right)^{1/3} + \frac{0.637}{\bar{r}^3}(\text{MPa}) \qquad (6.3.33)$$

对于含水土,式(6.3.32)得到的结果是足够精确的,然而必须定出相应的 p_0 值。对于岩土,在药包附近(压碎区),表现出液体的性状,式(6.3.33)给出足够的计算精度;而对于较远的地方,由于存在切向应力和能量耗散,式(6.3.33)给出的值偏高,一般不太适用。

爆炸相似律在实验研究当中得到了广泛的应用,如上所述,它给出了计算爆炸波参数公式的函数形式。

2. 爆炸相似律的应用

各种岩土的力学性质变动范围很大。例如,含水砂和黏土的力学性质可近似看成液体,在这种介质中传播的应力波总是具有突跃波阵面的冲击波。通常,岩土的应力-应变的关系如图 6.3.9 所示。当压力 $\Delta p_m \geqslant \sigma_C$ 时,岩土中传播的是冲击波;当 $\sigma_A < \Delta p_m < \sigma_C$ 时,是弹塑性波;当 $\Delta p_m \leqslant \sigma_A$ 时,是弹性波。在药包附近,爆炸波的压力非常高,随着传播距离的增加,它们降到几乎等于零。因此,当爆炸应力波通过所述全部压力段时,其特性在传播过程中发生变化。首先,从药包传出稳定的冲击波;然后,随着压力的降低,冲击波就转化成弹-塑性波;最后,在离药包较大的距离处,超压进一步下降,变成弹性波。装药在岩土中的爆炸,按其装药埋设位置的不同,可以分为封闭爆炸和接触爆炸。这里所谓的封闭爆炸是指在介质中没有自由面的爆炸,即装药埋置于足够的深度或

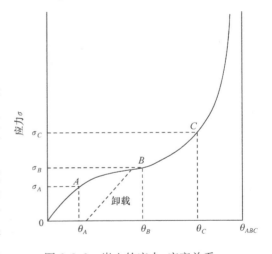

图 6.3.9　岩土的应力-应变关系

相当于无限大介质中的爆炸。接触爆炸是指装药在土壤-空气界面上的爆炸,也称为触地炸;对于装药深度小于 $2.5\sqrt[3]{\omega}$ 的爆炸,也属于接触爆炸。另外,前面提到的战斗部隐炸一般也属此列。对于接触爆炸,由于自由面的存在,问题要复杂得多,对于这一问题目前从理论上还没有很充分的阐述。对于这一问题的研究,可参阅有关文献,在此不做详细讨论。下面仅就封闭爆炸问题进行研究,借此说明爆炸相似律的应用。

1）球形装药的爆炸

对于自然湿度的饱和的和非饱和的细粒沙介质，球形 TNT 装药爆炸，通过实验，由爆炸相似律得到爆炸应力波峰值超压的计算公式

$$\Delta P_m = A_1 \left(\frac{1}{\bar{r}} \right)^{a_1} \text{(MPa)} \tag{6.3.34}$$

式中，常数 A_1 和 a_1 的值示于表 6.3.1。

表 6.3.1　式(6.3.34)中的 A_1 和 a_1 值

岩土的种类	A_1	a_1
饱和砂 $\alpha_1 = 0$	58.8	1.05
饱和砂 $\alpha_1 = 5 \times 10^{-4}$	44.1	1.50
饱和砂 $\alpha_1 = 10^{-2}$	24.5	2.00
饱和砂 $\alpha_1 = 4 \times 10^{-2}$	4.41	2.50
非饱和砂 $\rho_0 = 1.60 \sim 1.70 \text{g/cm}^3$	1.47	2.80
非饱和砂 $\rho_0 = 1.52 \sim 1.60 \text{g/cm}^3$	0.74	3.00
非饱和砂 $\rho_0 = 1.45 \sim 1.50 \text{g/cm}^3$	0.25	3.50

当装药埋置深度达到 $2.5 \sqrt[3]{\omega}$ 时，可以排除自由面的影响。实验中发现，当埋入深度达到 $2.5 \sqrt[3]{\omega}/4$ 时，并不降低 Δp_m 和 i_m 的值；如果埋入深度小于 $2.5 \sqrt[3]{\omega}/4$ 时，则超压和其他参数值有所降低。

对于上述岩土介质，爆炸应力冲量计算公式为

$$i_m = A_2 \sqrt[3]{\omega} \left(\frac{1}{\bar{r}} \right)^{a_2} \text{(Pa · s)} \tag{6.3.35}$$

式中，常数 A_2 和 a_2 的值示于表 6.3.2 中。

表 6.3.2　式(6.3.35)中的 A_2 和 a_2 值

岩土的种类	A_2	a_2
饱和砂 $\alpha_1 = 0$	7840	1.05
饱和砂 $\alpha_1 = 5 \times 10^{-4}$	7350	1.10
饱和砂 $\alpha_1 = 10^{-2}$	4410	1.25
饱和砂 $\alpha_1 = 4 \times 10^{-2}$	3430	1.40
非饱和砂 $\rho_0 = 1.52 \sim 1.60 \text{g/cm}^3$	2940	1.50

在饱和土中，压力波总是有着冲击波的性质。在非饱和土中，从药包传出一个稳定的冲击波，在超压降到 $0.392 \sim 1.176 \text{MPa}$ 的某个距离 r 处，陡峭的波阵面开始消失，然后传播弹塑性波。超压持续时间 τ 可根据如下假定来近似计算，即波剖

面是以 Δp_m 为高,以 τ 为底的三角形,于是得到 τ 的计算公式

$$\tau = \frac{2i_m}{\Delta p_m} \tag{6.3.36}$$

对于天然温度和湿度大的黄土,从药包位置直到 $\bar{r} = 10 \sim 15 (\Delta p_m > 1.96\text{MPa})$ 范围内,传播的是稳定的冲击波;超出这个范围,传播的是弹-塑性波;然后是弹性波。对于上述条件,得到下列关系式:

$$\left.\begin{aligned}
\Delta p_m &= 0.882\bar{r}^{-2.42} \\
\sigma_{\theta n} &= 0.53\bar{r}^{-2.42} \\
D_m &= 335.4\bar{r}^{-0.4} \\
\tau &= 17 \times 10^{-3}\bar{r}\sqrt[3]{\omega}
\end{aligned}\right\} \quad (\text{相对湿度为 } 19\% \sim 21\%) \tag{6.3.37}$$

$$\left.\begin{aligned}
\Delta p_m &= 1.0\bar{r}^{-2.43} \\
\sigma_{\theta n} &= 0.45\bar{r}^{-2.43} \\
D_m &= 500\bar{r}^{-0.66} \\
\tau &= 14.41 \times 10^{-3}\bar{r}\sqrt[3]{\omega}
\end{aligned}\right\} \quad (\text{相对湿度为 } 22\% \sim 25\%) \tag{6.3.38}$$

以上二式中,$\sigma_{\theta n}$ 表示最大切向应力,Δp_m 相当于最大径向应力,单位均为 GPa;D_m 和 τ 的单位分别为 m/s 和 s。

对于砂质亚黏土,其密度为 $1.6 \sim 1.65\text{g/cm}^3$;含水量 $10\% \sim 12\%$;颗粒的粒度组成是:$0.5 \sim 0.1\text{mm}$ 占 $15\% \sim 20\%$,$0.1 \sim 0.05\text{mm}$ 占 $18\% \sim 20\%$,$0.05 \sim 0.01\text{mm}$ 占 $18\% \sim 30\%$,$0.01 \sim 0.005\text{mm}$ 占 $8\% \sim 10\%$,小于 0.005mm 占 $18\% \sim 23\%$。其爆炸波峰值参数的计算公式为

$$\left.\begin{aligned}
\Delta p_m &= 1.08\bar{r}^{-2.7} \\
\sigma_{\theta n} &= 0.456\bar{r}^{-2.7} \\
D_m &= 145.3\bar{r}^{-0.64} \\
\tau &= 4.35 \times 10^{-3}\bar{r}^{1.64}\sqrt[3]{\omega}
\end{aligned}\right\} \tag{6.3.39}$$

式中,Δp_m、$\sigma_{\theta n}$、D_m 和 τ 单位分别为 MPa、MPa、m/s 和 s。

对于该种介质,另外一组计算公式为

$$\left.\begin{aligned}
\Delta p_m &= 0.784\bar{r}^{-3} \\
\sigma_{\theta n} &= 0.353\bar{r}^{-2.7} \\
u_m &= 3.72\bar{r}^{-2.06} \\
\tau &= 10^{-3}\sqrt[3]{\omega}(0.13 + 7.8\bar{r})
\end{aligned}\right\} \tag{6.3.40}$$

2) 圆柱形装药的爆炸

圆柱形装药的研究与球形装药相比要少得多,下面扼要地给出部分研究成果。圆柱形装药的爆炸波的最大径向、轴向和切向应力分别表示为 $\sigma_{rm} = \Delta p_m$、σ_{zn} 和 $\sigma_{\theta n}$,相对距离 $\bar{r} = r/r_0$(r_0 为装药半径),对于砂土介质,有如下计算公式

$$\left.\begin{array}{l} \sigma_{rm}=\Delta P_m=0.863\hat{r}^{-1.44} \\ \sigma_{zm}=0.145\hat{r}^{-1.2} \\ \sigma_{\theta m}=0.497\hat{r}^{-1.6} \end{array}\right\} \tag{6.3.41}$$

式中,σ_{rm}、σ_{zm} 和 $\sigma_{\theta m}$ 单位均为 GPa。由式(6.3.41)可知,与球形药包相比,$\Delta p_m/\sigma_{\theta m}$ 不是常数。

对于波阵面和最大应力到达时间 t_f 和 t_m 的计算公式

$$\left.\begin{array}{l} t_f=(0.0335\hat{r}+0.061)\sqrt{\omega_c} \\ t_m=0.0074\,(\hat{r}-1)^{1.51}\sqrt{\omega_c} \end{array}\right\} \tag{6.3.42}$$

式中,$\sqrt{\omega_c}$ 为柱形装药单位长度的质量(线密度),t_f 和 t_m 单位均为 s。

压力波中应力从零上升到最大值的时间为

$$\Delta\tau=t_m-t_f \tag{6.3.43}$$

6.3.4　岩土中爆破效应工程计算

岩土中的爆炸,最直接的作用结果就是爆炸之后形成爆腔(爆炸空穴)和爆破漏斗(抛掷漏斗或松动漏斗),下面分别讨论。

1. 爆腔

如前所述,装药在足够深的岩土中爆炸,爆炸波和高温高压爆轰产物共同作用使岩土中瞬间形成一个空腔,即爆腔。随后,爆轰产物在空腔中向外膨胀,产物侵入岩土的孔隙同时排出水,并在空腔周围形成一个干燥的区域。此后,爆轰产物继续侵入空隙和岩土开裂处,爆腔和壁面开始部分滑落,使爆腔改变形状。一般说来,在含水土中,爆腔在几天内变形,在非饱和质土壤中,爆腔在爆炸之后立即变形。

爆腔的形状取决于装药的形状,而爆腔的尺寸取决于土壤的性质和炸药的种类。在岩土的性质中,首先取决于它的抗压强度、密度、颗粒组成和空隙容量等。下面介绍爆腔尺寸的经验和理论的计算公式。

1) 经验公式

经验公式是根据爆炸相似律而得出的计算公式,其中的比例系数由实验来确定。对于球形装药,存在

$$\left.\begin{array}{l} R_V=k_V r_0 \\ R_V=k_V^*\sqrt[3]{\omega} \end{array}\right\} \tag{6.3.44}$$

式中,R_V、r_0 和 ω 分别是爆腔半径、装药半径和装药质量,9# 硝铵炸药的比例系数 k_V、k_V^* 由表 6.3.3 给出,其他炸药可以按爆热换算,得到相应爆炸当量。

表 6.3.3　9♯硝铵炸药的 k_V, k_V^*（$=0.053k_V$）

岩土种类	k_V	k_V^*
塑性砂土,冰碛砂土,含水砂,含水黏土	11.3～13.1	0.6～0.7
侏罗纪黑色黏土	8.6～9.9	0.45～0.52
冰碛黏土	7.0～9.5	0.37～0.50
黄色耐火土	7.0～7.6	0.37～0.40
棕色耐火土	6.5～7.4	0.34～0.39
软质、粉碎泥灰岩,黄土	6.6～7.7	0.35～0.40
软质、粉碎泥灰岩,黄土	5.4～6.5	0.29～0.34
暗蓝色脆性黏土	5.4～6.2	0.29～0.33
重砂质黏土,砂质黏土	4.8～6.7	0.25～0.36
软质白垩,层状石灰岩	3.8～4.7	0.20～0.25
中等强度泥灰岩,泥质白云岩,有裂缝的软质石灰岩	2.4～4.0	0.13～0.21
致密细粒石膏,黏土质页岩,裂缝严重的花岗岩,中等强度的磷石灰,硅酸盐,有中等裂缝的石灰岩	1.7～2.9	0.09～0.15
中等裂缝的花岗岩,致密石英岩,磷灰质霞石,致密石灰岩,带石棉的斑纹岩,砂岩,白云岩	1.5～2.5	0.078～0.13
黑硅石,大理石,花岗岩,层状石英岩,坚实石灰岩,坚实磷灰岩,坚实白云岩,石膏	1.1～2.0	0.058～0.11

对于圆柱形装药,爆腔为圆柱形(端部区域除外),存在

$$\left. \begin{array}{l} \widehat{R}_V = \widehat{k}_V r_0 \\ \widehat{R}_V = \widehat{k}_V^* \sqrt[3]{\omega_c} \end{array} \right\} \tag{6.3.45}$$

式中,$\widehat{R}_V$、r_0 和 ω_c 分别为圆柱形爆腔半径、装药半径和装药线密度,单位分别为 m、m 和 kg/m。对于黏土 $\widehat{k}_V = 28.3$,$\widehat{k}_V^* = 0.4$;对于砂土,$\widehat{k}_V = 24.8$,$\widehat{k}_V^* = 0.35$。根据岩土类型的不同,存在 $12 \leqslant \widehat{k}_V \leqslant 25$。

对于骨架密度为 $\rho_s = 1.57 \text{g/cm}^3$,含水量为 $30\% \sim 33\%$ 的土壤,可近似取

$$\widehat{R}_V = 27r_0 \tag{6.3.46}$$

对于骨架密度 $\rho_s = 1.4 \sim 1.6 \text{g/cm}^3$,含水量为 $4\% \sim 5\%$ 的土壤,可近似地取

$$\widehat{R}_V = 0.23 \sqrt{\omega_c} \tag{6.3.47}$$

以上经验公式的缺点在于不能区分和判断岩土中各个成分的影响,只能简单粗略地估计爆腔的大小。

2）准静态理论

在爆炸过程中,将岩土介质看作流体,爆轰产物也不渗透到孔隙中去。那么在几次脉动后,气体平衡下来,平衡时爆轰产物所占的体积作为爆腔的容积。在深度

为 W（最小抵抗线）的岩土中的静压力是

$$P_0 = P_a + \rho_s W \tag{6.3.48}$$

式中，ρ_s 是土壤的密度，p_a 为大气压力。对于半坚硬和坚硬的岩石，动力过程结束后，压力为

$$p_0 = p_a + \sigma_s + \rho_s W \tag{6.3.49}$$

式中，σ_s 为岩土中达到平衡时的爆腔压力，这时爆轰产物的压力和介质压力达到平衡。基于式(6.3.49)，对于含水土壤能给出相当精确的结果。

对于瞬时爆轰，爆轰产物绝热膨胀的状态方程为

$$\left. \begin{aligned} \frac{p}{\bar{p}_H} &= \left(\frac{\bar{\nu}_H}{\nu} \right)^{\gamma} \quad (p \geqslant p_k) \\ \frac{p}{p_k} &= \left(\frac{\nu_k}{\nu} \right)^{k} \quad (p < p_k) \end{aligned} \right\} \tag{6.3.50}$$

式中，p、ν 分别为爆轰产物的压力和比体积；$\bar{p}_H$、$\bar{\nu}_H$ 分别为炸药瞬时爆轰压力和比体积，$\bar{p}_H = \rho_0 D^2 / [2(\gamma+1)]$，$\bar{\nu}_H = 1/\rho_0$，$\rho_0$、$D$ 分别为装药密度和爆速；p_k、ν_k 分别为二阶段膨胀共轭点的压力和比体积；γ、k 分别为多方指数和等熵指数，$\gamma = 3$，$k = 4/3$。

对于球形药包爆炸

$$p/\bar{p}_H = (\bar{\nu}_H/\nu)^3 = (r_0/R_V)^9$$

所以，当 $p = p_k = 0.274\text{GPa}$ 时

$$R_{Vk} = r_0 \left(\frac{\rho_0 D^2}{8 p_k} \right)^{1/9} \tag{6.3.51}$$

式中 r_0 为药包半径。当腔体进一步扩大，$p < p_k$ 时，应用式(6.3.50)得到

$$p = p_k \left(\frac{R_{Vk}}{R_V} \right)^4$$

当 $p = p_0$ 时，腔体膨胀到最大值 p_{Vm}，于是

$$R_{Vm} = 0.794 r_0 \frac{(\rho_0 D^2 p_k^{5/4})^{1/9}}{(p_a + \sigma_s + \rho_s W)^{1/4}} \tag{6.3.52}$$

对于圆柱形装药，分别得到

$$\widehat{R}_{Vk} = r_0 \left(\frac{\rho_0 D^2}{8 p_k} \right)^{1/6} \tag{6.3.53}$$

$$\widehat{R}_{Vm} = 0.707 r_0 \frac{(\rho_0 D^2 p_k^{5/4})^{1/6}}{(p_a + \sigma_s + \rho_s W)^{3/8}} \tag{6.3.54}$$

对于无限大平板装药，$\hat{r}_0$ 表示无限大平板装药厚度的一半；$\widehat{R}_V$ 表示爆炸中心到爆腔边上的距离。存在

$$\widehat{R}_{Vk} = \widehat{r}_0 \left(\frac{\rho_0 D^2}{8 p_k} \right)^3 \tag{6.3.55}$$

$$\widehat{R}_{Vm} = 0.5\widehat{r}_0 \frac{(\rho_0 D^2 p_k^{5/4})^{1/3}}{(p_a + \sigma_s + \rho_s W)^{3/4}} \tag{6.3.56}$$

2. 爆破漏斗

1) 爆破漏斗的形成

如果装药在靠近地表处爆炸,将发生如 6.3.1 节描述的现象。过程可分为如下几个阶段:

(1) 爆腔开始膨胀的同时,壁上有一个球形冲击波从药包向外传播,如图 6.3.10(a)所示;

(2) 一个球面冲击波从药包传出,到达自由表面同时一个反射稀疏波从一个虚拟中心由自由表面向内传播,如图 6.3.10(b)所示;

(3) 稀疏波在爆腔的表面反射为一压缩波,叠加到冲击波和稀疏波上,球形腔体产生变形——腔体向上扩张,腔体内的爆轰产物仍起作用,如图 6.3.10(c)所示;

(4) 从腔体表面反射回来的波在自由表面反射为进一步的稀疏波传向腔体,再反射为压力波向自由表面传播。反射波的强度很快衰减,在抛起物体(即药包向上抛起的土体)中的波动过程也在衰减。被气体排挤出来的上抛物体继续向上,向两边运动,腔体继续向上扩张直到最大值,如图 6.3.10(d)和 6.3.10(e)所示;

(5) 达到最大高度以后,由于对地基的冲击使土体被压实。

应该注意到,在第二阶段,稀疏波引起的拉应力常常导致有一层或几层土壤呈镜片状剥离。这些碎块很快向上飞起,到一定时候超越抛起来的其余物体,后者由于受到爆轰产物不断的加速,又逐渐赶上被抛起的剥离碎块撞击它们,再次使之加速,相互碰撞结果使这些碎块进一步被粉碎了。

在坚硬岩石和黏土中,爆破漏斗的最后形状,有关术语介绍以及周围介质的物理变化示于图 6.3.11 中。

2) 计算爆破漏斗的经验公式

对于爆破漏斗的计算,主要是指一定抛掷爆破条件下装药量的计算。多年来,人们得到了许多经验和半经验的计算公式,虽然这些公式从理论上并不严格,但是由于它们比较简单,使用方便,而且有一定的计算精度,一直被广泛采用。对装药量 ω 的计算公式介绍如下:

$$\omega = k_3 W^3 \tag{6.3.57a}$$

$$\omega = k_2 W^2 + k_3 W^3 \tag{6.3.57b}$$

$$\omega = k_2 W^2 + k_3 W^3 + k_4 W^4 \tag{6.3.57c}$$

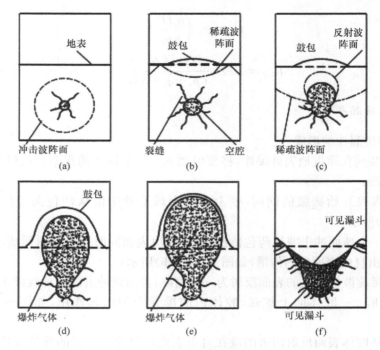

图 6.3.10　爆破漏斗的形成

$$\omega = k_3 W^3 + k_4 W^4 \tag{6.3.57d}$$

$$\omega = k_3 (0.4 + 0.6 n^3) W^3 \tag{6.3.57e}$$

$$\omega = k_3 (0.4 + 0.6 n^3) W^3 \sqrt{\frac{W}{20}} \tag{6.3.57f}$$

$$\omega = k_3 (0.4 + 0.6 n^3) W^3 \sqrt{W} \tag{6.3.57g}$$

$$\omega = k_3 W^3 \left[(1 + n^2)/2 \right]^{9/4} \tag{6.3.57h}$$

$$\omega = k_3 W^3 \left[2 (4 + 3n^2)^2/(97 + n) \right] \tag{6.3.57i}$$

在以上各式中,$n = R/W$ 为爆破作用指数,R、W 分别表示漏斗半径和最小抵抗线,单位均为 m;k_1、k_2、k_3、k_4 是经验常数;ω 为药包质量,单位 kg。

上面介绍的计算药量的经验公式,在使用前必须考虑下面的因素:

(1) 在相同类型的岩土中和相等最小抵抗线的一系列爆炸中,爆破漏斗半径是随着装药量的增加而增大,因此装药必须是爆破作用指数的函数,即 $\omega = f(n)$;

(2) 如果在一系列的爆炸中,最小抵抗线变化了,而漏斗的形状要保持相同($n =$ 常数),于是随着最小抵抗线的增加,装药量也必须增加,即 $\omega = F(W)$,对于一个 $n = 1$ 的标准形状爆破漏斗,可以表示为 $\omega = F_s(W)$;

(3) 从上面两点可知,对于有变量参数 W 和 n 的爆炸,表达式 $\omega = f(n) F_s(W)$

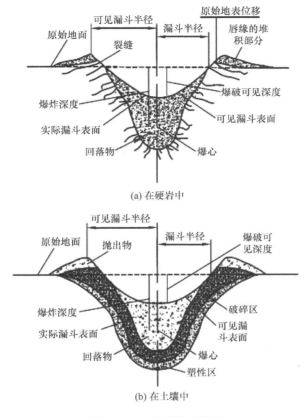

(a) 在硬岩中

(b) 在土壤中

图 6.3.11　典型爆破漏斗

必须在 $f(n)=1, n=1$ 条件下才是适用的。

式(6.3.57e)~(6.3.57i)包含了函数 $f(n)$,其形式分别为

$$f(n)=0.4+0.6n^3 \qquad\qquad (6.3.58a)$$

$$f(n)=[(1+n^2)/2]^{9/4} \qquad\qquad (6.3.58b)$$

$$f(n)=[2(4+3n^2)^2/(97+n)] \qquad\qquad (6.3.58c)$$

在以上三式中,只有当 n 的范围分别为

$$0.7 \leqslant n \leqslant 2.5 \qquad\qquad (6.3.59a)$$

$$0.7 \leqslant n \leqslant 2.0 \qquad\qquad (6.3.59b)$$

$$0.7 \leqslant n \leqslant 3.5 \qquad\qquad (6.3.59c)$$

时,式 (6.3.57e)~式(6.3.57i)才能使用。

对于中等效能的 9$^{\#}$ 硝铵炸药,经验系数 k_3 的值列于表 6.3.4,若用于其他炸药,则必须将药量按能量相似原理换算成硝铵炸药的当量。对于中等硬度的土壤,作为一级近似,可取 $k_2=0$,$k_4=0.026$;对花岗岩一类的岩石,$k_2=0.35$,$k_4=2.2\times$

10^{-3}。这些值适用于中等效能的硝铵炸药。

假设在最小抵抗线的范围内,存在不同强度的土层,其各层厚度分别为 H_1,H_2,$\cdots$,H_m,其系数分别为 k_{31},k_{32},$\cdots$,k_{3m},则可通过加权平均的方法,计算 k_3 的平均值,即

$$k_3 = \frac{\sum_{i=1}^{m} H_i k_{3i}}{W} \tag{6.3.60}$$

表 6.3.4　9♯硝铵炸药的 k_3 值($n=1$)

岩土种类	$k_3/(\text{kg} \cdot \text{m}^{-3})$
砂	1.8～2.0
密实砂或湿砂	1.4～1.5
重砂质黏土	1.20～1.35
密实黏土	1.2～1.5
黄土	1.1～1.5
白垩	0.9～1.1
石膏	1.2～1.5
层状石灰岩	1.8～2.1
砂质泥灰岩,泥灰岩	1.2～1.5
带裂缝的凝灰岩,致密浮石	1.5～1.8
由于石灰石胶结团装的角砾岩	1.35～1.65
黏土质砂岩,黏土质页岩,石灰岩,泥灰岩	1.36～1.65
白云岩,石灰岩,菱镁土,石灰石胶结的砂岩	1.50～1.95
石灰岩,砂岩	1.5～2.4
花岗岩,花岗闪长岩	1.80～2.55
玄武岩,安山岩	2.1～2.7
石英岩	1.8～2.1
斑岩	2.4～2.55

6.3.5　战斗部(弹丸)在岩土中爆炸

战斗部(弹丸)在岩土中的爆破威力与装药中心位置及侵彻深度有关。弹药在水平位置爆炸时威力最大,而头部向下垂直放置爆炸时威力最小,因为后者装药中心离地面最远。实际上战斗部都是在运动中对地面产生侵彻作用的,侵彻深度大小对爆破威力影响很大。实验表明,侵彻深度为零时(即战斗部直接在地面时),爆破效果最差。随着侵彻深度的增加,抛掷漏斗坑的体积也增大。达到最佳深度以

后,漏斗坑的体积逐渐减小,最后形成隐炸。

实验表明,形成最大弹坑(即最大漏斗体积)的最佳侵彻深度为

$$L_m = (0.85 \sim 0.95) \sqrt[3]{\omega} \qquad (6.3.61)$$

为了发挥爆破战斗部的威力,必须控制战斗部的侵彻深度和引信作用时间。下面分别介绍侵彻深度和引信作用时间的计算公式。

1. 侵彻深度的计算公式

战斗部(弹丸)侵彻岩土时主要受到岩土介质的作用,阻力的大小与战斗部(弹丸)的口径、落速、结构形状和介质的性质有关,下面是两个经典的经验计算公式。

1) 别列赞公式

$$L_k = \lambda K_k \frac{q_k}{d^2} V_c \sin\theta_c \qquad (6.3.62)$$

式中,L_k 为侵彻深度,单位:m;q_k 为弹丸质量,单位:kg;d 为弹丸口径,单位:m;V_c 为弹丸着速,单位:m/s;λ 为弹丸头部形状系数;K_k 为介质的阻力系数,取值表 6.3.5;θ_c 为落角(落点弹道切线与水平面的夹角)。

表 6.3.5　各种介质的阻力系数 K_k

介质种类	$K_k/(\text{Pa} \cdot \text{s})$
坚实的花岗石,坚硬砂石	1.6×10^{-6}
一般砂石,石灰岩,砂土片岩和黏土片岩	3.0×10^{-6}
软片岩,石灰石冻土壤	4.5×10^{-6}
碎石土壤,硬化黏土	4.5×10^{-6}
密实黏土,坚实冲积土,潮湿的砂,与碎石混杂的土地	5.0×10^{-6}
密实土地,植物土壤	5.5×10^{-6}
沼泽地,湿黏土	1.0×10^{-7}
钢筋混凝土	0.9×10^{-6}
混凝土	1.3×10^{-6}
水泥的砖筑砌物	2.5×10^{-6}

2) 比德尔公式

$$L_k = \frac{q_k}{d^2} K'_k f(V_c) \sin\theta_c \qquad (6.3.63)$$

式中,K'_k 为介质的阻力系数,取值表 6.3.6;$f(V_c)$ 为落速 V_c 的函数,取值表 6.3.7,具有速度的量纲。

表 6.3.6　一些介质的阻力系数 K_k'

介质种类	K_k/(Pa·s)	介质种类	K_k/(Pa·s)
石灰石岩	0.43	砂土	2.94
混凝土	0.64	植物土壤	3.68
石头建筑物	0.94	黏土	5.87
砖砌建筑物	1.63		

表 6.3.7　各种落速的 $f(V_c)$ 值

V_c/(m·s^{-1})	40	60	80	100	120	140	160	180	200	220	240	260
$f(V_c)$	0.33	0.72	1.21	1.76	2.36	2.79	3.58	4.18	4.77	5.34	5.89	6.41
V_c/(m·s^{-1})	280	300	320	340	360	380	400	420	440	460	480	500
$f(V_c)$	6.92	7.40	7.87	8.31	8.40	9.15	9.54	9.92	10.3	10.6	10.9	11.3

2. 引信作用时间

引信作用时间应确保弹丸在最佳的侵彻深度爆炸,以获得最大的爆破效果。即要求引信的作用时间与弹丸侵彻到最佳深度时的时间相等。

设弹丸在岩土介质中为匀减速直线运动,于是

$$S = V_c t - \frac{a}{2} t^2 \tag{6.3.64}$$

式中,S 为弹丸的侵彻行程(m);V_c 为弹丸着速(m/s);a 为平均加速度(m/s^2);t 为侵彻时间(s)。

显而易见,最佳行程 S_m

$$S_m = \frac{L_m}{\sin\theta_c} \tag{6.3.65}$$

根据假设

$$a = \frac{V_c^2}{2S} \tag{6.3.66}$$

于是,得到引信的作用时间

$$t_m = \frac{2S}{V_c} \left(1 - \sqrt{1 - \frac{L_m}{S\sin\theta_c}} \right) \tag{6.3.67}$$

采用上述方法计算的引信最佳作用时间只是概略值,实际情况下需要须根据具体的弹丸进行试验修正。

6.4　密闭空间内爆炸

现在以及可预见的相当长时期内,深钻地、超音速反舰等精确打击武器都会是

研究和发展热点,因此侵彻爆破(半穿甲)战斗部装药在密闭(实际上是准密闭)空间内的爆炸效应研究极具工程实用价值。本书简要摘录了部分经典研究成果,重点在于基本概念以及内爆压力载荷的基础知识。

6.4.1　基本现象与内爆压力载荷

为了问题简化并突出重点,这里仅对无壳体裸装药在密闭或准密闭空间内的爆炸进行讨论。忽略装药爆轰细节,被引爆后瞬时形成高温高压的爆轰产物并急剧膨胀压缩空气,在空气中形成爆炸冲击波。爆炸冲击波脱离爆炸产物-空气界面独立传播以后,产物继续膨胀并逐步与受冲击波压缩后的空气混合。冲击波达到密闭或准密闭空间的固壁边界发生反射,空间欧拉点上呈现出一种峰值压力不断衰减的波动过程,这种波动压力的平均值称为准静态压力。对于固壁上的观测点来说,准静态压力始于冲击波首次到达与反射时刻,在爆轰产物与原有空气完成混合时达到峰值,由于时间短暂,这期间因泄压孔的存在以及气体与固壁热交换等所导致的压力降可忽略。在此之后,准静态压力随时间的延长而不断降低,这一衰减过程会持续较长时间。

装药在密闭或准密闭空间内爆炸,对于壁面观测点所呈现出的不断入射/反射的流场波动压力特性,从毁伤效应和毁伤载荷的角度看,可分解为首次入射/反射冲击波以及准静态压力两种压力载荷,这两种压力载荷可相对独立地进行解耦分析和处理。由于实际结构的不同壁面衔接处普遍存在着边界角隅,会造成不同壁面反射冲击波的叠加,因此包含角隅叠加效应的首次反射冲击波更能反映载荷的毁伤特性并适用于毁伤问题分析,于是一般选择首次反射冲击波作为毁伤载荷的表征或标志量。首次反射冲击波包括正反射、斜反射以及双面、三面角隅处的叠加冲击波,冲击波载荷参数包括峰值超压、正压作用时间及比冲量等;准静态压力载荷的参数包括峰值超压、泄压时间以及比冲量等。装药在密闭或准密闭空间内爆炸的冲击波载荷受结构形状和尺寸的影响很大,在具有一定对称结构的空间内(如球形、柱形容器等),反射冲击波参数可以基于爆炸相似律及相关冲击波反射理论进行工程计算。对于矩形以及更复杂的空间内,精确计算反射冲击波载荷参数很难实现,一般依靠试验及数值仿真手段获得基本规律,在此基础上回归出特定使用条件的经验公式[31]。准静态压力与空间容积、泄压面积和装药性能有关,由于准静态压力的形成及衰减过程非常复杂,如今关于准静态压力参数的计算都是基于试验数据拟合的经验公式。

典型内爆的压力-时间曲线如图 6.4.1 所示,反射冲击波峰值高、持续时间短,而准静态压力则峰值小、持续时间长。关于准静态压力峰值点的确定方法有如下两种[32]:

(1)依据泄压趋势沿压力曲线反推至零时刻(图 6.4.1 中的 A 点),这是一种典型的工程近似方法,在保证一定精度的前提下可实现准静态压力的峰值及持续时间的简化处理,便于计算准静态压力的冲量,该方法在相关手册中得到应用;

(2)取冲击波三次脉冲左右的时刻(如图 6.4.1 中的 B 点),即认为自此密闭空间内的压力开始衰减,这种准静态压力峰值时刻的确定相对主观,但比前者更接近实际,较为适用于对内爆压力载荷形成机理等方面的研究。

准静态压力持续时间涉及峰值压力及压力衰减两个方面,峰值压力取决于装药爆炸当量或总能量和空间体积;压力衰减取决于气体质量损失及热交换。在考虑密闭空间内部气体质量损失时,可以通过理想气体状态方程及伯努利方程进行求解,但是考虑到热交换带来的压力衰减时情况变得非常复杂,工程上一般由依据试验数据拟合的经验公式计算准静态压力持续时间,并认为准静态压力衰减符合指数衰减规律。

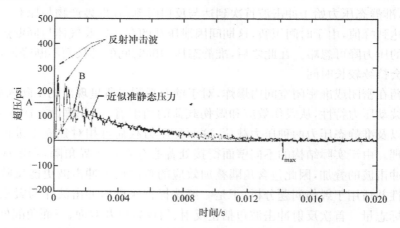

图 6.4.1　典型内爆压力-时间曲线

冲击波和准静态压力两种载荷对结构的破坏作用主要体现为,前者在密闭空间内部不断反射并在角隅处叠加,使结构发生塑性到大变形及撕裂,对于总体结构来说属于结构损伤和局部性破坏;而准静态压力被认为是在结构损伤和局部性破坏基础上,造成结构解体和整体破坏的决定性因素[33]。

6.4.2　冲击波

Baker[34]提出了被认为是经典的密闭空间内爆炸反射冲击波动高压模型,该模型基于如下三个基本假设:

(1)假设爆炸时的入射和反射波的脉冲形状是具有突然上升前沿的三角形;

(2)为保证每次脉冲的比冲量与实际相近,假设每次脉冲的持续时间相同;

(3)假设冲击波自壁面的初次反射都是规则反射(强冲击波规则反射的极限

角略大于 $39°$，弱冲击波规则反射极限角为 $70°$，对于长宽比接近于 1 的箱型结构，冲击波的壁面反射差不多都属于规则反射）。

基于上述假设，如图 6.4.2 所示，反射冲击波的动高压模型为

$$
\left.
\begin{aligned}
p_{R3} &= p_{R2}/2 = p_{R1}/4 \\
i_{R3} &= i_{R2}/2 = i_{R1}/4 \\
p_{R4} &= 0 \\
i_{R4} &= 0
\end{aligned}
\right\}
\tag{6.4.1}
$$

式中，p_{Rn} 和 i_{Rn} 分别为第 n 次反射的冲击波峰值压力和比冲量。

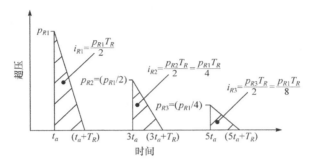

图 6.4.2　简化内爆冲击波压力模型

图 6.4.2 旨在用简单的图解方法阐明动高压模型的基本特征，由于三个压力脉冲的持续时间均相同，且后两个脉冲的峰值压力均小于初始脉冲，因此后两个脉冲的比冲量均小于初始脉冲，于是在关注和估算内爆炸载荷时主要考虑初始压力脉冲。由该模型可知，三个脉冲叠加的比冲量载荷是初始脉冲的 1.75 倍，因此对于同一受载面，密闭空间内爆炸作用的比冲量大约是自由场爆炸的 1.75 倍。然而，该动高压模型无法准确地描述密闭空间内爆的真实物理现象及机理，其主要价值在于从工程计算的角度上给出了一种反射冲击波冲量载荷的预测方法。尽管如此，该动高压模型形式简单，含义明确，仍然是目前工程上常用的计算模型之一。

针对密闭空间内的爆炸冲击波参数计算，美国海军实验室（NRL）在实验和理论研究基础上，建立了著名的 BLAST 方法并开发计算程序[35,36]。该方法和计算程序的基本原理是：通过比例方程将特定爆炸环境转化为程序定义的标准爆炸环境，依据爆炸相似律求出标准爆炸环境下特定位置处的冲击波参数（超压、冲击波到达时间和正压持续时间），采用线性插值的方法迭代计算特定爆炸环境下的冲击波参数，再通过自由场冲击波压力-时间历程与距离的函数关系求解每一时刻的冲击波参数，最后依据入射冲击波与反射冲击波关系求解特定爆炸环境下的反射冲击波参数。

通过比例方程将特定爆炸条件球形 TNT 装药与程序定义的标准爆炸条件球

形 TNT 装药的冲击波参数联系起来,换算公式如下:

$$R_s = R_a \left(\frac{\omega_s}{\omega_a}\right)^{1/3} \left(\frac{p_a}{p_s}\right)^{1/3} \tag{6.4.2a}$$

$$\Delta p_a = \Delta p_s \left(\frac{p_a}{p_s}\right) \tag{6.4.2b}$$

$$t_a = t_s \left(\frac{\omega_a}{\omega_s}\right)^{1/3} \left(\frac{p_s}{p_a}\right)^{1/3} \left(\frac{T_s}{T_a}\right)^{1/2} \tag{6.4.2c}$$

$$i_a = i_s \left(\frac{\omega_a}{\omega_s}\right)^{1/3} \left(\frac{p_s}{p_a}\right)^{1/3} \left(\frac{T_s}{T_a}\right)^{1/2} \tag{6.4.2d}$$

式中,R 为距离;ω 为炸药质量;Δp 为超压;p 为环境压力;t 为时间;T 为环境温度;i 为冲量;下标"s"表示标准 TNT 球形裸装药;下标"a"表示在特定 TNT 球形裸装药。

按照公式(6.4.2)求出标准爆炸条件下的各物理参数后,采用线性插值的方法来计算特定爆炸环境的冲击波参数(超压、冲击波到达时间和正压作用时间)。插值公式为

$$Y = Y_{j-1} \left(\frac{Y_j}{Y_{j-1}}\right)^F \tag{6.4.3}$$

$$F = \frac{\ln(R_s/R_{j-1})}{\ln(R_j/R_{j-1})} \tag{6.4.4}$$

式中,Y 为所求的冲击波参数(峰值超压 Δp_m、冲击波到达时间 t_a 和正压持续时间 t_d);R_s 为标准条件下的距离。

通过式(6.4.2a)求出 R_s 后,结合已知的两个距离节点 R_{j-1} 与 R_j,依据公式(6.4.4)可求出插值因子 F,程序内部通过爆炸相似律已求得任意节点处的冲击波参数 Y_j,在求出插值因子 F 的情况下通过公式(6.4.3)求解特定环境下的冲击波参数 Y。

接下来通过自由场冲击波压力-时间历程与距离的函数关系求解每一时刻的冲击波超压:

$$\pi = \frac{\Delta p}{\Delta p_m} = (1-\tau)e^{-\tau\left(1+\frac{\sigma}{A+\tau}\right)} \tag{6.4.5}$$

其中

$$\tau = (t-t_a)/t_d$$
$$\sigma = (228/R) - 0.95$$

式中,$A=0.5$;Δp 为冲击波阵面后的瞬时超压;Δp_m 为冲击波峰值超压;t 为爆炸后的时长;t_a 为冲击波到达时间;R 为爆距或冲击波传播距离,单位:cm;t_d 为冲击波脉冲正相持续时间。

最后,依据入射冲击波参数计算反射冲击波参数,计算公式为

$$f_r = \begin{cases} \dfrac{2(7p_s + 4\Delta p_i)}{7p_s + \Delta p_i} & (\Delta p_i \leqslant 1.43\text{MPa}) \\ \min[13, (-3.18 + 3.97\log\Delta p_i)] & (\Delta p_i > 1.43\text{MPa}) \end{cases} \qquad (6.4.6)$$

式中,f_r 为正反射因子;p_s 为标准环境压力;Δp_i 为入射冲击波阵面后的瞬时超压。

反射冲击波超压 Δp_r 由入射冲击波参数乘以反射因子求得,即

$$\Delta p_r = f_r \cdot \Delta p_i \qquad (6.4.7)$$

6.4.3　准静态压力

一般通过量纲分析与实验数据的拟合得出了许多关于准静态压力参数的经验公式,下面给出 Anderson 经验公式[37]。

准静态峰值压力 p_{QS} 满足

$$\frac{p_{QS} + p_0}{p_0} = 1.336\left(\frac{E}{p_0 V}\right)^{0.6717} \qquad \left(\frac{E}{p_0 V} \leqslant 350\right) \qquad (6.4.8a)$$

$$\frac{p_{QS} + p_0}{p_0} = 0.1388\frac{E}{p_0 V} \qquad \left(\frac{E}{p_0 V} > 700\right) \qquad (6.4.8b)$$

式中,V 为密闭空间的容积,单位:m³;E 为炸药释放总能量,单位:J;p_0 为标准大气压,单位:Pa。

准静态压力持续时间 t 满足

$$t\left(\frac{c}{V^{1/3}}\right)\left(\frac{A}{V^{2/3}}\right) = 0.4284\left(\frac{p_{QS} + p_0}{p_0}\right)^{0.3638} \qquad \left(0 \leqslant \frac{A}{V^{2/3}} \leqslant 0.3246\right) \quad (6.4.9)$$

式中,A 为泄爆面积,单位:m²;c 为声速,单位:m/s;p_{QS} 为峰值压力,单位:Pa。

准静态压力比冲量 i_g 满足

$$\left(\frac{i_g c A}{p_0 V}\right) = 0.0953\left(\frac{p_{QS} + p_0}{p_0}\right)^{1.351} \qquad (6.4.10)$$

式中,i_g 的单位:Pa·s。

式(6.4.8)～(6.4.10)可用于计算准静态压力的主要参数,对于密闭空间内部爆炸的准静态压力的预测及分析有重要的价值。由于内爆现象受边界条件的影响较大,在不同形状和尺寸的密闭结构中,已有的经验公式都会存在适用条件受限的问题,因此对于超出使用范围的情况需要通过机理试验结合数值仿真数据对模型进行修正。

若假设密闭空间内爆炸准静态阶段的空间内部气体为理想气体,则可基于能量守恒原理来计算准静态峰值压力[38]。基于理想气体状态方程和爆炸前后能量

守恒原理,存在

$$p = \rho(\gamma - 1)e \qquad (6.4.11)$$

$$\frac{p_0}{\rho_0(\gamma_0 - 1)}\rho_0(V - \nu) + Q_v\rho_E\nu = \frac{p_{QS}}{(\gamma - 1)}\rho V \qquad (6.4.12)$$

式中,Q_v 为炸药爆热;e 为内能;ρ_E 为装药密度;ν 为装药体积;V 为密闭空间体积;ρ_0 与 γ_0 分别为空气的密度与绝热指数;ρ 与 γ 分别为密闭空间内部气体混合物的密度与绝热指数。

式(6.4.11)与式(6.1.12)相结合得

$$p_{QS} = \left[\frac{p_0}{(\gamma_0 - 1)}(V - \nu) + Q_v\rho_E\nu\right]\frac{(\gamma - 1)}{V} \qquad (6.4.13)$$

式(6.4.13)能够较好地预测炸药完全爆轰后密闭空间内的准静态峰值压力大小,然而最为关键和困难的是装药完全爆轰后,空间内部空气与爆炸产物混合物的绝热指数 γ 的精确确定。

参 考 文 献

[1] 北京工业学院八系《爆炸及其作用》编写组. 爆炸及其作用(下册)[M]. 北京:国防工业出版社,1979.

[2] (俄)Л П 奥尔连科,等. 爆炸物理学[M]. 孙承纬,译. 北京:科学出版社,2011.

[3] 隋树元,王树山. 终点效应学[M]. 北京:国防工业出版社,2000.

[4] Henrych J. The dynamics of explsion and its use[M]. ACA DEIA Prague,1979.

[5] 李翼祺,马素珍. 爆炸力学[M]. 北京:科学出版社,1992.

[6] Brode H L. Blast wave from a spherical charge[J]. Phys. Fluids,1959,2(2):217-229.

[7] Науменко И А,Лтровский И Г. Уданая волна атомного взрыва,Воен,Издат,Мин,обороны СССР,Москва,1956.

[8] Садовский М А. Механиче ское действие воздушных ударных волн взрыва поднным Элкспериментальных исследований,Физика,взрыва No. 1 АН СССР,Москва,1952.

[9] Jarrett D E. Derivation of the British explosives safety distances[J]. Annals of the New York Academy of Sciences,1968,152(1):18-35.

[10] Взрывные явления. Оценка и последействие Кн. 2,Вейкер У. ,Кокс П. ,Уэстайн П. идр. ,Пер. с англ. – М. :Мир,1986.

[11] 王新颖,王树山,卢熹,王建民. 空中爆炸冲击波对生物目标的超压-冲量准则[J]. 爆炸与冲击,2018,38(1):106-111.

[12] 王新颖. 炸药爆轰至毁伤载荷能量转换若干问题研究[D]. 北京:北京理工大学,2018.

[13] Cole R H. Underwater Explosions[M]. New Jersey:Princeton University Press,1948.

[14] 高建华,陆林,何洋扬. 浅水中爆炸及其破坏效应[M]. 北京:国防工业出版社,2010.

[15] 李梅. 爆炸水幕形成与反导毁伤机理研究[D]. 北京:北京理工大学,2012.

[16] Costanzo F A,Gordon J. A solution to axisymmetric bulk cavitation problem[J]. The Shock and Vibration Bulletin,1983,53:33-51.

[17] Kedrinskiy V K. Hydrodynamics of Explosion:Experiments and Models[M]. Springer Science & Business Media,2006.

[18] 汪斌,谭多旺. 水中爆炸形成水射流现象的实验研究[J]. 哈尔滨工程大学学报,2010,31(1):42-46.

[19] Bridgman P W. Physics of high pressure[J]. 1952.

[20] Rice M H,Walsh J M. Equation of state of water to 250kbar[J]. J. Chem. Phys. ,1957,26(4):824-830.

[21] 姚熊亮,汪玉,张阿漫. 水下爆炸气泡动力学[M]. 哈尔滨:哈尔滨工业大学出版社,2012.

[22] Cushing V. Study of bulk cavitation and consequent water hammer[R]. Final Report for Office of Naval Research under Contract Nonr-3389(O0),AD0266370,1961.

[23] Kennard E H. Explosive load on underwater structures as modified by bulk cavitation[R]. Report 511,David Taylor Model Basin,AD142776,1943.

[24] Zamyshlyayev B V. Dynamic loads in underwater explosion[R]. AD-757183,1973.

[25] DeRuntz J A,Geers T L,Felippa C A. The underwater shock analysis code [R]. Lockheed Palo Alto Research Lablatory,ADA061443,1978.

[26] Keil A H. The response of ships to underwater explosions[J]. SNAME,1961,(69):366-410.

[27] GJB7692-2012. 炸药爆炸相对能量评估方法—水中爆炸法[S],2012.

[28] 韩鹏,李玉才. 水中兵器概论(水雷分册)[M]. 西安:西北工业大学出版社,2007.

[29] 卢熹. 水下爆炸鱼雷结构毁伤机理研究[D]. 北京:北京理工大学,2015.

[30] 卢熹. 水中爆炸对鱼雷壳体的毁伤准则和判据研究[J]. 兵工学报,2016,37(8):1469-1475.

[31] 胡宏伟,宋浦,赵省向. 有限空间内部爆炸研究进展[J]. 含能材料,2013,21(4):539-546.

[32] James C,Joseph E. 3-340-02 Unified facilities criteria[S]. Washington,DC,USA:Dept. of the Army,the NAVY and the Air Force,2008.

[33] 朱建方,王伟力,曾亮. 反舰导弹战斗部的侵爆毁伤效应研究[C]∥焦作. 第九届全国冲击动力学学术会议论文集. 北京:中国力学学会,2009:817-823.

[34] 贝克 W E,威斯汀 P S,考克斯 P A,库尔兹 J J,斯特劳 R A. 张国顺等译. 爆炸危险性及其评估[M]. 北京:群众出版社,1988.

[35] Proctor J F. Internal blast damage mechanisms computer program[R]. Naval Ordnance Lab White Oak Md,1972.

[36] Brass J,Yamane J R,Jacobson M J. Effects of Internal Blast on Combat Aircraft Structures:Volume II:User's and Programmer's Manual [M]. Air Force Flight Dynamics Laboratory,1974.

[37] Anderson Jr C E, Baker W E, Wauters D K, et al. Quasi-static pressure, duration, and impulse for explosions (e. g. HE) in structures[J]. Int. J. Mech. Sci. ,1983,25(6):455-464.

[38] Feldgun V R, Karinski Y S, Yankelevsky D Z. A simplified model with lumped parameters for explosion venting simulation[J]. Int. J. Impact Eng. ,2011,38(12):964-975.

[39] 何广沂. 大量石方松动控制爆破新技术[M]. 北京:中国铁道出版社,1995.

第7章 非致命武器毁伤效应

非致命(软)毁伤效应越来越受到重视并逐渐自成体系,对于特殊的作战对象、使用环境以及战术目的等,往往拥有独特的优势和卓越的实战效果,并已成为催生新概念武器和推动武器装备创新发展的源动力之一。本章选取已用于实战或具有武器化应用前景的代表性非致命(软)毁伤效应加以介绍,重点在毁伤机理和作用原理方面。

7.1 非致命武器基本原理

非致命武器(non-lethal weapons)是一类特种武器,专门用于使人员或装备失能,同时使死亡和附带破坏尽可能小的武器。随着军事格局的变化和战略重点的转移,已逐步确立了非致命武器在军事装备发展中的特殊地位。近年来,小规模局部冲突、反恐防暴以海上护航等活动的增加,对非致命性武器提出了更高、更广的需求。关于非致命武器相关的概念和提法还有很多,如低致命武器(less than lethal weapons)[1]、失能武器(disabling weapons)[2]以及低间接破坏武器(low collateral damage weapons,LCDW)[3]等。非致命武器通常以新概念和新原理的非致命毁伤技术为核心,在不造成大规模杀伤人员、摧毁装备和严重破坏环境的情况下,达到削弱以至控制敌方战斗力的作战目的。非致命毁伤技术也称为软杀伤技术,其实质是利用光、电、声、化学和生物等方面的某些技术原理与实现方法,与武器系统或弹药结合,以较小的能量和功能材料效应,使敌方的武器装备、基础设施等功能丧失和性能下降、使人员暂时丧失战斗能力。

目前世界上的非致命性武器,从使用效果上,可分为使人员丧失战斗力的失能性武器,使基础设施和装备失效的武器和使敌方电子设备失灵的武器等三大类。按其作用原理和物质材料构成,大体上可分成物理型、化学型和生物型三种。其中,物理型非致命武器的研究最为活跃,本章重点介绍的反电力系统武器和微波武器就属于物理型非致命武器,其次是化学型及生物型。纯生物武器由于可能带来大规模的生态和环境破坏,被国际公约明文禁止,即使一些国家有可能秘密地开展相关研究,也很难见到公开报道。

7.2　反电力系统软毁伤效应

电力系统是现代工业、经济和生活的重要基础设施之一,电力安全是国家能源安全与战略安全的重要组成部分。目前,国家和社会对电力的依赖达到了前所未有的程度,大面积停电事故不仅造成难以估量的严重经济损失,也会给人民生活带来灾难性后果。战时对电力系统实施有效打击,不仅严重地制约 C^4I 系统的正常工作,而且会造成社会恐慌并影响到政治稳定,将极大地影响到战争的进程和结局。在 1991 年的"海湾战争"和 1999 年的"科索沃战争"中,反电力系统软杀伤弹药以其优异表现引起世界的广泛关注,并成为非致命(软)毁伤武器的突出代表[4-7]。

7.2.1　电力系统的运行与软毁伤失稳机理

1. 电力系统构成与运行稳定性

通常将用于生产、运输、分配和使用电能的发电机、变压器、输配电线路及各种用电设备联结在一起,再加上继电保护自动装置、调节自动化和通信设备等相应的辅助系统,所构成的统一整体称为电力系统。电力系统由各种电压等级的输配电线路,将发电厂、变电所和用户连接成一个整体,完成发电、输电、变电、配电直到用电的全过程,典型电力系统结构如图 7.2.1 所示[8]。在电力系统中,输配电线路及由它连接的各类变电所构成了电力网络,简称电网,如图 7.2.2 所示,电网是由输电、变电和配电组成一个整体。电力系统构成闭环结构,以保证系统的稳定运行以及供电的可靠性、高质量和经济性[9-11]。

电力系统的最主要特点是电能的生产和消费在同一时间实现,也就是说电能是不能贮存的,每时每刻系统的发电量取决于同一时刻的用电量,因此电力系统在运行时就要求经常保持电源和负荷之间的功率相对平衡。另外,由于发电和用电同时实现,还使得电力系统的各个环节之间具有十分紧密的相互依赖关系,不论变换能量的原动机或发电机,或输送、分配电能的变压器、输配电线路以及用电设备等,只要其中的任何一个部分出现故障,都将作为一种扰动而影响到电力系统的运行和工作。

在电力系统正常运行情况下,大量发电机并联同步运行,原动机与发电机的功率是平衡的,发电机输出功率与负荷需求也是平衡的,但是这种平衡是相对的。由于电力系统的负荷随时都在变化,发电机组和输电线路也可能有偶发事故出现,因此这种平衡将不断地被打破。当系统遭受较小的扰动时,各发电机组在经历一定变化过程仍能重新恢复到原来的平衡状态,或者过渡到一个新的平衡状态下继续

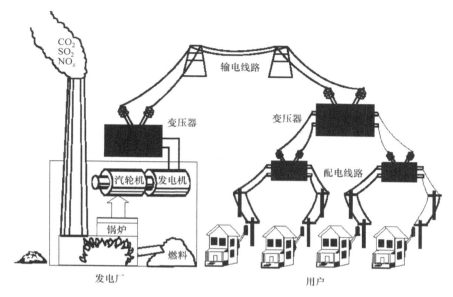

图 7.2.1　电力系统构成示意图

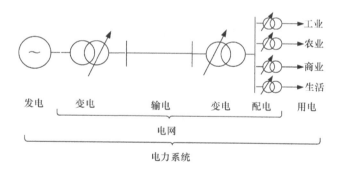

图 7.2.2　电力系统与电网

运行,且这时系统的电压、频率等运行指标虽发生某些变化但仍在允许的范围内,系统将继续保持稳定运行状态。系统受到小扰动(如负荷波动引起的扰动)后维持稳定的功能和性能,称为静态稳定性[12,13]。如果系统遭受较大的扰动,有可能使各发电机组间产生自发性振荡或转角剧烈的相对运动以致机组间失去同步,或者系统的运行指标变化很大以不能保证对负荷的正常供电而造成大量用户停电,这时系统属于失稳状态。系统受到大的扰动(发电机机组或输电线路突然故障)后维持稳定的功能和性能,称为暂态稳定性[12,13]。电力系统正是在这种或大、或小的扰动以及功率平衡不断遭到破坏,同时又在不断恢复的过程中维持运行。显而易见,反电力软毁伤效应就是破坏电力系统的暂态稳定性,造成系统无法自动恢复的彻底失稳和大面积停电事故。

2. 电力系统软杀伤失稳机理

破坏电力系统暂态稳定性的典型大扰动有如下三种：

（1）负荷的突然变化，如投入和切除大容量的负荷；

（2）投入或切除系统的主要元件，如发电机、变压器等；

（3）系统中发生短路故障，如在发电厂出口发生严重短路故障将导致发电机、变压器被切除，如在变电站发生严重短路故障将导致大容量负荷被切除，变电站的等级越高切除的负荷越大。

对于电力系统发生上述某种扰动，表征系统运行状态的各种电磁参数都要发生急剧的变化。但是，由于原动机调速器具有很大的惯性，必须经过一定时间后才能改变原动机的功率。这样，发电机的电磁功率与原动机的机械功率之间便失去了平衡，于是产生了不平衡转矩。在这个不平衡转矩的作用下，发电机开始改变转速，使各发电机转子间的相对位置发生变化。发电机转子相对位置，即相对角的变化，反过来又将影响到电力系统中电流、电压和发电机磁功率的变化。如果扰动足够大，将导致系统的解列和崩溃以及整个地区全部停电的结果。

作为外来施加因素，短路是最简单、最直接也是最有效的造成系统致命性大扰动的手段，其根本原因在于短路对电力系统的危害以及电力系统对短路故障处置和自我保护特性决定的。所谓短路，是指正常运行以外的所有相与相之间或相与地之间的短接。短路故障会给电力系统带来以下严重的危害[14,15]：

① 短路电流可达额定电流的几倍至几十倍，短路电流产生的热效应和电动力可使故障支路内的电气设备遭到破坏或缩短其寿命；

② 短路电流引起的强烈电弧，可能烧毁故障元件及其周围设备；

③ 短路时系统电压大幅度下降，使用户的正常工作遭到破坏，严重时可能引起电压崩溃，造成大面积停电；

④ 短路可能破坏发电机并联运行的稳定性，使系统产生振荡，甚至造成整个系统的瓦解；

⑤ 不对称短路时的负序电流在电机气隙中产生反向旋转磁场，在发电机转子回路内引起 100Hz 的额外电流，可能造成转子的局部烧伤，甚至使护环受热而松脱，致使发电机遭受严重的破坏。

电力系统一旦发生短路故障，不仅直接产生上述危害，而且若不及时采取恰当的措施，极有可能波及整个系统并扩大停电范围和延长停电时间。因此，电力系统设置了各种保护继电保护装置[16]，通过继电保护装置自动对故障回路进行切除，目的是保护电力系统的正常稳定运行。然而，这一点恰好为反电力软毁伤武器所利用，通过对大型发电厂、枢纽变电站或多个中间变电站的同步攻击，采用人为故意的方式制造短路故障,使电力系统中的若干大功率发电机、变压器和大容量负荷被同步切除,从而对系统产生致命性扰动,最终导致系统解列和崩溃以及大面积停电事故。

3. 电力系统的绝缘破坏与人为制造短路

电力系统正常状态下的绝缘控制,是其稳定运行的关键因素之一,需要从设计和维护两方面予以保证。电力系统的绝缘主要包括两个方面,一是架空线路相-相、相-地之间的绝缘;二是线路-电气设备、电气设备-电气设备之间的绝缘。其中,架空线路相-相之间通过保持一定间距利用空气进行绝缘,相-地之间的绝缘分别通过杆塔高度和线路与杆塔之间的绝缘子进行绝缘;线路与电气设备、电器设备之间的连接也需要通过绝缘子、支柱和套管等绝缘设备绝缘。因此,人为故意造成绝缘破坏和制造短路故障就存在两种技术途径,分别是破坏线路之间的空气绝缘和破坏绝缘子等绝缘设备的绝缘。于是,就分别产生了基于碳(导电)纤维引弧短路和导电液溶胶闪络短路两种不同毁伤机理的反电力系统软毁伤弹药技术。

7.2.2　碳(导电)纤维引弧短路毁伤机理与碳(导电)纤维弹

1. 碳纤维和导电纤维

碳纤维是一种主要由碳元素组成的特种纤维,分子结构界于石墨与金刚石之间,含碳体积分数随种类不同而异,一般在 90% 以上。碳纤维的显著优点是质量轻、纤度好、抗拉强度高,同时具有一般碳材料的特性,如耐高温、耐摩擦、导电、导热、膨胀系数小等。由于碳纤维这些优异的综合性能,使其与树脂、金属、陶瓷等基体复合后形成的碳纤维复合材料,也具有高的比强度和比模量,耐疲劳,导热和导电性能优良等特点,在现代工业方面应用非常广泛。

碳纤维按原材料可分为三类:聚丙烯腈(PAN)基碳纤维、沥青碳纤维和人造丝碳纤维,它们均由原料纤维高温碳化而成,基本成分都是碳元素。其中,黏胶基碳纤维是最早问世的一种,是宇航工业的关键性材料;沥青碳基纤维的成品率最高、最经济;聚丙烯腈碳纤维综合性能最好、应用最广泛,是目前生产规模最大、需求量最大(占 70%~80%)和发展最快的一种碳纤维。三类碳纤维的主要力学性能如表 7.2.1 所示。

表 7.2.1　各种碳纤维的主要力学性能

种类	抗拉强度/MPa	抗拉模量/GPa	密度/(g · cm⁻³)	断后延伸率/%
PAN 碳纤维	>3500	>230	1.76~1.94	0.6~1.2
沥青碳纤维	1600	379	1.7	1.0
黏胶碳纤维	2100~2800	414~552	2.0	0.7

一般而言,碳纤维具有如下共性特点:

(1) 强度高、模量大;

(2) 密度小、比强度高,碳密度约为钢的 1/4、铝合金的 1/2,比强度比钢大 16 倍、比铝合金大 12 倍;

(3) 温度性能好,非氧化环境可在高温 2000℃时使用、3000℃不熔化和软化、-180℃低温认可保持柔软,热膨胀系数小、导热系数大,耐温度冲击;

(4) 导电性能好,电阻率可达 $10^3 S \cdot cm^{-1}$ 量级;

(5) 抗腐蚀性能好,耐浓盐酸、硫酸、磷酸以及苯、丙酮等有机溶剂的侵蚀,综合抗腐蚀性能优越。

导电纤维一般以玻璃纤维或有机合成纤维等为基体,采用化学镀、热黏附等方法对纤维进行表面处理,使其附着上一层金属(一般用铝)薄膜,从而形成良好导电性,并具有比碳纤维更好的抛撒展开特性以及更低的材料成本。美国在 1991 年"海湾战争"中使用的碳纤维弹采用的是碳纤维,而在 1999 年的"科索沃战争"中采用的是镀铝玻璃纤维。

2. 丝束碳(导电)纤维引弧短路毁伤机理

用于弹药装填物和毁伤元素的碳(导电)纤维是一种由多根纤维单丝所组成的纤维丝束,长度一般为 10～100m,单丝直径一般为 5～20μm,每束的单丝数量一般为 10～100 根。

碳(导电)纤维对架空线路的作用并造成短路故障主要有以下三种方式[17]:

(1) 相-相间短路,当碳(导电)纤维直接搭接在架空线路或变压器接线等电力线路的两相之间时,形成相-相间短路。

(2) 相-地间短路,架空线路与杆塔之间平时通过绝缘子保持绝缘,而当碳(导电)纤维搭接到线路和铁质杆塔之间时,就形成相-地间短路;另外,当碳(导电)纤维与地面形成连接时,也形成相-地间短路。

(3) 空气击穿短路,在线路的各相上如果悬挂大量碳(导电)纤维,即使这些纤维没有直接造成相-相和相-地间短路,但由于其随风飘荡,使得相-相和相-地之间的空气绝缘和安全距离缩短,也可引起空气击穿而形成短路。

无论以上哪一种短路方式,其短路机理都是一样的,即引起电弧并维持到继电保护装置动作。碳(导电)纤维的引弧过程和机理如下:

(1) 当强大的短路电流通过碳(导电)纤维时,瞬间产生大量的焦耳热,使纤维的温度急剧上升,纤维从固态转变到液态直至汽化,形成等离子体和导电通道,即产生电弧;

(2) 该电弧是强功率放电的自由电弧,具有上万摄氏度的温度及强辐射,不需要很高的电压就能维持稳定燃烧而不熄灭,呈现出自持放电现象;

（3）该电弧是等离子体，质量极轻、形状极易改变，电弧区内气体的流动，包括自然对流以及电弧电流本身的磁场等，都会使电弧受力而改变形状。

事实上，这种引弧和燃弧的过程和时间极为短暂，电弧随着继电保护装置动作而熄灭，造成短路的碳（导电）纤维丝束也随之被消耗掉。然而，继电保护装置的设计和工作原理，必须考虑意外和偶发的短路故障，如意外飘落的树枝、柔性导体、雷击等，因此现代的继电保护装置都具有 2 或 3 次的重复合闸功能，如果重复合闸时系统仍处于短路状态，则会认为是永久性故障而不再合闸。在大量的碳（导电）纤维作用下，即使某一束纤维因引弧而耗尽，但继电保护装置重复合闸时仍存在相当多的碳（导电）纤维使系统处于短路状态，从而造成"永久性"短路故障，使回路被切除。因此，在碳（导电）纤维弹实际作用下，直接造成短路故障所需的碳（导电）纤维丝束数量并不多。但是，碳（导电）纤维丝束数量的增加有利于增大覆盖和毁伤作用范围，从而提高碳（导电）纤维弹的终点毁伤概率，尤其碳（导电）纤维丝束的作用数量和覆盖范围与电力系统的修复时间密切相关，数量越多、覆盖范围越大则修复时间越长、毁伤等级越高。

3. 碳（导电）纤维弹作用原理

一种说法是 1985 年美国圣地亚哥城某种金属片造成了电网短路故障，还有一种说法是美国在进行箔条干扰弹实验时发生了电网短路事故，受此启发，美国隐蔽地开始了碳（导电）纤维弹的研究。1991 年的"海湾战争"中[4,18]，以美国为首的多国部队采用带有"KIT-2"型碳纤维战斗部的"战斧"式巡航导弹，袭击了伊拉克的电厂、变电站、配电站等能源设施目标。碳纤维战斗部使用后的数小时内，巴格达发电厂停止了供电，伊拉克85％的供电能力受到限制，伊军的防空作战系统等被迫处于瘫痪状态从而达到了破坏军事指挥、通信联络的目的。1999 年的"科索沃战争"中[5,6]，以美国为首的北约利用 F-117 隐形战斗机通过风力修正布撒器（wind corrected munitions dispenser，WCMD），再一次投放了如图 7.2.3 所示的装填镀铝玻璃纤维的 BLU-114/B 子弹，导致南联盟 70％的电力供应中断，造成贝尔格莱德等南斯拉夫大部分地区数小时停电，南联盟的指挥控制系统和防空系统不同程度地受到了损害，获得了极佳的作战效果。

图 7.2.3　装填镀铝玻璃纤维的 BLU-114/B 子弹

碳(导电)纤维弹或战斗部一般采用子母弹形式,实施大面积的纤维丝束布撒和攻击目标。数 10m 长的纤维丝束采用一定缠绕方式制成纤维丝团,纤维丝团有序地装填于子弹药中。碳(导电)纤维弹或战斗部的工作原理和纤维丝束的抛撒展开如图 7.2.4 所示,通过航空布撒器、集束炸弹、战术导弹等运载工具将战斗部或母弹运送到目标上空,在一定高度上母弹抛撒或释放出子弹;每个子弹自带小降落伞,降落伞打开后使得子弹减速并控制姿态;根据设定的时间或作用高度,子弹作用抛撒或释放出纤维丝团;纤维丝团利用空气动力在空中展开,并互相交织形成网状,最终覆盖和毁伤目标。对于战斗部或母弹高落速和不好精确控制子弹作用高度的情况下,可设计成反跳子弹,即子弹着地后再弹起一定高度抛撒或释放纤维丝团,从而获得希望的纤维丝束抛撒展开效果。

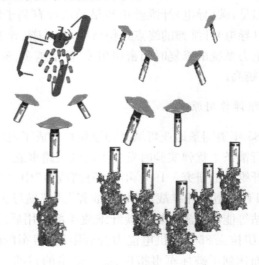

图 7.2.4　碳(导电)纤维子弹抛撒和纤维丝束展开示意图

7.2.3　导电液溶胶闪络短路毁伤机理与导电液溶胶弹

1. 绝缘子污秽闪络现象

受自然扬尘及工业排放物等环境因素的影响,在线运行的绝缘子长期暴露在大气环境中,表面逐渐沉积一层污秽物。天气干燥时,这些表面带有污秽物的绝缘子仍能保持着较高的绝缘水平,其放电电压和洁净状态时相近。然而,当遇到有大雾、细雨以及融冰、融雪等潮湿天气时,在绝缘子表面会形成水膜,污层中的可溶盐类溶于水中使得水导电,产生泄漏电流,泄漏电流的大小主要取决于绝缘子表面的脏污程度和受潮程度。绝缘子污秽闪络现象是指绝缘子表面沉积有污秽层,受潮时因泄漏电流存在而产生局部放电,在一条件下发展成电弧闪络的过程。绝缘子污秽闪络简称污闪,污闪情形如图 7.2.5 所示。污闪作为一种典型的短路故障,造成的事故不仅持续时间长、波及范围广,而且重合闸不易成功,给电力系统带来了巨大的危害。

图 7.2.5　柱式绝缘子的污秽闪络

绝缘子污秽闪络现象研究已经持续了近一个世纪,经过多年的研究与实验,人们普遍认为绝缘子的污闪放电过程分为四个阶段[19]:污秽沉积、污秽层湿润、干燥带形成与局部电弧产生以及局部电弧发展成全面闪络。

1) 污秽层沉积

输变电设备使用的绝缘子易被空气中的海盐、煤烟、砂土等污染,空气中尘埃微粒沉积在绝缘子表面形成污秽层,污秽层中的电解质含量较少,在绝缘子表面干燥时,污秽对绝缘子的绝缘强度几乎没有影响。

2) 污秽层湿润

在有雨和大雾等天气下,或空气相对湿度、绝缘子表面与周围空气温差较大时,空气中水分的润湿会使绝缘子表面污秽层的电导率增大,电阻变小,从而降低了绝缘子的绝缘特性。

3) 干燥带形成与局部电弧产生

污秽层分布总有些不均匀,受潮情况也有差别,使绝缘子表面电阻不等;电阻大的地方发热多,污层干得快些,形成高电阻“干燥带”,干燥带电阻很大,承受全部电压;干燥带处首先产生蓝红色线状辉光放电,电流突增。

4) 局部电弧发展成全面闪络

局部电弧放电时的热量使干燥带扩大,湿润区不断缩小,回路中与放电间隙串联的电阻减小；于是电流加大，以致引起热电离，使具有上升伏安特性的辉光放电转变为具有下降伏安特性的电弧放电，放电通道变细，呈明亮白色，电流密度也较大；随着电弧的发展，导电层的电阻逐渐减小，表面泄漏电流加大、跃变周期缩短；在合适条件下，局部电弧不断扩展，接通两极，形成绝缘子表面完全闪络。

对于绝缘子串和柱式绝缘子而言，污闪过程基本如上所述，但有以下一些特点：

（1）单个绝缘子表面的电压分布取决于整串绝缘子的状态，当其中某个绝缘子首先形成环状干燥带，跨越干燥带的电压将是整串绝缘子总电压中的一部分，所以较易发生跨越干燥带的局部电弧；

（2）流过某个绝缘子的泄漏电流，不仅取决于该绝缘子本身，也取决于整串绝缘子在此时外绝缘变化的状态，它们互相关联，互相影响；

（3）当某个绝缘子的干燥带被局部电弧桥络时，原来加在该绝缘子上的较高的电压将转移到其他绝缘子上，电压分配的突变，犹如一个触发脉冲，会促使其他绝缘子产生跨越干燥带的电弧，甚至会迫使整串绝缘子一起串联放电；

（4）一旦所有绝缘子的干燥带都被电弧桥络，泄漏电流将决定于绝缘子串的剩余湿污层电阻，此时泄漏电流大增，强烈的放电有可能发展成整串绝缘子的闪络。

2. 导电液溶胶闪络短路毁伤机理

1）导电液溶胶毁伤概念[20,21]

受绝缘子污秽闪络现象启发，一种新原理反电力系统软毁伤概念被提出。导电液溶胶毁伤原理与实现方法是，以具有良好导电性的导电液溶胶介质作为弹药（战斗部）装填物和毁伤元素，通过爆炸抛撒和雾化分散等方法使其作用和黏附于变电站、发电厂的外绝缘设备，如绝缘子、支柱和套管等，利用沿面放电和闪络效应，造成电力系统短路、保护装置跳闸，最终导致电力系统的失稳、崩溃和大面积停电事故。

2）导电液溶胶闪络短路机理[20,21]

实际情况下，导电液溶胶通过爆炸抛撒与分散等方式使其作用并附着于绝缘子表面，因此绝缘子表面的导电液溶胶往往是不均匀分布的，存在很多未被涂覆到的局部绝缘区（带），这就造成了绝缘子表面的电压分布不均匀，尤其是电极附近，场强很强，在较低电压下就开始出现放电现象。一般说来，这种放电现象是一种呈间歇脉冲状态的很不稳定的辉光放电，由于在绝缘子表面被导电液溶胶覆盖区域的电阻极小，泄漏电流脉冲很大，引起热电离，使辉光放电转变为电弧放电。放电火花出现的部位是随机的，在一支绝缘子上可能同时出现多个放电火花或局部电弧。

局部电弧伸展到一定长度后,如果外加电压不足以维持电弧燃烧,就会在电流过零时熄灭。随后在某一空白区域再次产生局部电弧,局部电弧的熄灭、重燃不断发生,直到在绝缘子表面未被涂覆的某区域场强超过沿介质表面空气放电的临界场强时,该处就会发生沿面的局部放电,这种沿面的放电现象可持续相当长的时间。该区域被电弧短路后,表面泄漏电流加大,剩余部分所分担的场强越来越大,电弧向前发展。当剩余的部分承受不住正常工频电压时,使整个绝缘子发生闪络。

电弧放电时可达几千度的高温,弧焰在热扩散力的作用下,能量小的电弧将在绝缘子表面留下蜡烛状的痕迹,能量大的剧烈电弧将在绝缘子表面留下灯笼状的白色痕迹,多发生在绝缘子铁帽边缘表面的闪络处。导电液溶胶闪络与污秽闪络比较,存在以下主要差别:

(1) 当外绝缘表面有污层,特别是有溶解于水的化学污层,在大雾或小雨等天气条件下,受潮充分时才有可能发生污秽闪络,而导电液溶胶闪络则不受上述自然条件的约束,更易满足闪络条件。

(2) 由于污秽外绝缘闪络主要是由于电热的作用,在绝缘子表面形成局部干燥带,因此需要一定的电能和经过一定的时间才能发生闪络,而被导电液体涂覆的外绝缘表面本身就具有局部绝缘带,这些部位也就相当于污秽闪络中的"干燥带",所承受的电压非常高,因此更加容易在这些部位产生局部电弧。

(3) 污秽外绝缘闪络与污层厚度和其电导特性有很大关系,当污层厚度很薄或电导率较小时,泄漏电流较小,放电不能发展成为电弧,另一方面当污层厚度太大超过一定值时,形成蒸发变干不易,亦即电弧向污层伸长的速度很慢,发展也很困难;而导电液溶胶电导很小,并且闪络电压随涂覆厚度逐渐减小。

3. 导电液溶胶弹作用原理与主要特点[22]

导电液溶胶弹一般以子弹药的形式应用于精确打击武器系统,如战术弹道导弹、巡航导弹、制导航空炸弹和航空布撒器等。导电液溶胶弹与碳(导电)纤维弹相比,短路毁伤机理不同,毁伤结果类似,可通用武器平台。导电液溶胶弹与碳(导电)纤维弹的作战使用方法相同,主要对国家或地区电网中的大型枢纽变电站、大型电厂升压站进行选择性攻击,在同时或有限时间范围内同步攻击多目标的情况下,将造成大面积停电事故以及电力系统的解列和崩溃。

导电液溶胶子弹的基本结构如图 7.2.6 所示,主要由壳体、导电液溶胶、中心抛撒装药和引信等组成。导电液溶胶子弹引爆、导电液溶胶抛撒分散以及柱式绝缘闪络过程的高速分幅照片如图 7.2.7 所示,从起爆开始,一般在 0.3s 内绝缘子发生闪络。

图 7.2.6　导电液溶胶子弹结构示意图

　　(a) 0ms　　　　　　　　　(b) 5ms　　　　　　　　　(c) 10ms

　　(d) 228ms　　　　　　　　(e) 230ms　　　　　　　(f) 240ms

图 7.2.7　导电液溶胶子弹模型作用过程

　　导电液溶胶弹与碳(导电)纤维弹相比,具有如下主要特点:

　　(1) 导电液溶胶作用后难以清除,系统合闸后可持续闪络,另外闪络后的绝缘子原则上要进行更换才能保证系统的可靠运行,因此目标毁伤后修复困难,毁伤持续时间长,毁伤等级更高;

　　(2) 受气象条件影响小,作战使用更为方便;

　　(3) 对武器平台速度的适应性强;

　　(4) 预期生产和装备成本更低;

　　(5) 对武器系统的精度和引战配合效率要求更高。

7.3　电磁脉冲与微波毁伤效应

　　进入 21 世纪以来,军用电子系统向综合化、集成化发展,通信、雷达、导航、电子仪器以及各种武器监控、目标识别与定位、军用指挥等方面均广泛地实现了信息化和智能化,极大地提高了武器系统的综合作战效能。在未来战争中,信息体系将构筑于空、天、地、海、电、磁多维空间的各个信息节点上,并形成立体战场空间的信息网。对战场敌我双方的任何一方信息节点的破坏、切断,都将引起指挥、通信控制系统的瘫痪或失灵,从而造成战斗力锐减或丧失。针对武器系统中电子系统的相对脆弱性,各军事大国开始竞相发展电磁脉冲武器。

所谓电磁脉冲武器,是指能够产生强电磁辐射,并通过短暂的电磁脉冲辐照来破坏雷达、通信、计算机等电磁相关设备的一种武器系统,国外称之为 EMP(electric magnetic pulse)武器。电磁脉冲武器的作战对象主要是敌方的指挥、通信、信息及武器系统,能够对较大范围内的各种电子设备的内部关键部件同时实施压制性和摧毁性的杀伤。因此,电磁脉冲武器是一种性能独特、威力强大、软硬杀伤兼备的新概念信息化作战武器。电磁脉冲武器分为闪电型、核爆型、高功率微波型、超宽带窄脉冲型、广义扩展型(如光波脉冲)等多种类型,其中高功率微波武器(high power microwave weapon,HPMW)非常具有代表性,是与激光武器和粒子束武器并行发展的三大定向能武器之一。本节主要选自《武器战斗部投射与毁伤》(科学出版社,2013)一书[22],重点介绍电磁脉冲武器的典型代表高功率微波武器。

7.3.1　微波概念

微波是一种电磁波,具有相对较长的波长和较低的频率,如图 7.3.1 所示。一般地,微波指频率在 300MHz～300GHz 之间、波长在 1m(不含 1m)到 1mm 之间的电磁波,是分米波、厘米波和毫米波的统称。微波的基本性质通常表现为穿透、反射和吸收三种特性,对于玻璃、塑料和瓷器,微波几乎是穿越而不被吸收;对于水和食物等则会吸收微波而使自身发热;对于金属类物质,则会反射微波。

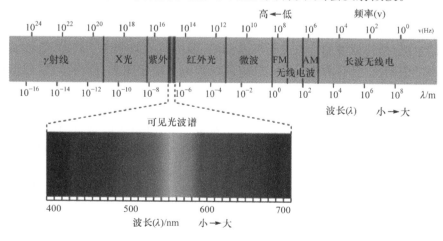

图 7.3.1　电磁波波谱及微波位置(后附彩图)

从电子学和物理学角度来看,微波具有不同于其他波段电磁波的以下主要特点:

1) 穿透性

微波比其他用于辐射加热的电磁波,如红外线的波长更长,因此具有更好的穿透性。微波透入介质时,由于介质损耗引起介质温度的升高,使介质材料内部、外部几乎同时加热升温,形成体热源状态,大大缩短了常规加热中的热传导时间。

2) 选择性加热

物质吸收微波的能力主要由其介质损耗因数决定,介质损耗因数大的物质对微波的吸收能力强,相反介质损耗因数小的物质吸收微波的能力弱。由于各物质的耗损因数存在差异,微波加热就表现出选择性加热的特点。例如,水分子属极性分子,介电常数较大,其介质耗损因数也很大,对微波具有强吸收能力;而蛋白质、碳水化合物等的介电常数相对较小,其对微波的吸收能力也比水小得多。因此,对于食物来说,含水量的多少决定了加热效果的高低。

3) 热惯性小

微波对介质材料的作用特点是瞬时加热升温,能耗低,而且当微波的输出功率随时间调整时,介质温升可无惯性地随之改变,不存在"余热"现象,有利于自动控制。

4) 似光性和似声性

与地球上的一般物体(如飞机、舰船、汽车、建筑物等)尺寸相比,微波波长很短,使得微波的特长与几何光学相似,即所谓的似光性。因此运用微波通信,能使电路元件尺寸减小,系统更加紧凑。可以制成体积小、波束窄、方向性很强、增益很高的电线系统,接受来自地面或空间各种物体反射回来的微弱信号,从而确定物体方位和距离,分析目标特征。由于微波波长与物体(实验室中无线设备)的尺寸有相同的量级,使得微波的特点又与声波相似,即所谓的似声性。例如,微波波导类似于声学中的传声筒;喇叭天线和缝隙天线类似于声学喇叭、箫与笛;微波谐振腔类似于声学共鸣腔。

5) 信息性

由于微波频率很高,所以在不大的相对带宽下,其可用的频带很宽,可达数百甚至上千兆赫兹,这是低频无线电波无法比拟的。这意味着微波的信息容量大,所以现代多路通信系统,包括卫星通信系统,几乎无例外都是工作在微波波段。另外,微波信号还可以提供相位信息、极化信息、多普勒频率信息,在目标检测、遥感目标特征分析中有十分重要的应用,如图 7.3.2 所示。

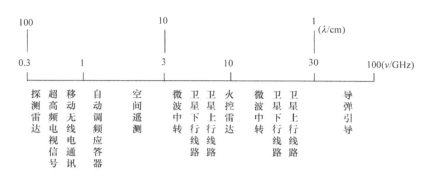

图 7.3.2　微波频段的应用

7.3.2　高功率微波武器(HPMW)

　　高功率微波武器是一种利用高功率微波波束烧毁、破坏和干扰敌方武器系统、信息系统和通信链中的敏感电子部件以及软、硬杀伤作战人员的定向能武器,又称射频武器,这种武器辐射的频率一般在 1GHz～300GHz 范围内,峰值功率超过 100MW。

　　1. 高功率微波武器的组成

　　微波武器与捕捉、跟踪、瞄准等辅助系统等构成武器系统,其中微波武器的基本组成如图 7.3.3 所示,包括能源系统、高功率微波产生系统、发射天线。

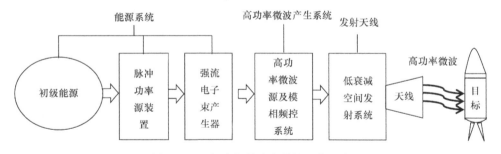

图 7.3.3　高功率微波武器的基本组成

　　1) 能源系统

　　能源系统一般包括初级能源、脉冲功率源装置和强流电子束产生器。微波武器的能源系统,实际上是一种把电能或化学能转换成高功率电能脉冲,然后再转换为强流电子束的能量转换装置。

　　(1) 初级能源。

　　高功率微波武器使用的初级能源多种多样,可以是电能、化学能或核能等。

（2）脉冲功率源。

微波武器之所以能对人员和装备造成杀伤，根本原因在于其发射的微波束具有很高的能量。产生具有很高功率的微波束，必须首先产生强流电子束，而要产生强流电子束就必须有高电压作保证。产生微波的强流电子束是一种脉冲强流电子束，因此在微波武器的能源系统中，必须有一个合适的脉冲功率装置，把初级能源转化为脉冲高电压，提供给强流电子束产生装置。

脉冲功率源主要由脉冲储能系统和脉冲形成网络等组成，通过能量储存设备向脉冲形成网络中放电，将能量压缩成强流电子束。脉冲功率源主要有电容储能（脉冲线）型高功率脉冲电源、电感储能型高功率脉冲电源和直线感应加速器或爆炸磁压缩发生器等类型。

（3）强流电子束产生器。

强流电子束产生器主要是各种加速器，如强流脉冲加速器，也可以是射频加速器或感应加速器，这些加速器接受由脉冲功率装置提供的高电压，产生强流电子束提供给高功率微波发生器。

微波武器所发射的高功率微波，其能量来自电子束或电子层中电子的动能。如果发射的高能微波功率在 GW 量级，一般为 $1\sim10$GW，那么它所需要的电子束流强度应当是 1kA 到数 10kA，同时还要求电子束应具备所要求的横截面积和密度。

要想产生高功率微波源所用的电子束，方法有多种，归纳起来主要有四种机制，按发射电流递增的顺序，分别是：

① 光电发射：光电发射主要是用激光照射阴极，提供电子发射用的能量，光电发射所产生的电子束流的密度在 $100\mathrm{A/cm^2}$。

② 热离子发射：热离子发射主要通过对阴极表面进行加热，使电子获得能量而逸出，通过热离子发射可以产生连续的或者长脉冲发射的电子束流，电流密度为 $140\mathrm{A/cm^2}$。

③ 场致发射：这是一种非爆炸的场发射，场致发射的阴极发射体表面采用石墨、聚合物或金属材料，在阴极表面刻上沟槽，或者在上面安装钨针之类的微针阵列，以便增强电场和引起非爆炸的场发射，场致发射的电子束流的电流密度可达数百安每平方厘米～数千安每平方厘米。

④ 爆炸发射：爆炸发射是由电流加热引起爆炸而形成等离子体，再从等离子体阴极发射电子束流。爆炸发射通常在阴极施加外加电场，使阴极表面的电场强度平均超过 $100\mathrm{kV/cm}$，由于阴极的表面固有一些毛刺或"胡须"之类的微尖将使电场增强，阴极上的毛刺首先发生场致发射，电流在短时间内迅速增大，通常在几纳秒的时间内，由电流加热引起爆炸而形成等离子体。阴极的各个分立毛刺爆炸形成的等离子体迅速膨胀，在 $5\sim10$ns 内合并成一个均匀的"等离子体阴极"，从这

个等离子体阴极就会发射出电流密度更大（通常可达 $10kA/cm^2$ 量级）的电子束流。

综上所述，初级能源、脉冲功率源装置和强流电子束产生器构成一个强流电子束加速器，其实质是高功率微波产生器的一个能源装置，为产生高功率微波做准备。

2）高功率微波产生系统

高功率微波源是高功率微波产生系统的核心器件之一，通过电子束与波的相互作用把电子束的能量转化为高频电磁波的能量。根据束-波相互作用的不同机制，微波武器常用的窄带高功率微波源大致可分为慢波器件、快波器件和空间电荷型器件。其中，慢波器件包含 O 型器件和 M 型器件。O 型器件的典型代表有相对论返波振荡器（RBWO）、相对论行波管（RTWT）、多波切伦科夫振荡器（MWCG）以及相对论衍射发生器（RDG）、相对论速调管（relativistic Klystron）等；M 型器件包括磁控管（magnetron）及磁绝缘线振荡器（MILO）等。快波器件的典型代表有自由电子激光器（FEL）和相对论回旋管（Gyrotron）等；空间电荷效应器件则主要指各种类型的虚阴极振荡器（vircator）。上述慢波型微波源器件经过几十年广泛的研究，微波峰值功率已达到 GW 水平，脉宽在几十 ns 到几百 ns，频率主要集中在 L 波段至 X 波段，单个微波脉冲的能量为几十焦耳至上千焦耳。如 L 波段 MILO，单个脉冲输出功率超过 3GW，脉宽超过 40ns；X 波段 RBWO，报道的最高峰值功率为 3.7GW，脉宽约 10ns。快波型器件，以相对论回旋管为典型代表，输出的功率从最开始的 W 级已达到现在的 MW 量级的水平，可连续工作，频率主要集中在毫米波段。

在众多的高功率微波源中，虚阴极振荡器具有一些特殊的优点，如结构简单、微波峰值功率高、对电子束质量要求较低等，因而容易发展成体积小、重量轻、使用可靠的紧凑型高功率微波源。因此，虚阴极振荡器的研究吸引了各国科学家，特别是军事技术科学家的广泛重视。

虚阴极振荡器是产生高功率微波最有效的器件之一，主要由二极管和漂移管组成。虚阴极振荡器的工作原理如图 7.3.4 所示。当由高功率脉冲源产生的高压电脉冲加在二极管的阴极（图 7.3.4 的 1）和网状阳极（图 7.3.4 的 4）之间时，阴极爆炸并发射出强流电子束（图 7.3.4 的 5），强流电子束穿过阳极网进入漂移（或波导）管（图 7.3.4 的 3）。若进入漂移管的强流电子束流大于空间的电荷限制电流（空间电荷限制电流不是实际存在的电流，而是由电子能量和漂移管几何结构所决定的一个电流限定值）时，进入的电子束就不能一直向前传播，而是在漂移管轴线上某个位置堆积起来，即在离阳极不远的地方形成一个虚阴极（图 7.3.4 的 7）。这个虚阴极不是真实的金属阴极，而是由电子堆积而成的虚设阴极。这个虚阴极随时间周期性地来回振荡，于是就产生了微波发射。从腔的侧面（图 7.3.4 的 6）

引出微波,再由高增益天线将微波定向地向目标辐射出去。

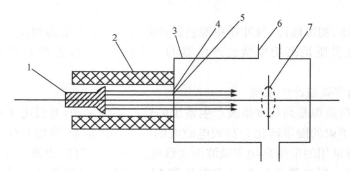

图 7.3.4　虚阴极振荡器工作原理
1. 阴极;2. 绝缘体;3. 波导管;4. 阳极;5. 强流电子束;6. 微波出口;7. 虚阴极

3）发射天线

天线是高功率微波源和自由空间的分界面,与常规天线技术不同,高功率微波定向能武器用的天线具有两个基本的特征:一是高功率,二是短脉冲。同时,为满足定向能武器的需要,天线应满足以下要求:很强的方向性,很大的功率容量,带宽较宽,并具有波束快速扫描的能力,重量、尺寸能满足机动性要求。

2. 典型高功率微波武器

按照高功率微波武器的性能和用途,可以把微波武器分为两大类:可重复使用的微波束武器和微波弹。

1）可重复使用的微波束武器

可重复使用的微波束武器主要是利用定向辐射的高功率微波波束毁伤目标,这种微波束武器能全天候作战,可同时攻击多个目标,还完全有可能与雷达形成一体化系统,集探测、跟踪、杀伤功能与一体。虽然产生高功率微波的器件本身不太大,但由于所需的能源设备和辅助设备体积比较大,因此这种武器的总体积通常十分庞大,机动性方面受到很大限制,基本上只能用固定阵地来发射。受到微波在大气中传输被吸收和衰减的影响,当攻击远距离目标时,实际作用的功率和能量会受到很大影响。这里不对可重复使用的微波武器进行详细介绍,重点介绍微波弹。

2）微波弹

微波弹是指通过一定的载体和平台投送到远距离目标区域发挥作用的微波武器。微波弹一般可由火炮发射,或由巡航导弹或飞机运载,在目标上空作用辐射高功率微波,对目标构成杀伤,其基本结构和作战原理分别如图 7.3.5 和图 7.3.6 所示。

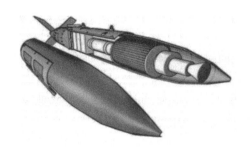
(a) 微波弹基本结构

(b)某型微波弹实物

图 7.3.5　投掷式微波弹结构

图 7.3.6　微波弹作战原理示意图(后附彩图)

　　微波弹采用了新的能源系统,其特点是体积小,便于弹载机动。目前,微波弹常用的脉冲电源主要有两种:爆磁压缩发生器和脉冲等离子体发电机。

　　(1) 爆磁压缩发生器。

　　爆磁压缩发生器(EMCG)基本原理是通过炸药爆炸驱动电枢压缩定子产生磁场,把炸药的化学能有效地转化为电磁能,从而在连接电枢和定子的负载中实现电流和电磁能量的放大。根据回路的形状,可分为螺线型发生器、同轴形发生器、条形发生器、平板形发生器、圆盘形发生器和圆柱形内爆发生器等,其中螺线管型爆磁压缩发生器(HEMCG)因具有较大的初始电感,能俘获更多的初始磁通量,能量放大倍数比其他类型的 EMCG 大,且体积小、结构紧凑、带负载能力强,因而有着更为广泛的应用。

下面以螺线管型爆磁压缩发生器为例,简单说明磁通压缩发生器的工作原理。螺线管型爆磁压缩发生器结构如图 7.3.7 所示,其工作过程为:当放电开关闭合时,储能电容器对螺线管、负载和电枢构成回路放电,该电流作为种子电流;在电流快要达到最大值时,雷管被引爆,继而平面波发生器引爆主炸药,电枢膨胀,撬断开关闭合,螺线管负载电枢和撬断开关形成的回路俘获磁通;电枢膨胀形成锥筒自左向右推进,磁通量被压缩。由磁通量守恒可知回路中的电流增大,因此在负载中实现电流和能量的放大。

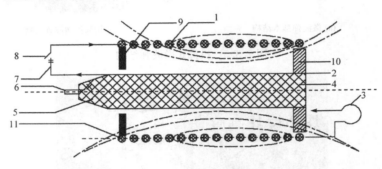

图 7.3.7　HEMCG 装置结构图

1. 螺线管;2. 电枢;3. 负载线圈;4. 主炸药;5. 平面波发生器;6. 雷管;
7. 储能电容器;8. 放电开关;9. 撬断开关;10. 绝缘支撑;11. 磁力线

爆磁压缩发生器主要有以下特点:

① 输出电流脉冲强度高。目前爆磁压缩发生器输出电流可达 100MA 量级,这是一般电容器组能源不可能达到的。

② 体积小、重量轻。由于炸药储能密度比电容器储能密度高四到五个量级,同时炸药化学能转换为电能的效率也较高(约 10%),因而在同等输出能力条件下爆磁压缩发生器的体积、重量比电容器组小得多。

③ 爆炸性、单次性。由于炸药的破坏性,爆磁压缩发生器只能单次使用,不适合用于产生重复频率脉冲;同时爆磁压缩发生器的输出稳定性、重复性不如电容器组。

(2) 脉冲等离子体磁流体发电机。

脉冲等离子体磁流体发电机也可称为爆炸磁流体发电机(MHDG),由高能炸药、等离子体发生器、磁体、发电通道和测试系统等主要部分组成,其工作原理如图 7.3.8 所示。通过将高能炸药在专用的爆炸室中爆轰生成高温、高压等离子体,该等离子体在装有电极的通道中膨胀,快速切割通道中的磁场,在电极间感生脉冲电压,接在电极上的负载便可获得高功率脉冲输出。

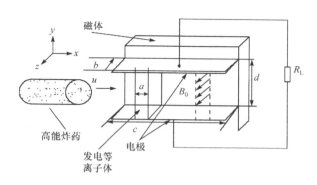

图 7.3.8　爆炸磁流体发电机原理图

爆炸磁流体发电机以产生爆炸等离子体方式的不同,区分为传统型爆炸磁流体发电机和新概念型爆炸磁流体发电机。传统型爆炸磁流体发电机是利用高能炸药的爆轰产物作为发电等离子体,而新概念爆炸磁流体发电机则是利用高能炸药爆轰产生的强冲击波,将实现预置的工质气体(如氩气)冲击电离,该电离工质气体作为发电等离子体。

与爆磁压缩发生器相比,爆炸磁流体发电机由于发电等离子体在专用的爆炸等离子体发生器中生成,而发电在通道中完成,发电机装置可以重复使用而成为非常有前途的高功率脉冲电源,在高功率微波、高能加速器、高功率激光等方面均有较好的应用前景。

图 7.3.9 给出了美国 MK84 联合直接攻击弹药(JADM)微波炸弹的内部结构图,其弹长 3.84m,直径 0.46m,总重量 900kg,战斗部包括电池电源、同轴电容器组、二级螺旋形磁通压缩发生器、脉冲形成网络、虚阴极振荡器和微波天线等。其中,主电源是磁通压缩器,虚阴极振荡器是将电能转变成微波能量的装置。

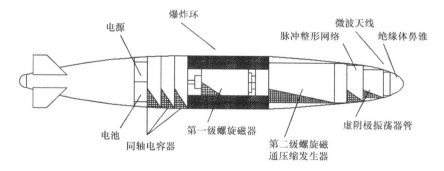

图 7.3.9　高功率微波弹 MK84 内部器件布局图

3）微波武器特点

与传统的常规武器和核武器相比，高功率微波武器（HPMW）在战术应用方面具有以下特点：

（1）HPMW 射束极速作用于目标，不受重力影响。

由于 HPMW 射束以光速瞬时抵达远距离目标，同时射束不需要考虑质量，可以摆脱重力和空气动力的限制，无需如常规弹药确定弹道轨迹所需的复杂计算，从而可以使跟踪与拦截问题大大简化，同时目标规避攻击的能力也大幅度下降。

（2）HPMW 毁伤效应可控。

传统的常规武器主要依靠爆炸冲击、动能侵彻等效应对目标进行毁伤，毁伤效应难以控制，尤其是想获得低烈度的毁伤效果比较难。微波武器使用微波这种无线电波传播能量，虽看不见、摸不着，但对电子设备具有高效的攻击能力，用于摧毁敌方的指挥自动化系统，破坏各种武器装备的电子控制设备，是一种典型的功能性高效毁伤武器。同时，通过调整微波束的发射功率，可以取得致命性毁伤或非致命性扰或损伤等不同程度的毁伤效果。

（3）使用成本低，可以重复使用。

常规火力攻击平台所使用的弹药均是一次性的，效费比很低。可重复使用的微波武器只需适当的发射平台，大部分装备可以重复利用，使用成本大幅度降低。例如，在进行导弹防御时，每枚拦截器耗资数百万美元，而用微波武器每发只消耗几千美元就能获得相当的毁伤概率。

（4）毁伤区域可控，能同时攻击多个目标。

为了提高微波武器的作用距离以及在远距离上具有较高的能量，微波武器的天线可以把高能微波汇聚成很细小的微波束，定向攻击目标；也可以将高能微波束向一定的扇面辐射，相对定向地攻击目标。微波弹在目标上空"爆炸"之后，在炸点以下高功率微波辐射的锥面里（如图 7.3.6），人员或电子设备均会受到有效毁伤。

（5）可攻击隐身目标，是隐身目标的克星。

由于隐身目标的隐身程度很大程度上得益于吸收电磁波的能力强，一旦遭到微波武器辐射，将大幅度吸收微波能量，产生高温并烧毁。同时，微波武器可实施撒网式面攻击，在一个区域范围内罩住目标，无论是隐身飞机、隐身导弹、隐身军舰等难逃微波武器的攻击。

4）微波武器的发展趋势

从 20 世纪 70 年代起，高功率微波武器经过多年的发展已取得了很大的进展，美国、俄罗斯等主要军事强国的部分产品已进入实用阶段。进入 21 世纪后，高功率微波武器的发展重点如下：

（1）研究高功率微波源，提高发射功率和能量转换效率；

（2）提高脉冲宽度和重复频率；

（3）发展高可靠性、高可控性和高方向性的微波武器发射天线；

（4）缩小体积，减少质量，向小型化发展。

7.3.3　微波武器的毁伤机制

1. 毁伤机理

高功率微波的毁伤效应是指高功率微波作用于各种物体和系统上所产生的结果或响应。对于高功率微波与物体和系统相互作用的过程，就其物理机制来讲，可以概括为三种效应，即电效应、热效应和生物效应。

高功率微波的电效应是指当微波辐射目标时，其瞬变磁场在目标的金属表面或导线上产生感应电流，而且感应电流的强度随微波强度的增加而增强。这种感应电流将影响电子设备本身的工作，如淹没电子元器件中的各种信号，使器件性能下降，以及使半导体结击穿等。

高功率微波的热效应是指将微波能量转化为热能量，微波反复穿透物体时，可使物体的极性分子随着微波周期以每秒几十亿次的惊人速度来回摆动、摩擦，从而产生高热，使被照射物体的温度升高。实验证明，当微波照射的能量密度增加到 $10\sim100\text{W/cm}^2$ 时，可以烧坏工作在任何波段的电子器件。

对于人员或其他生物体来说，微波的热效应可以把人和动物烧伤甚至烧死，同时还会产生生物效应，生物效应也可以称作非热效应，是指当微波照射强度较弱时，被照射的人和动物会出现一系列反常的症状，如神经混乱、行为失常，甚至致盲或心肺功能衰竭等。

按毁伤效应持续时间来分，高功率微波效应可分为瞬间效应、暂时效应和永久效应。瞬时效应是指当高功率微波脉冲存在时其影响存在，而微波消失时其影响随之（或在极短时间内）消失的一种效应，如干扰效应。暂时效应是指在高功率微波信号存在时和过后较长一段时间内仍然存在，但是过一定时间后器件或系统能够自动恢复正常工作的一种效应，其持续时间长短对于不同系统有所不同。永久效应是指在没有人为干预情况下，效应不会自动消失或者效应持续时间足够长，以使设备在特定的时间内不能恢复工作的一种效应。

高功率微波对电子系统、通信系统等的毁伤，当前主要研究高功率微波耦合，各种电子元器件和电子设备或系统的干扰、翻转、损伤及相关阈值等；对于生物目标，如人类、动物等，主要是研究微波作用的生物效应和热效应。表 7.3.1 给出了不同功率微波对目标的毁伤作用效果。

表 7.3.1　微波对目标的毁伤作用效果

功率密度/(W·cm^{-2})	作用效果
0.1～1.0×10^{-6}	可触发电子系统产生假干扰信号，干扰雷达、通信、导航和计算机网络等的正常工作或使其过载而失效。
3～13×10^{-3}	使作战人员神经紊乱、情绪烦躁不安、记忆衰退、行为错误等。
2～5×10^{-2}	人体出现痉挛或失去知觉。
0.1	致盲、致聋、心肺功能衰竭。
0.5	人体皮肤轻度灼伤。
0.01～1	可导致雷达、通信和导航设备的微波器件性能下降或失效，还会使小型计算机芯片失效或被烧毁。
20	照射2s可使人体皮肤Ⅲ度烧伤。
80	照射1s即可造成人员死亡。
10～100	辐射形成的电磁场可在金属目标的表面产生感应电流，通过天线、导线、金属开口或缝隙进入设备内部；如果感应电流较大，会使设备内部电路功能产生混乱、出现误码、中断数据或信息传输，抹掉计算机存储或记忆信息等；如果感应电流再大，则会烧毁电路中的元器件，使电子装备和武器系统失效。
1000～10000	能在瞬间摧毁目标、引爆弹药等武器。

2. 高功率微波对电子设备或电气装置的毁伤

1）耦合途径

微波能量通过两种耦合方式传播至目标系统内部的电子设备，分别称为正面耦合和侧面耦合。正面耦合是通过人为的电磁能量接收器，如天线和传感器等，经过传输线最终到达检测器或接收器上，在有些书籍和文献中也称为前门耦合。侧面耦合是通过因为其他目的打开或无意打开的孔径或缝隙进入系统设备。侧面耦合的途径主要包括接缝、裂缝、开口、操作面板、门窗、无屏蔽或屏蔽不当的电线，在有些书籍和文献中也称为后门耦合。

微波之所以通过面板缝隙、屏蔽不佳的接口直接耦合到设备内部，是因为这些孔隙很像微波谐振腔的狭缝，允许微波进入腔内并激发谐振。一般情况下，耦合到内部电路的功率 P 可以用入射功率密度 S 和耦合截面 σ 的乘积表示，即

$$P = S\sigma \tag{7.3.1}$$

对于正面耦合，σ 通常是开口（天线或缝隙）的有效面积。有效面积与频率密切相关，入射角度、结构细节也对进入系统的微波功率有比较大的影响。侧面耦合方式由于存在多个耦合途径的叠加，耦合截面随频率会有比较大的变化。

2）毁伤效应

微波一旦进入到目标系统内部，目标内部电子设备的微型半导体器件就会受

到微波的攻击。当半导体结的温度上升到 600～800K 时,将导致半导体器件出现故障,甚至材料熔化。因为热能在半导体材料中会发生扩散,所以根据微波脉冲持续时间的不同,存在不同的破坏效应评价方法。如果时间尺度短于热扩散时间,温度的上升与沉积能量成比例。实验结果证实,脉冲持续时间 t 小于 100ns 时,热扩散的影响可以忽略,半导体结的损伤只取决于能量的沉积,这时,破坏功率与 t^{-1} 成正比。当脉冲宽度大于 100ns 时,热扩散可将能量带走一部分,破坏功率可以用 Wunsch-Bell 关系式表示,即

$$P \propto \frac{1}{\sqrt{t}} \tag{7.3.2}$$

对于时间长度大于 $10\mu s$ 的脉冲,会出现热扩散与能量沉积的稳定状态,此时温度与功率成正比,达到破坏的能量阈值与 t 成比例。因此,一般来说,如果可以使输出功率较高的话,使用短脉冲毁伤,由于热扩散影响比较小,有助于武器的输出能量要求较少到比较低的程度;如果功率受到限制,则需要较长的脉冲持续时间。

上述关系仅考虑了单脉冲过程,如果在连续脉冲之间没有足够的时间扩散热量,会出现能量沉积或热量积累。一般认为,热平衡发生的时间小于 1ms。因此,要出现能量沉积或热量积累则要求重复频率大于 1kHz,重复频率的具体数值与目标的材料有关。有数据显示,即使在重复频率远低于热量积累所需要的频率时,材料也会发生逐渐的劣化,出现渐进性破坏,使材料的破坏阈值降低。因此,在微波武器实际使用中,重复频率工作是非常必要的,累计破坏效应是微波武器的一个很重要的特性。试验发现,微波损坏电子元器件的能量和功率阈值见表 7.3.2。

表 7.3.2　损坏电子元器件的微波能量和功率阈值

器件类型	能量阈值	功率阈值
整流管和齐纳二极管	0.5～1mJ	—
高功率晶体管	1mJ	200～2000W
低功率晶体管	0.5～1mJ	10～800W
开关二极管	70～100μJ	30～300W
集成电路	10μJ	1～300W
微波二极管	0.7～12μJ	4～100W
可控硅整流管	—	200～8000W
锗晶体管	—	30～5000W

3. 高功率微波对生物体的毁伤效应

高功率微波对人和其他生物的毁伤主要通过热效应和生物效应起作用。

1）热效应

对生物体的热效应类似于微波炉加热原理，它是由高功率微波能量照射引起的。人体某些部位或器官水分高、不易散热，且比较脆弱，对微波特别敏感，如眼睛的水晶体、中枢神经、睾丸等，过量照射后即会造成危害。血液也是如此，但血液流动性大，总容量多，容易散热，因此受损害较轻。同时，由于微波具有很强的穿透能力，不仅可以使人皮肤表面被"加热"，而且可以穿过皮肤"加热"人体内部组织。人体内部组织散热困难，温度速度比表面更快，即使人尚未感到皮肤疼痛，内部组织就已经遭到了破坏。表7.3.3给出了人体对不同频率电磁场照射下的反应。

表7.3.3　人体对不同频率电磁场照射下的反应

频率/GHz	波长/cm	受影响器官	主要反应
<0.15	>200	—	可以穿过人体不受影响
0.15～1.2	25～200	人体各器官	人体吸收能量，发热，损伤器官
1～3	10～30	眼睛的水晶体、睾丸	热量增高时，眼睛水晶体和睾丸受影响
3～10	3～10	皮肤、眼睛的水晶体	皮肤发热
>10	<3	皮肤	皮肤发热

有文献报道，雷达工人在$1.5\sim3$GHz频率，功率密度为100mW/cm^{2}的环境下工作一年后，会发现有两侧性白内障。在高漏电磁场环境下工作的工人，眼睛水晶体比正常人要早老化5年。眼睛生成白内障的主要原因是，眼睛的水晶体内为导电液体，容易吸收能量转化为热量，但眼睛不像皮肤那样对热量很敏感，很难感知升温已达到危险程度而主动避开。发热较高会使眼睛水晶体内的蛋白质凝固，影响水晶体的透明度。

美国陆军医学研究所做的强微波照射试验表明：当微波能量密度达到0.5W/cm^{2}时，会造成人体皮肤轻度烧伤；达到20W/cm^2，只需要照射2s，即可造成人体皮肤III度烧伤；达到80W/cm^{2}时，仅1s就能使人丧命。

2）生物效应

微波能量除了能产生使生物体组织发热、烧伤乃至死亡的热效应外，在低能量级时也会产生对生物体造成危害的生物效应。

并不是说低能量级的微波本身不引起组织发热，而是因为它产生的温度不高，马上被周围组织传导散开，或得到生物体固有机能的自动调节。即便如此，低能微波对人的健康也有危害，它能引起神经衰弱和心血管系统机能紊乱。即使极低频的电磁场，也能在生物体表面引起电荷和感应电热，刺激肌肉神经。

实验发现，高频电磁场对肌肉神经兴奋性能有影响，即使是使用较弱的微波进行照射，也会使神经的输入阻抗减小。有人把青蛙放在弱的短波电磁场中，发现青蛙的心动变缓而最终停止，当去掉电磁波后它又恢复跳动。实验表明，在相对较低强度的微波中能诱发耳蜗下丘脑的电活动,脑电图出现异常,这被认为是微波作用于生物体的体表感受器,使脑干网状结构的上行系统兴奋,最后作用于大脑皮层。微波对生物体的生物效应,往往能被正常的生物生理机能所调节,不易明显地表现出来,主要会体现在使人头痛烦躁、神经错乱、记忆减退等方面。

苏联曾用功率密度为 $3\sim13mW/cm^2$ 的微波照射猴子,结果猴子的好动性减退,减退程度正比于微波强度和照射时间。如果这种效应出现在炮手、飞行员或其他武器装备操作人员身上,由于生理功能紊乱,将会丧失或降低正常的作战能力。

7.4　典型物理型非致命毁伤效应

7.4.1　声光武器

声光武器主要是利用高强光、高强度声响使人员产生暂时的失明、眩晕、耳聋、错乱、惊恐等现象,从而丧失活动能力和反抗能力,借以达到控制目标的目的。这类武器包括声光手榴弹、声光榴弹、强光电筒、强光眩目器等。

1. 声光手榴弹[24]

声光手榴弹主要是利用其爆炸瞬间产生的强烈闪光、噪声、冲击波超压,使人员暂时失明、失聪、失去战斗力,同时避免形成大量破片,造成人员的死亡和永久性伤害。图 7.4.1 是给出了一种闪光手榴弹的基本结构,主要由翻板机针机构、弹体、闪光剂三大部分组成。采用延时引信,延迟时间为 2.5s,确保投中目标后爆炸;采用非金属壳体,减小破片毁伤效应。

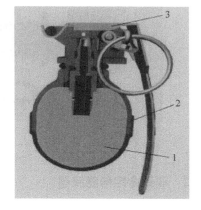

图 7.4.1　一种闪光手榴弹的结构
（来自网络）
1. 闪光剂；2. 弹体；3. 翻板击针机构

2. 次声武器

次声波的频率低（$0.001\sim20Hz$ 之间）、波长长,传播过程中不易被介质吸收,具有很强的穿透力,在军事领域利用人体内脏器官共振频率在次声频率范围内的特点来制造次声武器。

次声武器按效应分类:主要分神经型和器官型两类。神经型次声武器主要影响中枢神经系统功能,使人员丧失战斗力,神经型次声武器的频率为 $8\sim12Hz$,与

人类大脑的 α 节律接近,产生共振时能强烈刺激大脑,使人神经错乱产生癫狂;内脏器官型次声武器的频率与人体内脏器官固有频率接近,为 4~8Hz,使人脏器产生强烈共振,破坏人的平衡感和方向感,产生恶心、呕吐及强烈不适感,损伤人体内脏器官,如果声强过高,甚至可引起死亡。

目前研究的次声武器主要有次声弹和次声枪,均由次声发射器、动力装置和控制系统组成。研究工作的难点主要由高声强次声发射器的设计、装置的小型化以及定向聚束传播等问题,真正用于实战的次声武器还不多见。

3. 强光手电[25]

强光手电是一种利用强光暂时致盲武器,用闪光灯闪光后通过光学聚光器形成一束很强的光束。光束照射眼睛可以暂时致盲,并伴随有头脑眩晕、丧失活动能力。一段时间后,眼睛可以恢复视力。图 7.4.2 为一种警用强光炫目器,集强光照明和强光炫目为一体,采用高亮度 LED 作为光源的大功率眩目灯,有频闪功能,发出的强光照射会使被照射人员极度眩目,无法看清周围一定范围内的情况,具有发现目标迅速、强光压制、心理威慑等多重功能,非常适用于夜间搜索和处置特殊情况的需要。该武器具有强光、工作光、爆闪三档光,可作照明或远距离信号指示,强光时光通量 450Lm,弱光时 200Lm。

图 7.4.2　一种警用强光炫目器

7.4.2　非致命定向能武器

激光武器和微波武器等典型定向能武器在非致命武器方面也有广泛应用,其中非致命激光束武器是以一种高度定向、高亮度的激光束为毁伤元素,直接攻击人的眼睛或武器系统的光学传感器,主要干扰或破坏人眼的视觉,使之致盲、致眩而失去作战能力。美国研制了代号名为"眩目器"、"高级光学干扰吊舱"和 AN/PLQ-5 等多种激光束非致命武器。其中,"眩目器"是美国联合信号公司研制的一种便携式手持激光致眩武器,其作战效果是造成士兵的眼睛闪光盲,闪光盲持续时间约为 10～60s。AN/PLQ-5 是美国洛克希德？桑德斯公司研制的激光对抗装置，总重量 15kg，作用距离 2km，主要作用是攻击武器系统的光电传感器，使之损伤或饱和失效，"海湾战争"中曾将改进型 AN/PLQ-5 布置到战场上。

近年来，为了适应不同作战任务的需要，单兵激光眩目武器也在不断推陈出新，包括我国的 WJG-2002 型激光枪、BBQ-905 型激光眩目武器、PY132A 型激光武器、A1201 型激光眩目枪等，这些被冠以"激光枪"称号的武器主要用途是在短距离内使敌人失明，或是干扰、损伤敌方武器的激光、夜视设备等。图 7.4.3[26] 是我国研制的 WJG-2002 型便携式激光眩目枪，该枪是一种新型非致命激光武器，主要供警察执行反恐和防暴任务，可以使 400m 范围内的有生目标快速产生暂时性的视觉障碍，在 50m 内可使人炫目、眩晕、暂时失明，从而失去抵抗能力，而视力过一段时间后还可以恢复正常，不会造成永久性损伤。另外，这种枪操作方便，只要照射到目标就可以产生炫目效果。

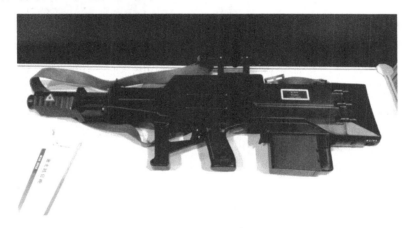

图 7.4.3 一种便携式激光眩目枪

图 7.4.4 是一种反人员的非致命高功率微波武器"主动拒止系统"。该武器能定向发射出一种高能毫米波，人员被射中后将产生剧烈灼痛感，但不会受伤。这种武器可以替代传统致命武器阻止对方靠近，因而能够有效避免人员伤亡，保护无辜平民，降低附带毁伤。"主动拒止系统"发射的毫米波频率为 95GHz，利用一根天线将高能波束发射到指定地点。这种毫米波只能进入到人体表层 0.4mm 的地方（痛感神经的深度），能在瞬间给人带来无法忍受的烧灼感。当目标离开毫米波传播路线或者操作者关掉系统时，这种烧灼感便会消失。表 7.4.1 给出了美军某"主动拒止系统"的主要性能参数。

图 7.4.4　美军车载"主动拒止系统"

表 7.4.1　美军某主动拒止系统主要性能指标

技术性能	指标
频率	95GHz
波长	3mm
波束的能量最大值	约 8W/cm²
疼痛极限（2~8W/cm²）时间	1.8~0.3s
疼痛到手上（2~8W/cm²）极限时间	5.3~0.7s
达到严重受伤（2~8W/cm²）极限时间	8~1.5s
射程（束宽和强度一定）	晴朗天气：0.5~1km 暴雨或者浓雾天气：小于或等于100m
天线尺寸	2m（宽），面积 37m²

7.4.3　电击武器

电击武器是通过释放高电压、低电流脉冲使人体失能的一种武器，可造成肌肉发生不能控制的收缩。电机武器的输出功率很低，远低于人体发生致命伤害的水平，因此被认为是一种比较安全的非致命性武器。电击武器主要可分为两种：电致肌肉收缩武器和电致晕武器。

1. 电致肌肉收缩武器

电致肌肉收缩武器指用较高功率的电击,不仅使被打击目标眩晕,还能引起肌肉不能自主控制的收缩反应。这种武器一般要求电击功率在 14W 以上,它不仅干扰大脑和肌肉之间的联系,而且直接引起肌肉收缩,直到目标倒地。

电击警棍即是一种常见的电击武器,还有电击枪发射子弹以及电击手套等。其中电弹是一种带电的子弹,射入歹徒身上可以挂住,并在较长一段时间内引起疼痛,但无生命危险。美国泰瑟国际公司生产的泰瑟枪就是一种比较典型的电击枪,其气动型可发射两枚高压电导线镖箭,接触到目标后释放高达 50kV 的电压,可穿透 5cm 厚的衣服,直接作用于人体,使目标全身痉挛,失去知觉,直至完全丧失行为能力。图 7.4.5[27] 所示是被美国警察部队、特种部队大量使用的 M26 型泰瑟枪,功率为 26W。

图 7.4.5　泰瑟电击休克手枪

2. 电致晕武器

电致晕武器一般使用 7~14W 的电能来干扰被打击目标的感官神经系统中的通信信号,用电干扰来压制神经系统,产生电致晕效应。由于电能的过分刺激使头脑发生眩晕,被打击者一般将失去对自己身体的控制,从而失去反抗能力。

美国 MDM 集团公司目前正在研制电击震晕弹(ShockRounds),如图 7.4.6 所示[28],该震晕弹的作用方式与震晕枪和“泰瑟枪”技术相似,撞击目标时产生电击效应,可产生极高的电压,破坏目标的神经系统,从而使目标瞬间失能。震晕弹和“泰瑟枪”的不同之处在于,它利用压电效应放电,通过经改造的金属或橡胶子弹动态产生电荷,无需使用电容或电池。与"泰瑟枪"一样,震晕弹产生破坏性效应是暂时性的,只是通过电击使目标瞬间失能。与目前可利用的非致命和低杀伤性武器及弹药相比,震晕弹被定位为具有更广应用空间的通用性产品。震晕弹能够使远达100m的目标失能,而常规的橡皮子弹的最大有效作用距离约40m。另外,震晕弹橡胶子弹能够从现有的制式武器发射使用,并不限于近距离使用。震晕弹子弹利用"压电效应"产生高达50kV的高压电荷,其有用电荷产生的能量为达到175J。

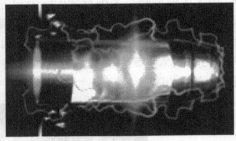

图 7.4.6　电击震晕弹及其作用示意图

7.4.4　动能防暴武器

动能防暴武器主要通过发射橡皮弹、塑料弹和木质弹等用来制服或驱散目标,同时不至于对目标造成致命性的伤害。

1. 防暴枪

防暴枪是一种特殊的单兵武器,主要用于对付近距离目标,制服暴徒或驱散骚乱人群。警用防暴枪由于能发射霰弹、催泪弹、致昏弹等低杀伤性弹药,一直是世界各国警察、治安和执法部门使用的主要防暴装备。图7.4.7[29]是一种18.4mm口径的防暴枪及18.4mm动能霰弹。该防暴枪可配用催泪弹、染色弹、防暴动能霰弹、催泪枪榴弹及杀伤霰弹,主要用于在50m远处制服隐蔽在建筑物内的人员,驱散35～100m距离内的人群。

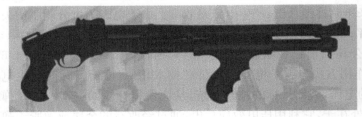

图 7.4.7　一种18.4mm口径防暴枪及动能霰弹

2. 防暴发射器

防暴发射器可以发射不同类型防暴弹,如环翼形软质橡皮弹、硬质单粒或可分多粒的橡皮弹、塑料弹、木质弹以及各种化学催泪弹、无毒烟雾弹和染色弹等。其中,环翼形软质橡皮弹,靠弹体旋转对人体擦伤、震荡引起疼痛,对人体皮下组织无破坏作用,几天内可以自愈。塑料弹、木质弹以及硬橡皮弹可打致残。但是这些防爆弹不可直接向人面部射击,否则会引起永久性的伤残或者太近射击可能造成致命伤害。为此,目前国际上还发展了可调发射压力的防暴发射器,可以针对不同距离的目标发射不同弹速的子弹,以控制杀伤威力。图 7.4.8[30] 为一种警用 38mm转轮防暴发射器,该发射器为单管大口径手持式滑膛武器,6 发转轮弹巢供弹,采用唧筒式工作方式,发射 38mm 系列防暴弹,包括动能弹、催泪弹、发烟弹、染色弹、爆震弹等,有效射程大于 110m。该发射器由发射管组件、发射机组件、转轮部件、肩托、前握把、瞄具等组成,其击发机构为联动式,并设有击针保险机构和闭锁保险机构。整个发射器质量仅 3.4kg,在国内外同类产品中最轻,不含可拆卸式肩托时全长仅 535mm,特别适合在狭窄空间如车船等交通工具内使用。

图 7.4.8　一种 38mm 口径的转轮防暴发射器

3. 高压水枪和水炮

高压水枪和水炮是体积较大的非致命性武器,通过装载大量水,靠高压水泵喷出高压水流,可以是连续喷射也可以间接喷射,或者用泡沫聚乙烯作弹托与水球一起制成水弹,最终击倒人体。水枪和水炮还可以射出染料和催泪液体,起到驱散骚乱人群,但不会引起伤残。图 7.4.9 为一种警用车载脉冲防暴水炮,它主要由炮身、供气系统、供液系统、反后座装置、随动系统、监视瞄准系统、控制系统、载炮车辆及附属设备组成[31]。其工作原理是:以高压压缩空气作为动力源,气压控制室的额定压力为 30MPa,容积 20 升,出口处有减压阀,可输出 2.5MPa 压缩空气进入气控室,当其中的压力达到 2.5MPa 后充气停止;储水箱中的水在水泵的作用下,连续向炮膛内补充,同时加入刺激剂,充满后即可发射。按压发射按钮,控制阀在电磁阀的作用下快速开启,气控室内的压缩空气快速喷出,推动空气与水分子摩擦碰撞并经炮口产生雾化,形成水与刺激剂的雾化流,完成一次发射。此时打开进水阀,可自动进行补水补气,准备下一次发射。

图 7.4.9　一种警用车载脉冲防暴水炮

7.4.5　障碍、缠绕型武器

障碍、缠绕型武器主要是通过布设钉刺、钉带、蒺藜、障碍等来限制车辆的移动,通过发射缠绕人员或船只推进系统的网来限制目标的活动等。这种类型的武器种类和形式比较多,很多在日常生活或影片中都可以见到,在此不过多阐述。

1. 网枪

网枪又称为防暴网枪、捕捉网、射网器、捕网器、抓捕网等,是一种用于缠绕人员、限制其活动的非致命性武器,按动力提供方式可分为压缩空气动力与火药动力两种,按照可连续发射性来分,分为单发和多发,也有称单头和多头。网枪具有体积小、重量轻、携带方便、易操作、可反复使用、连续发射时间短等特点。网枪根据具体情况可以有多种应用,如除警用外还可以作为野外防身、抓捕猛兽等工具使用。

图 7.4.10[32,33]为一种防暴网枪及作用效果示意图,使用时将产品对准歹徒,扣动板机,击发弹点击后,形成巨大的推动力,将产品前置的捕捉网发射出去,在10 米的范围内将歹徒罩住,使歹徒无法奔跑,且越动网罩越紧,成功率高达 98% 以上。捕捉网为高强度尼龙丝编织而成,具有重量轻、韧性强、不易损坏等特点,能牢牢地罩住歹徒。

图 7.4.10　一种防暴网枪及其作用

2. 汽车逮捕器

据报道,美国开发了一种便携式汽车"逮捕器",它是一种非常坚硬、弹性很强的网,可在瞬间封锁一条道路,让一辆重达 3t、以约 70km/h 速度行驶的小型载货车停下来,从而轻而易举地控制车内人员。

7.5　典型化学型非致命毁伤效应

非致命性化学武器的作用原理是利用一些化学物质的独特性能使敌方人员暂时丧失战斗能力,或者使敌方武器装备、基础设施遭受破坏,不能正常工作。化学型非致命性武器种类很多,下面仅就典型种类进行介绍。

7.5.1　人体失能性武器

1. 催泪弹

催泪弹又称催泪瓦斯,最常见的成分主要有苯氯乙酮(CN)、邻氯苯亚甲基丙二腈(CS)、辣椒素(OC)、胡椒素等几类,其中 CS 是目前使用最为广泛的成分。催泪弹被世界各国警察使用,广泛用于暴乱场合驱散示威聚集者,主要使用形式有手榴弹或发射器发射[34]。催泪气体浓度较低时,可使眼睛受刺激、不断流泪、难以张开,也可引起呕吐等副作用。当被攻击者离开催泪瓦斯攻击区,到通风良好的地方后,症状很快就会消失。图 7.5.1[35] 为一种典型的燃烧型催泪弹,主要由发火机构、保险装置、弹体和主装药 4 部分组成。催泪弹作用时主装药中的氧化剂与可燃剂发生化学反应,反应产生的大量热量和气体将刺激剂升华、蒸发,从发烟孔中喷出刺激性气溶胶,从而作用于有生目标。该燃烧型催泪弹既可手投,也可用步枪发射。该燃烧型催泪弹以 CS 作为刺激剂,全弹质量 0.17kg,弹径 37mm,发烟时间

20s,有效作用空间室外时 500m³,室内时 2000m³。

图 7.5.1　一种燃烧型催泪弹

2. 致幻与失能剂

作为一类典型的化学失能剂类似于古人所说的"蒙汗药",可使人员产生躯体功能障碍,听觉、视觉障碍,精神紊乱,麻痹瘫痪,昏迷或呕吐等症状,从而降低或暂时丧失战斗力。这类化学失能剂也可通过通风口进入建筑物、车辆和飞机内部作用于里面的人员。这类化学失能剂一般分两种:

① 精神失能剂,主要引起精神活动紊乱、出现幻觉,如毕兹(BZ);

② 躯体失能剂,主要引起运动功能障碍、瘫痪,视听觉失调等,如四氢大麻酚。

3. 麻醉武器

麻醉武器是将含有麻醉药的针管或麻醉弹,利用发射注射枪或气动注射枪等方式射入人体肌肉,或对群体目标依靠气体喷射,使其暂时麻醉,失去反抗能力的武器。常用麻醉剂有氯胺酮、甲苯错噻唑等。麻醉期间,人的呼吸和心跳都正常,过后基本不产生副作用。麻醉武器是一种对恐怖分子实施有效打击的化学非致命武器,2002 年 10 月 23 日,在处置车臣非法武装分子莫斯科市劫持人质事件中,为了保护人质的安全和打击恐怖主义的嚣张气焰,俄罗斯特种部队先向建筑物内释放了麻醉性气体芬太尼(fentany),使恐怖分子丧失了战斗力,而且避免了出现混乱局面和误伤情况。可以说,使用这种麻醉剂类非致命武器,对此次反恐怖行动的成功起到了非常关键甚至是决定性的作用。

4. 臭味弹

臭味弹与催泪弹类似,在平息暴乱、骚乱,制止群体械斗,反劫持和反袭击等突发事件中有广泛的应用。它是一种作用于人体嗅觉器官的新型非致命性武器,其作用原理是通过施放令人极度厌恶、无法抗拒的恶臭气味,利用人们对恶臭气味的畏惧心理,使其陷入嗅觉恐慌,丧失抵抗意志,从而达到制服犯罪分子、驱散骚乱人群的目的。美国在研制臭味弹时还设想,在造成生理反应的同时产生心理反应。例如研制出模仿化学毒剂的味道,可使人恐慌;研制出模仿危险气体的气味,如乙炔的气味,会令人担心发生爆炸燃烧。

7.5.2　毁坏目标材质武器

毁坏目标材质武器主要是通过使材料发生化学反应,而破坏或降低材料的性能,达到使敌方武器装备或基础设施不能正常工作的目的,比较典型的有超级腐蚀剂和材料脆化剂。

1. 超强腐蚀剂

超强腐蚀剂指的是强酸或强碱类化合物,如盐酸和硝酸的混合物,这些腐蚀剂的腐蚀能力极强,甚至能溶解大多数稀有金属,也可破坏某些有机材料。这种腐蚀剂主要包括两类:一类是可破坏敌方铁路、桥梁、飞机、坦克等重武器装备,还可破坏沥青路面、掩体顶部和相关光学系统的腐蚀剂;另一类是专门腐蚀、溶化轮胎的腐蚀剂,可使汽车、飞机的轮胎迅速溶化报废。超强腐蚀剂可制成液体、粉末、凝胶或雾状,也可采取两种酸分离运输,在使用时混合的方式,以保证安全。超强腐蚀剂可由飞机投放、也可用炮弹或由士兵施放到地面。

2. 材料脆化剂

材料脆化剂是一些能引起金属材料、高分子材料、光学材料等迅速解体的特殊化学物质。它的作用原理是:金属材料吸收这种脆化剂,可形成类似汞齐的金属,致使其强度大大减弱。可对敌方飞机、坦克车辆、舰艇及铁轨、桥梁等基础设施的结构造成严重损伤而使其瘫痪。材料脆化剂可用涂刷、喷洒或泼溅等方式施用。

7.5.3　发动机失能武器

1. 燃油燃烧蚀变剂

燃油燃烧蚀变剂是一种可使发动机熄火的雾状物质,可由人工投放或空撒。当以云雾状大面积播撒在直升飞机航线上时,能使直升机因引擎失灵而坠毁;若播撒在海港上,能使舰船内燃机停止工作;如果播撒在地面上,可使经过的装甲车辆或汽车立即瘫痪。

燃油燃烧蚀变剂作用的基本原理是借助化学添加剂来改变燃料的特性,致使发动机堵塞熄火。柴油机中柴油的燃烧是一种热自燃现象,其燃烧反应原理是一种高温下的气相氧化链锁反应。气相氧化链锁反应所产生的游离基团是维持燃烧链锁反应的活性基团,与燃料分子作用不断生成新的活性基团和氧化物,同时放出大量的热,以使链锁反应继续进行。若燃油气缸中吸入了能终止其气相氧化链锁反应的负催化剂、高积碳高分子微粒,就会泯灭火焰中的活性基团,使其数量急剧减少,中断或改变燃烧的链锁反应进程,破坏发动机的正常燃烧,致使发动机停转。

2. 爆燃剂

爆燃剂是一种以水和粉状碳化钙为主要装填物的化学战剂。当水和粉末碳化钙接触反应后会产生可燃性气体——乙炔,这种气体与空气混合后遇到火花即可爆炸,环境温度越高,爆炸越猛烈。根据这个原理设计的爆燃弹,弹体有两个单元,一个用于装水,另一个用于装粉末状碳化钙。弹体爆炸后,产生的乙炔气体与空气接触,形成的混合物易被发动机吸入缸内,产生大规模爆炸,摧毁发动机。

3. 燃料改性剂

燃料改性剂可污染燃料或改变燃料的黏滞性,一种是微生物油料凝合剂,可使油料变质凝结成胶状物,主要用以破坏敌方的油库等;一种是阻燃剂,可使发动机熄火。燃料改性剂可由空中投放到机场、战场、港口等上空,若通过进气口进入发动机,发动机将立即停止工作,致使飞机坠毁、车辆不能开动。

7.5.4　限制目标机动武器

该类非致命武器主要是利用一些材料的独特性质来破坏或限制敌方武器装备和人员的战斗力。

1. 超强黏结剂

超强黏结剂是一种以聚合物为基础的黏结剂,如化学固化剂和纠缠剂等,直接作用于武器、装备、车辆或设施,使其改变或失去效能。作战时可用飞机播撒,或用炮弹、炸弹投射等方式,将其直接置于道路、飞机跑道、武器装备、车辆或设施上,黏住车辆和装备使之寸步难行。超强黏结剂也可在空中飘浮,用于堵塞内燃机、喷气式发动机的进口,使气缸停止运动。若附着于光学仪器的窗口上,将干扰观察、瞄准系统。超强黏结剂可使用改性丙烯酸系列聚合物、改性环氧树脂类聚合物、聚氨基甲酸乙酯聚合物等制作。

2. 黏性泡沫剂

黏性泡沫剂是最早得到实战应用的非致命性武器之一,美国在索马里维和行动中使用了一种"太妃糖枪",可以将人员包裹起来并使其失去抵抗能力,其弹药就是黏性泡沫剂。黏性泡沫剂可通过单兵手持和肩扛武器平台进行发射,用于封锁建筑物出口或其他特定区域。用漂浮黏性泡沫剂制成的泡沫弹,发射到装甲车辆附近,可形成大量泡沫云雾,当装甲车辆的发动机吸入泡沫后,便立即熄火,失去机动能力。这类黏性泡沫剂组成主要有单组分系统和双组分系统。在单组分系统中,聚合物组分和发泡挥发组分在一定的压力下混合、发泡、释放。在双组分系统中,两种组分被隔开,当泡沫弹爆炸时两种组分接触,聚合反应和发泡过程同时发生。在泡沫材料中加入鳞状金属粉末、石墨粉等材料,还能干扰通信、电磁辐射和红外探测等环境。

3. 超级润滑剂

超级润滑剂是利用反摩擦技术,达到限制人员行动和使运输装备瘫痪的目的。超级润滑剂采用一种类似聚四氟乙烯及其衍生物的物质,这种物质不仅几乎没有摩擦系数而且极难清除。可通过飞机、导弹、炮弹、炸弹等载体施放到飞机跑道、公路、铁路、坡道、楼梯和人行道上,使其表面异常光滑,造成飞机不能起飞、列车无法行使、汽车无法开动及人员行动困难,还可以将其雾化到空气里,当坦克、飞机等发动机吸入后,功率骤然下降,甚至熄火,可有效滞缓敌方行动。

参 考 文 献

[1] Stratbucker R A, Marsh M G. The relative evimunity of the skin and cardiovascular system to the direct effects of high voltage-high frequency component electrical pulses[C]//Engineering in Medicine and Biology Society, 1993. Proceedings of the, International Conference of the IEEE. IEEE, 1993:1445-1446.

[2] Hust G R. Taking down telecommunications[R]. Air Univ Maxwell Afb Al, 1994.

[3] Barrie D. Close call[J]. Aviation Week and Space Technology(New York), 2003, 158(26): 49-50.

[4] 毕世冠. 战斧导弹在海湾战争中使用的四种战斗部[J]. 飞航导弹, 1992, 6:1-5.

[5] 吴懿鸣. 巴尔干的"黑弹"——CBU-94 和 BLU-114/B[J]. 兵器知识, 1999, 7:8.

[6] 阮雄. 南联盟:有一个美军武器试验场[J]. 兵器知识, 1999, 7:12-15.

[7] 李杰, 宁海远, 彦敏. 未来战场上的"撒手锏"——新式武器的研制与发展[M]. 湖南:国防科技大学出版社, 2001.

[8] 丹羽信昭(日). 电力系统[M]. 北京:科学出版社, 2001.

[9] 王锡凡. 电力工程基础[M]. 西安:西安交通大学出版社, 1998.

[10] 大久保仁. 电力系统工程学[M]. 北京:科学出版社. 日本:OHM社,2001.

[11] 韩祯祥. 电力系统分析[M]. 杭州:浙江大学出版社,1993.

[12] 李光琦. 电力系统暂态分析[M]. 北京:水利电力出版社,1985.

[13] 陈珩. 电力系统稳态分析[M]. 北京:水利电力出版社,1985.

[14] 许正亚. 电力系统故障分析[M]. 北京:科学出版社,1997.

[15] 中国电力企业联合会标准转化部编. 电力工业标准汇编:电气卷(第八分册):电力线路和电力金具[M]. 北京:中国电力出版社,1996.

[16] 王维俭. 电力系统继电保护原理[M]. 北京:清华大学出版社,1991.

[17] 郭华. 航空碳纤维弹毁伤效应研究[D]. 北京:北京理工大学,2004.

[18] 刘桐林,倪永华,刘憬. 高技术战争中的撒手锏—巡航导弹[M]. 北京:解放军文艺出版社,2002.

[19] 顾乐观,孙才新. 电力系统的污秽绝缘(第一版)[M]. 重庆:重庆大学出版社,1990.

[20] 张之暐,王树山,魏继锋,等. 绝缘子闪络毁伤特性实验研究[J]. 北京理工大学学报,2010,30(4):387-389.

[21] 张之暐. 高压绝缘子闪络毁伤技术研究[D]. 北京理工大学,2010.

[22] 蒋海燕. 导电液溶胶战斗部毁伤效应研究[D]. 北京理工大学,2014.

[23] 卢芳云,蒋邦海,李翔宇等. 武器战斗部投射与毁伤[M]. 北京:科学出版社,2013.

[24] http://mil. new. sina. com. cn/pc/2003-10-07/29/514. html.

[25] cpooo 产品网. 2017. 眩目器,强光炫目器手电灯,照明一体式强光眩目器. http://www. cpooo. com/ products/7236638. html. 2017-01-01.

[26] http://bbs. tiesue. net/post_10445822_1. html.

[27] 百家号. 2018. 警察们常用的电击枪——泰瑟枪. https://baijiahao. baidu. com/s? id= 1591643199597 415358&wfr=spider&for=pc. 2016-02-06.

[28] 张伟,新概念武器[M]. 北京:航空工业出版社,2008.

[29] 轻武器小讲堂. 2017.【枪】详解国产 97 式 18. 4 毫米防暴枪、霰弹枪. 轻武器小讲堂. ht-tp://www. sohu. com/a/192374392_613193. 2017-09-16.

[30] 轻武器小讲堂. 2017.【枪】国产警用 38mm 转轮防暴发射器. http://www. sohu. com/a/190600261_ 613193. 2017-09-08.

[31] 百度百科. 车载式防暴水炮. https://baike. baidu. com/item/车载式防暴水炮/1703430.

[32] 新浪博客. 2015. 高科技警用抓捕器-防暴网枪. http://blog. sina. com. cn/s/blog _ 132f3c87d0102vuk1. html. 2015-05-08.

[33] 荆楚网. 2013. 武铁警方开展反劫持演练 闪光弹网枪制敌. http://photo. cnhubei. com/ 2013/0801/ 77585_7. shtml. 2013-08-03.

[34] 百度百科. 催泪弹. https://baike. baidu. com/item/催泪弹/3786338? fr=aladdin.

[35] 《新概念武器》编委会. 新概念武器[M]. 北京:航空工业出版社,2009.

[36] 李传胪. 新概念武器[M]. 北京:国防工业出版社,2001.

[37] 高修柱,李景云,姚庭宏. 一类新的毁伤技术——非致命性毁伤技术[J]. 兵工学报,1995,16(4):71-74.

[38] 孟范江.电磁脉冲武器发展和应用[J].光机电信息,2010,27(9):81-84.

[39] 蒋琪,葛悦涛,张冬青.高功率微波导弹武器发展情况分析[J].战术导弹技术,2013,6:42-47.

[40] 庞维强,樊学忠.非致命武器在反恐中的应用进展及发展趋势[J].国防技术基础,2009,3:46-50.

[41] 李绍义.非致命武器发展趋势及对警用装备的启示[J].武警工程学院学报,2004,20(2):47-50.

[42] 黄吉金,黄珊,胡剑.未来战场的革命性非致命武器——主动拒止系统浅析[J].微波学报,2010,8:716-720.

[43] 赵吉祥.化学型非致命性武器初探[J].科学之友,2008,12:81-82.

第8章 武器/弹药终点毁伤效能评估

武器系统/弹药终点或终端效能也称为战斗部毁伤效能,是指武器/弹药系统将其有效载荷——战斗部按预定的命中精度投送到目标附近,并在引信正常启动和战斗部正常作用条件下,战斗部毁伤目标的功效或能力[1]。终点(战斗部)毁伤效能直接体现武器/弹药系统执行摧毁目标这一核心使命和任务的能力,反映的是战斗部固有能力与武器/弹药系统相结合的实际发挥效果。终点(战斗部)毁伤效能评估是武器/弹药系统效能和作战效能评估的重要组成部分和核心内容之一,目的在于给出武器/弹药系统作战能力在一定约束条件下的量化描述与评定,并获得弹道特性、命中精度、引信启动规律以及战斗部性能等的影响规律。终点(战斗部)毁伤效能评估属于兵器科学与技术领域,业已成为终点效应学的重要研究内容和发展方向,广泛应用于武器装备体系规划、战术技术指标论证、研发与设计、维护与保障、对抗与运用等全寿命周期的各个环节。本章从兵器科学与技术学科和终点效应学的角度,简要介绍终点(战斗部)毁伤效能评估的基本概念、原理和方法。

8.1 基 本 概 念

8.1.1 武器系统效能

1. 武器与武器系统

武器(weapon),也称为兵器,泛指用于军事作战与对抗,具有攻击、威慑或防御功能的各种工具。一般情况下,武器通常指用于杀伤有生力量、毁坏装备和设施的各种器械和装置,如枪、炮、弹药等。武器既可以独立存在和使用,也可以搭载于舰艇、飞机和装甲车辆等武器平台上使用。

第二次世界大战以后,武器装备发展与运用研究中出现了武器系统(weapon system)的概念,标志着武器装备发展进入了新阶段。现代武器是建立在信息化和机械化基础上的复杂系统,早已不是由单一的火力系统所构成,通常包含侦察与探测、定位与跟踪、运载与发射、导航与控制、命中与毁伤以及毁伤效果评估等各个子系统,其综合性、体系化日益增强,功能越来越强大。

广义的武器系统,是指武器、运载与发射平台、保障其正常使用和发挥功能的技术设备以及操作人员等所构成的整体[2]。狭义的武器系统是指用于完成作战流程和功能相关并联合使用的军事装备、装置和设备的总和,是具有特定作战功能的有机整体[2]。武器系统的主要功能和用途在于杀伤人员、毁伤各种固定或活动目标等,也用于执行发布信号、施放烟雾、侦察、干扰等其他多种作战任务。因此,为了适应纷繁多样的作战任务需求,武器系统也多种多样。

不同类型武器系统甚至同一类型的武器系统的组成不尽相同,但从执行作战任务流程和功能实现的角度看,现代武器系统一般分为:侦察系统、指挥控制系统、火力系统以及辅助配套系统等。其中,火力系统是武器系统的实际效用部分,直接用于对目标进行打击和实施毁伤。火力系统一般可由发射平台(火炮、枪械、发射架和发射井等)和弹药两大部分组成,其主要功能为:适时对预定地域、空域进行射击,由弹药(战斗部)完成毁伤目标或其他作战任务。

2. 武器系统效能

系统效能最基本的含义是达到系统目标的程度,或系统期望达到一组具体任务要求的程度[3]。对于武器系统效能,国内外目前并未形成统一的定义,但概念的内涵基本上是一致的。美国在军用标准 MIL-STD-721B《可靠性与维修性定义》中的定义为:武器系统预期能够达到一组规定任务所要求的程度的量度[4];苏联的定义为[5]:武器系统完成特定任务的能力程度的数量描述;按国家军用标准GJB1364—92《装备费用效能分析》的有关定义[6],可表述为:武器系统在规定的条件下完成规定任务的能力。

至于对"效能"概念的一般性理解,通常是指系统效能。由于美国效能概念比系统效能概念出现得更早的历史原因,导致二者在定义和内涵上略有差异。美国曾经用武器装备输出的某项性能或某项品质指标来度量其效能,例如:摧毁目标数量、运输总吨位数、功率、速度、作用距离、信息传输量、可靠性、可用性等,都曾单独用来度量武器装备的效能[7,8]。因此,在国家军用标准 GJB1364—92《装备费用效能分析》中,把"效能"定义为装备在规定条件下达到规定使用目标的能力。该定义的"目标"可以是装备的单项性能、单项品质指标,也可以是装备的总任务。也就是说,可以用装备的某个单项性能或单项品质指标表征其效能,称为"指标效能";也可以用装备完成总任务的综合性品质指标表征其效能,称为"系统效能"。由于人们现在普遍关心和研究的是武器系统完成其规定任务的综合性、品质性指标,即系统效能,因此如不加特殊说明,一般均指"系统效能"。

武器系统效能是武器系统研制和使用所追求的总目标,是规划、研制、装备和使用的基本依据,是由战技指标等所表征的武器系统性能的综合性体现。武器系统效能通过三个方面的性能,即可用性、可信性和固有能力所综合体现,用数学形式可以描述为

$$E = f(A, D, C) \tag{8.1.1}$$

其中，E 表示效能；A,D,C 分别表示可用性、可信性和固有能力。可用性 A 指随时投入作战的能力，反映投入作战前武器系统处于正常工作状态的程度，包含保障性、维修性和可靠性等方面的内容。可信性 D 指执行任务过程中武器系统处于正常工作状态的程度，主要指可靠性，特定条件下也可以包括维修性方面的内容。固有能力 C 指武器系统正常工作条件下完成给定作战任务的能力，包括发现目标能力、突防能力、生存能力、抗干扰能力以及完成毁伤等最终作战任务的能力。由于可用性、可信性和固有能力通常分别用概率表示，所以武器系统效能可以表示成

$$E = A \cdot D \cdot C \tag{8.1.2}$$

8.1.2　武器系统作战效能与射击效能

1. 武器系统作战效能

作战效能的概念表述有很多，国家军用标准 GJB1364—92《装备费用效能分析》定义为[6]：在预定或规定的作战使用环境以及所考虑的组织、战略、战术、生存能力和威胁等条件下，由代表性的人员使用该装备完成规定任务的能力。关于作战效能的概念，其他比较有代表性的定义，如在规定条件下，运用武器系统的作战兵力执行作战任务所能达到预期目标的程度。其中，执行作战任务应覆盖武器系统在实际作战中所能承担的各种主要作战任务，且涉及整个作战过程，因而也称为兵力效能。另外，对于一定战场条件下的火力突击，从作战角度各种类别武器如导弹、炮兵部队等，计及各种作战行动之效率时，也称为突击效能。在实际过程中，因战场环境的随机性和复杂性，特别是对于执行打击和摧毁目标任务的武器系统，则重点关注武器系统毁伤目标的效能，此时的作战效能也称为武器系统毁伤效能。

综上所述，作战效能的概念内涵比较宽泛，且涉及因素十分复杂。首先，它与武器系统所要担负的作战任务密切相关，并受到作战条件、时间的制约；其次，它主要体现武器系统完成预定作战任务的能力，与其系统组成、结构有直接关系；最后，它与系统组成的各个子系统的可靠性、可用性的状态有关，关系到系统能否完成预定的作战任务。

武器系统效能与作战效能有相通的地方，都是表征武器装备完成总任务的能力，二者分别从不同的角度来反映武器系统的效能，但两者在概念内涵和分析方法上存在一定差别。从宏观总体上看，系统效能强调的是武器装备在设计规定条件下，不考虑火力威胁和生存等战场因素情况下，完成规定任务的能力。而作战效能则是指在规定的作战战场环境（基本上仍限于设计所限定的作战使用条件），考虑火力威胁和生存等战场因素，武器装备完成规定任务的能力。因此，有关武器系统效能分析与评定的研究方法、研究程序以及基本模型等也基本适用于作战效能的分析与评定，只是作战效能的分析与评定时，固有能力 C 的分析与评定需要考虑

的因素更多、更复杂,往往需要采用仿真与模拟方法解决。武器系统效能和武器系统作战效能的区别,下面分别从概念内涵和分析方法两方面进行细致的对比分析。

1) 概念内涵的对比

武器系统效能(偏重自有功能属性):

(1) 与武器系统的组成、结构有关,反映整个武器系统在规定的任务范围内达到预期目标的能力;

(2) 与执行任务过程中系统各组成部分的状态有关,包括系统在给定条件下能否及时投入运行,各组成部分在运行过程中正常工作的概率,能否达到预期的任务目标等;

(3) 与执行任务的时间、范围等有关。

武器系统作战效能(强调动态变化):

(1) 与武器系统的组成、结构有关,指整个武器系统参与作战任务的能力;

(2) 与作战过程中系统各组成环节的状态有关,指武器系统能否满足作战要求,能否完成既定的作战任务,各环节在作战过程中的状态是否发生变化;

(3) 与作战的时间与任务、火力威胁和生存环境和目标对抗、干扰与隐身等有关。

2) 分析步骤与方法的对比

武器系统效能:

(1) 确定系统效能的度量指标和参数;

(2) 分析系统的可用性、可信性和固有能力;

(3) 综合分析与效能评估。

武器系统作战效能:

(1) 确定作战效能的构成;

(2) 拟制作战想定或作战方案;

(3) 确立作战效能度量指标;

(4) 进行作战效能仿真分析与评估。

由此可见,武器系统作战效能因考虑了作战环境和条件,多以模拟仿真研究为主,而武器系统效能多通过单项效能的综合分析获得。

2. 武器系统射击效能[9]

武器系统射击效能针对枪、炮、导弹和鱼雷等射击类武器而言,是该类武器系统作战效能的集中体现和核心组成部分。所谓射击,就是指通过身管武器发射弹丸以及制导武器运载战斗部对目标实施火力打击,以达到一定作战目的和完成作战任务的过程。因此,射击效能是指武器系统射击时所达成的毁伤目标的程度,或完成预定战斗任务的程度。射击效能集中反映了武器系统射击时完成作战任务和造成目标毁伤的能力,这里的目标毁伤可以是目标被彻底摧毁,也可以是目标的战术功能丧失或降低。

射击一般分为直接瞄准和间接瞄准射击,直接瞄准射击时,从发射阵地能够通视目标,用瞄准装置直接瞄准目标;间接瞄准射击时,不能直接通视目标,由指挥员位于观察所指挥,完成射击。

不同的武器其射击的方式会有很大的不同,而且射击任务的要求和描述也是不同的。例如,对于炮兵,其射击任务通常可分为如下几种:

(1) 压制射击:是给有生力量、火器、坦克、装甲车辆、炮兵分队等目标以部分损伤,使其暂时丧失战斗力,停止射击后,目标将在较短时间恢复战斗力;

(2) 歼灭射击:是严重损伤目标,使其大部分或全部丧失战斗力,停止射击后,目标不能在短时间内恢复战斗力,或不给补充(修理)就不能恢复战斗力;

(3) 破坏射击:是摧毁工事、工程设施或建筑物,使其不能使用;

(4) 妨碍射击:是指目的仅在于干扰(阻碍、迟滞)敌人行动,削弱敌人战斗力或封锁交通要道的射击。

武器系统射击造成目标的毁伤是指压制、歼灭、破坏和妨碍等的总称,因此射击效能也可以理解为武器系统的命中性能和毁伤性能的综合。

8.1.3　战斗部毁伤效能及其量度

1. 战斗部毁伤效能

战斗部毁伤效能简称战斗部效能,是指目标无对抗、系统无故障条件下,战斗部按预定的命中精度到达目标附近,在引信正常启动和战斗部正常作用条件下战斗部对目标的毁伤效能,因此也称为武器系统终点(或终端)效能。战斗部效能是武器系统效能、作战效能或射击效能的核心,反映战斗部固有能力与武器系统相结合的实际发挥效果。战斗部毁伤效能有别于战斗部威力,战斗部威力是战斗部一种固有的性能和能力,不需要考虑与武器系统的终点状态,如弹目交会、引信启动和炸点的随机散布等。战斗部毁伤效能评估的目的在于给出武器系统作战能力在一定约束条件下的量化描述,并获得末端弹道特性、命中精度、引信启动规律以及战斗部威力性能对武器系统作战效能的影响规律。

2. 战斗部毁伤效能的定量表征

系统效能可采用多种类型的度量指标进行量化表征,战斗部毁伤效能通常采用概率型指标,一般以单发毁伤概率作为量度。单发毁伤概率定义为武器系统(弹药)在无对抗和无故障工作条件下,单发弹药毁伤目标达到某种等级或程度事件发生的概率。战斗部毁伤效能另一个较为常用的量度指标是用弹量,定义为达到某种毁伤等级或程度并达到预定毁伤概率所需消耗弹药数量的数学期望,即平均所需发射的弹药数量。在目标要素已知和射击方式确定的情况下,用弹量与作战目的和任务紧密关联,因此用弹量是火力规划和弹药实战运用的核心依据之一。在已知单发毁伤概率的条件下,若每发弹药独立射击,不考虑弹药之间的毁伤累积和叠加,目标期望毁伤概率下的用弹量与单发毁伤概率的关系为

$$\bar{n} = \mathrm{Int}\left(\frac{\ln(1-p_d)}{\ln(1-p_1)}\right)+1 \tag{8.1.3}$$

式中,$\bar{n}$ 为用弹量;p_d 为期望毁伤概率;p_1 为单发毁伤概率。

　　"单发毁伤概率"和"期望毁伤概率的用弹量"是目前主流的战斗部毁伤效能定量表征指标,很适合于精确制导武器(弹药)对点目标射击的相关问题研究,然而对于火炮等压制武器和离散集群目标等,仍需在此基础上进行拓展。例如,对于目标离散分布的火炮阵地、集群车辆、集结部队等,单发毁伤概率已不适合,毁伤目标比例或数量不同则相同期望概率的用弹量差别非常大;对于实现目标全部毁伤并到达通常的期望毁伤概率则用弹量巨大,甚至难以想象。另外,对于登陆破障、开辟通路等作战的离散分布轨条砦目标、地雷场等,若不设定合理的清除目标比例或数量,将使战斗部毁伤效能评估无法进行。因此,对于压制武器弹药和离散集群目标来说,需要增加一个"毁伤目标数量或比例"的前提条件,即采用"毁伤一定目标数量或比例的期望毁伤概率的用弹量"作为相应的定量表征指标。

　　影响战斗部毁伤效能和单发毁伤概率的因素主要包括命中精度、引信启动规律、末端弹道特性、战斗部威力和目标易损性等,其中命中精度和引信启动规律共同决定战斗部的炸点分布规律,因此战斗部毁伤效能评估可以把上述因素综合起来进行考量,可展现相关因素和性能参数对单发毁伤概率的影响规律,并可实现以战斗部毁伤效能为目标函数进行武器系统(弹药)性能参数的优化匹配设计。

8.2　基 本 原 理

8.2.1　计算原理与理论基础

1. 简单效能计算方法

　　图 8.2.1 示意了一种飞盘投掷试验原理[10],代表了一种简单的毁伤效能统计试验与计算方法,其中飞盘的中间圆形区域,称为"杀伤面积",相当于本书第四章4.6 节定义的二维毁伤幅员。该"杀伤面积"是武器(弹药)、目标和毁伤律模型的函数,是把命中与毁伤结合起来考虑所得到的等效折算面积,即目标中心位于这一区域就意味着目标 100% 毁伤,这就把问题简化为命中问题。这一圆形区域的半

径和面积对应特定的武器(弹药)、目标和毁伤等级,图 8.2.1 中的飞盘代表的是:
武器为小牛飞弹(AGM65D)、目标为 T72 坦克以及毁伤级别为 K 级(不可修复)的
组合情况。

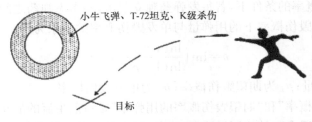

小牛飞弹、T-72坦克、K级杀伤

目标

图 8.2.1　简单效能飞碟试验原理与统计方法示意图

如图 8.2.1 所示,如果飞盘投掷后,代表目标的十字中心落在中间圆形区域
内,则认为目标被毁伤;否则,目标存活。投掷者位于目标一定距离处,瞄准目标,
扔出飞盘,重复这个过程 N(比如 100)次,记录目标十字中心落在圆盘中间区域或
被毁伤次数 N_k 以及总的投掷次数 N,则毁伤概率的计算公式为

$$p_k = \frac{N_k}{N} \tag{8.2.1}$$

式中,p_k 表示试验所给出的预测结果,即多次试验毁伤目标的可能性。p_k 不能给
出某次试验是否成功或失败,即目标是否被毁伤,只会给出成功(毁伤)的期望值。
p_k 的本质含义:一是多次试验成功的比例,二是单次试验成功的概率。

上面所做试验称为蒙特卡洛(Monte-Carlo)模拟,即模拟真实的物理攻击,然
后多次重复,从结果中获取数据。试验的次数越多,结果的精确度就越高,但试验
花费的时间也越长,因此,要在结果的精确性和计算需要的时间之间进行权衡。

这样的试验所获得的数据通常采用统计方法表示,如:平均成功次数,并可以
通过移动投掷者靠近(提高精度)或远离(减少精度)目标来模拟武器系统精度的变
化。同样,也可以通过使用更大孔的飞盘模拟武器杀伤力/目标易损性的增加,大
孔表示武器的战斗部更大、更有效。当然,上述只是简单地介绍了基于单发毁伤概
率指标的毁伤效能计算原理;在真正的应用中会因战斗部威力和目标易损性的复
杂性使计算过程更为复杂。

2. 全概率公式

对于综合考虑武器(弹药)的终点条件,情况将十分复杂,一般采用全概率公式
计算单发毁伤概率。在假设目标无对抗、系统无故障的条件下,根据全概率公式,
单发武器(弹药)对目标的毁伤概率即战斗部毁伤效能表示为

$$p_1 = \iiint G(x,y,z)\varphi(x,y,z)\mathrm{d}x\mathrm{d}y\mathrm{d}z \tag{8.2.2}$$

式中,$G(x,y,z)$为坐标杀伤规律,也称为条件杀伤概率;$\varphi(x,y,z)$为炸点分布密度函数。

如图 8.2.2 所示,坐标杀伤规律 $G(x,y,z)$ 由弹药配置的战斗部威力参数、目标易损性和战斗部爆炸时与目标的相对位置(炸点)所决定;炸点分布密度 $\varphi(x,y,z)$ 由命中规律和引信启动规律所决定,其中命中规律根据命中精度和末端弹道特性确定。针对具体战斗部毁伤效能的评估计算,$G(x,y,z)$ 和 $\varphi(x,y,z)$ 有不同的形式。

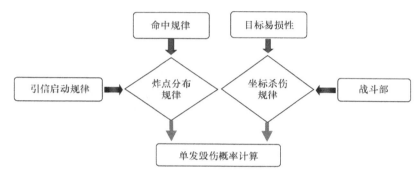

图 8.2.2　全概率公式计算单发毁伤概率原理

在采用式(8.2.2)计算单发毁伤概率和评估战斗部毁伤效能时,一般已做好了战斗部威力性能和目标易损性的相关准备工作,即坐标杀伤规律模型已经确立,因此问题就转移到炸点的分布规律模型的建立或随机炸点的求解。对于随机炸点的求解,首先假设末端弹道为直线;然后在各种不同坐标系下与末端弹道垂直的平面(立靶平面、制导平面、脱靶平面)或地面上,依据命中精度获得弹道落点的二维坐标,再通过坐标系转换,得到目标坐标系的随机弹道;接着根据引信启动规律在目标坐标系的随机弹道上获得炸点的第三维坐标。这样就可以依据命中规律和引信启动规律采用蒙特卡洛(Monte-Carlo)模拟方法进行仿真试验获得随机炸点,结合坐标杀伤规律模型就可以获得一次抽样的目标被毁伤或不被毁伤的结果,毁伤记为 1、不毁伤记为 0。当抽样次数足够多时,就可以通过数据统计得到单发杀伤概率,并获得满意的计算精度。

8.2.2　直接命中和间接命中

作为战斗部毁伤效能评估理论基础和基本原理的全概率公式,可直观理解为命中概率与条件杀伤概率的乘积,这里的命中既包括直接命中目标,也包括命中目标附近且命中符合精度要求,即间接命中。对于直接命中问题相对比较简单,对于间接命中问题则相对复杂些,这时需要考虑战斗部的威力场,通过威力场模型计算作用于目标上的毁伤元参数,再结合目标毁伤律得到条件杀伤概率。

1. 直接命中

针对打击目标的不同以及与武器(弹药)总体匹配的需要,战斗部有很多种类型。各种类型战斗部配置于武器(弹药)上,对目标的毁伤基本可分为两种情况,一种是只有当战斗部直接命中目标时才能毁伤目标,如穿甲弹等动能打击弹药毁伤装甲类目标,半穿甲战斗部、攻坚弹等毁伤地面坚固工事、大型建筑物以及地下深层目标等,聚能战斗部毁伤坦克等重型装甲目标等,都属于这类情况。该类战斗部毁伤目标需要直接命中,但命中并不等于目标一定被摧毁或达到预定的毁伤级别,这和战斗部威力、命中位置以及目标易损性有关,这时既需要考虑命中概率也需要考虑命中后的条件毁伤概率,即通过命中概率与单发命中的条件毁伤概率的乘积得出单发毁伤概率,并可以在此基础上得到达到预期毁伤概率所需要的命中弹药数。当然,若战斗部命中后其威力足以造成目标的可靠毁伤,即命中后的条件毁伤概率为1,那么目标的毁伤概率就取决于战斗部命中概率,即单发毁伤概率等于命中概率。

2. 间接命中

对于以破片杀伤、爆破毁伤类型为代表的面杀伤战斗部,即使战斗部没有直接命中目标,只要目标处于战斗部威力场内,也可能造成目标毁伤并对应一定的毁伤概率,如破片杀伤战斗部毁伤空中的飞机、导弹类目标以及地面的人员、技术兵器等目标。间接命中毁伤目标的概率与战斗部炸点坐标相对于目标的位置有关,也与战斗部威力场特性和目标毁伤律有关,这里需要针对具体的战斗部和目标建立坐标杀伤规律或条件毁伤概率模型。同时,依据末端弹道特性、命中精度和引信启动规律通过抽样或模拟方法获得随机炸点,通过炸点坐标与坐标杀伤规律或条件毁伤概率模型相结合,获得一次抽样或模拟射击的毁伤概率。

8.3 命中精度与随机弹道

8.3.1 命中精度模型

通过以上阐述,可知武器(弹药)的命中精度是战斗部毁伤效能的核心要素和重要影响因素之一。命中精度作为战斗部毁伤效能评估的输入,直接关系到随机炸点的确定问题。依据不同的武器(弹药)类型以及弹目交会状态,命中精度的表征方式也不尽相同,较为常用的有地面和立靶密集度(非制导弹药)以及圆概率偏差(CEP)和脱靶量(制导弹药)等。

1. 射击误差的形成

常规弹药通常按是否进行弹道控制而分为制导弹药和非制导弹药两大类。对于非制导弹药,其飞行弹道是一种理论上的预设,基于弹药自身和发射条件完全一致、飞行环境和气象条件相同且绝对稳定。对于弹药加工误差所导致的质量、质心和转动惯量的不一致、发射条件的随机差别以及飞行环境和气象条件的变化和随机扰动等,必然导致实际弹道偏离理论弹道,从而形成射击误差。对于制导弹药,需要根据制导模式不间断地测量各个控制项目的参数,并实时解算出弹道修正量,由制导系统发出修正和补偿指令,使控制执行系统工作,操纵弹药的运动。由于测量、解算、执行中都必然存在误差,所以制导弹药也一样存在着射击误差。

1) 非制导误差

非制导误差主要是指由于弹药自身、发射和飞行环境和气象条件等因素干扰,所产生的射击误差,主要包括瞄准误差、初速或然误差(炮口扰动)或发动机冲量误差、弹道条件误差、气象条件误差、地理误差等。其中瞄准误差属于武器系统误差层面,取决于目标探测与定位精度。非制导误差普遍存在,与是否制导弹药无关。对于非制导弹药,这些误差导致实际弹药与理论弹道或实际命中点与期望命中点的偏离。非制导误差通常表现为对弹药飞行弹道的干扰,如果弹药没有中间制导和末制导功能的话,这些干扰所造成的误差不能在射前处置和修正。

2) 制导误差

制导误差是制导系统在内部噪声和外部因素的干扰下,由于测量精度、解算精度、响应能力的制约所形成的误差,其结果会造成制导弹药落点偏差,制导误差中主要包括:

(1) 工具误差即硬件产生的误差。

如惯性测量仪器自身误差和测量误差,其中加速度计误差和惯性基准误差对弹着偏差的影响较大,约占整个制导误差的 90% 左右。

(2) 方法误差即软件产生的误差。

主要由于弹药制导方案的不完善,控制模型的简化,解算的近似等原因造成,其影响较工具误差小得多,且可通过对软件的升级而消除或减小误差。在制导误差中,包括了系统和随机两种分量,通过补偿和校正,可以消除部分或大部分系统误差分量。但对于随机分量,则仅仅用补偿和校正的方法是无能为力的,只能通过改善硬件和软件的精度来解决。

2. 射击精度的表征与度量

实际射击条件下,弹着点一般围绕一个几何中心散布,这个散布中心有可能与瞄准点或期望命中点存在着距离上的偏差,这种偏差属于系统误差层面,通过准确度进行表征和度量；弹着点围绕散布中心的分布范围大小或密集程度，通过密集度进行表征与度量，这主要由随机误差造成。因此，射击精度包括准确度和密集度两个方面，需要通过准确度和密集度相结合进行表征和度量。对于战斗部毁伤效能评估来说，基于目标无对抗、系统无故障的假设或前提条件，因此一般不考虑准确度而只考虑密集度，因此这里的命中精度就是指密集度。当然，在准确度已知的情况下一样可以进行毁伤效能评估，但这通常属于弹药射击效能或作战效能评估层面。

　　图 8.3.1 给出了关于射击准确度和密集度的示意和图解说明，以目标 T 的几何中心为瞄准点并以相同条件发射 N 发弹药情况下，实际弹着点为 C_i $(i=1,2,\cdots,N)$。以目标几何中心（靶心）或瞄准点 O 为坐标原点，建立空间直角坐标系 $O\text{-}xyz$。在该坐标系中，任一发弹药的实际落点 $C_i(i=1,2,3,\cdots,N)$ 在 $O\text{-}yz$ 平面上偏离靶心的距离，可通过坐标 (y_i,z_i) 进行表示。由于实验射击中存在射前不可预知的系统误差，因此根据射击结果，可以求出其平均落点 C_0 (y_0,z_0)，即

$$\begin{cases} y_0 = \dfrac{\sum\limits_{i=1}^{N} y_i}{N} \\[4mm] z_0 = \dfrac{\sum\limits_{i=1}^{N} z_i}{N} \end{cases} \qquad (8.3.1)$$

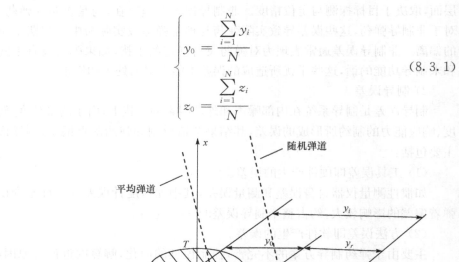

图 8.3.1　射击准确度和密集度

在图 8.3.1 中,从 O 指向 C_0 的向量 $\overrightarrow{OC_0}$ 即系统偏差向量,记为 $\Delta\vec{s}_0$,可用于表征和度量射击准确度。对于 N 次实验射击来说,平均落点 C_0 就意味着射击密集度的基准中心,即命中点或落点的散布中心。由 C_0 指向任一发弹药实际落点 C_i $(i=1,2,\cdots,N)$ 的向量 $\overrightarrow{C_0C_i}$ 即落点随机偏差向量,记为 $\Delta\vec{r}_i$,对多个 $\Delta\vec{r}_i$ 进行统计处理,可用于表征和度量射击密集度。

对于 N 发弹药独立射击来说,$\Delta\vec{r}_i(i=1,2,\cdots,N)$ 可认为是一种关于落点散布的随机变量,同理任意一发的落点相对于瞄准点的 $\Delta\vec{s}_i(i=1,2,\cdots,N)$ 也是一种关于落点散布的随机变量,前者涉及密集度、后者涉及准确度。显而易见,$\Delta\vec{s}_i$ $(i=1,2,\cdots,N)$ 是 $\Delta\vec{s}_0$ 和 $\Delta\vec{r}_i(i=1,2,\cdots,N)$ 的合成,即 C_i 相对于瞄准点的偏差向量为

$$\Delta\vec{s}_i=\Delta\vec{s}_0+\Delta\vec{r}_i \tag{8.3.2}$$

设 C_0 与 O 之间的偏差为 y_0 和 z_0,C_i 与 C_0 之间的偏差分别为 y_r 和 z_r,则式(8.3.2)可写成标量表达形式

$$\begin{cases} y_i=y_0+y_r \\ z_i=z_0+z_r \end{cases} \tag{8.3.3}$$

3. 命中精度的表征与度量

如前所述,战斗部毁伤效能评估中的命中精度对应射击精度中的密集度,因此命中精度沿用射击密集度的表征与度量方法。依发射方式、弹药类型和弹目交会状态的不同,命中精度的度量指标有多种,概括起来主要包括密集度和概率偏差两类。其中,密集度多用于身管武器发射方式和非制导弹药,概率偏差多用于各种投送方式的制导弹药。本书重点介绍密集度中的立靶密集度和地面密集度以及概率偏差中的圆概率偏差(circular error probable,CEP)和脱靶量。

1) 立靶密集度和地面密集度

火炮等身管武器发射弹药的命中精度,通常采用射击密集度进行表征,一般以弹着点或落点偏离散布中心的距离均方差作为表征与度量指标。其中,对于小口径高炮和坦克炮穿甲弹等直瞄射击方式,通常采用立靶密集度;对于大口径火炮等间瞄射击方式,通常采用地面密集度。立靶密集度和地面密集度指标需要由射击试验获得,并作为弹药或武器系统的性能参数之一,前者以水平射击方式对与地面垂直的平面立靶进行射击,后者以曲射方式对水平地面进行射击。

(1) 立靶密集度的度量指标。

对于一组弹药对立靶进行射击时,靶板(立靶平面)上的命中点坐标体现为一组随机数 (y_i,z_i),$i=1,2,\cdots,N$,N 为一组射击弹药数量,y_i 和 z_i 分别为命中点高低和方向(左右)的坐标,如图 8.3.2 所示。

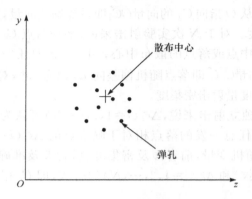

图 8.3.2　火炮射击立靶弹药命中点散布示意图

根据数理统计知识,当 N 较大,即大样本量时,立靶平面上命中点散布坐标的均方差为

$$\begin{cases} \sigma_y = \sqrt{\dfrac{\displaystyle\sum_{i=1}^{N}(y_i - \bar{y})^2}{N}} \\[4mm] \sigma_z = \sqrt{\dfrac{\displaystyle\sum_{i=1}^{N}(z_i - \bar{z})^2}{N}} \end{cases} \tag{8.3.4}$$

式中

$$\begin{cases} \bar{y} = \dfrac{1}{N}\displaystyle\sum_{i=1}^{N} y_i \\[4mm] \bar{z} = \dfrac{1}{N}\displaystyle\sum_{i=1}^{N} z_i \end{cases} \tag{8.3.5}$$

当 N 较小,即小样本量时,均方差为

$$\begin{cases} \sigma_y = \sqrt{\dfrac{\displaystyle\sum_{i=1}^{N}(y_i - \bar{y})^2}{N-1}} \\[4mm] \sigma_z = \sqrt{\dfrac{\displaystyle\sum_{i=1}^{N}(z_i - \bar{z})^2}{N-1}} \end{cases} \tag{8.3.6}$$

通常情况下,立靶密集度试验时,为节约费用常取小样本量计算立靶密集度。这样,采用 $\sigma_y \times \sigma_z$ 形式(或高低 σ_y、方向 σ_z)表征立靶密集度,并作为立靶密集度的指标。显而易见,σ_y 和 σ_z 越小、命中精度越高。

（2）地面密集度。

地面密集度一般采用概率误差 E 处理弹药地面落点测量数据的随机误差，其定义为

$$\frac{M}{N}=\Phi\left(\frac{E}{\sigma}\right)=0.5 \tag{8.3.7}$$

式中，M 为 $N/2$ 发弹药落在区间 $[-E, E]$ 之间的次数；N 为一组射击的试验次数；$\Phi(E/\sigma)$ 为正态分布概率积分；σ 为均方差。查正态分布概率积分函数表，可得 $\Phi(E/\sigma)=0.5$ 时，$E/\sigma=0.6745$，于是

$$E=0.6745\sigma \tag{8.3.8}$$

这样，地面弹药落点弹散布坐标的纵向（距离）和横向（方向）的概率误差与均方差之间的关系分别为

$$\begin{cases} E_y=0.6745\sigma_y \\ E_z=0.6745\sigma_z \end{cases} \tag{8.3.9}$$

将均方差表达式代入式（8.3.9），得

$$\begin{cases} E_y = 0.6745\sqrt{\dfrac{\sum\limits_{i=1}^{n}(y_i-\bar{y})^2}{N-1}} \\[4mm] E_z = 0.6745\sqrt{\dfrac{\sum\limits_{i=1}^{n}(z_i-\bar{z})^2}{N-1}} \end{cases} \tag{8.3.10}$$

对于一组 N 发弹药射击，其地面落点散布坐标随机数为 (y_i, z_i)，$i=1,2,\cdots,N$，y_i 表示纵向（距离）散布坐标，z_i 表示横向（方向）散布坐标。按照式（8.3.6）和式（8.3.9）计算原理，得到纵向（距离）散布概率误差 E_y 和横向（方向）散布概率误差 E_z。若该组射击的射程平均值为 Y，则地面密集度表示为

$$\begin{cases} \dfrac{1}{A}=\dfrac{E_y}{Y} \\[3mm] \dfrac{1}{B}=\dfrac{E_z}{Y} \end{cases} \tag{8.3.11}$$

式中，$1/A$ 和 $1/B$ 称为变异系数，采用分子为 1 的分数表示，如 $1/300$、$1/400$ 等，分别表示纵向（距离）和横向（方向）密集度。

习惯上，横向（方向）密集度常用概率角度的形式表示，即 E_z/Y，单位为"弧度"（rad）。该角度很小，一般小于 0.005rad，因此为了使用方便，该角度常用单位"密位"（mil）表示。苏联按 6000 等分 2πrad 圆心角，因此 $1\text{mil}=2\pi/6000\text{rad}$；欧美按 6400 等分 2πrad 圆心角，$1\text{mil}=2\pi/6400\text{rad}$；我国采用苏联体制。

采用"密位"（mil）作为角度单位，有以下两个主要优点：

① 精度较高,日常用的角度单位是"度、分、秒","度"的单位太大(1/360 圆心角),另外"分""秒"都采用 60 进位,计算、下达口令和进行操作都很不方便,而 1mil 只有 1/6000 圆心角,既精细,又不存在 60 进位的问题;

② 便于换算,使用方便。采用"密位"(mil)很容易计算弧长和角度的关系,便于观测和修正射击偏差。

2)圆概率偏差和脱靶量

对于精确制导武器(弹药),一般依据概率偏差及其分布函数,求解出特征概率分位点的距离偏差值作为命中精度的表征与度量指标,其中对地射击武器(弹药)多采用圆概率偏差(CEP),对空射击武器(弹药)多采用脱靶量。

(1)圆概率偏差。

大量实验表明,对地攻击的精确制导武器(弹药),其实际命中点与期望命中点(瞄准点)的距离偏差服从正态分布。需要特别注意的是,如图 8.3.3 所示,这个距离偏差是指制导平面也就是垂直于末端弹道(假设为直线)平面上的 r,并不是实际地面上的距离偏差 R。在制导平面上,随机弹道的落点分布近似为圆形,由于落角(末端弹道与水平面的夹角)的关系,地(海)面上的落点分布近似为椭圆形。显然,当落角为 90°即末端弹道与地(海)面垂直时,随机弹道在地面上的落点与制导平面上的落点是一致的。当落角较大时,其距离和方向的正态分布标准差 σ_y 与 σ_z 相差不太悬殊,随机弹道的地(海)面落点也可以视为圆形分布,地(海)面上的距离偏差近似为制导平面上的距离偏差。

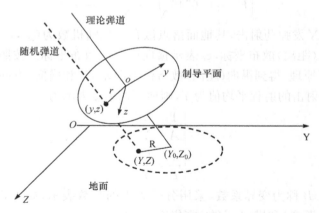

图 8.3.3　随机弹道在制导平面和地面落点示意图

圆概率偏差 CEP 是指,随机弹道在制导平面 $O\text{-}yz$ 上的落点 (y_i, z_i) 与理论弹道落点的距离偏差服从正态分布条件下,50%概率分位点对应的偏差值。也就是说,在制导平面 $O\text{-}yz$ 上,随机弹道落入以 CEP 为半径的圆内的概率为 50%。因此,CEP 可以理解一种落点圆形散布的特征半径,记为 $R_{0.5}$。在工程实际中,有时并不刻意强调 CEP 是指制导平面上的概率偏差,而是把地面的弹着点分布近似处理为圆形,这时 CEP 就是指地面上的概率偏差。

根据 CEP 定义,弹着点落入半径 $R_{0.5}$ 的圆内(记为 $C_{0.5}$)的概率为 0.5,于是

$$p(r = R_{0.5}) = \iint_{C_{0.5}} f(y, z)\mathrm{d}y\mathrm{d}z = 0.5 \qquad (8.3.12)$$

式中,p 为概率;r 为落点分布圆半径;$f(y, z)$ 为正态分布概率密度函数。

基于战斗部毁伤效能评估本身以及目标无对抗、系统无故障的前提条件,命中精度不考虑准确度、只关注密集度,因此在制导平面上的 $y_0 = z_0 = 0$,即落点坐标正态分布的均值为 0。对于武器(弹药)的命中问题,可以假设 y 和 z 相互独立,并取落点坐标 (y, z) 正态分布的标准差 $\sigma_y = \sigma_z = \sigma$。这样,可得到落点坐标 (y, z) 的双变量圆形正态分布(其实是瑞利分布)概率密度函数[10,11]

$$f(y, z) = \frac{1}{2\pi\sigma^2}\exp\left(-\frac{y^2 + z^2}{2\sigma^2}\right) \qquad (8.3.13)$$

将式(8.3.13)换算为极坐标 (r, θ) 形式[10]

$$f(r, \theta) = \frac{r}{2\pi\sigma^2}\exp\left\{-\frac{r^2}{2\sigma^2}\right\} \qquad (8.3.14)$$

因此

$$f(r) = \int_0^{2\pi} f(r, \theta)\mathrm{d}\theta = \frac{r}{\sigma^2}\exp\left(-\frac{r^2}{2\sigma^2}\right) \qquad (8.3.15)$$

进一步

$$p(r = R_{0.5}) = \frac{1}{\sigma^2}\int_0^{R_{0.5}}\exp\left(-\frac{r^2}{2\sigma^2}\right)r\mathrm{d}r = 1 - \exp\left(-\frac{R_{0.5}^2}{2\sigma^2}\right) \qquad (8.3.16)$$

式(8.3.12)和式(8.3.15)相结合,有

$$\exp\left(-\frac{R_{0.5}^2}{2\sigma^2}\right) = 0.5 \qquad (8.3.17)$$

两边取对数

$$\frac{R_{0.5}^2}{2\sigma^2} = 0.693147 \qquad (8.3.18)$$

最终可得到圆概率偏差 CEP 即 $R_{0.5}$ 与标准差 σ 关系

$$\begin{cases} \text{CEP} = R_{0.5} = 1.1774\sigma \\ \sigma = 0.8493\text{CEP} = 0.8493R_{0.5} \end{cases} \qquad (8.3.19)$$

战斗部毁伤效能评估的关键之一是随机炸点的模拟计算,其中需要根据命中精度指标获得制导平面上的二维炸点坐标。式(8.3.19)给出了圆概率偏差 CEP 与落点坐标正态分布标准差 σ 的关系式,为随机炸点的计算和模拟创造了条件,因而非常有用。

（2）脱靶量。

精确制导武器（弹药）对空攻击与对地攻击相比，弹目交会增加了一个空间维度，即需要在三维空间内描述交会状态。对地攻击条件下，基于制导平面上的实际命中点以期望命中点（瞄准点）为中心圆形分布且距离偏差服从圆形正态分布的合理化假定（并已被大量试验所证实），于是采用圆概率偏差 CEP（$R_{0.5}$）作为命中精度的表征与度量指标。对空攻击条件下，弹目存在相对运动速度且速度方向基本上不属于同一平面，因此制导平面上的距离偏差并不等于实际弹目交会的脱靶距离，只有武器（弹药）末端弹道与目标弹道平行时是个例外。对空攻击的脱靶距离仍可以理解为两个维度脱靶距离的合成，并且有理由把两个维度的脱靶距离均视为正态分布，于是对空攻击的脱靶距离或距离偏差仍然服从双变量圆形正态分布。对于双变量圆形正态分布，当两个均值均为零、方差相等时，就转换为瑞利分布。

对空攻击条件下，精确制导武器（弹药）的命中精度采用脱靶量进行表征与度量，在武器（弹药）的脱靶距离 ρ（期望命中点或目标几何中心距末端弹道的最小距离）服从瑞利分布条件下，95％概率分位点所对应的脱靶距离定义为脱靶量，简称为"瑞利分布 95％脱靶距离"，以符号 $\rho_{0.95}$ 表示。换言之，实际弹目交会的脱靶距离 ρ 小于或等于 $\rho_{0.95}$ 的概率为 95％。工程上，常用 3σ 脱靶距离表示命中精度，对应的概率 98.9％。需要强调的是，脱靶量不属于描述 CEP 的制导平面，需要建立新的坐标系并确定其所属平面，该坐标系就是相对速度坐标系，脱靶量所属的平面称为脱靶平面。

相对速度坐标系是分析对空武器（弹药）对目标毁伤效能的一种特有的坐标系，通常用于建立相对弹道模型、描述脱靶量、脱靶方位、引信启动和战斗部动态杀伤区等参数。如图 8.3.4 所示，相对速度坐标系的原点 O 通常设在目标中心，x 轴平行于弹目相对速度 $\vec{v}$ 方向一致，y 轴取在垂直平面内，向上为正，z 轴按右手坐标系确定。在相对速度坐标系中，脱靶平面为通过目标中心所做的垂直于武器（弹药）与目标相对运动轨迹的平面，即 $O\text{-}yz$ 平面；末端弹道落点为相对运动轨迹与脱靶平面的交点 P，$\overline{OP}$ 是脱靶距离 ρ，即武器（弹药）中心沿相对运动轨迹运动时距目标中心的最小距离；$\overline{OP}$ 在脱靶平面上的方位角 θ 称为脱靶方位角。

如前文所述，战斗部毁伤效能评估以"目标无对抗、系统无故障"等前提条件，系统误差为零，且 σ_y，σ_z 相互独立，$\sigma_y = \sigma_z = \sigma$。瑞利分布的概率密度函数为

$$f(\rho) = \frac{\rho}{\sigma^2} \exp\left(-\frac{\rho^2}{2\sigma^2}\right) \tag{8.3.20}$$

其积分形式即脱靶平面上的末端弹道在脱靶距离 ρ 内的概率为

$$F(\rho) = \int_0^\rho f(\rho)\,\mathrm{d}\rho = 1 - \exp\left(-\frac{\rho^2}{2\sigma^2}\right) \tag{8.3.21}$$

按脱靶量定义，有

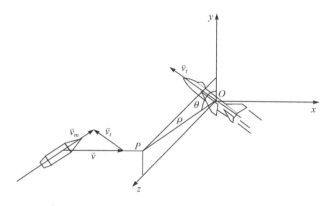

图 8.3.4　相对速度坐标系及有关参数

$$F(\rho) = 1 - \exp\left(-\frac{\rho_{0.95}^2}{2\sigma^2}\right) = 0.95 \tag{8.3.22}$$

于是

$$-\frac{\rho_{0.95}^2}{2\sigma^2} = \ln 0.05 \tag{8.3.23}$$

最终得到脱靶量 $\rho_{0.95}$ 与标准差 σ 关系

$$\begin{cases} \rho_{0.95} = 2.448\sigma \\ \sigma = 0.4085\rho_{0.95} \end{cases} \tag{8.3.24}$$

若取 3σ 的脱靶量 $\rho_{0.989}$ 表征命中精度,则

$$\begin{cases} \rho_{0.989} = 3\sigma \\ \sigma = \rho_{0.989}/3 \end{cases} \tag{8.3.25}$$

8.3.2　随机弹道方程

1. 身管武器弹药随机弹道方程

1) 直瞄射击

直瞄射击的随机弹道方程十分简单,依据立靶密集度指标 $\sigma_y \times \sigma_z$ 在立靶平面 $O\text{-}yz$ 按均匀分布抽样,得到随机落点坐标 (y_i, z_i),由此即得到立靶平面上的随机弹道方程

$$\begin{cases} y = y_i \\ z = z_i \end{cases} \tag{8.3.26}$$

直瞄射击条件下,目标坐标系 $O\text{-}x_t y_t z_t$ 的原点一般取瞄准点或目标几何中心,并使 $O\text{-}y_t z_t$ 平面与立靶平面 $O\text{-}yz$ 重合、x_t 轴取射击方向的相反方向,因此目

标坐标系下的随机弹道落点坐标 $Y_t = y_i$、$Z_t = z_i$，相应的随机弹道方程为

$$
\begin{cases}
y_t = Y_t \\
z_t = Z_t
\end{cases}
\tag{8.3.27}
$$

2）间瞄射击

对于身管武器间瞄地对地射击非制导弹药，一般固定瞄准点，所以依据命中精度指标——地面密集度抽取地面上的随机落点坐标，然后得到随机弹道方程。目标坐标系 $O\text{-}x_t y_t z_t$ 的原点一般取瞄准点或固定目标的几何中心，x_t 轴垂直于地面向上，y_t 轴为弹药速度水平分量的相反方向，z_t 按右手坐标系确定。弹药末端弹道通过方位角 λ 和落角 θ 两个角度确定，对于身管武器间瞄地对地射击来说，可以认为方位角 λ 为 0，于是随机弹道在目标坐标系 $O\text{-}x_t y_t z_t$ 的方向矢量为 $(\sin\theta, \cos\theta, 0)$。在地面 $O\text{-}y_t z_t$ 上依据地面密集度指标和射程 Y 由式（8.3.11）可得到概率误差 E_y 和 E_z，再由式（8.3.9）式得到地面落点坐标均方差 σ_y 和 σ_z，按均匀分布抽样可得到随机弹道的落点坐标 (y_i, z_i)。因此，间瞄对地射击弹药的随机弹道点向式方程为

$$
\frac{x_t}{\sin\theta} = \frac{y_t - y_i}{\cos\theta} = \frac{z_t - z_i}{0}
\tag{8.3.28}
$$

令 $\dfrac{x_t}{\sin\theta} = \dfrac{y_t - y_i}{\cos\theta} = \dfrac{z_t - z_i}{0} = t$，可得随机弹道参数式方程为

$$
\begin{cases}
x_t = t\sin\theta \\
y_t = t\cos\theta + y_i \\
z_t = z_i
\end{cases}
\tag{8.3.29}
$$

2. 精确制导弹药随机弹道方程

1）对地射击

对地射击精确制导弹药的末端随机弹道需要首先在以瞄准点为坐标原点、速度方向的反方向为 x 轴以及与 x 轴垂直的制导平面 $O\text{-}yz$ 所组成的坐标系 $O\text{-}xyz$ 内考虑，该坐标系与目标坐标系 $O\text{-}x_t y_t z_t$ 的关系如图 8.3.5 所示。

依据命中精度指标 $\text{CEP}(R_{0.5})$ 由式（8.3.19）可得到制导平面 $O\text{-}yz$ 上的随机落点坐标正态分布的标准差 σ，然后按正态分布抽取随机落点 (y_i, z_i)，因此 $O\text{-}xyz$ 坐标系下的随机弹道方程为

$$
\begin{cases}
y = y_i \\
z = z_i
\end{cases}
\tag{8.3.30}
$$

由图 8.3.5 可以看出，$O\text{-}yz$ 制导平面上的随机落点在 $O\text{-}xyz$ 坐标系中的坐标为 $(0, y_i, z_i)$，因此该坐标系下随机弹道方程方向矢量为 $(-1, 0, 0)$。这样，通过坐标变换可得到目标坐标系 $O\text{-}x_t y_t z_t$ 中的随机弹道方程，由 $O\text{-}xyz$ 坐标系向目标

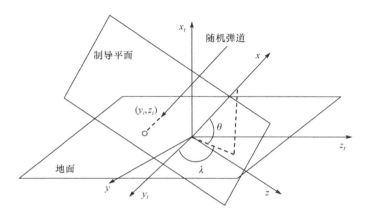

图 8.3.5　制导平面与目标坐标系

坐标系 $O\text{-}x_t y_t z_t$ 的转换矩阵 M_t 为

$$M_t = M_x\left[\frac{\pi}{2} - \lambda\right] \cdot M_y\left[\frac{\pi}{2} - \theta\right] \qquad (8.3.31)$$

式中，λ 和 θ 分别为末端弹道方位角和落角；M_x 和 M_y 分别为坐标系绕 x 轴和 y 轴旋转的矩阵。

对于任意旋转角度 δ，空间向量旋转矩阵为

$$\begin{cases} M_x[\delta] = \begin{bmatrix} 1 & 0 & 0 \\ 0 & \cos\delta & \sin\delta \\ 0 & -\sin\delta & \cos\delta \end{bmatrix} \\[2em] M_y[\delta] = \begin{bmatrix} \cos\delta & 0 & -\sin\delta \\ 0 & 1 & 0 \\ \sin\delta & 0 & \cos\delta \end{bmatrix} \\[2em] M_z[\delta] = \begin{bmatrix} \cos\delta & \sin\delta & 0 \\ -\sin\delta & \cos\delta & 0 \\ 0 & 0 & 1 \end{bmatrix} \end{cases} \qquad (8.3.32)$$

因此，制导平面 $O\text{-}yz$ 上的随机弹道落点坐标 (y_i, z_i) 相当于相对速度坐标系的 $(0, y_i, z_i)$，向目标坐标系的坐标 (X_t, Y_t, Z_t) 的转换关系式为

$$\begin{bmatrix} X_t \\ Y_t \\ Z_t \end{bmatrix} = \begin{bmatrix} 1 & 0 & 0 \\ 0 & \sin\lambda & \cos\lambda \\ 0 & -\cos\lambda & \sin\lambda \end{bmatrix} \begin{bmatrix} \sin\theta & 0 & -\cos\theta \\ 0 & 1 & 0 \\ \cos\theta & 0 & \sin\theta \end{bmatrix} \begin{bmatrix} 0 \\ y_i \\ z_i \end{bmatrix} = \begin{bmatrix} \sin\theta & 0 & -\cos\theta \\ \cos\lambda\cos\theta & \sin\lambda & \cos\lambda\sin\theta \\ \sin\lambda\cos\theta & -\cos\lambda & \sin\lambda\sin\theta \end{bmatrix} \begin{bmatrix} 0 \\ y_i \\ z_i \end{bmatrix}$$

$$\qquad (8.3.33)$$

随机弹道在相对速度坐标系的方向矢量为 $(-1, 0, 0)$，转换到目标坐标系的方向矢量 (x_d, y_d, z_d) 为

$$
\begin{bmatrix} x_d \\ y_d \\ z_d \end{bmatrix} = \begin{bmatrix} \sin\theta & 0 & -\cos\theta \\ \cos\lambda\cos\theta & \sin\lambda & \cos\lambda\sin\theta \\ \sin\lambda\cos\theta & -\cos\lambda & \sin\lambda\sin\theta \end{bmatrix} \begin{bmatrix} -1 \\ 0 \\ 0 \end{bmatrix} = \begin{bmatrix} -\sin\theta \\ -\cos\lambda\cos\theta \\ -\sin\lambda\cos\theta \end{bmatrix} \tag{8.3.34}
$$

于是，可得到目标坐标系中随机弹道的点向式方程

$$
\frac{x_t - X_t}{-\sin\theta} = \frac{y_t - Y_t}{-\cos\lambda\cos\theta} = \frac{z_t - Z_t}{-\sin\lambda\cos\theta} \tag{8.3.35}
$$

令 $\dfrac{x_t - X_t}{-\sin\theta} = \dfrac{y_t - Y_t}{-\cos\lambda\cos\theta} = \dfrac{z_t - Z_t}{-\sin\lambda\cos\theta} = t$，可得到目标坐标系中随机弹道的参数式方程

$$
\begin{cases} x_t = -t\sin\theta + X_t \\ y_t = -t\cos\lambda\cos\theta + Y_t \\ z_t = -t\sin\lambda\cos\theta + Z_t \end{cases} \tag{8.3.36}
$$

2）对空射击

关于对空射击的精确制导弹药，需要首先在脱靶平面上抽取随机弹道落点，然后得到相对速度坐标系中随机弹道方程，最后转换为目标坐标系下的随机弹道方程。这一过程比较复杂，涉及三个坐标系：地面坐标系、相对速度坐标系和目标坐标系。为了简化问题，后续的分析不考虑目标和弹药的攻角和侧滑角，下面给出各坐标系及相关参数的定义。

地面坐标系 $O\text{-}x_g y_g z_g$ 如图 8.3.6 所示，用来确定弹体和目标的位置、速度和姿态等运动参数，坐标原点 O 一般为弹药发射点或地面跟踪站中的某一固定的基准点。在图 8.3.6 中，弹药速度矢量 $\bar{v}_m$ 在地面坐标系中的方向由弹道偏航角 ϕ_m 和弹道倾角 θ_m 两个角度来确定。

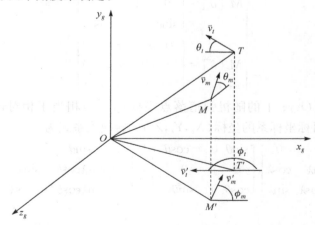

图 8.3.6　地面坐标系和速度矢量

在已知 ϕ_m 和 θ_m 条件下,可以通过下面的坐标转换关系式确定弹药速度 $\bar{v}_m$ 在地面坐标系中的三个分量:

$$\begin{bmatrix} v_{mxg} \\ v_{myg} \\ v_{mzg} \end{bmatrix} = M_y[-\phi_m]M_z[-\theta_m]\begin{bmatrix} v_m \\ 0 \\ 0 \end{bmatrix} \tag{8.3.37}$$

同理,目标速度矢量 $\bar{v}_t$ 在地面坐标系中的三个分量为

$$\begin{bmatrix} v_{txg} \\ v_{tyg} \\ v_{tzg} \end{bmatrix} = M_y[-\phi_t]M_z[-\theta_t]\begin{bmatrix} v_t \\ 0 \\ 0 \end{bmatrix} \tag{8.3.38}$$

弹药与目标相对运动速度矢量 $\bar{v}$ 为

$$\bar{v} = \bar{v}_m - \bar{v}_t \tag{8.3.39}$$

相对运动速度矢量 $\bar{v}$ 在地面坐标系中的三个分量为

$$\begin{bmatrix} v_{xg} \\ v_{yg} \\ v_{zg} \end{bmatrix} = \begin{bmatrix} v_{mxg} - v_{txg} \\ v_{myg} - v_{tyg} \\ v_{mzg} - v_{tzg} \end{bmatrix} \tag{8.3.40}$$

相对运动速度值 v 为

$$v = \sqrt{v_{xg}^2 + v_{yg}^2 + v_{zg}^2} \tag{8.3.41}$$

如图 8.3.7 所示,相对速度矢量 $\bar{v}$ 在地面坐标系中的方向通过相对速度偏航角 ϕ 和相对速度倾角 θ 来表示,即

$$\tan\phi = -\frac{v_{zg}}{v_{xg}}, \quad -\pi \leqslant \phi \leqslant \pi \tag{8.3.42}$$

$$\sin\theta = -\frac{v_{yg}}{v}, \quad -\frac{\pi}{2} \leqslant \theta \leqslant \frac{\pi}{2} \tag{8.3.43}$$

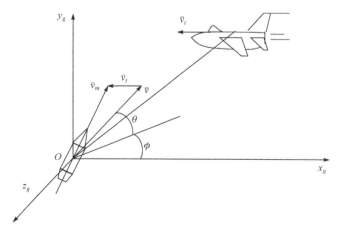

图 8.3.7　地面坐标系和相对速度矢量

依据命中精度指标，脱靶量（$\rho_{0.95}$），由式(8.3.24)可得到脱靶平面 $O\text{-}yz$（参见图8.3.4）上的随机落点坐标的正态分布标准差 σ，按正态分布抽取随机落点 (y_i, z_i)，就可得到相对速度 $O\text{-}xyz$ 坐标系中的随机弹道方程

$$\begin{cases} y = y_i \\ z = z_i \end{cases} \tag{8.3.44}$$

相对速度坐标系 $O\text{-}xyz$ 向目标坐标系 $O\text{-}x_t y_t z_t$ 的转换矩阵为

$$M_t = M_z[\theta_t] M_y[\phi_t - \phi] M_z[-\theta] \tag{8.3.45}$$

由此，可以将相对速度坐标系 $O\text{-}xyz$ 中脱靶平面上的随机落点坐标 ($0, y_i, z_i$) 转换到目标坐标系 $O\text{-}x_t y_t z_t$ 的坐标 (X_t, Y_t, Z_t)：

$$\begin{bmatrix} X_t \\ Y_t \\ Z_t \end{bmatrix} = \begin{bmatrix} \cos\theta_t & \sin\theta_t & 0 \\ -\sin\theta_t & \cos\theta_t & 0 \\ 0 & 0 & 1 \end{bmatrix} \begin{bmatrix} \cos(\phi_t-\phi) & 0 & -\sin(\phi_t-\phi) \\ 0 & 1 & 0 \\ \sin(\phi_t-\phi) & 0 & \cos(\phi_t-\phi) \end{bmatrix} \begin{bmatrix} \cos\theta & -\sin\theta & 0 \\ \sin\theta & \cos\theta & 0 \\ 0 & 0 & 1 \end{bmatrix} \begin{bmatrix} 0 \\ y_i \\ z_i \end{bmatrix}$$

$$\tag{8.3.46}$$

在相对速度坐标系 $O\text{-}xyz$ 中的随机相对速度方向矢量为 (1,0,0)，经过坐标转换可得到目标坐标系中的相对速度方向矢量 (x_d, y_d, z_d)：

$$\begin{bmatrix} x_d \\ y_d \\ z_d \end{bmatrix} = \begin{bmatrix} \cos\theta_t & \sin\theta_t & 0 \\ -\sin\theta_t & \cos\theta_t & 0 \\ 0 & 0 & 1 \end{bmatrix} \begin{bmatrix} \cos(\phi_t-\phi) & 0 & -\sin(\phi_t-\phi) \\ 0 & 1 & 0 \\ \sin(\phi_t-\phi) & 0 & \cos(\phi_t-\phi) \end{bmatrix} \begin{bmatrix} \cos\theta & -\sin\theta & 0 \\ \sin\theta & \cos\theta & 0 \\ 0 & 0 & 1 \end{bmatrix} \begin{bmatrix} 1 \\ 0 \\ 0 \end{bmatrix}$$

$$\tag{8.3.47}$$

于是，可得目标坐标系中的随机弹道的点向式方程为

$$\frac{x_t - X_t}{x_d} = \frac{y_t - Y_t}{y_d} = \frac{z_t - Z_t}{z_d} \tag{8.3.48}$$

令 $\dfrac{x_t - X_t}{x_d} = \dfrac{y_t - Y_t}{y_d} = \dfrac{z_t - Z_t}{z_d} = t$，可得随机弹道的参数式方程为

$$\begin{cases} x_t = tx_d + X_t \\ y_t = ty_d + Y_t \\ z_t = tz_d + Z_t \end{cases} \tag{8.3.49}$$

8.4　引信启动规律

如前文所述，由命中精度指标及模型可确定立靶平面、地面、制导平面或脱靶平面上的随机落点二维坐标，进而得到相应坐标系中的随机弹道方程，最后通过坐标变换得到目标坐标系下的随机弹道方程。显而易见，战斗部的炸点位于随机弹道上，炸点的第三维坐标将由引信的启动特性与规律所决定。也就是说，命中精度

决定了武器(弹药)相对于目标在二维坐标系上的脱靶距离大小,而引信的起爆控制则决定了炸点沿相对运动方向的第三维坐标,因此某种意义上说,引信的作用相当于实现对目标的"第二次瞄准"。

8.4.1 引信功能与工作原理

1. 引信定义与功能

1) 引信定义[12,13]

引信的定义不是一成不变的,而是与时俱进的,具有鲜明的时代和发展特征。20 世纪 40 年代,苏联将引信定义为"供弹丸在发射后在所要求的弹道某点(在碰击障碍物之前或在碰击障碍物之后)上爆炸之用的特殊机构"。这个定义指明引信是在所配弹丸的既定弹道上选择起爆弹丸的炸点,基于机械触发引信和钟表时间引信而构建,因此其"属"是起爆机构或装置。20 世纪 50 年代,美国将引信定义为"发现目标并在最佳时机使弹头起爆的部件"。这一定义是在 20 世纪 40 年代无线电引信出现之后构建的,与苏联的定义相比,这个定义有两个主要发展:一是它明确指出引信具有"发现目标"的功能;二是引信具有"选择最佳起爆时机"的功能。这标志着引信定义的重大发展,也意味着引信功能的重要拓展。

从 20 世纪 80 年代开始,国内学者对引信的内涵开展了深入的研讨和论证,并尝试构建新的引信定义。1989 年出版的《中国大百科全书·军事》将引信定义为[14]:"利用环境信息和目标信息,在预定条件下引爆或引燃战斗部装药的控制装置"。这一定义首次将"信息"和"控制"引入引信定义中,并通过"预定条件"涵盖"最佳作用方式"、"最佳起爆时机"和"最佳炸点"等内容。1991 年出版的《兵器工业科学技术辞典·引信》给出的引信定义为[15]"利用目标信息和环境信息,或按预定条件(如时间、压力、指令等)适时引爆或引燃弹药主装药的控制系统"。1997 年,《中国军事百科全书》出版,其中将引信定义为[16]:利用目标信息和环境信息,在预定条件下引爆或引燃战斗部装药的控制装置或系统。至此,"信息"、"控制"、"系统"、"预定条件"以及"引燃或引爆战斗部装药"等关键词,构成了现代引信定义的概念主体,也反映了现代引信的技术本质和主要特征。进入二十一世纪后,随着引信功能的不断拓展和完善,许多专家学者开始重新审视并修订引信的定义,其中具有代表性的有[17]:利用目标信息、环境信息、平台信息和网络信息,按预定策略引爆或引燃战斗部装药,并可根据系统要求给出续航或增程发动机指令,实施弹道修正及毁伤效果评估等功能的控制系统。

2) 引信的基本功能和组成

一般来说,现代引信的基本功能主要包括"保险与解除保险功能"、"选择炸点或控制起爆时机功能"以及"可靠引爆(燃)战斗部装药功能"三个方面,具体分解与说明如下：

（1）在引信生产、装配、运输、储存、装填、发射及发射后的弹道起始段上，引信不能提前作用，以确保己方人员的安全；

（2）感受发射、飞行等使用环境信息，控制引信由不能直接对目标作用的保险状态转变为可作用的待发状态；

（3）判断目标的出现，感受目标信息并加以处理、识别，选择战斗部相对目标的最佳作用点、作用方式等，并进行相应的发火控制；

（4）向战斗部输出足够的起爆能量，完全可靠地引爆（燃）战斗部主装药。

如图 8.4.1 所示，引信上述基本功能的实现与引信的构造与组成有着密切联系，因此现代引信的基本组成包括：安全系统、发火控制系统、爆炸序列和能源四个部分，其中"保险与解除保险功能"、"选择炸点或控制起爆时机功能"以及"可靠引爆（燃）战斗部装药功能"分别由引信的安全系统、发火控制系统和爆炸序列来完成，能源则为引信的正常工作提供能源。

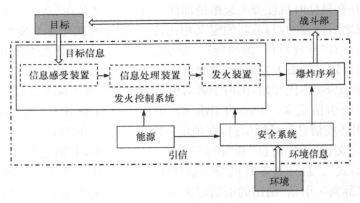

图 8.4.1　引信的基本组成与功能的关系

3）引信的分类[12]

引信的分类方法有多种：按构造和作用原理分，如机械引信、电引信等；按作用方式分，如触发引信、非触发引信（绝大部分为近炸引信）、时间引信等；还可以按配用弹种、弹药类型、装配部位、输出特性等方面来分。图 8.4.2 和图 8.4.3 分别从引信与目标的关系和引信与战斗部的关系出发，给出了常用的一些主要分类方法。

2. 引信工作原理

1）引信作用过程[12]

引信作用过程是指引信从发射开始到引爆（燃）战斗部主装药的全过程，如图 8.4.4 所示，主要包括解除保险过程、发火控制过程和引爆过程，其中发火控制过程是战斗部毁伤效能评估最为关心的。对于解除保险后处于待发状态的引信，

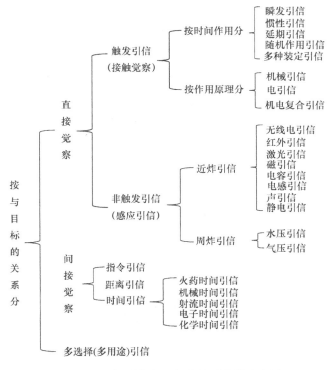

图 8.4.2　按引信与目标的关系分类示意图

从获取目标(环境)信息、或按预定信号、或接收指令到输出发火能量的过程,称为发火控制过程。如图 8.4.5 所示,发火控制过程大致可归结为信息获取、信号处理和发火输出三个步骤。

引信获取的信息,是指对目标的探测信息或预定信号,并将其转换为适用于引信内部传输的信号。因此,引信获取目标信息的方式决定了引信作用体制,并决定战斗部炸点的第三维坐标。引信获取目标信息目标的方式主要有三种:触感式、近感式和接收指令式,其中绝大部分属于前两种,分别对应触发引信和近炸引信两大类。以下基于战斗部毁伤效能评估的背景,重点针对触发引信和近炸引信分别简要阐述其工作原理及相关问题,其他类型引信可以此为参考,不多赘述。

2) 触发引信

对于敏感方式的触发引信,通过引信(或弹药)直接与目标接触,利用相互间的作用力、惯性力和应力波传递信息,经信号处理后输出发火控制信号,最终使爆炸序列作用引爆(燃)战斗部装药。对于触发瞬发引信来说,战斗部毁伤效能评估通常不考虑引信的瞬发度,即忽略信号处理时间和爆炸序列作用时间,随机弹道在目标坐标系的命中点或与目标表面相交的点即为炸点。当武器(弹药)着靶速度很高

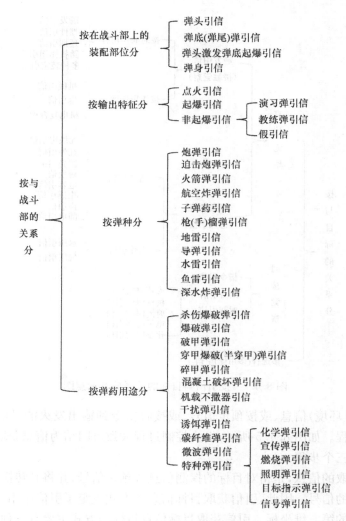

图 8.4.3　按引信与战斗部的关系分类示意图

图 8.4.4　引信作用过程示意图

时,可适当考虑瞬发度的影响,合理恰当地修正炸点模型。对于触发惯性引信和触发延期引信,一般需要考虑引信作用时间,特别是触发延期引信,在建立炸点模型

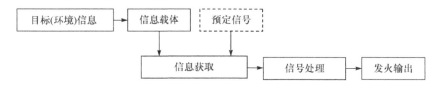

图 8.4.5　引信发火控制过程示意图

时需要把延期时间及延期精度纳入其中。

3）近炸引信[18]

对于近感方式的近炸引信,不需要与目标直接接触,而是通过感知或探测物理场信息来确定目标的存在与方位,从而启动引信适时作用。当有目标存在时,目标本身的物理性质、几何形状、运动状态及其周围的环境等将反映出各种信息。这种信息传递的"中间媒介"就是各种物理场,如电、磁、声、光等。场是一种特殊形式的物质,与实物之间的显著区别在于空间占有性质。所有实物都占有一定空间,这一空间不能与其他实物共同占有;而在同一空间可同时存在许多场,实物与场可以相互渗透占有同一空间,同一空间也可以共存多个场。在实物与场共存时,彼此相互影响,实物的存在将改变场的状态,近炸引信与目标之间的联系正是利用了场的这个特点。

当空间存在物理场时,由于目标的出现引起物理场的变化称为对比性。如果在近炸引信上安装对这种对比性有反应的敏感装置,则场的变化必然引起该装置的状态发生变化。这样,就通过场将目标信息传递给了引信,引信接收此信息并经过处理,控制引信适时作用。

近炸引信按其借以传递目标信息的物理场来源可分为主动式、半主动式和被动式三类,各有各的优缺点。主动式近炸引信由引信本身的物理场源辐射能量,利用目标的反射特性获取目标信息;半主动近炸引信由武器平台(军舰、飞机等)设置的物理场源辐射能量,利用目标的反射特性并同时接收场源辐射和目标反射信号而获取目标信息;被动式近炸引信利用目标产生的物理场获取目标信息,如发动机所产生的红外光辐射和声波、高速运动因静电效应存在静电场、铁磁物质目标的磁场等。

综上所述,近炸引信借以工作的"中间媒介"是各种物理场,根据物理场的变化通过敏感装置引入目标信号,经信号处理装置进行目标识别与定位,控制执行装置适时引爆战斗部从而使战斗部尽可能在相对目标最有利的位置上爆炸。因此,近炸引信对战斗部炸点的选择和控制,依赖于物理场类型或探测体制,以及在此基础上的控制策略,如对地射击一般选择炸高控制,对空射击一般选择探测角控制或距离控制。

8.4.2　引信启动点模型

当引信感应或探测到目标,发火控制过程开始启动,启动瞬时武器弹药在目标坐标系 $O\text{-}x_ty_tz_t$ 中所处的空间位置,在本书中称为引信启动点。引信启动点和战斗部炸点并不一定一致,但二者都一定在随机弹道上。对于启动后瞬时发火的引信,其启动点可视为战斗部炸点,对于启动后延期发火的引信则启动点不是炸点,需要将延期时间和弹药速度相结合才能得到战斗部炸点。所谓引信启动点模型,是指根据引信类型和工作原理,在目标坐标系 $O\text{-}x_ty_tz_t$ 的随机弹道上确定引信启动点第三维坐标 (x_t) 的数学模型。

1. 触发引信启动点模型

对于触发引信,引信的启动点就是随机弹道与目标表面(或地面)的交点,可通过随机弹道方程与目标表面曲面方程联立求得,以下进行简单示例。

1）身管武器弹药直瞄射击

按 8.3.2 节的目标坐标系 $O\text{-}x_ty_tz_t$ 的选取方法,随机弹道与立靶平面的交点即为触发引信启动点,因此很容易写出引信启动点模型

$$x_t = 0 \tag{8.4.1}$$

显而易见,对于触发瞬发引信,战斗部的炸点坐标为 $(0, y_i, z_i)$。对于多采用触发延期引信的攻坚弹、半穿甲弹等,需要通过侵彻弹道方程结合延期时间计算出侵彻行程,然后得到炸点坐标。

2）身管武器弹药间瞄射击

与直瞄射击相类似,引信启动点为随机弹道与地面或目标表面的交点。按8.3.2 节的目标坐标系 $O\text{-}x_ty_tz_t$ 选取方法,引信启动点模型为

$$x_t = X_t \tag{8.4.2}$$

式中, X_t 为随机弹道与地面或目标表面交点的 x_t 轴坐标值, $X_t = 0$ 表示随机弹道与地面相交。对于触发瞬发引信,引信启动点即为炸点。

2. 近炸引信启动点模型

应用于各种类型武器弹药平台的近炸引信,其目标探测体制和炸点控制策略多种多样,本书不一一探讨,仅从近炸引信典型作用环境的角度,给出最为常见和具有代表性的近炸引信启动点模型,其他可以此为参考。

1）对地射击近炸引信

对地射击弹药的近炸引信主要有无线电近炸引信、电容近炸引信和激光近炸引信等,其炸点控制策略和结果几乎都是一致的,即控制对地垂直作用距离即炸高,使炸高保持在一定范围内。该类引信一般不考虑引信延期作用时间,引信启动

点等同于炸点。基于炸高控制的近炸引信启动点模型为

$$H_{\max} \geqslant x_t \geqslant H_{\min}$$ (8.4.3)

式中，$H_{\min}$ 和 $H_{\max}$ 分别为最小炸高和最大炸高。对于激光等炸高控制精度高或其他机械方式的定高引信，炸高可取为常数。

2）对空射击近炸引信

对空射击近炸引信启动点建模较为复杂，涉及弹体坐标系、相对速度坐标系和目标坐标系之间的相互转换。相对速度坐标系、目标坐标系及其之间的转换如前所述，对于依据探测角 Ω 启动的引信，弹体坐标系 $O\text{-}x_m y_m z_m$ 和引信探测角如图 8.4.6 所示。

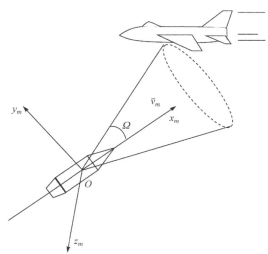

图 8.4.6　弹体坐标系与引信探测角

如图 8.4.6 所示，弹体坐标 $O\text{-}x_m y_m z_m$ 下引信启动的锥面方程为

$$y_m^2 + z_m^2 = x_m^2 \tan^2 \Omega$$ (8.4.4)

为获得目标坐标系 $O\text{-}x_t y_t z_t$ 的引信启动点模型，需要在相对速度坐标系 $O\text{-}xyz$ 下建立引信启动锥面方程，可通过坐标系的旋转后平移得到。由相对速度坐标系到弹体坐标系的旋转变换矩阵 M_m 为

$$M_m = M_z[\theta_m] M_y[\phi_m - \phi] M_z[-\theta]$$ (8.4.5)

式中，ϕ_m、θ_m、ϕ 和 θ 含义与第 8.3.2 节前同。

于是，得到相对速度坐标系 $O\text{-}xyz$ 到弹体坐标系的旋转变换关系式

$$\begin{bmatrix} x_m' \\ y_m' \\ z_m' \end{bmatrix} = \begin{bmatrix} \cos\theta_m & \sin\theta_m & 0 \\ -\sin\theta_m & \cos\theta_m & 0 \\ 0 & 0 & 1 \end{bmatrix} \begin{bmatrix} \cos(\phi_m - \phi) & 0 & -\sin(\phi_m - \phi) \\ 0 & 1 & 0 \\ \sin(\phi_m - \phi) & 0 & \cos(\phi_m - \phi) \end{bmatrix} \begin{bmatrix} \cos\theta & -\sin\theta & 0 \\ \sin\theta & \cos\theta & 0 \\ 0 & 0 & 1 \end{bmatrix} \begin{bmatrix} x \\ y \\ z \end{bmatrix}$$

(8.4.6)

进一步,可得

$$
\begin{cases}
x'_m = M_{m11} \cdot x + M_{m12} \cdot y + M_{m13} \cdot z \\
y'_m = M_{m21} \cdot x + M_{m22} \cdot y + M_{m23} \cdot z \\
z'_m = M_{m31} \cdot x + M_{m32} \cdot y + M_{m33} \cdot z
\end{cases}
\tag{8.4.7}
$$

其中

$$
\begin{cases}
M_{m11} = \cos\theta_m \cos(\phi_m - \phi)\cos\theta + \sin\theta_m \sin\theta \\
M_{m12} = -\cos\theta_m \cos(\phi_m - \phi)\sin\theta + \sin\theta_m \cos\theta \\
M_{m13} = -\cos\theta_m \sin(\phi_m - \phi) \\
M_{m21} = -\sin\theta_m \cos(\phi_m - \phi)\cos\theta + \cos\theta_m \sin\theta \\
M_{m22} = \sin\theta_m \cos(\phi_m - \phi)\sin\theta + \cos\theta_m \cos\theta \\
M_{m23} = \sin\theta_m \sin(\phi_m - \phi) \\
M_{m31} = \sin(\phi_m - \phi)\cos\theta \\
M_{m32} = -\sin(\phi_m - \phi)\sin\theta \\
M_{m33} = \cos(\phi_m - \phi)
\end{cases}
\tag{8.4.8}
$$

若相对速度坐标系 $O\text{-}xyz$ 中引信启动点坐标为 (x_i, y_i, z_i),那么可通过坐标平移,得到相对速度坐标系向弹体坐标最终的转换关系式

$$
\begin{cases}
x_m = M_{m11} \cdot (x + x_i) + M_{m12} \cdot (y + y_i) + M_{m13} \cdot (z + z_i) \\
y_m = M_{m21} \cdot (x + x_i) + M_{m22} \cdot (y + y_i) + M_{m23} \cdot (z + z_i) \\
z_m = M_{m31} \cdot (x + x_i) + M_{m32} \cdot (y + y_i) + M_{m33} \cdot (z + z_i)
\end{cases}
\tag{8.4.9}
$$

把式(8.4.9)代入到式(8.4.4),可得到弹体坐标系 $O\text{-}x_m y_m z_m$ 的引信启动锥面转换到相对速度坐标系 $O\text{-}xyz$ 下的表达式为

$$
[M_{m21} \cdot (x + x_i) + M_{m22} \cdot (y + y_i) + M_{m23} \cdot (z + z_i)]^2
$$
$$
+ [M_{m31} \cdot (x + x_i) + M_{m32} \cdot (y + y_i) + M_{m33} \cdot (z + z_i)]^2
$$
$$
= [M_{m11} \cdot (x + x_i) + M_{m12} \cdot (y + z_i) + M_{m13} \cdot (z + z_i)]^2 \tan^2\Omega \tag{8.4.10}
$$

当引信启动锥面与目标相交时,若目标按质点考虑则交点为相对速度坐标系 $O\text{-}xyz$ 的坐标原点,即 $(x, y, z) = (0, 0, 0)$,这时引信启动锥面在相对速度坐标系 $O\text{-}xyz$ 下的方程可简化为

$$
[M_{m21} \cdot x_i + M_{m22} \cdot y_i + M_{m23} \cdot z_i]^2 + [M_{m31} \cdot x_i + M_{m32} \cdot y_i + M_{m33} \cdot z_i]^2
$$
$$
= [M_{m11} \cdot x_i + M_{m12} \cdot y_i + M_{m13} \cdot z_i]^2 \tan^2\Omega \tag{8.4.11}
$$

将相对速度坐标系 $O\text{-}xyz$ 的引信启动点坐标 (x_i, y_i, z_i) 转换到目标坐标系 $O\text{-}x_t y_t z_t$,得到目标坐标系中引信启动点第三维坐标 x_t 与 (x_i, y_i, z_i) 的关系式

$$
x_t = [\cos\theta_t \cos(\phi_t - \phi)\cos\theta + \sin\theta_t \sin\theta]x_i
$$
$$
+ [-\cos\theta_t \cos(\phi_t - \phi)\sin\theta + \sin\theta_t \cos\theta]y_i - \cos\theta_t \sin(\phi_t - \phi)z_i \tag{8.4.12}
$$

这样,由相对速度坐标下 $O\text{-}xyz$ 下的随机弹道方程可获得脱靶平面上的随机落点 (y_i, z_i),通过式(8.4.11)可求得该坐标系下引信启动的第三维坐标 x_i,再通过式(8.4.12)求得目标坐标系 $O\text{-}x_t y_t z_t$ 下引信启动点第三维坐标 x_t。

8.5　炸点坐标模拟的 Monte-Carlo 方法

8.5.1　Monte-Carlo 方法原理

蒙特卡洛方法(Monte-Carlo Method)又称为统计试验法或数字仿真法,20 世纪 40 年代中期,随着科学技术的发展和电子计算机的发明,首先由美国在第二次世界大战中研制原子弹的"曼哈顿"计划的成员 S. M. 乌拉姆和 J. 冯·诺伊曼提出,数学家冯·诺伊曼用驰名世界的赌城——摩纳哥蒙特卡洛(Monte-Carlo)命名,为其蒙上了一层神秘色彩。Monte-Carlo 方法是一种以概率统计理论为指导的一类非常重要的数值计算方法,其基本思想和原理是:在求解某种随机事件出现的概率或某个随机变量的期望值时,首先依据一定的统计规律和模型通过人为的方法产生大量随机数,然后进行多次数字实验模拟随机过程,以这一随机事件出现的频率估计其概率,或得到这一随机变量的某些数字特征。Monte-Carlo 方法既可解概率问题及随机过程,又可解非概率问题,其优点是建立的数学模型简单,数学和物理意义明确。Monte-Carlo 方法的解题过程可以归结为以下三个步骤:

(1) 构造概率模型或描述概率过程。

对于本身就属于随机性质的问题,主要是正确描述和模拟这个概率过程;对于不属于随机性质的确定性问题,需要事先构造一个人为的概率过程,设置待求解的参量,即将不具有随机性质的问题转化为随机性质的问题。

(2) 从已知概率分布抽样。

构造了概率模型之后,产生已知概率分布的随机变量,就成为 Monte-Carlo 方法模拟实验的基本手段。最简单、最基本也是最重要的概率分布是[0,1]上的均匀分布(也成为矩形分布),符合[0,1]均匀分布的随机数就是具有这种均匀分布的随机变量。一般来说,只要产生了均匀分布的随机数,其他概率分布的随机数可以通过数学变换得到。均匀分布的随机数产生有多种方法,比较常用的方法是同余法,通过数学递推公式迭代产生,本书后面将详细阐述。这样产生的随机数并不是真正意义的随机数,称为伪随机数。不过,经过多种统计检验表明,这样的随机数与真正的随机数具有相近的性质,可以作为真随机数使用。

(3) 建立各种估计量。

构造了概率模型并实现了从中抽样和模拟实验后,就可以确定一个随机变量,作为所要求的解;建立各种估计量,相当于对模拟实验结果进行考察、登记和统计,从中得到待求问题的解。

采用 Monte-Carlo 方法求解战斗部的毁伤概率,实质上就是用符合命中精度和引信启动规律的随机数模拟炸点坐标,再通过坐标杀伤规律获得各炸点的毁伤概率,由对炸点样本毁伤概率的统计平均获得战斗部对目标的毁伤概率。采用 Monte-Carlo 方法通过模拟实验得到的单发毁伤概率与式(8.2.2)的全概率公式解析求解结果的一致性在于,单发导弹的毁伤概率本质上就是大量实验的统计结果。事实上,针对式(8.2.2)的全概率公式的求解有多种,从而形成各种不同的战斗部毁伤效能评估方法,采用通过 Monte-Carlo 方法进行求解的方法常常被称为战斗部毁伤效能评估的 Monte-Carlo 方法。在计算机技术高度发展的今天,Monte-Carlo 方法已成为最简单、最实用也是最普及的方法。

8.5.2　随机数产生

1. [0,1]区间均匀分布随机数的产生

利用 Monte-Carlo 方法进行计算和分析时,首先和关键的一步是产生[0,1]区间均匀分布的随机数,当这一随机数产生后,可以利用各种方法产生服从各种分布的随机数。

当前应用最广泛的产生均匀分布随机数的数学方法是线性同余法,由数学迭代过程实现,其算法简单、易懂、容易实现,所产生的均匀分布随机数统计性质良好。线性同余法又可分为加同余法、乘同余法和混合同余法。由于加同余法和乘同余法随机性相对较差,本书建议采用混合同余法。

混合同余法的迭代公式为[19]

$$y_{n+1} = ay_n + b(\text{mod}M) \tag{8.5.1}$$

$$\gamma_n = \frac{y_n}{M} \tag{8.5.2}$$

其中,a、b、M 和初值 y_0 都是正整数;(mod$M$)是同余符号,对于算式 $A = B$(mod$M$),表示 A 是 B 被正整数 M 除后的余数,即 $B = aM + A$;γ_n 为[0,1]区间的均匀分布伪随机数;$M = 2^K$,K 为计算机字长。

由于计算机字长 K 是有限的,所以 M 也是有限的,由式(8.5.2)可以看出 $0 \leqslant y_n < M, 0 \leqslant \gamma_n < 1$。因此,不同的 y_n(γ_n 同样)至多有 M 个不相同的值。这说明伪随机数是有周期性的,用 T 表示伪随机数的周期,一般 $T \leqslant M$,即每隔 T 个不同的 y_n(γ_n 同样)循环一次。既然如此,$\{y_n\}$ 就不是真正的随机数。不过如果 T 充分大,一般要求 T 大于 Monte-Carlo 法进行函数误差分析的抽样次数,这样只要在一个周期内使伪随机数通过独立性和均匀性的统计检验,在工程上应用还是适合的。因此,一般对伪随机数产生算法的要求是:①算法简单,计算速度快;②周期 T

大;③在一个周期内通过独立性和均匀性统计检验。

当采用同余法产生伪随机数时,只有通过适当的选取参数 a、b 和 y_0 来达到上面这三点要求。为获得最大周期,其参数选择应满足如下条件:①$b>0$,且 b 与 M 互素;②乘子 $a-1$ 是 4 的倍数。根据 Knuth[20] 提出的建议,可按以下三点选取参数:①y_0 为任意整数。②乘子 a 满足三个条件,即 $a(\bmod 8)=5$;$M/100<a<M-\sqrt{M}$;a 的二进制形式应无明显规律性。③b 为奇数,且 $b/M\approx 1/2-\sqrt{3}/6\approx 0.21132$。关于同余式中各参数值的选择,目前有很多经过实践检验,能产生出具有较好性质的随机数的经验值。

2. 标准正态分布随机数的产生

产生出 $[0,1]$ 区间均匀分布随机数后,通常有两种方法变换产生出标准正态分布 $N(0,1)$ 随机数。一种是直接抽样构造正态分布随机数,另一种是中心极限定理获得正态分布随机数,在这里根据直接抽样构造正态分布随机数来产生标准正态分布随机数。此方法是用一对 $[0,1]$ 区间的均匀随机数 γ_1,γ_2 按以下数学式构成一对标准正态分布随机数,即

$$y_1=\sqrt{-2\ln\gamma_1}\cdot\cos(2\pi\gamma_2) \tag{8.5.3}$$

$$y_2=\sqrt{-2\ln\gamma_1}\cdot\sin(2\pi\gamma_2) \tag{8.5.4}$$

y_1 和 y_2 服从二维标准正态分布,其密度函数为

$$f(y_1,y_2)=\frac{1}{2\pi}\exp\left[-\frac{1}{2}(y_1^2+y_2^2)\right] \tag{8.5.5}$$

经过如下变换,可得到一般形式的正态分布:

$$x_1=\mu_1+\sigma_1 y_1 \tag{8.5.6}$$

$$x_2=\mu_2+\sigma_2 y_2 \tag{8.5.7}$$

因此,y_1 和 y_2 分别服从 $N(\mu_1,\sigma_1)$,$N(\mu_2,\sigma_2)$ 形式的正态分布。

3. Monte-Carlo 法样本容量的确定

设有一随机变量的序列 $X_i(i=1,2,\cdots,N)$,以它的统计平均值 $X(N)$ 作为其真实的数学期望值 M_x 的估计量时,其相对误差小于某 ε 的概率表示为

$$P_r\{|[X(N)-M_x]/M_x|\leqslant\varepsilon\}\geqslant 1-\alpha \tag{8.5.8}$$

式中,$1-\alpha$ 为置信水平;ε 为置信限,用它来作为相对误差大小的衡量尺度。实际上 M_x 是未知的,因此,当给定计算误差 ε 和置信水平 $1-\alpha$ 时,样本容量 N 可由下式确定:

$$\frac{N}{S^2(N)}\geqslant\frac{t_{\alpha/2}^2(N-1)}{X(N)\varepsilon^2} \tag{8.5.9}$$

$$X(N) = \frac{1}{N-1} \sum_{i=1}^{N} X_i \tag{8.5.10}$$

$$S^2(N) = \frac{1}{N-1} \sum_{i=1}^{N} \left[X_i - X(N) \right]^2 \tag{8.5.11}$$

式中,$S^2(N)$为随机变量 X 对 N 样本的统计方差;$X(N)$为随机变量 X 对 N 样本的统计平均值;$t_{a/2}(N-1)$为自由度为 $N-1$ 的 t 分布的双侧百分位点。

当 N 足够大时,例如 $N > 20$ 时,t 分布已很接近正态分布,其双侧百分位点在 $1-\alpha = 0.95$ 时接近于正态分布的极限值:

$$t_{a/2}(N-1) \approx 2 \tag{8.5.12}$$

则样本容量 N 应满足下列条件:

$$2\sqrt{\frac{S_{x2}}{S_{x2}^2} - \frac{1}{N}} \leqslant \varepsilon \tag{8.5.13}$$

$$S_{x1} = \sum_{i=1}^{N} X_i \tag{8.5.14}$$

$$S_{x2} = \sum_{i=1}^{N} (X_i)^2 \tag{8.5.15}$$

由式(8.5.15)看到,Monte-Carlo 法的误差取决于样本容量或试验次数 N,而与参与计算的随机变量的个数无关。而用概率密度数值积分法时每增加一个随机变量就要增加一重概率密度的数值积分。这一特性决定了 Monte-Carlo 法更适用于有多个随机变量的单发毁伤概率的计算问题。

由式(8.5.15)可见,计算误差 ε 与试验次数 N 的平方根成反比,即

$$\varepsilon \propto \frac{1}{\sqrt{N}} \tag{8.5.16}$$

若使误差下降一个数量级,试验次数 N 需增加两个数量级。故为了达到所要求的精度,需要有足够的试验次数 N。通常在计算单发毁伤概率时,N 数需要大于 100。

8.5.3　战斗部随机炸点模型

战斗部随机炸点模型一般在目标坐标系中建立,由不同射击方式和弹目交会状态的命中精度模型、随机弹道模型和引信启动点模型相结合得到,下面给出典型的采用 Monte-Carlo 法的随机炸点(坐标)模型。

1. 立靶射击

1) 触发瞬发引信

身管武器直瞄射击弹药大多数情况下采用触发瞬发引信,随机弹道与立靶平

面或垂直弹道平面的交点即为炸点。按 8.3 节和 8.4 节的坐标系定义和选取方法,由式(8.3.25)和式(8.4.1)相结合就可以得到 Monte-Carlo 法的战斗部随机炸点(坐标)模型

$$
\begin{cases}
x_t = 0 \\
y_t = \gamma_y \\
z_t = \gamma_z
\end{cases}
\tag{8.5.17}
$$

式中,γ_y,γ_z 分别为根据命中精度指标(立靶密集度)和命中精度模型在立靶平面上抽取的落点坐标(y_i,z_i)随机数。

2)其他引信

对于采用触发延期引信的攻坚弹、半穿甲弹等,需要通过侵彻弹道方程结合延期时间计算出侵彻行程 L,则随机炸点(坐标)模型为

$$
\begin{cases}
x_t = -L \\
y_t = \gamma_y \\
z_t = \gamma_z
\end{cases}
\tag{8.5.18}
$$

身管武器直瞄射击弹药也有采用时间引信情况,如一种小口径榴弹发射器,通过时间装定的方法使弹药在掩体和沟壕上方空炸,实现对隐蔽目标的有效毁伤。根据装定时间,结合弹道方程和初速或然误差可确定炸点在 x_t 方向的分布区间为 $[L_1, L_2]$,于是随机炸点(坐标)模型为

$$
\begin{cases}
x_t = \gamma_x \\
y_t = \gamma_y \\
z_t = \gamma_z
\end{cases}
\tag{8.5.19}
$$

式中,γ_x 为 $[L_1, L_2]$ 区间的均匀分布随机数。

2. 对地射击

对地射击的武器弹药多种多样,如身管压制武器间瞄发射弹药、空投武器弹药以及各种精确制导弹药等,由于假设末端弹道为直线,所以可以统一归类处理,这里重点讨论触发和近炸两种引信情况。

1)触发引信

在此仅讨论触发瞬发引信,触发延期引信在此基础参考前文进一步处理即可,不再赘述。对于触发瞬发引信,随机弹道与地面或目标表面的交点即为引信启动点和战斗部炸点。

身管压制武器弹药间瞄对地射击(目标坐标系下的随机弹道方位角为 0)条件下,Monte-Carlo 法的战斗部随机炸点模型由式(8.3.27)和式(8.4.2)相结合得到

$$\begin{cases} x_t = X_t \\ y_t = X_t \tan^{-1}\theta + \gamma_y \\ z_t = \gamma_z \end{cases} \tag{8.5.20}$$

式中，X_t 为随机弹道与地面或目标表面交点的 x_t 轴坐标值，$X_t=0$ 表示随机弹道与地面相交；γ_y，γ_z 分别为根据命中精度指标（地面密集度）和命中精度模型在地面上抽取的落点坐标（y_i，z_i）随机数；θ 为弹道落角。

精确制导武器弹药对地射击条件下，既要考虑弹道落角 θ，还要考虑方位角 λ，同理可得

$$\begin{cases} x_t = X_t \\ y_t = X_t \cos\lambda\cos\theta + \gamma_y \sin\lambda + \gamma_z \cos\lambda\sin\theta \\ z_t = X_t \sin\lambda\cos\theta - \gamma_y \cos\lambda + \gamma_z \sin\lambda\sin\theta \end{cases} \tag{8.5.21}$$

式中，γ_y，γ_z 分别为根据命中精度指标（圆概率偏差）和命中精度模型在制导平面上抽取的落点坐标（y_i，z_i）随机数。

2）近炸引信

由对地射击近炸引信启动点模型式（8.4.3），再参考式（8.5.21），可得到 Monte-Carlo 法的战斗部随机炸点模型

$$\begin{cases} x_t = \gamma_x \\ y_t = \gamma_x \cos\lambda\tan^{-1}\theta + \gamma_y \sin\lambda + \gamma_z \cos\lambda\sin^{-1}\theta \\ z_t = \gamma_x \sin\lambda\tan^{-1}\theta - \gamma_y \cos\lambda + \gamma_z \sin\lambda\sin^{-1}\theta \end{cases} \tag{8.5.22}$$

式中，γ_x 为炸高散布区间 $[H_{min}, H_{max}]$ 均匀分布随机数；γ_y，γ_z 分别为根据命中精度指标（圆概率偏差）和命中精度模型在制导平面上抽取的落点坐标（y_i，z_i）随机数。

3. 对空射击

武器弹药对空射击只讨论近炸引信，对于近炸瞬发引信，启动点即为战斗部炸点；对于近炸延期引信，需要将延期时间和弹药速度相结合在随机弹道上求得战斗部炸点。

取引信延期时间 Δt 为变量，当 $\Delta t=0$ 时，参考式（8.3.45）可以给出目标坐标系下战斗部炸点坐标模型

$$\begin{bmatrix} x_t \\ y_t \\ z_t \end{bmatrix} = \begin{bmatrix} \cos\theta_t & \sin\theta_t & 0 \\ -\sin\theta_t & \cos\theta_t & 0 \\ 0 & 0 & 1 \end{bmatrix} \begin{bmatrix} \cos(\phi_t - \phi) & 0 & \sin(\phi_t - \phi) \\ 0 & 1 & 0 \\ -\sin(\phi_t - \phi) & 0 & \cos(\phi_t - \phi) \end{bmatrix} \begin{bmatrix} \cos\theta & -\sin\theta & 0 \\ \sin\theta & \cos\theta & 0 \\ 0 & 0 & 1 \end{bmatrix} \begin{bmatrix} \gamma_x \\ \gamma_y \\ \gamma_z \end{bmatrix}$$

$$\tag{8.3.23}$$

式中，γ_y，γ_z 分别为根据命中精度指标（脱靶量）和命中精度模型在脱靶平面上抽

取的落点坐标 (y_i, z_i) 随机数;γ_x 参照式(8.4.11)通过下式求解:

$$[M_{m21} \cdot \gamma_x + M_{m22} \cdot \gamma_y + M_{m23} \cdot \gamma_z]^2 + [M_{m31} \cdot \gamma_x + M_{m32} \cdot \gamma_y + M_{m33} \cdot \gamma_z]^2$$

$$= [M_{m11} \cdot \gamma_x + M_{m12} \cdot \gamma_y + M_{m13} \cdot \gamma_z]^2 \tan^2\Omega \tag{8.5.24}$$

当 $\Delta t \neq 0$ 时,参考式(8.3.40)和式(8.3.46),可得到弹药在目标坐标系下 x_t 轴的速度矢量分量为

$$v_{xt} = \frac{x_d}{\sqrt{x_d^2 + y_d^2 + z_d^2}} v \tag{8.5.25}$$

这样,结合引信启动点模型式(8.4.12),可得到弹药随机炸点在目标坐标系下的 x_t 轴坐标

$$x_t = x_t' + v_{xt} \Delta t \tag{8.5.26}$$

其中,

$$x_t' = [\cos\theta_t \cos(\phi_t - \phi)\cos\theta + \sin\theta_t \sin\theta]\gamma_x$$
$$+ [-\cos\theta_t \cos(\phi_t - \phi)\sin\theta + \sin\theta_t \cos\theta]\gamma_y + \cos\theta_t \sin(\phi_t - \phi)\gamma_z \tag{8.5.27}$$

由式(8.5.26)与随机弹道方程式(8.3.48)相结合,可分别求得目标坐标系下的 y_t 和 z_t 轴的坐标

$$\begin{cases} y_t = \dfrac{(x_t - X_t)y_d}{x_d} + Y_t \\ z_t = \dfrac{(x_t - X_t)z_d}{x_d} + Z_t \end{cases} \tag{8.5.28}$$

根据式(8.3.45)有

$$\begin{cases} X_t = M_{t12}\gamma_y + M_{t13}\gamma_z \\ Y_t = M_{t22}\gamma_y + M_{t23}\gamma_z \\ Z_t = M_{t32}\gamma_y + M_{t33}\gamma_z \end{cases} \tag{8.5.29}$$

其中,

$$\begin{cases} M_{t12} = -\cos\theta_t \cos(\phi_t - \phi)\sin\theta + \sin\theta_t \cos\theta \\ M_{t13} = -\cos\theta_t \sin(\phi_t - \phi) \\ M_{t22} = \sin\theta_t \cos(\phi_t - \phi)\sin\theta + \cos\theta_t \cos\theta \\ M_{t23} = \sin\theta_t \sin(\phi_t - \phi) \\ M_{t32} = -\sin(\phi_t - \phi)\sin\theta \\ M_{t33} = \cos(\phi_t - \phi) \end{cases} \tag{8.5.30}$$

8.6　实例分析

8.6.1　集束箭弹命中概率的 Monte-Carlo 方法

1. 问题的提出

具有良好射击精度的轻武器，靶场射击时通常可以获得理想或期望的命中目标概率。然而在实战条件下，由于经常实施概率射击，即使瞄准射击也由于瞄准误差、射手与目标之间的快速相对运动、目标暴露时间短以及光线昏暗或目标部分遮蔽等原因而造成较大的射击误差，使实战命中率大大低于平时训练。因此实战条件下，命中一次目标往往需要消耗大量的弹药，使轻武器的精度很少有机会得以充分利用。霰弹武器/弹药系统能在突然开火时，枪口有大量的弹丸齐射而出，构成一定的着弹散布面，可以有效抵消射击误差，提高单发命中率和杀伤概率，同时还具有火力猛、威力大、用途广以及快速反应能力强等优点。因此，霰弹武器越来越广泛地应用到各种各样的近战突击中，如城市作战、伏击战、军事扫荡以及能见度极差的作战环境。在各种霰弹中，集束箭弹具有存速能力强、侵彻威力大、远战性能好等优点，综合性能更加优越。

一种典型的集束箭弹如图 8.6.1 所示，全弹由药筒、底火、发射药、底托、定位托及 7 枚小箭组成，结构形式不同于普通的制式枪弹，是一种大底缘埋头柱形弹，与猎枪霰弹结构有相似之处[21]。

图 8.6.1　一种典型集束箭弹的结构组成和诸元

现代战争中的近战突击武器，实战时多采取概略瞄准并实施腰际射击，使枪弹对目标的命中概率大幅降低,集束箭弹因其每发弹的多枚小箭在目标平面上都有一个覆盖区域,能够有效抵消瞄准误差。因此集束箭弹对目标的命中概率受瞄准误差的影响较小,其在概略瞄准中的命中概率较普通制式弹(独头弹)高得多。若集束箭弹多枚小箭在目标平面上的散布过小,则其对目标的命中率较单头弹的提高有限,不足于抵消瞄准误差,不能充分发挥其面杀伤的作用;若集束箭弹多枚小箭的散布过大,小箭分布密度下降,对目标的命中率不但不能提高,反而有可能降低。因此,对于含一定数量小箭的集束箭弹,理论上存在着理想的散布圆大小和范围,使集束箭弹的命中概率和毁伤效能感得到充分保证。

在该集束箭弹的研制过程中的方案设计、性能优化以及效能评估等,存在以下两个方面的重要问题需要解决:

(1) 针对单头枪弹的传统命中概率分析与评估方法不适用集束箭弹,无法进行相对于单头弹的命中概率或毁伤效能的定量对比分析,尤其不能实现以命中概率为目标函数进行集束箭弹的方案与性能优化;

(2) 集束箭弹多枚小箭的散布特性直接关系到对目标的命中概率和毁伤效能,其散布圆直径、散布偏差等参数对命中概率的影响规律以及实现散布参数的优化与控制等,需要建立科学合理的定量计算与分析的方法和手段。

2. 数学模型

正常情况下,该集束箭弹 7 枚小箭在靶板上的命中点分布如图 8.6.2 所示,其主要特征为:以 1 枚小箭为中心,其余 6 枚小箭较为均匀地分布在中心小箭周围;中心小箭分布在瞄准点 O 附近一定范围,从统计角度看,外围 6 枚小箭的命中点与中心小箭的命中点存在固定关联关系。实验表明[21,22],中心 0 号小箭命中点以瞄准点 O 为中心,其命中点坐标 (x_0, y_0) 沿坐标轴 x 和 y 均服从正态分布;外围 6 枚小箭到 0 号小箭的距离 $r_i(i=1,2,\cdots,6)$ 服从正态分布,外围相邻各小箭与中心小箭连线所成的角度或与 x 轴的夹角 $\theta_i(i=1,2,\cdots,6)$ 也服从正态分布。

根据图 8.6.2,x_0、y_0、r_i 和 θ_i 服从正态分布,可分别表示为

$$x_0 \sim N(0, \sigma_x^2) \tag{8.6.1}$$

$$y_0 \sim N(0, \sigma_y^2) \tag{8.6.2}$$

$$r_i \sim N(\mu_r, \sigma_r^2) \tag{8.6.3}$$

$$\theta_i \sim N\left[\theta_{i-1} + (i-1)\frac{\pi}{3}, \sigma_\theta^2\right] \tag{8.6.4}$$

式中,σ_x^2 为中心小箭横向坐标方差;σ_y^2 为中心小箭纵向坐标方差;μ_r 为外围小箭与中心小箭之间距离的正态分布均值,定义为散布圆半径;σ_r^2 为散布圆半径正态分布方差;σ_θ^2 为外围小箭与 x 轴夹角的正态分布方差。

集束箭弹外围 6 枚小箭在靶板上的命中点坐标 $(x_i, y_i)(i=1,2,\cdots,6)$ 与中心

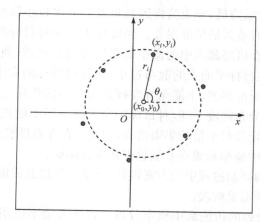

图 8.6.2　集束箭弹命中点分布示意图

小箭的命中点坐标(x_0, y_0)关系为

$$x_i = x_0 + r_i\cos\theta_i \tag{8.6.5}$$

$$y_i = y_0 + r_i\sin\theta_i \tag{8.6.6}$$

3. 计算方法与计算结果

首先，根据设计输入或试验结果，按式(8.6.1)～式(8.6.4)采用 Monte-Carlo 方法产生 x_0、y_0、r_i 和 θ_i(θ_i 为递推公式，θ_0 为$[0, 2\pi]$之间的均匀分布随机数)的随机数，再结合式(8.6.5)和式(8.6.6)，最终可获得每次 Monte-Carlo 模拟射击抽样 7 枚小箭的随机命中点坐标(x_i, y_i)($i = 0, 1, 2, \cdots, 6$)。目标(人胸)靶尺寸取 500mm×500mm，以目标靶的中心为原点建立平面坐标系，那么一次 Monte-Carlo 模拟射击抽样判定命中目标的条件为：至少有 1 枚小箭的坐标(x_i, y_i)($i = 0, 1, 2, \cdots, 6$)满足

$$(-250 \leqslant x_i \leqslant 250) \bigcap (-250 \leqslant y_i \leqslant 250) \tag{8.6.7}$$

进行 N(一般不小于 1000)次抽样，统计满足至少有 1 枚小箭命中目标的抽样次数 n，最终得到集束箭弹对目标(人胸)靶的命中概率

$$p = \frac{n}{N} \tag{8.6.8}$$

根据试验所获得的集束箭弹小箭命中分布参数：σ_x^2、σ_y^2、μ_r、σ_r^2 和 σ_θ^2，采用上述 Monte-Carlo 模拟计算方法，针对 500mm×500mm 人胸靶计算了射程 s 分别为 50m、100m 和 150m 的命中概率，计算结果如表 8.6.1 所示。由表 8.6.1 可以看出，集束箭弹命中概率很高，能够显著提高武器系统的效能。

表 8.6.1 集束箭弹小箭命中分布参数和命中概率

s/m	σ_x/mm	σ_y/mm	μ_r/mm	σ_r/mm	σ_θ/rad	p
50	98	149	301	183	0.34	0.956
100	152	201	451	222	0.35	0.904
150	197	220	610	256	0.33	0.793

为了研究小箭命中分布参数对命中概率的影响规律,逐一改变 σ_x^2、μ_r、σ_r^2 和 σ_θ^2 进行计算,其一变化时其余参数按表 8.6.1 取值保持不变,对计算结果进行数据处理,得到命中概率分别与上述 4 个分布参数的关系曲线如图 8.6.3～图 8.6.6 所示。

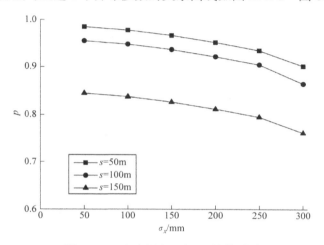

图 8.6.3 命中概率 p 与 σ_x 的关系图

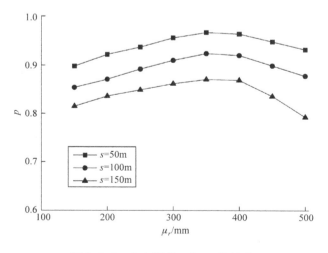

图 8.6.4 命中概率 p 与 μ_r 的关系

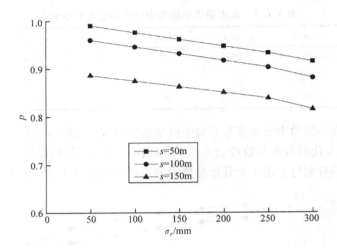

图 8.6.5　命中概率 p 与 σ_r 的关系

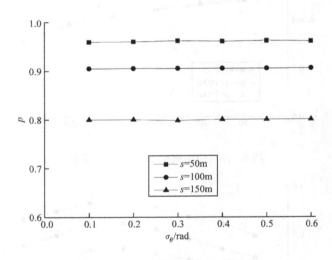

图 8.6.6　命中概率 p 与 σ_θ 的关系

4. 讨论与结论

由图 8.6.3 可以看出,集束箭弹命中概率随 σ_x 的增加而减小,由于 σ_x 某种程度上代表了瞄准精度,所以集束箭弹的命中概率仍然受瞄准精度的影响。显而易见,σ_y 对命中精度的影响规律与 σ_x 相同。由图 8.6.4 可以看出,集束箭弹命中概率随 μ_r 的变化存在极值,说明存在最佳散布圆半径,且最佳散布圆半径与射程的关系不大,主要与目标的几何尺寸有关。对于 500mm×500mm 的人胸靶,最佳散布圆半径在 350～400mm 之间,这一研究结果对于集束箭弹总体结构设计和小箭散布控制等具有重要指导意义。由图 8.4.5 可以看出,集束箭弹命中概率随 σ_r 的增大而减小,说明对小箭散布圆半径的精度控制也非常具有实际意义。由图 8.6.6 可以看出,σ_θ 对命中概率无影响或不明显。

针对集束箭弹命中概率的 Monte-Carlo 方法的简单研究,获得了有意义的研究结论如下:

(1) 建立了描述集束箭弹小箭散布特性的数学模型,给出了集束箭弹命中概率计算的 Monte-Carlo 模拟方法,具有工程应用价值;

(2) 采用 Monte-Carlo 模拟方法得到的集束箭弹存在最佳散布圆半径以及小箭散布参数对命中概率影响规律等科学认识,在工程上具有指导意义或重要参考价值。

8.6.2 坦克主动防护系统拦截弹药毁伤效能评估

1. 问题的提出

坦克主动防护系统是坦克(装甲车辆)防护技术领域的重要发展方向之一,俄罗斯的 ARENE 系统是其中的典型代表,并在世界上第一个实现了列装[23]。ARENE 系统主要包含毫米波雷达探测系统、控制与发射系统以及拦截弹药三个组成部分,总质量不超过 1100kg,主要用于对付飞行速度为 $70\sim700\text{m/s}$ 的反坦克导弹和火箭弹等目标,能够提供前方 $\pm135°$ 范围的防护。如图 8.6.7 所示,ARE-NE 系统的工作原理为:毫米波雷达探测并跟踪来袭目标,当目标到达距坦克 $7.8\sim10.0\text{m}$ 时,控制与发射系统发射拦截弹药,拦截弹药在目标前上方几米处引爆,产生定向破片流摧毁来袭目标。

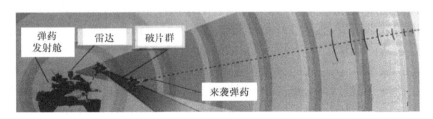

图 8.6.7 ARENE 系统工作原理示意图

拦截弹药(战斗部)终点毁伤效能评估方法是该系统防护效能分析与评估的基础,并可作为优化设计的系统总体方案与参数匹配设计的目标函数,尤其对拦截弹药结构与参数优化设计等具有重要的技术支撑作用,对类似 ARENE 系统的坦克主动系统的工程研制具有重要实用价值。

2. 数学模型[25,26]

ARENE 系统对付的典型目标是反坦克导弹和火箭弹,以反坦克导弹为例,其毁伤等级通常划分为如下两级:

K 级——导弹空中解体或战斗部被引爆,立即完全丧失其战术功能;

C 级——导弹偏航或不能命中目标,无法完成预定的作战任务。

鉴于坦克主动防护系统末端反导、终点防护的特点,毁伤效能评估研究立足于 K 级毁伤。对于反坦克导弹的 K 级毁伤,主要有两种毁伤模式:一是拦截弹药作用形成冲击波和高速定向破片流造成目标结构的瞬时解体;二是高速定向破片流直接引爆战斗部装药或引发引信立即启动,造成目标提前爆炸。这里,认为第一种毁伤模式属小概率事件,因此针对第二种毁伤模式开展研究。

典型的反坦克导弹结构如图 8.6.8 所示,针对 K 级毁伤的目标要害件主要包括引信碰炸开关、前级战斗部和主战斗部。引信碰炸开关简化为两层 0.8mm 厚的 LY-12 铝板夹 2.0mm 空气间隙的实体模型;前级和主战斗部分别简化为带有 2.0mm 厚 LY-12 铝壳体的圆柱形装药。

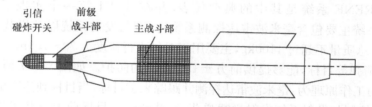

图 8.6.8 典型反坦克导弹结构示意图

拦截弹药形成的高速破片流对要害件的毁伤概率取决于有效破片命中数量或分布密度的数学期望,有效破片是指能够对要害件达到预定毁伤等级或能够造成相应毁伤模式的破片。针对性的试验结果给出[27]:对于质量为 2g 的钢质破片,当撞击速度达到 973.4m/s 以上时,能够 100% 引发前战斗部装药爆炸或爆燃;在其贯穿引信碰炸开关过程中,能够 100% 使开关接通并引发引信作用。这样,基于泊松分布的至少有一枚有效破片命中要害件的概率,即毁伤律模型为

$$p_i = 1 - e^{-N_i}$$
(8.6.9)

式中,$p_i (i=1,2,3)$ 为某一要害件的毁伤概率;N_i 为命中该要害件的有效破片数的数学期望,通过破片分布密度与要害件在破片场中呈现面积的乘积得到。

上述典型目标包含 3 个要害件,因此拦截弹药一次 Monte-Carlo 抽样的毁伤概率计算模型为

$$p_1 = 1 - \prod_{i=1}^{3} (1 - p_i)$$
(8.6.10)

目标要害件的破片场内的呈现面积由目标结构所决定,视为已知参量,为获得作用于目标要害件的有效破片分布密度或有效破片命中数量的数学期望,需要建立拦截弹药的破片飞散模型。为了便于研究又能反映问题本质,假设:

(1) 弹药发射后的飞行弹道为直线,弹药作用前姿态和速度不变;

(2) 目标末端无机动,飞行弹道为水平直线且速度不变;

(3) 弹药与目标弹道处于同一平面内;

(4) 破片在飞散场内分布均匀且速度相同。

弹目交会坐标系及弹药作用过程如图 8.6.9 所示,坐标原点取在弹药发射点上,弹药发射瞬时记为 0 时刻,此时目标距原点的水平距离 X 定义为拦截距离。拦截弹药炸点 B 的坐标(x_B, y_B)由发射角 α、弹药飞行速度 v 和引信延期时间 t 所决定,其中 v 和 t 存在一定的随机散布。因此

$$x_B = -vt\cos\alpha \tag{8.6.11}$$

$$y_B = vt\sin\alpha \tag{8.6.12}$$

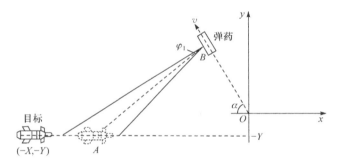

图 8.6.9　弹目交会坐标系与拦截弹药作用过程示意图

弹药结构决定破片分布于一个四棱锥体内,通过纵向飞散角 φ_1 和横向飞散角 φ_2 描述,此外弹药设计保证所有破片均为有效破片。自炸点 B 引弹药弹道线的垂线与目标弹道线交于 A 点,由简单的几何关系可得到 A 点的有效破片分布密度模型为

$$\varepsilon_A = \frac{N_0 \cos^2\alpha}{4\,(y_B + Y)^2 \tan\dfrac{\varphi_1}{2}\tan\dfrac{\varphi_2}{2}} \tag{8.6.13}$$

式中,N_0 为有效破片总数。

自 0 时刻始,破片到达目标弹道线的时间为 $t + \Delta t$(Δt 为破片从 B 点到达 A 点的时间),根据目标速度,很容易得到目标位置坐标。再由几何关系,根据 3 个要害件结构等效模型,很容易求得要害件在破片飞散场:四棱锥体底面上的投影面积 $S_i(i = 1,2,3)$ 即呈现面积,于是命中要害件有效破片数量的数学期望 N_i 为

$$N_i = \epsilon_A S_i \tag{8.6.14}$$

这样,式(8.6.9)~式(8.6.14)相结合构成了计算拦截弹药坐标杀伤规律的数学模型。拦截弹药随机炸点坐标(x_B, y_B)通过 Monte-Carlo 方法对 t 和 v 进行随机抽样,再根据式(8.6.11)和式(8.6.12)进行计算。Monte-Carlo 方法对 t 和 v 进行随机抽样的数学模型为

$$t = t_0 + \gamma \sigma_t, \tag{8.6.15}$$
$$v = v_0 + \gamma \sigma_v \tag{8.6.16}$$

式中,γ 为$(0,1)$之间的标准正态分布随机数;t_0, v_0 和 σ_t, σ_v 分别为引信延期时间和弹药速度的均值和标准差。

3. 计算方法与计算结果[25,26]

根据上述数学模型,采用 C++ 语言编制了拦截弹药对典型反坦克导弹的单发毁伤概率计算程序,程序流程如图 8.6.10 所示。每次 Monte-Carlo 抽样获得一个 p_1,多次(一般不小于 1000)循环对 p_1 进行加和累积,由 p_1 累积加和的结果除以抽样循环次数,最终得到拦截弹药的单发毁伤概率。

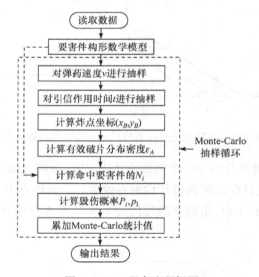

图 8.6.10　程序流程框图

参考 ARENE 系统的有关参数进行单发毁伤概率的 Monte-Carlo 模拟计算,对有关计算条件和固定参数取值说明如下:

(1) 破片质量为 2.0g,破片初速 1.5km/s(充分满足有效破片要求),破片数量 $N_0 = 500$ 枚;

(2) 弹药发射角 $\alpha = 60°$,破片横向飞散角 $\varphi_2 = 20°$;

（3）目标飞行速度 $V=150\text{m/s}$；

（4）弹药发射速度：$v_0=150\text{m/s}$，$\sigma_v=7.5\text{m/s}$；

（5）引信延期时间：$t_0=20\text{ms}$，$\sigma_t=0.05\text{ms}$。

根据工程背景需求，关心破片纵向飞散角 φ_1 和拦截距离 X 对毁伤概率的影响，因此 $\varphi_1\in[5°,35°]$ 和 $X\in[4\text{m},20\text{m}]$ 取变量进行计算。对计算结果进行数据处理，得到单发毁伤概率分别与拦截距离 X 和破片纵向飞散角 φ_1 的关系曲线，如图 8.6.11 和图 8.6.12 所示。

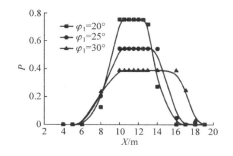
图 8.6.11　单发毁伤概率
与拦截距离的关系曲线

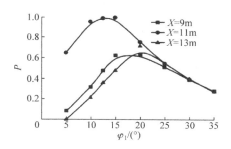
图 8.6.12　单发毁伤概率
与破片纵向飞散角的关系曲线

4. 分析与结论

在系统可靠作用并符合有关设定参数条件下，由计算结果得到的图 8.6.11 可以看出，拦截距离必须在一定范围内才能使弹药有效毁伤目标，有效拦截距离和范围随破片纵向飞散角的增大而增大，而毁伤概率的绝对值则随破片纵向飞散角的增大而减小。另外，由图 8.6.11 还可以看出，当破片纵向飞散角为 20° 时，有效的拦截距离为 9～12m（ARENE 系统为 7.8～10.0m），这从一定程度上证明了所提出的毁伤效能评估方法能够反映客观实际，有关数学模型和计算程序具有较好的计算精度。从图 8.6.12 可以看出，毁伤概率随破片纵向飞散角的变化存在极值，这可以成为弹药优化设计的依据之一。另外，应用上述计算模型和计算程序，可以任意选择系统参数进行计算，各自独立地研究其对毁伤概率的影响规律。

对于类似 ARENE 的坦克主动防护系统，由系统工作原理及拦截弹药终点作用原理所决定：只有系统参数（拦截距离、弹药发射角度和发射速度等）、引信延期时间以及弹药终点效应参数（破片飞散角、破片速度、破片质量与数量等）达到精确匹配，才能实现末端反导、终点防护的作战使用目的和要求。以毁伤终点效能或弹药单发毁伤概率为目标函数实现系统参数优化配置和弹药优化设计等是该系统工程研制的核心问题之一，因此以上所建立的拦截弹药毁伤效能毁伤评估模型和计算程序为此提供了一种有效的方法和手段。

8.6.3　一种末敏子母战斗部对防空导弹阵地的毁伤效能评估

1. 问题的提出

末敏弹融合了敏感器技术、稳态扫描技术和爆炸成型弹丸(EFP)战斗部技术等，能在目标区上空自主搜索、探测、识别、瞄准和攻击目标，具有"命中概率大、毁伤效果好、效费比高和发射后不管"等突出优点[27]，主要用于对付由主战坦克、步兵战车、自行火炮以及其他作战车辆等组成的装甲目标集群，实现远程精确打击。

末敏弹多为子母式结构，可采用多种发射与运载平台进行远程投送，如炮弹、火箭弹、战术导弹、航空炸弹和航空布撒器等。末敏子母战斗部兼顾了子母弹的面杀伤特点和末敏弹精确打击点目标的优势，可实现对装甲集群目标"多对多"的高效打击。其中，母弹开舱和末敏子弹抛撒参数的合理选择与匹配，使"点-面"结合达到最佳从而提高武器(弹药)系统的效能，是末敏子母战斗部设计和使用过程中需要解决的重要问题。这种以典型地空导弹阵地为作战对象和打击目标的两舱式末敏子母战斗部实例，既可以在上升弹道又可以在下降弹道段抛撒末敏子弹，另外战斗部的两个子弹舱室可通过时序控制实现分段抛撒。如何设置或选择开舱高度、两个舱子弹群的分离距离是该实例分析重点关注的问题。为此，基于 Monte-Carlo 方法，建立了该末敏子母战斗部的单发毁伤概率模型，并分析相关因素对毁伤概率的影响规律，为该末敏子母战斗部的开舱抛撒参数优化设计提供一种量化分析方法和数据依据。

2. 数学模型

1) 目标车辆的毁伤律模型[28]

典型地空导弹阵地由指挥控制车、相控阵雷达车、天线车、电源车以及 6～8 辆四联装导弹发射车组成，一般分布在一个大约 $400\text{m} \times 200\text{m}$ 的矩形区域内，实例选择的发射车数量为 6 辆。指挥控制车、相控阵雷达车、天线车、电源车和 6 辆导弹发射车的典型地面分布和各目标车辆几何中心坐标如图 8.6.13 所示，其中指挥控制车、雷达车、天线车和电源车组成导弹阵地"串联"式易损结构的要害舱段，体现为逻辑"或"形式，其中之一毁伤则目标被毁伤;6 辆发射车组成"并联"式易损结构，体现为逻辑"与"形式，所有发射车均被毁伤目标才能完全毁伤。实例的毁伤效能评估研究立足于目标完全毁伤，即目标完全丧失战术功能，基于此的目标毁伤树如图 8.6.14 所示。

末敏子弹主要通过爆炸成型弹丸战斗部所形成的 EFP 攻击车辆顶部毁伤目标，为了简化问题，这里只考虑命中毁伤，即没有子弹或 EFP 命中时目标车辆的毁伤概率为 0，任意目标车辆的毁伤概率取决于命中子弹药/EFP 数量以及 EFP 的

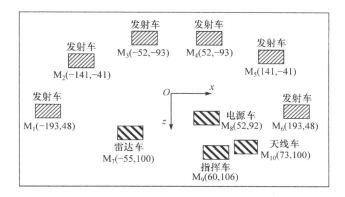

图 8.6.13　典型地空导弹阵地目标车辆地面分布示意图(单位:m)

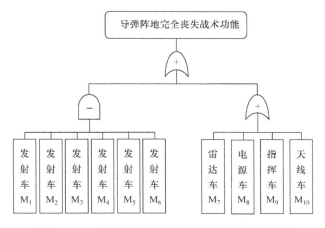

图 8.6.14　典型地空导弹阵地完全毁伤的毁伤树

侵彻威力。这里假设每个子弹的 EFP 侵彻威力相一致并均能保证可靠毁伤目标车辆,于是地空导弹阵地各车辆的毁伤律模型为

$$p=\begin{cases}1-(1-0.5)^N & (N\geqslant 2)\\ 0.5 & (N=1)\\ 0 & (N=0)\end{cases} \qquad (8.6.17)$$

式中,N 为命中目标车辆的子弹/EFP 数。

2) 战斗部及相关参数定义[28]

实例战斗部为包含两个弹舱的两舱室结构,共装填末敏子弹药 16 枚,两个舱室结构相一致并分别装填 8 枚子弹。战斗部轴截面的子弹排布如图 8.6.15 所示,图中 v_p 和 α 分别为末敏子弹的侧向抛撒速度和安装角。末敏子弹抛撒时战斗部处于上升弹道段或下降弹道段通过高低角 θ(与水平面的夹角)区分,$\theta>0$ 为上升弹道;$\theta < 0$ 为下降弹道;$\theta = 0$ 为水平状态。战斗部开舱抛出的末敏子弹进入稳态扫描阶段后,子弹群在空中的散布形状基本保持不变,在水平面上的投影可近似为两个椭圆,如图 8.6.16 所示,点 O_1 和 O_2 分别为两个散布椭圆的几何中心,定义称 O_1 和 O_2 之间的距离为两舱室子弹的分离距离 L。

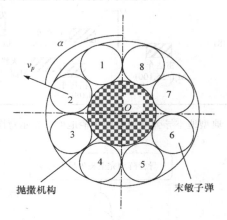

图 8.6.15　末敏子弹排布示意图

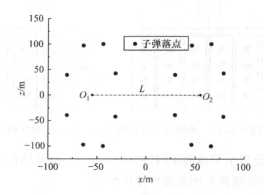

图 8.6.16　稳态扫描阶段子弹落点散布示意图

3) 坐标杀伤规律[28]

根据战斗部的作用过程,末敏子弹被抛出后的外弹道过程包括:自由坠落减速、减速伞的减速减旋以及稳态扫描三个阶段。

根据弹道解算确定战斗部在目标(地面)坐标系的预期开舱点坐标 (x_k, y_k, z_k),而战斗部实际开舱点的水平二维坐标简化处理为各自独立的正态分布,另外将开舱高度 H 取为常数,这样采用 Monte-Carlo 方法模拟战斗部开舱点坐标 (x_{0k}, y_{0k}, z_{0k}) 的数学模型为

$$\begin{cases} x_{0k} = x_k + \gamma_1 \cdot \text{CEP}/1.1774 \\ y_{0k} = H \\ z_{0k} = z_k + \gamma_2 \cdot \text{CEP}/1.1774 \end{cases} \tag{8.6.18}$$

式中,CEP 为武器平台的圆概率偏差;γ_1,γ_2 为两个相互独立的标准正态分布随机数。

末敏子弹被抛出的初始速度 v_0 由开舱时刻的母弹存速 v_m 和抛撒机构赋予末敏子弹的速度 v_p 决定。假设母弹飞行攻角为 $0°$,那么末敏子弹的初始速度 v_0 的三个速度分量为

$$\begin{cases} v_{0x} = (v_m\cos\theta - v_p\cos\alpha\sin\theta)\cos\psi - v_p\sin\alpha\sin\psi \\ v_{0y} = v_m\sin\theta + v_p\cos\alpha\cos\theta \\ v_{0z} = (v_m\cos\theta - v_p\cos\alpha\sin\theta)\sin\psi + v_p\sin\alpha\cos\psi \end{cases} \tag{8.6.19}$$

式中,ψ 为母弹进入方位角,通过母弹进入方向与 x 轴的夹角表示。

对于地空导弹阵地这种目标车辆离散分布、覆盖面积大的集群目标,需要考虑母弹或战斗部从任意方位攻击目标的可能性,因此采用 Monte-Carlo 方法对战斗部毁伤效能进行模拟计算时,需要对战斗部的方位角 ψ 在 $0 \sim 360°$ 的范围内进行随机抽样,即

$$\psi = 360 \cdot \gamma_3 \tag{8.6.20}$$

式中,γ_3 为 $[0,1]$ 之间的均匀分布随机数。

末敏子弹的运动方程在相关文献[27,29]中有详细的描述,将母弹开舱点坐标 (x_{0k},y_{0k},z_{0k}) 和末敏子弹初始速度 $v_0(v_{0x},v_{0y},v_{0z})$ 作为初始参数代入自由坠落阶段运动方程,可得到该阶段末敏子弹的弹道参数。将自由坠落阶段结束时的弹道参数代入到减速减旋阶段的运动方程进行求解,可得到这一阶段结束时的弹道参数。最后,将减速减旋阶段结束时的弹道参数代入稳态扫描阶段的运动方程,可得到末敏子弹稳态扫描时的扫描螺旋线的中心坐标 (x_G,z_G)。

在稳态扫描阶段,末敏子弹扫描螺旋线的螺距 ΔP 与运动参数的关系为

$$\Delta P = \frac{v_G}{W}\tan\beta_f \tag{8.6.21}$$

式中,W 为末敏子弹转速;β_f 为末敏子弹扫描线与铅垂线的夹角。

将目标车辆的几何中心记为 $M_j(x_{mj},z_{mj})(j=1,2,\cdots,n)$,其在地面上的投影面积为 $A_j = 2l_j \times 2w_j(j=1,2,\cdots,n)$,其中 j,n 分别表示目标车辆的编号和数量(这里 $n=10$),$2l_j,2w_j$ 分别表示为第 j 个车辆的长度和宽度。

若螺距 ΔP 满足:$\Delta P \leqslant l_j \bigcap \Delta P \leqslant w_j$,则认为满足捕获准则要求,从而简化了子弹命中目标车辆的过程。若末敏子弹扫描探测的起始高度为 H_G,子弹最大扫描

半径为 $R_d = H_G \tan\beta_i$，第 i 枚子弹扫描螺线的中点坐标为 (x_{Gi}, z_{Gi})，则目标车辆 $M_j(x_{mj}, z_{mj})$ 在第 i 枚子弹有效探测范围的判定条件是：$M_j(x_{mj}, z_{mj})$ 与点 (x_{Gi}, z_{Gi}) 之间的距离 L_{dij} 满足

$$L_{dij} = \sqrt{(x_{Gi} - x_{mj})^2 + (z_{Gi} - z_{mj})^2} \leqslant R_d \tag{8.6.22}$$

如果子弹 i 的探测范围内有多个目标车辆，则将这些车辆到子弹 i 扫描螺线中心的距离进行比较，距离最大的目标车辆即为子弹 i 的攻击对象。这样，末敏子弹命中目标车辆的概率 p_m 为

$$p_m = p_{m1} \cdot p_{m2} \cdot p_{m3} \tag{8.6.23}$$

式中，p_{m1} 为末敏子弹捕捉概率；p_{m2} 为末敏子弹药识别概率；p_{m3} 为爆炸成型弹丸（EFP）的命中概率。

根据上述末敏子弹外弹道模型和目标命中模型，可计算得到目标区域内各个车辆命中子弹数。假定目标无对抗、系统无故障，末敏子弹 100% 可靠作用，且一旦命中便可达到预定的毁伤威力。由式(8.6.17)，采用 Monte-Carlo 方法对导弹阵地的毁伤概率进行统计试验，给定样本容量 S，累计各子样的 Monte-Carlo 统计数据，就可得到子样毁伤概率的期望估计值。各个目标车辆的单发毁伤概率 p_j $(j = 1, 2, \cdots, n)$ Monte-Carlo 估值为

$$p_j = p_m \cdot \sum_{k=1}^{S} p(k)/S \tag{8.6.24}$$

式中，$p(k)$ 为每个子样的毁伤概率；S 为子样数。

最终，得到战斗部对整个导弹阵地目标的单发毁伤概率为

$$p = 1 - (1 - \prod_{j=1}^{6} p_j) \cdot \prod_{j=7}^{10} (1 - p_j) \tag{8.6.25}$$

3. 计算方法与计算结果[28]

根据前文的数学模型，采用 C++ 编制相应的单发毁伤概率计算程序，程序流程图如图 8.6.17 所示。计算过程中的主要设定参数为：母弹存速 $v_m = 255\text{m/s}$；CEP$=50\text{m}$；子弹抛撒速度 $v_p = 40\text{m/s}$，子弹探测高度 $H_G = 100\text{m}$；末敏子弹捕捉概率 $p_{m1} = 0.85$，识别概率 $p_{m2} = 0.85$，EFP 命中概率 $p_{m3} = 0.7$。

母弹开舱高度 H 分别取 400m、600m 和 800m，高低角 θ 变化范围为 $-20° \sim 20°$，两舱子弹分离距离 L 变化范围为 $60 \sim 180\text{m}$。采用上述模型和程序进行了计算，对所得到的计算数据进行处理，得到战斗部单发毁伤概率分别随高低角 θ 和两舱子弹分离距离 L 的变化关系曲线，如图 8.6.18 和图 8.6.19 所示。

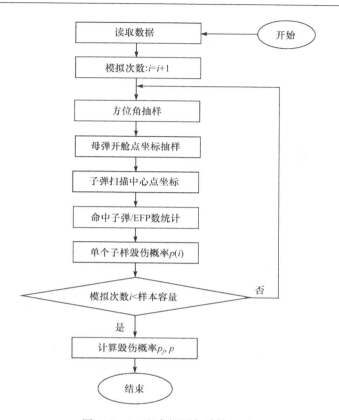

图 8.6.17　程序框图与计算流程

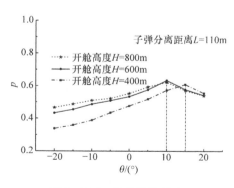

图 8.6.18　单发毁伤概率
与高低角的关系曲线

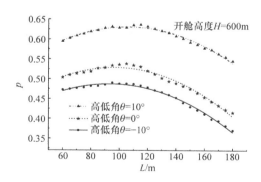

图 8.6.19　单发毁伤概率
与分离距离的关系曲线

4. 讨论与结论

由图 8.6.18 可以看出,在固定开舱高度条件下,毁伤概率随高低角的变化存在极值,这直接可以说明:开舱时通过母弹姿态的调整可实现战斗部毁伤效能的提高;另外对于不同的开舱高度,对应毁伤概率极值的高低角有所不同,说明开舱高度和高低角存在关联和匹配关系,这一点可成为战斗部开舱参数优化配置的依据或参考;再有,在通常选择的开舱高度范围内,高低角 $\theta > 0$ 的毁伤概率普遍大于高低角 $\theta < 0$ 的毁伤概率,提示对于开舱时机选择来说:上升弹道优于下降弹道,这一点极具工程意义。

由图 8.6.19 可以得出,毁伤概率随两舱子弹分离距离 L 的变化同样存在极值,而且在一定开舱高度的条件下,对应毁伤概率极值的分离距离 L 有随高低角 θ 增大而增大的趋势。造成这种现象的原因在于:子弹分离距离 L 太小,子弹扫描区域重叠,同一目标被重复命中的几率增大;分离距离 L 太大,导致子弹扫描区域不衔接,容易漏掉目标。对于多舱段末敏子母战斗部,可通过调整子弹减速伞释放时间、母弹时序开舱等方式达到调节分离距离 L 目的。

通过以上基于模拟计算的分析讨论,可以得出以下基本结论:

(1) 对于导弹阵地这样的集群目标,末敏子母战斗部的母弹开舱高度、高低角、两舱子弹分离距离等参数存在优化匹配关系,匹配结果对战斗部毁伤效能的影响非常显著;

(2) 采用 Monte-Carlo 方法,建立末敏子母战斗部的毁伤效能评估模型,通过毁伤概率的计算及影响规律分析,能够为战斗部的开舱抛撒参数优化设计提供一种量化分析方法和一定的数据依据。

参 考 文 献

[1] 王树山,王新颖. 毁伤评估概念体系探讨[J]. 防护工程,2016,38(5):1-6.

[2] 甄涛,王平均,张新民. 地-地导弹武器作战效能评估方法[M]. 北京:国防工业出版社,2005.

[3] 李廷杰. 导弹武器系统的效能及其分析[M]. 北京:国防工业出版社,2005.

[4] MIL-STD-721B. Definition of terms for reliability and maintainability[S],1966.

[5] 普罗尼科夫,A C(苏). 机器可靠性[M]. 四川省机械工程学会设备维修专业委员会译. 成都:四川人民出版社,1983.

[6] GJB1364-92. 装备费用效能分析[S],1992.

[7] 洛克希德导弹与空间公司(美). 系统工程管理指南[M]. 王若松等译. 北京:航空工业出版社,1987.

[8] 本杰明·斯·布兰哈德(美). 王宏济译. 后勤工程与管理[M]. 北京:中国展望出版社,1987.

[9] 程云门. 评定射击效率原理[M]. 北京:解放军出版社,1986.

[10] Driels M. Weaponeering:Conventional Weapon System Effectiveness[M]. 2nd Edition, American Institute Aeronautics and Astronautics(AIAA). Education Series,Reston,2014.

[11] 张志鸿,周申生. 防空导弹引战配合效率和战斗部设计[M]. 北京:宇航出版社,1994.

[12] 李世中. 引信概论[M]. 北京:北京理工大学出版社,2017.

[13] 何光林,范宁军. 引信安全系统分析与设计[M]. 北京:国防工业出版社,2016.

[14] 《中国大百科全书》编委会. 中国大百科全书·军事(第 1 版)[M]. 北京:中国大百科全书出版社,1989.

[15] 兵器工业科学技术辞典》编委会. 兵器工业科学技术辞典·引信[M]. 北京:国防工业出版社,1991.

[16] 中国军事百科全书编委会. 中国军事百科全书(第二版)[M]. 北京:军事科学出版社,1997.

[17] 马宝华. 网络技术时代的引信[J]. 探测与控制学报,2006,28(6):1-6.

[18] 崔占忠,宋世和,徐立新. 近炸引信原理[M]. 北京:北京理工大学出版社,2005.

[19] Rotenberg A. New pseudo random number generator[J]. JACM,1960,7:75-77.

[20] Knuth D E. The art Computer Programming[M]. 3rd ed. Boston:Addison Wesley,1981.

[21] 买瑞敏. 集束箭弹散布规律与命中概率研究[D]. 北京:北京理工大学,2003.

[22] 王树山,买瑞敏. 集束箭弹命中概率分析的 Monte-Carlo 方法[J]. 北京理工大学学报,2005,25(4):286-288.

[23] 张磊,张其国. 俄主战坦克主动防护系统[J]. 国防科技,2004(7):29-30.

[24] 王树山,马晓飞,李园,王辉. 坦克主动防护系统弹药毁伤效能评估[J]. 北京理工大学学报,2007,27(12):1042-1049.

[25] 马晓飞. 装甲车辆主动防护系统拦截弹药毁伤效应研究[D]. 北京:北京理工大学,2009.

[26] 李园. 坦克主动防护系统防护弹药毁伤效应研究[D]. 北京:北京理工大学,2006.

[27] 杨少卿. 灵巧弹药工程[M]. 北京:国防工业出版社,2010.

[28] 蒋海燕,王树山,徐豫新. 末敏子母战斗部对导弹阵地的毁伤效能评估[J]. 弹道学报,2013,25(4):79-84.

[29] 郭锐. 导弹末敏子弹总体相关技术研究[D]. 南京:南京理工大学,2006.

[30] 李魁武. 火炮射击密集度研究方法[M]. 北京:国防工业出版社,2012.

[31] 刘彤. 防空战斗部杀伤威力评估方法研究[D]. 南京理工大学,2004.

[32] 蒋海燕,王树山,李芝绒,张玉磊,翟红波. 封控子母弹对桥梁目标的封锁效能评估[J]. 兵工学报,2016,37(S1):1-6.

[33] 杨灵飞,魏继峰,蒋海燕,王玲婷,王树山. 导弹液溶胶战斗部毁伤效能评估[J]. 兵工学报,2016,37(S1):18-23.

[34] 王执权,魏继锋,王树山,徐豫新,陶永恒,马峰,等. 一种双模战斗部毁伤效能评估研究[J]. 兵工学报,2016,37(S1):24-29.

[35] 王树山,卢熹,马峰,徐豫新. 鱼雷引战配合问题探讨[J]. 鱼雷技术,2013,21(3):224-229.

[36] 王绍慧,王树山. 串联侵彻爆破战斗部效能评价方法研究[J]. 弹箭与制导学报,2010,30(5):121-123.

[37] 郭华,王树山,黄风雷. 子母战斗部对防空导弹阵地的毁伤效能评估[J]. 弹箭与制导学报,2004,24(3):152-154.

[38] 龚苹,王树山. 杀爆战斗部毁伤效率评估软件设计[J]. 中国宇航学会无人飞行器分会战斗部与毁伤效率专业委员会第七届学术年会,北海,2003.

[39] 龚苹,王树山,司红利. 杀爆战斗部对导弹阵地的毁伤效能评估[C]//中国宇航学会无人飞

行器分会战斗部与毁伤效率专业委员会第七届学术年会,西宁,2001.

[40] 王树山,汪永庆,隋树元,吴俊斌,凌玉昆.一种反辐射导弹战斗部的毁伤效率评估[C].中
　　　国宇航学会无人飞行器分会战斗部与毁伤效率专业委员会第七届学术年会,西宁,2001.

[41] 孟庆玉,张静远,宋保维.鱼雷作战效能分析[M].北京:国防工业出版社,2003.

[42] 韩松臣.导弹武器系统效能分析的随机理论方法[M].北京:国防工业出版社,2001.

[43] 唐崇禄.蒙特卡洛方法理论和应用[M].北京:科学出版社,2015.

彩　　图

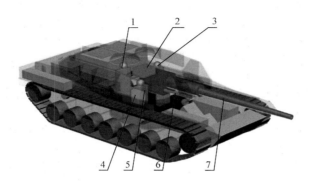

图 2.4.4　典型坦克 F 级毁伤易损件

1. 车长；2. 主观瞄；3. 装填手；4. 火控计算机；5. 炮长；6. 辅助观瞄；7. 主炮

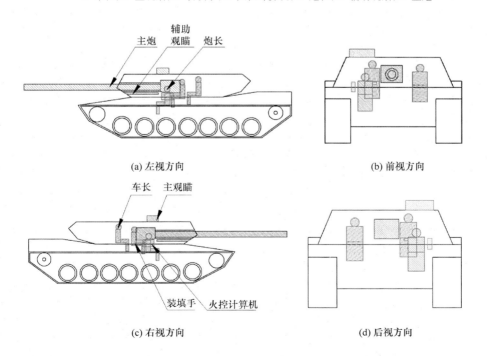

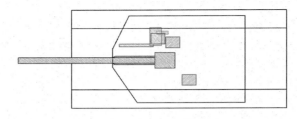

(e) 俯视方向

图 2.4.5　典型坦克 F 级毁伤功能等效模型

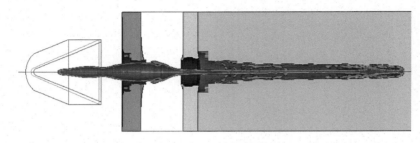

图 5.7.7　射孔弹作用过程数值仿真图

(a) 数值模型图

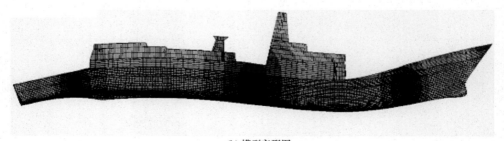

(b) 模型变形图

图 6.2.7　数值仿真的鞭状效应(来自网络)